水工混凝土
矿物掺和料

杨华全　董芸　周世华 等　著

中国水利水电出版社
www.waterpub.com.cn
·北京·

内 容 提 要

本书系统介绍了水工混凝土矿物掺和料的定义和分类，水泥-矿物掺和料的胶凝材料体系的物理力学性能及水化机理，掺矿物掺和料混凝土的拌和物性质、硬化混凝土性能，掺矿物掺和料对碱-骨料反应的抑制作用，掺矿物掺和料混凝土在工程中的应用等。本书是作者所在单位多年研究成果的总结，既有理论阐述，又有大量的试验数据，具有很强的实用性。

本书重在实用，其内容涉及水工混凝土矿物掺和料的各个方面，可供从事水工混凝土研究及混凝土坝设计、施工、监理的技术人员及大专院校有关专业的师生参考。

图书在版编目（CIP）数据

水工混凝土矿物掺和料 / 杨华全，董芸，周世华等
著. -- 北京 : 中国水利水电出版社，2017.12
ISBN 978-7-5170-6225-7

Ⅰ. ①水… Ⅱ. ①杨… ②董… ③周… Ⅲ. ①水工材
料－混凝土－矿物质－配合料 Ⅳ. ①TV43

中国版本图书馆CIP数据核字(2017)第326782号

书　　名	**水工混凝土矿物掺和料** SHUIGONG HUNNINGTU KUANGWU CHANHUOLIAO
作　　者	杨华全　董芸　周世华 等 著
出版发行	中国水利水电出版社 （北京市海淀区玉渊潭南路 1 号 D 座　100038） 网址：www. waterpub. com. cn E‑mail：sales@waterpub. com. cn 电话：(010) 68367658（营销中心）
经　　售	北京科水图书销售中心（零售） 电话：(010) 88383994、63202643、68545874 全国各地新华书店和相关出版物销售网点
排　　版	中国水利水电出版社微机排版中心
印　　刷	天津嘉恒印务有限公司
规　　格	184mm×260mm　16 开本　32 印张　759 千字
版　　次	2017 年 12 月第 1 版　2017 年 12 月第 1 次印刷
印　　数	0001—1000 册
定　　价	**150.00 元**

序

自 20 世纪 80 年代以来，我国土木工程建筑技术迅速发展，推动混凝土技术发生了深刻的变化。混凝土由于原材料来源广泛、价格低廉，可以根据需要成型为各种形状的工程结构和构件，具有相对耐久性好、维护费用低等特点，在可预见的未来，仍将是应用最广泛的建筑材料。水泥是混凝土的主要胶凝材料，如果用矿物掺和料替代部分水泥，就可减少混凝土中的水泥用量。据统计，2014 年我国的水泥产量近 25 亿 t。水泥生产消耗大量的石灰石、黏土、煤等不可再生的资源，同时排放数以亿吨计的 CO_2、SO_2 和 NO_x 等废气及粉尘，对环境造成严重污染。

随着经济持续快速增长，在创造社会财富的工业化过程中，也产生了大量的工业废渣如粉煤灰、矿渣、钢渣、磷渣、硅粉等。这些工业废渣如能得到有效利用，不仅可以节约自然资源，而且可以减少环境污染。将这些工业废渣经过一定的加工制备获得的矿物掺和料掺入混凝土中，不仅可以节约水泥，而且可以改善混凝土的性能。在配置高性能混凝土方面，它已成为现代混凝土不可或缺的组分。将工业废渣用在混凝土中，使资源利用最大化和污染排放最小化，可实现资源的循环利用。

我国水利水电工程建设蓬勃发展，水工混凝土常用的矿物掺和料粉煤灰需求量也日益增加。然而，我国粉煤灰等传统矿物掺和料资源空间分布不均匀，很多地区粉煤灰供应紧张，尤其是优质粉煤灰更是供不应求。故因地制宜开发其他新型矿物掺和料或将粉煤灰与其他掺和料以适当比例掺入水泥基材料，已成为水工混凝土掺和料发展的趋势。这样，一方面可以适当缓解粉煤灰供应紧张问题，另一方面结合其他矿物掺和料的优势，取长补短，经过复掺改性后混凝土的各项性能更加优异。

我国水能资源最为丰富的西南地区，传统的矿物掺和料粉煤灰紧缺已经成为水工混凝土发展面临的新问题，为应对这一突出问题，根据"就地取材"原则，逐步开发出了可部分或完全替代粉煤灰的新型矿物掺和料，包括磷渣粉、石灰石粉、天然火山灰质材料等，并在许多水利水电工程建设中得到成功应用。

本书是一部全面阐述水工混凝土矿物掺和料及其应用的专著，不仅通过科学试验深入研究了粉煤灰、矿渣、钢渣、磷渣、硅粉、各类石粉等掺和料的作用机理及其特点，掺矿物掺和料混凝土的配合比设计优化，并在节省水泥前提下提高了混凝土各项性能，还总结了一些掺矿物掺和料混凝土的工程应用实例等。本书的出版，将对我国水工混凝土矿物掺和料的应用起到重要的参考和借鉴作用，对工业固体废弃物的综合利用，加强节能减排，实现资源、环境和经济的全面协调可持续发展，推动水工混凝土绿色建筑具有重要意义。

中国工程院院士
长江水利委员会总工程师　郑守仁

2017 年 7 月

前　言

　　工业固体废弃物的种类繁多，成分复杂，数量巨大，是环境的主要污染源之一。如今，随着工业化、城镇化进程的加快，我国的资源消耗量将进一步加大。由于资源开采和利用带来的环境问题，发展将面临更为严峻的资源、环境约束的挑战。工业固体废弃物，包括各种废渣、污泥、粉尘等。我国工业固体废弃物的排放量大，不仅占用大量的农田，而且堆存量增加将使得环境污染和安全隐患加大。工业固体废弃物中含有的铜、铅、锌、铬、镉、砷、汞等多种金属元素，随水流入附近河流或渗入地下，将严重污染水源，大量非金属天然矿物资源的开采也会引起严重的环境、生态破坏等问题。

　　工业固体废弃物的资源化利用，是实现我国经济可持续发展战略目标的重要步骤。加强固体废弃物的处理处置和综合利用，才能创造出较大的社会、环境和经济效益，真正实现资源、环境和经济的全面协调可持续发展。

　　利用工业固体废弃物生产建筑材料，是我国处理固体工业废弃物的重要途径。由于工业固体废弃物生产建筑材料一般不会产生二次污染，因而也是消除污染，"变废为宝"的较好途径。

　　工业废渣，如粉煤灰、矿渣、钢渣、磷渣、硅粉等，作为排放量最大的固体废弃物，经过加工处理，可以作为混凝土矿物掺和料使用。经过一定的质量控制或制备技术获得的优质矿物掺和料，可以改善混凝土的某些性能，已成为现代混凝土不可或缺的组分。

　　本书是作者认真总结我国水利水电建设中混凝土矿物掺和料的研究与工程实践，同时吸取国内外有关研究成果经过精心提炼加工编写完成的。全书共分9章，分别介绍了水工混凝土矿物掺和料的定义和分类、掺矿物掺和料的胶凝材料物理及力学性能、掺矿物掺和料的胶凝材料水化机理、掺矿物掺和料水工混凝土的配合比设计、掺矿物掺和料混凝土拌和物、掺矿物掺和料混凝土的性能、掺矿物掺和料对骨料碱活性的抑制作用、掺和料在工程中的应用等。

　　本书前言及第1章由杨华全编写；第2章由杨华全、董芸编写；第3章及第4章由董芸、石妍、陈霞编写；第5章由严建军编写；第6章由张建峰编写；第7章由周世华、李响、肖开涛、王磊编写；第8章由杨华全、李鹏翔编写；第9章由林育强、苏杰编写。全书由杨华全、董芸、周世华策划，杨华全统稿。

本书凝结了长江科学院材料与结构研究所科研人员的辛勤劳动成果，反映了多年来在混凝土矿物掺和料研究方面的最新理论和研究成果。中国工程院郑守仁院士审阅了书稿并为本书写了序言。在此，作者谨向郑守仁院士及所有参与本项工作的科研工作者表示衷心的感谢。

本书的出版得到了国家重点研发计划项目"复杂环境下能源与道路工程用水泥基关键材料与技术"（2016YFB0303601）、国家自然科学基金项目"混凝土早龄期收缩变形与应力发展规律研究"（批准号：51279017）、中央级公益性科研院所基本科研业务费项目"水电工程微膨胀高抗裂水泥基材料的应用关键技术研究"（CKSF2017052/CL）、长江科学院创新团队项目"复杂环境下水泥基材料劣化机制与仿真技术研究"（CKSF2017065/CL）等的资助。

由于作者水平有限，书中难免有很多不妥之处，恳请读者批评指正。

作者

2017 年 7 月于武汉

目　　录

第1章 绪 论

水泥混凝土的应用最早可以追溯至古罗马时代。自 1824 年波特兰水泥问世后，经过近两个世纪的发展，特别是 20 世纪 80 年代后，建筑工业和技术都得到了迅速发展。材料科学和结构科学的快速发展推动混凝土技术发生了深刻的变化。混凝土原材料更趋多样、配合比设计方法日益更新、结构设计要求不断提高，以及混凝土生产、运输、施工和质量控制技术的不断改进，使得混凝土的性能得到相应改善和提高，混凝土技术得到飞速发展。

水泥混凝土具有较高的强度和耐久性，可以通过调整其组成，使其具有不同的物理力学特性，以满足工程的不同要求；混凝土拌和物具有可塑性，可以浇筑成各种形状的构件或整体结构。水泥混凝土的这种易得性、通用性、适应性、相对经济性以及可应用多种结构形式的工程属性，可以预测在未来相当长的一个时期，仍将是应用最为广泛的建筑材料。

据统计，世界水泥消费量由 2001 年的 16.4 亿 t 猛增到 2014 年的 41.8 亿 t，增长了 155%。同期，我国的水泥产量由 6.6 亿 t 猛增到 24.8 亿 t，增长了近 3 倍。从 1985 年起，我国水泥产量已连续 29 年居世界第一位。水泥工业是资源密集型产业，水泥生产消耗大量的石灰石、黏土、煤等不可再生的资源，同时排放数以亿吨计的 CO_2、SO_2 和 NO_x 等废气及粉尘，对环境造成严重污染。据统计，生产每吨水泥大概排放 $0.815tCO_2$，由此推算 2014 年我国水泥工业排放的 CO_2 约占全国排放量的 25%。这给我国环境保护和资源能源的合理利用带来了巨大的压力。党的十八大报告中明确提出"建设生态文明，推进绿色发展、循环发展、低碳发展……为全球生态安全作出贡献"。国务院颁发的国发〔2012〕40 号《节能减排"十二五"规划》中明确指出"深入贯彻节约资源和保护环境基本国策，坚持绿色发展和低碳发展，是其保障本规划实施的重要措施"。因此，减少水泥混凝土行业带来的 CO_2 排放量已势在必行。

随着经济持续快速增长，在创造社会财富的工业化过程中，也产生了大量的工业废弃物如矿渣、粉煤灰、钢渣、磷渣、硅粉等，这些工业废弃物因技术、经济等原因长期废弃而得不到利用，不仅是自然资源的浪费，而且污染环境。在全球能源和自然资源保护日益重要的背景下，大多数工业国家对工业固体废弃物在水泥混凝土施工过程中对经济、环境和技术方面的优势表现出积极的兴趣。迄今为止，这种在水工混凝土中掺入工业废弃物的"变废为宝"的做法，在我国已有 60 多年的历史。大量的科学研究与工程实践证明，矿物掺和料在减少水泥生产对环境冲击方面具有很多技术优势，经过一定的质量控制或制备技术获得的优质矿物掺和料的加入，可明显改善硅酸盐水泥自身难以克服的组成、结构等方面的缺陷，包括劣化的界面区、耐久性不良的晶相结构、高水化热温升造成的混凝土裂缝等，赋予了水工混凝土优异的耐久性能和工作性能，超越了传统的降低成本和环境保护的意义，已成为现代水工混凝土不可或缺的组分。

水利水电工程事关国计民生，是国民经济赖以生存和发展的基础。我国 2010 年水电装机为 2.2 亿 kW，2014 年已突破 3 亿 kW，预计 2030 年将超过 4 亿 kW，2050 年将超过 5 亿 kW。目前一批水利水电工程已相继开工建设，还有一大批水利水电工程进入前期筹建阶段。混凝土是水利水电工程建设应用的主要建筑材料，混凝土质量直接影响工程安全运行与服役寿命。矿物掺和料的制备、应用涉及水工混凝土材料科学研究的各个方面。在现代水工混凝土技术中，经过一定质量控制的矿物掺和料已成为水工高性能混凝土不可或缺的组分之一。对矿物掺和料的研究推动了水工混凝土技术的发展，而同时水工混凝土技术的发展要求也为矿物掺和料的应用研究指明了方向，提供了动力。

20 世纪 50 年代，长江科学院开展了粉煤灰、矿渣粉等矿物掺和料用于水工混凝土的可行性研究。20 世纪 90 年代起，长江科学院对掺粉煤灰、磷渣粉、石灰石粉、天然火山灰质材料胶凝体系的水化机理、品质控制、性能规律、配制技术及测试技术方面开展了广泛深入的研究，推动了粉煤灰、磷渣粉、石灰石粉、天然火山灰质材料等矿物掺和料在部分大中型水利水电工程中的应用，取得了显著的经济效益和社会效益。

粉煤灰是我国水工混凝土最常用的矿物掺和料。1958 年，第一次三峡科研会议以后，长江科学院随即开展了三峡工程混凝土掺和料的研究。1962 年，在修建陆水水利枢纽时，采用武汉青山热电厂的粉煤灰作混凝土掺和料进行了试验，为后续三峡工程混凝土掺用粉煤灰奠定了基础。由于当时国内用粉煤灰做水泥的混合材或混凝土的掺和料都处于起步阶段，对粉煤灰的品质尚未制定统一的标准。1973 年，长江科学院与中国建筑材料科学研究院共同主持制定了我国第一个粉煤灰品质的国家标准 GB 1596—1979《用于水泥和混凝土中的粉煤灰》。在此期间，长江科学院参与了国家"七五"攻关项目《三峡工程快速施工中粉煤灰的应用》，对粉煤灰品质、性能优化及其在混凝土中的应用效果进行了研究。并于 1987 年对国家标准 GB 1596—1979《用于水泥和混凝土中的粉煤灰》进行了修订，依据需水量比，将用于水泥做混合材的粉煤灰划分为两个等级，用于混凝土做掺和料的粉煤灰划分为三个等级，由国家技术监督局于 1991 年颁布，1992 年实施。

当时为了获得符合 GB 1596—1979《用于水泥和混凝土中的粉煤灰》要求细度的粉煤灰，往往采用磨细法将粗灰全部加工成细灰，但能耗大、噪声污染严重。此外，磨细的粉煤灰需水量比不一定能得到改善，甚至在一定程度上会增大。为解决Ⅰ级粉煤灰难以生产的问题，长江科学院在 1988 年协助湖北省松木坪电厂首次提出采用分选法加工粉煤灰，成功生产出Ⅰ级粉煤灰，并用于清江隔河岩水电站，也为三峡工程使用分选法生产Ⅰ级粉煤灰积累了经验。同时，长江科学院逐步开展了三峡工程掺粉煤灰混凝土的性能试验，提出了为确保混凝土质量，三峡工程混凝土应掺用Ⅰ级粉煤灰的建议。1994 年，在国家自然科学基金委员会和中国长江三峡集团公司联合资助的"三峡水利枢纽工程几个关键问题的应用基础研究"中，由长江科学院牵头对高掺粉煤灰混凝土的长期性能进行了全面的试验研究。这些研究成果都为以后三峡工程使用Ⅰ级粉煤灰作为混凝土掺和料提供了坚实的理论基础。基于研究成果及工程应用经验总结，并在借鉴国外标准分类方法的基础上，对 GB 1596—1991《用于水泥和混凝土中的粉煤灰》再次进行了修订，将粉煤灰按 CaO 含量分为 F 类和 C 类两个类别，按需水量比分为Ⅰ级、Ⅱ级、Ⅲ级三个等级，于 2005 年颁布。同时结合水工混凝土的自身特点，长江科学院主编了电力行业标准 DL/T 5055—

2007《水工混凝土掺用粉煤灰技术规范》，进一步推动了水工混凝土掺用粉煤灰技术的发展。三峡工程应用Ⅰ级粉煤灰的成功经验为后续水利水电工程应用其作为混凝土掺和料产生了示范效应。

矿渣粉是仅次于粉煤灰最为常见的一种矿物掺和料。矿渣粉基本上是作为原料用来生产矿渣水泥或是作为胶凝材料与水泥混合后使用，直到 20 世纪 60 年代，磨细矿渣（矿渣粉）才作为混凝土的独立组分得到应用。为提高混凝土中矿渣粉的利用程度，全球超过 30 个国家制定了矿渣用作水泥混合材及混凝土掺和料的相关标准，如美国材料实验协会（ASTM）于 1992 年发布了 ASTM C 989《混凝土和砂浆用磨细粒化高炉矿渣》标准，英国于 1986 年发布了 BS 6699《矿渣粉作为混凝土单独组分的技术规范》。近些年来，高强高性能混凝土的快速发展推动了矿渣粉的规模化应用，矿渣粉用作混凝土掺和料的优势也被发挥出来。但与粉煤灰相比，国内外有关矿渣粉在水工混凝土中的应用报道很少。

2003 年以来，长江科学院先后针对贵州索风营水电站、沙沱水电站以及湖北龙潭嘴水电站混凝土掺和料短缺问题，利用当地丰富的磷渣资源，开展了大量试验研究，与此同时，结合中央级公益性科研院所基本科研业务费"再生资源利用与绿色水工建筑材料研究"（YWF0907）项目，对磷渣的水化机理进行了深入研究，为以上工程成功应用磷渣粉掺和料提供了重要的技术支撑。

长江科学院通过试验论证与研究，首次将石灰石粉与粉煤灰双掺料成功应用于新疆寒冷地区大坝碾压混凝土。长江科学院还结合中央级公益性科研院所基本科研业务费"石灰石粉作为碾压混凝土掺和料的应用研究"（YWF0728），全面研究了石灰石粉对碾压混凝土性能的影响规律。

除此之外，长江科学院还先后开发了高钛矿渣粉、凝灰岩粉、砂板岩石粉等材料用作水工混凝土新型矿物掺和料，取得了系列研究成果。基于科研成果总结与工程应用经验积累，主持制定了一系列的水工混凝土掺用矿物掺和料技术规范，包括 DL/T 5055—2007《水工混凝土掺用粉煤灰技术规范》、DL/T 5387—2007《水工混凝土掺用磷渣粉技术规范》、DL/T 5273—2012《水工混凝土掺用天然火山灰质材料技术规范》与 DL/T 5304—2013《水工混凝土掺用石灰石粉技术规范》。

矿物掺和料不仅可以改善水工混凝土的工作性、提高混凝土的抗裂性能，还可以有效抑制碱-骨料反应的发生。自 20 世纪 60 年代起，长江科学院针对丹江口、万安、葛洲坝、三峡等水利水电工程，先后研究了粉煤灰、矿渣粉、烧页岩和烧黏土等矿物掺和料对混凝土碱-骨料反应的抑制机理等。其中，三峡工程的矿物掺和料抑制碱-骨料反应观测龄期长达 30 余年。根据多年的研究成果，以上研究成果已纳入电力行业标准 DL/T 5298—2013《水工混凝土抑制碱-骨料反应技术规范》和 DL/T 5151—2014《水工混凝土砂石骨料试验规程》，这些研究成果为保障我国水利水电工程混凝土的耐久性提供了重要的技术支撑。

近 30 年来，我国水工混凝土用矿物掺和料的发展与应用十分迅速。例如，以前粉煤灰作为废弃物污染环境，现在得到很好的利用，在很多水利水电工程地区已经供不应求；磷渣粉以往是十分难以处理的废弃物，目前在水工混凝土领域中也得到有效利用。由此可见，矿物掺和料在水工混凝土中的应用技术已成为工程界关注的研究领域，其应用使现代水工混凝土更耐久、更绿色、更环保，是进一步推动我国水工混凝土可持续发展的动力。

第 2 章 矿物掺和料的定义和分类

2.1 定义

矿物掺和料（简称"掺和料"）是指以硅、铝、钙等一种或多种氧化物为主要成分，部分替代水泥以调节与改善新拌和硬化混凝土性能的矿物质粉体材料，其掺量一般不低于 5%。

混凝土掺和料的研究始于水泥混合材的研究。在水泥生产过程中，人们发现将一些特定的矿物质材料作为水泥混合材加入水泥中，可以改善水泥性能、调节水泥强度等级。20 世纪 50—60 年代，我国水泥产量较低且品种比较单一，在生产水泥时常掺用一定数量的混合材；到了 20 世纪 70—80 年代，随着对混合材认识水平的提高，在水工大体积混凝土中也开始掺入矿渣粉或粉煤灰等矿物质材料（掺和料）以降低混凝土的水化热温升，减少温度裂缝。20 世纪 90 年代以后，人们对矿物质掺和料的研究和认识有了很大转变，许多以硅、铝、钙等氧化物为主要成分的矿物质工业废渣和天然火山灰质材料已不再仅仅被作为水泥混合材或混凝土的细颗粒填料，而是被视为混凝土必不可少的改性组成材料，尤其在水工大体积混凝土中，掺和料的研究和应用取得了较大的进步。

2.2 粉煤灰

2.2.1 粉煤灰的定义

粉煤灰是燃煤电厂的工业副产品，主要来源于电厂燃煤锅炉烟道气体中收集的粉末，有湿排粉煤灰和干排粉煤灰之分。湿排粉煤灰是用高压水泵从排灰源将粉煤灰稀释成流体，经管道打入粉煤灰沉淀池中。湿排获得的粉煤灰品质差异很大，活性很低，往往难以满足现代高性能混凝土的技术要求。与过去粗放的湿排不同，当今大中型电厂均采用分级电场静电收（除）尘系统。随着国家对火电厂大气污染物排放标准的提高，为保证除尘效率，目前电厂多采用五电场替代过去的三电场、四电场，除尘效率达到 99.5% 以上，大大改善了大气环境质量。电除尘得到的原状干灰即所谓的干排粉煤灰。第三电场以后收集的原状灰通常符合 I 级粉煤灰的要求，但数量很少。为了得到更多的优质的粉煤灰，必须对电场除尘收集的粉煤灰进行加工，改善其细度。目前加工的方法有两种：一是磨细，二是风力分选。磨细法可以把全部粉煤灰磨到符合要求的细度，使粉煤灰得到充分利用，但能耗、噪声和粉尘污染都较大，而且在磨细过程中，对粉煤灰的颗粒形态有一定程度的破坏。磨细后的粉煤灰与磨细前的原状灰相比，需水量比有所改善，但不及同等细度的分选灰，往往也达不到 I 级灰的标准。目前，原状干灰通常通过分选系统进行进一步加工分级，可以分为Ⅰ级灰、Ⅱ级灰和Ⅲ级灰。

影响粉煤灰品质的因素非常多，不同电厂的粉煤灰因原煤品质、燃烧工艺、脱硫脱硝工艺、粉煤灰收集分选工艺的不同，品质波动很大。对粉煤灰分类的方法很多，主要根据粉煤灰物理性质、化学性质等进行分类。

2.2.2 粉煤灰的分类

根据 CaO 含量的不同，ASTM C618－2008《用于混凝土的粉煤灰、原状及煅烧天然火山灰的技术标准》将粉煤灰分为高钙粉煤灰（C 类）与低钙粉煤灰（F 类），我国国家标准 GB/T 1596—2005《用于水泥和混凝土中的粉煤灰》以及电力行业标准 DL/T 5055—2007《水工混凝土掺用粉煤灰技术规范》均借鉴了这一分类方法。高钙粉煤灰是火电厂燃烧褐煤或次烟煤收集的粉煤灰，其 CaO 含量一般大于 10%，$SiO_2 + Al_2O_3 + Fe_2O_3$ 含量不低于 50%；普通低钙粉煤灰是火电厂燃烧无烟煤或烟煤收集的粉煤灰，其 CaO 含量一般不超过 5%，$SiO_2 + Al_2O_3 + Fe_2O_3$ 含量不低于 70%。高钙粉煤灰中的游离氧化钙（f-CaO）含量比低钙粉煤灰高一至数倍。

2.2.3 矿物组成

粉煤灰以玻璃相为主，也含有少量的晶体矿物。主要包括石英、莫来石、硬石膏、游离氧化钙、磁铁矿和赤铁矿。与普通的低钙粉煤灰相比，高钙粉煤灰中游离氧化钙和硬石膏含量明显偏高，而其他矿物相对含量较少，还可能含有少量的铝酸钙和硅酸钙矿物。低钙粉煤灰中的玻璃相含量约为 60%～80%，与低钙粉煤灰相比，高钙粉煤灰的玻璃相含量相对较少，且含有一定量的富钙玻璃体。

2.2.4 化学成分

粉煤灰的化学成分以 SiO_2、Al_2O_3 为主，这两种氧化物含量通常大于 70%。除此之外，还有铁、钙、镁、钛、硫、钾、钠和磷的氧化物，脱硫脱硝工艺引入的铵及铵盐，以及未燃烧尽的碳颗粒。粉煤灰的化学组成取决于燃煤品种和燃烧条件。表 2.2－1 列出了我国部分电厂粉煤灰化学成分的分析结果，由表中数据可以看出，粉煤灰由于产地不一样，化学组成变化较大。

表 2.2－1　　　　　　　　我国部分电厂粉煤灰的化学成分　　　　　　　　　　　%

品种等级	SiO_2	Al_2O_3	Fe_2O_3	CaO	MgO	SO_3	K_2O	Na_2O	f-CaO
重庆电厂Ⅱ级	44.38	27.06	12.37	3.90	2.46	1.04	0.68	0.55	
重庆珞璜电厂Ⅰ级	58.56	21.20	9.63	3.21	1.24	0.84	1.24	0.83	
重庆珞璜电厂Ⅱ级	54.22	20.80	9.67	3.24	1.25	1.13	1.51	0.88	
湘潭电厂Ⅱ级	52.20	25.14	8.10	4.07	2.10	0.60	1.76	0.42	
汉川电厂Ⅱ级	60.08	26.31	5.56	4.07	1.52	0.16	1.64	0.22	
安徽平圩电厂Ⅰ级	57.28	33.54	2.44	1.52	0.58	0.14	1.34		
南京热电厂Ⅱ级	57.74	27.80	6.34	3.36	1.11	2.30	1.43		

品种等级	SiO$_2$	Al$_2$O$_3$	Fe$_2$O$_3$	CaO	MgO	SO$_3$	K$_2$O	Na$_2$O	f-CaO
山西神头电厂Ⅱ级	45.97	42.87	3.24	3.13	0.23	0.43	1.14		
湖北阳逻电厂Ⅰ级	50.65	28.66	6.00	7.34	0.91	0.13	0.60		
华能南京电厂Ⅱ级	49.80	32.60	4.00	5.60	0.92	0.37	1.38		
贵州凯里电厂Ⅰ级	48.11	16.43	23.48	2.06	1.75	0.89	1.29	0.31	
贵州清镇电厂Ⅱ级	51.67	22.60	13.60	5.37	1.64	0.82	3.03	0.78	
贵州安顺电厂Ⅱ级	46.27	25.67	18.80	2.89	1.16	0.38	3.03	1.44	
贵州贵阳电厂Ⅱ级	53.60	25.38	10.29	4.25	1.12	0.62	2.68	0.79	
贵州遵义电厂Ⅱ级	46.00	32.19	11.86	3.40	0.79	0.65	3.03	0.90	
新疆玛纳斯电厂Ⅰ级	50.22	9.40	3.91	4.39	1.35	1.03	1.04	1.95	
新疆独山子电厂Ⅱ级	45.60	10.01	3.86	4.60	1.66	0.93	1.04	1.56	
云南宣威电厂Ⅰ级	62.36	17.38	8.64	3.17	1.11	0.29	0.50	0.35	
云南曲靖电厂Ⅰ级	55.80	19.08	8.99	2.99	1.31	0.40	0.70	0.40	
四川攀钢电厂Ⅱ级	53.28	21.47	5.77	3.66	3.28	0.26	0.96	0.45	
湖南石门电厂Ⅰ级	52.50	30.62	4.43	3.20	2.81	0.32	1.15	0.68	
内蒙古元宝山电厂Ⅰ级	58.06	20.73	8.86	3.43	1.52	—	2.58	1.90	
内蒙古元宝山电厂Ⅱ级	57.57	21.91	7.72	3.87	1.68	—	2.51	1.54	
内蒙古元宝山电厂Ⅲ级	49.73	32.19	6.09	2.82	0.67	—	1.15	0.52	
上海吴泾热电厂	41.38	24.97	8.45	15.43	1.69	2.57	0.96	0.76	3.17
上海石洞口二电厂	43.24	17.57	12.33	17.65	2.82	1.90	1.04	0.96	3.31
云南开远电厂	18.75	10.63	8.27	50.08	3.40	18.75			20.50

SiO$_2$ 是粉煤灰中最重要也是含量最高的氧化物，除少量以石英和莫来石形式存在外，大部分处于玻璃体中。SiO$_2$ 与 Al$_2$O$_3$ 是构成粉煤灰玻璃体网络结构的主要氧化物，是与水泥水化生成的 Ca(OH)$_2$ 发生二次火山灰反应形成水化硅酸钙凝胶体的主要活性化学成分。玻璃体中 SiO$_2$ 的聚合度与其火山灰活性密切相关，普通低钙粉煤灰基本由多聚体组成，高钙粉煤灰则含有较多的单聚物和二聚物，因此活性较高。当 Al$_2$O$_3$ 含量过高时，会形成莫来石，引起玻璃相含量的降低，使粉煤灰活性降低。

Fe$_2$O$_3$ 对降低熔点形成玻璃微珠有利，含 Fe$_2$O$_3$ 较多的富铁微珠，虽然火山灰活性较低，但对混凝土具有较好的减水作用，可改善其物理性质。

粉煤灰中含有少量的硫酸盐，一般以 SO$_3$ 含量表示。粉煤灰中 SO$_3$ 含量的多少，不仅与煤的种类有关，还与燃煤锅炉的燃烧类型、最高燃烧温度和脱硫脱硝工艺有关。煤粉在高温燃烧后，绝大部分硫都以 SO$_3$ 气体形式存在，少量的 SO$_3$ 与脱硝还原剂反应生成铵盐，其余的通过脱硫装置或脱硫工艺回收。因此，残留在粉煤灰中的以硫酸盐形式存在的 SO$_3$ 含量极少。

粉煤灰中的 CaO 含量，主要取决于燃煤品种。粉煤灰中的 CaO 绝大部分被结合在硅铝酸盐玻璃相中；此外，为游离态的氧化钙，黏附在玻璃球体表面或与玻璃体共生；还有部分形成结晶的无水硬石膏（$CaSO_4$）和水硬性矿物 $\beta - C_2S$。粉煤灰中的 $f - CaO$ 经过 1400℃高温煅烧，水化速度较慢且水化后体积膨胀，对水泥混凝土的体积安定性不利。与低钙粉煤灰相比，高钙粉煤灰的 CaO 含量较高，使得高钙粉煤灰中 $f - CaO$ 较多，严重阻碍了高钙粉煤灰在混凝土中的开发应用。高钙粉煤灰中的 $f - CaO$ 含量与煤的燃烧工艺有直接关系，可从改进燃煤工艺、燃烧设备来降低高钙粉煤灰中 $f - CaO$ 的含量，使大部分 CaO 与 $\alpha - SiO_2$ 结合生成 $\beta - C_2S$，提高粉煤灰活性并解决体积安定性问题。此外，还可以通过消解、磨细、掺入改性剂等措施来改善和解决高钙粉煤灰所含 $f - CaO$ 引起的体积安定性问题。随着我国电力工业的飞速发展，越来越多的褐煤、次烟煤被用作燃料，也相应地排出更多的高钙粉煤灰，如上海市 2009 年排放高钙粉煤灰超过 200 万 t。

粉煤灰中的碱主要是氧化钠（Na_2O）和氧化钾（K_2O）。粉煤灰本来具有良好的抑制碱-骨料反应的性能，但如果粉煤灰自身的碱含量过高，也可能促进碱-骨料反应。因此，对于采用碱活性骨料的工程，需对粉煤灰的碱含量进行控制。粉煤灰中的碱，并非全都能起反应的"有效碱"，实际上粉煤灰的"有效碱"只占化学分析测定值的 $1/5 \sim 1/4$。

近年来随着环境保护要求的提高，国家要求所有火电厂必须采用脱硫脱硝工艺，大幅度降低氮氧化合物和三氧化硫的排放。伴随脱硫脱硝工艺形成的铵盐会混入粉煤灰，粉煤灰表面还会吸附少量的脱硝还原剂 NH_3，在混凝土拌和、浇筑及凝结硬化过程中，在碱性环境下粉煤灰中的铵盐持续分解溢出氨气，不仅影响操作人员的健康与安全，而且 NH_3 聚集成的大气泡还会在模板内混凝土表面形成大量的孔洞，影响混凝土浇筑质量。硬化混凝土中若有较高含量的残留氨，其性能和耐久性也会受到影响。

2.2.5 颗粒形态

低钙粉煤灰是多种颗粒的聚集体，其扫描电子显微镜（SEM）形貌如图 2.2-1 所示。

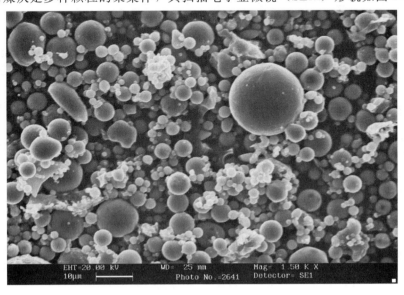

图 2.2-1 低钙粉煤灰的 SEM 形貌图

就其颗粒形态而言，大致可分为类球形颗粒和不规则颗粒。粉煤灰中球形颗粒越多，细度越细，起到的润滑效应越大，需水量比越少，减水效果越好，因此，优质粉煤灰又被称为混凝土固体减水剂；反之，不规则形态颗粒越多，如多孔碳粒，吸附作用越大，需水量比就越大，减水效果就越差，有的甚至增加混凝土用水量。

类球形颗粒外表比较光滑，由硅铝玻璃体组成，又称玻璃微珠。其大小多在 $1 \sim 100 \mu m$，具有较高的活性，掺在混凝土中起滚珠润滑作用，能不增加甚至可减少混凝土拌和物的用水量。球形微珠又可分为四种：

（1）沉珠，一般直径为 $0.5 \mu m$，表观密度约为 $2.0 g/cm^3$，通过光学显微镜观察，大多数沉珠是中空的，表面光滑，有些沉珠，内含有大量细小的玻璃微珠，外表有不规则的凸出点和气孔，其化学成分以 SiO_2、Al_2O_3 为主，主要为玻璃体，其他是 α 镁和莫来石，沉珠在粉煤灰中的含量约达 90%。

（2）漂珠，一般直径为 $30 \sim 100 \mu m$，壁厚 $0.2 \sim 2 \mu m$；表观密度为 $0.4 \sim 0.8 g/cm^3$，所以能漂浮在水面上，65% 以上的漂珠是中空的，主要由玻璃体组成，含有少量的 α 镁和莫来石，一般来说，漂珠含量约占 0.5%～1.5%。

（3）磁珠，其中 Fe_2O_3 含量占 55% 左右，又称富铁微珠，表观密度大于 $3.4 g/cm^3$，外表呈近球形颗粒，内含更细小的玻璃微珠，具有磁性。

（4）实心微珠，粒径多为 $1 \sim 3 \mu m$，表观密度为 $2 \sim 8 g/cm^3$。

不规则颗粒主要由晶体矿物颗粒、碎片、玻璃碎屑及少量碳粒组成。其中的多孔颗粒包括两类：其一为多孔碳粒，是粉煤灰中未燃尽的碳，其颗粒大小不等，形状不规则，疏松多孔，吸水量大，属惰性物质，含碳多的粉煤灰，需水量大，质量较差；其二为高温熔融玻璃体，这部分硅铝玻璃体也经过高温煅烧，但是煅烧温度比形成球形颗粒时低，或经过高温煅烧时间短，或由于颗粒中燃气的逸出，使熔融体的体积膨胀并形成多孔结构，这类颗粒较大。粉煤灰中不规则的多孔颗粒含量越多，需水量就越高。

高钙粉煤灰的 SEM 形貌如图 2.2-2 所示，可以看到，其球状玻璃体远少于低钙粉煤

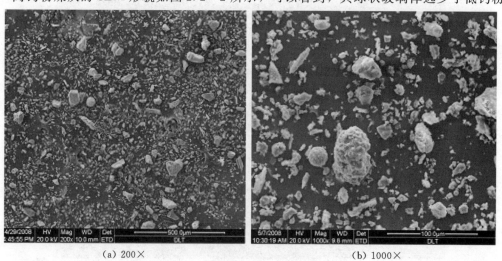

（a）200×　　　　　　　　　　　　　　（b）1000×

图 2.2-2　高钙粉煤灰的 SEM 形貌图

灰。高钙粉煤灰的颗粒也可分为四种类型：①Ⅰ类颗粒，表现为球形玻璃体形态，具有表面光滑、密实度大等特性，可以起到减水和改善水泥流动度的作用；②Ⅱ类颗粒，表现为疏松多孔玻璃体，密度较低、吸水量大、内比表面积大、活性较高；③Ⅲ类颗粒，表现为熔融状或中空囊状玻璃体，密实度和内比表面积居中，需水量比及活性介于Ⅰ类、Ⅱ类颗粒之间；④Ⅳ类颗粒，表现为疏松不规则块状体，包括晶体矿物和未燃尽碳粒，需水量高而活性低。

2.2.6 品质指标

粉煤灰是燃煤电厂的工业副产品，其品质性能波动很大，影响粉煤灰性能的因素有燃煤品种和品质、燃烧工艺、机组大小、锅炉高度和容积、燃烧条件、电收尘的级数和运行状态、脱硫脱硝工艺等。有些影响可通过后期加工解决，比如颗粒过粗；有些则很难解决，比如烧失量过大。为科学合理地应用粉煤灰，对其进行品质分类是非常有必要的。

2.2.6.1 分级

日本标准 JIS A 6201-2008《用于混凝土的粉煤灰》将粉煤灰按流动度比分为Ⅰ级、Ⅱ级、Ⅲ级、Ⅳ级四个等级，各等级评定指标见表 2.2-2。美国标准 ASTM C618-2008《用于混凝土的粉煤灰、原状及煅烧天然火山灰的技术标准》中未对 F 类和 C 类粉煤灰进一步分级，其评定指标见表 2.2-3。我国国家标准 GB/T 1596—2005《用于水泥和混凝土中的粉煤灰》和电力行业标准 DL/T 5055—2007《水工混凝土掺用粉煤灰技术规范》按需水量比、细度和烧失量将粉煤灰分为Ⅰ级、Ⅱ级、Ⅲ级三个等级，各等级评定指标见表 2.2-4。欧洲标准 EN 450-1-2005《用于混凝土的粉煤灰》中按烧失量将粉煤灰分为 A 类、B 类、C 类三类，又按细度（$45\mu m$ 筛筛余）分为 N 类（细度不大于 40%）和 S 类（细度不大于 12%）。

表 2.2-2   **JIS A 6201-2008 对粉煤灰品质的要求**

项　目		规定值			
		Ⅰ级	Ⅱ级	Ⅲ级	Ⅳ级
氧化硅/%		≥45			
含水量/%		≤1.0			
烧失量/%		≤3.0	≤5.0	≤8.0	≤5.0
相对密度/(g/m³)		≥1.95			
细度	$45\mu m$ 筛筛余/%	≤10	≤40	≤40	≤70
	比表面积（勃氏法）/(m²/kg)	≥500	≥250	≥250	≥150
流动度比/%		≥105	≥95	≥85	≥75
活性指数/%	28d	≥90	≥80	≥80	≥60
	91d	≥100	≥90	≥90	≥70

表 2.2-3　　　　　　　　ASTM C618-2008 对粉煤灰品质的要求　　　　　　　　　　　%

项　目		规定值	
		F 类	C 类
$SiO_2 + Al_2O_3 + Fe_2O_3$		≥70	≥50
三氧化硫		≤5.0	≤5.0
含水量		≤3.0	≤3.0
烧失量		≤6.0	≤6.0
细度（45μm 筛筛余）		≤34	≤34
需水量比		≤105	≤105
安定性（压蒸膨胀率）		≤0.8	≤0.8
活性指数	7d	≥75	≥75
	28d	≥75	≥75

表 2.2-4　　　GB/T 1596—2005 和 DL/T 5150—2007 对粉煤灰品质的要求

项　目		技术要求		
		Ⅰ级	Ⅱ级	Ⅲ级
细度（45μm 筛筛余）/%	F 类粉煤灰	≤12.0	≤25.0	≤45.0
	C 类粉煤灰			
烧失量/%	F 类粉煤灰	≤5.0	≤8.0	≤15.0
	C 类粉煤灰			
含水量/%	F 类粉煤灰	≤1.0		
	C 类粉煤灰			
SO_3 含量/%	F 类粉煤灰	≤3.0		
	C 类粉煤灰			
需水量比/%	F 类粉煤灰	≤95	≤105	≤115
	C 类粉煤灰			
f-CaO/%	F 类粉煤灰	≤1.0		
	C 类粉煤灰	≤4.0		
安定性（雷氏夹煮沸法）/mm	C 类粉煤灰	≤5.0		

2.2.6.2　活性

粉煤灰的活性是指粉煤灰中可溶性 SiO_2、Al_2O_3 等成分在常温下与水和水泥水化反应生成的 $Ca(OH)_2$ 缓慢地发生化合反应，生成不溶、安定的硅铝酸盐，即火山灰活性。此外，若粉煤灰本身含有足量 f-CaO，如高钙粉煤灰，在水环境下即可发生水化反应，具有水硬活性。

粉煤灰火山灰活性的起因是在玻璃体中硅酸根离子和铝酸根离子的离子配位数未饱和，即存在不饱和价键，结构不稳定，具有一定的潜在活性。当这些硅酸根离子和铝酸根离子受到碱性物质和硫酸盐的激发作用时，发生水化反应，生成低碱Ⅰ型水化硅酸钙（C

-S-H）凝胶，沉积在粉煤灰颗粒表面上，与水泥颗粒连接。随后水、OH^-和SO_4^{2-}不断地通过这些不大密实的覆盖层与粉煤灰中的硅酸根离子和铝酸根离子反应，形成更多的水化产物进一步填充和密实水泥石结构。反应如式（2.2-1）和式（2.2-2）所示。玻璃体含量、玻璃体中可溶性的SiO_2、Al_2O_3含量及玻璃体解聚能力决定了粉煤灰的火山灰活性。此外，CaO含量越高，粉煤灰活性越高。

$$SiO_2 + xCa(OH)_2 + (n-1)H_2O \Longrightarrow xCaO \cdot SiO_2 \cdot nH_2O \qquad (2.2-1)$$
$$Al_2O_3 + xCa(OH)_2 + (n-1)H_2O \Longrightarrow xCaO \cdot Al_2O_3 \cdot nH_2O \qquad (2.2-2)$$

通过研究粉煤灰化学成分与其活性的关系，一些国家在标准中对某些化学成分加以限定。如美国 ASTM C618-2008《用于混凝土的粉煤灰、原状及煅烧天然火山灰的技术标准》要求 $SiO_2 + Al_2O_3 + Fe_2O_3$ 不小于 70%，欧洲 EN 450-1-2005《用于混凝土的粉煤灰》要求 $SiO_2 + Al_2O_3 + Fe_2O_3$ 不小于 70%，活性 SiO_2 不小于 25%，日本 JIS A 6201-2008《用于混凝土的粉煤灰》要求 SiO_2 不小于 45%，苏联标准 GOST 6269-1963《掺入胶凝物质的活性矿物混合材料》要求 SiO_2 不小于 40%，我国多数电厂粉煤灰的 $SiO_2 + Al_2O_3$ 均在 60% 以上，$SiO_2 + Al_2O_3 + Fe_2O_3$ 的含量都大于 70%，故我国国家标准 GB 1596—2005《用于水泥和混凝土中的粉煤灰》和 DL/T 5055—2007《水工混凝土掺用粉煤灰技术规范》对粉煤灰的（$SiO_2 + Al_2O_3 + Fe_2O_3$）含量不做规定。

一般认为，Al_2O_3 含量为 20%～30%，即属高活性的粉煤灰，Al_2O_3 小于 20% 的低活性粉煤灰。苏联学者提出用指数 K 表示粉煤灰的活性，$K = (Al_2O_3 + CaO)/SiO_2$，根据 K 值把粉煤灰分成四大类，见表 2.2-5。

表 2.2-5　　　　　　　　　　K 值与粉煤灰活性的关系

分类	I类	II类	III类	IV类
活性	高	中	较低	低
K 值	0.8～1.0	0.6～0.8	0.4～0.6	<0.4

自从 Vicat 于 1837 年提出石灰吸收法以来，研究人员提出了许多评估火山灰材料火山灰活性的方法。如通过凝结时间的变化、氧化物的溶解度、电导率的变化、力学强度等，几乎所有国家的现行标准均采用砂浆的力学强度评价粉煤灰的活性，根据规定的比例用粉煤灰取代水泥制作砂浆，测试其抗压强度与纯水泥砂浆抗压强度之比。GB 1596—2005《用于水泥和混凝土的粉煤灰》规定当粉煤灰用作水泥的混合材时，其强度活性指数不小于 70%。

2.2.6.3 细度

一般来说，在粉煤灰的化学成分和烧失量相近条件下，细度越细，比表面积越大，其火山灰反应能力越强；此外，细度越细，球形颗粒含量越多，需水量比越小，减水效果越好，改善混凝土的和易性越明显，对混凝土强度的贡献越大。细颗粒含量较多的粉煤灰在混凝土中还能够起到有效填充作用，堵截混凝土内的泌水通道，减少泌水，增强混凝土拌和物的黏聚性，细化硬化混凝土的孔尺寸，改善孔结构，减少干缩变形，提高抗冻性。

目前各国粉煤灰细度指标的表征方法主要有两种。一种用比表面积（m^2/kg）表示，

一种用 $45\mu m$ 筛筛余量（%）表示。我国用后者作为表征粉煤灰细度的指标，筛余量越大，则细度值越大，表示粉煤灰越粗。一般来说，在粉煤灰的化学成分和烧失量相近的条件下，细度越小，比表面积越大，受激活反应能力就越强，对混凝土强度的贡献就越大。

粉煤灰细度与需水量比密切相关。如前所述，粉煤灰的颗粒大致可分为球形颗粒、不规则的多孔颗粒与不规则颗粒三类。粉煤灰中球形颗粒越多，起到的润滑效应越大，需水量比越少，减水效果就越好；反之，不规则形态颗粒越多，需水量比就越大。扫描电镜图片表明，粒径在 $45\mu m$ 以下的粉煤灰颗粒大部分为玻璃微珠；粒径大于 $45\mu m$ 的粉煤灰颗粒中含有漂珠或含碳粒的海绵状颗粒。与不规则颗粒相比，粉煤灰中球形微珠的表观密度通常较大，所以粉煤灰细度越小，微珠含量越多，相对密度越大，见表 2.2-6 和表 2.2-7。

表 2.2-6　　　　　　　　　　　粉煤灰细度与微珠含量之间的关系　　　　　　　　　　　%

粉煤灰品种	细度	微珠含量	需水量比
重庆电厂粉煤灰	5.2	75.0	94
珞璜电厂粉煤灰	12.6	73.1	98
汉川电厂粉煤灰	13.6	67.3	98
湘潭电厂粉煤灰	15.6	57.2	103

表 2.2-7　　　　　　　　　　　粉煤灰细度与相对密度之间的关系

粉煤灰类别	比表面积/(m²/kg)	相对密度/(kg/m³)	备注
筛分细灰	930	2440	
筛分中灰	490	2110	将原状粉煤灰筛分成细灰、中灰、粗灰，按比例为 10：25：65
原状粉煤灰	300	1990	
筛分粗灰	180	1880	

粉煤灰的水化反应速度与粉煤灰的细度有关。粉煤灰愈细，反应速度愈快，反应程度愈充分，体现在力学性能上则是各龄期抗压强度值愈高，见表 2.2-8。

表 2.2-8　　　　　　　　　　掺不同细度粉煤灰的水泥胶砂抗压强度发展情况

编号	比表面积/(m²/kg)	水灰比	抗压强度/MPa				备注
			3d	7d	28d	90d	
基准水泥胶砂	—	0.50	20.1	31.6	48.7	53.0	—
筛分细灰	930	0.44	24.9	31.0	53.2	60.1	粉煤灰掺量40%，保持胶砂的流动度为 110mm ±5mm
筛分中灰	490	0.45	16.9	22.3	37.1	52.3	
原状粉煤灰	300	0.46	11.6	20.5	30.1	42.1	
筛分粗灰	180	0.58	7.9	13.1	23.8	29.0	

随着粉煤灰细度的增大，其活性指数急剧下降，见表 2.2-9 试验结果。经一元非线性回归，发现粉煤灰活性指数与其细度呈指数函数变化趋势。

表 2.2 - 9				粉煤灰细度与其活性指数之间的关系				%
编号	1	2	3	4	5	6	7	8	9
细度	45.1	39.8	35.2	30.1	24.9	20.1	14.8	9.8	5.1
活性指数	14.5	17.0	19.5	22.7	26.4	30.5	35.6	41.3	47.5

值得注意的是，通过不同筛分系统得到的原状粉煤灰，与通过不同机械粉磨系统获得的磨细粉煤灰，它们的品质与性能是有差别的。原状粉煤灰细度越小，其减水效应越明显，而磨细粉煤灰在粉磨的过程中，破坏了一些球状微珠，减弱了粉煤灰的减水效应。

有学者研究了筛分粉煤灰与磨细粉煤灰之间物理化学性质的区别，结果见表2.2-10。在 $45\mu m$ 筛筛余值基本相同的情况下，筛分粉煤灰和磨细粉煤灰的密度差别不大；筛分粉煤灰的比表面积明显小于磨细粉煤灰，而且随着筛余值的减小差别更大；筛分粉煤灰比磨细粉煤灰有更低的需水量比，这是因为筛分粉煤灰中微珠含量较高的缘故；筛分粉煤灰的活性指数要明显小于磨细粉煤灰，因为通过粉磨作用，机械能转化为表面能，增加了粉煤灰的活性；从颗粒分布的均匀性系数来看，筛分粉煤灰高于磨细粉煤灰，说明筛分粉煤灰的颗粒分布较窄而磨细粉煤灰的颗粒分布较宽。较宽的颗粒分布更有利于水泥砂浆体系的密实程度，从而提高硬化浆体的强度。

表 2.2 - 10			筛分粉煤灰与磨细粉煤灰的品质参数比较				
种类	细度 /%	密度 /(kg/m³)	比表面积 /(m²/kg)	需水量比 /%	活性指数 /%	特征粒径 /μm	均匀性系数 n
筛分粉煤灰 1	18.8	2040	419	96.8	56.6	28.67	1.03
磨细粉煤灰 1	18.5	2050	448	102.0	62.0	31.42	0.92
筛分粉煤灰 2	13.5	2100	428	96.0	58.3	28.16	1.20
磨细粉煤灰 2	13.5	2070	495	100.0	65.9	23.58	0.95
筛分粉煤灰 3	9.6	2220	442	95.6	62.2	27.13	1.18
磨细粉煤灰 3	8.8	2130	514	99.2	70.6	19.54	0.94
筛分粉煤灰 4	3.6	2250	448	95.0	66.7	24.15	1.16
磨细粉煤灰 4	3.3	2270	730	98.8	79.7	9.22	0.98

2.2.6.4 烧失量

烧失量是粉煤灰品质的重要评价指标。烧失量是指粉煤灰中未燃烧完全的有机物，主要是未燃尽的碳粒，虽然还有其他物质如方解石等，但数量很少，所以烧失量基本上反映出含碳量的大小。这些未燃尽碳的存在，对粉煤灰质量有不利影响，进而影响混凝土质量。粉煤灰的含碳量与锅炉性质及燃烧技术有关，含碳量越高，其吸附性越大，需水量比越高，活性指数越低，造成混凝土泌水增多，干缩变大，降低了强度和耐久性。

碳粒属于惰性物质，粗大多孔，易吸水，遇水后会在颗粒表面形成一层憎水膜，阻碍水分进一步渗透，影响粉煤灰中活性氧化物与水泥水化产物 $Ca(OH)_2$ 的相互作用，不仅降低粉煤灰的活性，而且破坏混凝土内部结构，阻碍水化物的凝胶体和结晶体的生长与相互间的联结，造成内部缺陷，降低混凝土的性能，特别是混凝土的抗冻性。有关资料表明，粉煤灰的胶凝系数（反映粉煤灰胶凝活性）随着烧失量的增大（即未燃碳含量增多）而减小。

未燃碳对引气剂或引气减水剂等表面活性剂有较强的吸附作用，在通常的引气剂或引气减水剂掺量下，烧失量大（含碳量高）的粉煤灰会使混凝土中的含气量、气孔大小和气泡所占的空间达不到期望值，影响混凝土耐久性。

细度和烧失量是粉煤灰品质的重要评价参数，被国内外各标准用于划分粉煤灰品质等级，以及识别和判断粉煤灰的总体品质。

2.2.6.5　需水量比

需水量比是指在一定的稠度下，掺规定比例（通常为 30%）的粉煤灰与不掺粉煤灰的水泥砂浆的用水量之比。对于水工混凝土来说，粉煤灰需水量比是关键指标。因为混凝土的水胶比越大，孔隙率越高，随着用水量的增加，混凝土中较大的有害毛细孔也增多，降低了混凝土的耐久性。而且，水胶比大的混凝土在恶劣的环境中会进一步增加有害大孔的数量，从而进一步降低耐久性。因此降低混凝土的水胶比，减少用水量，成为提高混凝土耐久性的措施之一。粉煤灰的需水量比反映了颗粒形态效应——减水势能。需水量比小的粉煤灰，减水效果好，掺入混凝土中可以减少混凝土用水量，增加拌和物流动性，改善混凝土的强度、抗裂性及耐久性。影响粉煤灰需水量比的主要因素有细度、含碳量（烧失量）、颗粒形态等。图 2.2-3 统计了不同产地 82 种粉煤灰的需水量比与细度、烧失量间的关系。规律明显，烧失量大，细度大，则需水量大。

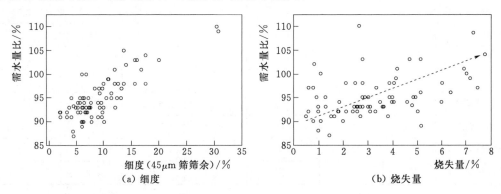

图 2.2-3　粉煤灰需水量比与细度、烧失量之间的关系

用于混凝土中的粉煤灰，应保证在相同坍落度下，不使混凝土的拌和水量显著增加，甚至希望粉煤灰具有部分减水效果，这就要求粉煤灰的需水量比尽量小。GB 1596—2005《用于水泥和混凝土中的粉煤灰》和 DL/T 5055—2007《水工混凝土掺用粉煤灰技术规范》规定，Ⅰ级粉煤灰的需水量比不大于 95%，掺入混凝土中具有减水作用，减水率一般为 10% 左右，部分Ⅱ级粉煤灰也具有一定的减水作用，但减水率较小，在 4% 左右，而Ⅲ级粉煤灰不但无减水作用，还会较为显著地增加混凝土的拌和水量。

美国材料试验协会曾经用细度和烧失量的乘积作为组合因子来评价粉煤灰的品质，并建立了需水量比与此组合因子的线性回归方程：需水量比＝2.6＋0.086×组合因子。按统计结果，粉煤灰需水量比与组合因子之间的关系，如图 2.2-4 所示，粉煤灰的需水量比与组合因子呈正线性增长趋势。英国建筑研究协会（BRE）则根据此组合因子判断粉煤灰的减水能力，并据此将粉煤灰划分为若干等级，见表 2.2-11。根据此组合因子，GB/T 1596—2005《用于水泥和混凝土中的粉煤灰》中各等级粉煤灰的技术指标列于表 2.2-12 中。

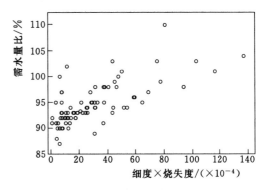

图 2.2-4 粉煤灰需水量比与组合因子之间的关系

粉煤灰的需水量比与其球状微细颗粒含量、形态和颗粒分布有一定关系。当烧失量和细度指标均相近时，粉煤灰的需水量比也有一定差别。球状微细颗粒含量越多，滚珠轴承作用和润滑作用越显著，减水效果越好，粉煤灰的需水量比越小。通过对粉煤灰颗粒分布的研究发现，小于 $20\mu m$ 的颗粒越多，粉煤灰需水量比越小。原状粉煤灰经粉磨后，由于破坏了一些球状微珠，虽然获得了较高的表面能，但同时也减弱了粉煤灰的减水效应，如表 2.2-13 所示。当掺入减水剂之后，减水剂优先选择吸附于磨细粉煤灰颗粒上，而由于静电斥力使水泥颗粒迅速分散开来，表现出较好的和易性，但由于相当比例的水分被具有巨大比表面积的磨细灰颗粒所吸附，所以要达到相同流动性，反而需要更多的水。

表 2.2-11　　　　　用细度与烧失量的乘积作组合因子划分粉煤灰等级

等级	细度×烧失量	减水能力
Ⅰ级	<50	减水量大
Ⅱ级	50～100	中等减水
Ⅲ级	100～150	少量减水
Ⅳ级	>150	无减水性能

表 2.2-12　　　　　GB/T 1596—2005 中各等级粉煤灰技术要求

等级	细度/%	烧失量/%	细度×烧失量
Ⅰ级	≤12.0	≤5.0	≤60
Ⅱ级	≤25.0	≤8.0	≤200
Ⅲ级	≤45.0	≤15.0	≤675

表 2.2-13　　　掺原状粉煤灰与磨细粉煤灰的水泥浆体标准稠度用水量比较

粉煤灰品种	勃氏比表面积 /(m²/kg)	标准稠度用水量 （不掺减水剂）	标准稠度用水量 （掺 0.5%减水剂）
原状粉煤灰	682	130	97
原状粉煤灰	316	138	112
磨细粉煤灰	391	137	115

粉煤灰品种	勃氏比表面积 /(m²/kg)	标准稠度用水量 （不掺减水剂）	标准稠度用水量 （掺 0.5% 减水剂）
磨细粉煤灰	445	137	115
磨细粉煤灰	513	135	121
磨细粉煤灰	549	135	120

高钙灰的熔点较低，较易形成球状玻璃体，其减水特性极为明显。高钙灰的需水量比随 f-CaO 含量提高而递减，在相同掺下，高钙灰中的 f-CaO 含量越大，粉煤灰的需水量比越小，减水效果越好。f-CaO 含量 1.6%～7.0% 的粉煤灰需水量比为 98%～87%。f-CaO 含量一定时，需水量比随高钙灰掺量的提高而减小，f-CaO 为 2.18% 的高钙灰，当掺量从 15% 提高至 50% 时，其减水率可达 7%～17%。

2.2.6.6　SO₃ 含量

粉煤灰中的 SO_3 一般以硫酸盐形式存在。GB/T 1596—2005《用于水泥和混凝土中的粉煤灰》和 DL/T 5055—2007《水工混凝土掺用粉煤灰技术规范》中限制粉煤灰中的 SO_3 含量不超过 3%，过高 SO_3 含量的粉煤灰掺入混凝土后，Na_2SO_4、K_2SO_4 等硫酸盐与水泥水化产物 $Ca(OH)_2$ 作用，生成 $CaSO_4$，$CaSO_4$ 再与水泥中铝酸三钙（C_3A）的水化产物水化铝酸钙反应，生成三硫型水化硫铝酸钙（钙矾石），最终使固相体积增加至约 2.27 倍左右。该反应在水泥水化后期发生可能使混凝土结构产生膨胀破坏，但是如果在早期生成硫铝酸钙，则对早期强度有利。研究发现，粉煤灰内适当的 SO_3 含量可以降低混凝土的自收缩，这主要是因为 SO_3 附着于粉煤灰颗粒表面，在搅拌的过程中极易溶解出来，生产钙矾石，抑制混凝土的收缩。对我国 22 个火电厂的粉煤灰 SO_3 含量进行检测，其最高值为 1.05%，最小值为 0.05%，平均值为 0.37%，一般不超过 3%。

2.2.6.7　碱含量

混凝土中碱含量过高可能会引起碱-骨料反应。GB/T 1596—2005《用于水泥和混凝土中的粉煤灰》和 DL/T 5055—2007《水工混凝土掺用粉煤灰技术规范》均没有对粉煤灰中的碱含量（Na_2O 和 K_2O）作限值规定，但是说明当粉煤灰用于活性骨料混凝土，需要限制碱含量时，由买卖双方协商确定。粉煤灰作为混凝土的掺和料，本身具有抑制碱-骨料反应膨胀的效果，且粉煤灰中的碱大部分固溶在其他矿物中，可溶性碱较少。研究表明，粉煤灰中的可溶性碱占总碱含量的 20% 左右。其次，混凝土总碱含量是由水泥、矿物掺和料、化学外加剂等各组分碱含量之和确定的，可以通过多种途径来控制混凝土的总碱含量。在其他组分碱含量得到控制的条件下，可以使用碱含量稍高的粉煤灰，而仍然把总碱量控制在要求的范围内。DL/T 5298—2013《水工混凝土抑制碱-骨料反应技术规范》根据水工建筑物级别对混凝土总碱量进行限制，见表 2.2-14。三峡工程为防止混凝土产生碱-骨料破坏，限制粉煤灰碱含量（Na_2O%＋0.658 K_2O%）不得超过 1.7%。

表 2.2 - 14		混凝土中最大总碱量限制				单位：kg/m³
骨料类型		碱-硅酸反应活性骨料			碱-碳酸盐反应活性骨料		
水工建筑物级别		1 级	2 级、3 级	4 级、5 级	1 级	2 级、3 级	4 级、5 级
环境条件	干燥环境	3.0	3.5	不限制	3.0	3.5	不限制
	潮湿环境	2.5	3.0	3.5	用非碱活性骨料		
	含碱环境	用非碱活性骨料			用非碱活性骨料		

2.2.6.8 氧化钙含量

过高的游离氧化钙会引起水泥混凝土体积安定性不良。GB/T 1596—2005《用于水泥和混凝土中的粉煤灰》和 DL/T 5055—2007《水工混凝土掺用粉煤灰技术规范》规定 C 类粉煤灰按照 GB/T 176—2008《水泥化学分析方法》和 GB/T 1346—2011《水泥标准稠度用水量、凝结时间、安定性检验方法》规定的方法进行水泥沸煮安定性试验和游离氧化钙含量测试。安定性试验合格，并且其中游离氧化钙含量小于 4.0% 时，高钙粉煤灰才可以用于水泥和混凝土中。

2.2.6.9 均匀性

粉煤灰是燃煤电厂的工业副产品，其品质性能波动很大，粉煤灰的均匀性对混凝土质量影响较大。美国和日本标准均有粉煤灰均匀性的要求，作为推荐性条款列出，以细度均匀程度作为均匀性评价指标。ASTM C618 - 2008《用于混凝土的粉煤灰、原状及煅烧天然火山灰的技术标准》规定单一样品的细度（45μm 筛筛余）与前 10 个样品细度平均值（或所有样品细度平均值，当 $n<10$ 时）的偏差不应超过 5%；JIS A 6201 - 2008《用于混凝土的粉煤灰》规定试验样品的细度（45μm 筛筛余）与基准值的偏差不应超过 5%，基准值由买卖双方共同商定。由于不同等级的粉煤灰细度差别较大，最大偏差难以统一，且不同品种粉煤灰的细度偏差对混凝土性能影响不一，因此 DL/T 5055—2007《水工混凝土掺用粉煤灰技术规范》规定当对粉煤灰的均匀性有要求时，其最大偏差范围由买卖双方协商确定。

2.3 矿渣粉

2.3.1 矿渣粉的定义

在水泥混凝土工业中，矿渣通常是指粒化高炉矿渣，是钢铁厂冶炼生铁过程中产生的副产品。GB/T 203—2008《用于水泥中的粒化高炉矿渣》定义粒化高炉矿渣为：在高炉冶炼生铁时，所得以硅铝酸盐为主要成分的熔融物，经淬冷成粒后，具有潜在水硬性的材料。粒化高炉矿渣经干燥、粉磨达到适当细度的粉体称为矿渣粉。GB/T 18046—2008《用于水泥和混凝土中的粒化高炉矿渣粉》定义矿渣粉为：以粒化高炉矿渣为主要原料，可掺加少量石膏磨制成一定细度的粉体。磨细后的矿渣粉用作混凝土掺和料，具有更高的活性，而且品质和均匀性更易保证，掺入混凝土中不仅可以节约水泥，降低胶凝材料水化热，而且可以改善混凝土的某些性能，如显著提高混凝土的强度，降低混凝土的绝热温升，提高其抗渗性及对海水、酸及硫酸盐等的抗化学侵蚀能力，具有抑制碱-骨料反应效果等。自 19 世纪 60 年代以来，矿渣作为一种辅助胶凝材料获得了大量的研究与应用，被广泛应用于水泥混凝土工业。

2.3.2　矿渣粉的分类

由于炼铁原料品种和成分的变化以及生产工艺的影响，矿渣的组成和性质具有较大的变动范围。

按照冶炼生铁的品种可以将矿渣分为铸造生铁矿渣、炼钢生铁矿渣和特种生铁矿渣（用含有其他金属的铁矿石熔炼时排出的矿渣）。目前，我国矿渣种类以铸造生铁矿渣及炼钢生铁矿渣最多。

按照矿渣的碱性率 M_0 可把矿渣分为：碱性矿渣（$M_0 > 1$）、中性矿渣（$M_0 = 1$）、酸性矿渣（$M_0 < 1$）。高炉矿渣的碱性率是其碱性氧化物之和与酸性氧化物之和的比值，即

$$M_0 = (CaO + MgO)/(SiO_2 + Al_2O_3)$$

按化学成分，矿渣可分为硅质的（SiO_2 含量大于 40%）、矾土质的（Al_2O_3 含量大于15%）、石灰质的（CaO 含量大于 50%）、镁质的（MgO 含量大于 10%）、铁质的（Fe_2O_3 含量大于 5%）、锰质的（MnO 含量大于 5%）、磷质的（P_2O_5 含量大于 3%）、钛质的（TiO_2 含量大于 5%）、硫质的（CaS 含量大于 5%）。此外，根据 TiO_2 含量的不同，还可以将矿渣分为高钛矿渣（不小于 10%）和普通高炉矿渣（小于 10%），两者在化学组成上相似，但性能上有较大的差别，主要体现在水化活性上。

2.3.3　矿物组成

粒化高炉矿渣以玻璃相为主，含有少量的晶体矿物。

高炉矿渣中含有的矿物及其化学式见表 2.3-1。影响粒化高炉矿渣矿物组成的因素包括原燃料组成、助熔剂品种、生产环境和冷却条件等。在碱性高炉矿渣中，强碱性正硅酸盐是最主要的矿物成分。若 Al_2O_3 含量较高会有硅酸二钙存在；在 Al_2O_3 和 MgO 含量均较多时，会出现黄长石即硅铝酸二钙和镁方柱石的混合晶体；当有多量硫存在时，则有 CaS 出现。在酸性高炉矿渣中，由于 SiO_2 含量较多，所以有酸性较高的矿物存在，除了硅铝酸二钙以外，往往还存在较多弱碱性的假硅灰石，当高炉矿渣酸性很大，而 Al_2O_3 含量也增加时，矿渣中析出的主要矿物是钙长石。

表 2.3-1　　　　　　　　高炉矿渣中含有的矿物及其化学式

矿物名称	化学式	矿物名称	化学式
硅铝酸二钙	$2CaO \cdot Al_2O_3 \cdot SiO_2$	硫化钙	CaS
镁方柱石	$2CaO \cdot MgO \cdot 2SiO_2$	硫化锰	MnS
β 型硅酸二钙	$\beta-2CaO \cdot SiO_2$	玻璃体	组成不定
γ 型硅酸二钙	$\gamma-2CaO \cdot SiO_2$	假硅灰石	$\alpha-CaO \cdot SiO_2$
钙长石	$CaO \cdot Al_2O_3 \cdot 2SiO_2$	硅钙石	$3CaO \cdot 2SiO_2$
尖晶石	$MgO \cdot Al_2O_3$	钙镁橄榄石	$CaO \cdot MgO \cdot SiO_2$

玻璃体矿渣的成分可以分成三类：网络形成体、网络改变体和中间体。网络形成体具有小的离子半径、最高的离子电价，周围连接 4 个氧原子组成四面体，四面体间连接成不规则的三维网络结构，网络形成体和氧原子之间的键能一般都大于 $335kJ/mol$。Si 和 P 是典型的网络形成体，网络形成体含量越高，玻璃体的聚合度就越高。网络改变体的配位数为 6 或 8，并且具有较大的离子半径，它们扭曲和解聚网络结构，网络改变体和氧原子之间的键能一般都小于 $210kJ/mol$，Na、K 和 Ca 离子是玻璃体矿渣中典型的网络改变体。中间体是既能成为网络形成体又能成为网络改变体的元素，两性金属 Al 和 Mg 是典型的中间体，它们成为网络形成体时的配位数是 4，成为网络改变体时的配位数是 6，与氧原子结合的键能大约为 $210\sim335kJ/mol$。网络形成体的数量越多，玻璃体的活性越低，无序程度越高，活性越高。

根据矿渣的聚合度，可以将矿渣分为四类：①正硅酸盐矿渣，聚合度 $0.250\sim0.286$，由被 Ca^{2+} 隔离的孤岛状 SiO_4 四面体组成；②黄长石型矿渣，聚合度 $0.286\sim0.333$，由部分 SiO_4 四面体相互连接形成二聚正硅酸盐（$[Si_2O_7]^{-6}$，或称焦硅酸盐），或者由部分 SiO_4 四面体连接 AlO_4 组成；③钙硅石型矿渣，聚合度 $0.286\sim0.333$，由环状或链状 SiO_4 四面体组成，当单位摩尔质量中（$SiO_2+2/3Al_2O_3$）小于 50% 时，矿渣组成孤岛状四面体和二聚正硅酸盐，当单位摩尔质量中（$SiO_2+2/3Al_2O_3$）大于 50% 时，是有限空间群；④钙长石型矿渣，聚合度 $0.286\sim0.333$，由三维架状结构的 SiO_4 和 Al—O 四面体组成，阳离子 Ca^{2+} 填充在结构的空隙中。

2.3.4 化学成分

从化学成分来看，高炉矿渣属于硅铝酸盐质材料。矿渣的主要化学成分与水泥熟料相似，只是 CaO 含量略低，即由 CaO、MgO、SiO_2 和 Al_2O_3 四种主要成分以及 MnO、Al_2O_3、S 等微量成分组成的硅酸盐和铝酸盐，上述四种主要成分在高炉矿渣中占 95% 以上。其含量随着钢铁厂家原材料和高炉工艺条件的差别变动范围很大。对于同一厂家而言，除非生铁成分的改变需要调整原材料和高炉操作工艺，矿渣的碱性氧化物和酸性氧化物的比例不会产生明显差别。表 2.3 - 2 给出了我国部分钢铁厂排放矿渣的化学成分。由表中数据可知，我国高炉矿渣大部分接近于中性矿渣（碱性率 $M_0\approx1$），高碱性及酸性矿渣数量不多。

表 2.3 - 2　　　　　　　　我国部分钢铁厂高炉矿渣的化学成分

矿渣产地	矿渣化学成分/%								碱度 M_0
	SiO_2	Al_2O_3	Fe_2O_3	CaO	MgO	MnO	TiO_2	S	
北京	32.62	9.92	4.21	41.53	8.89	0.29	0.84	0.70	1.19
邯郸	37.83	11.02	3.47	45.54	3.52	0.29	0.30	0.88	1.00
唐山	33.84	11.68	2.20	38.13	10.61	0.26	0.21	1.12	1.07
本溪	37.50	8.08	1.00	40.53	9.56	0.16	0.15	0.66	1.10
鞍山	40.55	7.63	1.37	42.55	6.16	0.08	—	0.87	1.01
马鞍山	33.92	11.11	2.15	37.97	8.03	0.23	1.10	0.93	1.02
临汾	35.01	14.44	0.88	36.78	9.72	0.30	—	0.53	0.94

续表

矿渣产地	矿渣化学成分/%								碱度 M_0
	SiO_2	Al_2O_3	Fe_2O_3	CaO	MgO	MnO	TiO_2	S	
武汉	34.66	15.02	0.68	43.45	5.35	0.21	0.04	0.66	0.98
太原	37.00	10.99	1.00	45.10	3.03	0.27	—	0.09	1.00
济南	34.58	14.02	0.68	41.71	7.13	0.45		1.14	1.00
新乡	40.40	11.10	3.88	40.06	4.73	0.08		0.69	0.87
西安	32.10	10.84	0.46	51.64	3.74	0.03		1.83	1.29
郑州	30.92	21.50	1.45	42.21	1.44	0.11		0.48	0.83
昆明	38.00	5.13	1.75	48.91	2.41	0.60		0.68	1.19
贵州	30.80	11.41	1.36	45.44	8.55	0.00	—	2.06	1.28

矿渣与水泥和水混合后，其水化产物与水泥的水化产物相同，均为水化硅酸钙凝胶（C-S-H）和水化铝酸钙。矿渣和硅酸盐水泥主要三组分如图 2.3-1 所示。从图上可看出，矿渣与硅酸盐水泥主要三组分大致处于相同的区域。

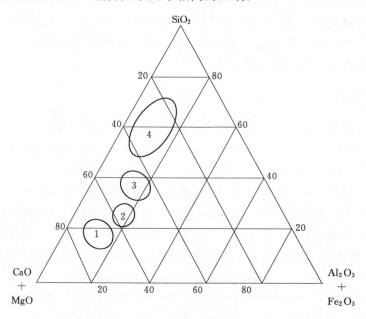

图 2.3-1 矿渣和硅酸盐水泥的主要三组分
1—普通硅酸盐水泥；2—矿渣硅酸盐水泥；
3—碱性高炉矿渣；4—酸性高炉矿渣

矿渣的化学成分对其活性指数影响较大，CaO、Al_2O_3、MgO 含量高，对矿渣的活性有利。但当 CaO 的含量过多时，矿渣在熔融状态下的黏度过大，在淬冷条件较差时，易于生成结晶体，对矿渣活性产生不利的影响；MgO 对矿渣的活性有利，大多是与 SiO_2 或 Al_2O_3 形成化合物，或固溶于其他矿物中，除非是矿渣中 MgO 含量过多（如大于 20%），所含 MgO 不会造成水泥安定性不良；SiO_2 含量高的矿渣黏度大，易于成粒，形成玻璃体，SiO$_2$ 含量越多，矿渣的活性越差；矿渣中的 CaS 与水作用能生成 Ca（OH）$_2$，起碱性激发剂的作用，对活性有利；锰和钛的化合物在矿渣中是有害成分，钛（以 TiO$_2$ 计）在矿渣中生成钛钙石，使活性降低，锰（以 MnO 计）能和矿渣中的 S 化合生成 MnS，使有益的 CaS 减少，同时，MnO 还会使矿渣易于结晶。

　　磨细矿渣（矿渣粉）中的一些化学成分对混凝土性能不利，国家标准对其有明确限值要求，如对钢筋有锈蚀作用的氯离子含量、影响混凝土碱-骨料反应的碱含量、影响混凝土体积稳定性的三氧化硫含量等。我国部分矿渣中有害化学成分含量见表 2.3-3。

表 2.3-3　　　　　　　　　　　矿渣粉中有害化学成分含量　　　　　　　　　　　　%

矿渣粉产地	烧失量	SO$_3$	K$_2$O	Na$_2$O	Cl$^-$
宝钢-700	2.32	5.92	—	—	0.0086
武钢-300	0.31	2.06	0.46	0.36	0.0034
武钢-600	0.82	2.11	0.57	0.45	0.0046
武钢-800	0.36	2.26	0.40	0.36	0.0062
佛山-400	4.25	2.70	0.56	0.32	0.0067
佛山-500	2.91	2.82	—	—	0.0010
佛山-600	2.36	2.34	—	—	0.0086

2.3.5　颗粒特征

　　矿渣粉的颗粒形态，诸如颗粒级配、粒径分布、颗粒形貌等特征参数与水泥基材料的流动性、密实性及力学性能也有密切的关系。矿渣粉颗粒典型 SEM 图片如图 2.3-2 所示。表 2.3-4 给出了磨细矿渣粒径分布的分析结果。

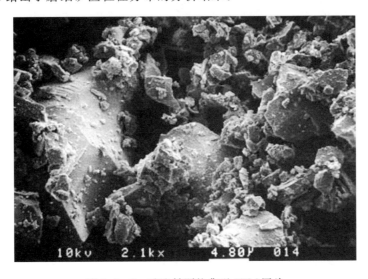

图 2.3-2　矿渣粉颗粒典型 SEM 图片

表 2.3-4   磨细矿渣粒径分布分析结果

矿渣种类	粒径分布/%						平均粒径 /μm	密度 /(g/cm³)
	<2μm	<4μm	<8μm	<16μm	<32μm	<64μm		
WS-400	13.9	19.5	32.4	53.3	78.6	92.6	14.5	2.89
WS-600	32.5	42.8	64.9	87.5	100.0	100.0	4.90	—
WS-700	29.6	40.4	62.1	85.0	—	—	5.30	—
WS-800	45.1	56.4	81.1	95.2	—	—	2.50	2.90
SS-300	15.1	15.1	23.9	35.0	61.8	92.0	21.20	2.87
AS-400	19.2	38.5	61.5	84.3	97.1	100	7.13	2.86
AS-700	36.8	65.4	91.2	99.3	100	100	2.93	2.86
TS	29.4	55.8	86.3	98.6	100	100	3.67	2.88

注 WS 为武钢矿渣（400m²/kg、600m²/kg、700m²/kg 和 800m²/kg）；SS 为首钢矿渣（300m²/kg）；AS 为安阳汾江水泥厂磨细矿渣（400m²/kg、700m²/kg）；TS 为唐山唐龙矿渣厂生产的磨细矿渣（430m²/kg）。

从表 2.3-4 可见，随着磨细矿渣比表面积的增大，矿渣的平均粒径减小。当 WS 矿渣比表面积为 400m²/kg 时，平均粒径为 14.5μm；比表面积为 800m²/kg 时，平均粒径为 2.5μm，仅为比表面积 400m²/kg 的矿渣粒径的 1/6 左右。

粒径大于 45μm 的矿渣颗粒很难参与水化反应，因此要求用于高性能混凝土的矿渣粉比表面积超过 400m²/kg，以较充分地发挥其活性，减小泌水性。比表面积为 600～1000m²/kg 的矿渣粉用于配制高强混凝土时的最佳掺量为 30%～50%。矿渣磨得越细，其活性越高，掺入混凝土后，早期产生的水化热越大，越不利于降低混凝土的温升；矿渣粉磨得越细，掺量越大，则低水胶比的高性能混凝土拌和物越黏稠，混凝土早期的自收缩随掺量的增加而增大；此外，粉磨矿渣要消耗能源，成本较高。用于高性能混凝土的矿渣粉的细度一般要求比表面积达到 400m²/kg 以上，至于最佳细度的确定，需根据混凝土工程的性能要求，综合考虑混凝土的温升、自收缩以及电耗成本等多种因素。

2.3.6 品质指标

2.3.6.1 矿渣粉的分级标准

GB/T 18046—2008《用于水泥和混凝土中的粒化高炉矿渣粉》中按 28d 活性指数，将矿渣粉分为 S75、S95、S105 三个等级。各等级矿渣粉的技术指标见表 2.3-5。

表 2.3-5   用于水泥和混凝土中的粒化高炉矿渣粉的技术指标（GB/T 18046—2008）

项　　目		级别		
		S75	S95	S105
密度/(kg/m³)		≥2800		
比表面积（m²/kg）		≥300	≥400	≥500
活性指数/%	7d	≥55	≥75	≥95
	28d	≥75	≥95	≥105

续表

项　目	级别		
	S75	S95	S105
流动度比/%	≥95		
含水量（质量分数）/%	≤1.0		
SO₃（质量分数）/%	≤4.0		
Cl⁻（质量分数）/%	≤0.06		
烧失量（质量分数）/%	≤3.0		
玻璃体含量（质量分数）/%	≥85		

2.3.6.2 比表面积

高炉矿渣中虽然含有比较多的 CaO、Al_2O_3 等活性物质，但具有稳定的玻璃体结构，很难和水自然、迅速地发生反应，必须经过一定的激发后才具有水化活性。通常采用物理活化方法将矿渣粉碎研磨，使矿渣的玻璃体结构遭到破坏，将活性的 CaO、Al_2O_3 成分从玻璃体中暴露出来，同时增大比表面积，加速矿渣的反应速度。实践表明，矿渣粉磨到一定程度以后，能表现出较好的水硬性质。

组分相同的矿渣，其活性取决于比表面积，矿渣的颗粒越细，活性越强。比表面积对矿渣粉活性指数的影响如图 2.3-3 所示，随矿渣粉比表面积增大，早期（3d、7d）活性指数显著增加，但对后期（28d）的活性指数影响不大。矿渣粉细度对水泥净浆抗压强度与脆性系数（抗压强度与抗折强度之比）的影响见图 2.3-4 和表 2.3-6，随矿渣粉比表面积增大，硬化浆体早期（3d、7d）的脆性系数越大，但后期（28d）的脆性系数越小。这表明高比表面积矿渣对水泥浆体早期抗压强度的增长贡献较大，对早期抗折强度的增长贡献较小。

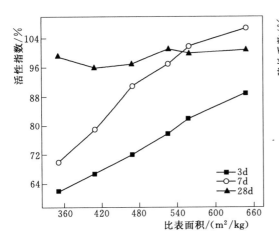

图 2.3-3　矿渣粉比表面积
对其活性指数的影响

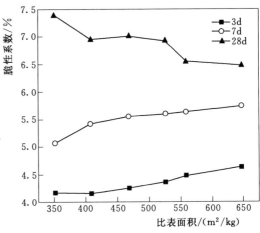

图 2.3-4　矿渣粉比表面积对水泥
硬化浆体脆性系数的影响

表 2.3 - 6　　掺不同细度矿渣粉对水泥净浆浆体的抗压强度与脆性系数的影响

编号	矿渣		抗压强度/MPa			脆性系数		
	比表面积 /(m²/kg)	掺量 /%	3d	7d	28d	3d	7d	28d
基准	—	0	23.5	39.2	60.5	5.34	6.32	7.86
S1	351	50	14.6	27.4	59.8	4.17	5.07	7.38
S2	408	50	15.8	30.9	57.8	4.16	5.42	6.96
S3	468	50	17.0	35.6	58.9	4.25	5.56	7.01
S4	526	50	18.3	38.1	60.9	4.36	5.60	6.92
S5	559	50	19.2	40.0	60.8	4.47	5.63	6.54
S6	648	50	20.9	41.9	60.9	4.64	5.74	6.48

　　不同细度矿渣粉对混凝土抗压强度的影响列于表 2.3 - 7，当矿渣比表面积从 $430m^2/kg$ 增加到 $910m^2/kg$ 时，混凝土 7d、28d 抗压强度也随之增大。值得注意的是，在掺矿渣混凝土中，矿渣粉并不是越细越好。当矿渣比表面积超过 $720m^2/kg$ 时，拌和物坍落度反而变小，且混凝土抗压强度呈降低趋势。有学者研究了不同品种矿渣粉对混凝土性能的影响情况。试验结果分析表明，矿渣粉的比表面积越大，混凝土的早期强度越高，但拌和物的坍落度损失较快，且混凝土的收缩、徐变也较大；混凝土的氯离子扩散系数随矿渣粉的比表面积增大而减小。抗裂性试验表明，掺用比表面积小的磨细矿渣粉的混凝土与掺用比表面积大的矿渣粉的混凝土相比，其早期抗裂性更优。

表 2.3 - 7　　　　　矿渣粉细度对混凝土坍落度及强度的影响

矿渣掺量 /%	比表面积 /(m²/kg)	坍落度 /mm	抗压强度/MPa	
			7d	28d
0	—	30	52.2	62.5
30	430	105	42.8	50.7
	570	140	49.3	56.5
	720	165	65.5	79.8
	910	150	55.3	69.4
	1100	135	46.8	68.0
40	430	105	41.2	48.7
	570	145	47.5	55.8
	720	175	63.4	78.4
	910	150	54.6	58.5
	1100	110	43.4	65.4

2.3.6.3　活性指数

　　与水泥的胶凝性能相比，影响矿渣胶凝性能或活性指数的影响因素具有类似的特征。这些因素包括化学成分、玻璃体含量、细度、水化温度、系统中的碱离子浓度等。某些激发剂，如碱、硫酸可以激活矿渣的胶凝性，这些激发剂可以与矿渣发生反应，离解矿渣的玻璃体，生成水化硅酸钙和水化铝酸钙，区别于火山灰效应，因为矿渣本身有较高的 $CaO(MgO)$ 含量，能够直接参与水化过程。

为了规范矿渣粉的品质，世界各国大部分都对矿渣的活性指数及测试方法作了规定，基本都是采用掺 50% 矿渣的水泥砂浆和纯水泥基准砂浆在规定龄期的平均抗压强度之比来表征，见表 2.3-8。

表 2.3-8　　　　　　　　　　不同国家矿渣粉的活性指数

国家	日本 JIS A 6206-1997			美国 ASTM C 989-10			欧洲 EN 15167-2006	中国 GB/T 18046—2008		
等级	4000	6000	8000	80	100	120		S75	S95	S105
活性指数 7d	>55	>75	>95	—	≥75	≥95	45	≥55	≥75	≥95
28d	>75	>95	>105	≥75	≥95	≥115	70	≥75	≥95	≥105
91d	>95	>105	>105	—	—	—	—	—	—	—

2.3.6.4　流动度比

流动度比是指在相同用水量的条件下，掺 50% 矿渣粉与不掺矿渣粉的基准水泥砂浆的流动度之比。流动度比越大，表明掺矿渣粉混凝土工作性能就越好，对混凝土的性能有利。矿渣粉流动度比与其化学成分、细度、颗粒形态与级配等有关。GB/T 18046—2008《用于水泥和混凝土中的粒化高炉矿渣粉》规定矿渣粉的流动度比不小于 95%。颗粒粒径和级配合适的矿渣粉不会引起混凝土工作性能或用水量较大的波动。

2.3.6.5　SO_3 含量

在水泥-矿渣胶凝体系中，水泥熟料水化产生 $Ca(OH)_2$，若矿渣粉中含有较多的硫酸盐，则有利于矿渣活性的激发。矿渣中 SO_3 含量较高时，矿渣的活性也较大，对混凝土的早期强度有利。但过多的 SO_3 可能引起延滞性的三硫型水化硫铝酸钙在水泥混凝土中的生成，对混凝土的体积稳定性不利。

GB/T 203—2008《用于水泥中的粒化高炉矿渣》规定，矿渣中硫化物含量（以 S 计）不大于 3.0%；GB/T 18046—2008《用于水泥和混凝土中的粒化高炉矿渣粉》要求矿渣粉中 SO_3 含量不大于 4.0%。

2.4　磷渣粉

2.4.1　磷渣粉的定义

磷渣是电炉法炼磷工业的副产品。GB/T 6645—2008《用于水泥中的粒化电炉磷渣》中定义，凡用电炉法制黄磷时，所得到的以硅酸钙为主要成分的熔融物，经淬冷成粒，即粒化电炉磷渣，简称磷渣。水淬粒化电炉磷渣的粒径在 0.5~5mm 之间，堆积密度为 800~1000kg/m³，通常为黄白色或灰白色，如含磷量较高时，则呈灰黑色。磷渣经磨细加工制成的粉末即为磷渣粉。

天然磷矿石可分为磷灰石和磷块岩两种，主要成分都是氟磷酸钙 $[Ca_5F(PO_4)_3]$。电炉法炼磷时，在密封式电弧炉中，用焦炭和硅石分别作还原剂和成渣剂，在 $1400\sim1600℃$ 的高温下磷矿石发生熔融、分解、还原反应。焦炭在与磷矿石中的氧结合后将气态磷释放出来，磷矿石中分解的 CaO 和硅石中的 SiO_2 结合，形成熔融炉渣从电炉排出，在炉前经高压水淬冷形成粒化电炉磷渣，其主要化学反应见式（2.4-1）。

$$Ca_3(PO_4)_2+5C+3xSiO_2 \longrightarrow 3(CaO \cdot xSiO_2)+P_2\uparrow+5CO\uparrow \qquad (2.4-1)$$

20 世纪 80 年代以来，我国黄磷工业得到了迅速发展。据统计，我国 2008 年黄磷生产能力就超过 200 万 t，占世界总生产能力的 80％以上，是世界上最大的黄磷生产、消费和出口国家。每生产 1t 黄磷将产生 8～10t 磷渣，但我国磷渣年处理量仅占产渣量的 20％不到，每年的磷工业排放出大量的磷渣，除少量作为建材原料和生产农用硅肥外，大量磷渣只能露天堆放，既占用了大量的土地资源，其内所含的磷和氟还会造成环境污染，污染地表和地下水资源，危及径流地区人畜的安全。因此，磷渣的排放和综合利用成为磷工业面临的首要问题。

我国于 1986 年发布的 GB/T 6645—1986《用于水泥中的粒化电炉磷渣》规定了磷渣用作水泥混合材的品质要求。1988 年发布的 JC/T 740—1988《磷渣硅酸盐水泥》规定采用粒化电炉磷渣作为混合材生产磷渣水泥，允许掺量可达 20％～40％。除做水泥混合材外，由于主要成分为 CaO 和 SiO，并含有磷、氟，磷渣还可以用作水泥生产的钙质、硅质原料或矿化剂，降低水泥生产能耗。苏联将磷渣作为矿化剂大量用于制造抗硫酸盐水泥以及白色水泥，并以磷渣为主要原材料、掺加主要成分为水泥、石灰、水泥二次粉尘、氯化镁和苛性钠的 2％～12％的少量外加剂，研制出无需焙烧的磷渣胶凝材料，批量生产砌块、人行道板及流槽。长江科学院与湖北兴山县水泥厂于 1985 年合作研制了低熟料型磷渣水泥，磷渣粉掺量达到 70％～75％。

磷渣粉是一种很好的混凝土掺和料，可大幅度降低混凝土水化热和绝热温升，提高混凝土的抗拉强度、极限拉伸值和抗裂性能，改善混凝土耐久性能，其特有的缓凝性能可以满足大体积混凝土的施工需要，尤其适合应用于大体积的水工混凝土中。随着西部水利资源的深入开发，大型水利水电工程相继启动，充分利用区域磷渣资源优势，可以弥补部分地区的粉煤灰掺和料资源短缺问题，推动水电建设的可持续发展。

2.4.2　矿物组成

淬冷后的粒状磷渣主要为玻璃体结构，其玻璃体含量高达 83％～98％，含有一定量的假硅灰石（α - $CaO \cdot SiO_2$、β - $2CaO \cdot SiO_2$、$5CaO \cdot 3Al_2O_3$）、硅钙石（$3CaO \cdot 2SiO_2$）和枪晶石（$3CaO \cdot 2SiO_2 \cdot CaF_2$）等矿物，一般还会残留少量的五氧化二磷（$P_2O_5$）。若将高温熔融炉渣自然慢冷（气冷），则成为块状磷渣，它的主要结晶化合物为 $CaO \cdot SiO_2$，气冷磷渣活性很低，一般只能作为铺路石或混凝土骨料。

2.4.3　化学成分

磷渣主要化学成分为 CaO 和 SiO_2。CaO 含量在 40％～50％，SiO_2 含量在 25％～42％，CaO 和 SiO_2 总量达 86％～95％，SiO_2/CaO 值通常在 0.8～1.2。理论上，硅灰石

的 SiO_2/CaO 值为 1.075，SiO_2/CaO 值的变化是决定黄磷渣硅灰石矿物相组成的重要因素。磷渣中还含有少量的 Al_2O_3、Fe_2O_3、P_2O_5、MgO、TiO_2、F、K_2O、Na_2O 等，通常 Al_2O_3 含量为 $2.5\%\sim5.0\%$，Fe_2O_3 为 $0.2\%\sim2.5\%$，MgO 为 $0.5\%\sim3.0\%$，P_2O_5 为 $1.0\%\sim5.0\%$，F 为 $0\sim2.5\%$。受黄磷生产工艺水平制约，我国磷渣中的 P_2O_5 一般小于 3.5%，但难于小于 1.0%。

不同产地磷渣的化学组成不同，主要取决于生产黄磷时所用磷矿石的品质，以及磷矿石和硅石、焦炭的配比关系，磷矿石中的 CaO 含量高低直接决定了磷渣的 CaO 含量，硅石和磷矿石的配比量主要影响磷渣的 SiO_2 和 SiO_2/CaO 值。

黄磷生产过程中的物质分异作用，使得几乎所有焦炭被氧化成一氧化碳进入炉气，绝大部分高价磷被还原成磷蒸汽进入冷凝吸收塔，原料中约 90% 的 Fe_2O_3 与 P_4 化合成磷铁，从电炉底部排出，并带走部分 Mn、Ti、S 等成分。上述工艺特性使得磷渣组成以 CaO 和 SiO_2 为主，Fe、P 含量较低，并且进一步降低了 Mn、Ti、S 等成分。受黄磷生产工艺的影响，国内外不同产地的磷渣化学组成有很好的相似性，有利于磷渣的开发利用。

国外磷渣的主要化学成分见表 2.4-1，我国云南、贵州、广西等地的磷渣化学成分见表 2.4-2。全国 23 家黄磷厂产生的磷渣的化学成分统计见表 2.4-3，可以看到不同厂家磷渣的化学成分相对稳定。

表 2.4-1　　　　　　　　　国外磷渣的主要化学成分　　　　　　　　　%

产地	CaO	SiO_2	Al_2O_3	Fe_2O_3	MgO	P_2O_5	F	TiO_2	MnO	K_2O	Na_2O
日本	43.66	50.70	0.47	0.49	0.68	0.96	—	—	0.20	0.96	0.30
意大利	50.40	40.24	1.33	0.56	—	2.90	3.40	—	—	0.10	0.70
德国	47.20	42.90	2.10	0.20	2.00	1.80	2.50	—	—	—	—
俄罗斯	45.00	43.00	3.40	3.20	—	3.00	2.70	—	—	—	—

表 2.4-2　　　　　　　　　我国部分地区磷渣化学成分　　　　　　　　　%

产地	烧失量	SiO_2	Fe_2O_3	Al_2O_3	CaO	MgO	P_2O_5	F	TiO_2	SO_3	f-CaO
贵州青岩	0.31	37.51	0.72	3.18	50.11	1.70	3.28	1.85	0.17	—	—
贵州贵阳	0.21	38.79	0.10	4.78	50.32	1.00	1.36	2.40	0.11	—	0.27
贵州息烽	0.24	38.20	0.90	2.65	51.02	0.60	3.93	2.30	0.17	—	—
贵州金沙	0.11	35.48	0.07	4.77	50.80	3.61	0.80	2.05	0.10	1.27	—
贵州瓮福	0.13	35.44	0.96	4.03	47.68	3.36	1.51	—	—	1.99	0.12
贵州福泉	1.62	40.25	0.93	5.64	45.32	1.98	2.50	—	—	2.20	—
贵州惠水	0.30	34.71	0.08	4.31	47.20	3.26	1.98	—	1.67	—	—
贵州宏福	0.14	34.55	0.22	3.88	41.39	2.33	4.61	—	1.91	—	—
贵州花溪	—	39.16	2.30	4.12	46.86	0.60	1.47	—	—	—	—
贵州都匀	0	40.02	0.57	0.96	47.28	2.49	3.23	—	—	—	—

产地	烧失量	SiO$_2$	Fe$_2$O$_3$	Al$_2$O$_3$	CaO	MgO	P$_2$O$_5$	F	TiO$_2$	SO$_3$	f-CaO
浙江桐庐	—	40.50	0.12	2.65	49.11	3.05	1.65	2.98	—	—	—
云南安宁	—	42.01	0.31	3.31	46.76	1.34	2.00	2.50	—	—	—
云南昆明	—	40.89	0.24	4.16	44.64	2.12	0.77	2.65	—	—	—
云南建德	—	38.12	0.67	4.21	47.68	2.50	3.48	2.50	—	—	—
重庆长寿	—	43.14	0.74	3.42	45.25	3.42	1.34	2.50	—	—	—
四川攀枝花	0.13	38.45	0.27	2.83	50.32	2.27	1.93	—	—	—	—
广西南宁	—	38.92	1.25	5.71	45.06	2.02	2.85	2.57	—	—	—
陕西略阳	—	39.5	0.30	6.20	50.00	0.30	1.00	2.60	—	—	—

表 2.4 - 3　　　　　　　全国 23 家黄磷厂磷渣化学成分统计　　　　　　　　　%

项目	CaO	SiO$_2$	Al$_2$O$_3$	Fe$_2$O$_3$	MgO	P$_2$O$_5$	F
平均值	45.84	39.95	4.03	1.00	2.82	2.41	2.38
均方值	2.41	3.15	1.95	0.85	1.51	1.37	0.21
波动范围	41.15～51.17	35.45～43.05	0.83～9.07	0.23～3.54	0.76～6.00	2.41～1.37	1.92～2.75

2.4.4　磷渣粉的加工与制备

2.4.4.1　采用试验球磨机粉磨

通常采用球磨机对磷渣进行加工粉磨。没有充分干燥的磷渣很难磨细，粉磨前必须将磷渣进行干燥处理。采用 ϕ500mm×500mm 小型试验球磨机，加料量 5kg，球料比 20∶1，对磷渣进行粉磨加工。粉磨前先将磷渣在 100℃烘干 2h，使其含水量不大于 0.3%，研究磷渣粉的细度（45μm 筛筛余）、比表面积以及粉磨电耗的相对关系，见表 2.4 - 4。不同粉磨时间，磷渣粉的颗粒粒度分布见表 2.4 - 5。

表 2.4 - 4　　　　　磷渣粉的细度（45μm 筛筛余）、比表面积和粉磨电耗

粉磨时间/min	细度（45μm 筛筛余）/%	比表面积/(m^2/kg)	粉磨电耗/(kW·h/t)
15	42.1	191.7	75
30	12.9	339.8	150
45	5.18	441.6	225
60	3.51	496.9	300
75	3.39	547.3	375
90	3.20	573.5	450
105	2.98	638.6	525
120	3.36	730.3	600

表 2.4-5　　　　　　　　　　　　磷渣粉颗粒粒度分布

粉磨时间 /min	颗粒粒度分布/μm							
	0~1	1~3	3~10	10~20	20~30	30~60	60~100	>100
15	1.97	6.33	15.71	18.55	10.04	26.99	15.08	5.35
30	2.91	8.61	20.11	19.99	9.85	24.45	11.44	2.64
45	3.93	11.34	24.49	21.59	9.77	21.01	7.08	0.78
60	5.27	14.49	27.77	22.16	9.12	16.96	4.19	0.06
75	6.27	17.04	29.78	21.50	8.40	14.31	2.64	0.03
90	6.16	18.74	32.27	22.51	7.95	11.21	1.17	0
105	8.22	21.14	31.20	19.85	7.00	10.74	1.83	0.03
120	7.90	22.56	32.26	19.66	6.59	9.27	1.49	0.30

粉磨 15min 的磷渣粉中，$45\mu m$ 筛筛余达到 42.1%。其粒度分布主要集中在 10~60μm 之间，占到了将近 60%；$1\mu m$ 以下的仅占了 1.97%，1~10μm 也仅占到 20% 左右，60μm 以上的仍有 20% 左右。但粉磨时间超过 15min 后，粉磨效率大幅提高。随着粉磨时间的延长，磷渣粉的比表面积不断提高。其中粉磨时间在 45~90min，比表面积增幅相对平缓；小于 45min 或大于 90min 阶段，比表面积的增速很快。用球磨机粉磨磷渣的粉料粒度主要集中在 1~30μm 之间，各料粉完全符合罗辛-拉姆勒-本尼特（RRB）粒度分布规律。

磷渣粉的球磨机粉磨电耗与比表面积的关系见图 2.4-1。粉磨时间小于 45min，磷渣粉比表面小于 441m²/kg 时，相对球磨效率较高、能耗较低。比表面积超过 500m²/kg，粉磨能耗急剧上升。因此，球磨工艺不适合加工细度要求较高的磷渣粉。

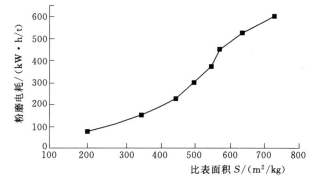

图 2.4-1　比表面积 S 与能耗的关系

2.4.4.2　采用生产性球磨机粉磨

在贵州省瓮福磷肥厂利用磷肥磨细加工的球磨机对贵州瓮福黄磷厂生产的电炉磷渣和贵州泡沫山黄磷厂生产的电炉磷渣分别进行了加工。加工前对磷渣进行烘干处理，将含水量控制在 1% 以内，通过控制送料速度控制磷渣粉的细度（一般水泥厂的球磨机可通过调整磨机中的球弹比例或回料系统反复粉磨使细度达到规定的要求），最终以 5 车/h 出的磷渣粉细度达到 200 目（80μm 筛筛余 10% 以内）。按 1 车/150kg 计算，1h 能生产 750kg 磷渣粉，1d 可加工 18t 磷渣粉。按 10 车/h、6 车/h、5 车/h 分别对两个料源的磷渣进行加工，实际获得磷渣粉样品的情况如表 2.4-6 所示。

表 2.4－6　　　　　　　　　　磷 渣 粉 加 工 参 数 表

样品编号	料　源	成品数量/t	球弹比	加工速度/(kg/h)	细度(80μm 筛)/%	比表面积/(m²/kg)
WH1	瓮福磷矿	3	6∶4	750	9.0	290
WH2	瓮福磷矿	3	6∶4	900	8.2	
WH3	瓮福磷矿	3	6∶4	1500	24.0	209
PH1	泡沫山	3	6∶4	750	8.3	300
PH2	泡沫山	3	6∶4	900	8.1	
PH3	泡沫山	3	6∶4	1500	21.6	

从表 2.4－6 的数据可以看出，磷渣粉的粉磨细度和加工速度基本成正比，即加工速度越快，其细度越大，颗粒粒径越大，比表面积越小。对于不同厂家的磷渣，相同的加工速度对应的磷渣粉细度和比表面积相近。

2.4.5　颗粒形态

粒化磷渣肉眼下呈白色至淡灰色，玻璃光泽，形态有球状、扁球状、纹状、棒状、不规则状等。偏光镜下，呈明显的碎粒结构，碎粒内部广泛发育多种收缩裂理，碎粒具有光学均质性，全消光，未发育任何明显的结晶相。显然，高温熔融磷渣经水淬骤冷，体积快速收缩，破裂形成碎粒状结构，快速冷却固化使结晶作用缺乏足够的发育时间，使粒化磷渣呈非晶玻璃态结构。

磨细后的磷渣粉颗粒大小不均，粒径在 $n \sim n \times 10 \mu m$ 之间，颗粒表面光滑，呈棱角分明的多面体形状，少量呈片状，基本不含杂质。图 2.4－2 为比表面积 $250 m^2/kg$、$350 m^2/kg$、$450 m^2/kg$ 的磨细磷渣粉颗粒 SEM 照片。

2.4.6　品质指标

2.4.6.1　磷渣粉的品质要求

近年来，磷渣粉作为混凝土掺和料在大中型水电水利工程中得到了成功应用，积累了较多的工程经验。2007 年制定的电力行业标准 DL/T 5387—2007《水工混凝土掺用磷渣粉技术规范》，对用于水工混凝土的磷渣粉的品质指标做出了具体规定，要求其质量系数不得小于 1.10，比表面积、需水量比、三氧化硫含量、含水量、安定性、五氧化二磷含量、烧失量、活性指数均应符合要求。DL/T 5387—2007《水工混凝土掺用石类渣粉技术规范》磷渣粉的品质指标列于表 2.4－7 中。

表 2.4－7　　　　　　　　磷 渣 粉 的 品 质 指 标

项目	比表面积/(m²/kg)	需水量比/%	三氧化硫/%	含水量/%	安定性	五氧化二磷/%	烧失量/%	活性指数/%
技术要求	≥300	≤105	≤3.5	≤1.0	合格	≤3.5	≤3.0	≥60

2.4.6.2　质量系数

磷渣的质量系数是指主要碱性氧化物和酸性氧化物的质量比，即钙、镁、铝元素氧化物质量之和与硅、磷元素氧化物质量之和的比值，见式（2.4-2）。

$$K=\frac{CaO+MgO+Al_2O_3}{SiO_2+P_2O_5} \qquad (2.4-2)$$

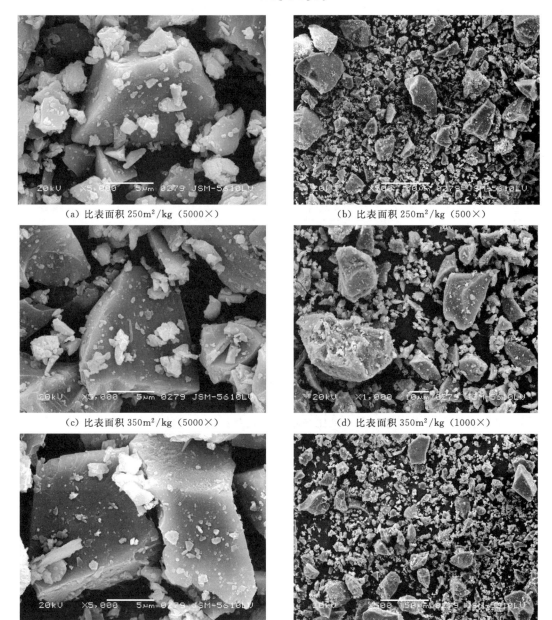

（a）比表面积 250m²/kg（5000×）   　（b）比表面积 250m²/kg（500×）

（c）比表面积 350m²/kg（5000×）　　（d）比表面积 350m²/kg（1000×）

（e）比表面积 450m²/kg（5000×）　　（f）比表面积 450m²/kg（500×）

图 2.4-2　磨细磷渣粉颗粒 SEM 照片

　　磷渣的质量系数反映了磷渣主要化学成分的关系，是评定磷渣粉活性的重要指标。质量系数越大，磷渣粉的活性越高。但是仅仅根据质量系数来判断磷渣粉的活性是不全面的，磷渣粉的活性还与其内部结构和比表面积等因素相关。

在中国和苏联的标准中，规定用于水泥混合材的磷渣要求其质量系数不得小于 1.10，P_2O_5 含量不得大于 2.5%。

2.4.6.3　比表面积

比表面积是影响磷渣粉性能的重要指标。淬冷成粒的磷渣必须磨成具有较高比表面积的磷渣粉，才具备潜在的水化活性，能用作混凝土的掺和料。磷渣粉的颗粒大小也可采用以筛余量来表示，但采用比表面积作为磷渣粉细度指标，更适于反映磷渣粉的颗粒级配和磨细程度。不同比表面积磷渣粉的胶砂强度和活性指数对比见表 2.4-8。从表 2.4-8 可以看到，磷渣粉比表面积小于 300m^2/kg 时，活性指数较低。

表 2.4-8　　　　　　　　　不同比表面积磷渣粉的活性指数

磷渣粉比表面积 /(m²/kg)	抗压强度/MPa		抗折强度/MPa		28d 活性指数 /%
	28d	90d	28d	90d	
—	53.6	69.8	9.4	10.5	—（纯水泥）
180	31.1	56.9	5.8	8.9	58
250	30.5	57.7	6.0	9.3	57
300	36.3	63.0	6.9	10.6	68
350	35.9	62.6	6.6	10.4	67
450	47.3	67.0	8.1	10.4	88

2.4.6.4　需水量比

影响磷渣粉需水量比的主要因素包括比表面积、粒形和杂质等。比表面积在 200～450m^2/kg 范围内的磷渣，一般需水量比在 96%～105% 之间，对混凝土拌和物的流动性或用水量影响较小。磷渣粉的需水量比与粉磨方式及比表面积的关系见表 2.4-9。

表 2.4-9　　　　　　　　　磷渣粉的需水量比

产地	磨型	比表面积/(m²/kg)	需水量比/%
泡沫山	球磨	200	103
		250	102
		300	101
瓮福	球磨	300	98
		350	100
		450	96
	雷蒙	180	105
攀枝花小得石	球磨	120	99
		150	98
		170	99
		200	98
		400	97

图 2.4－3 所示的不同细度的瓮福磷渣粉掺量与需水量比的关系。磷渣粉比表面积增大并未带来需水量比的明显规律性变化，相同细度的磷渣粉在不同掺量下，需水量比变化也没有明显规律性，即磷渣粉颗粒细度及掺量对胶凝材料需水量没有明显影响。在试验掺量和细度范围内，磷渣粉的需水量比基本在 96%～100% 之间变化。

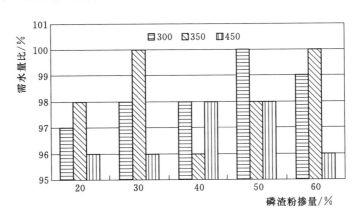

图 2.4－3　不同细度磷渣粉掺量与需水量比的关系

2.4.6.5　含水量

虽然磷渣中含有较高的玻璃质含量，但由于磷渣中的 Al_2O_3 含量较低，因此在无碱的条件下，磷渣基本没有水硬活性。不过，磷渣具有较高的比表面积和表面能，因此易受潮结块，当受潮的磷渣掺入混凝土中，会影响混凝土拌和物的均匀性。此外，当磷渣中含有较多水分时，磷渣难以磨细，会降低磷渣粉的比表面积及其均匀性。通常，出磨磷渣粉含水量一般在 0.5% 以下。

2.4.6.6　安定性

安定性主要与材料中的游离氧化钙相关。熔融磷渣在冷却过程中，可能会有游离氧化钙分相析出，当其含量超过一定限度时，可能会导致混凝土膨胀开裂，对混凝土质量产生不利的严重影响。不过，现有资料证实磷渣中基本不含游离氧化钙。不同磷渣粉掺量下，水泥的安定性试验结果见表 2.4－10。试验结果表明，经过 4 次沸煮，掺磷渣粉水泥净浆试件的膨胀值（雷氏法）均小于 5.0mm。

表 2.4－10　　　　　　　　　掺磷渣粉水泥的安定性试验结果

磷渣粉掺量 /%	试件膨胀值/mm			
	沸煮 1 次	沸煮 2 次	沸煮 3 次	沸煮 4 次
0	0.5	1.5	1.5	1.0
20	1.5	2.0	2.5	2.8
30	1.7	2.5	3.0	3.5
40	1.0	2.8	3.5	3.8
60	0.5	1.0	1.5	1.5

2.4.6.7 烧失量

黄磷生产过程中，采用焦炭作为还原剂，因此磷渣中可能会含有未燃尽的炭粒。如前所述，多孔炭粒，不仅增加需水量比，而且具有较强的表面活性作用，对引气剂吸附强烈，且会破坏混凝土内部结构，造成内部缺陷，降低混凝土的性能，因此需要严格控制其含量。

2.4.6.8 SO_3

磷渣中一般含有1%～3%的三氧化硫，过多的 SO_3 可能会使混凝土产生延滞性硫铝酸钙，导致体积膨胀破坏。磷渣粉中 SO_3 含量多少，主要与生产黄磷的磷矿石品质相关。磷矿石中通常都含有一些杂志，如氟酸盐、磷化石灰石、砂以及黏土等，这些没有被还原的物质就会存在于磷渣中。

2.4.6.9 P_2O_5

P_2O_5 在磷渣中可以同时以正磷酸盐和多聚磷酸盐的形式存在。正磷酸盐易溶，阻碍六方形水化铝酸钙进一步水化，导致水泥的缓凝，会延长硅酸盐水泥的凝结时间。此外，由于 P—O 键的键能高于 Si—O 键和 Al—O 键，因此多聚磷酸盐成为网络形成体也会降低粒化磷渣的早期活性，延长混凝土的凝结时间。

2.4.6.10 氟含量

磷渣粉中的氟（F）含量对混凝土凝结时间和强度均有影响。在碱性条件下玻璃相解体时析出的氟离子与水化产物氢氧化钙形成的氟化钙会延缓水泥凝结；另外，氟还可能引起钢筋锈蚀。尽管 DL/T 5387—2007《水工混凝土掺用磷渣粉技术规范》没有对磷渣粉中的氟含量进行具体规定，但当掺入磷渣粉的水泥出现严重缓凝现象时，应检测其氟含量，并根据试验结果作出相应限制。

2.4.6.11 活性指数

粒化磷渣具有与粒化高炉矿渣相似的玻璃体结构。从化学组成来看，粒化磷渣是一种具有潜在活性（胶凝性）的材料。由于磷渣中的 Al_2O_3 含量较低，以及存在 P_2O_5 和 F，使磷渣的早期活性低于粒化高炉矿渣。

与矿渣相似，磷渣的活性不仅与化学成分相关，而且在很大程度上取决于黄磷生产工艺、成粒条件及其结构形态。经过水淬处理的磷渣，在骤冷成粒的过程中，形成了高玻璃质含量的结构，储备了大量的化学内能，在粉磨过程中，机械能转化成磷渣粉的表面能，因此磷渣粉具有一定的活性。一般情况下，比表面积在 $300kg/m^2$ 以上时，磷渣粉的活性指数，即28d龄期抗压强度比可达到60%以上，90d龄期抗压强度比可达到85%以上。

2.4.6.12 放射性

近年来人们越来越关注建筑材料的放射性，通常磷渣中的放射性核素比活度符合 GB 6763—1986《建筑材料产品及建材用工业废渣放射性物质控制要求》限制规定：ARa/200 ≤0.1；ARa/350＋ ATh/260＋AK/4000≤1.0，且放射性活度低于粉煤灰。典型的磷渣放射性核素比活度见表2.4-11。磷渣与粉煤灰的放射性对比见表2.4-12。

表 2.4-11 　　　　　　　　　　磷渣放射性核素比活度

元素	比活度/(Bq/kg)	比率/%	误差/%
K40	198.02	34.70	3.74
Th232	15.19	2.66	4.02
Ra226	17.20	3.01	5.27
U238	340.70	59.64	15.88

表 2.4-12 　　　　　　　　　磷渣与粉煤灰放射性比较试验结果

检测对象	U /($\times 10^{-6}$)	Th /($\times 10^{-6}$)	平均强度 /Bq	比活度 /(Bq/kg)
块状磷渣	18.2	7.1	9.66	195.4
粒状磷渣	18.8	6.1	7.62	149.1
粉煤灰	26.5	27.2	17.61	370.7

2.5 硅粉

2.5.1 硅粉的定义

硅粉又称硅灰，是工业电炉在高温熔炼工业硅及硅铁合金的过程中，随废气逸出的烟尘经收尘器从电弧炉烟气中收集到的、无定形二氧化硅含量很高的微细球形颗粒。在逸出的烟尘中，SiO_2 含量约占烟尘总量的 90%，颗粒度非常小，平均粒度接近纳米级，因此通常硅粉活性很高，多用于高强高性能混凝土中。

硅及硅合金冶炼过程中，在约 2000℃高温电弧炉内，高纯度的石英被焦炭还原成硅，约有 10%～15% 的硅化为蒸气，进入烟道。硅蒸气在烟道内随气流上升，遇氧结合成一氧化硅（SiO），逸出炉外时，SiO 遇冷空气与氧气进一步化合成为二氧化硅（SiO_2）。其主要化学反应过程如式（2.5-1）～式（2.5-3）所示。

$$SiO_2（石英）+C \longrightarrow Si\downarrow +CO_2\uparrow \qquad (2.5-1)$$

$$2Si+O_2 \longrightarrow 2SiO\uparrow \qquad (2.5-2)$$

$$SiO+O_2 \longrightarrow SiO_2（硅粉）\uparrow \qquad (2.5-3)$$

硅粉作为一种工业固体废弃物，由于其本身质轻且易漂浮，若不经处理，则会成为一种危害环境的污染物。对于一个 5000kVA 的电弧炉来说，每天将产生 10～20t 硅粉，若直接排放到大气中，将严重污染环境，因此，大部分硅合金厂都有硅粉回收装置。硅粉回收装置一般有两种形式，直接收集（无余热回收）和间接收集（有余热回收）。直接收集的硅粉在炉内通风降温，出炉温度为 200℃，然后进入集尘室，这种方法收集的硅粉含碳量多，烧失量大。间接收集的硅粉出炉温度为 800℃，通过余热回收装置，硅粉温度降至 150℃，然后到集尘室，这种硅粉在 800℃温度下，碳已基本烧尽，故含碳量少，烧失量也少，硅粉质量高。

2.5.2　化学成分

由于硅及硅金冶炼原料和生产工艺的不同，硅粉的化学成分也存在着差异。作为掺和料来应用的硅粉要求含有 85% 以上的 SiO_2，且绝大部分为无定形 SiO_2，另外还含有少量的 Al_2O_3、Fe_2O_3、MgO、CaO、Na_2O、K_2O 和 C 等。非晶态 SiO_2 含量越多，则硅粉火山灰活性越大，二次水化反应能力越强。但高品质的硅粉的比例较小，因此有必要对低品质硅粉（SiO_2 含量不大于 85%）的开发和使用进行深入研究，以充分利用硅粉资源。表 2.5-1 列出了国内外部分厂家的硅粉化学成分。

表 2.5-1　　　　　　　　　　国内外部分厂家硅粉的化学成分　　　　　　　　　　%

产地	SiO_2	Al_2O_3	Fe_2O_3	MgO	CaO	Na_2O	K_2O	C	烧失量
挪威	90.00～96.00	0.50～0.80	0.20～0.80	0.15～1.50	0.10～0.50	0.20～0.70	0.40～1.00	0.50～1.40	0.70～2.50
瑞典	86.00～96.00	0.20～0.60	0.30～1.00	0.30～3.50	0.10～0.60	0.50～1.80	1.50～3.50		
美国	94.30	0.30	0.66	1.42	0.27	0.76	1.11	0.10～0.20	3.77
日本	88.00～91.00	0.20	0.10	1.00	0.10			0.50	2.00～3.00
加拿大	89.00～95.00	0.10～0.70	0.10～3.10	0.30～1.00	0.10～1.00	0.10～0.20	0.50～1.40	2.10～4.20	2.30～4.40
澳大利亚	88.60	2.44	2.59					3.00	
中国上海	93.38	0.50	0.12		0.38				3.78
中国北京	85.37	0.56	1.50	0.63	0.17				9.26
中国唐山	92.16	0.44	0.27	1.37	0.94				1.63
中国太原	90.60	1.78	0.64	0.78	0.30	1.54	1.41		3.04
中国遵义	92.40	0.80	1.10	1.10	0.50	0.30①		1.00	2.20
中国西宁	90.09	0.99	2.01	1.17	0.81	0.45①		1.00	2.95
中国唐山	92.16	0.44	0.27	1.37	0.94	0.99①		1.00	1.63
中国甘肃	94.72	1.05	0.73	0.29	0.75	0.62①		0.27	2.60
中国宁夏	93.57	0.43	0.53	0.73	0.28	1.05①		1.19	3.02
中国内蒙古	92.75	0.28	0.59	0.89	0.23	1.52①		1.30	3.26
中国贵州	94.70	0.60	0.10	0.87	0.20	0.78①		1.80	2.96

①　以 $Na_2O+0.658K_2O$ 计。

2.5.3　颗粒形态

2.5.3.1　结构形态

硅粉在冷凝时的气、液、固相变过程中受表面张力的作用，所形成的硅粉都呈很规则的圆球状，且表面较为光滑。在水泥中掺入这种微小光滑的球状粉粒可以起到润滑作用，减小水泥颗粒之间的内摩擦力，从而改善混凝土的施工性能，并相应地降低用水量。此外，由于形成硅粉的冷凝过程非常快，一般来说，SiO_2来不及形成晶体，绝大部分呈无定形非晶态状，是一种具有很大表面活性的火山灰质材料，是优质的水泥、混凝土掺和料。

图 2.5-1 显示硅粉的 XRD 图谱为典型的玻璃态特征的弥散峰。衍射图中 $2\theta =$ 22.4°(CuKα) 处的缓坡峰形状不是结晶衍射峰，而是典型的玻璃态特征弥散峰。将非晶态的硅粉加热至 1100℃，X 射线图上 $2\theta = 21.9$°(CuKα) 的第一个峰变成了 α 方晶石。

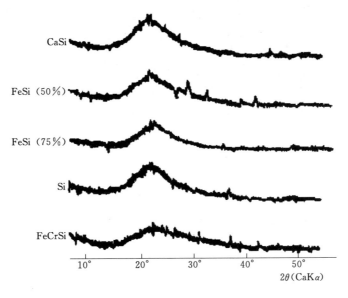

图 2.5-1　硅粉的 XRD 图谱

2.5.3.2　颜色

硅粉一般为青灰色或灰白色。若在原料中加木屑以增加碳含量，则硅粉会呈现黑色。采用无余热回收装置收集的硅灰，由于负荷表面上部气体温度在 200～400℃，在这样低的温度下收集的硅粉含碳量多，多少有点暗灰色。采用带余热回收装置收集的硅粉，负荷表面上部气体温度大约为 800℃，大部分碳被燃烧掉，故收集的硅粉含碳量低，呈白或灰白色。以往带余热回收装置的铁合金厂很少，因此，白色硅粉较少见。

2.5.3.3　形状

硅粉的颗粒极其细微。在电镜下观察呈球形，有时聚合成团絮状，其颗粒尺寸基本都在 1μm 以下，平均粒径为 0.1μm，约为水泥粒径的 1%，是一种超微细粉，如图 2.5-2 所示。平均密度约为 2.2g/cm³，松散密度为 250～300kg/m³，约为水泥的 1/3。硅粉很细，具有巨大的比表面积，一般为 20000～23000m²/kg，比粉煤灰大 50 倍左右，比水泥大 50～100 倍，在 10% 掺量下，火山灰活性指数通常可达 110% 以上，需水量比在 130%～140% 之间。

(a) 水泥颗粒　　　　　　　　　　(b) 硅粉颗粒

图 2.5 - 2　水泥颗粒与硅粉颗粒 SEM 对比图

2.5.4　品质指标

近年来，硅粉作为混凝土掺和料在大中型水利水电工程混凝土中得到了成功应用，积累了较多的工程经验。2011 年制定的国家标准 GB/T 27690—2011《砂浆和混凝土用硅灰》，对用于水工混凝土的硅粉的总碱量、SiO$_2$ 含量、氯含量、含水率（粉料）、烧失量、需水量比、比表面积（BET 法）、活性指数（7d 快速法）、放射性、抑制碱-骨料反应性、抗氯离子渗透性等品质指标做出了具体规定。GB/T 27690—2011《砂浆和混凝土用硅灰》中硅粉的品质指标列于表 2.5 - 2 中。

表 2.5 - 2　　　　　　　　　　　　硅 粉 的 品 质 指 标

序号	项　　目	技　术　要　求
1	总碱量/%	≤1.5
2	SiO$_2$ 含量/%	≥85.0
3	氯含量/%	≤0.1
4	含水率（粉料）/%	≤3.0
5	烧失量/%	≤4.0
6	需水量比/%	≤125
7	比表面积（BET 法）/(m²/g)	≥15
8	活性指数（7d 快速法）/%	≥105
9	放射性	I_{ra}≤1.0 和 I_r≤1.0
10	抑制碱-骨料反应性/%	14d 膨胀率降低值不小于 35
11	抗氯离子渗透性/%	28d 电通量之比不大于 40

硅粉相比水泥、矿渣、粉煤灰等材料密度和烧失量更小，但却具有相当大的比表面积，见表 2.5-3。

表 2.5-3　　　　　　　　　　　硅粉与其他材料物理性能对比

项目	密度/(kg/m³)	烧失量/%	比表面积/(m²/kg)
硅粉	200～300	2～4	20000～23000
水泥	1200～1400	—	200～500
矿渣	1000～1200	—	300～800
粉煤灰	900～1000	12	200～600

2.6 石灰石粉

2.6.1 石灰石粉的定义

石灰石粉是由石灰岩磨细加工制得。石灰岩简称灰岩，又称石灰石，是自然界最常见的岩石，是水泥生产的主要原料，也是水泥工业常用的混合材之一，被广泛用于世界各国的水泥工业。各国水泥标准对石灰石混合材的使用都有明确规定，GB 175—2007《通用硅酸盐水泥》规定普通硅酸盐水泥中的火山灰质混合材料掺量应在 5%～20% 之间，其中允许使用不超过水泥质量 8% 的石灰石混合材料。JC 600—2002《石灰石硅酸盐水泥》规定在由硅酸盐熟料、石灰石和适量石膏磨细制成的石灰石硅酸盐水泥中，石灰石掺加量在 10%～25%。欧洲水泥标准 EN 197-1—2011《水泥——普通水泥的组分、规范和相符性标准》规定 Ⅰ 型波特兰水泥可掺加不超过 5% 的石灰石混合材，Ⅱ 型复合波特兰水泥中的 A 型石灰石波特兰水泥的石灰石粉掺量在 6%～20%，B 型石灰石波特兰水泥的石灰石粉掺量在 21%～35%。美国及日本的水泥标准也都对石灰石粉作为水泥混合材作出了相应的规定。

石灰石粉经济易得，与硅酸盐水泥适应性良好，需水量比在 100% 左右，通常并不增加混凝土的用水量。在一些高性能常态混凝土中，超细石灰石粉可以替代 8%～15% 的水泥，在高掺掺和料的水工碾压混凝土中，石灰石粉与矿渣、粉煤灰等活性掺和料混掺，最高掺量可达 30%～40%，近年来在西部地区许多工程中得到应用，极大缓解了当地碾压混凝土筑坝材料匮乏问题，取得了很好的工程应用效果。

石灰石粉属于非活性掺和料，但可以促进并在一定程度上参与水泥的水化反应。有研究显示，在铝酸三钙含量较高的水泥中，以水泥质量计，$CaCO_3$ 的最大反应量为 2%～3%，而微细石灰石粉颗粒还有可能为水化过程氢氧化钙的结晶提供晶核，从而促进硅酸钙的水化，改变氢氧化钙的晶体尺寸。此外，石灰石粉的粉体填充效应可以优化多元胶凝粉体体系组成，使混凝土获得需要的和易性，改善硬化混凝土的力学性能和耐久性。

我国是世界上灰岩矿资源最丰富的国家之一，灰岩分布面积达 43.8 万 km²（未包括西藏和台湾），约占国土面积的 1/20，其中能供做水泥原料的灰岩资源量约占总资源量的 1/4～1/3，这部分资源也是能用于混凝土的石灰岩资源。丰富的储量，广泛的分布，易于粉磨加工的特性，使得石灰石粉成为大坝工程最经济易得的材料，此外灰岩骨料的加工过程也会带来大量的石灰石粉，对此加以合理利用，有利于资源节约和减少环境污染，节省建设投资。

2.6.2　矿物组成

石灰岩是以方解石为主要成分的碳酸盐岩，主要在浅海的环境下形成，由湖海中所沉积的碳酸钙在失去水分以后，紧压胶结起来而形成，属于沉积岩，是水成岩的一种。石灰岩按成因可划分为粒屑石灰岩（流水搬运、沉积形成）、生物骨架石灰岩和化学、生物化学石灰岩。按结构构造可细分为竹叶状灰岩、鲕粒状灰岩、豹皮灰岩、团块状灰岩等。绝大多数石灰岩的形成与生物作用有关，生物遗体堆积而成的石灰岩有珊瑚石灰岩、介壳石灰岩、藻类石灰岩等，总称生物石灰岩。由水溶液中的碳酸钙经化学沉淀而成的石灰岩，称为化学石灰岩，如普通石灰岩、硅质石灰岩等。

石灰岩的矿物成分主要为方解石（占 50% 以上），多伴有白云石和黏土矿物。当黏土矿物含量达 25%～50% 时，称为黏土质灰岩；当白云石含量达 25%～50% 时，称为白云质灰岩；有时还混有其他一些矿物，比如菱镁矿、石英、石髓、蛋白石、硅酸铝、硫铁矿、黄铁矿、水针铁矿、海绿石等。此外，个别类型的石灰岩中还有煤、沥青等有机质和石膏、硬石膏等硫酸盐，以及磷和钙的化合物、碱金属化合物，还有锶、钡、锰、钛、氟等化合物，但含量很低。石灰岩有碎屑结构和晶粒结构两种，其中碎屑结构多由颗粒、泥晶基质和亮晶胶结物构成，晶粒结构是由化学及生物化学作用沉淀而成的晶体颗粒。纯净的石灰岩呈灰、灰白等浅色，而含有机质多的石灰岩呈灰黑色。

典型的石灰石 X 射线衍射（XRD）分析图谱如图 2.6-1 所示，该石灰石的主要矿物为方解石，此外还含有少量石英和高岭石。高岭石在水泥浆体中会增加用水量，降低强度，因此应该严格控制其含量。

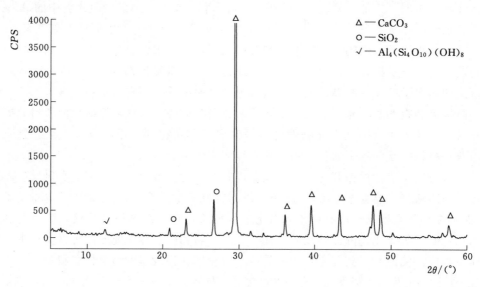

图 2.6-1　石灰石粉的 XRD 图谱

2.6.3　化学成分

石灰岩的主要化学成分是碳酸钙（$CaCO_3$），易溶蚀，可以溶解在含有二氧化碳

（CO_2）的水中。一般情况下1L含CO_2的水，可溶解大约50mg的$CaCO_2$，故在石灰岩地区多形成石林和溶洞，称为喀斯特地形。除含硅质的灰岩外，石灰岩的硬度不大，性脆、与稀盐酸起作用会激烈起泡。石灰岩分布相当广泛，岩性均一，易于开采加工，是一种用途很广的建筑材料。

2.6.4 颗粒形态

石灰石粉的颗粒大小、形态及表面状况与其性能有密切的关系。图2.6-2为不同比

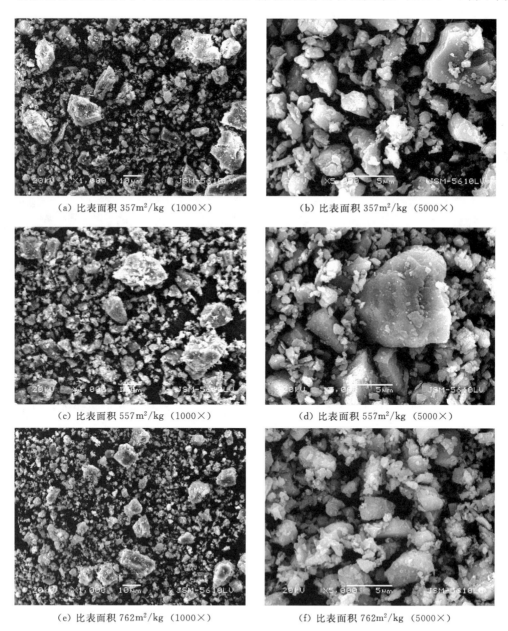

（a）比表面积357m^2/kg（1000×）

（b）比表面积357m^2/kg（5000×）

（c）比表面积557m^2/kg（1000×）

（d）比表面积557m^2/kg（5000×）

（e）比表面积762m^2/kg（1000×）

（f）比表面积762m^2/kg（5000×）

图2.6-2 石灰石粉的颗粒SEM图形貌

表面积磨细石灰石粉的扫描电镜照片。磨细后的石灰石粉颗粒大小不均，具有一定的级配，呈不规则几何形状，表面粗糙，棱角不及矿渣和磷渣颗粒分明。图 2.6-2 中大部分石灰石粉颗粒粒径小于 $10\mu m$，比表面积 $762m^2/kg$ 的石灰石粉大部分颗粒粒径小于 $3\mu m$，但仍有粒径达几十微米的大颗粒，大颗粒表面吸附有细微颗粒。

2.6.5　品质指标

2.6.5.1　石灰石粉的品质要求

近年来，石灰石粉作为混凝土掺和料在大中型水电水利工程混凝土，尤其是碾压混凝土中得到了成功应用，积累了较多的工程经验。2013 年制定的电力行业标准 DL/T 5304—2013《水工混凝土掺用石灰石粉技术规范》，对用于水工混凝土的石灰石粉的细度、需水量比、$CaCO_3$ 含量、亚甲基蓝吸附值、含水量、抗压强度比等品质指标做出了具体规定。DL/T 5304—2013《水工混凝土掺用石灰石粉技术规范》石灰石粉的品质指标列于表 2.6-1 中。

表 2.6-1　　　　　　　　　　　石灰石粉的品质指标

项目	细度（$80\mu m$ 方孔筛筛余）/%	需水量比/%	$CaCO_3$ 含量/%	亚甲基蓝吸附值/(g/kg)	含水量/%	抗压强度比/%
技术要求	≤10.0	≤105	≥85.0	≤1.0	≤1.0	≥60

2.6.5.2　细度

石灰石粉的细度是影响石灰石粉性能的重要指标。石灰石粉必须磨至较小细度，具有较高比表面积时，才具备较好的粉体填充效应，进而降低混凝土的需水量，促进水泥水化，提高自身反应活性。采用开流磨粉磨石灰石粉，比表面积在 $800m^2/kg$ 以下时，石灰石粉颗粒呈两端（小于 $3\mu m$ 及大于 $80\mu m$）多中间少的分布，石灰石粉中始终存在较多粒径大于 $80\mu m$ 的大颗粒。采用球磨机粉磨石灰石粉，可较好地控制大粒径颗粒含量。日本标准 JIS TR A0015-2002《混凝土用磨细石粉》规定用于混凝土的石灰石粉细度（$75\mu m$ 筛筛余）不大于 5%，英国标准 BS 7979-2001《波特兰水泥用石灰石粉标准》规定石灰石粉细度（$45\mu m$ 筛筛余）不大于 10%。石灰石粉的细度还可采用比表面积来表示，法国标准 NF P 18-508-2012《水工混凝土掺和料——石灰石质掺和料》规定 A 级石灰石粉（$CaCO_3$ 或 $CaCO_3 + MgCO_3$ 含量大于 95%）的比表面积应大于 $300m^2/kg$，B 级石灰石粉（$CaCO_3$ 含量不小于 65% 或 $CaCO_3 + MgCO_3$ 含量不小于 90%）的比表面积应大于 $200m^2/kg$。

不同细度石灰石粉的需水量比和抗压强度比试验结果见表 2.6-2。由试验结果可知，比表面积在 $350 \sim 760m^2/kg$ 之间时，石灰石粉的抗压强度比在 68.4% ～ 69.7% 之间，相差不大，石灰石粉细度只改变了粉体材料内部的颗粒级配，起到了改善流变性能的作用。当比表面积达到 $1000m^2/kg$ 时，石灰石粉的抗压强度比增加较明显，对混凝土强度有一定增强作用。有资料表明，石灰石粉细度对活性有一定影响，石粉越细，其活性越强。当对石灰石粉的活性有较高要求时，宜将其磨得更细，使其比表面积大于 $1000m^2/kg$。

表 2.6－2　　　不同细度石灰石粉抗压强度、抗折强度、抗压强度比和需水量比

石灰石粉		抗压强度/MPa		抗折强度/MPa		28d 抗压强度比 /%	需水量比 /%
比表面积/(m²/kg)	掺量/%	28d	90d	28d	90d		
—	0	43.3	57.1	8.3	9.7	100（纯水泥）	100（纯水泥）
357	30	29.6	34.8	5.8	7.4	68.4	102
557	30	29.7	36.1	5.9	7.6	68.6	97
762	30	30.2	36.3	6.1	7.6	69.7	98
1000	30	32.6	43.0	7.6	8.6	75.4	92

2.6.5.3　需水量比

影响石灰石粉需水量比的主要因素是细度和杂质。表 2.6－2 的试验结果表明，基本不含杂质的石灰石粉，当比表面积在 $300\sim1000\,m^2/kg$ 范围内时，其需水量比在 $92\%\sim102\%$ 之间，比表面积越大，需水量比越小，体现了良好的粉体填充效应。

2.6.5.4　碳酸钙含量

石灰岩的主要矿物成分为方解石（$CaCO_3$）。$CaCO_3$ 含量越高，杂质越少，灰岩的品质越高。日本标准 JIS TR A0015－2002《混凝土用磨细石粉》规定用于混凝土的石灰石粉的 $CaCO_3$ 含量不小于 90%，英国标准 BS 7979－2001《波特兰水泥用石灰石粉标准》规定石灰石粉中的 $CaCO_3$ 含量不小于 75%，法国标准 NF P 18－508－2012《水工混凝土掺和料-石灰石质掺和料》规定 A 级石灰石粉的 $CaCO_3$ 或 $CaCO_3＋MgCO_3$ 含量大于 95%，B 级石灰石粉的 $CaCO_3$ 含量不小于 65% 或 $CaCO_3＋MgCO_3$ 含量不小于 90%。

我国 13 个石灰石矿的 $CaCO_3$、Fe_2O_3、MgO 含量统计分析结果见表 2.6－3。统计数据显示，一般情况下石灰石中的 $CaCO_3$ 含量在 $84.11\%\sim99.02\%$ 之间，平均值为 94%，参照国内外相关标准及我国石灰石矿的实际情况，DL/T 5304—2013《水工混凝土掺用石灰石粉技术规范》规定石灰石中的 $CaCO_3$ 含量不得低于 85%。

表 2.6－3　　　我国 13 个石灰石矿 $CaCO_3$、Fe_2O_3、MgO 含量的统计分析　　　　　　　%

石灰石矿	CaCO₃		Fe₂O₃		MgO	
	平均值	标准差	平均值	标准差	平均值	标准差
1	96.75	0.64	0.13	0.09	0.89	0.29
2	94.02	0.47	0.13	0.02	1.73	0.47
3	92.89	0.33	0.14	0.08	1.87	0.21
4	95.80	0.72	0.12	0.03	1.12	0.47
5	94.82	0.77	0.09	0.02	1.14	0.29
6	94.86	0.82	—	—	1.20	0.60
7	91.66	0.88	0.09	0.03	3.33	0.72
8	84.11	1.96	0.09	0.03	3.24	0.80
9	95.61	0.46	0.21	0.02	0.90	0.28

石灰石矿	CaCO₃		Fe₂O₃		MgO	
	平均值	标准差	平均值	标准差	平均值	标准差
10	88.18	0.52	0.40	0.05	4.42	0.86
11	96.68	0.59	—	—	1.30	0.49
12	99.02	0.19	0.06	0.02	0.46	0.05
13	98.63	0.42	0.07	0.04	0.35	0.15
平均值	94.08	0.67	0.14	0.04	1.70	0.44

2.6.5.5　含水量

石灰石粉属于惰性粉体,不具有水化活性,但当其水分含量较高时,易结块,影响使用。日本标准 JIS TR A0015 - 2002《混凝土用磨细石粉》和法国标准 NF P 18 - 508 - 2012《水工混凝土掺和料——石灰石质掺和料》均规定石灰石粉的含水量不大于 1.0%,英国标准 BS 7979 - 2001《波特兰水泥用石灰石粉标准》规定石灰石粉中含水量不大于 0.5%。

2.6.5.6　抗压强度比

石灰石粉的细度和杂质含量会影响水泥强度。表 2.6 - 2 的试验结果表明,石灰石粉在 300~700m²/kg 比表面积范围内,28d 抗压强度比差异不大,均大于 60%,这里石灰石粉的掺量为 30%。日本标准 JIS TR A0015 - 2002《混凝土用磨细石粉》规定用于混凝土的石灰石粉的 28d 活性指数不小于 60%;英国标准 BS 7979 - 2001《波特兰水泥用石灰石粉标准》规定采用 42.5 普通硅酸盐水泥,掺 20% 的石灰石粉,水泥胶砂 7d 抗压强度不低于 16MPa,28d 抗压强度不低于 32.5MPa 且不大于 52.5MPa;法国标准 NF P 18 - 508 - 2012《水工混凝土掺和料——石灰石质掺和料》规定采用 42.5 普通硅酸盐水泥,掺 25% 的石灰石粉,石灰石粉 28d 活性指数大于 71%。

2.7　火山灰

2.7.1　火山灰的定义

ACI 116R - 2000《水泥和混凝土术语》、ASTM C618 - 2008《用于混凝土的粉煤灰、原状及煅烧天然火山灰的技术标准》和 CSA A23.5《辅助胶凝材料及其在混凝土工程中的应用》中均给出了天然火山灰的定义。ACI 116R - 2000《水泥和混凝土术语》定义天然火山灰质材料是具有火山灰活性的原状或煅烧的天然矿物质材料,如火山灰、浮石、蛋白石、页岩、凝灰岩、硅藻土等。ASTM C618 - 2008《用于混凝土的粉煤灰、原状及煅烧天然火山灰的技术标准》和 CSA A23.5《辅助胶凝材料及其在混凝土工程中的应用》认为某些天然火山灰质材料需通过适当的煅烧来获得良好的性能,如页岩、高岭土等。

天然火山灰质材料是一种不需要处理而本身具有一定火山灰活性的物质,它又分为三类,即火山玻璃材料、凝灰岩和硅质材料,其分类见表 2.7 - 1。

表 2.7 - 1   火山灰质材料分类

天然火山灰质材料			人工火山灰质材料	
火山玻璃体材料	凝灰岩	硅质材料	煅烧物	工业副产品
火山灰	—	蛋白石	烧黏土	粉煤灰
浮石	—	硅藻土	烧页岩	硅灰
细浮石	—	硅藻石	烧矾土	铜渣
—	—	燧石	稻壳灰	高炉矿渣

火山灰所形成岩石的岩性、物相与两部分因素直接相关：其一，与火山灰自身的化学组成和物相有关；其二，与火山灰成岩所遇的成岩介质条件（化学质、水质等）和环境条件（温度、压力等）有关。矿石结构主要为细粒至隐晶质结构、斑状结构，矿石构造特征有气孔、杏仁状或致密构造，矿石成分由无定形玻璃质（$SiO_2 + Al_2O_3$）所包围的无数微晶体所组成。

火山玻璃材料是一种由火山喷出熔融物形成的无定形玻璃体，典型的有天然火山灰、浮石和凝灰岩（沸石）等。天然火山灰大都为疏松的材料，主要组分为非晶相的玻璃体，具有热力学不稳定性，其化学成分的波动很大，主要表现在二氧化硅、氧化铝、氧化钙和碱含量的变化上。在我国云南腾冲、江腾、吉林长白山等地蕴藏量巨大，开发利用这些天然火山灰质材料，可以就地取材，有效缓解当地对混凝土矿物掺和料的需求，节省水泥用量，降低建设成本。

凝灰岩是一种改变了的火山玻璃体，是由火山灰沉积变质转化成的沸石性矿物，是火山玻璃与地下水在高温下反应生产的物质，火山玻璃体的特性、地下水组成、温度和压力等因素都会影响沸石化过程，其化学成分的范围与火山玻璃材料相差不大，两者的活性成分均以铝硅酸盐玻璃体为主。

硅质材料通常是从溶液中沉积或是从有机物转化而成的氧化硅，常见的物质有硅藻土、硅藻石、蛋白石和燧石，其活性成分以无定形的二氧化硅或硅凝胶为主。典型的火山灰岩相结构以玻璃质为主并夹杂少量晶体矿物如长石、白榴石、辉石等，具有良好的火山灰活性。

天然火山灰质材料作为建筑材料已有很长的历史，也是第一种被发现可用来减轻混凝土骨料碱-硅反应的材料。在现代水泥工业中，天然火山灰质材料用作水泥混合材，各国都制定了相应的技术标准。我国于 1981 年制定了国家标准 GB/T 2847《用于水泥中的火山灰质混合材料》。美国垦务局在 19 世纪初期开展了天然火山灰质材料作为混凝土掺和料的应用研究，用于控制大坝大体积混凝土胶凝材料的放热量，改善混凝土的抗硫酸盐侵蚀性能，抑制骨料碱活性反应。

近年来，天然火山灰质材料作为混凝土掺和料在我国大中型水电水利工程混凝土，尤其是碾压混凝土中得到了成功应用，积累了较多的工程经验。电力行业标准 DL/T 5273—2012《水工混凝土掺用天然火山灰质材料技术规范》，对具有火山灰活性的原状或磨细加工处理的天然矿物质材料的应用起到了积极作用。

有学者将"煅烧的材料"和"工业副产品"火山灰材料都作为人工火山灰材料，"煅烧的材料"是指那些只有在煅烧后才具有火山灰活性的物质，如烧黏土、烧页岩、稻壳灰和烧矾土等，高炉矿渣、粉煤灰、硅粉、铜渣和镍渣是冶金工业、电厂、炼铜厂和炼镍厂产生的典型的工业副产品。

2.7.2　化学成分

不同岩性天然火山灰材料的化学成分波动很大，主要表现在 SiO_2、Al_2O_3、CaO 和碱含量的变化上。其中活性玻璃体（SiO_2 和 Al_2O_3）由于热力学性能不稳定，是天然火山灰的火山灰反应来源，其含量的多少直接影响到火山灰活性以及混凝土力学性能的发展；火山灰含铝量也是混凝土性能的重要影响因素，如含铝量为 $11.6\%\sim14.7\%$ 的天然火山灰比含铝量高于 16% 的天然火山灰更有利于改善混凝土的抗硫酸盐等盐类侵蚀性能。天然火山灰的活性与其细度、CaO 含量密切相关，CaO 的存在有利于激发 SiO_2、Al_2O_3 的活性，然而高 CaO 含量也可能会带来安定性不良的危险，引起混凝土的快凝和膨胀破坏。此外，天然火山灰越细，比表面积越大，反应活性越高，但太细可能会增加外加剂掺量和混凝土的需水量，从而影响混凝土的强度发展。

天然火山灰中含有碱金属氧化物。碱通常是不可溶的，只有在反应时才会完全释放出来，这对于混凝土的碱-骨料安定性非常重要。相比而言，火山灰中的碱含量要比粉煤灰中的碱含量稍高一些，加之火山灰中不仅只含有非晶相的玻璃体，还含有一定量的火山晶体，其结构基础是硅（铝）氧四面体，在这些基本的硅（铝）氧四面体所形成的骨架之外，还存在一些碱金属离子，这些阳离子是由于骨架中部分 Si^{4+} 被 Al^{3+} 取代后，为平衡多余的负电荷而进入火山灰中的，碱含量高，阳离子数多，离子交换的可能性就大。火山灰的玻璃态部分实质上是一种内表面积很大的非常多孔的气凝胶，由于孔壁吸附作用使位于表面的原子具有更多的过剩能，即增加了火山灰的色散力，使其吸附力更加增强。因此，火山灰的结构特征除了具有较强的离子交换能力之外，还具有较强的吸附作用，这势必改变了水泥水化反应的进行。

2.7.3　颗粒形态

天然火山灰质材料中最重要的是天然火山灰，是指由火山喷发出而直径小于 2mm 的碎石和矿物质粒子，天然火山灰颗粒的典型 SEM 形貌图如图 2.7-1 所示。在爆发性的火山运动中，固体石块和熔浆被分解成细微的粒子而形成火山灰。它具有火山灰活性，即在常温和有水的情况下可与石灰（CaO）反应生成具有水硬性胶凝能力的水化物，因此磨细后可用作水泥的混合材料及混凝土的掺和料。

我国西藏某磨细凝灰岩粉的显微形貌如图 2.7-2 所示，由图可见凝灰岩粉均为碎屑状颗粒，棱角分明。

其岩石的偏光显微图如图 2.7-3 所示，该凝灰岩为黑绿色变质斜斑玄武质晶屑凝灰岩，变质凝灰结构，块状构造，岩石由晶屑（约 73%）、岩屑（约 2%）和变质火山灰（约 25%）组成。晶屑成分主要为斜长石（68%），有少量辉石（2%）。斜长石晶屑绝大多数为尖棱尖角板状发育，普遍具有少量纤闪石化（蚀变），有的还有少量绢云母化。晶屑大的蚀变较强，晶屑小的蚀变较弱，但双晶都十分明显。辉石全部由绿色纤闪石取代

(a) 1000× (b) 5000×

图 2.7-1 天然火山灰的典型 SEM 图形貌

(a) 10000× (b) 2000×

图 2.7-2 凝灰岩粉的典型 SEM 图形貌

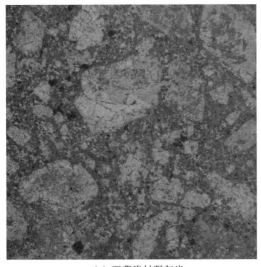

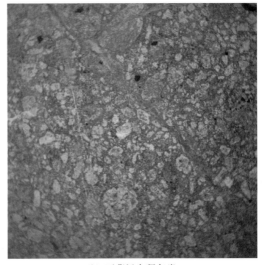

(a) 西藏洛村凝灰岩 (b) 西藏沃卡凝灰岩

图 2.7-3 凝灰岩偏光显微图

（蚀变），还有少量帘石矿物，仅保留辉石形状（短柱状，断面呈六边形，有简单双晶）。岩屑为玄武岩岩屑，基质已蚀变。变质火山灰都已蚀变，蚀变形成的矿物有纤维状纤闪石、帘石类、不规则黑色铁质绢云母及隐晶质，主要是绿色纤闪石、微粒状帘石类矿物。

2.7.4　品质指标

2.7.4.1　天然火山灰质材料的品质要求

电力行业标准 DL/T 5273—2012《水工混凝土掺用天然火山灰质材料技术规范》，对用于水工混凝土的天然火山灰质材料的活性氧化物的总含量、细度、需水量比、烧失量、含水量、三氧化硫、安定性、活性指数、火山灰活性、碱含量、均匀性及放射性等品质指标做出了具体规定。DL/T 5273—2012《水工混凝土掺用天然火山灰质材料技术规范》规定的天然火山灰质材料的氧化硅、氧化铝和氧化铁的总含量不得小于 70%，放射性必须符合 GB 6566—2010《建筑材料放射性核素限量》的规定。此外，当天然火山灰质材料用于活性骨料混凝土时，需限制天然火山灰的碱含量，并由试验确定。DL/T 5273—2012《水工混凝土掺用天然火山灰质材料技术规范》天然火山灰质材料的均匀性指标列于表2.7-2中，其余品质指标列于表2.7-3中。

表 2.7-2　　　　　　　　　　　天然火山灰质材料的均匀性指标

序号	项目	指标控制范围
1	密度	控制值±0.10g/cm³ 之内
2	细度	控制值±5% 之内
3	需水量比	控制值±5% 之内

表 2.7-3　　　　　　　　　　　天然火山灰质材料的品质指标

序号	项目	技术要求
1	细度（45μm 方孔筛筛余）/%	≤25.0
2	需水量比/%	≤115
3	烧失量/%	≤10.0
4	含水量/%	≤1.0
5	三氧化硫/%	≤4.0
6	安定性（沸煮法）	合格
7	活性指数（28d）/%	≥60
8	火山灰活性	合格

2.7.4.2　活性氧化物含量

天然火山灰质材料中活性氧化物含量指对火山灰活性有贡献的氧化物之和，即氧化硅、氧化铝和氧化铁的质量百分数之和。氧化硅、氧化铝和氧化铁可与氢氧化钙和碱（钾、钠）反应生成复杂的具有胶凝作用的化合物，这是天然火山灰质材料具有火山灰活性的重要基础。尽管如此，天然火山灰质材料的火山灰活性不是简单地取决于活性氧化物含量的大小，还取决于材料矿物组成中玻璃态物质的含量。但是，通常的试验手段难以确定材料中玻璃态物质的含量,因此活性氧化物含量是评价天然火山灰材料具有潜在火山灰活性的重要指标之一。国内天然火山灰材料活性氧化物的含量试验结果见表 2.7-4。国外天然火山灰材料活性氧化物的含量见表 2.7-5。

表 2.7-4 国内天然火山灰质材料活性氧化物的含量 %

火山灰品种	产地	SiO_2	Al_2O_3	Fe_2O_3	总含量
浮石 1	云南保山	64.62	16.70	4.79	86.11
浮石 2	云南保山	66.43	16.71	3.78	86.92
凝灰岩	云南团田	62.79	17.72	5.79	86.30
凝灰岩	云南团田	62.38	17.21	4.87	84.46
凝灰岩	西藏洛村	58.08	19.67	9.86	87.61
凝灰岩	西藏沃卡	63.15	15.57	5.02	83.74
气孔状安山岩	云南腾冲	57.42	16.14	7.47	81.03
辉石安山岩	云南芒棒	61.95	17.23	6.17	85.35
气孔状玄武岩	云南中和	57.59	20.20	5.83	83.62
火山碎屑岩	云南团田	52.32	18.01	8.42	78.75
硅藻土 1	云南团田	57.63	18.30	7.51	83.44
硅藻土 2	云南团田	66.13	16.12	3.58	85.83

表 2.7-5 国外天然火山灰质材料活性氧化物的含量 %

火山灰品种	产地	SiO_2	Al_2O_3	Fe_2O_3	总含量
Ciudad Rdal	西班牙	42.20	14.90	12.10	69.20
Bacoli	意大利	53.08	18.20	4.29	75.57
Segni	意大利	45.47	19.59	9.91	74.97
圣托里尼土	希腊	67.98	19.61	4.34	91.93
Auvergne	法国	46.60	17.60	11.80	76.00
流纹岩火山灰	美国	70.76	12.85	1.38	84.99
流纹岩火山灰	美国	65.74	15.89	2.54	84.17
Tobw Canaria	西班牙	57.50	18.00	4.50	80.00
火山灰 K	保加利亚	71.63	10.03	4.01	85.67
莱茵高地火山灰	德国	52.12	18.29	5.81	76.22
Bavarian 火山灰	德国	62.45	16.47	4.41	83.33
Selyp 火山灰	匈牙利	55.69	15.18	6.43	77.30
Ratka 火山灰	匈牙利	73.01	12.28	2.71	88.00
Yellow 凝灰岩	意大利	54.68	17.70	3.82	76.20
英安岩凝灰岩	罗马尼亚	67.70	11.32	2.66	81.68
凝灰岩	印度	40.90	12.00	14.00	66.90
凝灰岩	希腊	62.22	19.78	3.99	85.99

续表

火山灰品种	产地	SiO_2	Al_2O_3	Fe_2O_3	总含量
含硅藻土	前捷克斯洛伐克	65.22	19.23	2.76	87.21
硅藻泥岩	丹麦	75.60	8.62	6.72	90.94
硅藻土	美国	85.97	2.30	1.84	90.11
硅藻土	美国	60.04	16.03	5.80	81.87
萨克罗法诺火山灰	意大利	89.22	3.05	0.77	93.04
别府白土	日本	87.75	2.44	0.41	90.60
白土	法国	79.55	7.10	3.20	89.85
圣托里尼火山灰	希腊	65.10	14.50	5.50	85.10
莱茵高地火山灰	德国	53.00	16.00	6.00	75.00
响岩	德国	55.70	20.20	2.00	77.90
罗马凝灰岩	意大利	44.70	18.90	10.10	73.70
那不勒斯火山玻璃	意大利	54.50	18.30	4.00	76.80
白色页岩	意大利	65.40	10.10	4.20	79.70
硅藻土	意大利	86.00	2.30	1.80	90.10
流纹岩	意大利	65.70	15.90	2.50	84.10
哈利斯科浮石	墨西哥	68.70	14.80	2.30	85.80

2.7.4.3 细度

细度是影响天然火山灰质材料的火山灰活性的重要因素之一。材料颗粒越小，反应活性越大，但同时需水量也随之增加，此外，磨细到一定程度后材料粉磨能耗比急剧增加。ASTM C618-2008《用于混凝土的粉煤灰、原状及煅烧天然火山灰的技术标准》规定天然火山灰质材料的 $45\mu m$ 方孔筛筛余不大于 34%，国外也有标准采用透气法测定的比表面积来控制天然火山灰质材料的细度。对比表面积（透气法）在 $500m^2/kg$ 左右的不同品种天然火山灰质材料进行了细度试验，试验结果见表 2.7-6。试验表明，比表面积（透气法）在 $500m^2/kg$ 左右的天然火山灰质材料，细度在 8%~25% 之间，需水量比在 120%以内。DL/T 5273—2012《水工混凝土掺用天然火山灰质材料技术规范》规定天然火山灰质材料的 $45\mu m$ 方孔筛筛余不大于 25%，与 DL/T 5055—2007《水工混凝土掺用粉煤灰技术规范》中Ⅱ级粉煤灰的细度限值相当。

表 2.7-6   天然火山灰微粉的性能试验结果

品种	产地	细度 /%	需水量比 /%	烧失量 /%	含水量 /%	碱含量 /%	28d 强度比（掺量 20%）	28d 强度比（掺量 30%）
浮石	云南保山	9.0	100	1.51	0.69	3.84	80	70
浮石	云南保山	0.8	112	8.70	1.65	4.32	93	87
凝灰岩	云南团田	9.4	98	0.53	1.28	5.32	78	67
凝灰岩	云南团田	24.8	106	1.34	1.28	6.30	77	61

品种	产地	细度/%	需水量比/%	烧失量/%	含水量/%	碱含量/%	28d强度比（掺量20%）	28d强度比（掺量30%）
气孔状安山岩	云南腾冲	8.2	93	1.12	1.13	4.43	74	67
辉石安山岩	云南芒棒	10.2	100	0.27	0.69	4.98	—	58
气孔状玄武岩	云南中和	7.8	100	10.20	0.39	2.39	80	67
火山碎屑岩	云南团田	7.9	97	3.16	5.83	4.09	73	58
硅藻土	云南团田	8.4	120	0.01	5.92	5.41		55
硅藻土	云南团田	24.4	120	9.07		4.57	84	80

2.7.4.4 需水量比

影响天然火山灰需水量比的主要因素是天然火山灰的岩性、矿物组成、细度、颗粒粒形和杂质含量。ASTM C618-2008《用于混凝土的粉煤灰、原状及煅烧天然火山灰的技术标准》规定天然火山灰质材料的需水量比得不超过115%，其需水量比为掺20%天然火山灰质材料的试验胶砂用水量与对比胶砂用水量的比值，掺天然火山灰质材料试验胶砂流动度控制在对比胶砂流动度±5%范围内，胶砂试验采用ISO标准级配砂。DL/T 5273—2012《水工混凝土掺用天然火山灰质材料技术规范》天然火山灰质材料需水量比的试验方法是参照DL/T 5055—2007《水工混凝土掺用粉煤灰技术规范》粉煤灰需水量比试验方法制定的，采用符合GSB 08—1337《中国ISO标准砂》规定的0.5~1.0mm的中级砂，试验胶砂的天然火山灰质材料掺量为30%。按照DL/T 5273—2012《水工混凝土掺用天然火山灰质材料技术规范》的试验方法，不同品种天然火山灰质材料的需水量比试验结果见表2.7-6。可以看到，细度及岩性对天然火山灰的需水量比影响显著，但在25%的细度范围内，天然火山灰的需水量比一般不大于115%。

2.7.4.5 含水量

天然火山灰具有一定的水化活性，经磨细后，易受潮结块，降低活性，影响混凝土拌和物的用水量和均匀性。

2.7.4.6 三氧化硫含量

天然火山灰中三氧化硫含量过高，可能会使水泥产生有害的钙矾石膨胀，ASTM C618-2008《用于混凝土的粉煤灰、原状及煅烧天然火山灰的技术标准》，规定天然火山灰质材料的三氧化硫含量不大于4.0%。

2.7.4.7 安定性

天然火山灰的品种很多，不同岩性和矿物组成的天然火山灰其游离氧化钙和氧化镁的含量也是不同的。过高的游离氧化钙或氧化镁会导致天然火山灰安定性不良，从而致使混凝土膨胀开裂，对混凝土质量产生重要影响。因此，各国规范都要求用于混凝土的天然火山灰应通过安定性检验。天然火山灰的安定性是通过对掺加了实际用量天然火山灰的水泥的安定性试验来进行评价的。

2.7.4.8　活性指数和火山灰活性

火山灰活性是指火山灰可与石灰发生反应的程度。天然火山灰质材料的活性指数与火山灰品种、矿物组成密切相关，且天然火山灰质材料的活性对后期强度影响更为显著。火山灰反应的主要生成物是硅酸钙类水化物和铝酸钙类水化物等，根据天然火山灰质材料的种类和水化条件不同，其水化生成物的种类和组合也各异。在火山灰 $-Ca(OH)_2$ 体系中，可溶于碱性介质中的玻璃体越多、结晶质的物质越少，结构缺陷越多，粉状物的表面积越大，则其与 $Ca(OH)_2$ 结合量越多，其火山灰效应也就越好。$Ca(OH)_2$ 对火山灰中玻璃质所含硅氧和铝氧微晶格作用，使其崩溃、溶解，并与 Ca^{2+} 生成难溶性水化硅酸钙和水化铝酸钙。这种反应不是局部化学反应，而是在溶液中进行的。开始（短期）比表面对反应动力学起主要作用，后来（长期）化学组分（SiO_2 和 Al_2O_3）与 $Ca(OH)_2$ 发生化学反应。对凝灰岩在石灰水中的反应动力学与机理研究可知：开始凝灰岩颗粒表面溶解，很快出现 $C-S-H$，随后在 $C-S-H$ 与颗粒之间又出现 Ca^{2+} 与 OH^- 的内层溶液使其继续水化。$C-S-H$ 先呈胶体，其后发展转变为晶体。

火山灰活性与火山灰的种类有关，也与作用温度和时间有关。天然火山灰活性取决于它的组成和结构，也取决于它的岩相基质和粒度。用简易、快速、定量的方法来测定火山灰活性，迄今仍是一个复杂、有待解决的问题。用砂浆或混凝土进行强度试验需要很长时间。用 20% 消石灰与 80% 火山灰配制试体作抗压试验，用这种试验结果来评定火山灰活性仍是目前有用的方法。也可用酸或碱抽取火山灰的可溶成分数量来评定火山灰活性。

自从 Viat 于 1937 年提出石灰吸收法以来，有许多评估火山灰材料火山灰活性的方法被提出来。相关文献对这些方法进行了总结归纳，见表 2.7 - 7。

表 2.7 - 7　火山灰活性的评估方法

方　　法		评　估　标　准
石灰吸收法		不同龄期石灰在火山灰物质/饱和 $Ca(OH)_2$ 溶液中的吸收量
凝结时间		维卡仪测试 1∶4 石灰火山灰砂浆的凝结时间
溶解度	在饱和 $Ca(OH)_2$ 溶液中	溶液中加入火山灰质材料后引起 Ca^{2+} 浓度的降低
	在碱溶液中	火山灰物质中 SiO_2 或 $SiO_2+R_2O_3$ 在碱溶液中的溶解量
	在酸中	火山灰物质中 SiO_2 或 $SiO_2+R_2O_3$ 在酸中的溶解量
	先在碱溶液中后在酸中	火山灰物质经酸处理后，其中 SiO_2 或 $SiO_2+R_2O_3$ 在碱溶液中的溶解量
电导率		在饱和 $Ca(OH)_2$ 溶液或 $HF(HF+HNO_3)$ 溶液中加入火山灰物质后一定时间内电导率的变化
力学强度	火山灰物质+硅酸盐水泥	不同硅酸盐火山灰水泥砂浆与纯硅酸盐水泥砂浆的抗拉强度或抗压强度比
	火山灰物质+石灰	在特定龄期和养护条件下石灰-火山灰混合物的强度

石灰吸收量、火山灰的溶解度或由于火山灰的溶解而引起溶液电导的变化可能与一种或几种所测试的火山灰材料的性能有一定的相关性，但不是对所有的火山灰材料都是如此，实际中，人们更关心所用材料的性能。Malquori 认为，评估用于硅酸盐水泥的火山灰混合材应考虑砂浆和混凝土的力学强度，硬化火山灰水泥浆体中游离氢氧化钙量的减少两个重要因素。国外许多现行标准都采用测定砂浆的抗压强度来评定火山灰掺和料的活

性。ASTM C618－2008《用于混凝土的粉煤灰、原状及煅烧天然火山灰的技术标准》规定天然火山灰质材料的活性指数为掺 20％天然火山灰的试验胶砂与对比胶砂 7d 或 28d 的抗压强度比值，试验时控制掺天然火山灰质材料试验胶砂的流动度在对比胶砂流动度±5％范围内。

2.7.4.9 碱含量

通常，天然火山灰质材料的碱含量要比粉煤灰的碱含量高。碱金属离子通常以不同形式存在于天然火山灰质材料的玻璃相、硅（铝）酸盐或铝酸盐矿物晶格中。一般情况下，碱金属离子是不可溶的，只有在反应时才会完全释放出来。掺和料的碱含量过高可能会引起混凝土的碱骨料反应，因此在使用前，必须对天然火山灰质材料的碱含量进行检测。与粉煤灰类似，天然火山灰质材料中的有效碱含量只占总碱量很少部分，但高碱火山灰质材料是否会引起混凝土碱骨料反应，必须通过试验进行论证。

2.7.4.10 均匀性

天然火山灰质材料的矿物组成、结构形态可能由于成岩条件的不同而产生很大的差异，其次天然火山灰微粉的细度等也可能因加工质量而产生差异，进而影响到混凝土拌和物及硬化性能，使混凝土质量均一性受到严重影响。ASTM C618－2008《用于混凝土的粉煤灰、原状及煅烧天然火山灰的技术标准》以密度、细度和需水量比的波动值作为均匀性控制指标，同时，对于含气混凝土，还推荐以引气剂掺量的波动值作为均匀性控制指标。

第3章　掺矿物掺和料的胶凝材料物理及力学性能

3.1　掺粉煤灰的胶凝材料物理力学性能

3.1.1　胶砂强度

用粉煤灰替代部分水泥，与纯水泥胶砂相比，胶砂强度会降低。早期强度相差很大，得益于火山灰反应的持续进行，后期强度的差距逐渐缩小。对于品质较好的粉煤灰，其活性和减水率较高，在掺用高性能减水剂的情况下，后期强度持续发展，采用较少的用水量获得极高的强度，在配制高性能混凝土时具有很好的技术优势。

表 3.1-1 是不同粉煤灰（Ⅰ级灰）掺量的水泥胶砂强度，掺粉煤灰后水泥胶砂强度降低情况见表 3.1-2，不同粉煤灰掺量的胶砂强度增长率列于表 3.1-3 中。

表 3.1-1　　　　　　　　　　不同粉煤灰掺量的水泥胶砂强度

水泥品种	粉煤灰掺量/%	水胶比	抗压强度/MPa				抗折强度/MPa			
			7d	28d	90d	180d	7d	28d	90d	180d
南岗 42.5 普通硅酸盐水泥	0	0.50	30.9	43.3	57.1	61.3	6.1	8.3	9.7	9.9
	20	0.50	25.4	38.5	54.1	65.6	5.5	7.7	9.7	11.6
	30	0.50	18.2	32.0	52.2	66.0	4.4	7.4	10.1	11.9
	40	0.50	15.9	29.8	48.0	57.2	3.8	5.9	9.5	10.1
	50	0.50	12.2	19.6	41.7	49.0	3.0	4.7	9.1	9.5
	60	0.50	8.7	15.9	33.8	44.0	2.4	4.0	8.5	9.0
南岗 32.5 普通硅酸盐水泥	0	0.50	24.9	37.9	44.2	48.2	5.7	7.1	8.2	8.3
	20	0.50	18.0	30.5	46.0	50.8	4.1	6.8	9.6	9.7
	30	0.50	12.8	23.8	46.6	53.4	3.3	6.1	10.0	10.5
	40	0.50	10.0	23.2	41.4	43.9	2.8	5.6	9.2	10.1
	50	0.50	7.8	16.7	36.0	41.7	2.4	4.4	8.4	7.6
	60	0.50	5.5	13.4	28.7	35.4	1.4	4.0	7.4	7.9
三峡 42.5 中热水泥	0	0.44	42.2	60.8	70.6	75.1	6.6	8.5	10.1	10.6
	30	0.41	33.3	51.3	66.1	66.8	6.0	7.6	9.7	10.1
	40	0.41	25.0	41.1	60.0	60.0	5.0	7.0	9.1	9.5
	50	0.41	19.7	34.0	52.1	55.0	4.0	5.8	8.2	9.0
	60	0.42	12.4	23.6	39.5	47.5	3.0	4.6	7.1	8.0
	70	0.42	8.3	13.7	25.8	35.8	2.0	3.3	5.5	6.8

续表

水泥品种	粉煤灰掺量/%	水胶比	抗压强度/MPa				抗折强度/MPa			
			7d	28d	90d	180d	7d	28d	90d	180d
三峡32.5低热矿渣水泥	0	0.44	22.9	47.7	62.8	68.8	4.6	7.9	9.2	10.1
	15	0.43	18.7	43.1	56.5	62.1	4.2	7.0	8.5	9.4
	25	0.42	16.0	37.9	54.8	57.1	3.5	6.6	8.2	9.0
	35	0.42	13.3	31.0	50.7	51.2	3.1	6.0	7.7	8.5
	40	0.42	12.1	28.1	47.0	48.0	2.8	5.5	7.2	8.0
	45	0.41	10.6	24.4	42.2	43.2	2.6	5.0	6.9	7.7
坝道42.5中热水泥	0	0.44	35.4	55.5	66.9	73.0	6.3	8.7	8.9	9.2
	30	0.42	26.9	39.9	62.4	65.0	5.3	7.2	8.4	8.8
	60	0.42	11.1	16.2	28.7	36.5	2.7	3.9	5.8	6.6
石门42.5中热水泥	0	0.50	44.6	64.4			7.4	9.8		
	10	0.50	41.6	64.4			7.1	10.1		
	20	0.50	38.5	59.3			6.6	9.3		
	30	0.50	33.3	55.4			6.0	8.9		
贵州42.5普通硅酸盐水泥	0	0.50	36.9	49.2			7.0	9.0		
	10	0.50	36.6	49.7			7.0	9.4		
	20	0.50	33.3	48.6			6.3	9.6		
	30	0.50	30.6	44.2			6.3	9.0		
水城42.5普通硅酸盐水泥	0	0.50	38.7	50.1			6.5	8.4		
	10	0.50	38.2	51.5			6.7	8.8		
	20	0.50	33.0	51.3			6.8	8.9		
	30	0.50	27.5	47.5			6.0	8.8		
腾辉42.5普通硅酸盐水泥	0	0.50	31.4	43.2			6.2	8.0		
	10	0.50	31.4	45.9			6.2	9.3		
	20	0.50	29.8	45.5			5.7	8.6		
	30	0.50	27.2	43.9			5.5	9.0		

表 3.1-2　不同粉煤灰掺量胶砂强度降低情况（以不掺粉煤灰为100%）

水泥品种	粉煤灰掺量/%	水胶比	抗压强度/%				抗折强度/%			
			7d	28d	90d	180d	7d	28d	90d	180d
南岗42.5普通硅酸盐水泥	0	0.50	100.0	100.0	100.0	100.0	100.0	100.0	100.0	100.0
	20	0.50	82.2	88.9	94.7	107.0	90.2	92.8	100.0	117.2
	30	0.50	58.9	73.9	91.4	107.7	72.1	89.2	104.1	120.2
	40	0.50	51.5	68.8	84.1	93.3	62.3	71.1	97.9	102.0
	50	0.50	39.5	45.3	73.0	79.9	49.2	56.6	93.8	96.0
	60	0.50	28.2	36.7	59.2	71.8	39.3	48.2	87.6	90.9

续表

水泥品种	粉煤灰掺量 /%	水胶比	抗压强度/%				抗折强度/%			
			7d	28d	90d	180d	7d	28d	90d	180d
南岗 32.5 普通硅酸盐水泥	0	0.50	100.0	100.0	100.0	100.0	100.0	100.0	100.0	100.0
	20	0.50	72.3	80.5	104.1	105.4	71.9	95.8	117.1	116.9
	30	0.50	51.4	62.8	105.4	110.8	57.9	85.9	122.0	126.5
	40	0.50	40.2	61.2	93.7	91.1	49.1	78.9	112.2	121.7
	50	0.50	31.3	44.1	81.4	86.5	42.1	62.0	102.4	91.6
	60	0.50	22.1	35.4	64.9	73.4	24.6	56.3	90.2	95.2
三峡 42.5 中热水泥	0	0.44	100.0	100.0	100.0	100.0	100.0	100.0	100.0	100.0
	30	0.41	78.9	84.4	93.6	88.9	90.9	89.4	96.0	95.3
	40	0.41	59.2	67.6	85.0	79.9	75.8	82.4	90.1	89.6
	50	0.41	46.7	55.9	78.8	73.2	60.6	68.0	81.2	84.7
	60	0.42	29.4	38.8	55.9	63.2	45.5	54.1	70.3	75.5
	70	0.42	19.7	22.5	36.5	47.4	30.3	38.8	54.2	64.2
三峡 32.5 低热矿渣水泥	0	0.44	100.0	100.0	100.0	100.0	100.0	100.0	100.0	100.0
	15	0.43	81.7	90.4	89.9	90.3	91.3	88.6	92.4	93.1
	25	0.42	69.9	79.5	87.3	82.9	76.1	83.5	89.1	89.1
	35	0.42	58.1	65.0	80.7	74.4	67.4	75.9	83.7	84.1
	40	0.42	52.8	58.9	74.8	69.8	60.1	69.6	78.3	79.2
	45	0.41	46.3	51.2	67.2	62.7	56.5	63.3	75.0	76.2
坝道 42.5 中热水泥	0	0.44	100.0	100.0	100.0	100.0	100.0	100.0	100.0	100.0
	30	0.42	80.0	71.9	93.3	89.0	84.1	90.0	94.4	95.7
	60	0.42	31.4	29.2	42.9	50.0	42.9	48.8	65.2	71.7
石门 42.5 中热水泥	0	0.50	100.0	100.0			100.0	100.0		
	10	0.50	93.3	100.0			95.9	103.1		
	20	0.50	86.3	92.1			89.2	94.9		
	30	0.50	74.7	86.0			81.1	90.8		
贵州 42.5 普通硅酸盐水泥	0	0.50	100.0	100.0			100.0	100.0		
	10	0.50	99.2	101.0			100.0	104.4		
	20	0.50	90.2	98.8			90.0	106.7		
	30	0.50	82.9	89.8			90.0	100.0		
水城 42.5 普通硅酸盐水泥	0	0.50	100.0	100.0			100.0	100.0		
	10	0.50	98.7	102.8			103.1	104.8		
	20	0.50	85.3	102.4			104.6	106.0		
	30	0.50	71.1	94.8			92.3	104.8		
腾辉 42.5 普通硅酸盐水泥	0	0.50	100.0	100.0			100.0	100.0		
	10	0.50	99.4	106.3			100.0	116.3		
	20	0.50	94.9	105.3			91.9	107.5		
	30	0.50	86.6	101.6			88.7	112.5		

表 3.1－3　　　　　　　　　　　　不同粉煤灰掺量的胶砂强度增长率

水泥品种	粉煤灰掺量 /%	水胶比	抗压强度/%				抗折强度/%			
			7d	28d	90d	180d	7d	28d	90d	180d
南岗 42.5 普通硅酸盐水泥	0	0.50	71.4	100.0	131.9	107.4	73.5	100.0	116.9	119.3
	20	0.50	66.0	100.0	140.5	121.3	71.4	100.0	126.0	150.6
	30	0.50	56.9	100.0	163.1	126.4	59.5	100.0	136.5	160.8
	40	0.50	53.4	100.0	161.1	119.2	64.4	100.0	161.0	171.2
	50	0.50	62.2	100.0	212.8	117.5	63.8	100.0	193.6	202.1
	60	0.50	54.7	100.0	212.6	130.2	60.0	100.0	212.5	225.0
南岗 32.5 普通硅酸盐水泥	0	0.50	65.7	100.0	116.6	109.0	80.3	100.0	115.5	116.9
	20	0.50	59.0	100.0	150.8	110.4	60.3	100.0	141.2	142.6
	30	0.50	53.8	100.0	195.8	114.6	54.1	100.0	163.9	172.1
	40	0.50	43.1	100.0	178.4	106.0	50.0	100.0	164.3	180.4
	50	0.50	46.7	100.0	215.6	115.8	54.5	100.0	190.9	172.7
	60	0.50	41.0	100.0	214.2	123.3	35.0	100.0	185.0	197.5
三峡 42.5 中热水泥	0	0.44	69.4	100.0	116.0	124.0	77.6	100.0	119.0	124.0
	30	0.41	64.9	100.0	129.0	130.0	78.9	100.0	128.0	133.0
	40	0.41	60.8	100.0	145.0	145.0	71.0	100.0	130.0	136.0
	50	0.41	57.9	100.0	153.0	162.0	69.0	100.0	139.0	152.0
	60	0.42	52.5	100.0	167.0	201.0	65.0	100.0	154.0	174.0
	70	0.42	60.6	100.0	188.0	261.0	60.6	100.0	167.0	206.0
三峡 32.5 低热矿渣水泥	0	0.44	48.0	100.0	132.0	144.0	58.2	100.0	116.0	128.0
	15	0.43	43.4	100.0	131.0	144.0	60.0	100.0	121.0	134.0
	25	0.42	42.2	100.0	145.0	151.0	53.0	100.0	124.0	136.0
	35	0.42	42.9	100.0	163.0	165.0	51.7	100.0	128.0	142.0
	40	0.42	43.1	100.0	167.0	171.0	50.9	100.0	131.0	145.0
	45	0.41	43.4	100.0	173.0	177.0	52.0	100.0	138.0	154.0
坝道 42.5 中热水泥	0	0.44	63.8	100.0	121.0	132.0	72.4	100.0	102.0	106.0
	30	0.42	67.4	100.0	156.0	162.0	73.6	100.0	117.0	122.0
	60	0.42	68.5	100.0	177.0	225.0	69.2	100.0	149.0	169.0

可以看到，早期水泥胶砂抗压强度及抗折强度是随着粉煤灰掺量的增加而降低。不同品种水泥 7d、28d、90d 及 180d 龄期抗折强度随粉煤灰掺量增加而降低的幅度均低于粉煤灰代替水泥的百分数，而且龄期越长，抗折强度随粉煤灰掺量增加而降低幅度越小；不同水泥（粉煤灰掺量大于等于 30%）7d 龄期抗压强度随粉煤灰掺量增加而降低的幅度均高于粉煤灰替代水泥的百分数，90d 及 180d 龄期抗压强度随粉煤灰掺量的增加而降低的幅度均低于粉煤灰替代水泥的百分数，且随着龄期的增加，抗压强度的降低率在逐步减少，到 180d 龄期，甚至超过对比基准胶砂抗压强度（粉煤灰掺量小于 30%）。因此，90d、

180d 龄期掺粉煤灰的胶砂强度增长率高于纯水泥基准胶砂，且粉煤灰掺量越大，强度增长率越高。

对三峡 42.5 中热水泥、32.5 低热矿渣水泥进行了掺不同厂家粉煤灰的胶砂强度对比试验，试验结果列于表 3.1-4。掺不同品种粉煤灰胶砂强度降低率列于表 3.1-5。

表 3.1-4　　　　　　掺不同品种粉煤灰的胶砂强度试验结果

水泥品种	粉煤灰		水胶比	抗压强度/MPa				抗折强度/MPa			
	品种	掺量/%		7d	28d	90d	180d	7d	28d	90d	180d
三峡 42.5 中热水泥	—	0	0.44	42.2	60.8	70.6	75.1	6.6	8.5	10.1	10.6
	重庆	30	0.41	33.3	51.3	66.1	66.8	6.0	7.6	9.7	10.1
	重庆	60	0.42	12.4	23.6	39.5	47.5	3.0	4.6	7.1	8.0
	珞璜	30	0.43	31.0	45.5	61.3	64.7	5.1	7.2	8.7	9.1
	珞璜	60	0.41	13.4	22.8	33.0	40.6	2.8	4.6	6.7	7.2
	汉川	30	0.43	32.5	52.2	67.9	70.1	5.4	7.8	9.9	10.4)
	汉川	60	0.43	13.4	26.6	45.0	51.2	2.8	5.3	7.5	8.4
	湘潭	30	0.45	28.1	47.5	68.2	72.0	4.9	7.0	9.5	9.9
	湘潭	60	0.45	14.1	24.7	43.1	50.8	2.7	5.1	7.2	8.6
三峡 32.5 低热矿渣水泥	—	0	0.44	22.9	47.7	62.8	68.8	4.6	7.9	9.2	10.1
	重庆	25	0.42	16.0	37.9	54.8	57.1	3.5	6.6	8.2	9.0
	重庆	40	0.42	12.1	28.1	47.0	48.0	2.8	5.5	7.2	8.0
	珞璜	25	0.41	17.0	37.6	52.6	56.9	3.7	6.5	8.7	8.8
	珞璜	40	0.40	11.1	28.3	40.7	48.1	2.6	5.0	7.8	8.2
	汉川	25	0.43	15.1	35.1	55.0	55.2	3.3	6.3	8.6	9.1
	汉川	40	0.44	11.3	27.3	37.2	50.7	2.7	5.8	7.4	8.6
	湘潭	25	0.45	16.5	36.9	53.0	56.5	3.5	5.5	8.3	8.8
	湘潭	40	0.45	10.9	27.7	41.8	47.7	2.2	5.5	7.6	8.3

表 3.1-5　　掺不同品种粉煤灰胶砂强度降低率（以不掺粉煤灰为 100%）

水泥品种	粉煤灰		水胶比	抗压强度/%				抗折强度/%			
	品种	掺量/%		7d	28d	90d	180d	7d	28d	90d	180d
三峡 42.5 中热水泥	—	0	0.44	100.0	100.0	100.0	100.0	100.0	100.0	100.0	100.0
	重庆	30	0.41	78.9	84.4	93.6	89.0	90.9	89.4	96.0	95.3
	重庆	60	0.42	29.4	38.8	55.9	63.2	45.5	54.1	70.3	75.5
	珞璜	30	0.43	73.5	74.8	86.3	86.4	77.3	84.7	86.1	85.8
	珞璜	60	0.41	31.8	37.5	46.7	54.1	42.4	54.1	66.3	67.9
	汉川	30	0.43	77.0	85.9	96.2	93.3	81.9	91.8	98.0	98.1
	汉川	60	0.43	31.8	43.8	63.7	68.2	42.4	62.4	74.3	76.4
	湘潭	30	0.45	66.6	78.1	96.6	95.9	74.2	82.4	94.1	93.4
	湘潭	60	0.45	33.4	40.6	61.0	67.6	40.9	60.0	71.3	81.1

水泥品种	粉煤灰		水胶比	抗压强度/%				抗折强度/%			
	品种	掺量/%		7d	28d	90d	180d	7d	28d	90d	180d
三峡 32.5 低热矿渣 水泥	—	0	0.44	100.0	100.0	100.0	100.0	100.0	100.0	100.0	100.0
	重庆	25	0.42	69.9	79.5	87.3	82.9	76.1	83.5	91.3	89.1
	重庆	40	0.42	52.8	58.9	74.8	69.8	60.1	69.6	78.3	79.2
	珞璜	25	0.41	74.2	78.8	83.8	75.8	80.4	82.3	94.6	90.7
	珞璜	40	0.40	48.5	59.3	64.8	64.1	56.5	63.3	84.8	84.5
	汉川	25	0.43	65.9	73.6	87.6	73.5	71.7	79.7	93.5	93.8
	汉川	40	0.44	49.3	57.2	59.2	67.5	58.7	73.4	80.4	88.6
	湘潭	25	0.45	72.1	77.4	84.4	75.2	76.0	69.6	90.2	90.7
	湘潭	40	0.45	47.6	58.1	66.6	63.5	47.8	69.6	82.6	85.6

3.1.2 水化热

水泥的水化热对冬季施工而言，有利于水泥的正常凝结硬化，可不因环境温度过低而使水化太慢。但如结构尺寸太大，热量不易散失，温度升高，与其表面的温差过大，就会产生较大的温度应力而导致裂缝。因此，对于水工大体积混凝土，水化热是一个相当重要的使用性能。

对三峡 42.5 中热水泥及 32.5 低热矿渣水泥，分别做了不同粉煤灰品种与掺量的水化热试验（重庆电厂Ⅱ级粉煤灰、安徽淮南平圩电厂Ⅰ级粉煤灰），试验结果列于表3.1-6～表 3.1-9。其中三峡 42.5 中热水泥及 32.5 低热矿渣水泥掺粉煤灰（安徽淮南平圩电厂Ⅰ级粉煤灰）胶凝材料水化热放热速率与时间的关系如图 3.1-1 和图 3.1-2 所示。从试验结果可以得出以下结论：

（1）水泥水化热有随粉煤灰掺量的增加而降低的趋势，但水化热降低的百分比要低于粉煤灰替代水泥的百分比，且随龄期的增长，水化热随粉煤灰掺量而降低的百分比越来越小。

（2）中热水泥 20%粉煤灰和低热水泥掺 15%粉煤灰只降低早龄期的水化热，对 7d 龄期的水化热几乎没有影响。

（3）中热水泥掺 40%粉煤灰的水化热与低热水泥掺 15%粉煤灰的水化热基本相同。

（4）从水泥水化热放热曲线可以看到水泥早期水化过程的全貌。当水泥与水接触时马上开始了一个短的、但却是激烈的放热反应，在这段时间里，放热速率的增长十分迅速，在几分钟内就达到最大值（出现第Ⅰ峰值）。然后放热速率迅速下降，这可能是由于在水泥粒子周围形成由水化硫铝酸钙及水化硅酸钙等初期水化物组成的包覆层，由于包覆层的存在，阻碍了水与水泥的进一步作用，放热值仍然很低。之后，放热速度又开始上升，并在 6h 左右达到最高值（第Ⅱ峰值），这时水化反应速度的上升，可以认为是包覆层在渗透压力和结晶压力下不断破坏，从而使水与水泥的反应过程得到加速的结果。综上所述，水泥的水化过程可分为四个时期，一是水泥加水以后立即开始的反应活泼期；跟着是一个相对的不活泼期或称为静止期（或称诱导期）；然后又出现一个加速期，或称为凝结期；

最后是反应速度不断下降期，或称之为硬化期。

（5）掺粉煤灰不仅使水泥水化热的放热速率减慢，而且使放热峰值推迟出现，这在低热矿渣水泥中更为明显。

表 3.1－6　　　　　　　　　　　不同粉煤灰掺量水泥的各龄期水化热（蓄热法）

水泥品种	粉煤灰掺量 /%	水化热/(kJ/kg)						
		1d	2d	3d	4d	5d	6d	7d
三峡 42.5 中热水泥	0	183	224	242	252	262	267	271
	30	138	181	202	213	221	227	232
	40	123	160	175	187	194	199	203
	50	111	145	158	167	174	180	184
	60	88	118	131	139	144	150	154
	70	71	97	107	113	118	122	125
三峡 32.5 低热矿渣 水泥	0	110	149	173	192	208	219	228
	15	95	142	165	182	195	205	214
	25	86	129	149	164	176	185	194
	35	83	124	142	154	163	171	178
	45	69	97	109	119	127	134	141

表 3.1－7　　　　　　　　　　　不同粉煤灰掺量水泥水化热分析表　　　　　　　　　　　　　%

水泥品种	粉煤灰掺量 /%	水化热降低率						
		1d	2d	3d	4d	5d	6d	7d
三峡 42.5 中热水泥	0	0	0	0	0	0	0	0
	30	24.6	19.2	16.5	15.5	15.6	15.0	14.4
	40	32.8	28.6	27.3	25.8	26.0	25.5	25.1
	50	39.3	35.3	34.7	33.6	33.6	32.6	32.1
	60	51.9	47.3	45.9	44.9	45.0	43.9	43.2
	70	61.2	56.7	55.8	55.2	55.0	54.3	53.9
三峡 32.5 低热矿渣 水泥	0	0	0	0	0	0	0	0
	15	13.6	4.7	4.6	5.2	6.2	6.4	6.1
	25	21.8	11.6	13.9	15.4	15.5	15.5	14.9
	35	24.5	16.8	17.9	19.8	21.6	21.9	21.9

表 3.1－8　　　　　　　　　　　掺粉煤灰的水泥水化热试验

时间 /h	三峡 42.5 中热水泥/(kJ/kg)			三峡 32.5 低热矿渣水泥/(kJ/kg)		
	不掺粉煤灰	掺 20% 粉煤灰	掺 40% 粉煤灰	不掺粉煤灰	掺 15% 粉煤灰	掺 30% 粉煤灰
1	7.8	8.3	7.7	9.3	3.3	4.2
2	9.4	10.2	10.2	10.6	5.9	5.3

续表

时间 /h	三峡 42.5 中热水泥/(kJ/kg)			三峡 32.5 低热矿渣水泥/(kJ/kg)		
	不掺粉煤灰	掺 20%粉煤灰	掺 40%粉煤灰	不掺粉煤灰	掺 15%粉煤灰	掺 30%粉煤灰
3	11.4	11.7	11.1	12.0	6.9	6.1
4	15.6	13.3	12.1	13.7	8.0	6.9
5	23.3	15.0	12.9	16.8	9.1	7.5
6	33.4	17.8	14.7	27.9	10.6	8.7
7	50.9	21.8	17.2	33.5	11.9	9.6
8	64.2	25.8	19.6	42.0	13.8	10.8
9	80.8	32.3	24.2	51.9	16.1	12.3
10	96.7	39.1	28.7	60.9	18.9	14.3
11	107.8	49.3	35.6	71.1	22.7	16.7
12	116.9	59.9	43.2	80.0	25.3	19.0
18	146.5	107.8	83.0	130.4	50.7	37.8
24	162.8	129.8	104.5	154.2	81.2	59.0
32	181.1	147.7	122.8	170.8	108.7	86.7
40	194.1	161.7	136.5	182.1	128.8	101.2
48	205.1	174.8	147.1	189.7	139.6	111.5
56	213.1	185.7	155.9	195.6	148.5	120.8
64	221.3	196.0	163.9	199.6	157.4	128.0
72	228.2	204.0	170.6	203.6	164.6	134.1
80	233.8	211.6	176.9	206.6	172.2	140.5
88	238.0	217.8	182.4	209.5	178.3	145.6
96	241.3	223.3	187.2	211.6	183.6	149.8
104	245.6	229.3	192.4	214.0	190.3	155.2
112	248.8	233.8	196.7	215.9	195.9	159.8
120	252.0	238.0	201.4	217.7	201.3	164.0
128	254.5	242.5	205.1	219.2	206.3	168.3
136	255.7	245.8	208.6	220.6	211.0	172.2
144	257.6	249.3	211.8	221.8	215.2	176.2
152	259.1	252.4	214.6	223.2	219.0	179.6
160	260.2	255.8	217.8	224.0	222.8	183.1
168	261.4	259.2	221.1	225.7	226.8	185.4

表 3.1 - 9　　　　　　　　掺粉煤灰水泥的水化热降低百分率

水泥品种	粉煤灰掺量/%	龄期/d						
		1	2	3	4	5	6	7
三峡 42.5 中热水泥	0	0	0	0	0	0	0	0
	20	20.3	14.8	10.6	7.5	5.6	3.2	0.8
	40	35.8	28.3	25.4	22.4	20.1	17.8	15.4
三峡 32.5 低热矿渣 水泥	0	0	0	0	0	0	0	0
	15	47.3	26.4	19.2	13.2	7.5	3.0	-0.5
	30	61.7	41.2	34.1	29.2	24.7	20.6	17.9

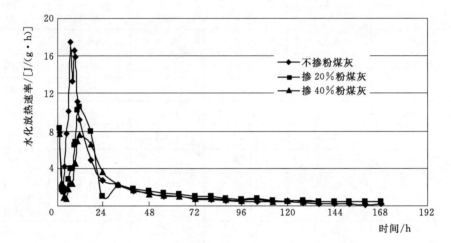

图 3.1 - 1　掺粉煤灰的 42.5 中热水泥水化放热速率

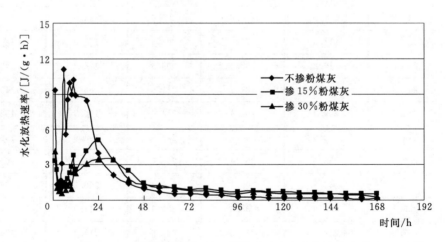

图 3.1 - 2　掺粉煤灰的 32.5 低热矿渣水泥水化放热速率

3.1.3　凝结时间

　　掺粉煤灰一般会使混凝土的凝结时间延长。粉煤灰导致的缓凝受其掺量、细度、化学成分等的影响。随粉煤灰掺量的增加，凝结时间延长。工程中，对于低水胶比的砂浆和混凝土，由于水化后形成的水泥石结构非常致密，水不容易渗入内部。为保证水泥初凝后的水化能够正常进行，应该在初凝后立即进行洒水保湿养护。在高性能混凝土中，对凝结时间有显著影响的还有用水量、环境温度等，因此，应该通过试验预测凝结时间，以确定混凝土构件开始洒水养护的时间。

3.2 掺矿渣粉的胶凝材料物理力学性能

3.2.1 胶砂强度

对比了单掺矿渣微粉、单掺粉煤灰以及复掺粉煤灰、矿渣微粉的胶砂强度，见表3.2-1。单掺矿渣微粉、单掺粉煤灰以及复掺粉煤灰、矿渣微粉的胶砂强度与纯水泥基准胶砂强度对比（以纯水泥胶砂强度为100%）见表3.2-2，不同配比的胶砂强度增长率见表3.2-3（以28d龄期强度为100%）。

表 3.2-1　单掺矿渣微粉、单掺粉煤灰与复掺矿渣微粉和粉煤灰的胶砂强度

编号	胶凝材料比例/%				抗压强度/MPa				抗折强度/MPa			
	水泥	矿渣微粉1	矿渣微粉2	粉煤灰	7d	28d	90d	180d	7d	28d	90d	180d
S0	100	0	0	0	37.0	53.9	66.0	70.8	6.5	8.4	9.6	9.3
S1	80	10	0	10	33.8	59.1	75.4	85.6	6.2	8.4	10.9	10.6
S2	70	20	0	10	31.2	54.0	73.6	77.3	5.9	8.2	10.7	10.6
S3	70	10	0	20	26.6	47.5	67.3	81.1	5.1	7.4	9.8	9.8
S4	60	30	0	10	22.7	48.1	70.1	76.4	4.6	7.6	9.4	9.9
S5	60	20	0	20	17.5	43.7	61.6	73.4	4.2	7.0	8.8	9.4
S6	60	10	0	30	17.3	37.9	62.6	74.0	4.3	6.6	9.2	9.8
S7	50	40	0	10	19.0	47.8	67.2	79.0	4.4	7.5	9.2	9.9
S8	50	30	0	20	17.6	45.5	66.7	76.0	4.2	7.6	9.1	10.2
S9	50	20	0	30	17.4	36.1	57.2	63.1	3.6	6.6	8.8	9.0
S10	50	10	0	40	15.9	34.9	54.6	59.6	3.3	5.9	8.7	8.6
S11	40	50	0	10	19.8	46.8	62.2	66.0	3.8	7.0	8.5	9.3
S12	40	40	0	20	17.2	42.4	56.6	64.2	3.5	6.9	8.6	9.4
S13	40	30	0	30	16.4	40.2	56.5	64.8	3.5	6.3	8.4	8.5
S14	40	20	0	40	15.4	35.2	50.8	57.1	3.3	6.1	7.7	8.2
S15	40	10	0	50	15.1	30.0	48.0	50.2	3.0	5.2	7.1	7.8
A1	70	30	0	0	29.0	53.7	72.6	77.1	5.9	8.1	10.2	10.2
A2	60	40	0	0	26.5	54.6	73.8	74.5	5.2	8.2	9.9	10.4

续表

编号	胶凝材料比例/%				抗压强度/MPa				抗折强度/MPa			
	水泥	矿渣微粉1	矿渣微粉2	粉煤灰	7d	28d	90d	180d	7d	28d	90d	180d
A3	50	50	0	0	24.4	53.6	67.1	74.1	4.8	7.7	9.7	10.2
A4	40	60	0	0	21.2	50.9	65.3	69.9	4.7	7.3	9.3	10.2
A5	30	70	0	0	21.9	46.0	63.2	66.9	4.5	7.0	9.0	10.5
B1	70	0	30	0	20.7	48.4	53.6	58.8	4.5	7.4	9.1	8.5
B2	60	0	40	0	28.8	59.3	68.7	72.2	5.7	9.0	9.3	10.0
B3	50	0	50	0	28.0	58.2	64.7	76.2	5.8	8.7	9.2	9.8
B4	40	0	60	0	—	54.9	56.7	—	—	8.3	9.0	10.4
C1	70	0	0	30	25.6	43.9	64.7	72.9	4.6	6.7	9.2	9.8
C2	60	0	0	40	20.2	34.3	55.9	69.7	3.6	6.1	8.4	9.3
C3	50	0	0	50	15.4	29.0	45.4	57.5	2.9	5.3	7.3	8.1
C4	40	0	0	60	9.8	19.1	32.6	46.3	2.1	3.9	6.3	6.7
C5	30	0	0	70	5.7	11.3	20.2	33.1	1.1	2.8	4.7	5.1

表 3.2－2　单掺矿渣微粉、单掺粉煤灰与复掺矿渣微粉和粉煤灰胶砂与纯水泥基准胶砂强度对比

编号	胶凝材料比例/%				抗压强度/MPa				抗折强度/MPa			
	水泥	矿渣微粉1	矿渣微粉2	粉煤灰	7d	28d	90d	180d	7d	28d	90d	180d
S0	100	0	0	0	100	100	100	100	100	100	100	100
S1	80	10	0	10	91	110	114	121	95	100	114	114
S2	70	20	0	10	84	100	112	109	91	98	111	114
S3	70	10	0	20	72	88	102	115	78	88	102	105
S4	60	30	0	10	61	89	106	108	71	90	98	106
S5	60	20	0	20	47	81	93	104	65	83	92	101
S6	60	10	0	30	47	70	95	105	66	79	96	105
S7	50	40	0	10	51	89	102	112	68	89	96	106
S8	50	30	0	20	48	84	101	107	65	90	95	110
S9	50	20	0	30	47	67	87	89	55	79	92	97
S10	50	10	0	40	43	65	83	84	51	70	91	92
S11	40	50	0	10	54	87	94	93	58	83	89	100
S12	40	40	0	20	46	79	86	91	52	82	90	101
S13	40	30	0	30	44	75	86	92	54	75	88	91
S14	40	20	0	40	42	65	77	81	51	73	80	88

编号	胶凝材料比例/%				抗压强度/MPa				抗折强度/MPa			
	水泥	矿渣微粉1	矿渣微粉2	粉煤灰	7d	28d	90d	180d	7d	28d	90d	180d
S15	40	10	0	50	41	56	73	71	46	62	74	84
A1	70	30	0	0	78	100	110	109	91	96	106	110
A2	60	40	0	0	72	101	112	105	80	98	103	112
A3	50	50	0	0	66	99	102	105	74	92	101	110
A4	40	60	0	0	57	94	99	99	72	87	97	110
A5	30	70	0	0	59	85	96	94	69	83	94	113
B1	70	0	30	0	56	90	81	83	69	88	95	91
B2	60	0	40	0	78	110	104	102	88	107	97	108
B3	50	0	50	0	76	108	98	108	89	104	96	105
B4	40	0	60	0	—	102	86	—	—	99	94	112
C1	70	0	0	30	69	81	98	103	71	80	96	105
C2	60	0	0	40	55	64	85	98	55	73	88	100
C3	50	0	0	50	42	54	69	81	45	63	76	87
C4	40	0	0	60	26	35	49	65	32	46	66	72
C5	30	0	0	70	15	21	31	47	17	33	49	55

表 3.2-3　单掺矿渣微粉、单掺粉煤灰与复掺矿渣微粉和粉煤灰的胶砂强度增长率

编号	胶凝材料比例/%				抗压强度/MPa				抗折强度/MPa			
	水泥	矿渣微粉1	矿渣微粉2	粉煤灰	7d	28d	90d	180d	7d	28d	90d	180d
S0	100	0	0	0	69	100	122	131	77	100	114	111
S1	80	10	0	10	57	100	128	145	74	100	130	126
S2	70	20	0	10	58	100	136	143	72	100	130	129
S3	70	10	0	20	56	100	142	171	69	100	132	132
S4	60	30	0	10	47	100	146	159	61	100	124	130
S5	60	20	0	20	40	100	141	168	60	100	126	134
S6	60	10	0	30	46	100	165	195	65	100	139	148
S7	50	40	0	10	40	100	141	165	59	100	123	132
S8	50	30	0	20	39	100	147	167	55	100	120	134
S9	50	20	0	30	48	100	158	175	55	100	133	136
S10	50	10	0	40	46	100	156	171	56	100	147	146
S11	40	50	0	10	42	100	133	141	54	100	121	133
S12	40	40	0	20	41	100	133	151	49	100	125	136
S13	40	30	0	30	41	100	141	161	56	100	133	135

编号	胶凝材料比例/%				抗压强度/MPa				抗折强度/MPa			
	水泥	矿渣微粉1	矿渣微粉2	粉煤灰	7d	28d	90d	180d	7d	28d	90d	180d
S14	40	20	0	40	44	100	144	162	54	100	126	134
S15	40	10	0	50	50	100	160	167	58	100	137	150
A1	70	30	0	0	54	100	135	144	73	100	126	126
A2	60	40	0	0	49	100	135	136	63	100	121	127
A3	50	50	0	0	46	100	125	138	62	100	126	132
A4	40	60	0	0	42	100	128	137	64	100	127	140
A5	30	70	0	0	48	100	137	145	64	100	129	150
B1	70	0	30	0	43	100	111	121	61	100	123	115
B2	60	0	40	0	49	100	116	122	63	100	103	111
B3	50	0	50	0	48	100	111	131	67	100	106	113
B4	40	0	60	0		100	103			100	108	125
C1	70	0	0	30	58	100	147	166	69	100	137	146
C2	60	0	0	40	59	100	163	203	59	100	138	152
C3	50	0	0	50	53	100	157	198	55	100	138	153
C4	40	0	0	60	51	100	171	242	54	100	162	172
C5	30	0	0	70	50	100	179	293	39	100	168	182

从表 3.2-1 和表 3.2-2 可以看到，单掺矿渣粉胶砂的强度均高于同掺量单掺粉煤灰胶砂。单掺 30%～50% 矿渣时，胶砂 28d 强度与基准胶砂相当或略高，随着龄期增长，强度超过基准胶砂。矿渣掺量 40% 时，胶砂强度最高，随着掺量进一步增加强度下降。单掺 30% 粉煤灰，180d 龄期胶砂强度超过基准胶砂，随着掺量增加，强度下降。粉煤灰与矿渣粉复掺时，掺和料掺量不超过 20% 时，胶砂 28d 强度超过基准胶砂；掺和料掺量不超过 30% 时，胶砂 90d 强度超过基准胶砂；掺和料掺量不超过 40% 时，胶砂 180d 强度超过基准胶砂。

从表 3.2-3 的强度发展规律看，相同掺量下，掺矿渣粉胶砂的后期强度增长率明显低于粉煤灰胶砂，且矿渣粉品质不同，胶砂强度增幅存在较大差异。在掺和料总量不变的情况下，以适当比例复掺矿渣和粉煤灰的胶砂强度通常可以超过单掺矿渣或单掺粉煤灰胶砂。

以上研究表明，矿渣具有较高的活性，且早期活性明显高于粉煤灰，而粉煤灰则具有后期强度高、增长幅度大的特点，两者复掺具有强度超叠加效果，可以同时调控水泥基材料早期和后期强度。复掺矿渣和粉煤灰，可以尽可能增大矿物掺和料的用量，提高矿物掺和料的利用率。

采用正交设计方法，研究了掺和料掺量、矿渣与粉煤灰复掺比例、矿渣细度、粉煤灰品种对胶砂流动度与胶砂强度的影响。掺和料掺量选 6 个水平，矿渣微粉与粉煤灰的比例选 4 个水平，矿渣微粉细度选 2 个水平，即比表面积分别为 270m²/kg（S270，比表面积 270m²/kg 相当于生产低热矿渣水泥时水泥熟料与矿渣共同磨细时矿渣的细度水平）、400m²/kg（S400），粉煤灰选择了两个不同的品种，即平圩电厂 I 级粉煤灰和重庆电厂 II 粉煤灰，确定的因素水平如表 3.2-4 所示。根据表 3.2-4 的因素与水平，选用 L_{24}（$6^1 \times 4^1 \times 2^3$）正交试验方案，见表 3.2-5，胶砂流动度与强度试验结果见表 3.2-6。

表 3.2-4　　　　　　　　　因　素　水　平　表

水平	因素			
	A［水泥：（矿渣微粉＋粉煤灰）］	B（矿渣微粉：粉煤灰）	C（矿渣微粉）	D（粉煤灰）
1	80：20	4：1	S400	平圩 I 级粉煤灰
2	70：30	3：2	S270	重庆 II 级粉煤灰
3	60：40	2：3	—	—
4	50：50	1：4	—	—
5	40：60	—	—	—
6	30：70	—	—	—

表 3.2-5　　　　　　　　L_{24}（$6^1 \times 4^1 \times 2^3$）正交试验方案

序号	A	B	C	D	空列
	1	2	3	4	5
1	1（80：20）	1（4：1）	1（S400）	1（平圩 I 级粉煤灰）	2
2	1（80：20）	2（3：2）	1（S400）	2（重庆 II 级粉煤灰）	1
3	1（80：20）	3（2：3）	2（S270）	2（重庆 II 级粉煤灰）	1
4	1（80：20）	4（1：4）	2（S270）	1（平圩 I 级粉煤灰）	2
5	2（70：30）	1（4：1）	2（S270）	2（重庆 II 级粉煤灰）	1
6	2（70：30）	2（3：2）	2（S270）	1（平圩 I 级粉煤灰）	2
7	2（70：30）	3（2：3）	1（S400）	1（平圩 I 级粉煤灰）	1
8	2（70：30）	4（1：4）	1（S400）	2（重庆 II 级粉煤灰）	2
9	3（60：40）	1（4：1）	1（S400）	1（平圩 I 级粉煤灰）	1
10	3（60：40）	2（3：2）	1（S400）	2（重庆 II 级粉煤灰）	2
11	3（60：40）	3（2：3）	2（S270）	2（重庆 II 级粉煤灰）	1
12	3（60：40）	4（1：4）	2（S270）	1（平圩 I 级粉煤灰）	2
13	4（50：50）	1（4：1）	2（S270）	2（重庆 II 级粉煤灰）	2
14	4（50：50）	2（3：2）	2（S270）	1（平圩 I 级粉煤灰）	1
15	4（50：50）	3（2：3）	1（S400）	1（平圩 I 级粉煤灰）	2
16	4（50：50）	4（1：4）	1（S400）	2（重庆 II 级粉煤灰）	1
17	5（40：60）	1（4：1）	1（S400）	1（平圩 I 级粉煤灰）	2
18	5（40：60）	2（3：2）	1（S400）	2（重庆 II 级粉煤灰）	1
19	5（40：60）	3（2：3）	2（S270）	2（重庆 II 级粉煤灰）	1

续表

序号	A	B	C	D	空列
	1	2	3	4	5
20	5（40：60）	4（1：4）	2（S270）	1（平圩Ⅰ级粉煤灰）	2
21	6（30：70）	1（4：1）	2（S270）	2（重庆Ⅱ级粉煤灰）	2
22	6（30：70）	2（3：2）	2（S270）	1（平圩Ⅰ级粉煤灰）	1
23	6（30：70）	3（2：3）	1（S400）	1（平圩Ⅰ级粉煤灰）	2
24	6（30：70）	4（1：4）	1（S400）	2（重庆Ⅱ级粉煤灰）	1

表 3.2 - 6　　　　　　　　　　　　　胶砂流动度与强度试验结果

编号	胶砂配合比/%			矿渣微粉细度	粉煤灰品种	流动度/mm	抗压强度/MPa				抗折强度/MPa			
	水泥	矿渣微粉	粉煤灰				7d	28d	90d	180d	7d	28d	90d	180d
1	80	16	4	S400	平圩Ⅰ级粉煤灰	130	29.5	64.2	74.0	83.8	5.5	8.4	9.7	10.9
2	80	12	8	S400	重庆Ⅱ级粉煤灰	130	26.8	54.3	68.6	77.4	5.4	7.1	9.8	10.1
3	80	8	12	S270	重庆Ⅱ级粉煤灰	127	23.4	48.8	57.3	68.5	4.3	7.1	8.5	9.4
4	80	4	16	S270	平圩Ⅰ级粉煤灰	138	25.6	48.6	61.8	75.1	4.3	6.4	9.4	9.6
5	70	24	6	S270	重庆Ⅱ级粉煤灰	125	22.0	49.2	60.1	71.8	4.2	6.7	7.7	9.0
6	70	18	12	S270	平圩Ⅰ级粉煤灰	130	22.3	48.6	66.1	77.1	4.6	6.7	8.6	9.5
7	70	12	18	S400	平圩Ⅰ级粉煤灰	140	23.6	40.7	67.0	77.7	4.1	7.0	8.4	9.7
8	70	6	24	S400	重庆Ⅱ级粉煤灰	135	21.6	38.6	60.4	69.7	4.3	6.8	8.6	10.6
9	60	32	8	S400	平圩Ⅰ级粉煤灰	125	17.5	35.0	60.8	67.7	4.5	7.2	9.3	9.6
10	60	24	16	S400	重庆Ⅱ级粉煤灰	133	19.3	36.2	61.6	76.1	4.3	6.9	8.3	9.6
11	60	16	24	S270	重庆Ⅱ级粉煤灰	155	20.1	39.3	65.5	72.4	4.5	6.3	7.8	8.7
12	60	8	32	S270	平圩Ⅰ级粉煤灰	140	20.0	49.7	59.3	71.6	3.6	5.8	7.7	10.0
13	50	40	10	S270	重庆Ⅱ级粉煤灰	135	22.8	43.0	68.2	76.9	4.2	6.4	8.4	9.5
14	50	30	20	S270	平圩Ⅰ级粉煤灰	135	20.8	40.0	64.0	73.6	4.2	6.7	9.1	9.8
15	50	20	30	S400	平圩Ⅰ级粉煤灰	130	22.6	33.6	53.2	65.0	4.5	6.7	8.9	9.4
16	50	10	40	S400	重庆Ⅱ级粉煤灰	159	15.4	30.0	56.0	69.4	4.6	6.1	8.2	9.7
17	40	48	12	S400	平圩Ⅰ级粉煤灰	145	25.2	42.0	59.6	66.7	4.8	7.2	8.1	8.9
18	40	36	24	S400	重庆Ⅱ级粉煤灰	140	22.6	39.2	55.5	62.6	4.5	7.1	8.5	9.4
19	40	24	36	S270	重庆Ⅱ级粉煤灰	140	17.2	26.6	45.7	53.1	3.0	5.4	7.7	8.1
20	40	12	48	S270	平圩Ⅰ级粉煤灰	165	14.5	21.3	38.3	50.3	2.2	4.6	6.9	8.1
21	30	56	14	S270	重庆Ⅱ级粉煤灰	130	12.6	29.0	42.2	50.4	3.4	5.8	7.4	8.6
22	30	42	28	S270	平圩Ⅰ级粉煤灰	157	12.0	27.1	44.8	53.4	3.4	5.6	7.8	8.4
23	30	28	42	S400	平圩Ⅰ级粉煤灰	160	12.2	29.3	45.6	55.3	3.3	5.4	7.7	8.6
24	30	14	56	S400	重庆Ⅱ级粉煤灰	155	9.0	20.8	32.3	40.7	2.6	4.9	7.7	7.6

胶砂流动度的极差计算结果列于表 3.2-7，由极差分析的结果可以得出以下结论：

（1）矿渣微粉与粉煤灰的比值是影响胶砂流动度的主要因素，水泥与矿渣微粉＋粉煤灰的比值是影响胶砂流动度的重要因素，粉煤灰的品种、矿渣微粉的细度对流动度的影响相对较小。

（2）胶砂流动度随矿渣微粉与粉煤灰比值的降低而增大，这说明多掺粉煤灰少掺矿渣微粉可提高胶砂的流动度。

（3）胶砂流动度随水泥与矿渣微粉＋粉煤灰比值的减小而增大，也就是说提高矿渣微粉与粉煤灰的掺量可提高胶砂的流动度。

（4）掺平圩Ⅰ级粉煤灰的胶砂流动度大于掺重庆Ⅱ级粉煤灰的胶砂流动度。

（5）掺细矿渣微粉的胶砂流动度要比掺粗矿渣微粉的胶砂流动度大。

表 3.2-7 胶砂流动度的极差计算表

极差	A	B	C	D	空列
	1	2	3	4	5
K_1（$\overline{K}_1$）	525（131）	790（132）	1682（140）	1695（146）	1704（139）
K_2（$\overline{K}_2$）	530（133）	825（138）	1677（140）	1664（134）	1655（141）
K_3（$\overline{K}_3$）	553（138）	852（142）	—	—	—
K_4（$\overline{K}_4$）	559（140）	892（149）	—	—	—
K_5（$\overline{K}_5$）	590（148）	—	—	—	—
K_6（$\overline{K}_6$）	602（151）	—	—	—	—
极差 R	77	102	5	31	49
因素主次	$B \rightarrow A \rightarrow D \rightarrow C$				

掺矿渣粉与粉煤灰的胶砂抗压强度及抗折强度的极差计算结果列于表 3.2-8 及表 3.2-9，由极差分析的结果可以得出以下结论：

（1）水泥与矿渣微粉＋粉煤灰的比值是影响胶砂各龄期抗压强度的主要因素。对 7d 龄期，矿渣微粉的细度、矿渣微粉与粉煤灰的比值是影响胶砂抗压强度的重要因素，粉煤灰的品种对胶砂抗压强度的影响相对较小，在试验误差范围之内。对 28d 龄期，矿渣微粉与粉煤灰的比值、粉煤灰的品种是影响胶砂抗压强度的重要因素，矿渣微粉的细度对胶砂抗压强度的影响相对较小。对 90d 龄期，矿渣微粉与粉煤灰的比值是影响胶砂抗压强度的重要因素，矿渣微粉的细度与粉煤灰的品种对胶砂抗压强度的影响基本相当。对 180d 龄期，矿渣微粉与粉煤灰的比值、粉煤灰的品种是影响胶砂抗压强度的重要因素，矿渣微粉的细度对胶砂抗压强度的影响相对较小。

（2）水泥与矿渣微粉＋粉煤灰的比值也是影响胶砂抗折强度的主要因素。矿渣与粉煤灰对胶砂抗折强度的影响规律与对胶砂抗压强度的影响基本一致。但是 28d 及 28d 龄期后，矿渣微粉的细度成为影响胶砂抗折强度的重要因素，粉煤灰品种对胶砂抗折强度的影响相对较小。

（3）胶砂抗压、抗折强度随水泥与矿渣微粉＋粉煤灰比值的降低而降低，也就是说提高掺和料的掺量会降低胶砂强度。当水泥与矿渣微粉＋粉煤灰比值小于 0.5 时，胶砂 7d、

28d 抗压强度随水泥与矿渣微粉＋粉煤灰比值的降低下降不明显，当水泥与矿渣微粉＋粉煤灰比值大于 0.5 时，胶砂 7d、28d 抗压强度随水泥与矿渣微粉＋粉煤灰比值的降低而明显下降。

（4）胶砂抗压、抗折强度随矿渣微粉与粉煤灰比值的减小而降低，这说明增加矿渣微粉的掺量可提高胶砂强度。

（5）总体来讲，胶砂的强度随矿渣微粉细度的增大而提高。

表 3.2－8　　　　　　　　　　　　　　　胶砂抗压强度极差计算表

	极差	A	B	C	D	空列
		1	2	3	4	5
7d	K_1 ($\overline{K}_1$)	105.3 (26.3)	129.6 (21.6)	254.2 (21.2)	242.5 (20.2)	246.1 (20.5)
	K_2 ($\overline{K}_2$)	89.5 (22.4)	123.8 (20.6)	224.4 (18.7)	236.1 (19.7)	232.5 (19.4)
	K_3 ($\overline{K}_3$)	81.6 (20.4)	119.1 (19.8)	—	—	—
	K_4 ($\overline{K}_4$)	79.5 (19.9)	106.1 (17.7)	—	—	—
	K_5 ($\overline{K}_5$)	76.8 (19.2)	—	—	—	—
	K_6 ($\overline{K}_6$)	45.8 (11.4)	—	—	—	—
	极差 R	59.5	23.5	29.8	6.4	13.6
	因素主次			A→C→B→D		
28d	K_1 ($\overline{K}_1$)	215.9 (54.0)	262.4 (43.7)	463.9 (38.7)	445.1 (37.1)	445.5 (37.1)
	K_2 ($\overline{K}_2$)	177.1 (44.3)	245.4 (40.9)	471.2 (39.3)	490.0 (40.8)	489.6 (40.8)
	K_3 ($\overline{K}_3$)	160.2 (40.0)	218.3 (36.4)	—	—	—
	K_4 ($\overline{K}_4$)	149.5 (36.7)	209.0 (34.8)	—	—	—
	K_5 ($\overline{K}_5$)	129.1 (32.2)	—	—	—	—
	K_6 ($\overline{K}_6$)	106.2 (26.6)	—	—	—	—
	极差 R	109.7	53.4	7.3	44.9	44.1
	因素主次			A→B→D→C		
90d	K_1 ($\overline{K}_1$)	261.7 (65.4)	364.8 (60.8)	694.6 (57.9)	694.5 (57.9)	674.7 (56.2)
	K_2 ($\overline{K}_2$)	253.6 (63.4)	360.6 (60.1)	673.3 (56.1)	673.4 (56.1)	693.2 (57.8)
	K_3 ($\overline{K}_3$)	247.2 (61.8)	334.3 (55.7)	—	—	—
	K_4 ($\overline{K}_4$)	241.4 (60.4)	308.4 (51.4)	—	—	—
	K_5 ($\overline{K}_5$)	199.1 (49.8)	—	—	—	—
	K_6 ($\overline{K}_6$)	164.9 (41.2)	—	—	—	—
	极差 R	96.8	56.4	21.4	21.1	18.5
	因素主次			A→B→C→D		
180d	K_1 ($\overline{K}_1$)	304.8 (76.2)	417.3 (69.6)	812.1 (67.7)	817.3 (68.1)	792.1 (66.0)
	K_2 ($\overline{K}_2$)	296.3 (74.1)	420.2 (70.0)	794.2 (66.2)	789.0 (65.7)	814.2 (67.0)
	K_3 ($\overline{K}_3$)	287.8 (72.0)	392.0 (65.3)	—	—	—
	K_4 ($\overline{K}_4$)	284.9 (71.2)	376.8 (62.8)	—	—	—

续表

极差		A	B	C	D	空列
		1	2	3	4	5
180d	K_5（$\overline{K}_5$）	232.7 (58.2)	—	—	—	—
	K_6（$\overline{K}_6$）	199.8 (50.0)	—	—	—	—
	极差 R	105.0	40.5	17.9	28.3	22.1
	因素主次	A→B→D→C				

表 3.2 - 9　　　　　　　　　　　胶砂抗折强度极差计算表

极差		A	B	C	D	空列
		1	2	3	4	5
7d	K_1（$\overline{K}_1$）	19.5 (4.9)	26.6 (4.4)	52.4 (4.4)	49.0 (4.1)	49.6 (4.1)
	K_2（$\overline{K}_2$）	17.5 (4.4)	26.4 (4.4)	45.9 (3.8)	49.3 (4.1)	48.7 (4.1)
	K_3（$\overline{K}_3$）	16.9 (4.2)	23.7 (4.0)	—	—	—
	K_4（$\overline{K}_4$）	17.2 (4.3)	21.6 (3.6)	—	—	—
	K_5（$\overline{K}_5$）	14.5 (3.6)	—	—	—	—
	K_6（$\overline{K}_6$）	12.7 (3.2)	—	—	—	—
	极差 R	6.8	5.0	6.5	0.3	0.9
	因素主次	A→C→B→D				
28d	K_1（$\overline{K}_1$）	29.0 (7.2)	41.7 (7.0)	80.5 (6.7)	77.7 (6.5)	76.7 (6.4)
	K_2（$\overline{K}_2$）	27.2 (6.8)	40.1 (6.7)	73.8 (6.1)	76.6 (6.4)	77.6 (6.5)
	K_3（$\overline{K}_3$）	26.2 (6.6)	37.9 (6.3)	—	—	—
	K_4（$\overline{K}_4$）	25.9 (6.5)	34.6 (5.8)	—	—	—
	K_5（$\overline{K}_5$）	24.3 (6.1)	—	—	—	—
	K_6（$\overline{K}_6$）	21.7 (5.4)	—	—	—	—
	极差 R	7.3	7.1	7.3	1.1	0.9
	因素主次	A（C）→B→D				
90d	K_1（$\overline{K}_1$）	37.4 (9.4)	50.6 (8.4)	103.2 (8.5)	101.6 (8.5)	98.1 (8.2)
	K_2（$\overline{K}_2$）	33.3 (8.3)	52.1 (8.7)	97.0 (8.1)	98.6 (8.2)	102.1 (8.5)
	K_3（$\overline{K}_3$）	33.1 (8.3)	49.0 (8.2)	—	—	—
	K_4（$\overline{K}_4$）	34.6 (8.6)	47.8 (8.0)	—	—	—
	K_5（$\overline{K}_5$）	31.2 (7.8)	—	—	—	—
	K_6（$\overline{K}_6$）	30.6 (7.6)	—	—	—	—
	极差 R	6.8	2.8	6.2	3.0	4.0
	因素主次	A→C→D→B				

极差		A	B	C	D	空列
		1	2	3	4	5
180d	$K_1\ (\overline{K_1})$	40.0 (10.0)	56.5 (9.4)	114.1 (9.5)	112.5 (9.4)	109.8 (9.2)
	$K_2\ (\overline{K_2})$	38.8 (9.7)	56.8 (9.5)	109.6 (9.0)	111.2 (9.3)	113.9 (9.4)
	$K_3\ (\overline{K_3})$	37.9 (9.5)	53.9 (9.0)	—	—	—
	$K_4\ (\overline{K_4})$	38.4 (9.6)	56.5 (9.2)	—	—	—
	$K_5\ (\overline{K_5})$	34.5 (8.6)	—	—	—	—
	$K_6\ (\overline{K_6})$	33.2 (8.3)	—	—	—	—
	极差 R	6.8	2.9	4.4	1.3	4.1
	因素主次			$A{\rightarrow}C{\rightarrow}B{\rightarrow}D$		

可以看到，影响胶砂流动度与胶砂强度的因素是不一样的。胶砂流动度指标好了，抗压强度及抗折强度指标却不一定好。为保证兼顾各项指标，可以采用功效系数法来确定各项参数。

假定正交设计原考核 n 个指标，每一指标均有一定的功效系数，第 i 个指标的功效系数为 d_i（$0{\leqslant}d_i{\leqslant}1$）。如果有 n 个指标，就有 n 个功效系数 d_i（$i=1$，2，…，n），用这些系数的几何求积得到一个总的功效系数：

$$d=\sqrt[n]{d_1 d_2 \cdots d_i \cdots d_n}$$

这里用系数 d 表示 n 个指标的总的优劣情况。这样，每次试验后，只要比较系数 d 即可得到结果。

功效系数 d_i 确定的方法如下：用 $d_i=1$ 表示第 i 个指标的效果最好，而 $d_i=0$ 表示第 i 个指标的效果最差，d_i 值满足：

$$0{\leqslant}d_i{\leqslant}1$$

显然，如果某一试验结果使所有的功效系数 d_i（$i=1$，2，…，n）都达到 1，那么总的功效系数为

$$d=\sqrt[n]{1\times 1\times \cdots \times 1\times \cdots \times 1}=1$$

这表明总的效果也是好的。反之，若有某一 $d_i=0$，则必有 $d=0$，亦即这个试验结果不好。

对胶砂流动度指标、胶砂抗压强度及抗折强度，其考核指标是一致的，即在胶砂配合比一定时，其值越大越好。由于各因素对胶砂抗折强度与抗压强度的规律基本上是相同的，故只对胶砂抗压强度与胶砂流动度用功效系数法进行综合评价。功效系数 d 的极差计算结果列于表 3.2-10，具体可以得出以下结论：

（1）水泥与矿渣微粉＋粉煤灰的比值是影响胶砂功效系数的主要因素；粉煤灰的品种、矿渣微粉与粉煤灰的比值是影响胶砂功效系数的重要因素；矿渣微粉的细度对功效系数的影响较小。

（2）胶砂功效系数随水泥与矿渣微粉＋粉煤灰比值的降低而降低。当水泥与矿渣微粉＋粉煤灰比值小于 40∶60 时，胶砂功效系数随水泥熟料与矿渣微粉＋粉煤灰比值的降低

幅度较小；当水泥与矿渣微粉＋粉煤灰比值大于 40∶60 时，胶砂功效系数随水泥与矿渣微粉＋粉煤灰比值的降低幅度较大。

（3）胶砂功效系数随矿渣微粉与粉煤灰比值的减小而减小，当矿渣微粉与粉煤灰比值为 4∶1 或 3∶2 时，胶砂功效系数随矿渣微粉与粉煤灰比值的减小而降低不明显；当矿渣微粉与粉煤灰比值小于 2∶3 时，胶砂功效系数随矿渣微粉与粉煤灰比值的减小而明显降低。

（4）掺平圩Ⅰ级粉煤灰的胶砂功效系数大于掺重庆Ⅱ级粉煤灰的胶砂功效系数。

（5）胶砂功效系数随矿渣微粉细度的增大而提高。

表 3.2-10 功效系数 *d* 极差计算表

极差	A	B	C	D	空列
	1	2	3	4	5
K_1（$\overline{K}_1$）	3.42 (0.86)	4.67 (0.78)	9.15 (0.76)	9.20 (0.77)	9.04 (0.75)
K_2（$\overline{K}_2$）	3.21 (0.80)	4.64 (0.77)	8.93 (0.74)	8.74 (0.73)	9.04 (0.75)
K_3（$\overline{K}_3$）	3.07 (0.77)	4.52 (0.75)	—	—	—
K_4（$\overline{K}_4$）	2.94 (0.74)	4.26 (0.71)	—	—	—
K_5（$\overline{K}_5$）	2.85 (0.71)	—	—	—	—
K_6（$\overline{K}_6$）	2.32 (0.58)	—	—	—	—
极差 R	1.10	0.41	0.22	0.46	0
因素主次	A→D→B→C				

从正交设计的试验结果来看，矿渣微粉与粉煤灰联合掺用时，矿渣微粉与粉煤灰的比例为 4∶1 或 3∶2 可获得较好的结果。

3.2.2 水化热

对葛洲坝水泥厂生产的 42.5 中热水泥用蓄热法进行了掺矿渣微粉（比表面积 $500m^2/$kg，即 S500）及掺平圩电厂Ⅰ级粉煤灰的水化热试验，试验结果列于表 3.2-11。水泥水化热与矿渣微粉（粉煤灰）掺量关系的分析结果列于表 3.2-12。

由表 3.2-11 及表 3.2-12 可以看出，水泥的水化热随龄期的增长而增加，随矿渣微粉（粉煤灰）掺量的增大而降低。矿渣微粉和粉煤灰都具有较高的活性，并会产生一定的水化热，这是由水泥水化产生的 $Ca(OH)_2$ 溶液激发而释放出来的。42.5 中热水泥掺矿渣微粉（粉煤灰）后水化热降低的百分比低于矿渣微粉（粉煤灰）替代水泥的百分比。

表 3.2-11 水泥胶砂水化热试验结果

水泥品种	矿渣微粉掺量/%	粉煤灰掺量/%	各龄期水化热/(kJ/kg)						
			1d	2d	3d	4d	5d	6d	7d
三峡 42.5 中热水泥	0	0	162	205	228	241	252	258	261
	30	0	143	186	202	218	225	232	235
	40	0	115	168	190	210	218	227	231

续表

水泥品种	矿渣微粉掺量 /%	粉煤灰掺量 /%	各龄期水化热/(kJ/kg)						
			1d	2d	3d	4d	5d	6d	7d
三峡 42.5 中热水泥	50	0	112	160	181	198	207	214	220
	60	0	82	125	148	161	173	184	189
	70	0	67	110	134	150	161	166	171
	0	30	125	168	198	213	224	235	244
	0	40	105	147	171	187	201	212	221
	0	50	102	140	158	169	178	187	195
	0	60	88	118	134	142	148	153	160
	0	70	72	99	109	115	120	124	128
	18	12	136	193	209	230	240	248	258
	24	16	107	150	175	190	205	215	225
	30	20	101	147	173	195	210	224	235
	36	24	85	133	158	181	195	209	219
	42	28	72	119	145	160	174	186	194
三峡 32.5 低热矿渣水泥	0	0	154	190	204	212	218	222	226
	0	15	93	140	165	184	201	212	222
	0	25	86	129	153	168	180	190	199
	0	35	83	124	144	158	168	176	181
	0	45	71	98	114	126	133	139	144

表 3.2－12　　　　不同矿渣微粉（粉煤灰）掺量水化热降低率

水泥品种	矿渣微粉掺量 /%	粉煤灰掺量 /%	水化热降低率/%						
			1d	2d	3d	4d	5d	6d	7d
三峡 42.5 中热水泥	0	0	0	0	0	0	0	0	0
	30	0	11.7	9.3	11.4	9.5	10.7	10.1	10.0
	40	0	29.0	18.0	16.7	12.9	13.5	12.0	11.5
	50	0	30.9	21.9	20.6	17.8	17.9	17.1	15.7
	60	0	49.3	39.0	35.1	33.2	31.3	28.7	27.6
	70	0	58.6	46.3	41.2	37.8	36.1	35.7	34.5
	0	30	22.8	18.0	13.2	11.6	11.1	8.9	6.5
	0	40	35.2	28.3	25.0	22.4	20.2	17.8	15.3
	0	50	37.0	31.7	30.7	29.9	29.4	27.5	25.3
	0	60	45.7	42.4	41.2	41.1	41.3	40.7	38.7
	0	70	55.6	51.7	52.2	52.3	52.4	51.9	51.0
	18	12	16.0	5.9	8.3	4.6	4.8	3.9	1.1

水泥品种	矿渣微粉掺量/%	粉煤灰掺量/%	水化热降低率/%						
			1d	2d	3d	4d	5d	6d	7d
三峡42.5中热水泥	24	16	33.9	26.8	23.2	21.2	18.7	16.7	13.8
	30	20	37.7	28.3	24.1	19.1	16.7	13.2	9.9
	36	24	47.5	35.1	30.7	24.9	22.6	19.0	16.1
	42	28	55.6	42.0	36.4	33.6	31.0	27.9	25.7
三峡32.5低热矿渣水泥	0	0	0	0	0	0	0	0	0
	0	15	39.6	26.3	19.1	13.2	7.8	4.5	1.8
	0	25	44.2	32.1	25.0	20.8	17.4	14.4	11.9
	0	35	46.1	34.7	29.4	25.5	22.9	20.7	19.9
	0	45	53.9	48.4	44.1	40.6	39.0	37.4	36.3

在掺量相同的条件下，复掺矿渣微粉与粉煤灰的胶凝材料水化热最高，单掺矿渣微粉的胶凝材料水化热次之，单掺粉煤灰的胶凝材料水化热最低，这与强度规律一致，但单从降低胶凝材料水化热的角度而言，掺粉煤灰的效果最好，掺矿渣微粉次之，复掺矿渣微粉与粉煤灰的效果最差。

3.3 掺磷渣粉的胶凝材料物理力学性能

3.3.1 胶砂强度

3.3.1.1 磷渣粉掺量及品种对水泥胶砂强度的影响

不同品种、不同掺量磷渣粉与粉煤灰的胶砂强度试验结果见表 3.3-1，胶砂的强度增长率及折压比见表 3.3-2。图 3.3-1～图 3.3-6 是不同品种磷渣粉、粉煤灰的胶砂强度与掺量的关系。图 3.3-7 和图 3.3-8 是磷渣粉胶砂与粉煤灰胶砂抗压强度和抗折强度（掺量 20%、30%、60%）的比较。

（1）磷渣粉掺量在 20%～60% 范围内，7d、28d、90d、180d 龄期的胶砂抗压强度分别为纯水泥胶砂强度的 20%～66%、31%～79%、72%～99%、89%～106%；180d 龄期胶砂抗压强度与纯水泥胶砂相当或略高（除 60% 的掺量）；掺量大于 30%，掺磷渣粉胶砂 7d、28d 龄期的抗压强度较低。随磷渣粉掺量的增加，早期胶砂强度逐渐下降。抗折强度的规律与抗压强度相似。

（2）磷渣粉掺量在 20%～60% 范围内，以 28d 龄期为基准，7d、90d、180d 龄期的胶砂抗压强度增长率分别为 34%～60%、159%～284%、210%～369%。随磷渣粉掺量的增加，胶砂 7d 龄期的抗压强度增长率减小，而 90d、180d 龄期的抗压强度增长率增大。抗折强度的规律和抗压强度相似。

（3）随龄期的增加，掺磷渣粉水泥胶砂 90d、180d 龄期的强度增长率比纯水泥大，说

表 3.3 - 1　不同品种、不同掺量磷渣粉与粉煤灰的胶砂强度试验结果（*W/C*=0.5、磷渣比表面积 290m²/kg）

| 品种 | 编号 | 胶凝材料用量/% | | | 需水量比/% | 抗压强度/MPa | | | | 抗折强度/MPa | | | |
		水泥	粉煤灰	磷渣		7d	28d	90d	180d	7d	28d	90d	180d
	1	100	0	0	100	28.7/100	47.1/100	63.7/100	67.5/100	6.3/100	8.7/100	9.6/100	10.3/100
瓮福磷渣粉	2	80	0	20	101	19.0/66	32.8/70	52.0/82	68.9/102	4.0/63	6.3/72	9.9/103	10.2/99
	3	70	0	30	101	17.3/60	26.9/57	52.0/82	70.6/105	3.3/52	5.9/68	9.2/96	10.6/103
	4	60	0	40	100	11.8/41	23.7/50	52.6/83	65.9/98	4.0/63	4.4/51	9.2/96	10.8/105
	5	50	0	50	101	8.8/31	19.5/41	45.6/72	67.6/100	2.3/37	4.3/49	8.5/89	10.6/103
	6	40	0	60	102	5.7/20	17.0/36	48.2/76	60.0/89	1.8/29	3.7/43	8.9/93	9.4/91
泡沫山磷渣粉	7	80	0	20	102	18.9/66	37.1/79	56.7/89	71.7/106	4.7/75	7.8/90	9.5/99	10.8/105
	8	70	0	30	101	14.4/50	30.4/65	57.8/91	69.8/103	3.7/59	7.2/83	9.9/103	10.3/100
	9	60	0	40	102	13.5/47	28.4/60	63.4/99	71.4/106	3.5/56	6.1/70	10.6/110	11.0/107
	10	50	0	50	102	9.4/33	19.5/41	52.4/82	71.9/107	2.5/40	4.4/51	9.3/97	9.6/93
	11	40	0	60	102	6.6/23	14.7/31	50.2/79	71.5/106	2.0/32	3.7/43	8.6/90	9.9/96
遵义粉煤灰	12	80	20	0	99	19.2/67	34.6/73	55.2/87	68.6/102	4.6/73	6.9/79	10.1/105	10.9/106
	13	70	30	0	99	17.2/60	30.5/65	49.3/77	63.0/93	4.3/68	6.3/72	9.1/95	11.1/108
	14	40	60	0	99	6.4/22	12.4/26	23.4/37	40.3/60	1.7/27	2.5/29	5.2/54	8.1/79
凯里粉煤灰	15	80	20	0	99	20.3/71	35.2/75	55.9/88	65.3/97	4.7/75	6.4/74	9.7/101	11.7/114
	16	70	30	0	99	17.5/61	29.0/62	50.0/78	61.6/91	4.3/68	6.3/72	9.3/97	10.9/106
	17	40	60	0	99	7.3/25	12.3/26	25.6/40	43.8/65	2.4/38	3.2/37	5.1/74	8.6/83

注　"/"后的数字为不同掺量强度与同龄期空白胶材强度的百分比。

明磷渣的强度增长主要发生在后期，抗折强度的增长率比同龄期抗压强度的增长率小。

表 3.3－2　　　　　　　　　　　　胶砂的强度增长率及折压比　　　　　　　　　　　%

品种	编号	抗压强度				抗折强度				抗折强度/抗压强度			
		7d	28d	90d	180d	7d	28d	90d	180d	7d	28d	90d	180d
瓮福磷渣粉	1	61	100	135	143	72	100	110	118	22	18	15	15
	2	60	100	159	210	63	100	157	162	21	19	19	15
	3	64	100	193	262	56	100	156	180	19	22	18	15
	4	50	100	222	278	91	100	209	245	34	19	17	16
	5	45	100	234	347	53	100	198	247	26	22	19	16
	6	34	100	284	353	49	100	241	254	32	22	18	16
泡沫山磷渣粉	7	51	100	153	193	60	100	122	138	25	21	17	15
	8	47	100	190	230	51	100	138	143	26	24	17	15
	9	48	100	223	251	57	100	174	180	26	24	17	15
	10	48	100	269	369	57	100	211	218	27	23	18	13
	11	45	100	341	486	54	100	232	268	30	22	17	14
遵义粉煤灰	12	55	100	160	198	67	100	146	158	24	20	18	16
	13	56	100	162	207	68	100	144	176	25	21	18	18
	14	52	100	189	325	68	100	200	324	27	20	22	20
凯里粉煤灰	15	58	100	159	186	73	100	152	183	23	18	17	18
	16	60	100	172	212	68	100	148	173	25	22	19	18
	17	59	100	208	356	75	100	159	269	33	26	20	20

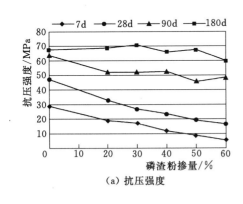
（a）抗压强度

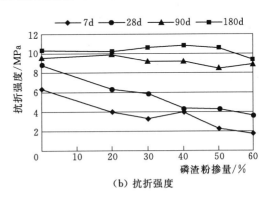
（b）抗折强度

图 3.3－1　胶砂抗压强度、抗折强度与磷渣粉掺量的关系（瓮福磷渣粉）

（4）随龄期的增加，胶凝材料的折压比减小；与纯水泥胶砂相比，掺磷渣粉水泥胶砂的折压比 7d 龄期稍高，28d、90d、180d 龄期基本相当；掺粉煤灰水泥胶砂折压比相当或略高于磷渣粉胶砂。

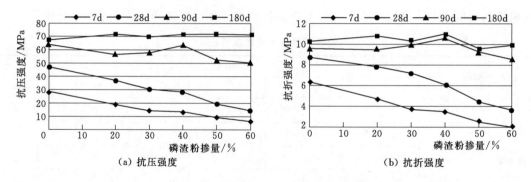

图 3.3-2　胶砂抗压强度、抗折强度与磷渣粉掺量的关系（泡沫山磷渣粉）

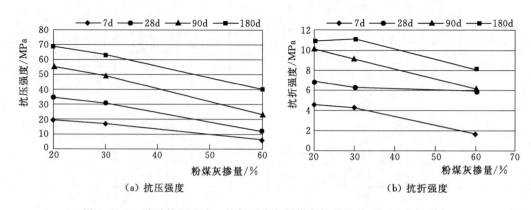

图 3.3-3　胶砂抗压强度、抗折强度与粉煤灰掺量的关系（遵义粉煤灰）

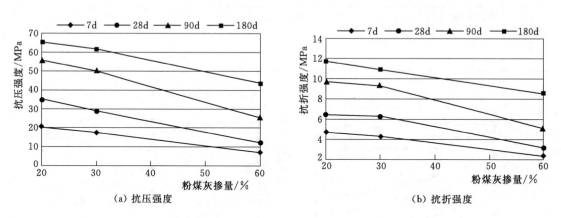

图 3.3-4　胶砂抗压强度、抗折强度与粉煤灰掺量的关系（凯里粉煤灰）

（5）掺不同厂家磷渣粉的水泥胶砂强度不同，如掺量在 30% 以下时，泡沫山磷渣粉的水泥胶砂抗压强度比瓮福磷渣粉高 6%～10%，抗折强度高 7%～19%。但总体相差程度不大，说明其活性比较接近。

（6）掺磷渣粉水泥胶砂的早期强度略低于粉煤灰胶砂，但随着龄期的增加，掺磷渣粉的水泥胶砂强度有赶上或超过粉煤灰水泥胶砂的趋势，掺量较大时这种趋势更明显一些。表明磷渣粉具有更好的后期强度增长效应。

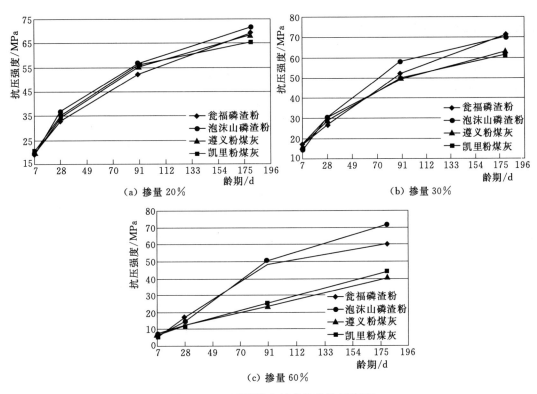

图 3.3 - 5 不同掺和料的胶砂抗压强度

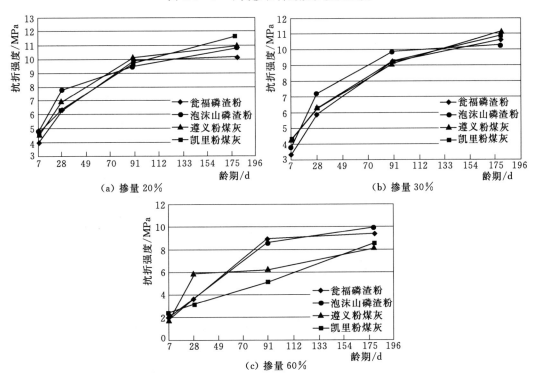

图 3.3 - 6 不同掺和料的胶砂抗折强度

3.3.1.2　磷渣粉细度对胶砂强度的影响

通常掺和料颗粒越细，其活性也越高，即对强度的贡献也越大。不同细度磷渣粉胶砂强度试验结果及比较见表 3.3－3。不同龄期、不同细度磷渣粉掺量与胶砂强度的柱状图见图 3.3－7 和图 3.3－8。

表 3.3－3　　　　　　　　　不同细度磷渣粉胶砂强度试验结果

比表面积 /(m²/kg)	胶凝材料用量/%			需水量比 /%	抗压强度/MPa			抗折强度/MPa		
	水泥	粉煤灰	磷渣粉		7d	28d	90d	7d	28d	90d
—	100	0	0	—	31.1/100	53.6/100	69.8/100	5.4/100	9.4/100	10.5/100
300	80	0	20	97	—	40.9/76	63.0/90	—	6.5/69	9.9/94
	70	0	30	98	—	36.3/68	63.0/90	—	6.9/73	10/95
	60	0	40	98	—	27.6/51	61.2/88	—	5.2/55	9.6/91
	50	0	50	100	—	22.1/41	61.0/87	—	4.4/47	9.7/92
	40	0	60	99	8.8/28	16.9/32	52.2/75	0.7/13	1.2/13	8.7/83
350	80	0	20	98	—	39.0/73	61.5/88	—	7.2/77	9.0/86
	70	0	30	100	—	34.3/64	60.6/87	—	6.5/69	10.4/99
	60	0	40	96	—	34.8/65	67.6/97	—	6.5/69	9.8/93
	50	0	50	98	—	24.2/45	60.8/87	—	2.9/31	8.0/76
	40	0	60	100	—	14.9/28	56.5/81	—	3.2/34	9.1/87
450	80	0	20	96	—	43.0/80	66.5/95	—	6.5/69	10.0/95
	70	0	30	96	—	47.3/88	67.0/96	—	8.1/86	10.4/99
	60	0	40	96	—	39.2/73	68.8/99	—	7.3/78	10.1/96
	50	0	50	98	—	38.4/72	66.7/96	—	6.4/68	9.9/94
	40	0	60	96	—	25.7/48	61.3/88	—	2.6/28	10.0/95
—	80	20	—	97	24.6/79	40.1/75	57.9/83	4.6/85	7.2/77	9.7/92
	70	30	—	95	23.3/75	39.2/73	64.0/92	4.7/87	7.6/81	10.2/97
	40	60	—	97	10.1/32	18.0/34	37.5/54	1.8/33	4.8/51	8.2/78

注　"/"后的数字为不同掺量强度与同龄期空白胶材强度的百分比。

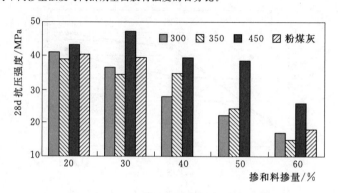

图 3.3－7　28d 不同细度磷渣粉掺量与抗压强度关系

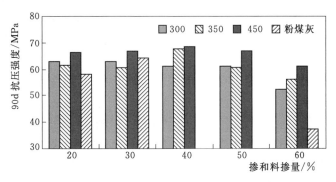

图 3.3-8　90d 不同细度磷渣粉掺量与抗压强度关系

可见，磷渣粉比表面积在 $300\sim450\text{m}^2/\text{kg}$ 时，掺磷渣粉的胶砂强度有随比表面积增加而增大的趋势，但龄期越长，细度对强度的影响效应越小，即颗粒越细早期影响显著，颗粒粗后期效应明显。相同磷渣粉细度的情况下，随着掺量的增加，强度逐渐减小。但当龄期增长到一定时间后，存在一个抗压强度最大的掺量，即最佳掺量。比表面积越小，胶砂强度增长快，龄期越长，效果也越明显。从机理分析颗粒越细，早期时也越容易水化，强度贡献也越大，到了后期，颗粒粗的磷渣粉活性逐渐被大量激发出来，开始发挥作用。因此，针对大坝大体积混凝土强度具有设计龄期长的特点，不宜选择过细的磷渣粉，磷渣粉比表面积在 $200\sim350\text{m}^2/\text{kg}$ 这一范围内较合适。

同时，从图 3.2-9 和图 3.2-10 看出，20％和 30％掺量时，粉煤灰的活性与 300m²/kg

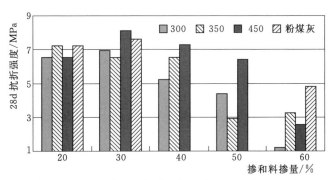

图 3.3-9　28d 不同细度磷渣粉掺量与抗折强度图

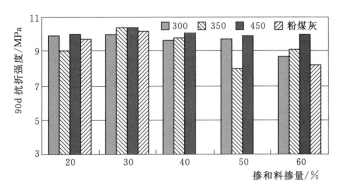

图 3.3-10　90d 不同细度磷渣粉掺量与抗折强度关系

和 350m²/kg 的磷渣粉相近，都低于 450m²/kg 的磷渣粉，而掺粉煤灰 60% 的强度数据不稳定。

3.3.2　水化热

对于大体积混凝土而言，胶凝材料的水化热是造成混凝土内部温度升高的主要原因，降低胶凝材料的水化热有利于提高混凝土的耐久性。磷渣粉、粉煤灰都属于具有活性的掺和料（亦称具有潜在活性的胶凝材料），其水化产生的水化热在导致混凝土内部温度升高的同时，也从另一个侧面反映其活性的大小。

本书试验采用瓮福黄磷厂磷渣粉，对比了不同细度、不同掺量的磷渣粉对胶凝材料水化热的影响，以及单掺粉煤灰的胶材水化热，试验结果见表 3.3-4。图 3.3-11 是磷渣粉

表 3.3-4　　　　　　　　　　　单掺磷渣粉或粉煤灰胶凝材料水化热对比

编号	胶凝材料用量/%			磷渣粉比表面积/(m²/kg)	水化热/(kJ/kg)		水化热降低率/%	
	水泥	粉煤灰	磷渣粉		3d	7d	3d	7d
1	100	0	0		223	250	0	0
2	80	0	20		185	207	17	17
3	70	0	30	250	150	181	33	28
4	60	0	40		134	163	40	35
5	50	0	50		116	147	48	41
6	40	0	60		103	125	54	50
7	80	0	20		191	218	14	13
8	70	0	30		162	190	27	24
9	60	0	40	300	141	172	37	31
10	50	0	50		128	157	43	37
11	40	0	60		112	133	50	47
12	80	0	20		194	235	13	6
13	70	0	30		175	222	22	11
14	60	0	40	350	152	194	32	22
15	50	0	50		129	165	42	34
16	40	0	60		115	152	48	39
17	80	0	20		204	240	9	4
18	70	0	30		175	211	22	16
19	60	0	40	450	146	180	35	28
20	50	0	50		138	172	38	31
21	40	0	60		123	160	45	36
22	80	20	—		182	212	18	15
23	70	30	—	—	174	208	22	17
24	40	60	—		146	177	35	29

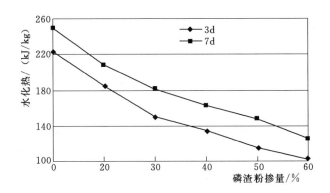

图 3.3-11 不同磷渣粉掺量的水化热（比表面积 250m²/kg）

为比表面积 250m²/kg 时不同掺量的水化热曲线，图 3.3-12 是单掺 30% 不同细度磷渣粉的水化热柱状图。通过试验，可以得出以下结论：

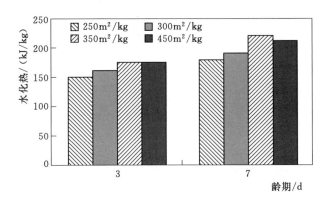

图 3.3-12 不同细度磷渣粉的水化热（单掺 30%）

（1）磷渣粉细度一定时，随其掺量的增加，3d 和 7d 的胶材水化热降低，但水化热降低比率低于掺量百分比。磷渣粉掺量一定时，随磷渣粉比表面积的增加，水化热略有增加。

（2）掺入磷渣粉，水化热不同程度降低。分析原因，掺入磷渣粉掺和料后，水泥熟料减少，而磷渣粉早期水化活性很低，几乎不参与水泥水化，是水泥水化热降低的主要原因。同时由于磷渣粉具有明显的缓凝特性，且随着磷渣粉掺量的增加，缓凝特性更加明显。磷渣比表面积增大时，水泥粒子的分散性增强，水化速率增加，从而使水泥的水化热增大。

（3）随着粉煤灰掺量的增加，水化热降低率升高，其规律与磷渣粉基本相同；磷渣粉与粉煤灰相比，比表面积 250～300m²/kg 时，7d 水化热基本相当，当比表面积大于300m²/kg 时，掺磷渣粉胶凝材料的 7d 水化热超过掺粉煤灰的胶凝材料水化热。

由以上分析可见，磷渣粉的活性可以达到与粉煤灰基本相同的效果，同时具有较好的低水化热特性。适当增加磷渣粉在混凝土中的掺量，对降低混凝土温升，提高混凝土的抗裂性，尤其是混凝土的早期抗裂性非常有利。

3.4　掺硅粉的胶凝材料物理力学性能

3.4.1　胶砂强度

硅粉掺量对水泥胶砂强度的影响见图 3.4－1。从图中可以看出，硅粉掺入后，水泥 3d 强度降低，且随掺量的增加而逐渐下降，但早期强度增长较快，到 7d 龄期时掺硅粉水泥抗压强度接近纯水泥抗压强度，养护至 28d 以后，掺硅粉水泥的强度均超过不掺硅粉的水泥砂浆。值得注意的是，当硅粉掺量超过 8％时，水泥的后期强度随硅粉掺量增加而呈现下降的趋势，出现强度倒缩的现象。

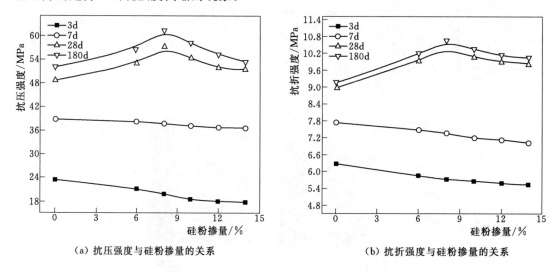

（a）抗压强度与硅粉掺量的关系　　　　　（b）抗折强度与硅粉掺量的关系

图 3.4－1　水泥胶砂强度与硅粉掺量的关系

微细的球状硅粉颗粒填充于水泥颗粒之间，使胶凝材料具有良好的级配，加水拌和后填充于水泥浆体的孔隙间，从微观尺度上增加了水泥石的密实度。硅粉的火山灰效应增加了水泥石中 C－S－H 凝胶的体积，降低了孔隙率，改善了孔结构。研究表明，掺硅粉水泥胶砂中大孔体积降低，小孔增多，连通孔减少，随着硅粉掺量增加，$Ca(OH)_2$ 含量降低，有利于提高水泥石的强度。

对于掺硅粉水泥硬化浆体，随着龄期的延长，水泥水化的水化产物中 $Ca(OH)_2$ 含量越来越少，甚至完全测不到。其中的主要原因是：一方面，硅粉的火山灰效应将对强度不利的氢氧化钙转化成 C－S－H 凝胶，并填充在水泥水化产物之间，有力地促进强度的增长。另一方面，Mehta 解释含硅粉水泥硬化浆体中粗大的 $Ca(OH)_2$ 的空缺可能是由于硅粉对 $Ca(OH)_2$ 的沉淀起到"成核"作用，其结果许多细小的 $Ca(OH)_2$ 结晶比一些粗大的结晶易于形成，这也是观察不到 $Ca(OH)_2$ 晶体的缘故。粗大薄弱的 $Ca(OH)_2$ 晶体的消失，提高了水泥石的强度。

比较了硅粉与粉煤灰对水泥强度的影响差异，结果见表 3.4－1。与粉煤灰相比，掺硅粉水泥的强度要高，尤其是早期强度，但掺粉煤灰水泥的后期增长较快，水泥强度增长率的分析结果见表 3.4-2。

表 3.4-1　　　　　　　　　掺硅粉与粉煤灰水泥的胶砂强度

粉煤灰掺量 /%	硅粉掺量 /%	抗压强度/MPa			抗折强度/MPa		
		3d	7d	28d	3d	7d	28d
0	0	37.9	46.6	52.5	6.3	8.2	9.6
10	0	29.3	39.3	52.7	5.7	7.0	8.9
15	0	26.1	36.7	48.9	5.0	6.2	9.0
20	0	25.4	33.2	46.8	4.9	5.8	8.3
25	0	20.9	31.1	50.0	4.5	5.7	8.6
30	0	18.1	25.4	46.8	4.1	5.3	8.3
0	3	35.4	45.3	60.9	6.3	7.8	10.5
0	5	34.6	45.9	72.3	6.4	8.2	11.7
0	7	35.2	46.0	72.6	6.5	7.6	10.5
0	9	34.3	45.0	68.4	6.2	7.7	11.5
0	11	35.1	48.3	75.3	7.0	8.6	11.7
10	3	29.9	40.2	61.0	5.9	6.8	10.3
10	5	29.4	39.7	63.3	5.9	7.5	10.1
10	7	29.8	46.9	61.3	5.9	7.3	10.6
15	3	26.9	39.6	60.1	5.2	6.8	10.1
15	5	27.7	41.4	56.8	5.3	6.7	9.6
15	7	28.1	42.6	60.6	5.6	7.0	10.7
20	3	27.1	36.9	58.9	5.1	6.6	9.7
20	5	24.7	32.8	54.9	5.2	6.2	10.3
20	7	25.0	36.2	56.5	5.1	6.3	10.7

表 3.4-2　　　　　　　掺硅粉与粉煤灰水泥的胶砂强度增长率　　　　　　　　　%

粉煤灰掺量	硅粉掺量	抗压强度增长率			抗折强度增长率		
		3d	7d	28d	3d	7d	28d
0	0	100	123	139	100	130	152
10	0	100	134	180	100	123	156
15	0	100	141	187	100	124	180
20	0	100	131	184	100	118	169
25	0	100	149	239	100	127	191
30	0	100	140	259	100	129	202
0	3	100	128	172	100	124	167

续表

粉煤灰掺量	硅粉掺量	抗压强度增长率			抗折强度增长率		
		3d	7d	28d	3d	7d	28d
0	5	100	133	209	100	128	183
0	7	100	131	206	100	117	162
0	9	100	131	199	100	124	185
0	11	100	138	215	100	123	167
10	3	100	134	204	100	115	175
10	5	100	135	215	100	127	171
10	7	100	157	206	100	124	180
15	3	100	147	223	100	131	194
15	5	100	149	205	100	126	181
15	7	100	152	216	100	125	191
20	3	100	136	217	100	129	190
20	5	100	133	222	100	119	198
20	7	100	145	226	100	124	210

掺硅粉可以改善水泥石微观结构，增加水泥石强度，在粉煤灰短缺地区，在保证强度条件下，可以复掺惰性石粉与硅粉替代部分水泥，起到节约水泥、充分利用废弃石粉资源的目的。

复掺硅粉与砂板岩石粉及单掺砂板岩石粉的胶砂强度结果见表 3.4－3。复掺时胶砂强度明显增加，其中掺入 5％～8％硅粉、15％～20％砂板岩石粉的水泥胶砂强度最高。

表 3.4－3　　　　　　　复掺硅粉与砂板岩石粉及单掺砂板岩石粉的胶砂强度　　　　　　单位：MPa

编号	石粉品种	抗折强度					抗压强度				
		3d	7d	28d	90d	180d	3d	7d	28d	90d	180d
1	3％硅粉＋15％石粉	2.9	4.6	8.3	9.5	9.8	9.5	15.2	38.2	49.9	50.1
2	3％硅粉＋20％石粉	3.0	4.5	8.2	9.4	9.8	9.7	15.4	35.9	46.0	48.0
3	3％硅粉＋25％石粉	2.9	4.4	8.2	8.9	9.4	9.2	15.2	37.4	40.2	42.1
4	5％硅粉＋15％石粉	3.4	5.4	9.0	10.7	10.7	11.6	20.4	42.9	58.3	59.1
5	5％硅粉＋20％石粉	3.3	5.2	8.9	10.5	10.5	11.2	18.9	41.0	55.1	57.1
6	5％硅粉＋25％石粉	3.0	5.0	9.0	10.2	10.3	10.7	18.8	40.3	49.8	54.5
7	8％硅粉＋15％石粉	3.7	5.6	9.2	10.3	10.5	13.8	21.3	43.4	51.7	55.7
8	8％硅粉＋20％石粉	3.5	5.0	9.0	9.7	9.9	12.3	20.2	42.7	48.2	50.8
9	8％硅粉＋25％石粉	3.0	4.9	9.8	9.8	10.1	10.0	19.1	37.5	44.2	45.8
10	15％石粉	3.5	4.7	7.3	9.4	9.2	12.4	18.6	43.3	44.7	51.6
11	25％石粉	3.0	4.2	7.0	8.6	8.8	9.8	10.9	31.9	36.2	42.9

3.4.2 水化热

用硅粉等量替代水泥后，由于硅粉强烈的火山灰反应，胶凝系统 3d 和 7d 水化放热增加，复掺矿渣或粉煤灰后可消减硅粉对水泥水化热的影响（表 3.4-4 和图 3.4-2）。这也正是在掺用硅粉的同时往往需要复掺矿渣或粉煤灰的原因之一。

表 3.4-4   几种胶凝材料系统的水化热

组　　成	放热量/(kJ/kg)	
	3d	7d
100%水泥	273	293
90%水泥+10%硅粉	282	316
60%水泥+30%矿渣（800m²/kg）+10%硅粉	256	284

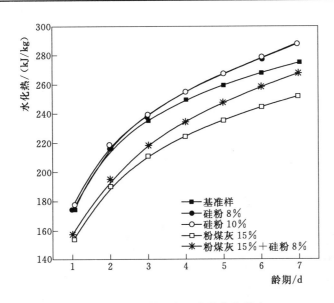

图 3.4-2   硅粉对水泥水化热的影响

根据 GB/T 12959—2008《水泥水化热测定方法》中的直接法测定了不同岩性、不同掺量石粉-水泥胶凝体系的水化热，试验结果见表 3.4-5 和图 3.4-3。通过试验结果得出以下结论：

（1）掺量为 15%～55%时，单掺粉煤灰、单掺石粉的二元胶凝体系水化热均小于纯水泥胶凝体系，且掺量越高，水化热降幅越大。

（2）从 7d 龄期内水化热发展趋势看，相同掺量时，掺石粉胶凝体系的水化热与粉煤灰胶凝体系基本相当，其中掺砂板岩石粉胶凝体系水化热略高于同龄期的粉煤灰胶凝体系。

（3）与纯水泥胶凝体系相比，掺入硅粉后胶凝体系水化热增加；硅粉与砂板岩石粉复掺时，胶凝体系水化热降低，其中砂板岩石粉掺量越高，水化热降低幅度越大。

表 3.4 - 5　　　　　　　　　　　　　不同胶凝体系的水化热

编号	水泥品种	掺和料		水化热/(kJ/kg)		
		品种	掺量/%	1d	3d	7d
1	峨胜中热	—	0	144	232	270
2		粉煤灰	15	123	203	252
3			35	89	158	207
4			55	54	140	166
5		砂板岩石粉	15	120	212	254
6			35	99	187	222
7			55	85	158	190
8		硅粉	5	144	237	281
9		硅粉＋砂板岩石粉	5%＋15%	123	215	261
10			5%＋20%	115	206	250
11			5%＋25%	112	200	241
GB 200—2003《中热硅酸盐水泥、低热硅酸盐水泥、低热矿渣硅酸盐水泥》中热水泥				—	≤251	≤293

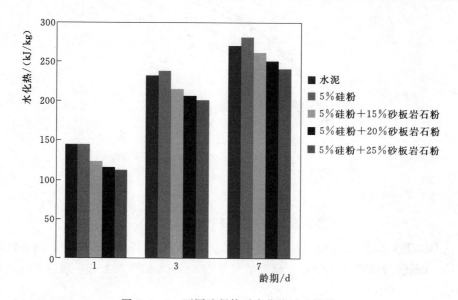

图 3.4 - 3　不同胶凝体系水化热试验结果

3.4.3　凝结时间

硅粉对水泥凝结时间的影响见图 3.4 - 4。随硅粉掺量的增加，水泥凝结时间逐渐延缓，且硅粉掺量超过 8% 时，水泥的凝结时间明显增加。其他研究也发现，在不掺高效减水剂时，掺硅粉混凝土与不含硅粉的等强度混凝土相比，凝结时间会延长，特别是硅粉掺量高时。

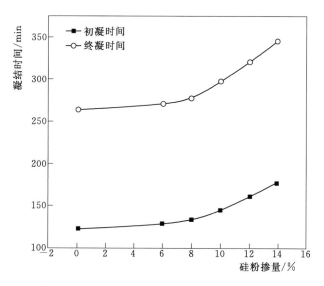

图 3.4-4 硅粉掺量对水泥凝结时间的影响

3.5 掺石灰石粉的胶凝材料物理力学性能

3.5.1 标准稠度用水量

石灰石粉与硅酸盐水泥有良好的适应性，作为水泥混合材已有很长历史。我国石灰石资源丰富，石灰石粉加工方便，经济易得，以石灰石粉作为替代掺和料对粉煤灰资源紧缺地区的混凝土工程建设具有重要的意义。石灰石粉可以单独替代部分水泥掺入胶凝材料中，也可与粉煤灰、矿渣粉、硅粉、磷渣粉等其他矿物掺和料一起复掺，形成三元或多元复合胶凝材料体系。

选用开流磨将石灰石加工成三种不同比表面积的石灰石粉。水泥、粉煤灰、石灰石粉的粒度分析结果见表 3.5-1、表 3.5-2、图 3.5-1。由试验结果可知，水泥、粉煤灰的粒径分布、平均粒径、D_{50} 值和比表面积基本较接近，平均粒径和 D_{50} 值都大于 $20\mu m$。石灰石粉 L1 的颗粒分布较宽，平均粒径和 D_{50} 值较大。L2 的平均粒径与水泥和粉煤灰相近，

表 3.5-1 不同粉体粒度分析结果对比

材料名称	粒度范围/μm					
	<6	6～16	16～32	32～65	65～80	>80
42.5 水泥	33.17	6.64	18.33	33.37	5.94	2.54
粉煤灰	35.31	17.72	18.93	21.15	4.70	2.17
石灰石粉 L1	43.29	0.40	0.35	19.09	10.51	26.35
石灰石粉 L2	50.87	1.08	1.28	17.28	5.63	22.86
石灰石粉 L3	74.76	0	0	0	0.47	24.77

但 D_{50} 值较小，有 50％的颗粒粒径小于 $6\mu m$，几乎没有 $6\sim32\mu m$ 粒径范围内的颗粒。L3 的平均粒径和 D_{50} 值均小于 $3\mu m$，细微颗粒较多，且几乎没有 $6\sim80\mu m$ 粒径范围内的颗粒。按材料中粒径小于 $6\mu m$ 细颗粒的含量排序，从大到小依次为 L3、L2、L1、粉煤灰、水泥，单从粒度大小来考虑，粒径越小的颗粒数量越多的粉体，越有利于填充，因此，从改善多元粉体颗粒级配角度看，粉煤灰基本没有改善级配的作用，而一定比表面积的石灰石粉有一定的改善粉体颗粒级配的作用。

表 3.5 - 2　　　　　　　　　不同粉体粒度分布及特征值

粉体种类	平均粒径 /μm	D_{50} /μm	>16μm 颗粒 /％	>80μm 颗粒 /％	比表面积 /(m²/kg)
42.5 水泥	26.85	26.15	60.18	2.54	382
粉煤灰	21.22	20.32	46.95	2.17	412
石灰石粉 L1	37.76	45.24	56.30	26.35	357
石灰石粉 L2	24.62	5.51	48.05	17.86	557
石灰石粉 L3	3.52	1.20	25.24	24.77	762

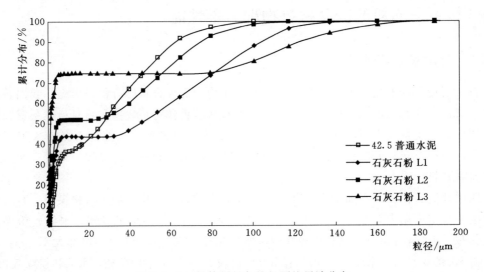

图 3.5 - 1　粉体材料各粒径颗粒累计分布

以标准稠度来表征浆体的流动性，标准稠度越小，相同用水量下浆体的流动性越好。石灰石粉或粉煤灰单掺掺量与标准稠度用水量的关系见图 3.5 - 2，石灰石粉和粉煤灰复掺（总掺量 60％不变），两者掺量比例与标准稠度用水量关系见图 3.5 - 3。

从图 3.5 - 2 可以看出，纯水泥净浆标准稠度为 125mL，随着石灰石粉或粉煤灰掺量增加，浆体标准稠度先减小后增大，在石灰石粉或粉煤灰掺量 30％时，净浆标准稠度最小。对于石灰石粉，在一定掺量范围内，因为较细的颗粒改善了二元粉体的粒度分布，填充了较粗颗粒间的空隙，改善了浆体的工作性；对于粉煤灰，则主要是由于形态效应改善了浆体的流动性。

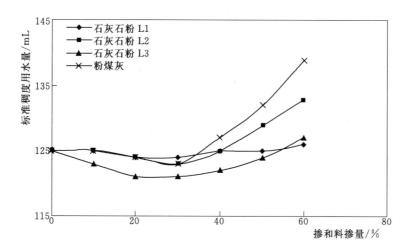

图 3.5-2 石灰石粉或粉煤灰掺量与净浆标准稠度用水量关系

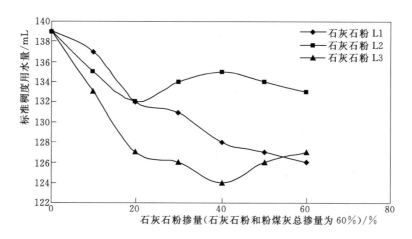

图 3.5-3 复掺石灰石粉和粉煤灰掺量与净浆标准稠度用水量关系

比表面积大的粉体密实填充作用明显，同时吸附水量也较大，净浆的流动性受这两个因素同时影响。当掺量不大于 40% 时，净浆流动性主要受石灰石粉的密实填充作用影响，净浆标准稠度随着石灰石粉比表面积增大而减小，因此三种石灰石粉中 L3 的标准稠度最小。但当石灰石粉掺量继续增加时，二元粉体体系的颗粒级配变差，细微颗粒过多，表面吸附效应大于密实填充效应，浆体流动性减小。

可以看到，石灰石粉 L1 的颗粒级配范围较宽，粗颗粒较多，细颗粒较少，比表面积较小与水泥相近，因此在 60% 的掺量范围内，浆体流动性变化不大。

对于粉煤灰，当掺量继续增加时，浆体中水泥比例降低，粉煤灰黏性效应大于其形态效应，浆体流动性降低。

从图 3.5-3 可以看到，复掺石灰石粉和粉煤灰时，在总掺量为 60% 时，以石灰石粉代替部分粉煤灰可以改善水泥-粉煤灰浆体的流动性，降低标准稠度用水量。石灰石粉 L3 的改善效果明显优于石灰石粉 L1 和石灰石粉 L2。

掺石灰石粉对胶凝材料浆体凝结时间的影响见图 3.5 - 4。结果表明，随着石粉掺量的增加，胶凝材料体系的初凝时间和终凝时间都呈下降趋势。主要是因为随着石灰石粉掺量的增加（掺量不大于30%），拌和物的用水量减小，使得浆体的水胶比减小，水胶比越小，凝结硬化速度越快，另外细小的石灰石粉颗粒在水泥水化过程中起到了晶核的作用，加速了C_3S的水化反应速度，从而使得水泥石粉浆体体系初凝、终凝时间缩短。

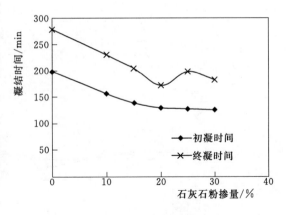

图 3.5 - 4　掺石灰石粉对胶凝材料
浆体凝结时间的影响

3.5.2　胶砂流动度

胶砂流动度受胶砂中三种存在形式的水的比例的影响。当胶砂加水时，一部分水被吸附在颗粒表面，称为吸附水；另一部分填充在颗粒空隙中，称为空隙水；剩余部分为自由水，自由水量的多少决定胶砂的流动性。吸附水量取决于粉体的比表面积和水膜层厚度，比表面积越大，吸附水越多，相应的自由水越少。填充水量取决于固体颗粒的堆积状态，掺和料的填充效应和形态效应能使水泥和砂料堆积体间的空隙减少，空隙水减少，自由水增加，浆体的流变性能增大。从以上分析可以看出，掺和料对胶砂流动性的影响主要取决于三个方面的综合作用，即掺和料的形态、粒径分布和比表面积。掺和料的形态效应好，水泥-掺和料-砂子体系的粒径分布符合颗粒紧密堆积分布，对提高胶砂流动性起正作用；掺和料的比表面积大，吸附水量多，对提高流动性起反作用。

对单掺粉煤灰、单掺石灰石粉、复掺石灰石粉与粉煤灰的水泥胶砂进行了流动度试验，分析石灰石粉细度、掺量对胶砂流动度和强度的影响。试验按照 GB/T 2419—2005《水泥胶砂流动度测定方法》进行，单掺石灰石粉或粉煤灰对水泥胶砂流动度的影响见图 3.5 - 5。复掺石灰石粉与粉煤灰（总掺量 60%）时石灰石粉掺加比例对水泥胶砂流动度的影响见图 3.5 - 6。

试验表明，在水泥胶砂中，随着粉煤灰掺量的增加，胶砂流动度显著提高，即保持流动度不变，胶砂用水量明显减少，粉煤灰的减水效应显著。粉煤灰的减水效应是其形态效应和微集料效应的综合体现。与净浆不同，在胶砂体系中，除了水泥粉体外还有更多的砂子，粉煤灰的形态效应和微集料效应得以充分发挥，充分释放出了砂子颗粒和水泥粉体间的空隙水，使胶砂自由水增加，增加了胶砂流动性。

与净浆标准稠度试验结果不同，在水泥胶砂中石灰石粉 L1 和 L3 没有减水效应，而石灰石粉 L2 在掺量小于 30% 时有一定的减水效应（胶砂流动度大于 193mm）。这表明在胶砂体系中，并非比表面积越大、细微颗粒越多的石灰石粉减水效应就越好。石灰石粉颗粒不规则、表面粗糙、没有形态效应，因此，只有石灰石粉在胶砂体系中的填充效应大于表面吸附效应时，才能产生减水效应。

三种石灰石粉中 L2 的比表面积居中。根据前面的分析，可以知道在一定的掺量范围

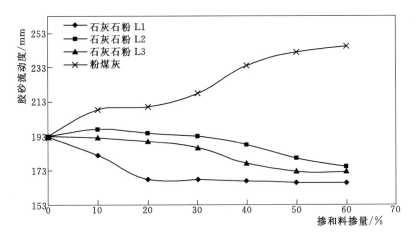

图 3.5-5 掺和料掺量与水泥胶砂流动度关系曲线

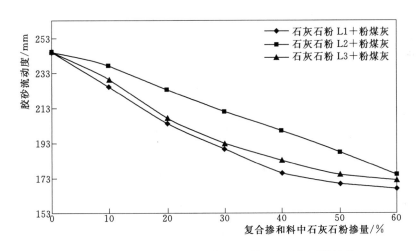

图 3.5-6 复合掺和料（总掺量 60%）中石灰石粉掺量
对水泥胶砂流动度的影响

内，L2 对胶砂体系的填充效应大于其颗粒表面的吸附效应，对胶砂流动性有一定的改善作用。石灰石粉 L3 比表面积最大，其掺量与胶砂流动度的关系曲线与 L2 相似，随掺量增加，胶砂流动度降低，表明石灰石粉 L3 的颗粒表面吸附效应大于其填充效应。而掺加少量石灰石粉 L1，胶砂流动度快速降低，且胶砂流动度随 L1 掺量的增加基本保持恒定，相同掺量下，掺石灰石粉 L1 的胶砂流动度明显低于掺 L2 和 L3 的胶砂。石灰石粉 L1 的比表面积较小，颗粒分布范围宽，粗颗粒多，其粒径分布对水泥-石灰石粉二元胶砂体系的流动性最不利。

在复合掺和料（总掺量 60%）中随着石灰石粉掺量的增加，胶砂流动度减小。复合掺和料中石灰石粉 L2 掺量不大于 40% 时，不会增加胶砂用水量，石灰石粉 L1、L2 掺量不大于 30% 时，不会增加胶砂用水量。复合掺和料中石灰石粉掺量相同时，掺石灰石粉 L2 的胶砂流动度最大，表明在 60% 的掺和料掺量下，水泥与粉煤灰和石灰石粉 L2 组成的三元粉体体系的胶砂流动性最好。

3.5.3　胶砂强度

单掺石灰石粉或粉煤灰的水泥胶砂强度试验结果见表 3.5-3 和表 3.5-4。以 28d 龄期的胶砂强度为 100%，单掺石灰石粉或粉煤灰的水泥胶砂的抗压强度增长率和抗折强度增长率分别见表 3.5-5 和表 3.5-6，掺粉煤灰和石灰石粉胶砂强度增长率与龄期的关系见图 3.5-7～图 3.5-10。石灰石粉与粉煤灰对水泥胶砂抗压强度的影响见图 3.5-11。

表 3.5-3　　　　　　　　单掺石灰石粉或粉煤灰的水泥胶砂抗压强度

掺和料掺量/%	石灰石粉 L1/MPa				石灰石粉 L2/MPa					石灰石粉 L3/MPa				粉煤灰/MPa				
	3d	7d	28d	90d	3d	7d	28d	90d	180d	3d	7d	28d	90d	3d	7d	28d	90d	180d
0	18.7	30.9	43.3	57.1	18.7	30.9	43.3	57.1	61.3	18.7	30.9	43.3	57.1	18.7	30.9	43.3	57.1	61.3
20	12.5	17.7	36.0	43.7	12.9	21.2	36.7	44.2	45.8	15.2	22.0	38.7	45.4	18.8	25.4	38.5	54.1	65.6
30	10.3	17.3	29.6	34.8	11.0	17.9	29.7	36.1	37.0	11.7	18.3	30.2	36.3	12.3	18.2	32.0	52.2	66.0
40	7.8	12.0	20.4	24.6	8.2	12.8	23.1	27.8	28.2	8.5	14.0	23.2	27.8	10.6	15.9	29.8	48.0	57.2
50	5.0	8.3	13.8	17.5	5.4	9.0	15.2	18.9	19.1	5.7	9.3	15.8	19.0	5.7	12.2	19.6	41.7	49.0
60	—	—	—	—	3.3	5.0	10.1	11.5	12.4	—	—	—	—	4.3	8.7	15.9	33.8	44.0

表 3.5-4　　　　　　　　单掺石灰石粉或粉煤灰的水泥胶砂抗折强度

掺和料掺量/%	石灰石粉 L1/MPa				石灰石粉 L2/MPa					石灰石粉 L3/MPa				粉煤灰/MPa				
	3d	7d	28d	90d	3d	7d	28d	90d	180d	3d	7d	28d	90d	3d	7d	28d	90d	180d
0	4.5	6.1	8.3	9.7	4.5	6.1	8.3	9.7	9.9	4.5	6.1	8.3	9.7	4.5	6.1	8.3	9.7	9.9
20	3.6	4.3	7.2	8.2	3.7	4.6	7.5	8.5	8.6	4.0	5.2	7.5	8.8	4.4	5.5	7.7	9.7	11.6
30	2.7	3.9	5.8	7.4	3.0	4.1	5.9	7.6	7.6	3.1	4.6	6.1	7.6	3.3	4.4	7.4	10.1	11.9
40	2.3	3.3	5.0	5.9	2.3	3.5	5.2	6.2	6.3	2.4	3.7	5.5	6.3	2.8	3.8	5.9	9.5	10.1
50	1.6	2.3	3.6	4.6	1.8	2.4	3.6	4.9	5.0	1.8	2.6	3.6	4.9	2.2	3.0	4.7	9.1	9.5
60	—	—	—	—	1.0	1.5	2.6	3.6	3.6	—	—	—	—	1.7	2.4	4.0	8.5	9.0

表 3.5-5　　　　　　　单掺石灰石粉或粉煤灰的水泥胶砂抗压强度增长率　　　　　　　%

掺和料掺量	石灰石粉 L1				石灰石粉 L2					石灰石粉 L3				粉煤灰				
	3d	7d	28d	90d	3d	7d	28d	90d	180d	3d	7d	28d	90d	3d	7d	28d	90d	180d
0	43	71	100	132	43	71	100	132	142	43	71	100	132	43	71	100	132	142
20	35	49	100	121	35	58	100	120	125	39	57	100	117	49	66	100	141	170
30	35	58	100	118	37	60	100	122	125	39	61	100	120	38	57	100	163	206
40	38	59	100	121	38	55	100	120	122	37	59	100	120	36	53	100	161	192
50	36	60	100	127	36	59	100	124	126	36	59	100	120	29	62	100	213	250
60	—	—	—	—	33	50	100	114	123	—	—	—	—	27	55	100	213	277

表 3.5-6 　　　　　　　单掺石灰石粉或粉煤灰的水泥胶砂抗折强度增长率　　　　　　　%

掺和料掺量	石灰石粉 L1				石灰石粉 L2					石灰石粉 L3				粉煤灰				
	3d	7d	28d	90d	3d	7d	28d	90d	180d	3d	7d	28d	90d	3d	7d	28d	90d	180d
0	54	73	100	117	54	73	100	117	119	54	73	100	117	54	73	100	117	119
20	50	60	100	114	49	61	100	113	115	53	69	100	117	57	71	100	126	151
30	47	67	100	128	51	69	100	129	129	51	75	100	125	45	59	100	136	161
40	46	66	100	118	44	67	100	119	121	44	67	100	115	47	64	100	161	171
50	46	66	100	131	50	67	100	136	139	50	72	100	136	47	64	100	194	202
60	—	—	—	—	38	58	100	138	138	—	—	—	—	43	60	100	213	225

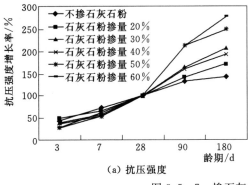

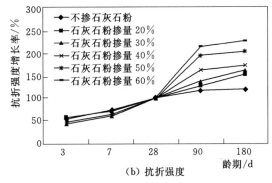

（a）抗压强度　　　　　　　　　　　　　　（b）抗折强度

图 3.5-7　掺石灰石粉水泥胶砂的强度增长率

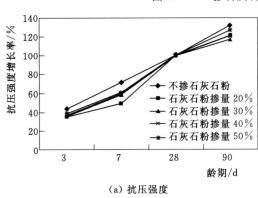

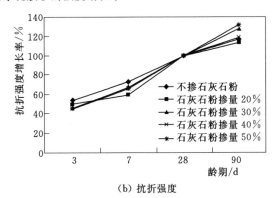

（a）抗压强度　　　　　　　　　　　　　　（b）抗折强度

图 3.5-8　掺石灰石粉 L1 水泥胶砂的强度增长率

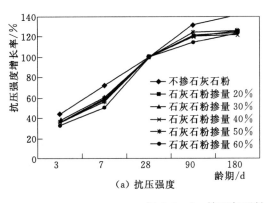

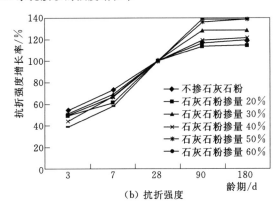

（a）抗压强度　　　　　　　　　　　　　　（b）抗折强度

图 3.5-9　掺石灰石粉 L2 水泥胶砂的强度增长率

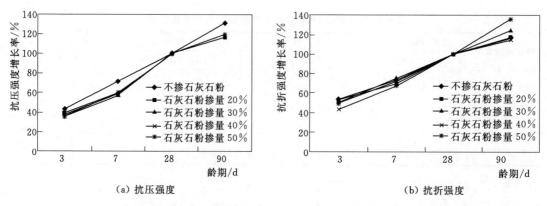

（a）抗压强度　　　　　　　　　　　　　（b）抗折强度

图 3.5-10　掺石灰石粉 L3 水泥胶砂的强度增长率

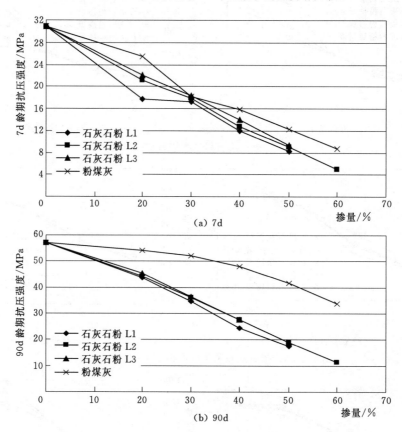

（a）7d

（b）90d

图 3.5-11　粉煤灰与石灰石粉掺量对胶砂抗压强度的影响

　　从表 3.5-3、表 3.5-4 的试验结果可知，随着石灰石粉掺量的增加，水泥胶砂的抗压强度和抗折强度降低，抗折强度降低比率小于抗压强度降低比率。石灰石粉的比表面积对胶砂强度有一定影响，石灰石粉 L1 的比表面积较小，粗颗粒较多，颗粒分布范围较宽，各龄期的胶砂强度都要略低于掺石灰石粉 L2 和 L3 的水泥胶砂。28d 龄期以前，比表面积最高的石灰石粉 L3 的胶砂强度略高于 L2，但到 90d 龄期，掺石灰石粉 L2 和 L3 的胶砂强度基本相当。

　　28d 龄期以前，随着粉煤灰掺量的增加，水泥胶砂的抗压强度和抗折强度降低，抗折强度降低比率小于抗压强度降低比率；到 90d 龄期，粉煤灰掺量 30％以内的水泥胶砂抗折强度已超过纯水泥胶砂，抗压强度与纯水泥胶砂相近；到 180d 龄期，粉煤灰掺量 30％以内的水泥胶砂抗压、抗折强度均超过了纯水泥胶砂，粉煤灰掺量 40％的水泥胶砂抗折强度超过了纯水泥胶砂，抗压强度与纯水泥胶砂相近。

从表 3.5－5、表 3.5－6 和图 3.5－7、图 3.5－8 可以看到，28d 龄期以前，掺石灰石粉水泥胶砂的强度增长率与掺粉煤灰的水泥胶砂较为接近。90d 龄期，掺石灰石粉水泥胶砂的强度增长率明显低于掺粉煤灰的水泥胶砂，与纯水泥胶砂相近。180d 龄期，掺石灰石粉水泥胶砂的强度增长率与 90d 龄期基本一致，表明强度基本不再明显增长；掺粉煤灰水泥胶砂的抗压强度增长率继续提高，抗折强度增长率小幅提高，表明抗压强度继续增长，抗折强度增长趋缓。

7d 龄期，掺石灰石粉和掺粉煤灰水泥胶砂的抗压强度增长率基本都在 50％～60％之间；90d 龄期，掺石灰石粉水泥胶砂的抗压强度增长率在 120％左右，而掺粉煤灰水泥胶砂的抗压强度增长率则在 140％～210％之间，并随着粉煤灰掺量的增加而提高；180d 龄期，掺石灰石粉水泥胶砂的抗压强度增长率在 125％左右，而掺粉煤灰水泥胶砂的抗压强度增长率则在 170％～280％之间，随着粉煤灰掺量的增加而提高。

从图 3.5－9 可以看到，相同掺量下，掺石灰石粉的胶砂强度低于掺粉煤灰的胶砂强度，且随着龄期增长，两者之间的差距变大，到 90d 龄期掺石灰石粉的胶砂强度明显低于掺粉煤灰的胶砂强度。

掺石灰石粉后水泥胶砂各龄期的抗折强度的降低比率略小于石灰石粉的掺量百分比，抗压强度的降低比率则要略大于石灰石粉的掺量百分比。

以上分析表明石灰石粉基本没有水化活性，而粉煤灰的后期活性高。单掺石灰石粉对水泥胶砂的强度有较大影响，石灰石粉掺量 20％的水泥胶砂的 90d 龄期的抗压强度相当于粉煤灰掺量 45％的水泥胶砂，180d 龄期的抗压强度相当于粉煤灰掺量 55％的水泥胶砂。粉煤灰掺量 60％的水泥胶砂与纯水泥胶砂相比，180d 龄期的抗折强度仅降低了 9％，抗压强度仅降低了 28％，远低于掺量百分比。

固定掺和料总掺量 60％，对复掺粉煤灰与石灰石粉的水泥胶砂强度进行了测试。复掺石灰石粉与粉煤灰 L2 和单掺石灰石粉 L2 的胶砂强度对比见表 3.5－7。复掺粉煤灰与石灰石粉的水泥胶砂强度见表 3.5－8 和表 3.5－9。与单掺 60％粉煤灰的水泥胶砂相比，复掺粉煤灰与石灰石粉水泥胶砂的相对抗压强度和相对抗折强度分别见表 3.5－10 和表 3.5－11。以 28d 龄期的胶砂强度为 100％，复掺粉煤灰与石灰石粉胶砂的抗压强度增长率和抗折强度增长率分别见表 3.5－12 和表 3.5－13。

表 3.5－7　　复掺石灰石粉与粉煤灰 L2 和单掺石灰石粉 L2 的胶砂强度

石灰石粉 L2 掺量 /％	粉煤灰掺量 /％	胶砂强度/MPa				
		3d	7d	28d	90d	180d
0	60	4.3	8.7	15.9	33.8	44.0
20	40	5.1	7.5	15.0	28.8	40.3
30	30	4.5	6.8	13.5	25.5	31.3
40	20	4.0	6.6	12.8	21.6	27.3

续表

石灰石粉 L2 掺量 /%	粉煤灰掺量 /%	胶砂强度/MPa				
		3d	7d	28d	90d	180d
50	10	3.8	6.3	10.9	17.2	20.2
20	0	12.9	21.2	36.7	44.2	45.8
30	0	11.0	17.9	29.7	36.1	37.0
40	0	8.2	12.8	23.1	27.8	28.2
50	0	5.4	9.0	15.2	18.9	19.1
60	0	3.3	5.0	10.1	11.5	12.4

表 3.5-8　　　　　　　　　复掺粉煤灰与石灰石粉的水泥胶砂抗压强度

石灰石粉掺量 /%	粉煤灰掺量 /%	抗压强度/MPa												
		石灰石粉 L1+粉煤灰				石灰石粉 L2+粉煤灰					石灰石粉 L3+粉煤灰			
		3d	7d	28d	90d	3d	7d	28d	90d	180d	3d	7d	28d	90d
0	60	4.3	8.7	15.9	33.8	4.3	8.7	15.9	33.8	44.0	4.3	8.7	15.9	33.8
20	40	5.1	7.3	14.7	28.7	5.1	7.5	15.0	28.8	40.3	5.2	7.5	15.1	29.0
30	30	4.4	6.8	13.3	25.4	4.5	6.8	13.5	25.5	31.3	4.7	6.9	14.5	25.6
40	20	4.0	6.6	12.8	21.4	4.0	6.6	12.8	21.6	27.3	4.1	6.6	12.8	21.8
50	10	3.6	6.0	11.2	17.4	3.8	6.3	10.9	17.2	20.2	3.8	6.2	10.9	17.2
60	0	—	—	—	—	3.3	5.0	10.1	11.5	12.4	—	—	—	—

表 3.5-9　　　　　　　　　复掺粉煤灰与石灰石粉的水泥胶砂抗折强度

石灰石粉掺量 /%	粉煤灰掺量 /%	抗折强度/MPa												
		石灰石粉 L1+粉煤灰				石灰石粉 L2+粉煤灰					石灰石粉 L3+粉煤灰			
		3d	7d	28d	90d	3d	7d	28d	90d	180d	3d	7d	28d	90d
0	60	1.7	2.4	4.0	8.5	1.7	2.4	4.0	8.5	9.0	1.7	2.4	4.0	8.5
20	40	1.6	2.0	4.0	7.6	1.6	2.0	4.0	7.6	8.0	1.6	2.0	4.1	7.8
30	30	1.5	2.0	3.8	6.8	1.5	2.0	3.8	6.8	7.5	1.5	2.0	3.9	7.1
40	20	1.3	2.0	3.6	6.4	1.3	1.9	3.6	6.4	7.4	1.3	1.9	3.6	6.4
50	10	1.2	1.8	2.9	4.8	1.3	1.8	2.9	5.1	6.4	1.3	1.8	3.0	5.3
60	0	—	—	—	—	1.0	1.5	2.6	3.6	3.6	—	—	—	—

表 3.5-10　　　　　　复掺粉煤灰与石灰石粉水泥胶砂的相对抗压强度　　　　　　%

石灰石粉掺量	粉煤灰掺量	相对抗压强度												
		石灰石粉 L1+粉煤灰				石灰石粉 L2+粉煤灰					石灰石粉 L3+粉煤灰			
		3d	7d	28d	90d	3d	7d	28d	90d	180d	3d	7d	28d	90d
0	0	100	100	100	100	100	100	100	100	100	100	100	100	100
0	60	23	28	37	59	23	28	37	59	72	23	28	37	59
20	40	27	24	34	50	27	24	35	50	66	28	24	35	51
30	30	24	22	31	44	24	22	31	45	51	25	22	33	45
40	20	21	21	30	37	21	21	30	38	45	22	21	30	38
50	10	19	19	26	30	20	20	25	30	33	20	20	25	30
60	0	—	—	—	—	18	16	23	20	20	—	—	—	—

表 3.5-11　　　　　复掺粉煤灰与石灰石粉水泥胶砂的相对抗折强度　　　　　　　%

石灰石粉掺量	粉煤灰掺量	相对抗折强度												
		石灰石粉 L1＋粉煤灰				石灰石粉 L2＋粉煤灰					石灰石粉 L3＋粉煤灰			
		3d	7d	28d	90d	3d	7d	28d	90d	180d	3d	7d	28d	90d
0	0	100	100	100	100	100	100	100	100	100	100	100	100	100
0	60	38	39	48	88	38	39	48	88	91	38	39	48	88
20	40	36	33	48	78	36	33	48	78	81	36	33	49	80
30	30	33	33	46	70	33	33	46	70	76	33	33	47	73
40	20	29	33	43	66	29	31	43	66	75	29	31	43	66
50	10	27	30	35	49	29	30	35	53	65	29	30	36	55
60	0	—	—	—	—	22	25	31	37	36	—	—	—	—

表 3.5-12　　　　　复掺粉煤灰与石灰石粉水泥胶砂抗压强度增长率　　　　　　　%

石灰石粉掺量	粉煤灰掺量	抗压强度增长率												
		石灰石粉 L1＋粉煤灰				石灰石粉 L2＋粉煤灰					石灰石粉 L3＋粉煤灰			
		3d	7d	28d	90d	3d	7d	28d	90d	180d	3d	7d	28d	90d
0	0	43	71	100	132	43	71	100	132	142	43	71	100	132
0	60	27	55	100	213	27	55	100	213	277	27	55	100	213
20	40	35	50	100	195	34	50	100	192	269	34	50	100	192
30	30	33	51	100	191	33	50	100	189	232	32	48	100	177
40	20	31	52	100	166	31	52	100	169	213	32	52	100	170
50	10	32	54	100	155	35	58	100	158	185	35	57	100	158
60	0	—	—	—	—	33	50	100	114	123	—	—	—	—

表 3.5-13　　　　　复掺粉煤灰与石灰石粉水泥胶砂抗折强度增长率　　　　　　　%

石灰石粉掺量	粉煤灰掺量	抗折强度增长率												
		石灰石粉 L1＋粉煤灰				石灰石粉 L2＋粉煤灰					石灰石粉 L3＋粉煤灰			
		3d	7d	28d	90d	3d	7d	28d	90d	180d	3d	7d	28d	90d
0	0	54	73	100	117	54	73	100	117	119	54	73	100	117
0	60	43	60	100	213	43	60	100	213	225	43	60	100	213
20	40	40	50	100	190	40	50	100	190	200	39	49	100	190
30	30	39	53	100	179	39	53	100	179	197	38	51	100	182
40	20	36	56	100	178	36	53	100	178	206	36	53	100	178
50	10	41	62	100	166	45	62	100	176	221	43	60	100	177
60	0	—	—	—	—	38	58	100	138	138	—	—	—	—

从表 3.5-7～表 3.5-13 可以看到，石灰石粉与粉煤灰复掺，其胶砂强度、胶砂强度增长率介于同等掺量下单掺粉煤灰和单掺石灰石粉的胶砂。石灰石粉掺量小于 30% 时，复合掺和料水泥胶砂 3d 龄期的抗压强度略高于单掺粉煤灰的胶砂，表明在复合掺和料中石灰石粉有促进早期强度的作用。总的来说，石灰石粉的比表面积对复合掺和料水泥胶砂的强度没有明显影响，比表面积大的石灰石粉 28d 龄期前的胶砂强度略高，90d 龄期差异不大。

从表 3.5-7 可以看到，与纯水泥胶砂相比，总掺量 60% 的复合掺和料中石灰石粉掺量在 40% 以内时，180d 龄期胶砂抗压强度的降低比率小于掺和料总掺量百分比。从表 3.5-8 可以看到，当复合掺和料中石灰石粉的掺量为 30% 时，其 180d 龄期胶砂抗压强度超过单掺 40% 石灰石粉的胶砂；当复合掺和料中石灰石粉的掺量为 20% 时，其 180d 龄期胶砂抗压强度相当于单掺 25% 石灰石粉的胶砂。因此，在相同强度下，与单掺石灰石粉相比，石灰石粉与粉煤灰复掺可以提高掺和料总掺量，更为经济合理。石灰石粉的掺量在复合掺和料总掺量的 50% 以内较为合理，即可充分发挥粉煤灰的水化活性和减水效应，又可适当替代粉煤灰的填充效应。

3.5.4　水化热

胶凝材料水化热试验结果见表 3.5-14。水化热试验结果表明，同等掺量下，掺石灰石粉的胶凝材料水化热比掺粉煤灰的胶凝材料水化热低 20%～30%；胶凝材料水化热随粉煤灰和石灰石粉掺量增加而降低，单掺粉煤灰时，胶材水化热降低比率小于粉煤灰的掺量百分比，而单掺石灰石粉时，水化热降低比率与石灰石粉的掺量百分比接近，这表明石灰石粉不具有水化活性；复掺石灰石粉与粉煤灰，胶凝材料水化热介于同等掺量下单掺粉煤灰与单掺石灰石粉的胶凝材料水化热之间。

单掺石灰石粉以及复掺石灰石粉和粉煤灰浆体的水化放热速率曲线分别见图 3.5-12 和图 3.5-13。从图可知，石灰石粉除降低了水化放热速率，减小了总放热量外，还缩短了诱导期，使第二放热峰提前出现。

表 3.5-14　　　　　　　　　　　　胶凝材料水化热试验结果

编号	水泥掺量 /%	石灰石粉掺量 /%	粉煤灰掺量 /%	[水化热/(kJ/kg)]/水化热降低比率/%	
				3d	7d
1	100	—	—	204/100	275/100
2	50	—	50	135/34	195/29
3	40	—	60	121/41	179/35
4	35	—	65	114/44	170/38
5	50	50	0	106/48	136/51
6	40	60	0	84/59	113/59
7	40	40	20	101/50	154/44
8	40	30	30	110/46	160/42
9	40	20	40	118/42	165/40

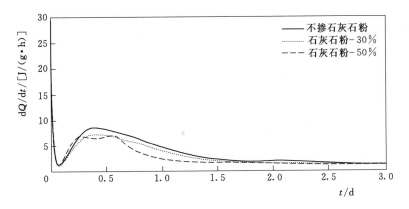

图 3.5-12 石灰石粉对胶凝材料水化放热速率的影响

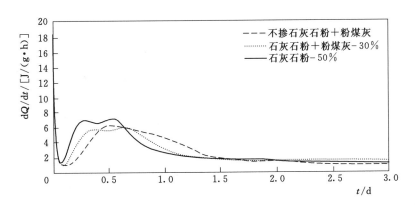

图 3.5-13 石灰石粉和粉煤灰复掺对胶凝材料水化放热速率的影响
（总掺量 50%）

3.6 掺天然火山灰质材料的胶凝材料物理力学性能

3.6.1 胶砂强度

3.6.1.1 天然火山灰质材料品种对胶砂强度的影响

火山灰-水泥硬化体系早期总孔隙率较硅酸盐水泥高，但随着养护时间延长，其毛细孔空间减小，这些变化与火山灰质材料的种类有关。在火山灰-水泥体系中孔的形状随时间延长有微小变化，火山灰水泥石的总孔隙率与其强度有良好的相关关系，特别是掺火山灰水泥石的毛细孔隙率与其强度有良好的相关关系。尽管总孔隙率相同，火山灰质材料的品种不同，强度发展也会不同。除总孔隙率外，孔的尺寸分布与形状也对强度有显著影响，且 C-S-H 比 Ca-Al-H 水化物的强度更高。

天然火山灰质材料的活性指数与品种、矿物组成、细度等密切相关，且天然火山灰质材料的活性对后期强度影响更为显著。国外许多现行标准都采用测定砂浆的抗压强度来评定火山灰掺和料的活性。掺不同品种天然火山灰材料对水泥胶砂强度的影响见表 3.6-1

和表3.6-2，图3.6-1～图3.6-5。可以得出以下结论：

（1）浮石的火山灰活性最高，对胶砂强度的后期增强作用最好，其效果与Ⅰ级粉煤灰相当，甚至超出。

（2）凝灰岩与火山碎屑岩的活性较低。

表3.6-1   掺不同品种天然火山灰质材料的水泥胶砂强度

试件编号	火山灰品种	掺量/%	抗压强度/MPa				抗折强度/MPa			
			7d	28d	90d	180d	7d	28d	90d	180d
HS0		0	36.1	51.7	59.0	62.5	7.2	9.3	10.5	10.2
HS1-1	硅藻土	10	32.0	45.5	57.2	61.3	6.7	9.1	10.1	10.7
HS1-2		20	28.1	43.5	51.6	57.4	5.8	8.2	10.0	10.5
HS1-3		30	23.0	41.2	44.8	49.7	4.7	7.7	9.6	10.3
HS1-4		40	18.0	28.4	34.9	40.1	4.7	6.7	9.1	9.8
HS2-1	浮石粉	10	34.8	50.1	60.7	65.6	7.2	8.4	10.7	11.0
HS2-2		20	30.2	47.9	58.4	65.8	6.6	9.2	10.7	11.2
HS2-3		30	25.0	45.2	53.9	67.7	5.5	9.0	10.6	11.4
HS2-4		40	24.1	37.9	47.7	56.6	6.4	8.6	10.5	11.1
HS3-1	凝灰岩	10	30.0	47.3	49.2	58.9	6.6	9.1	9.4	10.1
HS3-2		20	30.0	39.6	44.6	48.8	5.9	8.3	8.9	8.7
HS3-3		30	19.5	31.3	37.6	42.1	5.0	6.7	8.0	8.2
HS3-4		40	14.1	23.1	29.2	34.9	4.2	6.0	6.9	7.3
HS4-1	火山灰碎屑岩	10	29.6	41.7	51.2	56.2	6.5	7.8	9.1	9.4
HS4-2		20	24.1	38.0	42.9	49.4	5.8	8.0	8.6	9.5
HS4-3		30	19.6	31.5	38.6	43.3	4.5	7.0	7.8	8.4
HS4-4		40	21.0	25.5	30.6	34.6	4.4	6.3	6.6	7.4
HS5-1	安山玄武岩	10	29.6	41.7	50.2	59.3	5.9	8.1	9.8	9.3
HS5-2		20	27.1	39.6	43.3	50.6	5.2	7.3	8.8	8.8
HS5-3		30	23.1	31.6	38.4	42.4	4.5	7.2	7.9	8.1
HS5-4		40	16.1	23.0	29.0	33.9	4.3	6.2	7.2	7.4
HS6-1	曲靖Ⅰ级粉煤灰	10	32.0	46.4	61.0	62.2	7.1	9.3	10.2	10.5
HS6-2		20	27.1	39.0	51.8	61.6	6.2	8.6	10.1	10.7
HS6-3		30	23.1	34.5	48.2	56.3	5.9	7.8	14.7	10.4
HS6-4		40	17.5	29.7	44.9	47.8	4.8	7.3	9.4	10.0
HS7-1	曲靖Ⅱ级粉煤灰	10	23.0	38.3	46.0	54.1	5.7	8.2	10.2	9.9
HS7-2		20	21.5	36.6	43.8	48.8	5.3	7.4	9.8	9.4
HS7-3		30	16.5	29.6	37.5	48.9	4.4	6.4	9.6	10.0
HS7-4		40	15.2	23.8	36.0	43.9	4.0	5.7	10.2	9.2

表 3.6－2 天然火山灰质材料水泥胶砂强的增长率

试件编号	火山灰品种	掺量/%	抗压强度/MPa				抗折强度/MPa			
			7d	28d	90d	180d	7d	28d	90d	180d
HS0	—	0	100	143	163	173	100	129	146	142
HS1－1	硅藻土	10	100	142	179	192	100	136	151	160
HS1－2		20	100	155	184	204	100	141	172	181
HS1－3		30	100	179	195	216	100	164	204	219
HS1－4		40	100	158	194	223	100	143	194	209
HS2－1	浮石粉	10	100	144	174	189	100	117	149	153
HS2－2		20	100	159	193	218	100	139	162	170
HS2－3		30	100	181	216	271	100	164	193	207
HS2－4		40	100	157	198	235	100	134	164	173
HS3－1	凝灰岩	10	100	158	164	196	100	138	142	153
HS3－2		20	100	132	149	163	100	141	151	147
HS3－3		30	100	161	149	216	100	134	160	164
HS3－4		40	100	164	207	248	100	143	164	174
HS4－1	火山灰碎屑岩	10	100	141	173	190	100	120	140	145
HS4－2		20	100	158	178	205	100	138	148	164
HS4－3		30	100	161	197	221	100	156	173	187
HS4－4		40	100	121	146	165	100	143	150	168
HS5－1	安山玄武岩	10	100	141	170	200	100	137	166	158
HS5－2		20	100	146	160	187	100	140	169	169
HS5－3		30	100	137	166	184	100	160	176	180
HS5－4		40	100	143	180	211	100	144	167	172
HS6－1	曲靖Ⅰ级粉煤灰	10	100	145	191	194	100	131	144	148
HS6－2		20	100	144	191	227	100	139	163	173
HS6－3		30	100	149	209	244	100	132	249	176
HS6－4		40	100	170	257	273	100	152	196	208
HS7－1	曲靖Ⅱ级粉煤灰	10	100	167	200	235	100	144	179	174
HS7－2		20	100	170	204	227	100	140	185	177
HS7－3		30	100	179	227	296	100	145	218	227
HS7－4		40	100	157	237	289	100	143	255	230

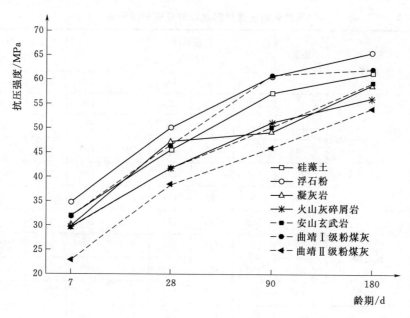

图 3.6-1　不同品种天然火山灰质材料对胶砂抗压强度的影响（掺量 10％）

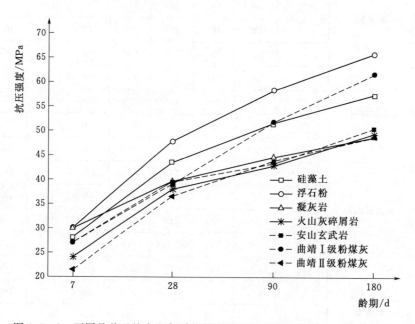

图 3.6-2　不同品种天然火山灰质材料对胶砂抗压强度的影响（掺量 20％）

（3）当掺量不超过 30％时，试验的各品种天然火山灰质材料的水泥胶砂强度均大于Ⅱ级粉煤灰；但掺量达到 40％时，除浮石外，其他品种天然火山灰质材料的水泥胶砂强度低于Ⅱ级粉煤灰水泥胶砂强度。

（4）与粉煤灰类似，天然火山灰质材料对水泥胶砂的后期强度增长有利，掺量越大，后期增长率越高。

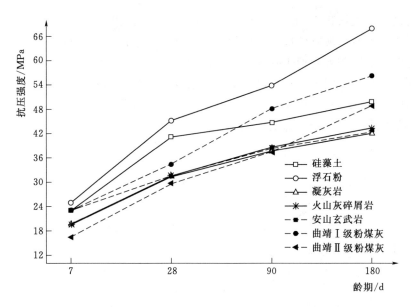

图 3.6-3 不同品种天然火山灰质材料对胶砂抗压强度的影响（掺量 30%）

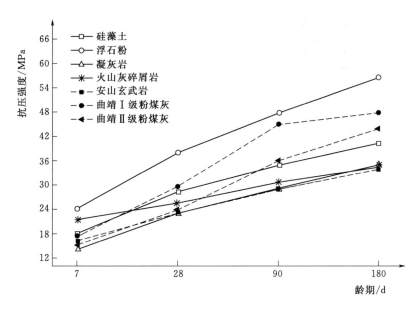

图 3.6-4 不同品种天然火山灰质材料对胶砂抗压强度的影响（掺量 40%）

3.6.1.2 天然火山灰质材料细度对水泥胶砂强度的影响

细度是影响天然火山灰质材料的火山灰活性的重要因素之一。材料颗粒越小，反应活性越大，但同时需水量也随之增加。此外，磨细到一定程度后材料粉磨能耗比急剧增加。

图 3.6-6～图 3.6-9 显示了不同细度的气孔玄武岩粉对水泥胶砂强度的影响。从图 3.6-6～图 3.6-9 可以看到，在较小的掺量下，气孔玄武岩粉越细，90d 及 90d 以前龄期胶砂抗压强度越高，但到 180d 龄期，掺比表面积 514m²/kg 的气孔玄武岩粉的水泥胶砂

抗压强度超过掺比表面积 756m²/kg 的气孔玄武岩粉。当气孔玄武岩粉掺量达到 40% 时，气孔玄武岩粉细度对水泥胶砂抗压强度影响不明显。从水泥胶砂抗折强度来看，掺较粗的气孔玄武岩粉，水泥胶砂后期 180d 龄期的抗折强度较高，在 10% 掺量下，甚至超过对比水泥胶砂的抗折强度。图 3.6-10 显示了不同细度的气孔玄武岩粉对需水量比和活性指数的影响，细度在 2.0%~16.4% 的气孔玄武岩粉，需水量比在 101%~97% 之间，差异不显著，28d 抗压强度比从 86% 降低到 75%。

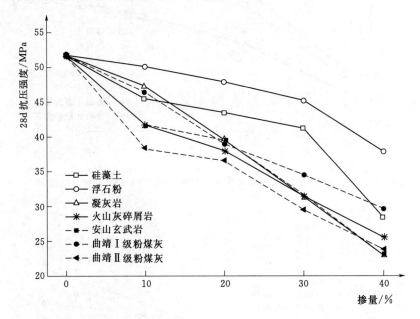

图 3.6-5　不同品种不同掺量天然火山灰质材料对胶砂抗压强度的影响

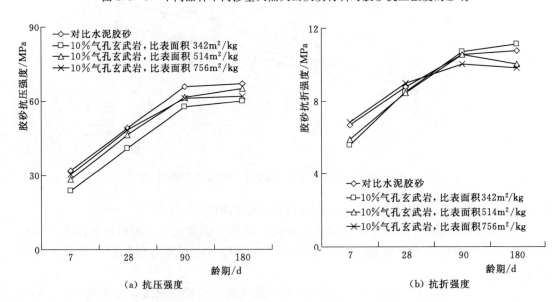

图 3.6-6　不同细度的气孔玄武岩粉对水泥胶砂强度的影响（掺量 10%）

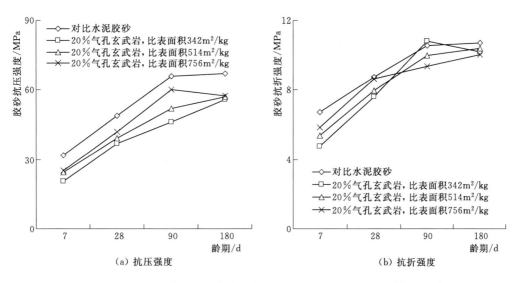

图3.6-7　不同细度的气孔玄武岩粉对水泥胶砂强度的影响（掺量20％）

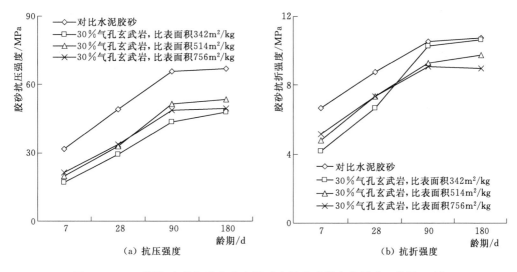

图3.6-8　不同细度的气孔玄武岩粉对水泥胶砂强度的影响（掺量30％）

不同细度、不同掺量凝灰岩粉对砂浆抗压强度的影响规律如图3.6-11所示。可以看出，随着养护龄期的延长，砂浆抗压强度均有不同程度的增长；在不同的养护龄期，随着掺量的不断增加，含有凝灰岩粉的水泥砂浆抗压强度均逐渐降低。对比不同细度的凝灰岩粉，比表面积越大，砂浆的抗压强度越高；当凝灰岩粉的比表面积达到600m²/kg及其以上时，在小掺量（掺量不超过20％）情况下，含有凝灰岩粉的砂浆抗压强度降幅小于其掺量。图3.6-12显示了凝灰岩粉细度和掺量对流动度的影响。从图可以看出，凝灰岩粉的掺量从0增加到10％，水泥胶砂流动度出现增大的趋势，当掺量超过10％时，水泥胶砂流动度逐渐减小。相同掺和料替代量的情况下，凝灰岩粉比表面积越小，水泥胶砂流动度越大。这主要是因为凝灰岩粉多为不规则的多边形，而且其表面粗糙，凝灰岩粉的掺入增加了颗粒之间的附着力和摩擦力，使得水泥砂浆的屈服剪切应力增加。

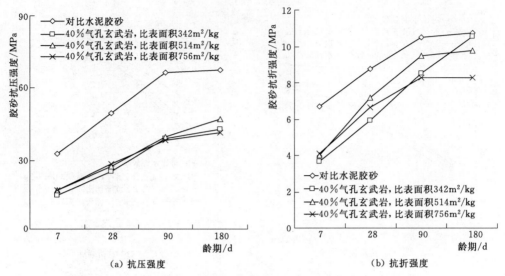

（a）抗压强度　　　　　　　　（b）抗折强度

图 3.6-9　不同细度的气孔玄武岩粉对水泥胶砂强度的影响（掺量 40%）

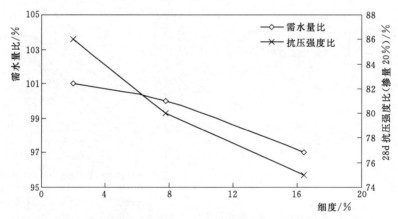

图 3.6-10　不同细度的气孔玄武岩粉对需水量比和活性指数的影响

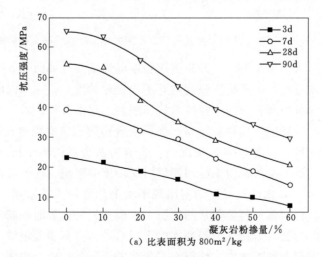

（a）比表面积为 800m²/kg

图 3.6-11（一）　凝灰岩粉细度和掺量对砂浆抗压强度的影响

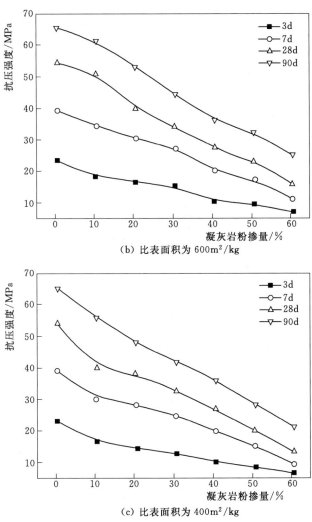

（b）比表面积为 600m²/kg

（c）比表面积为 400m²/kg

图 3.6－11（二）　凝灰岩粉细度和掺量对砂浆抗压强度的影响

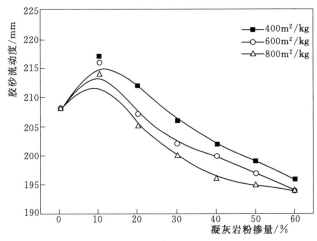

图 3.6－12　凝灰岩细度和掺量对水泥胶砂流动度的影响

3.6.2　火山灰活性

天然火山灰质材料与粉煤灰类似，同样具有形态效应、微集料效应和火山灰效应。天然火山灰质材料的火山灰活性不是简单地取决于活性氧化物含量的多少，其矿物组成中玻璃态物质的含量，是影响掺天然火山灰质材料的混凝土强度，特别是后期强度的重要因素之一。

对取自腾冲地区的十种不同岩性岩石进行了粉磨加工，将编号 B01 的气孔状玄武岩加工成三种细度，其余岩石均加工成比表面积为 $500m^2/kg$ 左右的微粉。对各品种火山质岩石微粉的品质和抗压强度比进行了检验，试验结果见表 3.6 - 3。表 3.6 - 3 同时列出了宣威 I 级粉煤灰、阳宗海 II 级粉煤灰的物理力学性能试验结果，以进行对比分析。

表 3.6 - 3　　　　　　　不同原岩火山灰微粉的物理力学性能试验结果

编号	品种	比表面积 /(m²/kg)	细度 /%	需水量比 /%	烧失量 /%	含水量 /%	SO₃ /%	28d 强度比 /%
A01	气孔状安山岩	520	8.2	93	1.12	0.10	0.01	67
A02	浮岩玻璃	526	9.0	100	1.51	0.12	0.01	70
B01F1		514	7.8	97	10.2	0.08	0.05	67
B02	气孔状玄武岩	543	7.9	101	0.30	0.10	0.030	
B03		521	8.5	100	0.23	0.23	0.03	
B04		504	8.9	101	1.32	0.16	0.02	
C01	辉石角闪安山岩	498	9.4	98	0.53	0.15	0.02	67
C02	辉石安山岩	485	10.2	100	0.27	0.20	0.02	
D01	橄榄玄武岩	516	7.9	97	3.16	0.21	0.02	58
E01	硅藻黏土岩	546	8.4	120	0.01	0.28	0.02	
HS1	硅藻土	约 500	24.4	120	9.07	—	0.03	80
HS2	浮石粉	约 500	0.8	112	8.70	1.65	0.03	87
HS3	凝灰岩	约 500	24.8	106	1.34	1.28	0.03	61
HS4	火山灰碎屑岩	约 500	18.6	108	1.44	1.29	0.02	61
HS5	安山玄武岩	约 500	20.3	107	1.52	0.88	—	61
F1	宣威 I 级粉煤灰	398	7.7	95	1.74	0.13	1.41	76
F2	阳宗海 II 级粉煤灰	324	5.0	99	1.87	0.20	0.47	74
DL/T 5055—2007 I 级粉煤灰标准		—	≤12	≤95	≤5	≤1	≤3	—
DL/T 5055—2007 II 级粉煤灰标准			≤25	≤105	≤8	≤1	≤3	
DL/T 5273—2012 技术要求		—	≤25	≤115	≤10	≤1	≤4	≥60

除硅藻黏土岩、硅藻土、橄榄玄武岩外，各品种岩石微粉的品质均可满足 DL/T 5273—2012《水工混凝土掺用天然火山灰质材料技术规范》要求，部分岩石微粉的品质可达到 DL/T 5055—2007《水工混凝土掺用粉煤灰技术规范》中 II 级粉煤灰的相关技术要求。从需水量比来看，硅藻土、浮石粉的需水量比较大，气孔状安山岩较低，需水量比低于 100%。从28d 抗压强度比可以比较火山灰微粉的活性，浮石的活性最高，硅藻土次之，气孔状玄武

岩、气孔状安山岩、火山灰碎屑岩、凝灰岩的活性相差不大，橄榄玄武岩的活性最低。

3.6.3 凝结时间

掺不同岩性火山灰微粉水泥浆体的凝结时间和标准稠度用水量试验结果见表3.6-4。

表3.6-4 水泥浆体性能试验结果

编号	掺和料品种	掺量 /%	标准稠度用水量 /mL	安定性	凝结时间/（h：min） 初凝	终凝
S	—	—	129	合格	2：58	4：21
A01	气孔状安山岩	30	122	合格	4：22	6：51
A02	浮岩玻璃	30	125	合格	4：05	6：15
B01F1	气孔状玄武岩	30	132	合格	3：12	5：58
B01F2		30	133	合格	4：02	6：17
B01F3		30	128	合格	4：03	6：25
B02		30	129	合格	4：21	5：55
C01	辉石角闪安山岩	30	131	合格	3：24	5：28
F2	阳宗海Ⅱ级粉煤灰	30	142	合格	5：13	6：27
HS1	硅藻土	30	170	—	—	—
HS2	浮石粉	30	185	—	—	—
HS3	凝灰岩	30	133	—	—	—
HS4	火山灰碎屑岩	30	132	—	—	—
HS5	安山玄武岩	30	134	—	—	—

掺入不同岩性天然火山灰微粉后，水泥标准稠度用水量有不同程度的增加，硅藻土与浮石明显增加了水泥的标准稠度用水量。掺入天然火山灰微粉延缓了水泥的凝结时间，但其凝结时间比掺Ⅱ级粉煤灰水泥的凝结时间要短。

3.6.4 水化热

掺天然火山灰或粉煤灰的胶凝材料水化热试验结果见图3.6-13、图3.6-14。随着火山灰或粉煤灰掺量的增加，胶凝材料的水化热降低，这对大体积混凝土结构非常有利，将降低混凝土的温升，减少或防止混凝土温度裂缝的出现。但火山灰反应能加速早期水化放热过程，导致放热曲线的峰值提前出现，并增大，这可能是因为火山灰对C_3S和C_3A水化的加速作用，也可能是由于天然火山灰中的碱含量较高，在火山灰与水泥的水化反应体系中，水泥水化作用的第一特征产物氢氧化钙的Ca^{2+}与火山灰中的Na^+进行交换，从而加速了水泥的早期水化，使得水化热峰值增大，见图3.6-15。同等掺量下，掺天然火山灰的胶凝材料水化热比掺粉煤灰的大。

掺凝灰岩粉水泥水化热试验结果见图3.6-16和图3.6-17。随着凝灰岩粉掺量增加，水泥胶砂水化热降低；相同掺和料掺量情况下，水泥-凝灰岩粉胶凝体系1d的水化热降低率低于矿物掺和料的替代量。这表明在早期（1d）时，凝灰岩粉的掺入可以提升整个胶凝材料体系的水化程度，促进水泥快速水化。

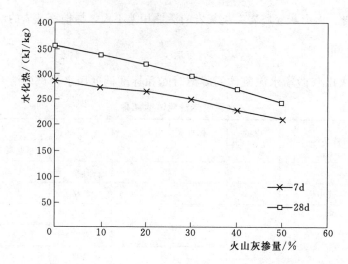

图 3.6-13　火山灰掺量对胶凝材料水化热的影响

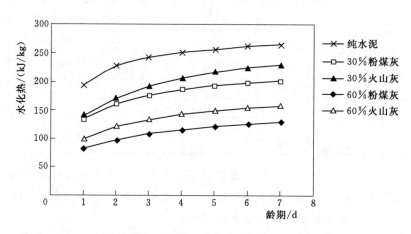

图 3.6-14　掺火山灰或粉煤灰对胶凝材料水化热的影响

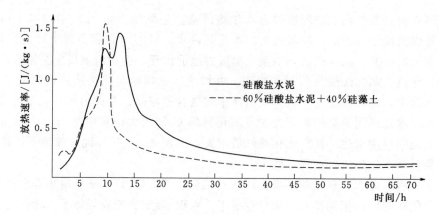

图 3.6-15　火山灰对胶凝材料水化放热速率的影响

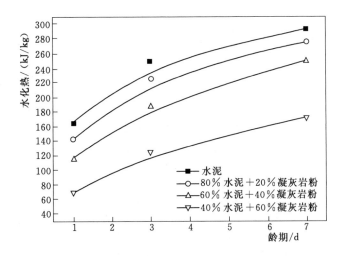

图 3.6 - 16 不同凝灰岩粉掺量的水泥水化热

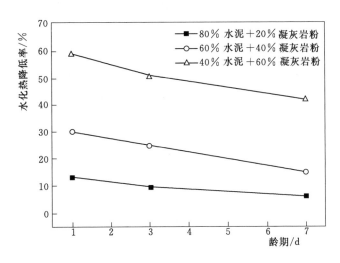

图 3.6 - 17 不同凝灰岩粉掺量的水泥水化热降低率

3.6.5 干缩率

对掺凝灰岩粉的水泥胶砂干缩性能进行了研究，胶砂的用水量按照砂浆胶砂流动度达到 130～140mm 来确定。不同细度、不同掺量凝灰岩粉对胶砂干缩率的影响规律如图 3.6 - 18所示。

对比不同细度凝灰岩粉对水泥胶砂干缩率的影响可知，在相同龄期和相同掺量的情况下，凝灰岩粉比表面积越大，砂浆干缩率越大，特别是当比表面积达到 800m²/kg 时，掺凝灰岩粉的胶砂试件干缩率是纯水泥（基准）浆体干缩的 1.1～1.4 倍。

对比不同掺量的情况（0、10%、20%、40%），掺凝灰岩粉的水泥胶砂试件的干缩率随凝灰岩粉掺量增加出现先增大后减小的规律，凝灰岩粉掺量为 10% 时浆体干缩率达到最大值，当凝灰岩粉掺量高于 10% 时，各龄期硬化浆体的干缩率随凝灰岩粉掺量增大而

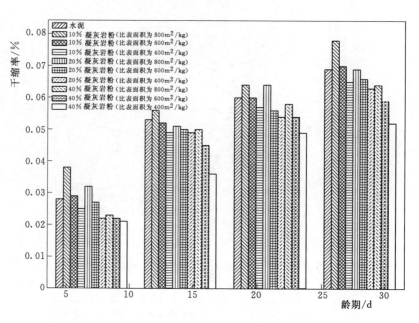

图 3.6-18　掺凝灰岩粉水泥胶砂干缩率

减小，且凝灰岩粉掺量为 20％和 40％的试件的干缩率与纯水泥（基准）相比，已相差不大或有不同程度的降低，可见，低掺量凝灰岩粉加剧了硬化浆体的干缩，凝灰岩粉掺量超过一定值可在一定程度上降低硬化浆体的干缩。

这或许是因为当凝灰岩粉掺量较小（10％）。比表面积较大时，凝灰岩粉的活性效应和颗粒形态效应促进了水泥水化，导致硬化浆体更加密实，从而细化了水泥石的孔结构，即毛细孔半径变小。根据拉普拉斯公式，毛细管中水的表面张力也随之增大，即增大了毛细管压力，因此就增大了毛细孔失水时产生的收缩应力。当凝灰岩粉掺量超过 10％时，随着凝灰岩粉掺量逐渐增加，胶凝材料用量逐渐减少，水泥的水化反应程度较基准配比要小，使得水化产物减少，从而导致胶砂试件的干缩率随凝灰岩粉掺量增加而减小。

3.7　掺高钛矿渣粉的胶凝材料物理及力学性能

3.7.1　物理性能

掺入不同掺量、不同细度高钛矿渣粉的水泥净浆物理性能见表 3.7-1 和表 3.7-2。可以看到，随高钛矿渣粉掺量的增加，水泥净浆的标准稠度用水量减小。这可能是因为掺入的超细高钛矿渣微粉可以填充于水泥颗粒间隙和絮凝结构中，占据了充水空间，原来絮凝结构中的水被释放出来，同时，由于高钛矿渣粉的加入使得水化速度减慢，所需用水量进一步减少，这使标准稠度下的浆体用水量减少。因此，在保持同样用水量的前提下，加入高钛矿渣粉可以增加水泥或者混凝土制品的流动度。随高钛矿渣粉比表面积的增加，水泥净浆需水量比略有提高，这可能是因为润湿颗粒表面所需的水分增加；也有可能是高钛矿渣粉自身需要吸附一定量的水，随着比表面积的增大，吸附水的增加，降低了系统的流动性。

掺高钛矿渣粉、Ⅱ级粉煤灰及磷渣粉的胶凝材料性能对比见表3.7-3。相比磷渣粉及Ⅱ级粉煤灰，高钛矿渣粉需水量比更低，这是因为高钛矿渣粉颗粒相对磷渣粉颗粒较规则，润滑效应较好，而相比Ⅱ级粉煤灰，其矿物成分相对稳定，无碳粒等有害成分，因此高钛矿渣粉相对磷渣粉及Ⅱ级粉煤灰的需水量比更低，水泥净浆的标准稠度更小。掺高钛矿渣粉水泥净浆的凝结时间与掺Ⅱ级粉煤灰相当，远小于掺磷渣粉。

表 3.7-1   **不同掺量高钛矿渣粉的水泥净浆物理性能试验结果**

高钛矿渣		标准稠度/%	安定性	凝结时间/(h：min)	
比表面积/(m²/kg)	掺量/%			初凝	终凝
—	0	25.6	合格	3：33	4：50
300	10	25.6	合格	4：08	5：23
	50	23.9	合格	5：49	6：54

表 3.7-2   **不同比表面积高钛矿渣粉的水泥净浆物理性能试验结果**

高钛矿渣			标准稠度/%	需水量比/%	流动度/mm
比表面积/(m²/kg)	细度/%	掺量/%			
300	40.0*	30%	24.6	99	134
400	13.5*	30%	24.2	99	133
500	9.9*	30%	23.4	101	132

*   高钛矿渣细度是40μm筛筛余。

表 3.7-3   **高钛矿渣粉、Ⅱ级粉煤灰、磷渣粉的胶凝材料性能试验结果**

掺和料品种	比表面积/(m²/kg)	掺量/%	需水量比/%	标准稠度/%	安定性	凝结时间/(h：min)	
						初凝	终凝
高钛矿渣粉		30	100	24.6	合格	3：33	4：50
宣威Ⅱ级粉煤灰	300	30	104	26.0	合格	3：30	4：42
磷渣粉		30	105	26.0	合格	6：03	7：18

3.7.2 胶砂强度

3.7.2.1 高钛矿渣粉细度对水泥胶砂强度的影响

掺不同细度高钛矿渣粉的水泥胶砂强度见表3.7-4。高钛矿渣粉比表面积与水泥胶砂强度的关系曲线如图3.7-1～图3.7-3所示。

结果表明，水泥胶砂强度随着高钛矿渣粉比表面积的增大呈先增后减的趋势；也就是说，高钛矿渣粉在复合胶凝体系中存在一个最佳比表面积范围，小于这个范围，强度随比表面积的增加而增大；超过该范围，强度随比表面积继续增加反而有降低的趋势。试验所选三个比表面积中，最佳比表面积为400m²/kg。然而，随着掺量的增大，比表面积对掺

表 3.7 - 4　　　掺不同细度高钛矿渣粉的复合胶凝体系胶砂强度试验结果

高钛矿渣		抗折强度/MPa			抗压强度/MPa		
比表面积/(m²/kg)	掺量/%	7d	28d	90d	7d	28d	90d
—	0	4.71	7.8	9.69	27.1	43.5	53.2
300	10	3.40	6.85	8.72	13.3	31.9	34.6
	30	2.02	4.91	6.73	8.5	22.6	21.3
	50	1.09	3.74	5.70	6.1	13.9	19.5
400	10	3.65	7.23	8.80	17.9	34.2	48.1
	30	2.60	5.52	7.43	13.9	24.1	36.7
	50	1.79	3.90	6.00	8.3	14.9	23.5
500	10	3.61	6.36	8.89	17.3	28.7	45.3
	30	3.06	5.23	7.47	14.8	21.9	36.2
	50	2.00	4.32	6.67	9.3	16.1	26.3

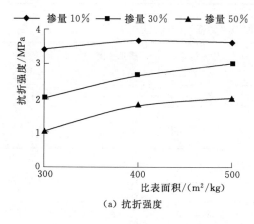

（a）抗折强度

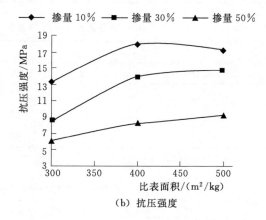

（b）抗压强度

图 3.7 - 1　7d 龄期水泥胶砂强度与高钛矿渣粉比表面积的关系

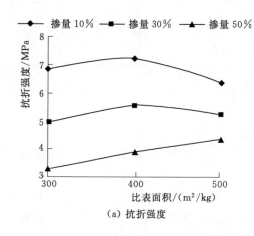

（a）抗折强度

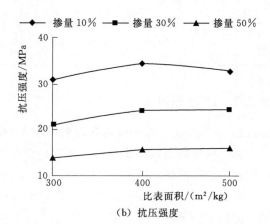

（b）抗压强度

图 3.7 - 2　28d 龄期胶砂强度与高钛矿渣粉比表面积的关系

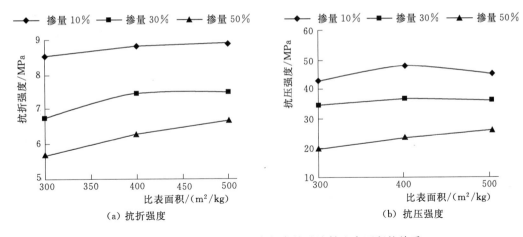

图 3.7-3　90d 龄期胶砂强度与高钛矿渣粉比表面积的关系

高钛矿渣粉复合胶凝体系的胶砂强度的影响逐渐减小。可见，高钛矿渣粉的比表面积不是影响掺高钛矿渣粉水泥胶砂强度的主要因素。

3.7.2.2　掺高钛矿渣粉、Ⅱ级粉煤灰和磷渣粉的水泥胶砂强度比较

采用比表面积 400m²/kg 的高钛矿渣粉，比较掺高钛矿渣粉、Ⅱ级粉煤灰和磷渣粉的水泥胶砂强度，如表 3.7-5 和图 3.7-4～图 3.7-6 所示。

由表 3.7-5 可知，7d 前，掺Ⅱ级粉煤灰的水泥胶砂比掺磷渣粉和高钛矿渣粉的胶砂强度发展快，强度也更高。到 28d 龄期，掺量 10% 时，掺Ⅱ级粉煤灰的胶砂强度最高，掺磷渣粉次之，掺高钛矿渣粉最低；掺量达到 30% 及以上时，掺磷渣粉的水泥胶砂强度超过掺Ⅱ级粉煤灰的水泥胶砂强度，掺高钛矿渣粉的水泥胶砂强度最低。90d 龄期，掺磷

表 3.7-5　　　掺高钛矿渣粉、Ⅱ级粉煤灰、磷渣粉水泥胶砂强度对比

编号	胶凝材料用量/%				抗压强度/MPa			抗折强度/MPa		
	水泥	Ⅱ级粉煤灰	磷渣粉	高钛矿渣粉	7d	28d	90d	7d	28d	90d
Z1	100	—	—	—	24.5	49.8	66.3	5.75	9.05	10.75
Z2	90	10	—	—	21.8	41.9	58.3	4.95	8.53	10.23
Z3	70	30	—	—	16.7	33.9	48.2	4.08	7.25	9.70
Z4	50	50	—	—	12.1	22.5	38.6	3.03	5.38	8.78
Z5	90	—	10	—	21.3	40.8	59.0	4.45	7.98	10.37
Z6	70	—	30	—	15.1	37.3	56.4	3.35	7.40	10.26
Z7	50	—	50	—	9.6	28.0	44.4	2.12	6.02	8.87
Z8	90	—	—	10	18.7	36.3	56.6	4.70	7.30	10.15
Z9	70	—	—	30	15.2	30.6	47.4	3.68	7.07	9.33
Z10	50	—	—	50	8.6	17.1	28.3	2.42	4.89	6.65

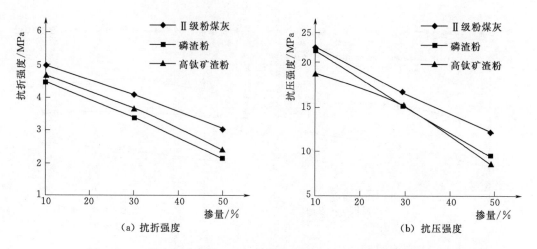

图 3.7 - 4　掺高钛矿渣粉、Ⅱ级粉煤灰及磷渣粉 7d 龄期胶砂强度对比

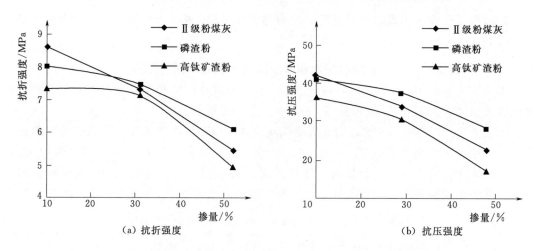

图 3.7 - 5　掺高钛矿渣粉、Ⅱ级粉煤灰及磷渣粉 28d 龄期胶砂强度对比

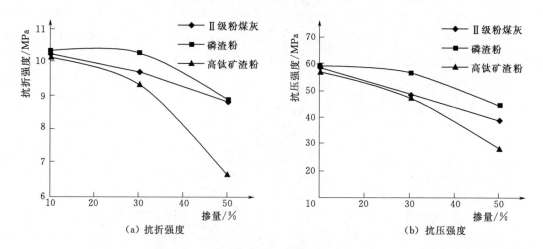

图 3.7 - 6　掺高钛矿渣粉、Ⅱ级粉煤灰及磷渣粉 90d 龄期胶砂强度对比

渣粉的水泥胶砂强度均超过掺Ⅱ级粉煤灰和掺高钛矿渣粉的水泥胶砂，且随着掺量的增加，强度降低幅度最小。以纯水泥90d龄期抗压强度为100%，掺10%Ⅱ级粉煤灰的90d水泥胶砂抗压强度降低了12.1%，掺30%降低27.3%，掺50%时降低41.8%；掺10%磷渣粉降低11.0%，掺30%降低14.9%，掺50%降低33.3%；而掺10%高钛矿渣粉降低14.6%，掺30%降低28.5%，掺50%时降低率达到57.3%。这些结果说明，掺高钛矿渣粉水泥胶砂强度发展趋势类似于掺Ⅱ级粉煤灰，最终强度略低于掺Ⅱ级粉煤灰。

从图中可以看出，7d龄期，水泥胶砂强度与高钛矿渣粉掺量大致呈线性负相关关系；28d龄期以后，当高钛矿渣粉掺量控制在30%以内时，胶砂强度的降低程度较小；当高钛矿渣粉掺量超过30%时，水泥基复合胶凝体系的胶砂强度明显降低。这表明高钛矿渣粉作为水泥混凝土掺和料时，掺量不宜大于30%。

高钛矿渣粉属低钙矿渣，玻璃体的硅氧四面体聚合度较高，在标准养护条件下，高钛矿渣粉水化活性较小，大部分矿渣粉仅作为微集料填充在水泥浆硬化体中，使得水泥-高钛矿渣粉体系的水化速率减慢。同时，高钛矿渣粉的水硬活性较低，以至于生成的水化产物较少，$Ca(OH)_2$晶体粗大，且晶相排列杂乱无章，过多的$Ca(OH)_2$粗大晶体将产生相对薄弱的环节，制约浆体强度的增长。

在硅酸盐水泥浆体中，掺入反应活性较低的辅助胶凝材料，将在浆体中引入大量相对较弱的水化产物或未反应辅助胶凝材料颗粒微界面（简称"CSH-NRG界面"），并对硬化浆体的强度产生影响。随着龄期的增长或水化反应和二次火山灰反应的不断进行，原来比较薄弱的CSH-NRG界面将逐渐完善和强化，其对水泥浆体强度产生的不利影响将减弱，且生成的二次水化产物C-S-H不断填充空隙，使浆体结构进一步完善，从而使浆体后期强度增长速度更快。然而，由于高钛矿渣粉的反应活性较低，较Ⅱ级粉煤灰和磷渣粉更低，使得硬化浆体中存在大量未反应的高钛矿渣粉颗粒，从而对浆体强度的增长造成不利的影响。除此之外，当水泥浆体强度超过一定值时，未反应颗粒强度也是影响浆体强度进一步发展的重要原因，且未反应颗粒越多，颗粒粒径越大，其影响越大。高钛矿渣粉颗粒具有多孔疏松的结构，大量未反应的高钛矿渣粉颗粒也会在水泥浆体中形成薄弱环节，制约水泥-高钛矿渣粉复合胶凝体系的最终强度发展。由于高钛矿渣粉是由热泼工艺生成，稳定晶体矿物含量高，玻晶比小，水化活性较低，复合胶凝体系胶砂强度整体偏低。

3.7.2.3 复掺高钛矿渣粉、Ⅱ级粉煤灰及磷渣粉对胶砂强度的影响

研究了高钛矿渣粉、Ⅱ级粉煤灰和磷渣粉不同复掺方式水泥胶砂强度的影响，见表3.7-6。结果表明，当掺和料掺量30%时，复掺10%Ⅱ级粉煤灰+20%高钛矿渣粉的复合胶凝体系90d龄期抗压强度高于单掺高钛矿渣粉，与单掺Ⅱ级粉煤灰相当；复掺20%Ⅱ级粉煤灰+10%高钛矿渣粉的复合胶凝体系90d龄期抗压强度低于两者单掺。由此可见，Ⅱ级粉煤灰与高钛矿渣粉复掺能产生一定的复合胶凝增强效应，有利于水泥基复合胶凝体系强度的提高。但Ⅱ级粉煤灰的掺量不宜过大。当掺和料掺量为50%时，Ⅱ级粉煤灰、磷渣和高钛矿渣粉的复合增强效果不明显。

表 3.7 - 6　复掺高钛矿渣粉、Ⅱ级粉煤灰、磷渣粉复合胶凝体系胶砂强度试验结果

编号	胶凝材料用量/%				抗压强度/MPa			抗折强度/MPa		
	水泥	Ⅱ级粉煤灰	磷渣粉	高钛矿渣粉	7d	28d	90d	7d	28d	90d
Z11	70	10	—	20	17.4	31.7	48.0	4.03	6.76	9.56
Z12	70	20	—	10	16.3	30.3	44.9	4.09	6.32	10.03
Z13	50	25	—	25	10.1	19.2	31.4	2.45	5.13	8.50
Z14	70	—	10	20	15.3	28.5	45.7	3.89	6.83	10.27
Z15	70	—	20	10	16.2	32.6	52.5	3.78	7.37	10.45
Z16	50	—	25	25	9.5	21.9	38.9	2.41	5.15	8.42
Z17	70	10	20	—	14.6	32.4	50.5	3.84	7.05	9.73
Z18	70	20	10	—	16.4	32.8	49.8	4.12	6.92	10.81
Z19	50	25	25	—	10.5	24.2	41.8	2.78	5.95	10.11
Z20	70	5	15	10	15.5	33.0	49.2	4.12	7.15	10.17
Z21	70	10	5	15	15.6	31.2	45.4	3.95	6.85	10.16
Z22	70	15	10	5	15.3	30.6	45.1	3.68	6.77	10.48

第4章 掺矿物掺和料的胶凝材料水化机理

4.1 掺粉煤灰的胶凝材料水化机理

4.1.1 微观形貌分析

随着现代水工混凝土技术的发展，矿物掺和料获得了普遍应用，这也使得胶凝材料的水化过程更加复杂，导致水泥石的组成、结构及形成发展过程各不相同，继而在混凝土物理、力学性能与耐久性方面也有差异。因此，要认识不同矿物掺和料对水泥基材料性能的正负效应，扬长避短，合理应用矿物掺和料，就需要了解矿物掺和料对胶凝材料体系的水化进程、水化产物、孔隙结构以及水化放热过程等方面的影响及作用机理。

为观察与分析掺粉煤灰对水泥水化产物的形成和微观结构的影响，选取粉煤灰替代水泥的比例分别为 60%、50%、40%，制成 2cm×2cm×2cm 净浆试件，按标准方法养护，分别进行 7d、28d、90d 龄期的各项测试。掺粉煤灰的水泥水化产物扫描电子显微镜（SEM）照片见图 4.1-1 及图 4.1-2。

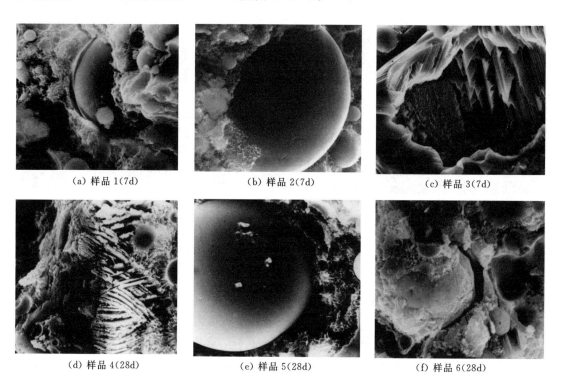

(a) 样品 1(7d)　　　　　(b) 样品 2(7d)　　　　　(c) 样品 3(7d)

(d) 样品 4(28d)　　　　　(e) 样品 5(28d)　　　　　(f) 样品 6(28d)

图 4.1-1（一）　掺 60%粉煤灰的水泥水化产物 SEM 照片

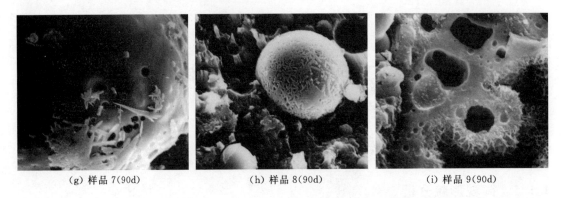

(g) 样品 7(90d)　　　　(h) 样品 8(90d)　　　　(i) 样品 9(90d)

图 4.1-1（二）　掺 60％粉煤灰的水泥水化产物 SEM 照片

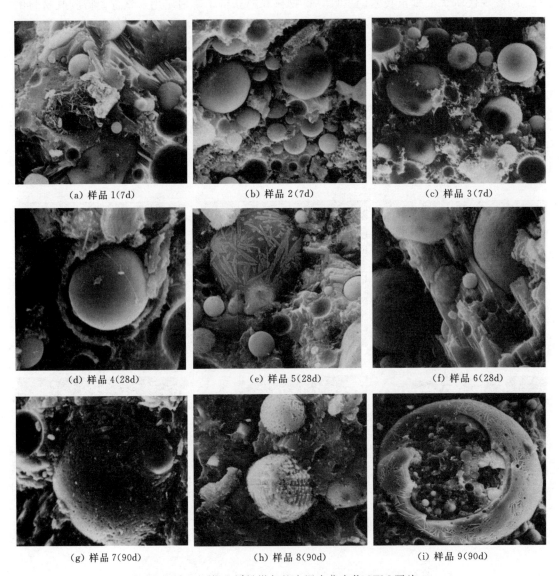

(a) 样品 1(7d)　　　　(b) 样品 2(7d)　　　　(c) 样品 3(7d)

(d) 样品 4(28d)　　　　(e) 样品 5(28d)　　　　(f) 样品 6(28d)

(g) 样品 7(90d)　　　　(h) 样品 8(90d)　　　　(i) 样品 9(90d)

图 4.1-2　掺 40％粉煤灰的水泥水化产物 SEM 照片

用扫描电镜进行水化产物形貌的观察，未掺粉煤灰的水泥浆体，7d 龄期可观察到大量结晶完好的 $Ca(OH)_2$ 晶体，而在相同龄期的掺 50% 粉煤灰的水泥浆体中，$Ca(OH)_2$ 晶体的量较少，并且结晶程度也差，粉煤灰颗粒表面已有一些活性反应产物，但量很少，说明水泥水化产物 $Ca(OH)_2$ 对粉煤灰活性的激发需要一定的时间。从图 4.1-1 及图 4.1-2 可见，粉煤灰颗粒均匀地分布在水泥凝胶体之中，表面生成了较多的水化产物，随着龄期的延长，粉煤灰与水泥凝胶体之间的界面趋于密实。

根据扫描电镜观察的结果可以定性地认为，粉煤灰等量代替水泥，在水化早期，水泥凝胶体的结构比未掺粉煤灰的水泥石要疏松一些。这是由于粉煤灰的活性还未充分发挥出来，粉煤灰颗粒与水泥凝胶体之间存在着空隙，需要粉煤灰进一步水化生成凝胶体来填充。但经过较长龄期之后，粉煤灰颗粒表面发生大量的水化反应，将使水泥石结构更加密实。球形粉煤灰颗粒在水泥石中作为微细填料填充水泥凝胶体的微孔中，减少 $Ca(OH)_2$ 晶体的数量，以提高水泥石的体积稳定性和密实性。

4.1.2　水化程度

掺粉煤灰水泥的水化，主要是熟料矿物的水化，以及粉煤灰与 $Ca(OH)_2$ 的反应。首先是水泥熟料水化所析出的 $Ca(OH)_2$，通过液相扩散到粉煤灰球形玻璃体的表面，发生化学吸附和侵蚀，并生成水化硅酸钙和水化铝酸钙；当有石膏存在时，随即产生水化硫铝酸钙结晶。大部分水化产物开始以凝胶状出现，随着龄期的增长，逐步转化成纤维状晶体，数量不断增加，相互交叉，形成连锁结构，使后期强度得到较快的增长。

通过差示扫描量热法与热重法分析，研究不同粉煤灰掺量、不同龄期水泥浆体的结合水量和 $Ca(OH)_2$ 含量，结果列于表 4.1-1。$Ca(OH)_2$ 的含量随粉煤灰掺量的增加而减少，显示粉煤灰不断地在消耗 $Ca(OH)_2$，发生火山灰反应。根据水化前后粉煤灰的主要化学成分变化，计算粉煤灰中各组分的水化程度，结果见柱状图 4.1-3，可见，粉煤灰中 CaO 反应最快，Al_2O_3 含量最高、参与反应的量最多，水化程度从高到低依次为 CaO、MgO、Fe_2O_3、Al_2O_3。

表 4.1-1	各龄期的结合水量和 $Ca(OH)_2$ 含量					%
粉煤灰掺量	结合水量			$Ca(OH)_2$		
	7d	28d	90d	7d	28d	90d
60	6.69	5.44	8.71	1.70	1.63	1.50
50	—	6.74	—	—	2.04	—
40	7.08	7.25	10.68	2.52	2.55	2.25

根据 X 射线衍射分析（XRD）图谱，所有试件中都含有 $Ca(OH)_2$、$CaCO_3$、C_3S、$\beta-C_2S$ 等。未掺粉煤灰的水泥硬化体内部，$Ca(OH)_2$ 晶体的峰值较高，由于水泥用量较大，C_3S、C_2S 的量也较大。掺粉煤灰的水泥硬化体内部，$Ca(OH)_2$ 的峰值有所降低，这说明由于粉煤灰的二次水化作用，使水泥石中的 $Ca(OH)_2$ 对被反应掉一部分而生成水化硅酸钙、水化铝酸钙凝胶体，将使水泥石趋于密实。粉煤灰掺量越大，二次水化的程度越大，$Ca(OH)_2$ 的峰值相对较低，同时，在掺粉煤灰的水泥硬化体中，出现了 SiO_2 晶体的

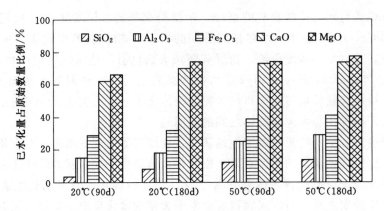

图 4.1-3　粉煤灰各组分水化程度

衍射峰。

4.1.3　C-S-H 凝胶结构分析

利用高分辨固体核磁共振波谱法（NMR）技术结合计算化学的方法，认识水泥粉煤灰胶凝体系中水化产物 C-S-H 凝胶的组成与结构。^{29}Si 固体 NMR 谱线是由一系列信号叠加而成，利用去卷积技术可以区分这些信号并计算出 Q^n 的相对强度 IQ^n 从而实现定量分析。采用 NMR 配套专业定量分析软件进行去卷积操作。该去卷积软件是基于高斯-洛仑兹迭代方法。拟合前根据不同魔角转速得到的谱线来排除旋转边带，区分核磁共振信号和噪声，然后调整相位和基线对谱线进行多次迭代计算，取最佳拟合结果。

水泥水化程度（α）和 C-S-H 凝胶平均链长（ACL）可以通过式（4.1-1）和式（4.1-2）计算：

$$\alpha = 1 - \frac{I(Q^0)}{I_0(Q^0)} \tag{4.1-1}$$

$$ACL = \frac{I(Q^1) + I(Q^2) + \frac{3}{2}I[Q^2(\mathrm{Al})]}{\frac{1}{2}I(Q^1)} \tag{4.1-2}$$

未水化水泥（C）、粉煤灰（F）、未水化水泥-粉煤灰体系（CF）以及纯水泥水化浆体和粉煤灰-水泥水化浆体的 ^{29}Si NMR 图谱见图 4.1-4。

图 4.1-4（a）表明，水泥和粉煤灰出现共振信号的位置差别非常明显。水泥的 Q^0 信号出现在 -72×10^{-6} 位置，且共振信号较为尖锐。粉煤灰在 $-89\times10^{-6}\sim-115\times10^{-6}$ 区域呈现一个以 -110×10^{-6} 信号为中心的宽域，表明粉煤灰中 Si 的化学环境十分复杂。其中 -90×10^{-6} 的信号归位于结晶的莫来石 Q^3（3Al），低于 -108×10^{-6} 出现的峰的配位属于不同类型的结晶石英，其他则属于粉煤灰的玻璃相。

对比 CF 水化体系和纯水泥水化体系的图谱图 4.1-4（b）和图 4.1-4（c），可以发现，水化 3d 时，粉煤灰玻璃相结构开始解体，CF 体系中粉煤灰的共振信号较未水化时略有降低，但在 -110×10^{-6} 的信号仍比较尖锐，表明粉煤灰的玻璃相部分解体，而结晶相基本

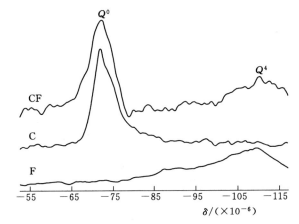

（a）水泥、粉煤灰及未水化 CF 体系

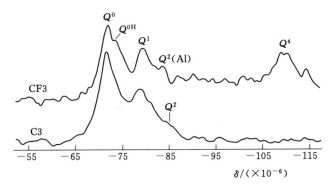

（b）基准样及 CF 体系水化 3d

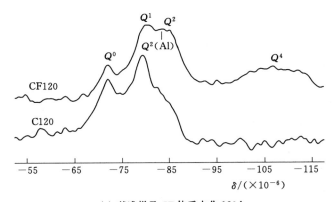

（c）基准样及 CF 体系水化 120d

图 4.1-4　水泥粉煤灰体系及水化浆体的 NMR 谱

未参与反应；水化 120d 时，粉煤灰中 Si 的共振峰变弱，表明此时粉煤灰结晶相也部分参与了反应。

通过对 ^{29}Si NMR 谱线去卷积可以得到更直观的定量分析结果。掺 30％粉煤灰的 CF 水化体系 ^{29}Si NMR 去卷积图谱见图 4.1-5，纯水泥浆体及 CF 浆体水化前后 NMR 波谱去卷积结果见表 4.1-2。

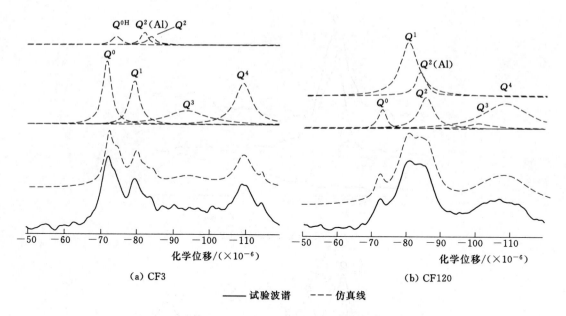

(a) CF3　　　　　　　　　　　　　(b) CF120

——— 试验波谱　　--- 仿真线

图 4.1-5　掺 30％粉煤灰 CF 水化体系 ^{29}Si NMR 去卷积图谱

表 4.1-2　　　　　　　纯水泥浆体及 CF 浆体水化前后 NMR 波谱去卷积结果

样品	$I(Q^0)$ /%	$I(Q^{0H})$ /%	$I(Q^1)$ /%	$I[Q^2(Al)]$ /%	$I(Q^2)$ /%	$I(Q^3+Q^4)$ /%	ACL	A (% of cement)	A (% of SCM)	Al[4] /Si
CF	44.2	0	0	0	0	55.8	0	—	—	—
C3	60.1	0	35	3.4	1.8	0	2.4	37	—	0.04
CF3	23.3	3.7	17.7	5.6	2.5	47.9	3.2	47	14	0.1
C120	31.5	3.1	46.5	11.2	7.7	0	3.1	69	—	0.09
CF120	4.8	0	31.4	10.2	12.2	37.4	3.8	90	33	0.09

通过试验结果得出以下结论：

（1）CF 水化浆体中，粉煤灰 3d 时反应程度 A 为 14％，水化 120d 时反应程度为 33％；粉煤灰对水泥水化有促进作用，水化 3d 和 120d 时，CF 体系水泥水化程度分别为 47％和 90％，高于纯水泥浆体的 37％和 69％。

（2）粉煤灰提高了 C-S-H 的聚合度，增加了 C-S-H 链长 ACL 及 C-S-H 含 Al 量。CF 浆体中 C-S-H 的 ACL 比纯水泥浆体高，水化 3d 时，掺加粉煤灰后 C-S-H 由纯水泥浆体的 2.4 提高到 3.2，水化 120d 时，ACL 由纯水泥浆体的 3.1 提高至 3.8。

（3）粉煤灰改变了 C-S-H 结构中硅酸根离子的聚合状态和分布。在 3d 和 120d 水化龄期，CF 浆体中的 Q^2(Al) 和 Q^2 比例比纯水泥体系略高，而 Q^1 比例大幅低于纯水泥体系，水化 3d 时，Q^1 比例为 17.7％，仅为纯水泥体系的 1/2，水化 120d 时，Q^1 比例为 31.4％。

4.1.4 水化动力学分析

水泥-粉煤灰胶凝体系的水化放热速率曲线如图 4.1-6 所示。水化过程分为五个阶段：

（1）水化前期（AB），第一个放热峰出现时间 $t=156s$，迟于纯水泥。

（2）诱导期（BC），放热速率迅速下降，出现初凝时间为 $t_0=5668s$。

（3）加速期（CD），水化速率再次上升，可以认为是包覆层在渗透压力和结晶压力下不断破坏，从而使水泥和水的反应过程再次快速进行。第二个放热高峰出现时间为 $t=35604s(9.89h)$，较纯水泥的终凝时间延迟了 2.24h，表明粉煤灰具有推迟放热峰值出现时间的作用。

（4）减速期（DEF），胶凝体系的水化速率逐渐降低，可能是固体颗粒周围被水化产物填充形成了具有一定厚度的结构层，阻碍了水分子与固体粒子的接触。与其他胶凝体系不同的是此阶段末期出现了一个微弱的放热谷和放热峰。这可能是因为被初期水化产物包裹的未水化完全的水泥熟料继续水化形成的。因为水和水泥拌和的一瞬间，水泥和粉煤灰易结成团状，这样外层的水泥颗粒水化后形成的水化产物包裹住里层部分或没有水化的水泥颗粒，导致里层水泥水化延迟。

（5）稳定期（FG），反应缓慢进行，放热速率趋于稳定。

根据试验计算得到水泥-粉煤灰胶凝体系水化过程中释放的总热量值 $P_\infty=261.05J/g$，半衰期时间 $t_{0.5}=72900s$。因此，水泥-粉煤灰胶凝体系水化的 Knudson 水化动力学表达式为

$$\frac{1}{P}=\frac{1}{261.05}+\frac{72900}{261.05(t-5668)} \tag{4.1-3}$$

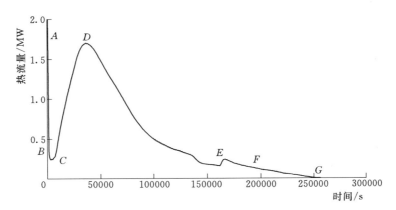

图 4.1-6　水泥-粉煤灰胶凝体系的水化放热速率曲线

可得水泥-粉煤灰水化过程中水化程度随时间变化函数：

$$\alpha(t)=\frac{t-5668}{t+67232} \tag{4.1-4}$$

将中热硅酸盐水泥和水泥-粉煤灰胶凝体系水化过程加速期、减速期和稳定期的水化动力学参数列于表 4.1-3，进行分析对比。

表 4.1 - 3　　　　　　　　中热水泥和水泥-粉煤灰胶凝体系水化动力学参数

胶凝体系	加速期		减速期		稳定期	
	n	K	n	K	n	K
水泥	0.92	4.14×10^{-6}	1	0.096	2.34	4.25×10^{-7}
水泥-粉煤灰	0.95	3.05×10^{-6}	1	0.098	2.26	4.6×10^{-7}

水泥-粉煤灰胶凝体系加速期受自动催化反应控制（$n = 0.95 < 1$），其反应速度为水泥体系的 73.7%。这可能是由于粉煤灰等量取代部分水泥后，一方面，其增大了浆体中的有效水灰比；另一方面，粉煤灰起到了结晶成核作用。水化的减速期过渡到由化学反应和扩散反应双重反应控制阶段，与水泥胶凝体系的水化速率相当。水泥-粉煤灰胶凝体系在稳定期水化反应主要受扩散控制（$n = 2.26 > 2$），且水化动力学参数 n 值小于中热硅酸盐水泥，说明粉煤灰减小了稳定期胶凝体系的水化阻力。粉煤灰取代部分水泥熟料，有利于促进胶凝体系在稳定期以更快速度参与水化，这有利于胶凝体系强度等性能后期持续发展。

水化早期延缓了的水泥熟料此时开始加速水化，即粉煤灰的掺入会降低水泥熟料早期的水化速率而加速其后期水化。通过比较加速期和稳定期的水化速率常数 K 值可以看出，自动催化反应速度远大于扩散过程反应速度。

4.1.5　孔结构分析

水泥石的孔隙率以及不同孔径的分布状况，是水泥石的一个重要结构特征。它决定了水泥石的一系列性能。所谓水泥石的孔结构，一般包括总孔隙率，孔径大小的分布，以及孔的形态等。一般认为孔径在 100nm 以上的孔为有害孔，50nm 以下的孔为无害孔，50～100nm 的孔是否有害尚不确定，但在此也认为它是有害的。无害孔多，尤其是更细小的孔多，对耐久性是有利的。形状不规则的大孔越多，对混凝土的耐久性越不利。

对不同砂浆配合比 90d 龄期的孔隙率和孔径分布进行了压汞法测定，测试结果见表 4.1 - 4 和图 4.1 - 7。结果表明，单掺粉煤灰的净浆试件总孔面积最大，单掺矿渣粉的净浆试件总孔面积最小，双掺矿渣粉与粉煤灰的净浆试件总孔面积居中。平均孔径和总孔隙率的结果也具有类似的规律性。从平均孔径似乎反映了这样一个信息，随着矿渣粉掺量的增加，平均孔径减小。其原因可能是矿渣的活性较好，火山灰反应后的反应物迅速填充了孔隙，使总孔隙率减小。

表 4.1 - 4　　　　　　　　孔 结 构 分 析 结 果

编号	粉煤灰掺量 /%	矿渣粉掺量 /%	总孔面积 /(m²/g)	中值孔径（体积） /nm	中值孔径（面积） /nm	平均孔径 /nm	总孔隙率 /%
F60	60	0	65.622	12.6	9.7	11.2	25.50
F50	50	0	61.766	13.4	7.2	10.0	22.71
F40	40	0	46.951	13.9	7.7	10.6	19.32
SL60	0	60	33.427	7.1	5.0	7.2	10.56
SL50	0	50	24.150	12.4	5.5	9.1	9.56

编号	粉煤灰掺量 /%	矿渣粉掺量 /%	总孔面积 /(m²/g)	中值孔径（体积） /nm	中值孔径（面积） /nm	平均孔径 /nm	总孔隙率 /%
SL40	0	40	27.253	19.3	5.5	11.6	13.22
F24S36	24	36	51.362	8.5	5.9	7.7	16.06
F20S30	20	30	42.307	11.8	5.8	9.0	15.44
F16S24	16	24	37.718	16.4	5.4	10.1	15.51

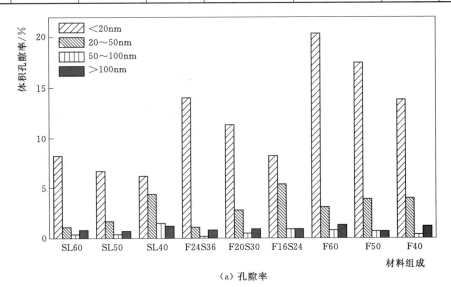

（a）孔隙率

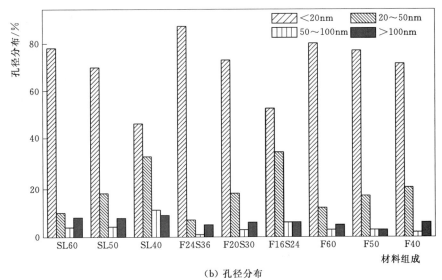

（b）孔径分布

图 4.1-7 粉煤灰和矿渣水泥胶砂孔结构分布

单掺粉煤灰和复掺矿渣粉和粉煤灰的净浆试件孔分布优于单掺矿渣粉的净浆试件，有害孔所占的比例较小，孔径细化，而单掺矿渣相对而言，其有害孔稍多。可能是由于矿渣粉易产生泌水，造成毛细孔增多的原因。

4.2 掺矿渣粉的胶凝材料水化机理

4.2.1 水化产物分析

矿渣粉和掺矿渣粉胶凝体系的 SEM 照片见图 4.2-1。矿渣粉颗粒呈多棱角状，形态与水泥相似，减水效应不明显。掺矿渣粉胶凝体系早期水化产物主要是纤维状的水化硅酸钙和钙矾石，而后期掺矿渣粉水泥石结构与纯水泥十分类似。

（a）矿渣粉 SEM 照片　　　　　　　　（b）矿渣粉-水泥胶凝体系 SEM 照片

图 4.2-1　矿渣粉和掺矿渣粉胶凝体系 SEM 照片

利用 XRD 确定矿渣对水泥水化产物的影响，水化浆体的 XRD 图谱见图 4.2-2。试验结果表明，矿渣在 $25°\sim35°(2\theta)$ 范围内出现弥散的衍射峰，说明矿渣是不定型非晶态的结构。随着水化龄期的增长，$Ca(OH)_2$ 衍射峰提高，说明 $Ca(OH)_2$ 的含量逐渐增加。水化 3d 时，掺入 30% 矿渣粉的胶凝体系中，alite 和 belite 衍射峰强度极大降低，$Ca(OH)_2$ 衍射峰明显出现，说明矿渣粉在水化 3d 时已经参与反应。且水化后期仍呈现较强的 $Ca(OH)_2$ 衍射峰，说明矿渣粉参与火山灰反应的程度并不足以完全消耗 $Ca(OH)_2$。

4.2.2 水化程度分析

影响水泥（C）-矿渣粉（SL）胶凝体系水化速率和水化程度的因素主要包括：水泥的组成和含量，矿渣粉的组成和含量，水泥和矿渣粉的细度和粒径分布（影响需水量和反应表面积）以及环境温度。

可以通过测试一定水化时间内水泥浆体中的化学结合水与完全结合水量之比来表征水泥水化程度。在已硬化的水泥浆中，水的存在形式可分为非化学结合水（存在于孔隙中）及化学结合水（作为水化物组成），其化学结合水量随水化物增多而增多，即随着水化程度的提高而提高。已硬化水泥石中的化学结合水可采用烧失量法测定。将水泥反复调水、养护、粉碎，再调水、养护至最后两次测得的化学结合水量不变时，即为完全水化，此时所测的含水量即为完全结合水量。表 4.2-1 和表 4.2-2 的数据表明，矿渣粉的比表面积

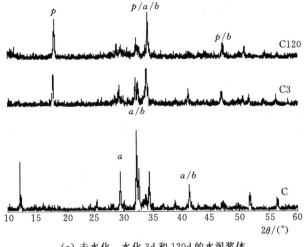

（a）未水化、水化 3d 和 120d 的水泥浆体

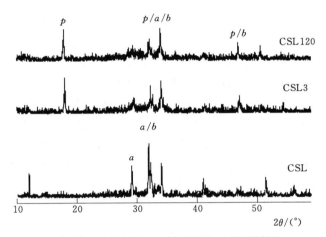

（b）未水化、水化 3d 和 120d 的矿渣粉-水泥胶凝体系

图 4.2-2 水化浆体的 XRD 图谱

a—alite；b—blite；p—Ca(OH)$_2$

较高时，掺矿渣粉水泥的水化速度很快，甚至比硅酸盐水泥水化速度还快，这是因为矿渣粉迅速吸收水泥熟料矿物水化生成的 Ca(OH)$_2$，降低了溶液中 Ca(OH)$_2$ 浓度，加速了熟料矿物的水化，而比表面积较低的矿渣粉，由于矿渣颗粒较粗，导致水泥的水化速度较慢。

表 4.2-1 化学结合水量和完全结合水量 ％

胶凝材料组成	化学结合水					完全结合水
	1d	3d	7d	28d	60d	
PI 硅酸盐水泥	4.17	7.13	11.45	13.03	14.9	22.11
水泥＋40％矿渣粉（310m²/kg）	3.56	6.68	10.21	12.3	14.13	21.02
水泥＋40％矿渣粉（700m²/kg）	4.37	7.81	12.2	14.11	16.01	22.03

表 4.2－2　　　　　　　　　　　各龄期硬化水泥浆体的水化程度　　　　　　　　　　　　　%

胶凝材料组成	各龄期的水化程度				
	1d	3d	7d	28d	60d
PI 硅酸盐水泥	18.36	32.25	51.79	58.93	67.39
水泥＋40%矿渣粉（310m²/kg）	16.94	31.77	48.57	58.51	67.22
水泥＋40%矿渣粉（700m²/kg）	19.60	35.02	54.71	63.27	71.79

在水泥水化差热分析（DTA）曲线上，136～150℃的吸热谷为 C－S－H 凝胶及钙矾石 AFt 相脱水的热效应，约 200℃处是单硫型水化硫铝酸钙 AFm 脱水的热效应，481～491℃处为 Ca(OH)$_2$ 脱水的热效应，709～718℃处是碳化生成的少量 CaCO$_3$ 的热效应。研究表明，纯水泥水化产物的 DTA 曲线上 Ca(OH)$_2$ 吸热谷最大，C－S－H 凝胶及钙矾石 AFt 吸热谷相对较小，而掺矿渣粉水泥水化产物的 DTA 曲线上 Ca(OH)$_2$ 吸热谷最小，C－S－H 及 AFt 吸热谷最大，这种趋势随矿渣粉比表面积的增加而加强。这说明掺入矿渣粉后，可加速 Ca(OH)$_2$ 的吸收，即矿渣粉与硅酸盐水泥熟料矿物生成的 Ca(OH)$_2$ 发生反应，生成 C－S－H 凝胶及钙矾石（有石膏参加反应），使水泥石中的 Ca(OH)$_2$ 被消耗。由表 4.2－3 可以看出，硅酸盐水泥在水化 7d 时生成的 Ca(OH)$_2$ 含量最高，加入矿渣粉后水泥中的 Ca(OH)$_2$ 含量降低，矿渣粉比表面积越大，Ca(OH)$_2$ 降低越明显，即矿渣粉吸收 Ca(OH)$_2$ 的反应更强烈，在反应早期即可消耗大量的 Ca(OH)$_2$。矿渣粉在水泥水化早期大部分作为水泥水化产物成核颗粒参与结构形成的过程，钙矾石在矿渣粉表面生长。只要使水泥熟料矿物所产生的水化产物恰恰能配列到矿渣粉的表面，就能增加水化产物和原始颗粒的接触机会，从而获得最佳的强度。如果水化产物量超过矿渣粉表面所能容纳的数量，则必须将矿渣粉粉磨更细或适当增加矿渣粉掺量，以确保水泥熟料和矿渣粉比表面积的恰当比例。

表 4.2－3　　　　　　　　矿渣粉对水泥水化产物 Ca(OH)$_2$ 含量的影响　　　　　　　　%

胶凝材料组成	各龄期硬化水泥浆体中 Ca(OH)$_2$ 含量		
	3d	7d	28d
PI 硅酸盐水泥	9.04	12.19	10.93
水泥＋40%矿渣粉（310m²/kg）	4.02	5.55	4.64
水泥＋40%矿渣粉（700m²/kg）	3.26	4.10	3.13

4.2.3　水化硬化过程

研究表明，当矿渣与水泥和水混合时，首先溶解释放出 Ca^{2+} 和 Al^{3+}，初始的水化过程比硅酸盐水泥的水化要慢，直到水泥水化产生 Ca(OH)$_2$，以及反应体系中的 Na$_2$O、K$_2$O、SO^{4-}，共同作用撕裂和溶解矿渣的网状玻璃态结构，释放出更多的 Ca^{2+}、Al^{3+} 和 Mg^{2+} 参与水化反应，保证水化过程的持续进行，产生额外的 C－S－H 凝胶，如图 4.2－3 所示。因此，矿渣水泥的水化过程有 2 个阶段，在水化早期，与碱性氢氧化物 Na$_2$O、K$_2$O 的反应占主导地位，此后随着 Ca(OH)$_2$ 的不断产生，矿渣与 Ca(OH)$_2$ 的反应逐渐占据主导地位。

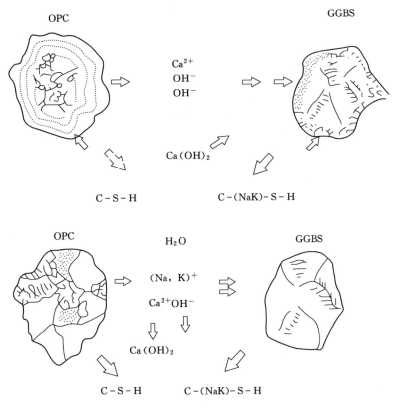

图 4.2-3 水泥-矿渣体系水化过程示意图

图 4.2-4 显示了掺矿渣粉和掺粉煤灰对水泥放热速率的影响，掺量均为 30%。可以看到，掺矿渣粉和掺粉煤灰对水泥水化热的影响主要在约 1500min 以前。掺入矿渣粉和粉煤灰后，体系水化热最大放热峰峰值降低，掺矿渣粉的水泥放热峰降低幅度低于掺粉煤灰，即矿渣粉早期水化速率较粉煤灰高。

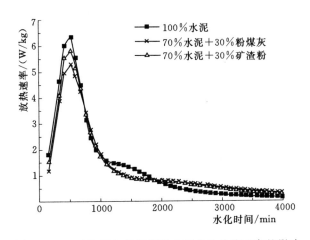

图 4.2-4 矿渣粉和粉煤灰对水泥水化放热速率的影响

　　水泥浆体早期水化电阻率经时变化结果见图 4.2-5。试验结果表明，矿渣粉和粉煤灰对水泥早期水化硬化历程有不同的影响。在溶解期和平衡期内，纯水泥浆体的电阻率最低，矿渣粉-水泥浆体次之，粉煤灰-水泥浆体电阻率最高。表明纯水泥浆液的导电能力更强，有较多的导电离子从水泥颗粒中溶出，而矿渣离子溶出能力比粉煤灰高。水泥、粉煤灰及矿渣粉中溶解出的离子浓度不同，导致了该阶段浆体电阻率的差异。矿渣粉-水泥浆体出现拐点 I 的时间和纯水泥浆体基本一致，而粉煤灰-水泥浆体出现拐点的时间明显延迟。在拐点之后，掺入矿渣粉或粉煤灰的浆体电阻率均低于纯水泥浆体，粉煤灰水泥浆体在硬化阶段电阻率最低。表明粉煤灰具有延迟水泥水化的作用，而矿渣粉水化速率与纯水泥相当，基本无延迟作用。

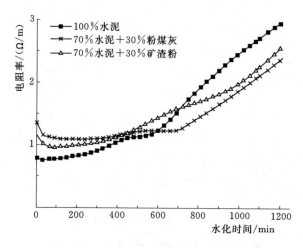

图 4.2-5　矿渣粉和粉煤灰对水泥浆早期水化电阻率的影响

4.3　掺磷渣粉的胶凝材料水化机理

4.3.1　微观形貌分析

　　图 4.3-1～图 4.3-3 的 SEM 照片对比了不同龄期纯水泥、掺磷渣粉水泥和掺粉煤灰水泥的水化产物微观形貌。

　　7d 龄期，纯水泥水化产物主要有针状钙矾石、C-S-H 凝胶、板状堆积的 $Ca(OH)_2$。大多数熟料颗粒已开始水化，未水化熟料颗粒边缘开始模糊，有少量水化产物生成，C-S-H 凝胶和其他水化产物开始形成网状结构，但在这些固相中有较多的孔隙存在，水化产物疏松。掺粉煤灰的水泥中除水泥开始水化外，少量粉煤灰颗粒开始水化，表面覆盖有水化硅酸钙凝胶。由于粉煤灰颗粒表面的凝胶体强度较低，在样品制作过程中易脱落，可观察到由于表面凝胶体脱落而在粉煤灰颗粒表面形成的布纹，及粉煤灰颗粒整体从水泥石中脱落后留下的圆形坑。随粉煤灰掺量的增加，水化产物中 $Ca(OH)_2$ 晶体含量显著减少。掺磷渣粉的水泥中除水泥开始水化外，还可发现少数磷渣颗粒表面开始水化，生成 C-S-H 凝胶等水化产物，大部分磷渣颗粒边缘清晰，仅表面有细小的被侵蚀的痕迹，

(a) 100％水泥（5000×）
(b) 100％水泥（1000×）
(c) 30％粉煤灰（5000×）
(d) 30％粉煤灰（1000×）
(e) 50％粉煤灰（3000×）
(f) 50％粉煤灰（1000×）
(g) 20％磷渣粉（5000×）
(h) 20％磷渣粉（1000×）

图 4.3-1（一） 7d 龄期不同胶凝体系水化产物的 SEM 照片

(i) 30%磷渣粉（5000×）

(j) 30%磷渣粉（1000×）

(k) 40%磷渣粉（5000×）

(l) 40%磷渣粉（1000×）

（m) 25%磷渣粉＋25%粉煤灰（5000×）

（n) 25%磷渣粉＋25%粉煤灰（1000×）

图 4.3-1（二）　7d 龄期不同胶凝体系水化产物的 SEM 照片

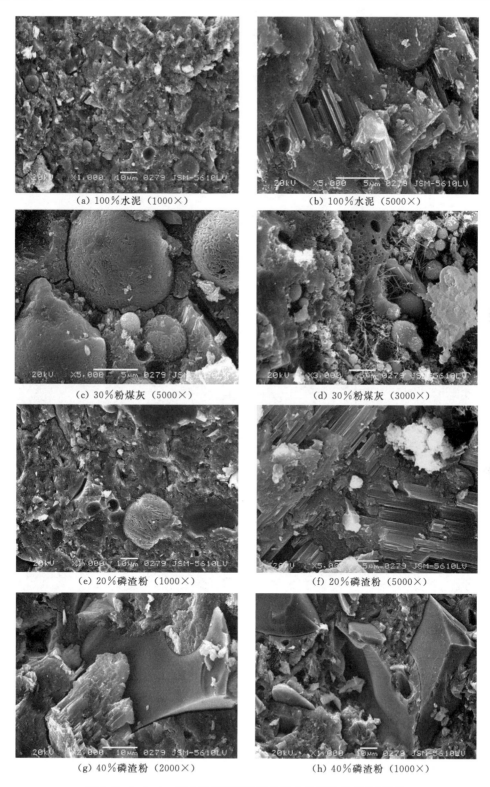

(a) 100%水泥（1000×）

(b) 100%水泥（5000×）

(c) 30%粉煤灰（5000×）

(d) 30%粉煤灰（3000×）

(e) 20%磷渣粉（1000×）

(f) 20%磷渣粉（5000×）

(g) 40%磷渣粉（2000×）

(h) 40%磷渣粉（1000×）

图 4.3 - 2（一） 28d 龄期不同胶凝体系水化产物的 SEM 照片

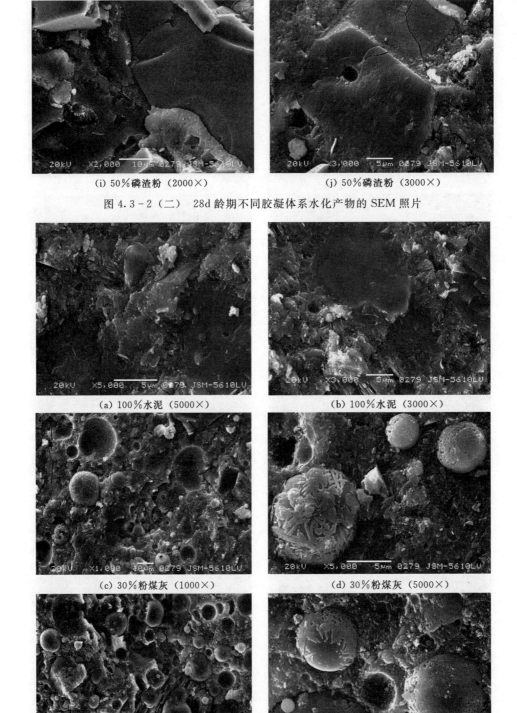

(i) 50％磷渣粉 （2000×）　　　　　(j) 50％磷渣粉 （3000×）

图 4.3-2（二）　28d 龄期不同胶凝体系水化产物的 SEM 照片

(a) 100％水泥 （5000×）　　　　　(b) 100％水泥 （3000×）

(c) 30％粉煤灰 （1000×）　　　　　(d) 30％粉煤灰 （5000×）

(e) 50％粉煤灰 （1000×）　　　　　(f) 50％粉煤灰 （5000×）

图 4.3-3（一）　90d 龄期不同胶凝体系水化产物的 SEM 照片

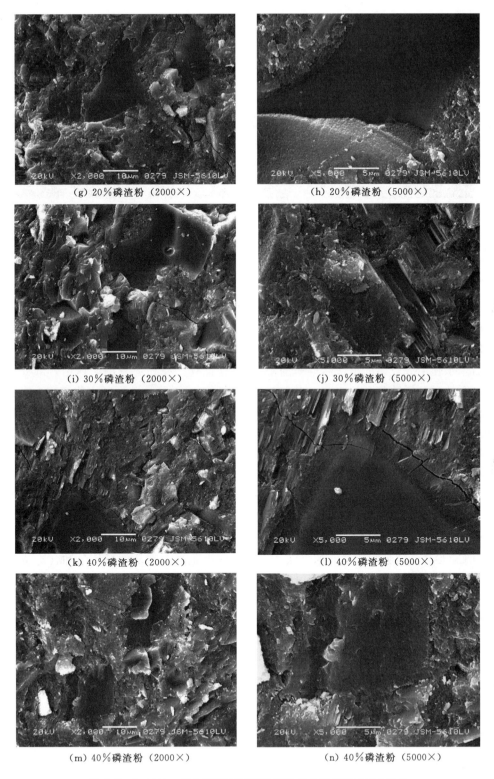

(g) 20%磷渣粉（2000×）

(h) 20%磷渣粉（5000×）

(i) 30%磷渣粉（2000×）

(j) 30%磷渣粉（5000×）

(k) 40%磷渣粉（2000×）

(l) 40%磷渣粉（5000×）

(m) 40%磷渣粉（2000×）

(n) 40%磷渣粉（5000×）

图 4.3-3（二） 90d 龄期不同胶凝体系水化产物的 SEM 照片

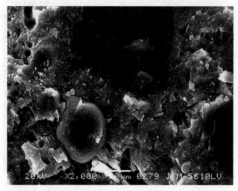

（o）25％磷渣粉＋25％粉煤灰（2000×）　　　（p）25％磷渣粉＋25％粉煤灰（5000×）

图 4.3-3（三）　90d 龄期不同胶凝体系水化产物的 SEM 照片

磷渣水化程度较低，可观察到在样品制作过程中磷渣从水泥石表面脱落留下的各种不规则的多边形坑；随磷渣掺量的增加，水化产物中 $Ca(OH)_2$ 晶体含量减少，但与掺粉煤灰的试件相比，仍有较多的 $Ca(OH)_2$ 晶体。粉煤灰和磷渣复掺时，可以发现粉煤灰颗粒表面比磷渣颗粒表面覆盖了更多的 C-S-H 凝胶。

28d 龄期纯水泥水化产物 C-S-H 凝胶较致密，孔隙明显减少，大孔中可发现针状钙矾石，水化生成较多的呈板状堆积的 $Ca(OH)_2$ 晶体。掺粉煤灰的浆体中，部分粉煤灰颗粒刚开始受到侵蚀并开始水化，在粉煤灰颗粒表面可看到松花样的水化产物。未完全水化的粉煤灰颗粒与水泥石之间的黏结力较小，颗粒整体脱落在水泥石表面留下了圆形坑。掺磷渣粉的浆体中，大部分磷渣颗粒边缘开始受到侵蚀并开始水化，生成的水化产物主要为 C-S-H 凝胶及非常细小的 $Ca(OH)_2$ 晶体。水化产物与磷渣颗粒表面黏结并不牢固，可观察到在样品制作过程由于凝胶自表面脱落后，在未水化的磷渣表面留下的细小的松花状被侵蚀痕迹。样品制作过程中磷渣颗粒整体从水泥石中脱落而留下的各种不规则的多边形凹坑。随磷渣粉掺量的增加，在水化产物中很难找到板状堆积的 $Ca(OH)_2$ 晶体，这与7d 龄期时仍可找到较多的 $Ca(OH)_2$ 晶体有较大的区别，说明在这个阶段，磷渣粉的水化反应对 $Ca(OH)_2$ 的吸收速度开始加快。磷渣粉的水化更多地从颗粒棱角和含有特殊成分（如活性较高的物质或易溶的物质）的部位进行。

90d 龄期水泥水化产物更加致密，孔隙很少。掺粉煤灰的浆体中粉煤灰的水化产物与28d 龄期相比没有太大的变化，样品中仍可观察到水化不完全的粒径较大的粉煤灰颗粒。粉煤灰掺量较大时，水化产物中 $Ca(OH)_2$ 晶体较少。说明此阶段，随着粉煤灰水化的进行，对 $Ca(OH)_2$ 的吸收较快。掺磷渣的浆体中，磷渣颗粒大部分都已发生水化，与水泥颗粒的水化产物交叉联结，难以清晰辨认磷渣颗粒，水化产物致密，孔隙（尤其大孔）较少。

4.3.2　水化产物分析

掺磷渣粉水泥和掺粉煤灰水泥水化产物的 XRD 图谱对比见图 4.3-4～图 4.3-6。

从 7d 龄期的 XRD 图可以看到，随磷渣粉掺量的增加，水化产物中 $Ca(OH)_2$ 含量降

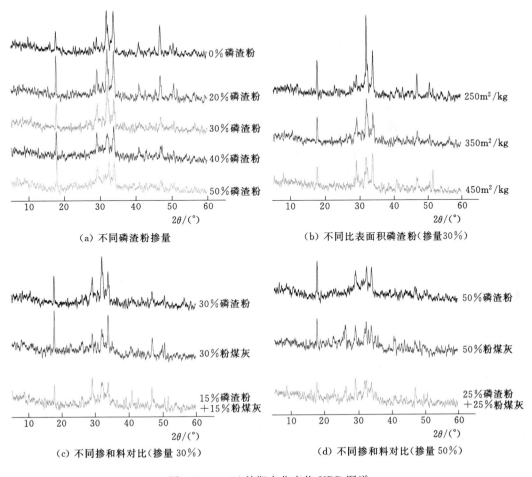

（a）不同磷渣粉掺量

（b）不同比表面积磷渣粉（掺量30%）

（c）不同掺和料对比（掺量30%）

（d）不同掺和料对比（掺量50%）

图 4.3-4　7d 龄期水化产物 XRD 图谱

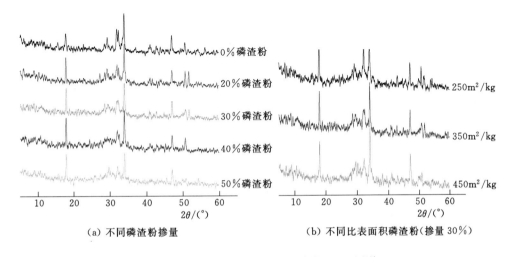

（a）不同磷渣粉掺量

（b）不同比表面积磷渣粉（掺量30%）

图 4.3-5（一）　28d 龄期水化产物 XRD 图谱

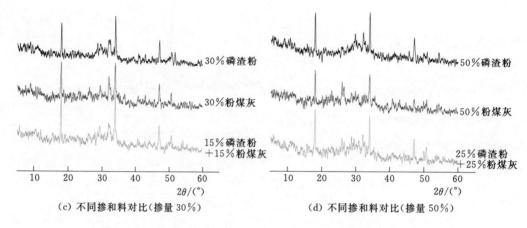

(c) 不同掺和料对比（掺量 30%）　　　　（d) 不同掺和料对比（掺量 50%）

图 4.3-5（二）　28d 龄期水化产物 XRD 图谱

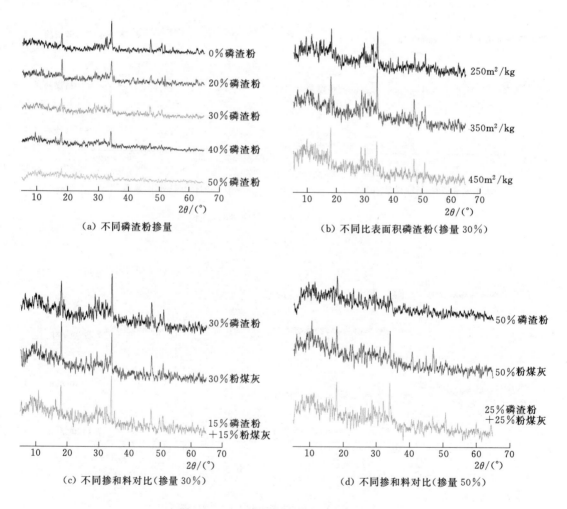

（a）不同磷渣粉掺量　　　　　　　　（b）不同比表面积磷渣粉（掺量 30%）

(c) 不同掺和料对比（掺量 30%）　　　　（d) 不同掺和料对比（掺量 50%）

图 4.3-6　90d 龄期水化产物 XRD 图谱

低，掺量大于 30％，氢氧化钙含量降低得更为明显；随磷渣粉比表面积的增大，$Ca(OH)_2$ 含量降低，磷渣粉越细水化活性越高。掺 30％磷渣粉与掺 30％粉煤灰的水泥中的 $Ca(OH)_2$ 含量相当，而复掺磷渣粉和粉煤灰各 15％的水泥中的 $Ca(OH)_2$ 含量比单掺磷渣粉与单掺粉煤灰的水泥都要低，说明磷渣粉与粉煤灰早期的水化程度基本相当，而复掺磷渣粉和粉煤灰早期水化更快一些。当掺和料掺量达到 50％时，无论单掺磷渣粉或粉煤灰以及复掺磷渣粉和粉煤灰，浆体中的 $Ca(OH)_2$ 含量都相差不大，此时磷渣粉和粉煤灰的水化程度基本相当。

到 28d 龄期，可以看到相同掺和料掺量下，单掺磷渣粉，单掺粉煤灰及复掺磷渣粉和粉煤灰的浆体中 $Ca(OH)_2$ 含量差别不大，28d 龄期磷渣粉和粉煤灰的二次水化程度基本相当。

到 90d 龄期，磷渣粉掺量在 0～30％的范围内时，随着磷渣粉掺量增加，水化产物中 $Ca(OH)_2$ 含量变化不大，磷渣粉掺量大于 30％的浆体氢氧化钙含量明显。一方面是由于水泥含量低，水化产生的 $Ca(OH)_2$ 较少；另一方面是由于有更多的磷渣粉发生了二次水化反应，吸收了 $Ca(OH)_2$。比表面积为 $250m^2/kg$ 与 $350m^2/kg$ 的磷渣粉水泥浆体中 $Ca(OH)_2$ 含量基本相等，但比表面积为 $450m^2/kg$ 的磷渣粉水泥浆体中的 $Ca(OH)_2$ 含量明显降低。磷渣粉比表面积在 $450m^2/kg$ 甚至更高时，才能对后期的水化产生明显影响。此外，可以看到掺 50％磷渣粉的浆体中的 $Ca(OH)_2$ 含量低于掺 50％粉煤灰与复掺磷渣粉和粉煤灰各 25％的浆体，表明磷渣粉后期的水化程度比粉煤灰高。

4.3.3 孔结构分析

硬化水泥浆体的孔隙率，孔分布及孔的大小和形状，很大程度上决定了其物理力学性能。不同磷渣粉掺量，不同水化龄期水泥浆体的孔结构分析试验结果见表 4.3-1～表 4.3-4。整体而言，磷渣粉会改善体系水化产物质量，降低水泥石孔隙率，细化孔径，使水泥石结构更加致密。

表 4.3-1   **水泥浆体孔结构参数表**

编号	粉煤灰掺量/%	磷渣		平均孔径/nm			最可几孔径/nm			孔隙率/%		
		掺量/%	比表面积/(m²/kg)	7d	28d	90d	7d	28d	90d	7d	28d	90d
1	0	0	—	23.04	23.74	30.17	39.37	38.05	36.26	14.83	10.45	6.39
2	0	20	350	22.37	24.00	30.54	36.81	35.71	37.22	11.35	9.56	6.24
3	0	30	350	21.01	23.54	30.38	31.88	34.21	36.68	12.19	7.56	7.43
4	0	40	350	24.42	23.18	27.27	41.12	34.26	35.64	18.99	7.21	6.02
5	0	50	350	28.54	21.76	25.20	71.40	33.38	34.10	15.73	8.45	5.68
6	0	30	250	20.81	24.76	30.35	32.86	35.48	37.71	16.34	7.36	7.62
7	0	30	450	20.43	24.39	29.05	25.99	35.15	35.72	14.25	10.21	5.44
8	30	—	—	22.93	24.58	28.49	31.88	35.75	37.58	12.30	11.41	10.37
9	25	25	350	37.53	21.48	26.19	67.57	34.78	36.38	20.98	12.58	12.16
10	50	—	—	36.37	24.50	26.38	63.22	45.26	39.01	21.96	21.57	13.96
11	15	15	350	24.20	23.92	28.64	30.12	38.85	37.28	12.00	10.56	8.24

表 4.3－2 各龄期水泥浆体孔结构参数比较

比较项目	编号	平均孔径/nm			最可几孔径/nm			孔隙率/%		
		7d	28d	90d	7d	28d	90d	7d	28d	90d
不同掺量比较	1	23.04	23.74	30.17	39.37	38.05	36.26	14.83	10.45	6.39
	2	22.37	24.00	30.54	36.81	35.71	37.22	11.35	9.56	6.24
	3	21.01	23.54	30.38	31.88	34.21	36.68	12.19	7.56	7.43
	4	24.42	23.18	27.27	41.12	34.26	35.64	18.99	7.21.	6.02
	5	28.54	21.76	25.20	71.40	33.38	34.10	15.73	8.45	5.68
不同比表面积比较	7	20.43	24.39	29.05	25.99	35.15	35.72	14.25	10.21	5.44
	3	21.01	23.54	30.38	31.88	34.21	36.68	12.19	7.56	7.43
	6	20.81	24.76	30.35	32.86	35.48	37.71	16.34	7.36	7.62
不同掺和料比较（掺量50%）	5	28.54	21.76	25.20	71.40	33.38	34.10	15.73	8.45	5.68
	10	36.37	24.50	26.38	63.22	45.26	39.01	21.96	21.57	13.96
	9	37.53	21.48	26.19	67.57	34.78	36.38	20.98	12.58	12.16
不同掺和料比较（掺量30%）	3	21.01	23.54	30.38	31.88	34.21	36.68	12.19	7.56	7.43
	8	22.93	24.58	28.49	31.88	35.75	37.58	12.30	11.41	10.37
	11	24.20	23.92	28.64	30.12	38.85	37.28	12.00	10.56	8.24

表 4.3－3 各龄期水泥浆体孔径分布表 %

编号	<20nm			20~50nm（<50nm）			50~100nm			>100nm			孔隙率		
	7d	28d	90d	7d	28d	90d	7d	28d	90d	7d	28d	90d	7d	28d	90d
1	28.1	25.0	10.0	55.5（83.6）	60.8（85.8）	80.7（90.7）	12.5	10.8	6.3	3.9	3.3	3.1	14.83	10.45	6.39
2	26.9	22.9	10.2	55.7（82.6）	64.6（87.5）	79.0（89.2）	10.7	9.0	8.3	6.6	3.4	2.7	11.35	9.56	6.24
3	32.3	23.7	12.5	52.9（85.2）	66.2（89.9）	74.8（88.3）	7.5	6.3	7.9	7.2	3.9	4.8	12.19	7.56	7.43
4	26.2	24.2	19.2	41.2（77.4）	67.2（91.4）	67.7（86.9）	20.5	5.8	7.0	11.8	2.7	5.9	18.99	7.21.	6.02
5	24.1	11.0	22.0	22.8（46.9）	75.8（86.8）	68.4（90.4）	27.8	5.9	4.9	25.6	6.3	4.2	15.73	8.45	5.68
6	32.5	7.4	13.2	48.9（81.4）	83.0（90.4）	71.9（85.1）	10.6	7.3	8.9	7.9	2.4	5.3	16.34	7.36	7.62
7	34.1	6.8	13.1	50.8（84.9）	80.2（87.0）	77.7（90.3）	8.6	6.3	6.4	7.1	3.6	3.6	14.25	10.21	5.44
8	25.9	7.7	16.1	59.3（85.2）	82.6（90.3）	74.2（90.3）	9.8	6.5	7.2	4.7	3.4	2.4	12.30	11.41	10.37
9	14.3	10.7	21.4	26.7（41.0）	79.1（89.8）	67.6（89.0）	32.2	6.4	6.7	21.2	3.8	4.0	20.98	12.58	12.16
10	14.3	9.6	22.3	28.1（42.4）	63.5（73.1）	65.8（88.1）	34.8	22.7	9.6	18.8	4.2	2.2	21.96	21.57	13.96
11	26.3	9.5	15.3	50.3（76.6）	80.7（90.2）	74.4（89.7）	13.8	7.9	7.4	9.8	3.0	3.1	12.00	10.56	8.24

7d 龄期，当磷渣粉掺量小于 30% 时，随着掺量的增加，水泥石的平均孔径、最可几孔径、孔隙率均略有降低。当磷渣粉掺量大于 30% 时，水泥石的平均孔径、最可几孔径明显增大，孔隙率增加。磷渣粉掺量较大时，水泥水化产物较少，其次，水化产生的 $Ca(OH)_2$ 的量也较少不足以完全激发磷渣的二次水化，使得浆体中仍存在较多和较大的孔隙，结构疏松。

表 4.3-4　　　　　　　　　　　各龄期水泥浆体孔径分布比较　　　　　　　　　　　%

比较项目	编号	<20nm			20~50nm			50~100nm			>100nm			孔隙率		
		7d	28d	90d	7d	28d	90d	7d	28d	90d	7d	28d	90d	7d	28d	90d
不同掺量磷渣粉比较	1	28.1	25.0	10.0	55.5(83.6)	60.8(85.8)	80.7(90.7)	12.5	10.8	6.3	3.9	3.3	3.1	14.83	10.45	6.39
	2	26.9	22.9	10.2	55.7(82.6)	64.6(87.5)	79.0(89.2)	10.7	9.0	8.3	6.6	3.4	2.7	11.35	9.56	6.24
	3	32.3	23.7	12.5	52.9(85.2)	66.2(89.9)	74.8(88.3)	7.5	6.3	7.9	7.2	3.9	4.8	12.19	7.56	7.43
	4	26.2	24.2	19.2	41.2(77.4)	67.2(91.4)	67.7(86.9)	20.5	5.8	7.0	11.8	2.7	5.9	18.99	7.21	6.02
	5	24.1	11.0	22.0	22.8(46.9)	75.8(86.8)	68.4(90.4)	27.8	5.9	4.9	25.6	6.3	4.2	15.73	8.45	5.68
不同比表面积比较	7	34.1	6.8	13.1	50.8(84.9)	80.2(87.0)	77.2(90.3)	8.6	8.3	6.4	7.1	3.6	3.3	14.25	10.21	5.44
	3	32.3	23.7	12.5	52.9(85.2)	66.2(89.9)	74.8(88.3)	7.5	6.3	7.9	7.2	3.9	4.8	12.19	7.56	7.43
	6	32.5	7.4	13.2	48.9(81.4)	83.0(90.4)	71.9(85.1)	10.6	7.3	8.9	7.9	2.4		16.34	7.36	7.62
不同掺和料比较（掺量50%）	5	24.1	11.0	22.0	22.8(46.9)	75.8(86.8)	68.4(90.4)	27.8	5.9	4.9	25.6	6.3	4.2	15.73	8.45	5.68
	10	14.3	9.6	22.3	28.1(42.4)	63.5(73.1)	65.8(88.1)	34.8	22.7	9.6	18.8	4.2	2.2	21.96	21.57	13.96
	9	14.3	10.7	21.4	26.7(41.0)	79.1(89.8)	67.6(89.0)	32.9	6.4	6.7	21.2	3.8	4.0	20.98	12.58	12.16
不同掺和料比较（掺量30%）	3	32.3	23.7	12.5	52.9(85.2)	66.2(89.9)	74.8(88.3)	7.5	6.3	7.9	7.2	3.9	4.8	12.19	7.56	7.43
	8	25.9	7.7	16.1	59.3(85.2)	82.6(90.3)	74.2(90.3)	9.8	6.5	7.2	4.7	3.4	2.4	12.30	11.41	10.37
	11	26.3	9.5	15.3	50.3(76.6)	80.7(90.2)	74.4(89.7)	13.8	7.9	7.4	9.8	3.0	3.1	12.00	10.56	8.24

注　括号内数据为小于 50nm 孔的总和。

28d 龄期，虽然不同磷渣粉掺量的水泥浆体的平均孔径没有明显变化，但随着磷渣粉掺量的增加，水泥石中的最可几孔径略有降低，孔隙率明显下降，水泥石更密实。磷渣粉掺量为 50% 时，水泥石 28d 龄期的最可几孔径比 7d 龄期有明显降低。90d 龄期，随磷渣粉掺量的增加，水泥石的平均孔径、最可几孔径没有明显变化，但孔隙率略有下降，孔隙数量继续减少。

磷渣粉掺量在 30% 以下时，磷渣粉的细度对水泥石的平均孔径没有明显影响，但较细的磷渣粉可降低水泥石的最可几孔径及孔隙率。与比表面积为 250m²/kg、350m²/kg 的磷渣粉相比，比表面积为 450m²/kg 的磷渣粉的水泥石的最可几孔径明显要低一些。

掺 30% 磷渣粉的浆体的平均孔径与掺 30% 粉煤灰的浆体差别不大，但最可几孔径和孔隙率相当或略有降低。与掺 50%粉煤灰的浆体相比,掺 50%磷渣粉水泥浆体 7d 龄期的平均孔径下降,最可几孔径增大,孔隙率明显下降,28d 龄期的可几孔径明显降低,孔隙率明显下降,90d 龄期最可几孔径略有降低,孔隙率明显下降。在较大掺和料掺量下,掺磷渣粉水泥石的结构比掺粉煤灰更密实。

4.3.4 水化程度分析

可以通过测得磷渣粉所消耗的 $Ca(OH)_2$ 的量来间接地反映磷渣粉的水化程度。计算结果见表 4.3-5。可见,磷渣粉-硅酸盐水泥浆体中 $Ca(OH)_2$ 的量随着水化程度的深入逐渐增加,但在整个水化过程中 $Ca(OH)_2$ 的量均小于纯硅酸盐水泥中 $Ca(OH)_2$ 的量。在水化开始 6h 时,磷渣粉-硅酸盐水泥浆体中 $Ca(OH)_2$ 的量只有 6.43%,一方面是水泥熟料的减少导致水解生成 $Ca(OH)_2$ 的量降低,另一方面是磷渣粉的缓凝效应降低了水泥熟料的水化速度。随着水泥熟料水解继续深入,磷渣粉在 $Ca(OH)_2$ 的激发下开始缓慢参与反应,消耗一部分 $Ca(OH)_2$,导致浆体中 $Ca(OH)_2$ 的总量减少,所以磷渣粉的掺入会降低胶凝体系整个水化过程中的 $Ca(OH)_2$ 的量。

表 4.3-5　　　　　　　　　　　浆体水化产物中氢氧化钙的含量　　　　　　　　　　　　　%

胶凝体系	$Ca(OH)_2$ 含量				
	6h	7d	28d	90d	180d
纯水泥	—	19.39	22.20	22.63	24.23
C65P35	6.43	16.87	19.46	21.23	20.87

研究表明,掺磷渣粉水泥的水化缓慢。磷渣粉 920~940℃的放热峰在 1d 龄期基本无变化,28d 稍有减小,90d 以后才逐渐趋于平缓。在水泥中掺入磷渣粉,对不同龄期的净浆试样进行差示扫描量热分析。根据试验结果计算得到不同龄期胶凝体系中的结合水量和氢氧化钙含量见表 4.3-6。掺 30%磷渣粉水泥和掺 30%粉煤灰水泥的差热曲线对比见图 4.3-7~图 4.3-10。

表 4.3-6　　　　　　　　　　　　热 分 析 试 验 结 果

编号	胶凝材料用量/%			磷渣粉比表面积 /(m²/kg)	结合水量/%			$Ca(OH)_2$/%		
	水泥	粉煤灰	磷渣粉		7d	28d	90d	7d	28d	90d
1	100	0	0	—	8.38	9.68	11.48	9.81	10.55	16.71
2	80	0	20	350	11.21	10.99	10.54	8.79	9.73	16.34
3	70	0	30	350	12.33	11.81	11.94	9.11	9.34	15.13
4	60	0	40	350	7.03	10.78	12.60	5.37	10.20	14.96
5	50	0	50	350	6.38	8.42	12.09	5.32	10.42	11.61
6	70	0	30	250	9.99	10.70	11.42	10.30	12.12	16.03
7	70	0	30	450	12.70	11.94	12.31	9.23	10.71	11.17
8	70	30	—	—	12.14	8.52	10.83	9.53	9.45	16.84
9	50	25	25	350	11.99	8.40	13.22	8.36	9.03	13.82
10	50	50	—	—	8.76	6.67	9.55	8.24	6.90	11.55
11	70	15	15	350	12.58	8.00	9.72	11.79	12.24	16.68

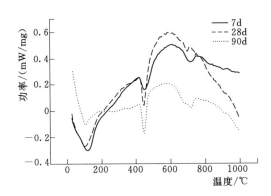

图 4.3-7 不同龄期掺磷渣粉水泥的差热曲线

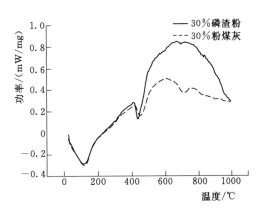

图 4.3-8 7d 龄期掺磷渣粉水泥与掺
粉煤灰水泥差热曲线对比

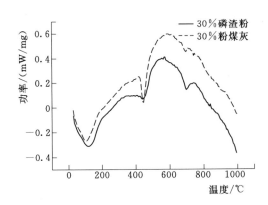

图 4.3-9 28d 龄期掺磷渣粉水泥与掺
粉煤灰水泥差热曲线对比

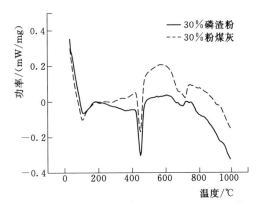

图 4.3-10 90d 龄期掺磷渣粉水泥与掺
粉煤灰水泥差热曲线对比

磷渣粉掺量在 30％以内时，随掺量的增加，各龄期水化产物的结合水量略有增加，$Ca(OH)_2$ 含量变化较小；随龄期的增加，结合水量没有明显变化，水化产物中 $Ca(OH)_2$ 含量稳定增加。当磷渣粉掺量大于 30％时，随掺量的增加，各龄期水化产物的结合水量降低，早期更明显，$Ca(OH)_2$ 含量降低，即 C-S-H、AFt 等水化产物生成量和 $Ca(OH)_2$ 含量均降低；随龄期的增加，结合水量明显增加，$Ca(OH)_2$ 含量增长明显。相同掺量下，磷渣粉比表面积越大，水泥产物结合水量越高，$Ca(OH)_2$ 含量越低，即水化程度越高。

相同掺量条件下，掺磷渣粉水泥石中 C-S-H、AFt 的结合水量高于掺粉煤灰的水泥，$Ca(OH)_2$ 含量低于掺粉煤灰的水泥，磷渣粉比表面积越高，这种差别越明显。说明与粉煤灰相比，磷渣粉水化生成了更多的水化产物，吸收了更多 $Ca(OH)_2$。磷渣粉与粉煤灰复掺，掺量各 25％，水泥石中 C-S-H、AFt 的结合水量较高、$Ca(OH)_2$ 含量较低，复掺比单掺时的水化速度略快；单掺磷渣粉 50％时，早期水泥石中 C-S-H、AFt 的结合水量较小、$Ca(OH)_2$ 含量较低。

以上研究表明，尽管粒化磷渣玻璃相含量在 80%～95%，具有较高的潜在活性，但其自身并不具有水硬活性，只有磨细成粉并有激发剂存在的情况下才能发生水化反应，形成胶凝物质。磷渣粉作为混合材或掺和料加入到水泥或混凝土中，加水后首先是水泥熟料矿物发生水化反应，生成的 $Ca(OH)_2$ 成为磷渣粉水化反应的碱性激发剂，使磷渣中的 Ca^{2+}、AlO_4^{5-}、Al^{3+}、SiO_4^{4-} 离子进入溶液，生成水化产物水化硅酸盐、水化铝酸盐等。由于石膏的存在，还会有水化硫铝（铁）酸钙、水化硅铝酸钙 C_2ASH_8 和水化石榴子石 C_3AH_6 等的生成。

磷渣粉对胶凝体系的缓凝作用十分明显。缓凝的主因是磷渣中的易溶性磷酸盐与难溶性氟盐延长了水泥的水化诱导期，磷渣粉减小加速期、减速期与稳定期的水化反应阻力，加速后期水化。在反应之初，液相中的磷酸根离子抑制石膏与 C_3A 反应产物 AFt 的形成，而 $[SO_4]^{2-}$ 离子又会阻碍 C_3A 的"六方水化物"向 C_3AH_6 的转化，P_2O_5 与石膏的复合作用将延缓 C_3A 的整个水化过程。即 C_3A 的水化停留在生成"六方水化物"阶段，既没有 AFt 生成，也没有 C_3AH_6 生成。因此，磷渣粉混凝土的早期强度不高。但由于水泥的早期水化被抑制，可使其晶体"生长发育"条件改善，使后期水化产物质量提高，水泥浆体结构更紧密，内部孔隙率降低，孔隙直径变小，有利于混凝土后期强度的提高。

4.4　掺硅粉的胶凝材料水化机理

4.4.1　水泥水化产物的变化

硅粉含有大量的非晶质硅及超细粉末，具有很高的火山灰活性，在水泥水化初期就能和水化产物 $Ca(OH)_2$ 发生反应。从硬化水泥浆体水化早期的 XRD 图谱中可见，以火山灰与天然硅质矿物为掺和料时，$Ca(OH)_2$ 的衍射峰很明显；而以硅粉为掺和料的试件，则无 $Ca(OH)_2$ 的特征峰存在，这是因为硅粉与 $Ca(OH)_2$ 快速发生反应，在 XRD 图谱上看不到 $Ca(OH)_2$ 特征峰的存在。

CaO/SiO_2 比对 C-S-H 凝胶的结构影响很大，CaO/SiO_2 比越小，C-S-H 凝胶组织结构越致密，对水泥强度的发展更有利。掺入硅粉后，生成的 C-S-H 凝胶中 CaO/SiO_2 比减小，通过电子探针微观分析（EPMA）对测定不同掺和料硬化水泥浆体 28d 龄期的 CaO/SiO_2 比，结果见表 4.4-1。

表 4.4-1　　　　　　CaO/SiO_2 比（水胶比 0.50，20℃水中，28d）

水　泥	掺　和　料	CaO/SiO_2
掺入不超过 35%矿渣、火山灰质矿物或石灰石的水泥	30%急冷矿渣粉	1.55
	25%急冷矿渣粉＋5%硅粉	1.20
	30%慢冷矿渣粉	1.70
掺入不超过 35%矿渣、火山灰质矿物或石灰石的水泥	25%急冷矿渣粉＋5%硅粉	1.43
	30%粉煤灰	1.50
	25%粉煤灰＋5%硅粉	1.28

硅酸盐水泥的 CaO/SiO₂ 比为 1.7 左右，掺入 5％硅粉后降至 1.2 左右。在掺硅粉水泥石的 XRD 图谱中，没有发现含 $Ca(OH)_2$ 的特征峰。用 SEM 分析，也没有发现水泥石中含有六角片状的 $Ca(OH)_2$ 结晶存在。当然通过硅粉的火山灰反应，不可能全部 $Ca(OH)_2$ 都变成 C-S-H 凝胶了，而是由于 $Ca(OH)_2$ 的晶体很纯、太小，以至于检测不出来。Mehta 解释含硅粉水泥石中基本没有粗大 $Ca(OH)_2$ 晶体的原因可能是由于硅粉对 $Ca(OH)_2$ 的沉淀起到"成核"作用，其结果是生成了许多细小的 $Ca(OH)_2$ 结晶。粗大的 $Ca(OH)_2$ 结晶的消失，类似于合金中粒子尺寸精细化，提高了混凝土的物理力学性能。

4.4.2 孔结构分析

大量大小不同、形状各异的孔是水泥石结构的重要组成部分，硅粉的掺入可以改善水泥石的孔结构，细化水泥石中的有害孔，对其宏观的物理、化学性能具有重要影响。采用 X 射线小角散射技术，对掺硅粉水泥石中微孔（孔半径小于 50nm）的孔径分布进行测试，试验结果见表 4.4-2。

表 4.4-2　　掺硅粉水泥石的孔结构参数

水胶比	硅粉掺量 /%	孔径分布/%				平均孔径 /nm	最可几孔径 /nm	抗压强度 /MPa	抗折强度 /MPa
		$r<5nm$	$r=5\sim10nm$	$r=10\sim25nm$	$r=25\sim50nm$				
0.30	0	41.6	50.0	8.2	0.2	5.7	5.2	86.0	8.2
	5	59.7	34.6	3.7	2.0	5.5	5.4	93.1	6.1
	10	68.9	25.6	4.1	1.4	5.2	4.6	86.3	6.5
	15	68.1	28.8	2.5	0.6	4.9	4.3	86.0	5.8
	20	39.2	59.1	1.4	0.3	4.8	4.3	93.3	10.3
0.35	0	7.3	72.8	18.9	1.0	8.2	6.6	52.4	8.6
	5	36.5	46.0	16.0	1.5	7.6	5.5	62.3	9.8
	10	23.1	59.8	15.8	1.3	7.4	5.5	69.0	10.2
	15	43.0	40.7	15.7	0.6	7.1	5.3	75.0	11.0
	20	36.5	50.9	11.8	0.8	6.4	4.9	77.6	7.4
0.40	0	21.5	47.6	29.8	1.1	8.6	6.6	57.4	5.4
	5	21.4	53.8	23.1	1.7	8.3	5.5	55.5	6.6
	10	24.7	53.6	18.9	2.8	8.0	5.5	60.0	8.1
	15	22.4	57.2	19.3	1.1	8.0	5.3	63.6	7.9
	20	31.2	50.8	17.4	0.6	7.3	5.5	67.0	8.4
0.45	0	3.6	48.5	40.4	7.5	9.4	6.8	48.8	6.9
	5	7.3	62.7	22.9	7.1	8.5	6.3	52.9	4.6
	10	10.0	62.2	21.6	6.2	8.0	5.8	54.8	3.4
	15	40.0	36.8	18.1	5.1	7.8	6.0	58.1	9.0
	20	36.7	43.3	15.3	4.7	7.9	5.4	58.3	10.2

随着水胶比的增加，平均孔半径增加，这表明水胶比的增加使水泥石中的大孔增加。随硅粉掺量的增加，平均孔径减小，这表示硅粉对水泥浆体起着细化作用。当硅粉掺量一定，水胶比由 0.30 增大到 0.45 的过程中，其孔径分布向大孔方向移动，与此同时，相应的抗压强度以较大幅度下降。当水胶比大于 0.30 时，随着硅粉含量的增加，其孔径分布向小孔方向移动，使得孔隙细化，而此时相应的抗压强度也增加。

4.5　掺石灰石粉的胶凝材料水化机理

4.5.1　水化产物分析

水泥的水化是一个复杂的多相化学反应过程，石灰石粉主要是对水泥熟料矿物 C_3S 和 C_3A 的水化及其产物产生影响。掺加 $CaCO_3$ 会改变 C_3S 的水化速度，但不会改变 C_3S 的水化产物，见图 4.5-1。C_3S 的水化产物仍然为 $Ca(OH)_2$ 和 $C-S-H$ 凝胶，也有研究表明，$CaCO_3$ 可能改变 $C-S-H$ 中的钙/硅（Ca/Si）比或 $CaCO_3$ 表面的钙/碳（Ca/C）比。$CaCO_3$ 会与 C_3A 反应生成单碳铝酸钙（$3CaO \cdot Al_2O_3 \cdot CaCO_3 \cdot 11H_2O$），有研究发现了掺石灰石粉的复合胶凝材料体系中半碳铝酸钙 [$C_3A \cdot 0.5CaCO_3 \cdot 0.5Ca(OH)_2 \cdot 11.5H_2O$] 或三碳铝酸钙（$3CaO \cdot Al_2O_3 \cdot 3CaCO_3 32H_2O$）的生成。单碳铝酸钙可以稳定存在，而半碳铝酸钙和三碳铝钙形成后随水化的进行而转变，目前其生成机理和转变条件仍没有研究清楚。

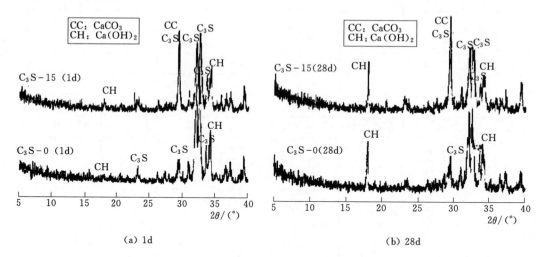

(a) 1d　　　　　　　　　　　　　(b) 28d

图 4.5-1　掺与不掺石灰石粉水化产物 XRD 图谱

$C_3A-CaCO_3-H_2O$ 体系不同水化龄期的水化反应产物 XRD 分析见表 4.5-1，可以看到纯 C_3A（C_3A-0-0）水化 1d 出现 C_2AH_8，水化 3d 出现 C_4AH_{13}，水化 7d 时，三水化产物 C_2AH_8、C_3AH_6、C_4AH_{13} 共同存在，随后，六方片状晶体 C_2AH_8 和 C_4AH_{13} 开始逐渐向立方相 C_3AH_6 转化。掺加 $CaCO_3$ 后（$C_3A-15-0$、$C_3A-25-0$），超细的 $CaCO_3$ 颗粒分散在 C_3A 周围。当 C_3A 初始水化时，$CaCO_3$ 的活性作用使其与 C_3A 反应生成碳铝酸钙水化物，该反应影响了 C_3A 自身水化产物的形成，抑制了 C_2AH_8 和 C_4AH_{13} 的生成，

并且当 $CaCO_3$ 掺量超过一定范围时会延迟 C_3AH_6 的形成。掺有 $15\%CaCO_3$ 的 C_3A 与纯 C_3A 水化产生 C_3AH_6 的时间相同，均为 1h，而掺有 $25\%CaCO_3$ 的 C_3A 水化 2h 后才会生成 C_3AH_6。

表 4.5-1 　　　　　　　　　　　　　XRD 水化产物分析

样品编号	水化龄期	AFt	AFm	C_2AH_8	C_3AH_6	C_4AH_{13}	$3CaO \cdot Al_2O_3 \cdot CaCO_3 \cdot 11H_2O$	$C_3A \cdot 0.5CaCO_3 \cdot 0.5Ca(OH)_2 \cdot 11.5H_2O$
C_3A-0-0	1h				✓			
	2h				✓			
	1d			✓	✓			
	3d				✓	✓		
	7d			✓	✓			
	28d				✓			
$C_3A-15-0$	1h				✓		✓	✓
	2h				✓		✓	✓
	1d				✓		✓	
	3d				✓		✓	
	7d				✓		✓	
	28d				✓		✓	
$C_3A-25-0$	1h						✓	✓
	2h						✓	✓
	1d				✓		✓	
	3d				✓		✓	
	7d				✓		✓	
	28d				✓		✓	
$C_3A-0-25$	1h	✓			✓			
	2h	✓			✓			
	1d	✓						
	3d	✓						
	7d	✓						
	28d		✓					
$C_3A-25-25$	1h	✓						
	2h	✓			✓			
	1d	✓	✓				✓	✓
	3d	✓					✓	
	7d	✓					✓	✓
	28d	✓					✓	

注　样品编号中第二列数字代表石灰石粉的掺量，第三列数字代表石膏掺量。

实际的水泥体系中，C_3A 的水化是处于硫酸盐溶液中进行的，加水后 C_3A 迅速溶解水化形成 C_3AH_6，同时与石膏反应形成 AFt，此后由于 C_3A 表面形成 AFt 包覆层，在 C_3A 周围产生扩散屏障，妨碍了 SO_4^{2-}、OH^- 和 Ca^{2+} 的扩散，降低了反应速率，抑制了 C_3A 水化产物 C_2AH_8、C_3AH_6、C_4AH_{13} 的形成，随着水化继续进行，AFt 包覆层变厚，并产生结晶压力，当结晶压力超过一定数值时，则包覆层局部破裂，破裂处水化加速，所形成的 AFt 又使破裂处封闭，此时水化反应是 AFt 包覆层破坏与修复的反复阶段，直至体系中的 $CaSO_4 \cdot 2H_2O$ 消耗完毕，C_3A 与 AFt 继续作用形成单硫型水化硫铝酸钙。C_3A $-CaSO_4 \cdot 2H_2O-H_2O$ 体系（$C_3A-0-25$）不同水化龄期的水化反应产物见表 4.5 - 2。在 $C_3A-CaSO_4 \cdot 2H_2O-CaCO_3-H_2O$ 四元体系中，$CaCO_3$ 对 $CaSO_4 \cdot 2H_2O$ 与 C_3A 之间的反应以及 $CaSO_4 \cdot 2H_2O$ 对 $CaCO_3$ 与 C_3A 之间的反应均会产生影响。从表 4.5 - 1 编号 $C_3A-25-25$ 的水化产物可以看到，$CaSO_4 \cdot 2H_2O$ 使 $CaCO_3$ 与 C_3A 反应产物 C_3AH_6 的形成提前而延迟了单碳铝酸钙和半碳铝酸钙水化物的形成，并使半碳铝酸钙水化物稳定时间延长；而 $CaCO_3$ 抑制了 AFt 向单硫铝酸盐的转化，一方面，$CaCO_3$ 的掺入相对降低了体系中 C_3A 的含量；另一方面，$CaCO_3$ 与 C_3A 反应生成了碳铝酸盐水化物，减少了用于与 AFt 反应的 C_3A。

表 4.5 - 2　　　　　　　　　　掺石灰石粉水泥水化产物 XRD 分析

样品编号	水化龄期	AFt	AFm	CH	$3CaO \cdot Al_2O_3 \cdot CaCO_3 \cdot 11H_2O$	$C_3A \cdot 0.5CaCO_3 \cdot 0.5Ca(OH)_2 \cdot 11.5H_2O$
C_3A-0	5h	√		√		
	1d	√		√		
	3d	√	√	√		
	7d	√		√		
	28d	√	√	√		
C_3A-L10	5h	√		√		
	1d			√		√
	3d	√	√	√		
	7d	√		√	√	
	28d			√		
C_3A-L20	5h			√		
	1d			√		
	3d	√		√	√	
	7d	√	√	√		
	28d	√		√	√	
C_3A-L30	5h			√		
	1d			√	√	
	3d	√		√	√	
	7d			√		
	28d	√		√	√	

水泥是多矿物聚集体,水泥水化时各矿物之间存在着相互作用,例如,石膏促进了 C_3S 的水化;C_3A 和 C_4AF 二者竞相争夺硫酸盐离子,C_3A 比 C_4AF 更为活泼,故消耗较多的硫酸盐,其效果是增加 C_4AF 的活性等。石灰石粉对水泥水化产物的影响见表 3.3.4.2。可以看到,随石灰石粉掺量的增加,AFt 形成时间从 0 和 10% 掺量时的 5h 逐步延迟到 20% 和 30% 掺量时的 3d;AFt 向 AFm 转化的时间从 0 和 10% 掺量时的 3d 延迟到 20% 掺量时的 7d,当掺量达到 30% 时,没有 AFm 生成。即石灰石粉延迟了 AFt 的形成,并阻碍了 AFt 向 AFm 的转变。此外,当体系中 AFt 向 AFm 转变后,由石灰石粉提供的 CO_3^{2-} 将促使单硫型盐向单碳铝酸盐的转变,因为后者更加稳定,该转变重新提供的 SO_4^{2-},促使 AFm 向 AFt 转变。石灰石粉使 AFm 成为不稳定相,并促使其向单碳铝酸盐和 AFt 转变,对 AFt 的存在起到了稳定作用。掺石灰石粉胶凝体系中有新相单碳铝酸钙和半碳铝酸钙水化物形成,掺有 10% 石灰石粉的试样在 1d 龄期时有半碳铝酸钙水化物生成,20% 和 30% 石灰石粉掺量的试样中没有发现半碳铝酸钙水化物形成。半碳铝酸钙水化物不稳定,很快转变。单碳铝酸钙水化物稳定存在并随石灰石粉掺量的增加,其形成提前,从 10% 掺量时的 7d 提前到 20% 掺量时的 3d,进而再提前到 30% 掺量时的 5h。

4.5.2 微观形貌分析

纯 C_3S 水化 3d、7d、28d 水化产物微观形貌见图 4.5-2~图 4.5-4。当水化 3d 时,可观察有像树枝状的 C-S-H 凝胶以及未水化的颗粒;水化 7d 时,树枝状的 C-S-H 凝胶更加明显,密实度增加;当水化 28d 时,树枝状的 C-S-H 凝胶逐渐发展成为网络状,密实度进一步提高,空隙率减少。图 4.5-5~图 4.5-7 是掺 15% $CaCO_3$ 的 C_3S (C_3S-15-0) 水化 3d、7d 和 28d 的 SEM 图。可观察试样有较多的树枝状的 C-S-H 凝胶,较多明显的六方板状 $Ca(OH)_2$ 晶体,由于 $Ca(OH)_2$ 在 $CaCO_3$ 颗粒上成核,$Ca(OH)_2$ 晶体包裹了 $CaCO_3$,因而难以观察到 $CaCO_3$ 颗粒。水化 3d、7d 时,掺 15% $CaCO_3$ 试样水化产物多于纯 C_3S 试样的水化产物,试样更密实。这表明 $CaCO_3$ 对 C_3S 存在微晶核效应,为 $Ca(OH)_2$ 提供了成核点,加快了 $Ca(OH)_2$ 的形成。

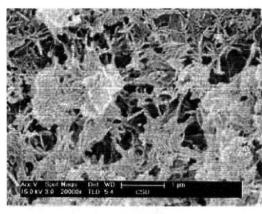
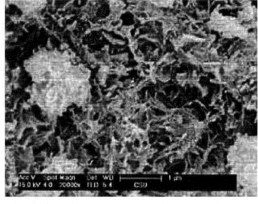

(a) 样品 1　　　　　　　　　　　　　　　　(b) 样品 2

图 4.5-2　纯 C_3S 水化 3d 的 SEM 图

（a）样品 3　　　　　　　　　　　（b）样品 4

图 4.5-3　纯 C₃S 水化 7d 的 SEM 图

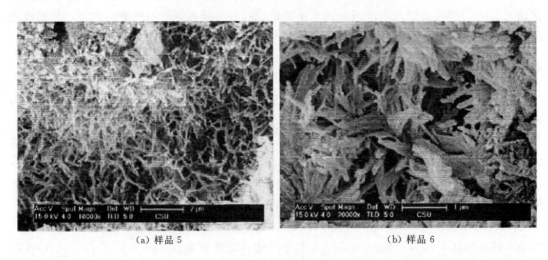

（a）样品 5　　　　　　　　　　　（b）样品 6

图 4.5-4　纯 C₃S 水化 28d 的 SEM 图

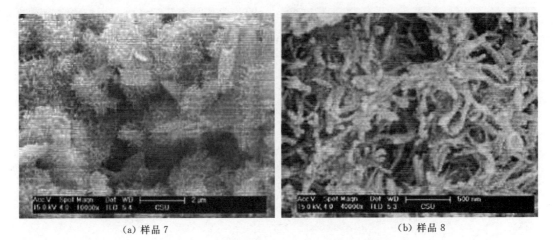

（a）样品 7　　　　　　　　　　　（b）样品 8

图 4.5-5　C₃S-15-0 水化 3d 的 SEM 图

（a）样品9　　　　　　　　　（b）样品10

图 4.5-6　$C_3S-15-0$ 水化 7d 的 SEM 图

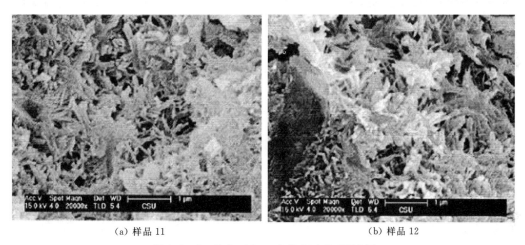

（a）样品11　　　　　　　　　（b）样品12

图 4.5-7　$C_3S-15-0$ 水化 28d 的 SEM 图

　　纯 C_3A 水化 3d、7d、28d 水化产物微观形貌见图 4.5-8～图 4.5-10。水化 3d 就有许多立方相 C_3AH_6 出现，同时看到少许 C_2AH_8、C_4AH_{13} 的六方片状晶体；当水化 7d 观

（a）样品13　　　　　　　　　（b）样品14

图 4.5-8　纯 C_3A 水化 3d 的 SEM 图

察到立方状和六方片状的晶体；当水化 28d 时，立方状的晶体增加，晶体相互挤压、堆积，晶体的形状和体积逐渐改变和增加，从图中还能观察到有六方片状的水化物。

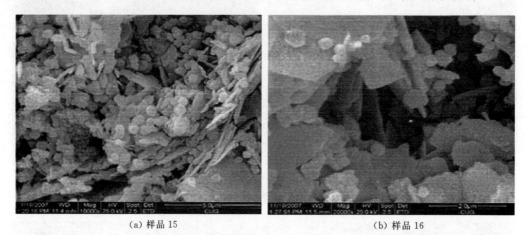

（a）样品 15　　　　　　　　　　　　（b）样品 16

图 4.5 - 9　纯 C_3A 水化 7d 的 SEM 图

（a）样品 17　　　　　　　　　　　　（b）样品 18

图 4.5 - 10　纯 C_3A 水化 28d 的 SEM 图

图 4.5 - 11～图 4.5 - 13 是掺 25% $CaCO_3$ 的 C_3A（C_3A - 25 - 0）水化 3d、7d 和 28d

（a）样品 19　　　　　　　　　　　　（b）样品 20

图 4.5 - 11　C_3A - 25 - 0 水化 3d 的 SEM 图

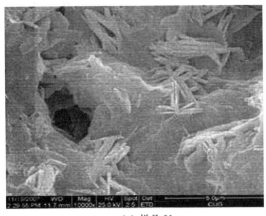
(a) 样品 21

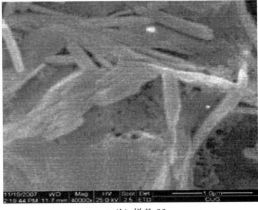
(b) 样品 22

图 4.5-12　$C_3A-25-0$ 水化 7d 的 SEM 图

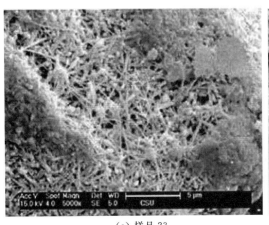
(a) 样品 23

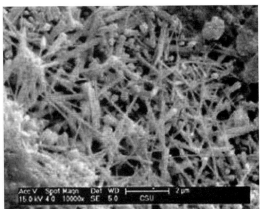
(b) 样品 24

图 4.5-13　$C_3A-25-0$ 水化 28d 的 SEM 图

的 SEM 图。水化 3d 时，可观察到有较多的形状不规则的呈长厚片状的晶体，并互相搭接在一起，同时还观察到有立方状的晶体，未看到六方片状的晶体；水化 7d 时，仍可观察到这些长厚片状的晶体，但这些晶体的形状已慢慢改变，呈不规则的长棒状；当水化 28d 时，晶体已从长棒状转变成细针状，结合 XRD 分析，这些随时形状改变的晶体应是单碳铝酸钙。$CaCO_3$ 对 C_3A 有活性效应，其与 C_3A 的反应导致新相碳铝酸钙水化物形成。

4.5.3　对水泥水化历程的影响

研究证实 $CaCO_3$ 会加速硅酸盐水泥的早期水化。V. B. Lothenbach 等人采用纯水泥和含有 4% 石灰石粉的水泥进行量热对比试验，发现石灰石粉导致水泥水化放热峰提前，使熟料 72h 内放热总量增加了 3.8%。J. Pére 等人采用普通硅酸盐水泥和 50%$CaCO_3$＋50% 普通硅酸盐水泥进行量热对比试验，1000min 50%$CaCO_3$＋50% 普通硅酸盐水泥的放热总量大约是普通硅酸盐水泥放热总量的 2 倍。李步新对比研究了石灰石硅酸盐水泥与硅酸盐水泥水化放热，石灰石硅酸盐水泥早期放热量大，放热快，水化开始瞬间，就出现了一个远高于硅酸盐水泥的大放热峰，第二个峰提前出现，诱导期缩短，终凝提前。

$CaCO_3$ 对水泥熟料矿物 C_3S 和 C_3A 的水化有加速作用。V. S. Ramachandra 通过测定 $Ca(OH)_2$ 含量得出，当不考虑稀释效应时，$CaCO_3$ 加速了 C_3S 初始至 7d 的水化速度；当考虑 $CaCO_3$ 的稀释效应时，加速了 C_3S 初始至 28d 的水化速度；且得到 $CaCO_3$ 含量愈高，其放热量愈多的结论。J. Pera 研究得到 15h 内 50%C_3S＋50%$CaCO_3$ 试样的放热量比纯 C_3S 的放热量增加 79.3%。张永娟对纯 C_3A 和掺入 40%$CaCO_3$ 的 C_3A 进行的 4h 内的量热分析表明，$CaCO_3$ 使 C_3A 的放热速率增大。V. S. Ramachandra 和章春梅测试了 3h 内纯 C_3A 以及分别掺入 12.5% 和 25% $CaCO_3$ 的 C_3A 的放热速率，得出 $CaCO_3$ 含量愈高，其放热速率愈大的结论。

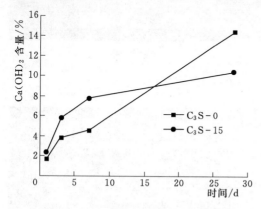

图 4.5 - 14　C_3S-$CaCO_3$-H_2O 体系 $Ca(OH)_2$ 含量随水化龄期的变化

肖佳对 C_3S - $CaCO_3$ - H_2O、C_3A - $CaCO_3$ - H_2O 及 C_3A - $CaSO_4$ · $2H_2O$ - $CaCO_3$ -H_2O 体系进行了系统研究。C_3S - $CaCO_3$ - H_2O 体系的 $Ca(OH)_2$ 含量、化学结合水量和量热曲线分别见图 4.5 - 14～图 4.5 - 16，试验表明 15%$CaCO_3$ 的掺入，使 C_3S 水化 1d、3d 和 7d 的 $Ca(OH)_2$ 含量分别比同龄期的纯 C_3S 增加 38.4%、51.8% 和 72.4%，结合水量分别比纯 C_3S 增加 147.1%、17.3% 和 6.7%，但是 28d 的 $Ca(OH)_2$ 含量比纯 C_3S 减少 28.0%，结合水量减少 32.8%。

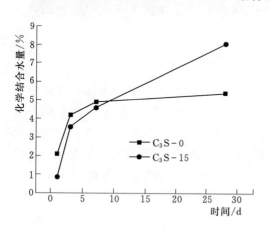

图 4.5 - 15　C_3S-$CaCO_3$-H_2O 体系化学结合水量随水化龄期的变化

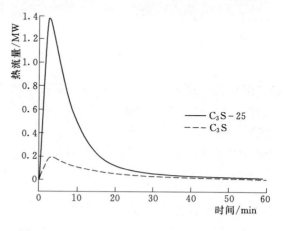

图 4.5 - 16　C_3S-$CaCO_3$-H_2O 体系量热曲线

图 4.5 - 16 表明，25%$CaCO_3$ 的掺入致使 C_3S 的放热峰比纯 C_3S 的放热峰明显增高、变窄和前移，24h 放热量比纯 C_3S 增加 18.3%。这证明 $CaCO_3$ 促进了 C_3S 早期水化，但会阻碍其后期水化。

$C_3A-CaCO_3-H_2O$ 体系的化学结合水量和量热曲线分别见图 4.5-17 和图 4.5-18，从图 4.5-17 可见，$CaCO_3$ 的掺入使体系各个龄期化学结合水含量呈较大幅度增加，且 $CaCO_3$ 含量愈多，体系化学结合水愈多。图 4.5-18 表明掺入 30% 的 $CaCO_3$，导致 C_3A 的放热峰增高，峰值提前出现，放热速率提高，到达放热峰的峰顶之后，放热速率下降也较纯 C_3A 的缓慢，35min 时开始产生第二放热峰，持续了大约 40min，这是形成新相碳铝酸钙水化物产生的，24h 内其单位质量的放热量比纯 C_3A 的放热量增加了 2 倍多。因此，$CaCO_3$ 加快了 C_3A 的水化。

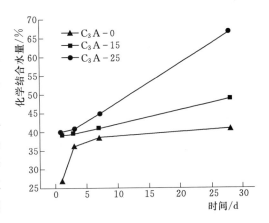

图 4.5-17　$C_3A-CaCO_3-H_2O$ 体系化学结合水量随水化龄期的变化

$C_3A-CaSO_4 \cdot 2H_2O-CaCO_3-H_2O$ 体系化学结合水量和量热曲线分别见图 4.5-19～图 4.5-21。众所周知，石膏对水泥的调凝作用主要是通过与 C_3A 反应生成 AFt，抑制 C_3AH_6、C_2AH_8 和 C_4AH_{13} 等 C_3A 水化产物的生成，该反应降低了 C_3A 的水化速度，使其放热峰明显下降，放热速率减小。从图 4.5-19 可以看到，与纯 C_3A 水化相比，当 $CaCO_3$ 单独作用时，体系各个龄期的化学结合水量增加，$CaCO_3$ 促进了 C_3A 水化；当 $CaSO_4 \cdot 2H_2O$ 单独作用时，体系 1d、3d 和 7d 的化学结合水量减少，$CaSO_4 \cdot 2H_2O$ 抑制了 C_3A 的早期水化；当 $CaCO_3$ 和 $CaSO_4 \cdot 2H_2O$ 共同作用时，其各个龄期的化学结合水量均减少。从图 4.5-20 看出，与纯 C_3A 的水化放热相比，掺入 30% 的 $CaCO_3$，其放热峰明显增高、前移，峰值提前出现；30% $CaSO_4 \cdot 2H_2O$ 的掺入，使其放热峰显著降低、宽化；15% $CaCO_3$ 和 15% $CaSO_4 \cdot 2H_2O$ 的掺入，使其放热峰增高，前移，峰值提前出现，其峰值以及峰值出现的时间介于纯 C_3A 和单掺 30% $CaCO_3$（C_3A-30 试样）的之间。从图 4.5-21 可看出，$CaCO_3$ 和 $CaSO_4 \cdot 2H_2O$ 共同存在时的 C_3A 水化历程不同于

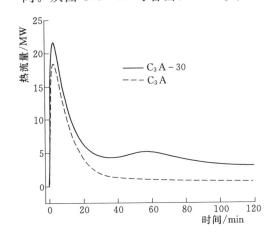

图 4.5-18　$C_3A-CaCO_3-H_2O$ 体系量热曲线

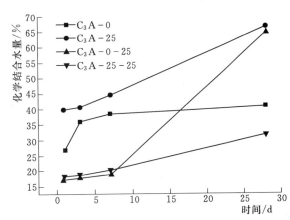

图 4.5-19　$C_3A-CaSO_4 \cdot 2H_2O-CaCO_3-H_2O$ 体系小化学结合水量随水化龄期的变化

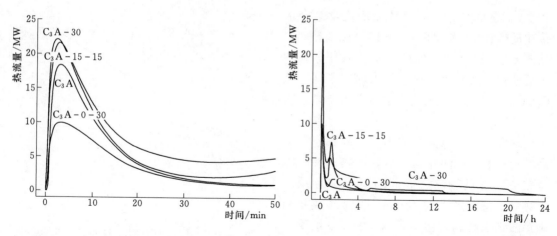

图 4.5 - 20　$C_3A - CaSO_4 \cdot 2H_2O - CaCO_3 -$ H_2O 体系量热曲线（50min）

图 4.5 - 21　$C_3A - CaSO_4 \cdot 2H_2O - CaCO_3$ $- H_2O$ 体系量热曲线（24h）

$CaCO_3$ 或 $CaSO_4 \cdot 2H_2O$ 单独作用下其水化特点，表现为 C_3A 初始水化产生第一放热峰之后新增加了两个放热峰。第二放热峰尖而窄，从 36min 开始产生，持续大约 1h。第三放热峰低而宽，从 4.9h 开始产生，持续了 8.4h。

纯水泥以及掺 10%石灰石粉水泥胶凝体系的量热曲线对比见图 4.5 - 22。24h 之内，水泥水化经历了诱导前期、诱导期、加速期和减速期。与纯水泥水化放热相比，10%石灰石粉的掺入致使第一放热峰明显增高，前移，峰值提前出现，放热速率提高，诱导期缩短，提前大约 40min 进入加速期，并且在减速期中还出现了一次放热峰，该峰持续了大约 3h。石灰石粉使单位质量水泥 24h 的放热量增加了 8.5%。

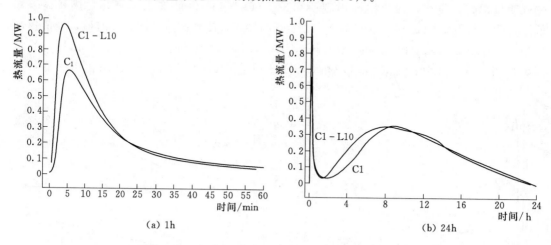

(a) 1h

(b) 24h

图 4.5 - 22　水泥-石灰石粉胶凝材料体系量热曲线

图 4.5 - 23 为从 TG - DSC 分析得到的水泥-石灰石粉胶凝体系的 $Ca(OH)_2$ 含量随水化龄期的变化。随水化龄期的增长，试样 $Ca(OH)_2$ 的量都随之增加。当水化 1d、3d 和 7d 时，随石灰石粉掺量的增加，试样的 $Ca(OH)_2$ 含量增加，10%掺量的比纯水泥的分别增加了 16.9%、0.4% 和 2.2%，20.0% 掺量的比纯水泥的分别增加了 183%、0.9% 和

5.3%;当水化 28d 时,掺石灰石粉试样的 Ca(OH)$_2$ 含量减少,10% 和 20% 掺量的分别比纯水泥的减少了 2.2% 和 2.1%。这表明石灰石粉对水泥早期水化有促进作用,而阻碍水泥后期水化。

以上分析表明,石灰石粉影响了水泥水化历程。石灰石粉缩短了水泥水化的诱导期,致使其提前进入加速期,促进了水泥早期水化,阻碍了其后期水化,这归因于其对水泥早期水化存在稀释、微晶核、分散和活性作用,以及对后期水化的屏蔽作用。

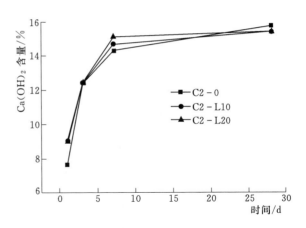

图 4.5-23　水泥-石灰石粉胶凝材料体系量热曲线

4.5.4　孔结构分析

石灰石粉的掺量和细度对水泥硬化浆体的孔结构均有影响,可通过孔结构的研究为分析水泥-石灰石粉胶凝材料体系的宏观性能提供理论依据。

表 4.5-3 为石灰石粉 0~20% 小掺量下,水泥-石灰石粉胶凝体系硬化浆体孔结构参数。随着石灰石粉掺量的改变,其各个龄期的孔结构特征参数也发生了变化。从图 4.5-24~图 4.5-27 可以看出,与纯水泥浆体相比,7~28d 龄期,石灰石粉的掺入导致浆体孔径分布向着无害孔明显减少,少害孔、有害孔和多害孔相对增加的趋势发展。7d 龄期时,石灰石粉对浆体无害孔数量影响不明显,使少害孔减少,多害孔增加;28d 龄期时,石灰石粉使浆体无害孔明显减少,少害孔、有害孔和多害孔增加。10% 和 20% 石灰石粉掺量的浆体与纯水泥浆体相比,无害孔分别减少 32.9% 和 26.3%,少害孔、有害孔和多害孔分别增加 20.1% 和 15.4%、10.3% 和 1.5%、4.7% 和 7.1%。28d 与 7d 龄期相比,纯水泥浆体的无害孔增加了 40.1%,20% 石灰石粉掺量的水泥浆体的无害孔只增加了 3.5%,10% 掺量的却减少了 10.4%。

表 4.5-3　　　　　　　　　不同胶凝体系浆体孔结构试验结果

编号	龄期/d	平均孔径/nm	中位孔径/nm	孔隙率/%	孔径分布/%			
					<20nm	20~100nm	100~200nm	>200nm
K-L0	7	28.6	47.3	20.6125	22.8552	60.9972	5.0863	12.0613
	28	15.5	40.1	20.0763	32.0128	46.2595	4.0658	17.6620
K-L10	7	27.7	44.4	21.4621	23.9551	56.0248	4.8911	12.7350
	28	29.7	48.2	18.2220	21.4741	55.5483	4.4833	18.4946
K-L20	7	30.1	54.6	25.7378	22.7986	54.3653	7.1717	16.1286
	28	28.8	46.0	20.5307	23.5886	53.3716	4.1276	18.9143

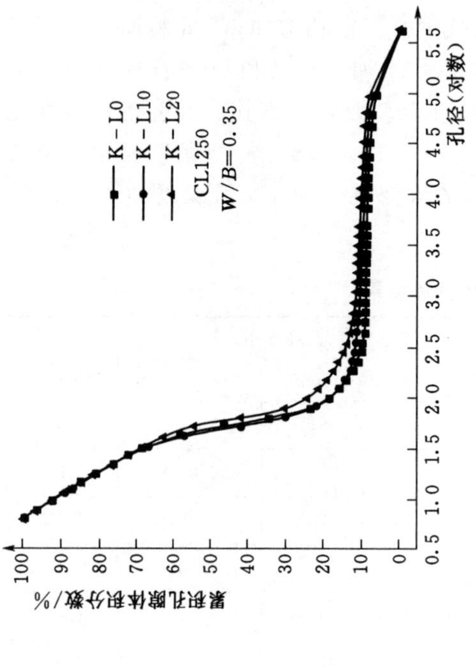

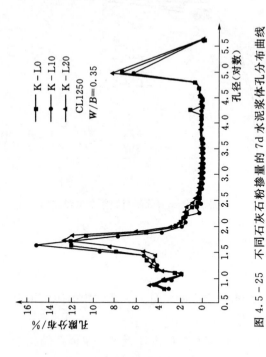

图 4.5 - 24　不同石灰石粉掺量的 7d 水泥浆体孔累积曲线

图 4.5 - 25　不同石灰石粉掺量的 7d 水泥浆体孔分布曲线

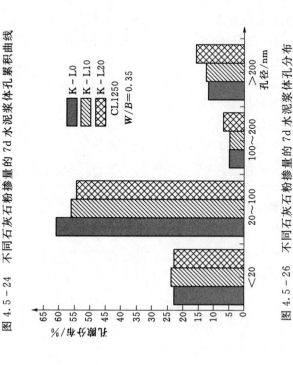

图 4.5 - 26　不同石灰石粉掺量的 7d 水泥浆体孔分布

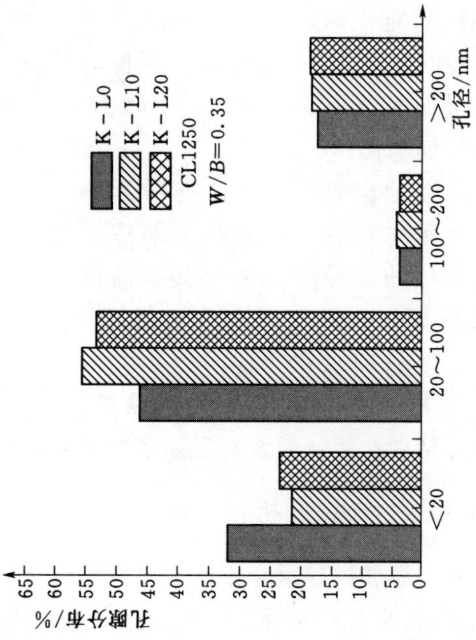

图 4.5 - 27　不同石灰石粉掺量的 28d 水泥浆体孔分布

图 4.5-28 为不同石灰石粉掺量水泥浆体的平均孔径。图中明显看出，7d 龄期时，石灰石粉对浆体平均孔径影响不大；28d 龄期时，石灰石粉的掺入显著影响了浆体的平均孔径，10％和 20％掺量的浆体平均孔径比纯水泥浆体的平均孔径增加了 91.6％和 85.8％。石灰石粉的掺入使水泥浆体孔结构由小孔向大孔转变，产生孔粗效应。前面分析水泥-石灰石粉胶凝体系的 $Ca(OH)_2$ 含量已得出，石灰石粉对水泥早期水化有促进作用，因此在小掺量下对早期浆体孔结构影响不明显，但由于石灰石粉没有水化活性，因此掺石灰石粉水泥浆体后期水化产物低于纯水泥浆体，浆体孔隙率差异增加。

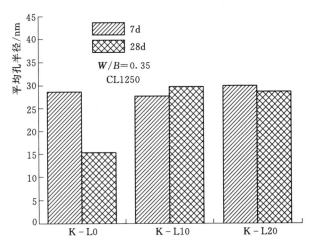

图 4.5-28　不同石灰石粉掺量水泥浆体的平均孔径

碾压混凝土掺和料掺量较高，为研究高掺量石灰石粉对胶凝体系的影响，对 30％、60％大掺量下，水泥-石灰石粉/粉煤灰及水泥-石灰石粉-粉煤灰胶凝体系硬化浆体孔结构参数进行了试验，见表 4.5-4。从表 4.5-4 可以看出，与水泥浆体相比，随着粉煤灰或石灰石粉掺量的增加，浆体平均孔径、最可几孔径和孔隙率变大。与掺粉煤灰的水泥浆体相比，在 30％掺量下，3d、7d 龄期，掺石灰石粉的水泥浆体的最可几孔径较小，但平均孔径略高，3d 孔隙率较小，7d 孔隙率相近；28d 龄期后，掺石灰石粉的水泥浆体的孔隙率、平均孔径和最可几孔径都要明显大于掺粉煤灰的水泥浆体。当掺量增加到 60％，掺石灰石粉水泥浆体各龄期的平均孔径、孔隙率和最可几孔径都要明显高于掺粉煤灰的水泥浆体。在 60％的总掺和料掺量下，单掺粉煤灰和复掺粉煤灰与石灰石粉的水泥浆体的孔结构参数较接近，28d 龄期前，单掺粉煤灰的水泥浆体的平均孔径、最可几孔径和孔隙率还要略高于复掺石灰石粉与粉煤灰的水泥浆体；28d 龄期后则略低。石灰石粉比表面积在 $500 \sim 800 m^2/kg$ 范围内变化，对硬化浆体孔隙率及孔径参数的影响不大。

掺和料对水泥浆体孔结构的影响主要有两方面：①通过形态效应或粉体堆积效应减小用水量从而减小水泥浆体中的孔隙率，尤其是早期的孔隙率；②通过二次水化反应，细化水泥浆体中的毛细孔径。孔结构分析表明，石灰石粉对水泥早期水化有促进作用且存在微细颗粒的填充效应。此外，在较大的掺和料掺量下，与单掺粉煤灰相比，石灰石粉与粉煤灰复掺对浆体的孔结构参数影响较小。说明，尽管粉煤灰后期具有较高的水化活性，但大掺量下，粉煤灰难以全部水化，主要仍起着填充作用，可以石灰石粉部分替代。

表 4.5-4 　　　　　　　　　不同掺和料水泥石的孔结构参数试验结果

| 编号 | 石灰石粉 | | 粉煤灰掺量/% | 平均孔径/nm | | | | 最可几孔径/nm | | | | 孔隙率/% | | | |
	比表面积/(m²/kg)	掺量/%		3d	7d	28d	90d	3d	7d	28d	90d	3d	7d	28d	90d
SL1	—	0	0	44.7	28.9	23.7	21.8	44.3	27.4	23.9	18.9	14.5	12.3	9.3	8.1
SL2	557	30	0	48.2	34.6	29.6	24.0	51.3	45.0	31.6	25.2	27.3	19.0	16.9	13.5
SL3	762	30		46.7	36.0	31.4	23.9	57.7	44.7	36.0	26.9	26.7	19.1	16.4	14.9
SL4	—	0	30	43.7	32.1	26.0	20.7	63.1	47.3	29.6	21.6	28.8	18.8	14.4	10.9
SL5	557	60	0	—	47.7	34.1	30.5	—	61.5	45.9	40.9	—	26.8	23.9	22.4
SL6	—	0	60	—	36.6	29.2	22.5	—	58.6	34.0	28.9	—	25.2	22.4	18.0
SL7	557	30	30	—	34.2	29.5	23.4	—	51.5	36.7	30.5	—	24.6	22.7	20.2

4.6　掺火山灰的胶凝材料水化机理

4.6.1　水化产物分析

不同胶凝体系的 7d、28d、90d 龄期 XRD 图谱见图 4.6-1～图 4.6-3。由图可知，掺入各种火山灰质活性材复合胶凝体系的水化产物种类与纯水泥石基本类似，但水化产物数量各异。7d 龄期时，可以明显地观察到 C_3S、C_2S 和 $Ca(OH)_2$ 的衍射峰，此外还有 AFt 衍射峰。28d 龄期各胶凝体系中 $Ca(OH)_2$ 衍射峰明显增强，水化产物量在逐渐增多，但不同胶凝体系生成的 $Ca(OH)_2$ 量有所不同。90d 龄期 XRD 图谱中，C_3S、C_2S 的衍射峰变得微弱，说明随着水化反应的进行，水泥熟料矿物各相的量在逐渐减少。各胶凝体系的主要水化产物有 C-S-H 凝胶、$Ca(OH)_2$ 和 AFt，但此时 AFt 衍射峰比较微弱。

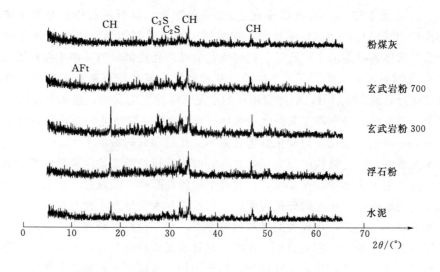

图 4.6-1　7d 龄期不同胶凝体系 XRD 图谱

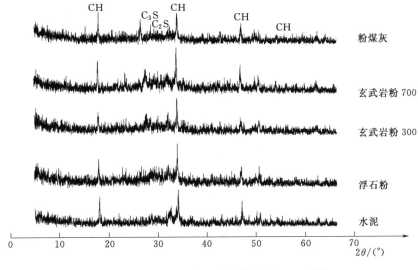

图 4.6-2 28d 龄期不同胶凝体系 XRD 图谱

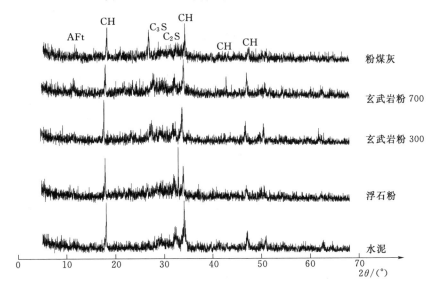

图 4.6-3 90d 龄期不同胶凝体系 XRD 图谱

4.6.2 水化速率分析

不同胶凝材料体系的水化产物 7d、28d、90d 龄期的失重百分比及功率曲线见图 4.6-4～图 4.6-9。硅酸盐水泥胶凝体系的水化产物失重百分比及功率曲线上，C-S-H 凝胶对应的吸热峰为 100～250℃。在此范围内，7d 龄期纯水泥石的失重大于其他胶凝体系的失重，说明纯水泥石中生成 C-S-H 凝胶量最多，其他各复合胶凝体系 C-S-H 凝胶生成量相差不大；28d 龄期与 7d 龄期类似，只是此时掺比表面积为 300m²/kg 的玄武岩粉水泥石中 C-S-H 生成量明显少于其他胶凝体系；90d 龄期掺浮石粉胶凝体系中 C-S-H 凝胶量大幅增加，甚至与纯水泥胶凝体系相当，表明此时火山灰反应发挥了较好的效应。

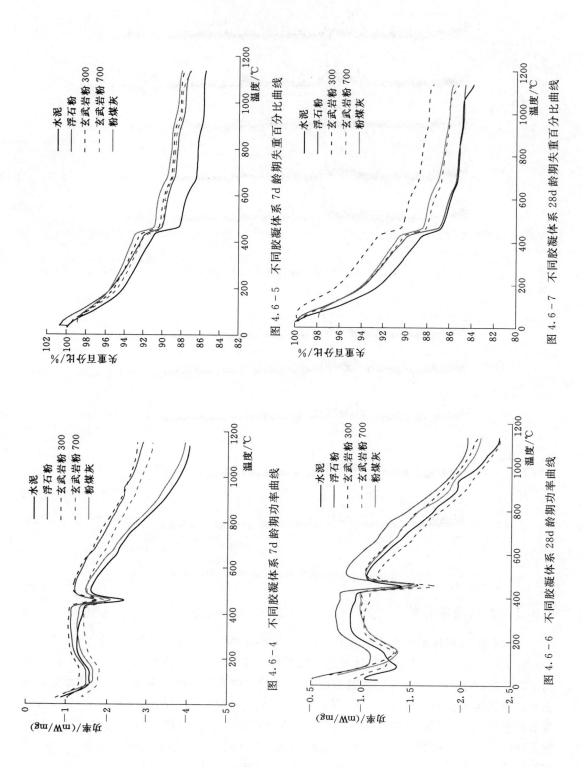

图 4.6-4　不同胶凝体系 7d 龄期功率曲线

图 4.6-5　不同胶凝体系 7d 龄期失重百分比曲线

图 4.6-6　不同胶凝体系 28d 龄期功率曲线

图 4.6-7　不同胶凝体系 28d 龄期失重百分比曲线

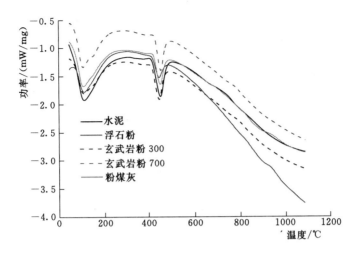

图 4.6-8 不同胶凝体系 90d 龄期功率曲线

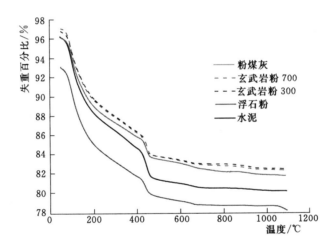

图 4.6-9 不同胶凝体系 90d 龄期失重百分比曲线

掺比表面积分别为 $300m^2/kg$ 和 $700m^2/kg$ 玄武岩粉火山灰的水泥石的 C-S-H 数量相当，说明在水化后期玄武岩粉比表面积对胶凝体系水化程度的影响逐渐减弱。

失重百分比-功率曲线上 $400\sim550℃$ 区间对应的是 $Ca(OH)_2$ 分解吸热峰，$750\sim1000℃$ 间有一微弱峰，对应的是试件碳化后生成的 $CaCO_3$ 释放 CO_2 的吸热峰。由于 $Ca(OH)_2$ 生成量的多少与水泥的水化程度密切相关，因此测试和分析水泥水化浆体中 $Ca(OH)_2$ 生成量是一种分析水泥水化速率和水化程度的有效方法。用化学法分析 $Ca(OH)_2$ 含量往往会因为同时检验出游离的 CaO，从而使结果偏大，而热分析法测定 $Ca(OH)_2$ 计算结果可准确到 0.1% 以下。

结合相对应的热重曲线，可以计算出水泥石中 $Ca(OH)_2$ 的含量。不同胶凝体系中 $Ca(OH)_2$ 的含量变化见表 4.6-1。

$Ca(OH)_2$ 的含量变化一定程度上可反映火山灰反应的程度。从表 5.2-1 中可知，7d 龄期纯水泥胶凝体系 $Ca(OH)_2$ 含量最大，其他各复合胶凝体系中 $Ca(OH)_2$ 的降低率均高于水泥掺量减少的百分数，这可能是因为掺和料对水泥的稀释作用促进了水泥熟料的水化；28d 龄期各复合胶凝体系 Ca(OH)$_2$ 含量的增幅较小，掺浮石粉水泥胶凝体系尤为明显，只增长了 0.04％，可见随着龄期的增长，火山灰反应在逐渐地发挥效应，有效降低了液相中 Ca(OH)$_2$ 的含量；90d 龄期 Ca(OH)$_2$ 含量均有下降的趋势，浮石粉最低，达到 7.4％。与 28d 含量相比降幅最大的是掺粉煤灰和浮石粉胶凝体系，分别降低 1.35％和 0.86％，说明浮石粉火山灰活性较好，与Ⅰ级粉煤灰相当，其火山灰活性高于玄武岩粉。

表 4.6 - 1　　　　　　　　　不同胶凝体系中 Ca(OH)$_2$ 的含量变化　　　　　　　　　　　　％

编号	掺和料种类	胶凝材料用量		Ca(OH)$_2$ 含量		
		水泥	掺和料	7d	28d	90d
1	—	100	—	10.94	12.9	12.54
2	浮石粉	70	30	8.22	8.26	7.40
3	玄武岩粉 300	70	30	7.98	9.62	9.38
4	玄武岩粉 700	70	30	9.00	8.76	8.51
5	Ⅰ级粉煤灰	70	30	8.47	9.49	8.14

进一步比较比表面积分别为 300m^2/kg 和 700m^2/kg 玄武岩粉水泥复合胶凝体系的 Ca(OH)$_2$ 含量可知，28d 龄期时掺比表面积为 300m^2/kg 玄武岩粉的胶凝体系相比 7d 龄期有较大幅度增长，而掺比表面积为 700m^2/kg 玄武岩粉的胶凝体系却小幅下降，90d 龄期时两者均有不同程度降低，由此可见增大玄武岩的粉磨细度有利于促进其火山灰活性效应快速发挥，与水泥水化产物 Ca(OH)$_2$ 快速发生火山灰反应，但不利于促进胶凝体系后期强度持续增长。

4.6.3　微观形貌分析

纯水泥胶凝体系、水泥-浮石粉胶凝体系、水泥-玄武岩粉胶凝体系和水泥-粉煤灰胶凝体系 7d、28d、90d 龄期水化产物 SEM 照片分别见图 4.6 - 10～图 4.6 - 12。

细观结构上硬化的胶凝体系是水泥凝胶体与掺和料颗粒及未水化的水泥粒子等微集料组成的堆积体。7d 龄期时，不同胶凝体系中还存在大量孔隙，结构疏松。主要水化产物有纤维状Ⅰ型的 C-S-H 和针状 AFt，大多数存在于硬化浆体孔隙中或者依附在水泥颗粒表面，在水泥颗粒表面形成一层水化产物膜。此外，依稀可以辨认出六方片状的 CH 晶体填充在水泥石的孔缝中。结构最为致密的是纯水泥石，其次是掺粉煤灰水泥胶凝体系。此时，掺和料的火山灰反应较微弱，掺浮石粉、玄武岩粉的水泥石中都还存在大量孔隙，结构疏松。

28d 龄期时，掺和料颗粒逐渐被纤维状、凝絮状和层状的水化产物所包裹，孔隙大量减少，C-S-H 凝胶和水化硫铝酸盐交织形成比较密实的结构，只在水化产物表面看到少数的针状 AFt，但晶体排列杂乱无章。

90d 龄期时，随着水化的进行，水泥石结构致密化程度继续提高，C-S-H 凝胶、CH 等水化产物相互搭接形成硬化整体结构。在水泥石缝隙里可以看到少量充分发育的棒

（a）水泥

（b）水泥-浮石粉

（c）水泥-玄武岩粉 300

（d）水泥-玄武岩粉 700

（e）水泥-粉煤灰

图 4.6 - 10　7d 龄期不同胶凝体系的 SEM 照片

状和管状 AFt 晶体，晶体与胶体交叉连接在一起。除纯水泥石外，水泥-浮石粉和水泥-粉煤灰复合胶凝体系结构最为密实，掺和料的火山灰效应此时已经得到显著的发挥，使得胶凝体系的强度、耐久性等性能大幅提高。对比 300m²/kg 和 700m²/kg 两种比表面积玄武岩粉的水泥石，比表面积为 700m²/kg 玄武岩粉的水泥石并没表现出明显的结构优势，可见并非比表面积越大越能改善微观结构。

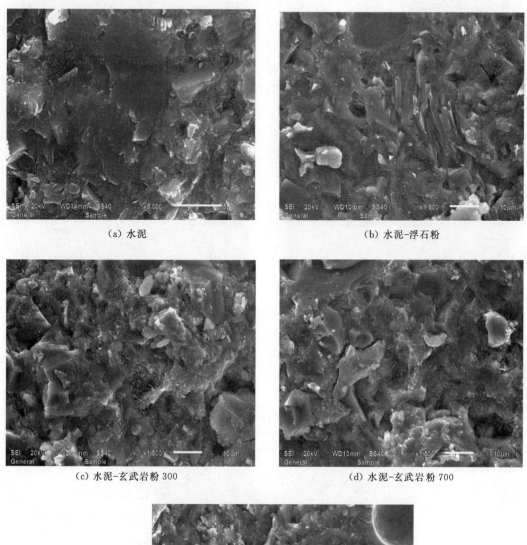

（a）水泥　　　　　　　　　　　（b）水泥-浮石粉

（c）水泥-玄武岩粉 300　　　　　　　（d）水泥-玄武岩粉 700

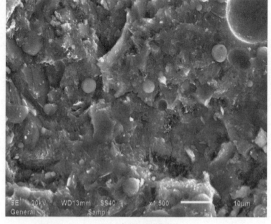

（e）水泥-粉煤灰

图 4.6 - 11　28d 龄期不同胶凝体系的 SEM 照片

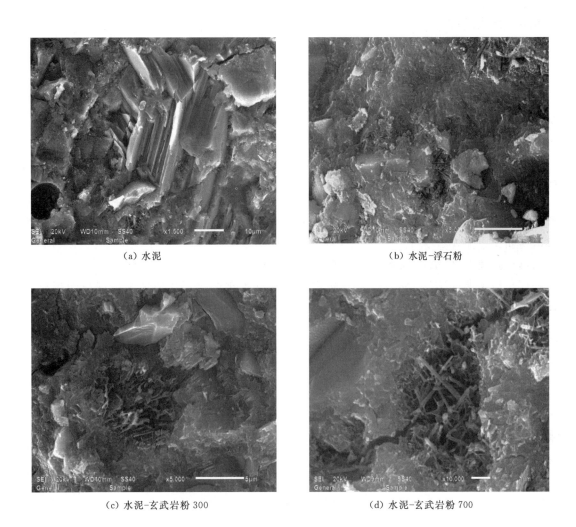

（a）水泥　　　　　　　　　　　　　　（b）水泥-浮石粉

（c）水泥-玄武岩粉 300　　　　　　　　　（d）水泥-玄武岩粉 700

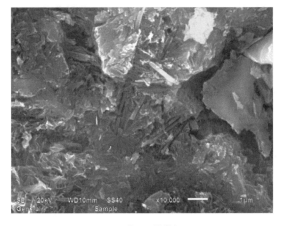

（e）水泥-粉煤灰

图 4.6-12　90d 龄期不同胶凝体系的 SEM 照片

4.6.4　水化动力学

水泥-浮石胶凝体系水化放热速率曲线如图 4.6-13 所示。与中热硅酸盐水泥的水化放热速率曲线类似，水泥-浮石胶凝体系的水化分为以下 5 个阶段：

（1）水化前期（AB）。胶凝材料迅速参与反应，在 208s 出现第一个放热峰，晚于中热硅酸盐水泥水化出现的第一个放热峰时间，这是水泥熟料矿物 C_3A 快速水化放出热量形成的，可见浮石粉的掺入延迟了 C_3A 水化的放热峰。

（2）诱导期（BC）。胶凝体系的水化速率迅速降低，诱导期终止时间（即初凝时间）$t_0 = 7833s$。

（3）加速期（CD）。水泥水化重新加速，出现了第二个放热高峰 1.632mW，相应时间为 $t = 38196s(10.61h)$，比中热硅酸盐水泥水化峰值略小，出现时间延缓了 2.96h，即终凝时间比水泥晚 2.96h。

（4）减速期（DE）。胶凝体系的水化速率逐渐降低。

（5）稳定期（EF）。水分子通过扩散作用穿过水化产物形成的微结构层与固相粒子反应。

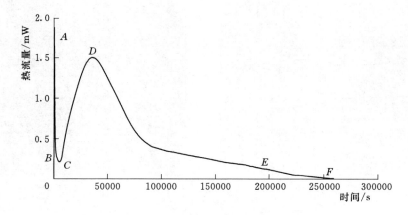

图 4.6-13　水泥-浮石胶凝体系水化放热速率曲线

根据试验计算得到水泥-浮石胶凝体系水化过程中释放的总热量值 $P_\infty = 254.32J/g$，半衰期时间 $t_{0.5} = 90468s$。因此，水泥-浮石胶凝体系水化的 Knudson 水化动力学表达式为

$$\frac{1}{P} = \frac{1}{254.32} + \frac{90468}{254.32(t - 7833)} \tag{4.6-1}$$

可得水泥-浮石胶凝体系水化过程中水化程度随时间变化函数：

$$\alpha(t) = \frac{t - 7833}{t + 82635} \tag{4.6-2}$$

与中热硅酸盐水泥胶凝体系类似，求解得到水泥-浮石胶凝体系动力学参数列于表 4.6-2，并与中热硅酸盐水泥进行对比分析。

表 4.6 - 2　　中热水泥和水泥-浮石胶凝体系水化动力学参数

胶凝体系	加速期		减速期		稳定期	
	n	K	n	K	n	K
水泥	0.92	$4.14×10^{-6}$	1	0.096	2.34	$4.25×10^{-7}$
水泥-浮石	0.98	$2.63×10^{-6}$	1	0.095	2.16	$4.74×10^{-7}$

由表 4.6 - 2 可知，在水化加速期，水泥-浮石胶凝体系的水化动力学参数 $n=0.98<1$，说明在加速期水化主要由自动催化反应控制。K 值是表示反应速度的常数，n 值是与水化机理有关的常数，吴学权认为 n 值还与胶凝体系组分的反应阻力有关，与反应阻力成正比，而且 n 值越大，K 值越小。加速期水泥-浮石胶凝体系 K 值小于水泥，表明水泥的反应速度大于水泥-浮石胶凝体系。在减速期两胶凝体系均由化学反应和扩散反应双重反应控制，反应速率相当。稳定期是由扩散反应控制阶段，水泥体系的 n 值高于水泥-浮石体系，且两者的 n 值都有大幅增加，因为随着水化的进行，形成的水化产物逐渐增多，此时液相透过水化产物层的扩散过程对水化起控制作用，水泥体系生成的化学产物更多，结构更致密，进而扩散阻力更大，则 n 值越大。稳定期水泥-浮石胶凝体系的 K 值大于水泥，说明反应速度超过水泥，这也许是水泥-浮石胶凝体系后期强度发展较好的原因之一。

4.6.5　孔结构分析

选取 2 种岩性火山灰，即高活性的浮石与普通活性的玄武岩粉，采用间断法测定吸水动力学参数，研究火山灰质掺和料的种类、掺量及细度对胶凝体系孔结构的影响，并同粉煤灰-胶凝材料的孔结构做对比，3 种掺和料的掺量均为 30%。得到的特征参数为平均孔径参数 $λ$ 和孔径均匀性系数 $α$。$λ$ 值表征多毛细孔材料模型中毛细孔的某个平均孔径；$α$ 值则反映了毛细孔孔径的均匀性，对于均匀性不同的体系来说，$α$ 值的波动范围为 0~1，均匀性越好，$α$ 值越大；对于单毛细孔材料，$α=1$。

不同胶凝体系的吸水动力学参数见表 4.6 - 3。掺和料品种对孔径参数的影响见图 4.6 - 14。试验结果表明，随着龄期的增长，水化产物不断地填充水泥石中的孔隙，毛细孔、大孔数量逐渐减少，水化产物的凝胶孔数量增加，平均孔径细化，因此，孔径均匀性参数 $α$ 增大，平均孔径 $λ$ 参数逐渐减小。纯水泥石的平均孔径最小，孔径均匀性参数最大，胶凝体系结构相对而言最为密实。掺粉煤灰胶凝体系仅次于纯水泥石，这可能是由于粉煤灰颗粒紧密堆积和填充的物理效应及较好的火山灰反应活性。浮石粉、玄武岩粉在水化早

表 4.6 - 3　　不同胶凝体系的吸水动力学参数

编号	掺和料种类	胶凝材料/%		平均孔径参数 $λ$			均匀性参数 $α$		
		水泥	掺和料	7d	28d	90d	7d	28d	90d
1	—	100	—	1.809	1.622	1.119	0.388	0.475	0.584
2	浮石	70	30	2.422	2.121	1.645	0.301	0.403	0.497
3	玄武岩500	70	30	2.381	2.284	1.693	0.328	0.389	0.490
4	粉煤灰	70	30	2.198	1.915	1.533	0.357	0.422	0.515

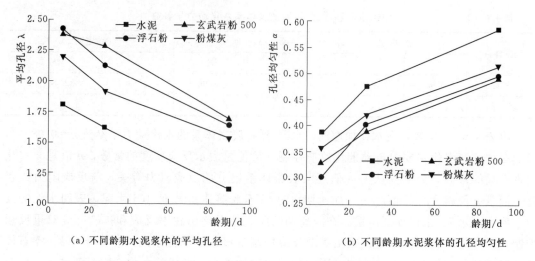

（a）不同龄期水泥浆体的平均孔径　　　　（b）不同龄期水泥浆体的孔径均匀性

图 4.6-14　掺和料品种对孔径参数的影响

期，由于火山灰效应很弱主要起物理填充作用，其细化孔径、改善孔结构效应弱于粉煤灰。随着龄期的增长，火山灰效应得到较好发挥，胶凝体系孔结构均匀性得到显著提高，平均孔径明显细化，水泥-浮石胶凝体系孔结构的致密度优于水泥-玄武岩粉胶凝体系。

　　不同掺量的水泥-浮石复合胶凝体系的孔径参数试验结果见表 4.6-4，平均孔径参数 λ 和孔径均匀性参数 α 与浮石粉掺量的关系曲线见图 4.6-15。试验结果表明，随着浮石粉掺量的增加，平均孔径参数 λ 逐渐增大，孔径均匀性系数 α 逐渐减小。水化前期，相较于 20％掺量，浮石粉掺量为 30％时孔径均匀性参数 α 降幅明显增大，这与水化早期浮石粉火山灰效应微弱及掺和料的稀释作用导致胶凝体系的整体水化程度下降，水化产物明显减少有关。随着水化反应的进行，火山灰效应逐渐弥补了由于部分水泥被替代引起的水化产物减少的损失，因此孔径均匀性参数 α 随浮石粉掺量增加而减小的幅度明显降低。

表 4.6-4　　　　　　　　　水泥-浮石复合胶凝体系孔径参数

编号	胶凝材料用量/％		平均孔径参数 λ			均匀性参数 α		
	水泥	掺和料	7d	28d	90d	7d	28d	90d
1	90	10	1.931	1.792	1.303	0.372	0.436	0.543
2	80	20	2.144	1.894	1.416	0.364	0.411	0.526
3	70	30	2.422	2.121	1.645	0.301	0.403	0.497

　　不同比表面积的玄武岩粉对复合胶凝体系孔径参数的影响的试验结果见表 4.6-5，平均孔径参数 λ 和孔径均匀性参数 α 与玄武岩粉比表面积的关系曲线见图 4.6-16。试验结果表明，90d 龄期前，随着玄武岩粉比表面积的增加，平均孔径参数 λ 减小，而且随着龄期的增长降幅逐渐平缓，孔径均匀性参数 α 则有增大的趋势。到 90d 龄期时，掺玄武岩粉复合胶凝体系的平均孔径参数与均匀性参数均随比表面积增大呈先增后降趋势，即比

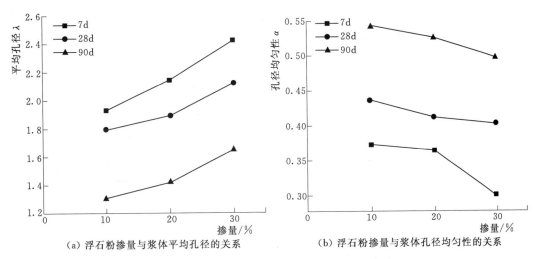

（a）浮石粉掺量与浆体平均孔径的关系　　　（b）浮石粉掺量与浆体孔径均匀性的关系

图 4.6-15　浮石粉掺量与孔径参数的关系曲线

表 4.6-5　　　　　　　　水泥-玄武岩粉对复合胶凝体系孔径参数的影响

编号	细度 /(m²/kg)	胶凝材料用量/%		平均孔径参数 λ			均匀性参数 α		
		水泥	掺和料	7d	28d	90d	7d	28d	90d
1	300	70	30	2.604	2.376	1.901	0.276	0.368	0.465
2	500	70	30	2.381	2.284	1.693	0.328	0.389	0.490
3	700	70	30	2.231	2.198	1.737	0.364	0.401	0.476

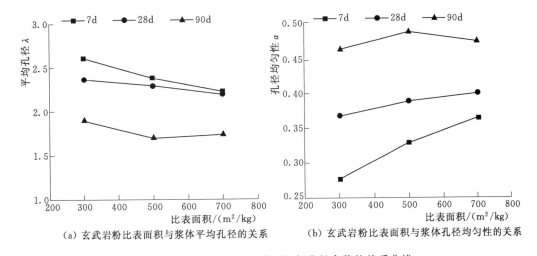

（a）玄武岩粉比表面积与浆体平均孔径的关系　　　（b）玄武岩粉比表面积与浆体孔径均匀性的关系

图 4.6-16　玄武岩粉比表面积与孔径参数的关系曲线

表面积为 500m²/kg 的玄武岩粉水泥石的平均孔径参数 λ 最小，孔径均匀性参数 α 最大，胶凝体系结构相对较致密，反映在宏观力学性能上胶砂强度同时也达到了较大值，这可能是因为玄武岩粉颗粒比表面积过大造成水化反应产物过早地在颗粒表面形成致密的水化产物层，阻止了活性成分的进一步水化，影响了后期水化产物的形成。因此，在水泥中外掺玄武岩粉时，对应于孔结构参数最优范围，存在一个玄武岩粉最佳细度。

4.7　掺高钛矿渣的胶凝材料水化机理

4.7.1　微观形貌分析

高钛矿渣是以钒钛矿石为原料冶炼生铁过程中排出的熔渣经淬冷或自然冷却得到的一种粒状或块状工业废渣。我国高钛矿渣中 CaO 和 SiO_2 含量低，TiO_2 含量超过 20％，玻璃体含量低，且玻璃体中硅氧四面体聚合度较高，水硬活性较低。研究表明，高钛矿渣的活性指数明显低于普通矿渣，水化产物的结晶度和数量均明显低于普通矿渣。磨细高钛矿渣的水化产物与水泥水化产物基本一致，主要是六边形水化物的初级粒子，结晶度很差，C－S－H 凝胶呈不规则的卷层状。随着时间的延长，水化产物不断增加，卷层状 C－S－H 凝胶将生长发育成结晶度较好的条板状水化物。

不同掺量高钛矿渣粉（0、10％、30％、50％）水泥净浆试件水化产物 7d、28d、90d 的 SEM 图片见图 4.7－1～图 4.7－3。可以看出，水化初期，纯水泥试件外部水化产物主

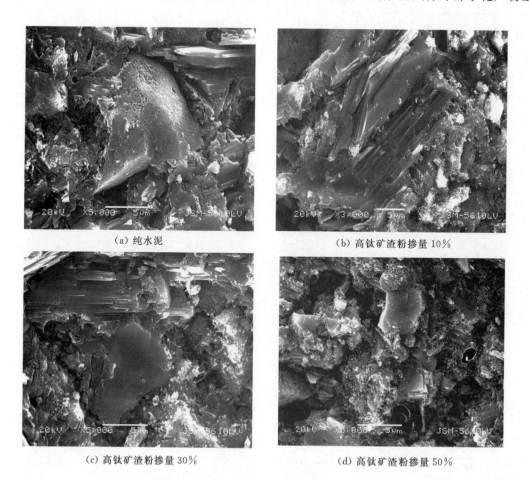

（a）纯水泥　　　　　　　　　　　　（b）高钛矿渣粉掺量 10％

（c）高钛矿渣粉掺量 30％　　　　　　　（d）高钛矿渣粉掺量 50％

图 4.7－1　不同掺量高钛矿渣粉的水泥净浆试件 7d 水化产物 SEM 照片

要为纤维状Ⅰ型、网络状Ⅱ型 C-S-H 凝胶及层状 Ca(OH)₂ 晶体，还有少量针状钙矾石交叉生长于孔隙中，此外还有少量直径约几微米的片状晶体，可能是单硫型水化硫铝酸钙（AFm）。一些未水化的水泥熟料颗粒表面模糊，外部水化产物与未水化的熟料颗粒结合，但水泥石结构孔隙较多。随着龄期的增长，未水化的大颗粒明显减少，水化产物增多，结构逐渐致密。90d 龄期的纯水泥试件水化产物表面光滑，结构已经相当致密，局部还可以看到细小的孔隙及层状 Ca(OH)₂ 晶体。掺入高钛矿渣，水化产物种类与纯水泥试件的水化产物基本相同。7d 龄期时，图中可见纤维状 C-S-H 凝胶和层状 Ca(OH)₂ 晶体。水泥石结构较纯水泥石更为疏松，且高钛矿渣掺量越大，水化产物越松散。一些颗粒表面光滑、棱角分明，为未水化的高钛矿渣颗粒。到 28d 龄期，不规则的高钛矿渣颗粒逐渐被纤维状和絮凝状凝胶体及层状的水化产物包裹，六方片状晶体发展，但排列杂乱无章，并见有针状的水化产物在孔隙中生长，且浆体结构更加致密，未水化的高钛矿渣颗粒越少。到 90d 龄期，仍有未水化的高钛矿渣颗粒，外部水化产物与内部水化产物结合较紧密，但晶相排列仍杂乱无章，水化产物未能形成光滑致密的网状结构。

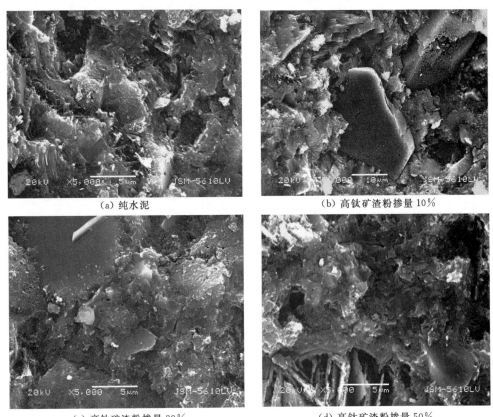

（a）纯水泥 　　　　　　　　　　（b）高钛矿渣粉掺量 10％

（c）高钛矿渣粉掺量 30％ 　　　　　（d）高钛矿渣粉掺量 50％

图 4.7-2　不同掺量高钛矿渣粉的水泥净浆试件 28d 水化产物 SEM 照片

由此可见，高钛矿渣的矿物成分相当稳定，随着反应的继续，水化凝胶产物会越来越多，逐渐将这些晶体颗粒包裹起来，使硬化水泥石的强度能够正常发展。但由于高钛矿渣中活性成分较少，导致生成的 C-S-H 凝胶含量较少，致使不能形成致密的网状结构。

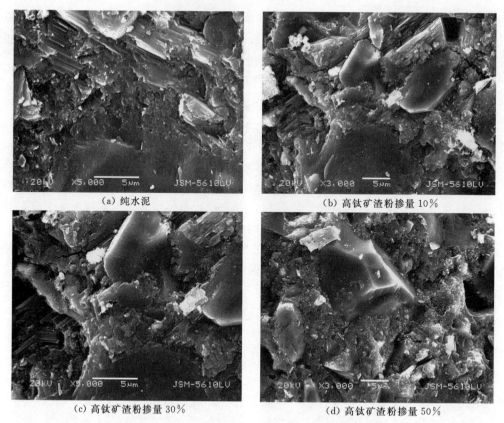

（a）纯水泥　　　　　　　　　　　（b）高钛矿渣粉掺量 10%

（c）高钛矿渣粉掺量 30%　　　　　　　（d）高钛矿渣粉掺量 50%

图 4.7-3　不同掺量高钛矿渣粉的水泥净浆试件 90d 水化产物 SEM 照片

4.7.2　水化产物分析

不同高钛矿渣粉掺量（0、10%、30%、50%）下，水泥净浆水化产物 7d、28d、90d 的 XRD 图谱见图 4.7-4～图 4.7-6。从图中可以看出：7d 龄期时，随着高钛矿渣粉掺

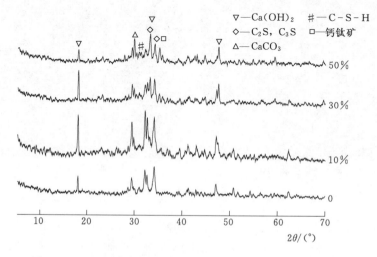

图 4.7-4　不同高钛矿渣粉掺量的水泥净浆试件 7d XRD 图谱

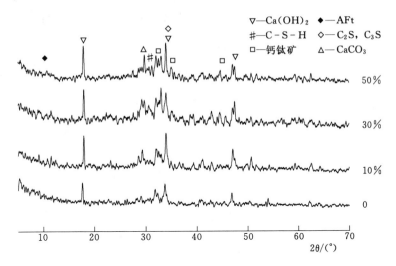

图 4.7-5 不同高钛矿渣粉掺量的水泥净浆试件 28d XRD 图谱

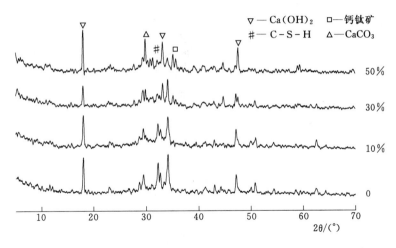

图 4.7-6 不同高钛矿渣粉掺量的水泥净浆试件 90d XRD 图谱

量的增加，Ca(OH)₂ 含量减少，掺量在 50% 以下的水化产物中 Ca(OH)₂ 含量均比纯水泥浆试件多，掺量为 50% 的与纯水泥浆试件相当；28d 龄期时，掺高钛矿渣的所有试件水化产物中的 Ca(OH)₂ 含量均比纯水泥浆试件多。当高钛矿渣粉掺量在 10% 时，Ca(OH)₂最多，C-S-H 含量相差不大，且均较少。掺高钛矿渣粉的净浆试件中出现钙矾石的特征峰，钙钛矿等稳定晶相明显减少。高钛矿渣粉掺量不大于 30% 时，Ca(OH)₂ 含量低于纯水泥浆试件，说明 Ca(OH)₂ 参与了二次水化反应。

由此可见，高钛矿渣的水化产物主要有 C-S-H 凝胶、Ca(OH)₂ 晶体，还有少量钙矾石晶体（AFt），此外还有碳化生成的 CaCO₃。

4.7.3 差示扫描量热法（失重百分比-功率）

不同高钛矿渣掺量（0、10%、30%、50%）下，水泥净浆水化产物的 7d、28d、90d 的

失重百分比-功率曲线见图 4.7-7~图 4.7-9。可以看出，90~140℃有两个峰，分别为水

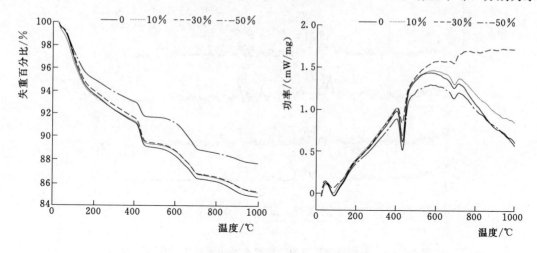

图 4.7-7　不同高钛矿渣掺量水泥净浆试件 7d 失重百分比-功率曲线

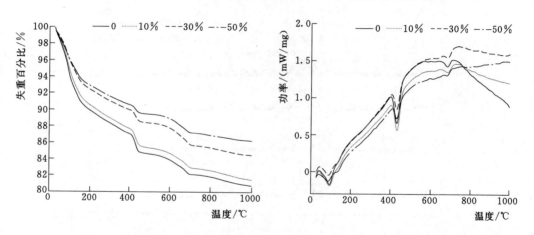

图 4.7-8　不同高钛矿渣掺量的水泥净浆试件 28d 失重百分比-功率曲线

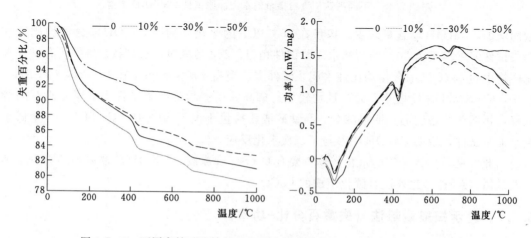

图 4.7-9　不同高钛矿渣掺量的水泥净浆试件 90d 失重百分比-功率曲线

化硅酸钙及钙矾石相；200℃以上有一不明显的小峰，为 AFm 相；400～500℃有一尖锐强峰，为 $Ca(OH)_2$ 脱水的吸热谷；650～700℃左右均有一微弱峰，是试件碳化后生成的 $CaCO_3$ 分解的吸热谷。由此可见，掺高钛矿渣的水泥浆体的水化产物与纯水泥的基本相同，只是产物的数量上稍有差异。

从失重百分比曲线可以看出，随着龄期的增长，质量变化增大，说明水化反应越来越充分。同时，热量变化与峰面积成正比，故可从峰面积的相对大小半定量地比较 $Ca(OH)_2$ 晶体生成量。从功率曲线看出，后期 $Ca(OH)_2$ 晶体含量相对减少，C-S-H 凝胶相对应的峰面积增大，说明 $Ca(OH)_2$ 参与了二次水化反应，与上述 XRD 分析结果一致。

4.7.4 孔结构分析

采用间断称量法测定试件在不同浸泡时间（$t=0.25h$、$1h$、$24h$）的吸水率，研究不同比表面积、不同掺量的高钛矿渣对复合胶凝材料体系孔结构的影响。掺高钛矿渣的复合胶凝材料体系水化产物的平均孔径参数 λ 和孔径均匀性参数 α 试验结果见表 4.7-1。平均孔径参数 λ 和孔径均匀性参数 α 与高钛矿渣掺量的关系曲线见图 4.7-10。

表 4.7-1 掺高钛矿渣的复合胶凝材料体系吸水动力学参数

编号	水泥 /%	高钛矿渣		平均孔径参数 λ			孔径均匀性参数 α		
		比表面积/(m^2/kg)	掺量/%	7d	28d	90d	7d	28d	90d
M1	100	—	0	2.162	1.687	1.279	0.375	0.455	0.550
M2	90	400	10	2.413	1.959	1.556	0.317	0.428	0.505
M3	70	400	30	2.356	2.141	1.766	0.286	0.352	0.434
M4	50	400	50	2.621	2.164	1.707	0.252	0.311	0.390
M5	70	300	30	2.383	2.329	2.296	0.260	0.325	0.384
M6	70	500	30	2.446	2.242	2.130	0.240	0.313	0.431

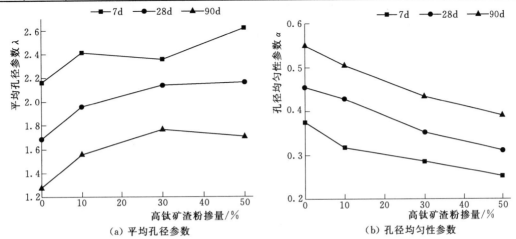

图 4.7-10 高钛矿渣粉掺量与孔径参数的关系曲线

　　从图中可以看出，在试验误差允许范围内，复合胶凝体系各龄期的平均孔径参数 λ 均随着高钛矿渣掺量的增加逐渐增大。但相比掺 30% 的高钛矿渣，掺 50% 的增加幅度明显减少，尤其在水化后期，反而有减小的趋势。这可能是因为水化程度较低时，随着高钛矿渣掺量的增加，由于高钛矿渣的水化惰性，使得早期生成的水化产物较少；而水化反应后期，随着胶凝产物的增多，高钛矿渣填充于胶凝产物空隙之间，有利于砂浆结构致密程度，因而 λ 增大程度降低。复合胶凝体系各龄期的孔径均匀性参数 α 均随着高钛矿渣掺量增加逐渐减小。

　　平均孔径参数 λ 和孔径均匀性参数 α 与高钛矿渣粉比表面积的关系曲线见图 4.7 - 11。从图中可以看出，三种比表面积对胶凝体系的平均孔径参数 λ 和孔径均匀性参数 α 的影响差别不大。λ 值随比表面积呈先降后增趋势，α 随比表面积先增后降趋势，这表明比表面积在一定范围内，随着比表面积的增加，复合胶凝体系孔径不断细化，孔隙结构越均匀；但超过一定比表面积后，复合胶凝体系孔隙结构变得不均匀，孔径也不再细化。

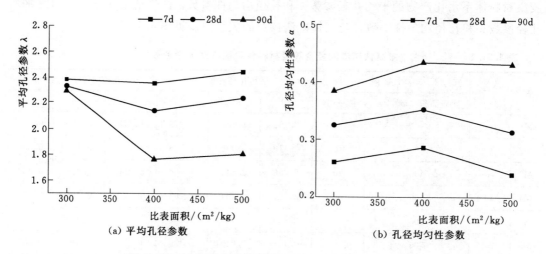

(a) 平均孔径参数　　　　　　　　　　(b) 孔径均匀性参数

图 4.7 - 11　高钛矿渣粉比表面积与孔径参数的关系曲线

第5章　掺矿物掺和料水工混凝土的配合比设计

5.1　矿物掺和料对水工混凝土配合比设计的影响

混凝土工程质量是否优良，取决于许多因素，其中一个重要的因素就是混凝土要有符合设计要求的技术性能，而混凝土的技术性能又取决于它的配合比组成与设计。混凝土配合比设计主要是确定各组成材料之间的关系及用量，应根据工程要求、结构形式、施工条件和原材料状况，确定各项材料的用量，配制出既满足工作性、强度及耐久性等要求又经济合理的混凝土。由于矿物掺和料的颗粒级配及分布、细度、需水量比等品质特性指标不同于水泥颗粒，掺入水泥胶凝体系时，将不同程度影响胶凝体系的流变、力学、热学、耐久等性能。

混凝土配合比设计的任务就是将水泥、粗细骨料、水，必要时还有矿物掺和料和化学外加剂等各项材料合理地配合，使得新拌混凝土满足工程施工要求的和易性，硬化混凝土强度满足设计要求，具有一定的耐久性，并符合经济原则。

5.1.1　设计龄期

在水工混凝土中适量掺加粉煤灰等矿物掺和料，一方面，可以减少水泥用量，从而降低混凝土早期温升速度和混凝土最高温度，减少水工混凝土开裂风险；另一方面，可以使水泥水化反应产物更稳定，提高混凝土耐久性。

对于板、梁、柱等结构尺寸相对较小，且要求尽早承受荷载的结构混凝土，其本身掺和料掺量较小、28d 龄期之后强度增长幅度较小，因此这类混凝土采用 28d 龄期强度设计是合适的。但对于部分结构尺寸较大、施工期及实际承载龄期较长、受力时间较晚的混凝土，如果采用 28d 龄期设计强度等级，则会导致出现混凝土水泥用量偏高、混凝土温升速度较快且峰值较高，进而导致混凝土裂缝较多的不利后果。此时就可以充分利用掺矿物掺和料（如粉煤灰、磷渣粉、火山灰质材料等）混凝土的后期强度，采用 90d、180d 甚至更长龄期强度设计。对于掺有没有活性或者活性不高的矿物掺和料（如石灰石粉等）的混凝土，由于其 28d 龄期之后强度增长幅度较小，则宜采用 28d 龄期强度进行配合比设计。

5.1.2　水胶比

水工混凝土一般都掺用掺和料，其中以掺粉煤灰最为普遍。掺和料对混凝土的性能影响与掺和料品种及掺量有关，因此，在进行掺掺和料的混凝土配合比设计时，应根据所掺掺和料的品种及掺量适当调整水胶比，并通过试验确定。

大量试验和研究资料表明，掺有矿物掺和料的水工混凝土强度与灰水比 c/w 呈线性关系，而与胶水比 $(c+p)/w$ 呈非线性关系。因此，传统的保罗米公式 $R_{28}=AR_c(c/w-B)$ 可变换为

$$f_{cu,0} = A f_{ce} \left[\frac{c}{w} \left(\frac{1}{1-k} \right) - B \right] \qquad (5.1-1)$$

其中 k 为掺和料掺量，所以 $f_{cu,0}$ 是 c/w 和 k 的函数，是一个二元非线性函数，仅当掺和料掺量一定时，即 k 为常数时，公式简化为保罗米公式，是适用的，显然，该公式的使用具有一定局限性。目前水工混凝土中粉煤灰、矿渣粉、磷渣粉、天然火山灰、石灰石粉等掺和料的应用越来越广泛，该公式的使用越来越受限制。因此，应提出不同设计强度等级的混凝土初选水胶比范围，作为混凝土配合比计算的参考。

水工混凝土使用的矿物掺和料，如粉煤灰、矿渣粉、磷渣粉、硅粉、石灰石粉、天然火山灰等，品种较多，活性也不同，对混凝土抗压强度的影响不同，再加上掺和料掺量的影响，对采用不同掺和料、不同强度等级的混凝土选择的水胶比，难以给出一个统一的范围，DL/T 5330—2015《水工混凝土配合比设计规程》给出的不掺掺和料的混凝土初选水胶比仅供参考，掺掺和料的混凝土根据所掺入掺和料的活性对水胶比进行调整。

5.1.3　用水量

由于矿物掺和料的颗粒级配及分布、细度、需水量比等品质特性指标不同于水泥颗粒，掺入水泥胶凝体系后将不同程度影响混凝土的用水量。因此在进行掺矿物掺和料的水工混凝土配合比设计时，必须考虑其引起的用水量的变化。

从图 5.1-1 和表 5.1-1 中可看出，在相同减水剂掺量、相同含气量、相同坍落度条件下，粉煤灰掺量在 50% 范围以内，混凝土用水量随粉煤灰掺量的增加而减少，当粉煤灰掺

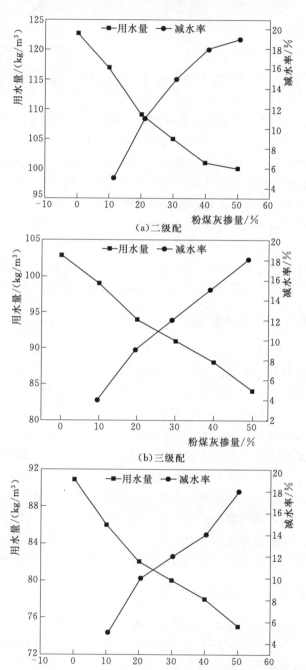

图 5.1-1　混凝土用水量与粉煤灰掺量、骨料级配的关系（水胶比为 0.50）

量 30％时可减少用水量约 12％，掺量 50％时可减少用水量约 18％。可见Ⅰ级粉煤灰具有显著的减水效果，起到普通减水剂的减水作用。要使混凝土保持相同含气量，引气剂剂量要随粉煤灰掺量的增大而增加。粉煤灰掺量每增加 10％，引气剂剂量约增加 0.01‰。粉煤灰减水作用是由形态效应和微集料效应决定的。粉煤灰中的玻璃微珠能使水泥砂浆黏度和颗粒之间的摩擦力降低，使水泥颗粒均匀分散，在相同稠度条件下降低用水量；另外，粉煤灰的颗粒较细，可以改善胶凝材料的颗粒级配，使填充胶凝材料这部分孔隙的水量减少，因而也降低用水量。

表 5.1-1　　　　　　　　　　混凝土用水量与粉煤灰掺量的关系

粉煤灰掺量 /%	引气剂掺量 /‰	不同水胶比水量增减值/(kg/m³)						
		0.35	0.40	0.45	0.50	0.55	0.60	0.65
0	0.05	2	0	0	0	1	2	3
10	0.06	−2	−2	−1	0	1	2	5
20	0.07	−4	−3	−2	0	2	3	6
30	0.08		−3	−2	0	2	3	7
40	0.09		−3	−2	0	2	4	7
50	0.10		−3	−2	0	2	4	8

从表 5.1-2 中可以看出，在达到相同坍落度条件下，与粉煤灰相比，火山灰粉的掺入会增大混凝土的单位用水量，且掺浮石或硅藻土火山灰混凝土的单位用水量更高；随火山灰粉掺量的增加，混凝土用水量也随之增大，浮石、硅藻土掺量每增加 10％，其用水量增加 2～3kg/m³。

表 5.1-2　　　　　　　　　　混凝土用水量与火山灰品种与掺量的关系

掺和料		混凝土材料用量/(kg/m³)						拌和物性能	
品种	掺量 /%	水	水泥	火山灰	粉煤灰	砂	石	坍落度 /mm	含气量 /%
硅藻土	30	135	189	81	—	624	1406	60	5.0
浮石粉	30	130	182	78	—	637	1433	60	4.1
凝灰岩	30	128	179	77	—	642	1445	74	4.8
火山灰碎屑岩	30	128	179	77	—	643	1447	64	3.8
安山玄武岩	30	128	179	77	—	643	1447	75	5.7
曲靖Ⅰ粉煤灰	30	125	175	—	75	644	1450	80	4.6
曲靖Ⅱ粉煤灰	30	128	179	—	77	640	1440	78	4.0
硅藻土	10	130	234	26	—	640	1441	60	4.0
硅藻土	20	132	211	53	—	633	1425	60	4.0
硅藻土	40	138	166	110	—	616	1386	65	4.5
浮石粉	10	128	230	26	—	644	1451	62	4.0
浮石粉	20	130	208	52	—	639	1439	60	4.3
浮石粉	40	133	160	106	—	630	1418	60	4.0

5.1.4　掺和料限制掺量

水工混凝土中矿物掺和料掺量应通过试验确定，并满足现行有关行业标准的规定。如 DL/T 5055—2007《水工混凝土掺用粉煤灰技术规范》、DL/T 5387—2007《水工混凝土掺用磷渣粉技术规范》、DL/T 5273—2012《水工混凝土掺用天然火山灰质材料技术规范》、GB/T 18046—2008《用于水泥和混凝土中的粒化高炉渣粉》、DL 5108—1999《混凝土重力坝设计规范》、DL/T 5057—2009《水工混凝土结构设计规范》、DL/T 5082—1998《水工建筑物抗冰冻设计规范》等对掺和料最大掺量都有相应的规定。水利水电工程混凝土中粉煤灰、磷渣粉、天然火山灰质材料应符合表 5.1-3～表 5.1-5 中的规定，如果超

表 5.1-3		粉 煤 灰 取 代 水 泥 的 最 大 限 量		%
混凝土种类		硅酸盐水泥	42.5普通硅酸盐水泥	矿渣硅酸盐水泥（P·S·A）
重力坝碾压混凝土	内部	70	65	40
	外部	65	60	30
重力坝混凝土	内部	55	50	30
	外部	45	40	20
拱坝碾压混凝土		65	60	30
拱坝常态混凝土		40	35	20
结构混凝土		35	30	—
面板混凝土		35	30	—
抗磨蚀混凝土		25	20	—
预应力混凝土		20	15	—

表 5.1-4		磷 渣 粉 最 大 掺 量		%
混凝土种类		硅酸盐水泥	普通硅酸盐水泥	矿渣硅酸盐水泥（P·S·A）
重力坝碾压混凝土	内部	65	60	40
	外部	60	55	30
重力坝常态混凝土	内部	50	45	30
	外部	35	30	20
拱坝碾压混凝土		60	55	30
拱坝常态混凝土		35	30	20
面板混凝土		30	25	—
结构混凝土		30	25	—
抗冲磨混凝土		25	20	—

表 5.1-5		天然火山灰质材料取代水泥的最大限	%
混凝土种类		硅酸盐水泥、中热硅酸盐水泥、低热硅酸盐水泥	普通硅酸盐水泥
重力坝碾压混凝土	内部	60	55
	外部	55	50
重力坝常态混凝土	内部	45	40
	外部	30	25
拱坝碾压混凝土		55	50
拱坝常态混凝土		30	25

过此限量，应通过试验论证。

表 5.1-3 中的最大限量适用于 F 类 I 级、II 级粉煤灰，F 类 III 级粉煤灰的最大掺量应适当降低，降低幅度应通过试验论证确定。中热硅酸盐水泥、低热硅酸盐水泥混凝土的粉煤灰最大掺量与硅酸盐水泥混凝土相同；低热矿渣硅酸盐水泥、火山灰质硅酸盐水泥、粉煤灰硅酸盐水泥混凝土的粉煤灰最大掺量与矿渣硅酸盐水泥混凝土相同。表中所列的粉煤灰最大掺量不包含代砂的粉煤灰。

表 5.1-4 中，中热硅酸盐水泥、低热硅酸盐水泥混凝土的磷渣粉最大掺量与硅酸盐水泥混凝土相同；低热矿渣硅酸盐水泥混凝土的磷渣粉最大掺量与矿渣硅酸盐水泥混凝土相同。

5.2 掺矿物掺和料水工混凝土配合比设计原则

掺矿物掺和料水工混凝土配合比设计必须满足工程结构设计要求的强度，除此之外，还应满足对耐久性的要求。在水利水电工程建设过程中，一般根据工程设计对水工混凝土提出的技术要求的不同，采取"就地取材"的原则，选择合理的参数进行混凝土配合比设计。水工混凝土材料的性能易受原材料地域分布性、复杂多样性的影响，为了保证水工结构的耐久性，延长水工混凝土服役寿命，就必须对掺有矿物掺和料的水工混凝土配合比设计提出更高的要求。

5.2.1 尽量降低混凝土的单位用水量

一个设计适当的配合比必须易于浇筑并用现有设备能振捣密实，易于施工，离析和泌水应降至最小。满足工作性要求的需水量，主要取决于骨料的特性而不是水泥的特性。如果工程需要，应当以增加砂浆用量重新设计配合比来改善工作性，而不是用单纯增加用水量或改变砂率的方法来改善工作性。因为用水量增加不仅会降低混凝土强度和耐久性，而且混凝土拌和物也容易离析，因此在满足和易性的要求下，尽量降低混凝土的用水量，保持水灰比不变，用水量越小，水泥用量也越少。

在施工许可的条件下，尽可能用小一点的坍落度，坍落度愈小，用水量愈少；骨料最大粒径愈大，用水量也愈少。同时骨料的级配好，空隙率小，粗细骨料的比例即含砂率合适，混凝土的用水量也少。所以在施工许可的条件下，应选用较小的坍落度，选用最大粒径的粗骨料和最佳的骨料级配以减少混凝土的用水量。

当砂、石骨料和胶凝材料种类不变时，为了获得理想的和易性，而用水量又不增加，采用品质优良的外加剂，特别是减水剂，就能达到目的。

在单位体积混凝土中，粗骨料的体积含量最大，因此粗骨料的体积密实性直接关系到混凝土的空隙率。空隙率越小，充填空隙的水泥砂浆用量越少。为了达到最佳的粗骨料体积密实度，应选择粗骨料的最佳级配，使其空隙率减少。

5.2.2 低水胶比、高掺和料掺量

混凝土的组成材料中，水泥的用量相对较少，在满足对混凝土的技术要求的条件下，应尽量减少水泥用量，减少水泥用量不仅可以降低混凝土成本，而且还可降低混凝土的水

化热温升，从而避免或减少温度变化引起的混凝土开裂。为了减少水泥用量，可用合适的掺和料（如粉煤灰等）取代部分水泥，使用适当的外加剂，采用较小的坍落度，较大的骨料最大粒径和最佳砂率。

混凝土的耐久性与其内部毛细孔隙大小及分布状态有关。这些毛细孔隙受与用水量和胶凝材料的水化程度有关。混凝土用水量多，其内部毛细孔隙就多，外部侵蚀性介质（如含有害物的水或气体）渗透至其内部的可能性就会增加，对混凝土的耐久性不利。当水泥量不变时，用水量小，水胶比亦小，混凝土耐久性就高。在满足强度、施工和易性要求条件下，选用较小的水胶比，以便获得较大的掺和料用量。

5.2.3　选择低水化热的多元胶凝体系

对于水工大体积混凝土应优先选用强度发展较慢、水化热低、比表面积小、半熟龄期长、延性高、C_2S 含量高、碱含量低的水泥，其 C_2S 含量宜在 33%～38%，C_3A 含量不宜大于 6%，碱含量（按 Na_2O 当量计）不宜超过 0.6%，比表面积不宜超过 350m^2/kg，水泥内含 MgO 适当提高（4.5%左右）以补偿混凝土后期温降收缩，提高混凝土的抗裂富裕度。

宜采用多元胶凝材料体系提高混凝土的体积稳定性，减小混凝土内部的水化热温升，延缓混凝土水化热峰值的出现，使得最终由温度引起的约束应力变小，提高混凝土的抗裂性。多元胶凝体系中各组分合理的颗粒级配组成能有效降低体系的各种收缩变形，各组分的水化进程及水化产物具有互补性，各组分不同的颗粒（比表面积）组合还能产生一种致密的"无缝"级配，在不同的时期总有某一组分的水化占主导地位，完善了硬化浆体的结构，降低了开裂敏感性。对于重要工程，选用粉煤灰的细度（45μm 筛余）不宜大于 20%，烧失量不宜大于 5%；磨细矿渣粉和磷渣粉的比表面积宜控制在 350～450m^2/kg，需水量比不大于 100%，烧失量不大于 1%；矿渣粉与粉煤灰混掺最优比例为 3:2，粉煤灰与磷渣粉的混掺比例最优比例为 1:1。

5.2.4　选用低收缩率比的高性能外加剂

采用高性能减水剂、引气剂降低混凝土用水量。高性能减水剂、引气剂和优质多元掺和料联合使用，可使混凝土的单位用水量降低 30%以上，降低混凝土的收缩和温升，减小混凝土内部孔隙率，改善孔结构，提高致密性和抗裂性。在混凝土中掺入引气剂，能引入大量均匀分布的、稳定而封闭的微小气泡，增加水泥浆体积，改善混凝土的黏聚性和保水性，隔断混凝土中毛细管通道，降低混凝土弹性模量，提高混凝土抗裂性。

选择外加剂前，应检验水泥与外加剂之间的适应性问题。选择引气剂，除要求含气量等品质外，还应重点考虑抗压强度比。除引气剂外，其他外加剂在混凝土引入的含气量不宜超过 2.5%。在工程中，宜优先使用低收缩率比的外加剂，外加剂的收缩率比不宜大于 125%。硫酸钠含量对混凝土的性能发展有不利影响，宜加以限制。

5.2.5　优化骨料颗粒级配

当给定水泥、水和骨料总用量时，和易性主要受骨料总表面积的影响。总表面积与骨料最大粒径、级配、颗粒形状有关。一般来讲，混凝土拌和物的流动性将随着骨料比表面积的增加而降低。具有良好级配的骨料，能够最大限度地减少孔隙率，在用水量相同的情况下，混凝土拌和物的流动性便会增加，黏聚性与保水性也比较好。除此之外，良好的颗粒级配，还可以降低水泥砂浆的用量，从而节约水泥，降低成本。而水泥用量的降低又可以减小混凝土的干缩，对混凝土的抗裂性是十分有利的。

颗粒级配优劣的评价理论主要有以下 3 种：①最大密度理论，最大密度理论认为孔隙率最小、密度最大的级配为最优级配。由富勒（W. H. Fuller）等人于 1901—1907 年提出；②表面积理论，表面积理论认为，骨料表面积越小，用来包裹其表面的水泥浆用量越少，这种级配就是最优级配；③粒子干涉理论，粒子干涉理论取上一级骨料的间距恰好等于下一级骨料的粒径，下一级骨料填充其间不发生"干涉"的级配作为最优级配。

粗骨料的级配是混凝土设计中的一个重要参数。良好的粗骨料级配应当是：空隙率小——以减少水泥用量并保证密实度；总表面积小——以减少湿润骨料表面的需水量；有适量的细颗粒——以满足和易性的要求。石子的级配有 2 种，即连续级配和间断级配。

表 5.2-1 给出了利用不同级配的粗骨料配制出混凝土的强度试验结果。从表中可以看出，粗骨料颗粒级配对混凝土强度有较大的影响。单粒级级配混凝土的较低，间断级配和连续级配混凝土的强度差别很小。因此，在不具备连续级配的碎石时，可以采用间断级配。颗粒级配越好，空隙率越小。可由公式 $P=(1-\rho_0/\rho_1)\times100\%$ 计算，其中 P 为空隙率，ρ_0 为试样的松散（或紧密）密度，ρ_1 为试样密度。一般碎石的空隙率控制在 44% 以内为宜。

表 5.2-1 利用不同级配粗骨料配制出混凝土的强度试验结果

水灰比 w/c	配合比（水泥∶砂∶碎石）	水泥用量 /(kg/m³)	外加剂 /%	砂率 /%	粗骨料/mm			抗压强度/MPa	
					5~20	20~40	40~60	7d	28d
0.4	1∶1.3∶2.5	498	0.8	48.0	—	—	820	40.6	49.5
0.4	1∶1.3∶2.5	498	0.8	43.9	107	302	816	45.2	55.3
0.4	1∶1.3∶2.5	498	0.8	44.1	283	—	962	45.9	55.8

5.3 配合比设计的方法与步骤

5.3.1 混凝土配合比的计算

水工混凝土配合比计算以饱和面干状态骨料为基准。计算步骤如下：计算混凝土的配制强度 $f_{cu,0}$；根据配制强度和设计允许的最大水胶比限值初选水胶比，根据施工要求的和易性选定用水量，并计算出混凝土的胶凝材料用量；选取砂率，计算细骨料和粗骨料的用量，并提出供试配用的计算配合比；通过试验和调整，根据配制强度、混凝土耐久性要求和允许的最大水胶比限值选定水胶比，确定每立方米混凝土材料用量和配合比。

混凝土的胶凝材料用量 (m_c+m_p)、水泥用量 (m_c) 和掺和料用量 (m_p) 按式 (5.3-1)～式 (5.3-3) 计算：

$$(m_c+m_p)=m_w/[w/(c+p)] \tag{5.3-1}$$

$$m_c=(1-P_m)(m_c+m_p) \tag{5.3-2}$$

$$m_p=P_m(m_c+m_p) \tag{5.3-3}$$

式中　　m_c——每立方米混凝土水泥用量，kg；

　　　　m_p——每立方米混凝土掺和料用量，kg；

　　　　m_w——每立方米混凝土用水量，kg；

　　　　P_m——掺和料掺量，%；

$w/(c+p)$——水胶比。

粗、细骨料用量由已确定的用水量、水泥（胶凝材料）用量和砂率，根据"体积法"或"质量法"计算。

（1）体积法的基本原理是混凝土拌和物的体积等于各组成材料的绝对体积与空气体积之和。各级石子用量按选定的级配比例计算。每立方米混凝土中粗、细骨料的绝对体积为

$$V_{s,g}=1-\left(\frac{m_w}{\rho_w}+\frac{m_c}{\rho_c}+\frac{m_p}{\rho_p}+\alpha\right) \tag{5.3-4}$$

细骨料用量：

$$m_s=V_{s,g}S_v\rho_s \tag{5.3-5}$$

粗骨料用量：

$$m_g=V_{s,g}(1-S_v)\rho_g \tag{5.3-6}$$

式中　　$V_{s,g}$——砂、石的绝对体积，m^3；

　　　　m_w——每立方米混凝土用水量，kg；

　　　　m_c——每立方米混凝土水泥用量，kg；

　　　　m_p——每立方米混凝土掺和料用量，kg；

　　　　m_s——每立方米混凝土细骨料用量，kg；

　　　　m_g——每立方米混凝土粗骨料用量，kg；

　　　　α——每立方米混凝土中含有的空气体积，m^3；

　　　　S_v——体积砂率，%；

　　　　ρ_w——水的密度，kg/m^3；

　　　　ρ_c——水泥密度，kg/m^3；

　　　　ρ_p——掺和料密度，kg/m^3；

　　　　ρ_s——细骨料饱和面干表观密度，kg/m^3；

　　　　ρ_g——粗骨料饱和面干表观密度，kg/m^3。

（2）质量法的基本原理是单位体积混凝土拌和物的质量等于各组成材料质量之和。

每立方米混凝土拌和物的质量计算时可按表 5.3-1 选用，混凝土拌和物每立方米的实际质量应通过试验确定。表中 5.3-1 适用于骨料表观密度为 2600～2650kg/m³ 的混凝土。骨料表观密度每增减 100kg/m³，混凝土拌和物质量相应增减 60kg/m³；含气量每增减 1%，混凝土拌和物质量相应减增 1%。表中括弧内的数字为引气混凝土的含气量。

表 5.3-1　　　　　　　　　每立方米混凝土拌和物的假定质量

混凝土种类	粗骨料最大粒径				
	20mm	40mm	80mm	120mm	150mm
普通混凝土/（kg/m³）	2380	2400	2430	2450	2460
引气混凝土/（kg/m³）	2280（5.5%）	2320（4.5%）	2350（3.5%）	2380（3.0%）	2390（3.0%）

每立方米混凝土中骨料总质量：

$$m_{s,g} = m_{c,e} - (m_w + m_c + m_p) \qquad (5.3-7)$$

细骨料用量：

$$m_s = m_{s,g} S_m \qquad (5.3-8)$$

粗骨料用量：

$$m_g = m_{s,g} - m_s \qquad (5.3-9)$$

式中　$m_{s,g}$——每立方米混凝土中骨料总质量，kg；

$\quad\quad m_{c,e}$——每立方米混凝土拌和物的质量假定值，kg；

$\quad\quad m_w$——每立方米混凝土用水量，kg；

$\quad\quad m_c$——每立方米混凝土水泥用量，kg；

$\quad\quad m_p$——每立方米混凝土掺和料用量，kg；

$\quad\quad m_s$——每立方米混凝土细骨料用量，kg；

$\quad\quad m_g$——每立方米混凝土粗骨料用量，kg；

$\quad\quad S_m$——质量砂率。

5.3.2　混凝土配合比设计的基本参数

5.3.2.1　水胶比

混凝土的水胶比应根据设计对混凝土性能的要求和环境水侵蚀类型，通过试验确定，并符合 DL/T 5144—2015《水工混凝土施工规范》、DL/T 5241—2010《水工混凝土耐久性技术规范》的规定。当无试验资料时，不掺矿物掺和料的常态混凝土的初选水胶比可按表 5.3-2 选取，掺掺和料时混凝土的最大水胶比应根据矿物掺和料的品种适当调整，并通过试验确定。

表 5.3-2　　不同强度等级的常态混凝土初选水胶比（不掺矿物掺和料）

28d 设计龄期混凝土抗压强度标准值/MPa	水胶比	28d 设计龄期混凝土抗压强度标准值/MPa	水胶比
$f_{cu,k} \leqslant 20$	0.45～0.60	$30 < f_{cu,k} < 50$	0.35～0.45
$20 < f_{cu,k} \leqslant 30$	0.40～0.55	$f_{cu,k} \geqslant 50$	<0.35

表 5.3-2 适用于使用 42.5 强度等级的通用水泥、中热硅酸盐水泥、不掺掺和料的混凝土，水胶比的选择还应考虑所用水泥的强度等级、掺和料品种及掺量、外加剂品种及掺量、骨料品种等因素。当使用 32.5 矿渣硅酸盐水泥、火山灰硅酸盐水泥、粉煤灰硅酸盐水泥或复合硅酸盐水泥，以及低热硅酸盐水泥时，混凝土水胶比宜适当降低；当使用 52.5 硅酸盐水泥或普通硅酸盐水泥时，混凝土水胶比宜适当增大；C50 以上混凝土宜采用 42.5 及以上强度等级普通硅酸盐水泥或硅酸盐水泥。当设计龄期大于 28d 时，混凝土水胶比宜适当增加。

$C_{90}15 \sim C_{90}25$ 碾压混凝土的初选水胶比可按表 5.3-3 选取。表 5.3-3 适用于使用

42.5 强度等级的通用硅酸盐水泥或中热硅酸盐水泥的碾压混凝土。当使用 32.5 矿渣硅酸盐水泥、火山灰硅酸盐水泥、粉煤灰硅酸盐水泥或复合硅酸盐水泥时，混凝水胶比宜适当降低。

表 5.3 – 3　　　　　　不同强度等级的碾压混凝土初选水胶比

90d 设计龄期混凝土抗压强度标准值/MPa	水胶比	90d 设计龄期混凝土抗压强度标准值/MPa	水胶比
$f_{cu,k} \leqslant 15$	0.50～0.55	$f_{cu,k} \geqslant 25$	<0.45
$15 < f_{cu,k} \leqslant 20$	0.45～0.50		

5.3.2.2　用水量

混凝土用水量应根据骨料最大粒径、矿物掺和料和外加剂的品种及掺量，采用初选混凝土用水量进行试拌。选择满足和易性要求的最小用水量。

（1）常态混凝土。水胶比在 0.40～0.65 范围。当无试验资料时，其初选用水量可按表 5.3 – 4 选取。水胶比小于 0.40 的混凝土以及采用特殊成型工艺的混凝土用水量应通过试验确定。

表 5.3 – 4　　　　　　　　常态混凝土初选用水量表

混凝土坍落度/mm	卵石最大粒径/(kg/m³)				碎石最大粒径/(kg/m³)			
	20mm	40mm	80mm	150mm	20mm	40mm	80mm	150mm
10～30	160	140	120	105	175	155	135	120
30～50	165	145	125	110	180	160	140	125
50～70	170	150	130	115	185	165	145	130
70～90	175	155	135	120	190	170	150	135

表 5.3 – 4 适用于细度模数为 2.6～2.8 的天然中砂。当使用细砂或粗砂时，用水量需增加或减少 3～5kg/m³。采用人工砂，用水量增加 5～10kg/m³。采用 I 级粉煤灰时，用水量可减少 5～10kg/m³。采用外加剂时，用水量应根据外加剂的减水率作适当调整，外加剂的减水率应通过试验确定。

（2）坍落度大于 90mm 的混凝土。以表 5.3 – 4 中坍落度 90mm 的混凝土用水量为基础，按坍落度每增大 20mm 用水量增加 5kg/m³，计算出未掺外加剂时的混凝土用水量。

掺外加剂时的混凝土用水量可按式（5.3 – 10）计算：

$$m_w = m_{w0}(1 - \beta) \tag{5.3 – 10}$$

式中　m_w——掺外加剂时混凝土用水量，kg/m³；

　　　　m_{w0}——未掺外加剂时混凝土用水量，kg/m³；

　　　　β——外加剂减水率。

外加剂的减水率应通过试验确定。

（3）碾压混凝土。水胶比在 0.40～0.70 范围，当无试验资料时，其初选用水量可按表 5.3 – 5 选取。表 5.3 – 5 适用于细度模数为 2.6～2.8 的天然中砂，当使用细砂或粗砂时，用水量需增加或减少 $5\sim10kg/m^3$。采用人工砂，用水量增加 $5\sim10kg/m^3$。采用 I 级粉煤灰时，用水量可减少 $5\sim10kg/m^3$。采用外加剂时，用水量应根据外加剂的减水率作适当调整，外加剂的减水率应通过试验确定。

表 5.3-5 碾压混凝土初选用水量表

碾压混凝土 VC 值 /s	卵石最大粒径/（kg/m³）		碎石最大粒径/（kg/m³）	
	40mm	80mm	40mm	80mm
1～5	120	105	135	115
5～10	115	100	130	110
10～20	110	95	120	105

5.3.2.3 骨料级配及砂率

粗骨料按粒径依次分为 5～20mm、20～40mm、40～80mm、80～150mm 四个粒级。水工大体积混凝土宜使用最大粒径较大的骨料，粗骨料最佳级配（或组合比）应通过试验确定，以紧密堆积密度较大时的级配为宜。当无试验资料时，可按表 5.3-6 选取。表中比例为质量比。

表 5.3-6 石子组合比初选表

混凝土种类	级配	骨料最大粒径 /mm	卵石 （小：中：大：特大）	碎石 （小：中：大：特大）
常态混凝土	二	40	40：60：0：0	40：60：0：0
	三	80	30：30：40：0	30：30：40：0
	四	150	20：20：30：30	25：25：20：30
碾压混凝土	二	40	50：50：0：0	50：50：0：0
	三	80	30：40：30：0	30：40：30：0

混凝土配合比宜选取最优砂率。最优砂率应根据骨料品种、品质、粒径、水胶比和砂的细度模数等通过试验选取。

常态混凝土坍落度小于 10mm 时，砂率应通过试验确定；混凝土坍落度为 10～60mm 时，砂率可按表 5.3-7 初选并通过试验最后确定；混凝土坍落度大于 60mm 时，砂率可通过试验确定，也可在表 5.3-7 的基础上按坍落度每增大 20mm、砂率增大 1% 的幅度予以调整。

表 5.3-7 常态混凝土砂率初选表

骨料最大粒径 /mm	水胶比/%			
	0.40	0.50	0.60	0.70
20	36～38	38～40	40～42	42～44
40	30～32	32～34	34～36	36～38
80	24～26	26～28	28～30	30～32
150	20～22	22～24	24～26	26～28

表 5.3 - 7 适用于卵石、细度模数为 2.6~2.8 的天然中砂拌制的混凝土。砂的细度模数每增减 0.1，砂率相应增减 0.5%~1.0%。使用碎石时，砂率需增加 3%~5%。使用人工砂时，砂率需增加 2%~3%。掺用引气剂时，砂率可减小 2%~3%；掺用粉煤灰时，砂率可减小 1%~2%。

碾压混凝土的砂率可按表 5.3 - 8 初选并通过试验最后确定。表 5.3 - 8 适用于卵石、细度模数为 2.6~2.8 的天然中砂拌制的 VC 值为 3~7s 的碾压混凝土。砂的细度模数每增减 0.1，砂率相应增减 0.5%~1.0%。使用碎石时，砂率需增加 3%~5%。使用人工砂时，砂率需增加 2%~3%。掺用引气剂时，砂率可减小 2%~3%；掺用粉煤灰时，砂率可减小 1%~2%。

表 5.3 - 8　　　　　　　　　　　　**碾压混凝土砂率初选表**

骨料最大粒径 /mm	水胶比/%			
	0.40	0.50	0.60	0.70
40	32~34	34~36	36~38	38~40
80	27~29	29~32	32~34	34~36

5.3.2.4　掺和料及外加剂掺量

掺和料的掺量按胶凝材料质量的百分比计，应通过试验确定，并应符合国家和行业现行有关标准的规定。

外加剂掺量按胶凝材料质量的百分比计，应通过试验确定，并应符合国家和行业现行有关标准的规定。有抗冻要求的混凝土，应掺用引气剂，其掺量应根据混凝土的含气量要求通过试验确定，混凝土的最小含气量应参照 DL/T 5241—2010《水工混凝土耐久性技术规范》确定。混凝土的含气量不宜超过 7%。

5.3.3　混凝土配合比的试配、调整和确定

5.3.3.1　试配

混凝土的拌和，应按 DL/T 5150—2001《水工混凝土试验规程》进行。在混凝土试配时，每盘混凝土的最小拌和量应符合表 5.3 - 9 的规定，当采用机械拌和时，其拌和量不宜小于拌和机额定拌和量的 1/4。

表 5.3 - 9　　　　　　　　　　　　**混凝土试配的最小拌和量**

骨料最大粒径/mm	拌和物数量/L	骨料最大粒径/mm	拌和物数量/L
20	15	≥80	40
40	25		

按照配合比设计成果进行试拌，根据坍落度或 VC 值、含气量、泌水、离析等情况判断混凝土拌和物的工作性，对初步确定的用水量、砂率、外加剂掺量等进行适当调整，选择坍落度最大（或 VC 值最小）时的砂率作为最优砂率；用最优砂率试拌确定满足工作性要求的用水量，然后提出混凝土试验用的配合比。

混凝土强度试验配合比应基于初选确定的水胶比进行不少于 3 个掺和料掺量和 3～5 个水胶比的组合，进行混凝土立方体抗压强度试验。

根据强度试验结果，建立不同掺和料掺量时混凝土抗压强度与水胶比的关系曲线或相关方程式，计算出不同掺和料掺量时混凝土配制强度相对应的水胶比，按照工作性、强度及经济合理的原则选择合适的掺和料掺量及对应的水胶比。必要时还应根据混凝土设计指标要求进行变形和耐久性能验证试验。

5.3.3.2　调整和确定

经试配确定配合比后，尚应按下列步骤进行校正：

（1）按确定的材料用量用下式计算每立方米混凝土拌和物的质量：

$$m_{c,c} = m_w + m_c + m_p + m_s + m_g \tag{5.3-11}$$

（2）按式（5.3-12）计算混凝土配合比校正系数 δ：

$$\delta = \frac{m_{c,t}}{m_{c,c}} \tag{5.3-12}$$

式中　δ——配合比校正系数；

$m_{c,c}$——每立方米混凝土拌和物的质量计算值，kg；

$m_{c,t}$——每立方米混凝土拌和物的质量实测值，kg；

m_w——每立方米混凝土用水量，kg；

m_c——每立方米混凝土水泥用量，kg；

m_p——每立方米混凝土掺和料用量，kg；

m_s——每立方米混凝土细骨料用量，kg；

m_g——每立方米混凝土粗骨料用量，kg。

（3）按校正系数 δ 对配合比中每项材料用量进行调整，即为调整的设计配合比。

按调整后的混凝土配合比进行性能试验，所有性能均满足设计要求时的配合比即为确定的配合比。

当使用过程中遇到对混凝土性能指标要求有变化或者原材料品种、质量有明显变化时，应调整或重新进行配合比设计。

5.4　水工混凝土配合比实例

5.4.1　粉煤灰混凝土

我国在水工混凝土中掺用粉煤灰有多年的历史，特别是三峡工程开展粉煤灰做混凝土掺和料的应用研究后，论证了粉煤灰可以改善混凝土和易性并提高混凝土耐久性等性能，为粉煤灰的广泛应用奠定了基础。目前，粉煤灰在水工混凝土中的应用逐渐向采用优质粉煤灰、高掺量的方向发展。一些典型工程应用粉煤灰的混凝土配合比见表 5.4-1～表 5.4-6。

表 5.4-1   国内部分重力坝大坝内部混凝土配合比参数

工程名称	混凝土类型	设计指标	级配	水胶比	粉煤灰掺量/%	水泥用量/(kg/m³)	粉煤灰用量/(kg/m³)	用水量/(kg/m³)	砂率/%	水泥品种	备注
坑口	碾压	R₉₀10W4	三	0.70	57	60	80	98	—	—	
龙门滩	碾压		三	—	61	54	86				
天生桥二级	碾压	C₉₀15W2	三	0.59	60	55	85	83	35	525普通	
铜街子	碾压	R₉₀15W4	三	0.59	50	79	79	93	28	—	
荣地	碾压	—	三	0.56	62	67	110	99	32	普通	
广蓄下库	碾压	—	三	0.56	64	62	108	95	37	525普通	
水口	碾压		三	0.49	63	60	100	78	30		
万安	碾压		三	0.58	62	65	105	99	30	—	
锦江	碾压		三	0.59	53	70	80	88	30		
岩滩	碾压		三	0.57	65	55	104	90	30	—	人工灰岩
大广坝	碾压		三	0.65	67	50	100	97	32	普通	
水东	碾压		三	0.51	63	54	92	75	26		
山仔	碾压		三	0.59	63	55	95	89	31	—	
观音阁	碾压	—	四	0.52	30	91	39	75	30	525硅酸盐	—
溪柄溪	碾压		三	0.50	60	70	105	87	32	—	
石板水	碾压		三	0.63	52	75	80	98	35		
桃林口	碾压		三	0.47	55	70	85	75	28		
长顺	碾压		三	0.65	40	72	48	78	31		
江垭	碾压	C₉₀15W8F50	三	0.58	60	64	96	93	33	525中热	木钙
汾河二库	碾压	R₉₀200	三	0.50	45	103	85	94	36	—	人工灰岩
石门子	碾压	R₉₀150	三	0.49	64	62	110	84	30	—	卵石、天然砂
碗窑	碾压		三	0.55	60	64	96	88	30	—	
石漫滩	碾压	—	三	0.60	60	56	85	85	27		
百龙滩	碾压		—	—	61	36	60				
高坝洲	碾压		—	0.53	45	99	81	96	31		
临江	碾压		—	0.60	50	72	72	86	28		
棉花滩	碾压	C₁₈₀15W2F50	三	0.60	65	51	96	88	35	525中热	人工花岗岩
甘肃龙首	碾压	C₉₀15W6F100	三	0.48	65	60	111	82	30	525普通	天然骨料
山口	碾压	C₉₀10W6	三	0.60	56	57	86	28	28	42.5普通	—
	碾压	C₉₀10W4	三	0.50	65	72	71	71	27		—
	碾压	C₉₀15W1	三	0.55	50	85	85	94	29		
三峡三期围堰	碾压	C₉₀15W8F50	三	0.50	55	75	91	83	34	525中热	花岗岩
索风营	碾压	C₉₀15W6F50	三	0.55	60	64	96	88	32	42.5普通	灰岩

工程名称	混凝土类型	设计指标	级配	水胶比	粉煤灰掺量/%	水泥用量/(kg/m³)	粉煤灰用量/(kg/m³)	用水量/(kg/m³)	砂率/%	水泥品种	备注
百色	碾压	C₁₈₀15W2F50	三	0.60	63	59	101	96	34	42.5 中热	—
大花水	碾压	C₉₀15W6F50	三	0.55	55	71	87	87	33	42.5 普通	—
光照	碾压	C₉₀20W6F100	三	0.48	55	71	87	76	32	42.5 普通	—
龙滩	碾压	C₉₀20W6F100	三	0.42	55	90	110	84	33	42.5 中热	R Ⅰ ▽250.00m 以下
龙滩	碾压	C₉₀15W6F100	三	0.46	58	75	105	83	33		R Ⅱ ▽250.00 ～▽342.00m
思林	碾压	C₉₀15W6F50	三	0.50	60	66	100	83	33	42.5 普通	
三门峡	常态	—	四	0.80	0～42	137～86	0～57	110～114	—	纯大坝，矿渣	
西津	常态	—	四	0.85～0.80	35	92～86	47～50	113	—	400 普通	
丹江口	常态	—	四	0.75	14～17	124～119	20～25	108	—	矿渣	
池潭	常态	—	三	0.65	20	123	31	100	—	矿渣	
大黑汀	常态	—	四	0.60	22	140	40	108	—	矿渣大坝	
潘家口	常态	—	四	0.70～0.65	0～20	157～135	0～34	110	—	矿渣大坝	
大化	常态	—	四	0.70	24～46	78～203	37～104	108～160	—	普通矿渣	
漫湾	常态	—	四	0.65	35	106	57	106	26	—	
龙羊峡	常态	—	四	0.53	30	112	48	85	—	大坝	
安康	常态	—	四	0.55	47	83	72	85	—	525 大坝	
东西关	常态	—	四	0.61	40	89	59	90	16	425 普通	
渔洞	常态	—	四	0.55	60	78	118	108	28	525 硅酸盐	
大河口	常态	—	四	0.66	60	68	103	113	29	525 硅酸盐	
白石窑	常态	—	四	0.58	35	108	58	96	24	525 硅酸盐	
白石窑	碾压	—	三	0.60	61	67	105	89	31	525 硅酸盐	
故县	常态	—	四	0.45	20	176	44	98	—	425 矿渣大坝	
过渡湾	常态	—	四	0.50	50	84	84	84	24	325 磷渣	
三峡	常态	C₉₀15W8F100	二	0.55	40	128	85	117	36	525 中热	
三峡	常态	C₉₀15W8F100	三	0.55	40	103	68	94	31	525 中热	
三峡	常态	C₉₀15W8F100	四	0.55	40	96	64	88	28	525 中热	

表 5.4－2　　　　　国内部分重力坝水位变化区外部混凝土配合比参数

工程名称	混凝土类型	设计指标	级配	水胶比	粉煤灰掺量/%	水泥用量/(kg/m³)	粉煤灰用量/(kg/m³)	用水量/(kg/m³)	砂率/%	水泥品种	备注
江垭	碾压	$C_{90}20W12F100$	二	0.53	55	87	107	103	36	525 中热	木钙
棉花滩	碾压	$C_{180}20W8F50$	二	0.55	55	82	100	100	38	525 中热	—
新疆石门子	碾压	$C_{90}20W8F100$	二	0.50	55	86	104	95	31	42.5 普通	天然骨料
山口	碾压	$C_{90}20W6$	二	0.50	50	95	95	95	30	42.5 普通	
三峡三期围堰	碾压	$C_{90}15W8F50$	二	0.50	55	84	102	93	39	525 中热	花岗岩
索风营	碾压	$C_{90}20W8F100$	二	0.50	50	94	94	94	38	42.5 普通	灰岩
百色	碾压	$C_{180}20W10F50$	二	0.50	58	91	125	108	38	42.5 中热	—
大花水	碾压	$C_{90}20W8F100$	二	0.50	50	98	98	98	38	42.5 普通	—
光照	碾压	$C_{90}20W12F100$	二	0.45	45	105	86	86	38	42.5 普通	—
龙滩	碾压	$C_{90}20W12F150$	二	0.42	58	100	140	100	39	42.5 中热	—
思林	碾压	$C_{90}20W8F100$	二	0.48	55	89	109	95	39	42.5 普通	—
三峡	常态	$C_{90}25W10F250$	二	0.48	30	174	74	119	35	525 中热	—
			三	0.48	30	140	60	96	30	525 中热	—
			四	0.48	30	128	55	88	27	525 中热	—

表 5.4－3　　　　　　　国内部分拱坝混凝土配合比参数

工程名称	混凝土类型	设计指标	级配	水胶比	粉煤灰掺量/%	水泥用量/(kg/m³)	粉煤灰用量/(kg/m³)	用水量/(kg/m³)	砂率/%	水泥品种
紧水滩	常态	—	四	0.55	20	148	37	102	19	—
东江	常态	—	四	0.50	15	155	27	91		大坝
普定	碾压	$C_{90}20$	二	0.50	55	85	103	94	38	525 硅酸盐
		$C_{90}15$	三	0.50	65	54	99	84	34	
温泉堡	碾压	—		0.55	49	100	95	107	38	—
东风	常态	—	四	0.50	30	115	49	82		525 硅酸盐
二滩	常态	$C_{180}35^{*}$	四	0.45	30	133	57	85	25	525 硅酸盐
新疆石门子	碾压	$C_{90}15W6F100$	三	0.55	65	56	104	88	31	42.5 普通
沙牌	碾压	$C_{90}20$	二	0.53	40	115	77	102	37	32.5 普通
		$C_{90}20$	三	0.50	50	93	93	93	33	
龙首	碾压	$C_{90}20W8F300$	二	0.43	53	96	109	88	32	42.5 普通
		$C_{90}20W6F100$	三	0.43	66	58	113	82	30	
蔺河口	碾压	$C_{90}20W8F50$	二	0.47	60	74	111	87	38	42.5 中热
		$C_{90}20W6F50$	三	0.47	62	66	106	81	34	

工程名称	混凝土类型	设计指标	级配	水胶比	粉煤灰掺量/%	水泥用量/(kg/m³)	粉煤灰用量/(kg/m³)	用水量/(kg/m³)	砂率/%	水泥品种
玄庙观	碾压	C₉₀20	二	0.50	50	108	108	108	40	32.5普通
		C₉₀20	三	0.50	50	95	95	95	35	
		C₉₀15	三	0.55	55	79	96	96	36	
构皮滩	常态	C₁₈₀25	四	0.50	30	119	51	85	25	42.5中热
麒麟观	碾压	C₉₀20W8F50	二	0.48	50	93	93	89	38	42.5普通
		C₉₀20W6F50	三	0.50	55	77	94	85	35	
白莲崖	碾压	C₉₀20W8	二	0.36	60	78	117	70	33	42.5普通
		C₉₀20W4	三	0.34	60	75	112	63	32	32.5普通
大花水	碾压	C₉₀20W8F100	二	0.50	50	92	92	92	37	42.5普通
		C₉₀20W6F50	三	0.50	50	79	79	79	33	

*注：*混凝土类型设计指标中 C 的下标表示龄期，如 $C_{90}20$、$C_{180}25$、$C_{90}15$。

* 20cm×20cm×20cm 的立方体试件抗压强度。

表 5.4 - 4　　国内部分面板堆石坝面板混凝土配合比参数

工程名称	设计要求	水胶比	粉煤灰掺量/%	水泥用量/(kg/m³)	粉煤灰用量/(kg/m³)	用水量/(kg/m³)	砂率/%	水泥品种	备注
成屏	C20	0.55	10	294	34	180	27	425普通	—
株树桥	C20	0.50	—	316	—	158	39	425普通	—
西北口	C20	0.44	—	300	—	132	41	425矿渣	—
小干沟	C25	0.40	—	375	—	150	32	525普通	—
花山	C20	0.45	—	322	—	145	40	525普通	—
万安溪	C25	0.39	19	324	74	141	39	525普通	人工砂
		0.40	23	340	99	152	40	525普通	天然砂
东津	C25	0.48	—	308	—	148	32	525普通	—
十三陵	C25W8F300	0.44	—	320	—	141	38	525普通	—
小山	C30W8F200	0.39	—	355	—	138	38	525中热	—
梅溪	C20W8	0.50	—	301	—	175	33	425普通	49kg/m³抗裂剂
海潮坝	C30W8F250	0.40	—	360	—	144	33	525普通	—
珊溪	C25W12F100	0.34	15	287	51	124	35	42.5普通	29kg/m³抗裂剂
天生桥一级	C25W12F100	0.50	15	217	45	148	40	42.5普通	36kg/m³抗裂剂
		0.48	20	240	60	144	41	42.5普通	
高塘	C25W8F100	0.44	20	283	71	155	37	42.5普通	
		0.44	15	274	48	153	37	42.5普通	36kg/m³抗裂剂
茄子山	C25W12F100	0.48	—	323	—	155	34	42.5普通	—
黑泉	C30W8F300	0.35	15	298	53	123	37	42.5中热	—
大桥	C20W8F100	0.50	15	255	50	150	41	42.5普通	—

续表

工程名称	设计要求	水胶比	粉煤灰掺量/%	水泥用量/(kg/m³)	粉煤灰用量/(kg/m³)	用水量/(kg/m³)	砂率/%	水泥品种	备注
黄村	C25W8F100	0.40	—	286	—	130	35	42.5普通	39kg/m³抗裂剂
大水沟	C25W8F50	0.45	—	333	—	150	37	42.5普通	—
港口湾	C25W10F100	0.36	19	266	61	125	36	42.5普通	—
夏城	C25W8	0.55	—	295	—	180	40	42.5普通	33kg/m³抗裂剂
古洞口	$C_{60}30$	0.46	10	243	27	124	39	42.5普通	—
		0.36	10	310	34	124	37	32.5普通	
汉坪嘴	C25W10F100	0.44	15	259	46	134	36	42.5R普通	—
公伯峡	C25W12F200	0.40	20	220	55	110	34	42.5中热	坍落度为3~7cm
洪家渡	C30	0.40	25	231	77	123	36	42.5普通	—
三板溪	C30W12F100	0.39	20	254	64	124	36	42.5中热	—
吉林台	C30W12F300	0.35	15	310	55	128	35	42.5普通	—
紫坪铺	C25W12F250	0.50	20	272	68	170	39	42.5R普通	—
水布垭	C30W12F150	0.38	20	246	62	117	39	42.5中热	0.9kg/m³聚丙烯腈纤维
广蓄	C25	0.50	6	300	18	150	31	42.5普通	—

表 5.4-5　国外部分重力坝混凝土配合比参数

工程名称	国家	混凝土类型	级配	水胶比	粉煤灰掺量/%	水泥用量/(kg/m³)	粉煤灰用量/(kg/m³)	用水量/(kg/m³)	砂率/%	水泥品种	备注
约翰代	美国	常态	四	0.68	27	88	30	80	24	中热	灰质页岩
				0.43	21	167	44	91	19		
德沃歇客	美国	常态	四	0.57	25	127	43	96	22	中热	—
利贝	美国	常态	四	0.68	25	88	30	80	22	中热	—
御部	日本	常态	四	0.67	50	80	80	107	26	—	—
玉川	日本	常态	四	0.66	—	—	48	106	25	—	—
		碾压	四	0.73	30	91	39	95	30	—	—
畈田	日本	常态	四	0.69	21~43	110~80	30~60	96	23	—	—
道平川	日本	常态	四	0.65	20	128	32	104	25	—	—
		碾压	三	0.79	20	96	24	95	30	—	—
真野	日本	常态	四	0.86	20	128	32	103	26	中热	—
		碾压	三	0.86	20	96	24	103	33	中热	—
三春	日本	常态	四	0.80	28	98	42	112	23	中热	—
栗山	日本	常态	四	0.81	20	112	28	114	28	中热	—
比奈知	日本	常态	四	0.88	30	91	39	114	26	中热	—

续表

工程名称	国家	混凝土类型	级配	水胶比	粉煤灰掺量/%	水泥用量/(kg/m³)	粉煤灰用量/(kg/m³)	用水量/(kg/m³)	砂率/%	水泥品种	备注
田沁川	日本	常态	四	0.76	20	120	30	114	27	中热	—
日向	日本	常态	三	0.74	20	128	32	118	34	中热	
		碾压	三	0.84	20	96	24	101	33	—	
中筋川	日本	常态	四	0.74	30	105	45	110	29	中热	
长谷	日本	常态	四	0.66	30	112	48	106	26	中热	—
田沁川	日本	常态	四	0.76	20	120	30	114	27	中热	
日向	日本	常态	三	0.74	20	128	32	118	34	中热	
		碾压	三	0.84	20	96	24	101	33	—	
中筋川	日本	常态	四	0.74	30	105	45	110	29	中热	
长谷	日本	常态	四	0.66	30	112	48	106	26	中热	
德米斯特克拉尔	南非	碾压	—	0.90	50	58	58	104	—		
文格勒斯瓦德	南非	碾压	—	0.90	60	44	66	99	—		
格林买尔维勒	南非	碾压	—	0.84	50	65	65	109	—		
唐戈	南非	碾压	—	0.96	50	65	65	106	—		
柳溪坝	美国	碾压	三	1.62	29	47	19	107			
上静水坝	美国	碾压	三	0.37	85	30	173	94	34		
新维多利亚	澳大利亚	碾压	二	0.43	67	80	160	105	34	普通	
美利河	日本	碾压	三	0.75	30	84	36	90	30	—	
境川	日本	碾压	三	0.77	30	91	39	100	32	中热	
意门	日本	碾压	四	0.69	30	91	39	90	28	中热	
岛地川	日本	碾压	三	0.79	30	84	36	95		普通	
宫床	日本	碾压	三	0.86	20	96	24	103	30	中热	
大松川	日本	碾压	三	0.81	30	91	39	105	30	中热	
潼里	日本	碾压	三	0.72	30	84	36	86	30	中热	
早池锋	日本	碾压	三	0.79	30	91	39	102	34	—	
八田原	日本	碾压	四	—	28	94	36	—	30	中热	

表 5.4-6   国外部分拱坝混凝土配合比参数

工程名称	国家	混凝土类型	级配	水胶比	粉煤灰掺量/%	水泥用量/(kg/m³)	粉煤灰用量/(kg/m³)	用水量/(kg/m³)	砂率/%	水泥品种	备注
饿马	美国	常态	四	0.47	32	111	53	77	23	中热	重力拱坝
佛莱敏峡	美国	常态	四	0.53	34	111	56	88	20	中热	重力拱坝,灰质页岩
格兰峡	美国	常态	四	0.54	34	111	56	91	22	中热	重力拱坝,浮石

工程名称	国家	混凝土类型	级配	水胶比	粉煤灰掺量/%	水泥用量/(kg/m³)	粉煤灰用量/(kg/m³)	用水量/(kg/m³)	砂率/%	水泥品种	备注
黄尾	美国	常态	四	0.49	30	117	50	82	24	中热	重力拱坝
Olmsted	美国	常态	三	0.50	33	112	56	84	30	HH	—
Cannon	美国	常态	四	0.63	20.9	104	28	82	22	普通	—
科尔布赖恩	奥地利	常态	四	0.66	30	140	60	132	—	普通	
			四	0.53	30	182	78	138	—	普通	
哥斯喀亚	土耳其	常态	四	0.48	25	158	53	101	26	普通	
拉索列塔特	墨西哥	常态	四	0.45	14	216	34	113	—	普通	
蛇尾川	日本	常态	四	0.77	30	98	42	108	25	中热	
		碾压	四	0.79	30	84	36	95	30		
奥只见	日本	常态	四	0.70	30	98	42	99		中热	
月山	日本	常态	四	0.51	30	126	54	92	22	中热	
		碾压	四	0.69	30	91	39	90	28		
长谷	日本	常态	四	0.67	65	49	91	94	24	中热	
奈尔波尔特	南非	碾压	—	0.53	70	59	137	103	—		重力拱坝
乌勒维丹斯	南非	碾压	—	0.43	70	58	136	83	—		重力拱坝

5.4.2　磷渣粉混凝土

经过适当筛选、粉磨、加工得到的高品质磷渣粉可以完全或部分替代粉煤灰掺和料。磷渣粉的掺入大大降低了大坝混凝土的水化热和绝热温升，提高了混凝土的抗拉强度和抗裂性能，此外，磷渣粉特有的缓凝性能也十分有利于碾压混凝土的施工。目前，我国磷渣粉在水工混凝土中的应用主要在西南地区。工程中采用了掺磷渣粉的混凝土配合比见表5.4-7～表5.4-10。

表 5.4-7　　　　　　　　大朝山水电站常态及碾压混凝土配合比

设计指标		级配	水胶比	PT掺量/%	砂率/%	材料用量/(kg/m³)				
						用水量	水泥用量	PT	砂	石
常态混凝土	R₉₀150	二级	0.70	30	38	148	148	63	798	1312
	R₉₀150	三级	0.70	30	35	125	125	54	768	1436
	R₉₀150	四级	0.70	32	31	118	110	51	689	1464
	R₉₀200	二级	0.55	30	35	141	179	77	727	1360
	R₉₀200	三级	0.55	30	32	120	152	65	695	1492
	R₉₀200	四级	0.55	30	29	114	145	62	637	1572
碾压混凝土	R₉₀150	三级	0.50	60	37	87	67	101	839	1465
	R₉₀200	二级	0.50	50	38	94	94	94	850	1423

注　表中 PT 掺和料为磷渣与凝灰岩粉按 1：1 比例混磨制成。

表 5.4-8　　　　　　　　　　　索风营水电站混凝土

工程名称	设计标号	水胶比	磷渣粉掺量/%	级配	备注
索风营水电站	R₉₀200	0.53	30	三	
	R₉₀250	0.48	25	二	
	R₉₀150	0.50	65	三	RCC
昭通渔洞水库	R₉₀200	0.50	50	二	
	R₉₀200	0.50	40	三	
	R₉₀150	0.55	60	三	

表 5.4-9　　　　　　　　　　　龙潭嘴水电站大坝混凝土

强度等级	级配	水胶比	磷渣粉掺量/%	砂率/%	混凝土材料用量/(kg/m³)						备注
					水	水泥	磷渣粉	防裂抗渗剂	砂	石	
C₉₀200	三	0.50	45	35	82	66	74	25	815	1525	碾压混凝土
C₉₀200	三	0.53	45	36	81	61	69	23	825	1510	碾压混凝土
C30	一	0.46	15	44	146	222	48	48	871	1117	常态混凝土

表 5.4-10　　　　　　　　　　　沙沱水电站碾压配合比

混凝土种类	工程部位	强度等级	级配	水胶比	粉煤灰掺量/%	磷渣粉掺量/%	砂率/%	减水剂 HLC-NAF/%	引气剂 AE/%
碾压混凝土	坝体内部	C₉₀15	四	0.50	30	30	30	0.7	05

5.4.3　石灰石粉混凝土

石灰石是自然界最常见的岩石，是水泥生产的主要原料，也是水泥工业常用的混合材之一，被广泛用于世界各国的水泥工业。各国水泥标准对石灰石混合材的使用都有明确规定，GB 175—2007《通用硅酸盐水泥》规定普通硅酸盐水泥中的火山灰质混合材料掺量应在 5%～20%之间，其中允许使用不超过水泥质量 8%的石灰石混合材料。JC 600—2002《石灰石硅酸盐水泥》规定在由硅酸盐熟料、石灰石和适量石膏磨细制成的石灰石硅酸盐水泥中，石灰石掺加量在 10%～25%。欧洲水泥标准 DIN-EN 197-1 规定Ⅰ型波特兰水泥可掺加不超过 5%的石灰石混合材，Ⅱ型复合波特兰水泥中的 A 型石灰石波特兰水泥的石灰石粉掺量在 6%～20%，B 型石灰石波特兰水泥的石灰石粉掺量在 21%～35%。美国及日本的水泥标准也都对石灰石粉作为水泥混合材作出了相应的规定。石灰石与硅酸盐水泥适应性良好，这奠定了石灰石粉在混凝土中的应用基础。

近年来，石灰石粉作为混凝土掺和料在大中型水电水利工程混凝土，尤其是碾压混凝土中得到了成功应用，积累了较多的工程经验。2013 年制定的电力行业标准 DL/T 5304—2013《水工混凝土掺用石灰石粉技术规范》，对用于水工混凝土的石灰石粉的细度、需水量比、碳酸钙含量、亚甲基蓝吸附值、含水量、抗压强度比等品质指标做出了具体规定。

各工程掺石灰石粉混凝土的配合比见表 5.4－11。

表 5.4－11　　　　　　　　　　掺石灰石粉混凝土施工配合比

工程名称	强度等级	骨料品种	使用部位	混凝土类型	水胶比	砂率/%	混凝土材料用量/（kg/m³）						
							水	水泥	双掺料	砂	小石	中石	大石
景洪水电站	C₉₀15	天然骨料	大坝内部	三级配碾压混凝土	0.50	33	75	60	90	722	452	602	452
景洪水电站	C₉₀20	天然骨料	大坝外部	二级配碾压混凝土	0.45	37	84	93	93	790	621	759	—
景洪水电站	C₉₀15	人工骨料	大坝内部	三级配碾压混凝土	0.55	37	88	64	96	794	443	591	443
景洪水电站	C₉₀20	人工骨料	大坝外部	二级配碾压混凝土	0.50	42	98	98	98	877	596	728	—
戈兰滩水电站	C₉₀15	人工骨料	大坝内部	三级配碾压混凝土	0.50	34	83	66	100	731	439	585	439
戈兰滩水电站	C₉₀20	人工骨料	大坝外部	二级配碾压混凝土	0.45	38	93	93	114	784	527	791	—
特克斯山口水库	C₉₀15	天然骨料	大坝内部	三级配碾压混凝土	0.46	30	74	64	142	617	467	622	467

注　掺和料为粉煤灰与石灰石粉按 1:1 比例混合制成。

5.4.4　火山灰混凝土

天然火山灰质材料作为建筑材料已有很长的历史，也是第一种被发现可用来减轻混凝土骨料碱-硅反应的材料。在现代水泥工业中，天然火山灰质材料用作水泥混合材，各国都制定了相应的技术标准。我国于 1981 年制定了国家标准 GB/T 2847—1981《用于水泥中的火山灰质混合材料》。美国垦务局在 19 世纪初期开展了天然火山灰质材料作为混凝土掺和料的应用研究，用于控制大坝大体积混凝土胶凝材料的放热量，改善混凝土的抗硫酸盐侵蚀性能，抑制骨料碱活性反应。

近年来，天然火山灰质材料作为混凝土掺和料在我国大中型水电水利工程混凝土，尤其是碾压混凝土中得到了成功应用，积累了较多的工程经验。电力行业标准 DL/T 5273—2012《水工混凝土掺用天然火山灰质材料技术规范》，对具有火山灰活性的原状或磨细加工处理的天然矿物质材料的应用起到了积极作用。

国内外工程中使用天然火山灰的工程情况见表 5.4－12 和表 5.4－13。

表 5.4－12　　　　　　国内外工程中使用天然火山灰质材料的情况

工程名称	工程所在地	使用部位	天然火山灰质材料掺量/%	坝型	备注
瑞丽江一级电站	缅甸	大坝	30~40	混凝土重力坝	气孔玄武岩
腊寨电站	中国云南保山	大坝、厂房	20~30	混凝土重力坝	气孔玄武岩
弄另电站	中国云南德宏	大坝	40~65	碾压混凝土重力坝	气孔玄武岩
弄另电站	中国云南德宏	厂房、导流洞	30~40	碾压混凝土重力坝	气孔玄武岩
龙江枢纽工程	中国云南潞西	大坝	30	混凝土双曲拱坝	气孔玄武岩
龙江枢纽工程	中国云南潞西	厂房、导流洞	25~35	混凝土双曲拱坝	气孔玄武岩
等壳水电站	中国云南保山	大坝	约 60	混凝土重力坝	气孔玄武岩

续表

工程名称	工程所在地	使用部位	天然火山灰质材料掺量/%	坝型	备注
阿罗罗克坝	美国	大坝内部		混凝土重力拱坝	磨细花岗岩
富拉恩大坝	美国	大坝	20	混凝土重力坝	浮石
茹皮亚水电站	巴西	大坝	20~30	混凝土重力坝	天然火山灰
Big Dalton 坝	美国	桥墩	20	混凝土拱坝	浮石
象山坝	美国	大坝内部		混凝土重力坝	磨细砂岩
格伦峡坝	美国	大坝	32~33	混凝土重力拱坝	浮石

表 5.4 - 13　龙江水电站火山灰、石灰石粉混凝土配合比

等级	工程部位	水胶比	水泥	掺和料品种	掺量/%	减水剂	引气剂	砂率/%	水	水泥	火山灰	石粉	砂	石
C30	大坝四级配常态混凝土	0.42	中热	火山灰	25	0.6	0.001	20	77	138	46	0	432	1730
			中热	石灰石粉	25		0.001		75	134	0	45	434	1737
			普硅	火山灰	25		0.002		87	155	52	0	422	1689
			普硅	石灰石粉	20		0.001		83	158	0	40	425	1704
C30	大坝三级配常态混凝土	0.42	中热	火山灰	25		0.001	24	90	161	54	0	504	1597
			中热	石灰石粉	25		0.001		85	152	0	51	509	1613
			普硅	火山灰	25		0.002		102	182	61	0	489	1550
			普硅	石灰石粉	20		0.001		93	177	0	44	499	1582
C25	大坝四级配常态混凝土	0.45	中热	火山灰	25		0.001	21	77	128	43	0	456	1717
			中热	石灰石粉	25		0.001		75	125	0	42	457	1723
			普硅	火山灰	25		0.002		87	145	48	0	445	1677
			普硅	石灰石粉	20		0.001		83	148	0	37	449	1692
C25	大坝三级配常态混凝土	0.45	中热	火山灰	25		0.001	25	90	150	50	0	528	1583
			中热	石灰石粉	25		0.001		85	142	0	47	533	1600
			普硅	火山灰	25		0.002		102	170	57	0	513	1540
			普硅	石灰石粉	20		0.001		93	165	0	41	523	1571

第6章　掺矿物掺和料混凝土的拌和物性能

6.1　掺和料对混凝土凝结特性的影响

6.1.1　粉煤灰对混凝土凝结特性的影响

混凝土的凝结与硬化，是随水泥的水化作用而发展到水化物网络结构的一种过程。凝结是混凝土拌和物随着时间的延续逐渐丧失其流动性而过渡到固体的过程，简单说就是新拌混凝土刚性的开始。硬化是混凝土凝结成固体以后的强度增长过程。凝结和硬化的区别很不明显，凝结在硬化之前，并没有明确的物理或化学变化来区别它们。初凝大致相当于混凝土拌和物不再能正常操作和浇筑的时间，而终凝接近于硬化开始的时间。在初凝以前新拌混凝土将失去一定的坍落度，而终凝之后某一时间混凝土将获得适当的强度。影响混凝土凝结时间的因素包括水泥性能、矿物掺和料品种及掺量、混凝土和环境温度、外加剂的品种及掺量等。

掺粉煤灰一般会使混凝土的凝结时间延长，粉煤灰导致的缓凝受其掺量、细度、化学成分等的影响。随粉煤灰掺量的增加，凝结时间延长。工程中，对于低水胶比的砂浆和混凝土，由于水化后形成的水泥石结构非常致密，水不容易渗入内部，为保证水泥初凝后的水化能够正常进行，应该在初凝后立即进行洒水保湿养护。在高性能混凝土中，对凝结时间有显著影响的还有用水量、环境温度等，因此，应该通过试验预测凝结时间，以确定混凝土构件开始洒水养护的时间。

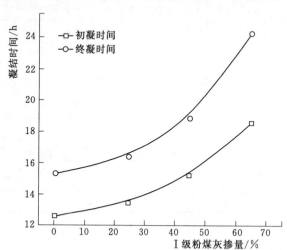

图 6.1-1　粉煤灰对混凝土凝结时间的影响

粉煤灰对混凝土凝结时间的影响见图 6.1-1。由图可见，掺入粉煤灰后，混凝土凝结时间显著延长，粉煤灰掺量越大，凝结时间越长。

一般说来，在掺量不大的情况下，粉煤灰混凝土的凝结时间都能满足要求，但对粉煤灰混凝土凝结时间影响更为显著的是环境温度，当养护温度较高时，粉煤灰的掺入对凝结时间影响不大，但当养护温度较低时影响则非常明显。

粉煤灰在脱硫脱硝过程中，氨气被吸附在粉煤灰空腔中，CO_3^{2-}、SO_4^{2-}、HCO_3^-、

HSO_3^- 等离子形成（NH_4）$_2CO_3$、（NH_4）$_2SO_4$、NH_4HCO_3、NH_4HSO_3 等氨盐，使粉煤灰中的氨盐含量也大大提高。已有研究表明，粉煤灰中的氨盐使混凝土的凝结时间延长。

　　粉煤灰细度对水泥凝结时间的影响研究结果表明，标准稠度用水量下，掺不同细度粉煤灰的水泥凝结时间较接近。粉煤灰越细，凝结时间略长。粉煤灰磨细后，一些颗粒结构被破坏，活性略有增加，凝结时间略有缩短。随着粉磨灰比表面积增大，水泥的凝结时间反而延长，如图 6.1-2 所示（其中 FA 和 UFA 为原状分选灰，PFA 为磨细粉煤灰，数字表示粉煤灰的比表面积，如 PFA445 表示比表面积为 $445m^2/kg$ 的磨细粉煤灰）。

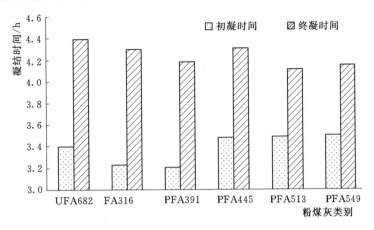

图 6.1-2　粉煤灰细度对水泥凝结时间的影响

　　粉煤灰的品种除常用的 F 类粉煤灰外，还有 C 类粉煤灰。高钙粉煤灰由于含有较高的游离氧化钙，容易出现安定性不良问题，应用较少。赵铁军研究了高钙粉煤灰掺量对混凝土凝结时间的影响，发现混凝土的凝结时间受高钙粉煤灰化学成分和掺量影响，当粉煤灰掺量小于 10% 时，对混凝土凝结时间的影响不大，如图 6.1-3 所示。用粉煤灰取代混凝土中的部分水泥后，随着粉煤灰掺量增加，混凝土的凝结时间延长，但当掺量超过某一限值时，可能发生速凝。

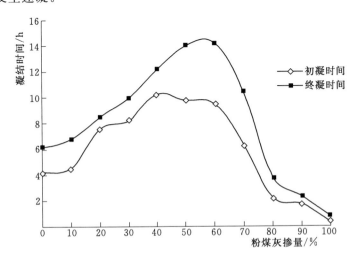

图 6.1-3　掺高钙粉煤灰混凝土的凝结时间

在粉煤灰资源较少的地区，也将其他品种掺和料与粉煤灰混掺用于混凝土中。不同品种掺和料的混凝土用水量和凝结时间试验结果见表 6.1-1。其中 F 为Ⅱ级粉煤灰、Fb 为磨细灰、PF 为磷渣粉和粉煤灰 1∶1 混掺灰、PFb 为磷渣粉和磨细粉煤灰 1∶1 混掺灰、FL 为粉煤灰和石灰石粉 1∶1 混掺灰。

表 6.1-1　　　　　　　　不同品种掺和料的混凝土用水量和凝结时间

水胶比	掺和料		外加剂	用水量 /(kg/m³)	VC 值 /s	含气量 /%	凝结时间/(h：min)	
	品种	掺量/%					初凝	终凝
0.50	F	55	JM-Ⅱ(R1) 0.7%+GYQ 0.075%	78	4.0	4.5	11：09	18：21
	Fb			81	5.0	3.8	16：07	23：35
	PF			77	5.5	3.5	13：19	20：42
	PFb			81	6.0	3.5	12：55	20：50
	FL			77	5.5	4.0	11：12	19：45

粉煤灰在磨细过程中由于破坏了粉煤灰的微珠结构，需水量比增大，磨细粉煤灰混凝土的用水量较大，凝结时间最长。粉煤灰与磷渣粉或者石灰石粉混掺，混凝土的用水量变化不大，但凝结时间略有延长。

水工混凝土中常加入高效减水剂或高性能减水剂，降低混凝土的用水量、调节混凝土的凝结时间，由于水泥、粉煤灰颗粒对减水剂剂的吸附性，影响减水剂的使用效果，进而影响混凝土的坍落度、凝结时间、和易性等，在粉煤灰使用前，宜开展粉煤灰与水泥、外加剂的适应性试验。

6.1.2　矿渣粉对混凝土凝结特性的影响

将矿渣粉以掺和料的形式加入到水泥中，由于不同矿渣粉活性及物理特性的差异，导致所制备的胶凝材料各种性质彼此间差异大小不一。一般来说，矿粉早期活性较低，随着矿粉掺量的增加，水泥的初凝时间增加，终凝时间也增加。这是由于矿粉的胶凝活性低于水泥，在相同温度和湿度的条件下，矿粉的水化速度比水泥熟料的水化速度慢，这就导致了在矿粉掺入的情况下，水泥的凝结时间延长，矿粉掺量越大，水泥水化速度则越慢，凝结时间的延长幅度便越大。而当矿粉掺量在大于 60% 后，会比较显著地减低水泥的水化速率。如图 6.1-4 所示，随矿渣粉掺量的增大，混凝土凝结时间逐渐延长。

在 20℃ 的常温下，矿渣粉的加入会延长混凝土的凝结时间，养护温度

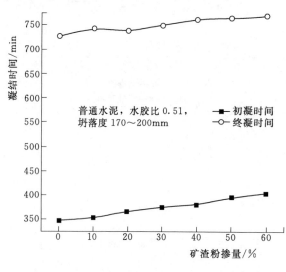

图 6.1-4　矿渣粉掺量对混凝土凝结时间的影响

升高至 30℃，凝结时间基本与不掺矿渣的混凝土持平。在更低的温度下，凝结时间将大大延长，可采取添加早强剂或加热原材料的措施加速混凝土的凝结，也可减少矿渣的掺量以保证合适的凝结时间。

同所有混凝土一样，合适的养护制度以保证足够的水分使混凝土达到设计性能，喷雾、表面围水、湿麻布或塑料薄膜覆盖、养护剂等通常的做法都是可行的。养护时间可根据温度、蒸发量、水胶比、强度增长率等因素确定，一般与普通混凝土一样。对于高掺量矿渣的混凝土，比如大体积混凝土，矿渣掺量可能高达 80%，需要保证足够的养护时间，以使混凝土获得必要的早期强度。在混凝土中同时掺入级粉煤灰和矿渣粉，比单掺级粉煤灰或矿渣粉具有更好的效果，它们之间不仅能优势互补，而且具有更好的综合效应。

比较了单掺粉煤灰、单掺矿渣粉及复掺粉煤灰与矿渣粉的混凝土凝结时间，结果见表 6.1-2，结果表明，单掺矿渣微粉的混凝土凝结时间则比单掺粉煤灰的混凝土要短，复掺粉煤灰与矿渣粉的混凝土凝结时间介于两者之间。

表 6.1-2　　　　　　　　　　混凝土拌和物性能试验结果

编号	水胶比	粉煤灰掺量/%	矿渣粉掺量/%	凝结时间/(h：min)	
				初凝	终凝
K8	0.50	50	0	16：50	24：20
K16	0.50	0	50	13：20	19：30
K24	0.50	20	30	15：20	22：10
K32	0.55	20	30	13：20	19：30

6.1.3　磷渣粉对混凝土凝结特性的影响

由于磷渣中含 Al_2O_3 较少，而含可溶磷和氟等相对较多，尤其是其中的磷，它会造成水泥的缓凝。磷渣活性比粒化矿渣低，且当其掺量较大时，会导致水泥混凝土凝结时间缓慢，早期强度低，因而限制了磷渣资源利用率的提高。研究表明，磷渣粉掺量较大时初凝长达 10h、终凝时间长达 20h 以上。为了克服磷渣粉掺入后引起的凝结缓慢、早期强度低这 2 个性能缺陷，提出了相当多的解决措施，主要是采用掺加外加剂，同时对磷渣硅酸盐水泥的水化机理和性能也做了相当多的研究工作。对于磷渣粉造成水泥缓凝的原因，学者们主要有以下解释：

第一种观点认为是由于磷的溶出与 Ca^{2+}、OH^- 生成了氟羟基磷灰石和磷酸钙，它覆盖在 C_3A 的表面，从而抑制了它水化，导致缓凝。

也有观点认为即使有氟羟磷灰石存在，因其量很少，也不足以包裹水泥颗粒，从而对水泥凝结产生较大影响。为证明这一点，分别做了如下凝结时间实验：配比 1（70%水泥熟料+30%磷渣粉）、配比 2（70%水泥熟料+30%磷渣粉+3%石膏）、配比 3（70%水泥熟料+30%磷渣粉+3%Na_2SO_4）、配比 4（70%水泥熟料+30%磷渣粉+3%CNS）。实验测得其初凝时间分别为 15min、9h、1.5h 和 1.75h。如果认为磷渣粉对水泥的缓凝作用是因氟羟磷灰石的生成所致，那么就无法解释配比 1 的速凝及配比 3、配比 4 的正常凝结。

影响水泥凝结的主要因素是 C_3A 的水化进程。C_3A 水化的公认理论是，C_3A 先在颗粒表面迅速生成"六方水化物"（C_4AH_{13} 和 C_2AH_8）的包裹层，但由于 C_3A 水化时产生的大量水化热使浆体温度升高到临界值（约 30℃），使上述"六方水化物"层迅速转变为 C_3AH_6，因而 C_3A 可迅速完全水化，生成以 C_3AH_6 为主的水化产物，使水泥发生速凝。而石膏（$CaSO_4 \cdot 2H_2O$）的掺入则与 C_3A 反应生成 AFt 包裹在水泥颗粒周围，阻碍了"六方水化物"向 C_3AH_6 的转化，阻止了水泥迅速水化，使水泥正常凝结。

根据对 C_3A 水化的公认理论，形成了另一种观点。认为磷渣粉对水泥的强缓凝作用很可能是液相中 PO_4^{3-} 离子的存在限制了 AFt 的形成，而 SO_4^{2-} 离子又阻止了"六方水化物"向 C_3AH_6 的转化。确切地说，可溶性磷与石膏的共存，它们的复合作用延缓了 C_3A 的整个水化过程，即 C_3A 的水化停留在生成"六方水化产物"阶段，既没有 AFt 生成，也无 C_3AH_6 生成。当然由于磷渣粉的掺入相应地降低了水泥熟料矿物的含量，也会引起凝结时间的偏长。

至于缓凝这一现象的具体机理目前尚无统一的观点，可能是上述两种原因都同时起到了作用，只是在某种条件下第一个原因占主要，而在另一个水化条件下第二个原因成为主导因素。也可能是由于磷渣粉中磷的溶解速度和熟料的矿物组成不同而造成不同的解释。

也有学者认为以上两种解释不妥，磷渣粉对硅酸盐水泥的缓凝作用主要是由于水化初期形成的半透水性薄膜对磷渣粉在碱性溶液中解聚产生的羟基磷灰石和氟化钙的吸附，导致其密实度增加，水不易透过，从而延缓了水化速度，最终导致了水泥的缓凝。

一般情况下，磷渣粉比粉煤灰活性更高，当粉磨使其比表面积达到 $350 \sim 450 \text{m}^2/\text{kg}$ 时，其需水量比可以达到 Ⅰ 级或 Ⅱ 级粉煤灰的水平。磷渣粉和粉煤灰对混凝土凝结时间的影响见表 6.1-3。与单掺粉煤灰的混凝土相比，混凝土用水量相当，掺磷渣粉的混凝土初凝时间约延长 $1 \sim 2\text{h}$，终凝时间约延长 $2 \sim 4\text{h}$。

表 6.1-3　　　　　　　　　磷渣粉和粉煤灰对混凝土凝结时间的影响

编号	级配	水胶比	粉煤灰掺量 /%	磷渣粉掺量 /%	凝结时间/(h：min)	
					初凝	终凝
P41	四	0.50	30	0	14：11	19：30
P42			0	30	17：15	22：50
P43			15	15	16：48	21：10
P21	二	0.45	20	0	12：27	17：40
P22			0	20	16：16	21：00
P23			10	10	17：34	22：10
PC1		0.30	10	0	8：30	12：50
PC2			0	10	10：50	14：30
PC3			5	5	9：20	14：00

6.1.4　硅粉对混凝土凝结特性的影响

一般来说，在混凝土中掺入极细颗粒的矿物掺和料会增加混凝土的单位用水量，使混凝土的黏聚性更好，泌水减少。硅粉在混凝土中起到填充和火山灰材料作用，大大降低了水泥水化浆体中的孔隙尺寸，改善了孔隙的孔隙分布，使混凝土强度提高和渗透性降低，同时，对引气剂的引气效果有一定影响，混凝土的凝结时间通常也会提高。

硅粉掺量对水泥凝结时间的影响如图 6.1-5 所示。随硅粉掺量的增加，水泥凝结时间逐渐延缓，且硅粉掺量超过 8％时，水泥的凝结时间明显增加。其他研究也发现，在不掺高效减水剂时，掺硅粉混凝土与不含硅粉的等强度混凝土相比，凝结时间会延长，特别是硅粉掺量高时。

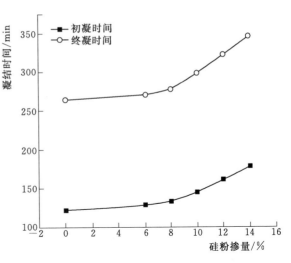

图 6.1.5　硅粉掺量对水泥凝结时间的影响

6.1.5　火山灰质材料对混凝土凝结特性的影响

由于不同地域火山灰成因各异，其化学成分、矿物组成和物理性能差别较大，对混凝土性能的改善效果也不尽相同。通过遴选不同岩性的天然火山灰质材料，对取自腾冲地区的十种不同岩性岩石进行了粉磨加工，将气孔状玄武岩加工成三种细度，其余岩石均加工成比表面积为 500m²/kg 左右的微粉，对各品种岩石微粉的品质进行了检验，探讨了岩性对天然火山灰质材料品质的影响，研究了不同岩性天然火山灰的物理化学性能，试验结果见表 6.1-4。从表中不同品种天然火山灰质材料的细度试验结果看，天然火山灰质材料的细度在 8％～25％之间，需水量比在 120％以内。细度是影响天然火山灰质材料的火山灰活性的重要因素之一。材料颗粒越小，反应活性越大，但同时需水量也随之增加，此外，磨细到一定程度后材料粉磨能耗比急剧增加。如表 6.1-4 所示，火山灰的筛余量越小，即细度越细，掺火山灰混凝土的需水量比越大，抗压强度比越高，这一方面虽然提高了混凝土的强度，另一方面增大了混凝土单位用水量，在水胶比相同情况下，混凝土的胶凝材料用量增加。ASTM C618 规定天然火山灰质材料的 $45\mu m$ 方孔筛筛余不大于 34％。

表 6.1-4　　　　　　　　　不同原岩火山灰微粉的物理力学性能试验结果

品　　种	比表面积 /(m²/kg)	细度 /％	需水量比 /％	烧失量 /％	含水量 /％	SO₃ /％	28d 强度比
气孔状安山岩	520	8.2	93	1.12	0.10	0.01	67
浮岩玻璃	526	9.0	100	1.51	0.12	0.01	70
气孔状玄武岩	514	7.8	97	10.2	0.08	0.05	67
气孔状玄武岩	543	7.9	101	0.30	0.10	0.030	—
气孔状玄武岩	521	8.5	100	0.23	0.23	0.03	—
气孔状玄武岩	504	8.9	101	1.32	0.16	0.02	—

品　种	比表面积 /(m²/kg)	细度 /%	需水量比 /%	烧失量 /%	含水量 /%	SO₃ /%	28d 强度比
辉石角闪安山岩	498	9.4	98	0.53	0.15	0.02	67
辉石安山岩	485	10.2	100	0.27	0.20	0.02	
橄榄玄武岩	516	7.9	97	3.16	0.21	0.02	58
硅藻黏土岩	546	8.4	120	0.01	0.28	0.02	
硅藻土	约500	24.4	120	9.07	—	0.03	80
浮石粉	约500	0.8	112	8.70	1.65	0.03	87
凝灰岩	约500	24.8	106	1.34	1.28	0.03	61
火山灰碎屑岩	约500	18.6	108	1.44	1.29	0.02	61
安山玄武岩	约500	20.3	107	1.52	0.88	—	61
DL/T 5055—2007 Ⅰ级粉煤灰标准	—	≤12	≤95	≤5	≤1	≤3	—
DL/T 5055—2007 Ⅱ级粉煤灰标准	—	≤25	≤105	≤8	≤1	≤3	

天然火山灰质材料的需水量比直接影响到混凝土的用水量，不宜过高。使用高需水量比的天然火山灰质材料将增加混凝土单位用水量，增大混凝土孔隙率，降低混凝土的密实性。ASTM C618 规定天然火山灰质材料的需水量比不得超过 115%，从表 6.1-4 中需水量比来看，硅藻土、浮石的需水量比较大，气孔安山岩较低，需水量比低于 100%。总体来看，在研究的十种不同岩性天然火山灰质量材料中，除硅藻黏土岩外，各品种岩石微粉的品质均可达到 GB/T 1596—2005《用于水泥和混凝土中的粉煤灰》中Ⅱ级粉煤灰的相关技术要求。

掺不同岩性火山灰微粉对水泥浆体性能试验结果见表 6.1-5。

表 6.1-5　　　　　　　　　火山灰微粉对水泥浆体性能试验结果

掺和料品种	掺量 /%	标准稠度用水量 /mL	安定性	凝结时间/(h：min)	
				初凝	终凝
基准	—	129	合格	2：58	4：21
气孔状安山岩	30	122	合格	4：22	6：51
浮岩玻璃	30	125	合格	4：05	6：15
气孔状玄武岩	30	132	合格	3：12	5：58
	30	133	合格	4：02	6：17
	30	128	合格	4：03	6：25
	30	129	合格	4：21	5：55
辉石角闪安山岩	30	131	合格	3：24	5：28
阳宗海Ⅱ级粉煤灰	30	142	合格	5：13	6：27

试验结果表明：掺入不同岩性天然火山灰微粉后，水泥标准稠度用水量有不同程度的增加，硅藻土与浮石明显增加了水泥的标准稠度用水量。此外，天然火山灰微粉延缓了水泥的凝结时间，与Ⅱ级粉煤灰相比，掺Ⅱ级粉煤灰水泥的凝结时间更长。

单掺凝灰岩粉或粉煤灰，或者两者混掺的混凝土拌和物性能试验结果见表 6.1-6。

掺凝灰岩粉或粉煤灰混凝土的拌和物性能

表 6.1-6

编号	混凝土类型	级配	水胶比	粉煤灰掺量/%	凝灰岩掺量/%	砂率/%	JM-II/%	ZB-1G/%	水	水泥	粉煤灰	凝灰岩	砂	石	VC值/s	坍落度/mm	含气量/%	初凝	终凝
DN-28	碾压混凝土	二	0.45	55	0	36	0.7	0.04	97	97	119	0	742	1339	3.5	—	4.0	28:50	34:50
DN-29		二	0.40	0	45	35	0.7	0.04	102	140	0	115	713	1344	4.2	—	4.1	18:20	24:16
DN-30		二	0.40	30	30	35	0.7	0.04	99	99	75	75	713	1345	3.9	—	3.9	29:30	36:20
DS-1		三	0.45	55	0	33	0.7	0.05	82	82	100	0	704	1451	4.1	—	4.0	31:10	37:58
DS-2		三	0.40	0	45	32	0.7	0.05	87	120	0	98	675	1457	4.3	—	4.2	18:00	25:40
DS-3		三	0.40	30	30	32	0.7	0.05	85	85	64	64	675	1455	3.8	—	4.0	29:00	35:10
DC-19	常态混凝土	二	0.45	25	0	33	0.7	0.02	119	198	66	0	652	1344	—	60	4.0	22:15	27:20
DC-20		二	0.45	0	20	33	0.7	0.02	122	217	0	54	652	1344	—	55	3.6	14:30	19:10
DC-21		二	0.45	10	10	33	0.7	0.02	120	213	27	27	654	1348	—	60	3.7	20:30	25:35
DT-28		三	0.50	35	0	29	0.7	0.03	97	126	68	0	615	1528	—	63	3.8	24:40	28:50
DT-29		三	0.45	0	30	28	0.7	0.03	101	157	0	67	587	1532	—	59	4.0	17:05	22:37
DT-30		三	0.45	15	20	28	0.7	0.03	99	143	33	44	587	1533	—	61	4.2	23:15	28:12
DF-28		四	0.50	35	0	26	0.7	0.04	84	109	59	0	566	1637	—	70	4.5	25:22	30:02
DF-29		四	0.45	0	30	25	0.7	0.04	88	137	0	59	539	1642	—	59	4.3	17:35	22:40
DF-30		四	0.45	15	20	25	0.7	0.04	86	124	29	38	540	1644	—	63	4.2	21:54	26:55

（材料用量/(kg/m³)：水、水泥、粉煤灰、凝灰岩、砂、石；凝结时间/(h:min)：初凝、终凝；外加剂品种及掺量）

试验结果表明，无论是常态混凝土还是碾压混凝土，单掺粉煤灰混凝土的凝结时间比单掺凝灰岩粉混凝土的凝结时间短，复掺粉煤灰与凝灰岩粉混凝土的凝结时间介于两者之间。

6.1.6　石灰石粉对混凝土凝结特性的影响

石灰石粉的存在会对水泥的水化、水化产物和水泥净浆产生各种物理化学作用，它具有加速效应和活性效应。优质石灰石粉的加入对水泥和混凝土的物理化学性能及耐久性有较大的改善作用。研究表明，一定颗粒分布的石灰石粉能改善新拌混凝土的流动性能，减少泌水率及缩短凝结时间。

有研究表明，石灰石粉取代部分粉煤灰对碾压混凝土的和易性、抗渗、抗冻性能影响较小，混凝土的凝结时间变短。对单掺粉煤灰与复掺粉煤灰和石灰石粉的两组混凝土进行了凝结时间对比试验，测试了不同湿温度条件下碾压混凝土的凝结时间，试验结果见表 6.1-7。

表 6.1-7　　　　　　　　　　　碾压混凝土凝结时间试验结果

编号	水胶比	粉煤灰掺量/%	石灰石粉掺量/%	减水剂掺量/%	引气剂掺量/%	温度/℃	相对湿度/%	初凝时间/(h：min)	终凝时间/(h：min)	初凝贯入阻力/MPa
C1	0.46	60	0	0.5	0.055	20	90	28：17	32：22	12.8
						33	60	16：47	23：30	10.6
C3	0.46	30	30	0.5	0.055	20	90	18：44	25：10	10.6
						33	60	10：47	18：24	5.6

由试验结果可知，以掺石灰石粉对碾压混凝土的凝结时间有较大影响。掺石灰石粉后碾压混凝土的凝结时间缩短，在较低的相对湿度条件下，凝结时间缩短更显著。在20℃，相对湿度90%条件下，复掺石灰石粉与粉煤灰碾压混凝土的初凝时间比单掺粉煤灰的混凝土缩短了9.4h，终凝时间缩短了7.2h；在33℃，相对湿度60%条件下，复掺石灰石粉与粉煤灰碾压混凝土的初凝时间比单掺粉煤灰的混凝土缩短了6h，终凝时间缩短了5.1h。

6.2　掺和料对混凝土和易性的影响

6.2.1　粉煤灰对混凝土和易性的影响

6.2.1.1　工作性

掺用粉煤灰对新拌混凝土的明显好处是增大了浆体的体积。用粉煤灰取代等质量的水泥，粉煤灰的体积要比水泥约大30%，粉煤灰增大了胶凝材料的体积含量，因此增大了浆体与骨料的体积比。大量的浆体填充了骨料间的空隙，包裹并润滑了骨料颗粒，从而使混凝土拌和物具有更好的黏聚性和可塑性。粉煤灰可以减少浆体-骨料界面的摩擦，从而改善了新拌混凝土的和易性。粉煤灰的掺入可以补偿细骨料中的细屑不足，中断砂浆基本中泌水通道的连续性，同时粉煤灰作为水泥的取代材料在同样稠度下会使混凝土的用水量有不同程度的降低，因而掺用粉煤灰对防止新拌混凝土泌水是有利的。

　　粉煤灰的品质是决定其在混凝土中性能的主要因素。需水量比是粉煤灰的重要技术指标，反映了粉煤灰掺入混凝土中，对混凝土用水量和拌和物流动性的影响，并最终影响到混凝土的强度、抗裂性及耐久性，影响粉煤灰需水量比的主要因素有细度、含碳量、微珠颗粒含量和形态等。粉煤灰减水作用是由形态效应和微集料效应决定的。粉煤灰中的玻璃微珠能使水泥砂浆黏度和颗粒之间的摩擦力降低，使水泥颗粒均匀分散，在相同稠度条件下降低用水量；另外，粉煤灰的颗粒较细，可以改善胶凝材料的颗粒级配，使填充胶凝材料这部分孔隙的水量减少，因而也降低用水量。

　　粉煤灰减水作用是由形态效应和微集料效应决定的。粉煤灰中的玻璃微珠能使水泥砂浆黏度和颗粒之间的摩擦力降低，使水泥颗粒均匀分散，在相同稠度条件下降低用水量；另外，粉煤灰的颗粒较细，可以改善胶凝材料的颗粒级配，使填充胶凝材料这部分孔隙的水量减少，因而也降低用水量。

　　烧失量是指粉煤灰中未燃烧完全的有机物，主要是未燃尽的碳粒。这些未燃尽碳的存在，对粉煤灰质量有很大的负面影响，进而影响混凝土质量。粉煤灰的含碳量与锅炉性质与燃烧技术有关，含碳量越高，其吸附性越大，需水量比越高，活性指数越低，造成混凝土泌水增多，干缩变大，降低了强度和耐久性。张俊萍等研究了粉煤灰烧失量对混凝土工作性能的影响，结果表明，相同配合比、原材料条件下，随着粉煤灰烧失量的增大，混凝土的工作性越差，流动性越差。混凝土的扩展度的经时损失越大。

　　未燃碳对引气剂或引气减水剂等表面活性剂有较强的吸附作用，在通常的引气剂或引气减水剂掺量下，烧失量大（含碳量高）的粉煤灰会使混凝土中的含气量、气孔大小和气泡所占的空间达不到期望值，影响混凝土耐久性。粉煤灰烧失量与混凝土含气量的关系曲线见图 6.2-1，在其他条件相同的条件下，随着粉煤灰烧失量增加，混凝土的含气量降低。

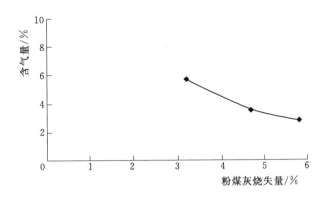

图 6.2-1　粉煤灰烧失量与混凝土含气量的关系曲线图

　　DL/T 5055—2007《水工混凝土掺用粉煤灰技术规范》和 GB/T 1596—2005《用于水泥和混凝土中的粉煤灰》针对不同等级的粉煤灰对性能指标提出了不同的要求。Ⅰ级粉煤灰因其需水量比、细度、烧失量小，性能优良，在水工混凝土中广泛应用。

　　混凝土用水量与Ⅰ级粉煤灰掺量、骨料级配的关系见表 6.2-1，混凝土用水量与粉煤灰掺量关系见表 6.2－2。在相同减水剂掺量、相同含气量、相同坍落度条件下，粉煤灰掺量在 50％范围以内，混凝土用水量随粉煤灰掺量的增加而减少，当粉煤灰掺量 30％时可减少用水量约 12％，掺量 50％时可减少用水量约 18％。可见Ⅰ级粉煤灰具有显著的减水效果，起到普通减水剂的减水作用。由表 6.2－1 及表 6.2－2 还可看出，要使混凝土保持相同含气量，引气剂剂量要随粉煤灰掺量的增大而增加。粉煤灰掺量每增加 10％，引气剂剂量约增加 0.01‰。

表 6.2－1　混凝土用水量与粉煤灰掺量、骨料级配的关系（水胶比为 0.50）

粉煤灰掺量 /%	二级配		三级配		四级配	
	用水量 /(kg/m³)	减水率 /%	用水量 /(kg/m³)	减水率 /%	用水量 /(kg/m³)	减水率 /%
0	123	—	103	—	91	—
10	117	5	99	4	86	5
20	109	11	94	9	82	10
30	105	15	91	12	80	12
40	101	18	88	15	78	14

表 6.2－2　混凝土用水量与粉煤灰掺量关系

粉煤灰掺量 /%	引气剂掺量 /‰	不同水胶比用水量增减值/(kg/m³)						
		0.35	0.40	0.45	0.50	0.55	0.60	0.65
0	0.05	2	0	0	0	1	2	3
10	0.06	−2	−2	−1	0	1	2	5
20	0.07	−4	−3	−2	0	2	3	6
30	0.08		−3	−2	0	2	3	7
40	0.09		−3	−2	0	2	4	7
50	0.10		−3	−2	0	2	4	8

在保持混凝土单位用水量不变的情况，Ⅰ级粉煤灰掺量对混凝土坍落度的影响如图 6.2－2 所示，可以看出，混凝土坍落度随着粉煤灰掺量的增加而增大；当粉煤灰掺量小于 45％时，坍落度增加较快；当粉煤灰掺量大于 45％时，坍落度增加较为平坦，说明粉煤灰掺量过大对增加混凝土的坍落度无益。

粉煤灰对混凝土和易性的改善，还表现在它能够减少高效减水剂的极限吸附量，有利于混凝土的保塑。混凝土在混凝土搅拌站生产后，由于搅拌站距施工场地还有一定距离。因此，通常要求混凝土的坍落度损失越小越好。在保持混凝土坍落度 75～85mm 的条件下，粉煤灰掺量与坍落度损失之间的关系如图 6.2－3 所示，混凝土坍落度的减小幅度随着粉煤灰掺量的增加而下降，这说明适当的掺入粉煤灰能有效地减小混凝土坍落度的损失。

新拌混凝土的泌水是固体颗粒下沉而水分上升到表面的现象。泌水会导致表面浮浆和浮灰，影响混凝土的表面质量。泌水进入混凝土上层会影响其表层的耐久性。泌水停留在

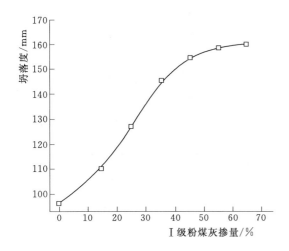
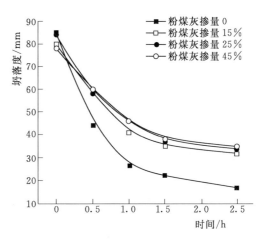

图 6.2-2 Ⅰ级粉煤灰掺量对混凝土坍落度的影响 　　图 6.2-3 粉煤灰掺量与坍落度损失之间的关系

钢筋和粗骨料下面会降低砂浆的黏结能力。当混凝土中加入粉煤灰后，弥补了水泥和细骨料的不足，降低了需水量，阻塞了泌水通道（孔隙），从而改善了混凝土的泌水性，增加了混凝土的防渗能力。新拌混凝土的离析是指浆体和骨料的分离现象。掺入粉煤灰后，混凝土中粉料的比例增加，浆体的体积增大，改善了混凝土的黏聚性，减弱了混凝土的离析作用。粉煤灰混凝土具有较低的泌水率，且不容易离析，这对混凝土的其他性能（如耐久性）也有很大的间接改善作用。

6.2.1.2 粉煤灰与外加剂的适应性

高效、高性能减水剂等外加剂作为混凝土的第五组分，对混凝土工作性的改善以及强度、耐久性等长期性能的提升，主要是通过早期对胶凝材料的分散、减水作用得以实现。粉煤灰作为混凝土中重要的辅助胶凝组分，其与外加剂的适应性必然也将影响混凝土的其他性能。

其他原材料及配合比均相同时，同一外加剂与 3 种 F 类 Ⅰ 级粉煤灰配制的混凝土拌和物性能试验结果见表 6.2-3，配合比相同时，同一水泥、粉煤灰与不同的高效减水剂或者高性能减水剂之间的适应性试验结果见表 6.2-4、表 6.2-5。

表 6.2-3　　　　　　　　　　混凝土拌和物性能试验结果

编号	水胶比	水泥品种	粉煤灰品种	减水剂		引气剂掺量/%	用水量/(kg/m³)	坍落度/mm	含气量/%	凝结时间/min	
				品种	掺量/%					初凝	终凝
YC-1	0.45	华新中热	盘南	JM-PCA	0.8	0.008	120	55	5.0	485	597
YC-2	0.45		宣威	JM-PCA	0.8	0.016	120	60	3.6	458	572
YC-3	0.45		曲靖	JM-PCA	0.8	0.006	120	65	4.4	469	578
YC-4	0.45	华新低热	盘南	JM-PCA	0.8	0.010	125	50	4.0	635	892
YC-5	0.45		宣威	JM-PCA	0.8	0.018	125	45	3.7	613	876
YC-6	0.45		曲靖	JM-PCA	0.8	0.010	125	60	4.5	639	908

表 6.2－4　　　　　　　　　　　　高效减水剂适应性试验结果

试验编号	水胶比	减水剂掺量/%	引气剂掺量/%	经时坍落度/mm			1h坍落度经时变化量/%	经时含气量/%			1h含气量经时变化量/%	凝结时间/min		抗压强度/MPa	
				0h	0.5h	1h		0h	0.5h	1h		初凝	终凝	7d	28d
NS－1	0.45	0.50	0.021	70	55	37	47.1	4.6	3.5	3.2	30.1	2225	2948	13.2	25.9
NS－2	0.45	0.50	0.025	70	55	35	50.0	5.0	3.5	3.0	40.0	1350	1748	14.9	30.3
NS－3	0.45	0.50	0.025	80	70	55	31.3	5.5	3.9	3.6	34.5	1527	1965	18.0	29.9

注　NS－1、NS－2、NS－3分别代表三个厂家的高效减水剂样品。

表 6.2－5　　　　　　　　　　　　高性能减水剂适应性试验结果

试验编号	减水剂掺量/%	引气剂掺量/%	经时坍落度/mm				1h坍落度经时变化量/%	经时含气量/%			1h含气量经时变化量/%	凝结时间/min		抗压强度/MPa	
			0h	0.5h	1h	1.5h		0h	0.5h	1h		初凝	终凝	7d	28d
SS－1	0.40	0.06	160	140	100	60	37.5	5.4	4.3	4.1	24.1	539	803	17.1	29.5
SS－2	0.40	0.05	170	170	110	70	35.3	5.5	3.8	3.6	34.5	603	895	17.3	29.4
SS－3	0.40	0.06	170	158	122	75	28.2	5.5	4.5	4.0	27.3	710	996	17.7	34.2

注　SS－1、SS－2、SS－3分别代表三个厂家的高性能减水剂样品。

不同粉煤灰由于自身需水量比、烧失量、化学成分等性质不同，对混凝土的拌和物性能影响也不同，与外加剂的适应性也不同。表 6.2－3～表 6.2－5 的试验结果表明，混凝土用水量相同时，不同粉煤灰拌制的混凝土坍落度和凝结时间略有差别，对引气剂的引气效果的影响差别较大；不同品种、不同厂家的外加剂性能不同，与同一种粉煤灰的适应性也不同。

龙滩水电站工程混凝土配合比，选用江苏博特和浙江龙游的外加剂分别与湖北阳逻、湖北汉川、四川宜宾、四川白马（内江）、云南曲靖和河南首阳山等 6 家电厂的 I 级粉煤灰进行适应性试验。根据碾压混凝土含气量要求调整引气剂掺量，在此基础上进行含气量损失、抗压强度试验，试验采用大坝下部碾压混凝土施工配合比，试验温度为 18～22℃，进行含气量损失试验时试样均用湿麻袋覆盖。试验组合及拌和物性能、抗压强度试验结果见表 6.2－6。

6 种粉煤灰的需水量比为 87%～93%，相差较大。当用水量采用 79kg/m³ 时，拌和物的 VC 值均小于 3s，流动性较大，为此对单位用水量进行了适当调整，以使混凝土拌和物有较好的和易性，并满足 3～7s 的 VC 值要求。

沙建芳等根据粉煤灰的不同生产工艺将其分为普通低钙灰、高钙灰、粉磨灰、脱硫灰、脱硝灰，研究了这 5 种粉煤灰与萘系、聚羧酸系减水剂的适应性。不同粉煤灰与同一种外加剂、同一粉煤灰与不同外加剂之间表现出不同的适应性，浆体达到同一流动度时的外加剂掺量、浆体的流动度经时损失均不同，相同流动度时的外加剂掺量与粉煤灰需水量比相关。脱硝灰具有与普通低钙灰同等的减水、保塑作用甚至更优，与外加剂适应性良好；粉磨灰、脱硫灰对浆体初始、经时流动性均有显著负效应，与外加剂适应性差；高钙灰与外加剂适应性不佳主要表现为增大经时损失。

表6.2-6 不同外加剂与6种Ⅰ级粉煤灰适应性检验结果

试验编号	减水剂 品种	减水剂 掺量/%	引气剂 品种	引气剂 掺量/%	粉煤灰品种	用水量/(kg/m³)	VC值/s	含气量/% 0min	30min	60min	90min	120min	抗压强度/MPa 7d	28d	90d
适-1	JM-3	0.6	JM-2000	0.100	汉川电厂	75	5.8	2.9	2.9	2.8	2.5	2.4	16.7	34.3	44.9
适-2	JM-4	0.6	JM-2000	0.240		75	5.2	3.2	3.1	3.0	2.8	2.7	1.0	21.6	40.9
适-3	ZB-3	0.6	ZB-1G	0.025		77	4.3	3.8	3.7	3.6	3.4	3.3	16.8	31.4	45.4
适-4	ZB-4	0.7	ZB-1G	0.025		75	4.0	3.2	3.1	3.0	2.9	2.7	15.4	31.2	41.2
适-5	JM-3	0.6	JM-2000	0.030	宜宾电厂	75	5.0	3.6	3.5	3.3	3.3	3.2	19.1	32.7	43.8
适-6	JM-4	0.6	JM-2000	0.030		75	5.0	3.8	3.7	3.6	3.4	3.3	15.4	31.0	43.2
适-7	ZB-3	0.6	ZB-1G	0.030		77	3.6	3.4	3.4	3.4	3.3	3.2	16.1	28.8	38.7
适-8	ZB-4	0.7	ZB-1G	0.030		75	5.0	3.7	3.5	3.4	3.3	3.2	15.7	25.0	36.1
适-9	JM-3	0.6	JM-2000	0.050	阳逻电厂	73	4.0	2.9	2.9	2.8	2.7	2.6	15.1	31.8	45.1
适-10	JM-4	0.6	JM-2000	0.100		73	3.0	3.9	3.6	3.4	3.3	3.1	0.5	23.0	40.1
适-11	ZB-3	0.6	ZB-1G	0.020		75	4.0	3.4	3.2	3.1	2.8	2.8	14.4	28.1	42.4
适-12	ZB-4	0.7	ZB-1G	0.020		72	5.5	3.9	3.7	3.6	3.4	3.1	12.6	28.2	44.4
适-13	JM-3	0.6	JM-2000	0.080	白马电厂	73	4.1	3.2	3.2	3.1	3.1	3.0	20.2	35.6	42.2
适-14	JM-4	0.6	JM-2000	0.100		73	4.0	3.7	3.6	3.5	3.3	3.2	15.3	29.1	40.2
适-15	ZB-3	0.6	ZB-1G	0.020		75	3.6	3.8	3.7	3.5	3.5	3.4	17.7	30.7	42.6
适-16	ZB-4	0.7	ZB-1G	0.020		73	4.5	4.0	3.7	3.5	3.3	3.2	16.8	30.0	43.0
适-57	JM-3	0.6	JM-2000	0.060	曲靖电厂	74	4.5	3.1	3.0	2.9	2.7	2.6	15.5	26.6	39.7
适-58	JM-4	0.6	JM-2000	0.060		74	4.5	3.0	2.9	2.8	2.6	2.6	0.8	21.5	34.4
适-59	ZB-3	0.6	ZB-1G	0.030		75	4.3	4.0	3.8	3.6	3.4	3.2	15.8	24.5	36.8
适-60	ZB-4	0.7	ZB-1G	0.025		73	3.8	3.9	3.8	3.6	3.5	3.3	12.6	23.5	35.8
适-61	JM-3	0.6	JM-2000	0.080	首阳山电厂	71	4.3	3.5	3.4	3.3	3.2	3.0	11.6	31.7	45.6
适-62	JM-4	0.6	JM-2000	0.080		71	3.8	3.8	3.6	3.4	3.3	3.2	0.5	23.6	40.7
适-63	ZB-3	0.6	ZB-1G	0.025		71	4.2	3.8	3.6	3.5	3.4	3.3	11.9	30.8	45.6
适-64	ZB-4	0.7	ZB-1G	0.025		69	3.1	4.0	3.7	3.5	3.3	3.2	10.0	26.9	43.9

粉煤灰对外加剂的吸附性与粉煤灰的颗粒形貌、含碳量、外加剂的分子结构等因素有关，高钙灰、脱硝灰具有与普通粉煤灰相似的微观形貌，对外加剂饱和吸附量小。因而适应性良好；粉磨灰、脱硫灰的粗糙表面以及较高含碳量造成大量外加剂的无效损耗，从而严重弱化外加剂与其适应性。

6.2.1.3　含氨粉煤灰与对混凝土和易性的影响

我国的能源消费以煤为主，其中 80％用于燃烧，随着国民经济的发展，煤炭资源利用越来越多，煤炭成为我国环境污染的主要污染源。煤炭燃烧后产生 SO_2、NO、NO_2、N_2O、CO_2 等气体，SO_2 是其中重要的一种，直接对人类的健康造成危害，大气中的 SO_2 随降水形成的酸雨，间接危害人类健康，并造成建筑物和材料的腐蚀、湖水的酸化、土壤的酸化和贫瘠化，使农作物和森林生长减慢，鱼类生长受到抑制等。NO_x 在无治理条件下的任意排放也会给自然环境和人类生产生活带来严重的危害。

国务院颁发的国发〔2012〕40 号《节能减排"十二五"规划》中明确指出"深入贯彻节约资源和保护环境基本国策，坚持绿色发展和低碳发展，是其保障本规划实施的重要措施。"节能减排成为我国"十二五"最重要的任务之一，我国大气污染排放标准日趋严格。GB 13271—2014《锅炉大气污染物排放标准》规定 65t/h 及其以上的锅炉必须进行脱硫脱硝处理。

近年来，随着环保意识的增强和系列节能减排措施的出台，具有燃烧效率高、燃煤适应性强、低污染排放等优点的循环流化床锅炉逐步取代传统煤粉炉在燃煤电厂得到大量推广应用。作为电厂副产物的粉煤灰，因燃烧温度与环境、脱硫脱硝剂的使用、燃煤品质等重要工艺参数的改变，与传统粉煤灰性能产生明显的差异，针对该工艺环境下排放的粉煤灰称之为循环流化床脱硫粉煤灰（简称脱硫灰）和脱硝粉煤灰（简称脱硝灰）。

随着 NO_x 污染控制的严格与脱硝工艺的普及实施，电厂烟气脱硫脱硝工艺技术发生了很大变化，呈现出从石灰石-石膏法占据绝对主导地位向多种工艺技术共同发展的趋势，脱硝是治理燃煤产生 NO_x 污染的重要技术手段，脱硝剂在脱硝的过程中能有效降低火电厂 NO_x 排放量，同时产生氨气，氨气被粉煤灰吸收后形成铵盐。氨法脱硝原理如下：

$$4NH_3 + 4NO + O_2 \Longrightarrow 6H_2O + 4N_2$$

$$8NH_3 + 6NO_2 \Longrightarrow 12H_2O + 7N_2$$

由于氨的不完全反应，烟气脱硝过程氨的逃逸是难免的。由于 SO_3 的存在，所有未反应的氨都将转化为硫酸铵或硫酸氢铵：

$$2NH_3 + SO_3 + H_2O \Longrightarrow (NH_4)_2SO_4$$

$$NH_3 + SO_3 + H_2O \Longrightarrow NH_4HSO_4$$

粉煤灰是火力发电过程中的另一副产品，来源于锅炉中煤粉燃烧后的未燃尽无机残渣，熔融的未燃尽颗粒随烟道气一起从锅炉中排出，冷却后收集得到的粉末，这样，经氨法脱硝的粉煤灰中就含有铵盐。

而氨法脱硫技术被列为燃煤电厂烟气脱硫的发展方向。氨法脱硫就是以液氨或氨水为脱硫剂，与烟气中的二氧化硫起反应，并通过空气氧化，最终产物为硫酸铵的脱硫工艺。粉煤灰在脱硫脱硝过程中，氨气被吸附在粉煤灰空腔中，和 CO_3^{2-}、SO_4^{2-}、HCO_3^-、

HSO_3^- 等离子形成 $(NH_4)_2CO_3$、$(NH_4)_2SO_4$、NH_4HCO_3、NH_4HSO_3 等铵盐，使粉煤灰中的氨含量也大大提高。

将粉煤灰置于盛有蒸馏水的烧杯中，搅拌均匀，用广泛 pH 试纸检测溶液 pH 值，pH 值范围大多在 6~9 之间，但也有部分粉煤灰的 pH 值在 4~6 之间或者 9~11 之间，将盛有 pH 值大于 9 样品的烧杯移到检测人员鼻腔附近，可闻到明显刺激性气味。这是由于粉煤灰中不仅含有铵盐，还有游离的氨气。在粉煤灰中游离 NH_3 含量较多时，粉煤灰显碱性；在粉煤灰中 $(NH_4)_2SO_4$ 或 NH_4HSO_4 含量较多时，粉煤灰显酸性；而当粉煤灰中即含有 NH_3 又含有 $(NH_4)_2SO_4$ 时，粉煤灰的 pH 值难以确定。

氨以铵盐的形式存在粉煤灰中，在拌制混凝土的过程中，与水泥水化产生的 OH^- 反应生产氨水，借助水泥水化产生的热量，氨水生产氨气和水，氨气逐渐挥发到空气中，此反应是一个缓慢可逆的过程。

当粉煤灰中含有铵盐时，$(NH_4)_2CO_3$、$(NH_4)_2SO_4$、NH_4HCO_3、NH_4HSO_3 等与混凝土中的碱反应，释放气体，且持续时间较长，导致混凝土含气量增加，坍落度变大，凝结时间增长。产生的气体在混凝土运输、施工过程中会缓慢挥发，所以坍落度和含气量经时损失会变大。

一些工程实践表明，由于粉煤灰中含铵盐，会导致混凝土含气量增大，内部气体存在持续释放和缓慢挥发的过程，混凝土的坍落度和含气量经时损失难以控制，导致混凝土在浇筑的过程中存在一定的困难。铵盐和混凝土中碱反应释放气体，需要一定的时间，混凝土入仓后，若氨气仍持续释放，混凝土将出现空鼓现象，气泡会密集的分布在混凝土内部，混凝土仓体拆模后，表面存在明显的密集的气孔，甚至会出现"麻面"现象。虽然混凝土入仓后振捣有助于内部气泡排除，但过分振捣容易导致骨料和浆体分层。

混凝土硬化后就会在内部形成密布的气孔，降低混凝土的抗压强度、极限拉伸值和抗渗性。形成的气孔并非是均匀细小的闭气孔，而是有害的大气孔，在混凝土硬化后成为混凝土内部缺陷，导致混凝土抗冻性降低。

因此，对粉煤灰中的氨含量应该严格控制。但现行国家标准 GB/T 1596—2005《用于水泥和混凝土中的粉煤灰》和行业标准 DL/T 5055—2007《水工混凝土掺用粉煤灰技术规范》中对氨含量均没有要求，也没有相应的检测方法。

对同一粉煤灰厂家、不同批次的粉煤灰进行了品质检测结果见表 6.2-7，其他原材料和配合比均相同的条件下，混凝土拌和物性能试验结果见表 6.2-8。

表 6.2-7　　　　　　　　　　　粉煤灰的品质检测结果

序号	批号	细度/%	含水率/%	烧失量/%	需水量比/%	pH 值
1	001	8.4	0.1	3.60	93	7~8
2	002	6.4	0.2	3.76	93	7~8
3	003	6.4	0.1	3.93	93	8~9
4	004	7.2	0.1	3.65	93	6~7
5	005	7.4	0.1	4.02	93	4~5

表 6.2 - 8　　　　　　　　　　　　混凝土拌和物性能试验结果

序号	设计坍落度 /mm	粉煤灰 批号	减水剂品种	减水剂掺量 /%	引气剂品种	引气剂掺量 /%	实测坍落度 /mm	含气量 /%
1	70～90	001	PCA - 1	0.65	GYQ - 1	0.009	81	5.5
2	70～90	002	PCA - 1	0.65	GYQ - 1	0.009	61	2.1
3	70～90	001	ZB - 1C800	0.50	GK - 9A	0.006	95	5.1
4	70～90	002	ZB - 1C800	0.50	GK - 9A	0.006	48	2.8
5	70～90	001	PCA - 1	0.70	GYQ - 1	0.010	68	4.5
6	70～90	003	PCA - 1	0.70	GYQ - 1	0.010	105	5.1
7	70～90	004	PCA - 1	0.70	GYQ - 1	0.010	78	5.2
8	70～90	005	PCA - 1	0.70	GYQ - 1	0.010	80	3.5

从上表试验结果可以看出：其他条件不变，采用同一配合比，不同批号的Ⅰ级粉煤灰与同一水泥进行室内拌和，混凝土的坍落度和含气量均波动较大。粉煤灰中的氨含量对引气剂的性能或者说对粉煤灰与外加剂的适应性影响较大。

在混凝土拌制过程中均闻到了氨味，说明粉煤灰中均含有铵盐或氨气，但由于缺少相应的检测手段，不能定量检测粉煤灰中氨含量，尚不能确定粉煤灰中氨含量与混凝土坍落度或含气量波动的直接关系。

6.2.2　矿渣粉对混凝土和易性的影响

尽管矿渣粉和水泥一样都是碾磨材料，具有多角的形状，但其表面结构比水泥更光滑，因而能够提高新拌混凝土的工作性。另外，由于矿渣的密度略低于普通硅酸盐水泥，等量取代水泥后将增加粉体材料的体积，这也有益于提高工作性。

有研究对比了两种细度的矿粉对水泥标准稠度需水量和净浆凝结时间的影响，结果显示普通矿粉使水泥净浆标准稠度需水量下降，而超细矿粉则增加标准稠度需水量，两种矿粉都使水泥净浆凝结时间略微延长，普通矿粉可以改善水泥净浆的流动度，而超细矿粉的加入则降低了水泥净浆的流动度。

随着矿粉掺量的增加，水泥的标准稠度用水量呈下降趋势。当矿粉掺量为 80％ 时，水泥的标准稠度用水量最小，不超过 80％ 的大掺量矿粉能够明显降低水泥水化的用水量，在相同用水量的情况下，可以改善水泥的工作性能。在固定胶砂比和水灰比的情况下，随着矿粉掺量的提高，水泥砂浆流动度增加，矿粉的掺入可以减少水泥的用量，改善水泥的流动性能。一般认为，矿粉改善水泥砂浆流动新能的作用有两方面的原因。首先是矿粉水化时所需要的水比水泥熟料水化所需的水少，从而在相同水灰比的情况下增加了砂浆的流动度。其二是因为矿粉的细度比水泥少，矿粉颗粒填充在水泥颗粒之间，改善了整个体系的颗粒级配，有利于砂浆的流动，从而提高了砂浆的流动度。矿粉对水泥的这种作用在应用于混凝土工程中时可以减少减水剂的用量，节约成本。

矿渣粉掺量（比表面积 500m²/kg 左右）对混凝土坍落度及其经时损失的影响如图 6.2 - 4 所示，随着矿渣粉掺量的增大混凝土坍落度增加，但当矿渣粉的掺量超过一定限度后，如图中矿渣粉掺量超过 40％ 后，由于超细粉含量的增多，增加了矿渣粉颗粒表面的吸附水量，导致混凝土的坍落度值开始降低。掺入矿渣粉后，对混凝土的坍落度经时损失起到改善作用，这是因为，矿渣粉的水化比纯水泥要慢．矿渣粉的掺入使混凝土中的水泥实际用量降低，整个混凝土的水化速度减慢，从而造成了混凝土的坍落度经时损失减小。

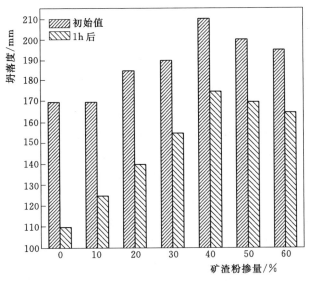

图 6.2-4　矿渣粉掺量对混凝土坍落度的影响

　　某工程掺矿渣粉混凝土配合比试验结果见表 6.2-9，由试验结果可知，随着矿渣粉掺量增加，混凝土的含气量有减小趋势。

表 6.2-9　　　　　　　　　某工程掺矿渣粉混凝土配合比试验结果

编号	级配	水胶比	矿渣粉掺量 /%	砂率 /%	外加剂品种及掺量/%		用水量 /(kg/m³)	坍落度 /mm	含气量 /%
					JM-Ⅱ	GYQ			
KA-1			20	26	0.7	0.006	108	50	3.7
KA-2			30	26	0.7	0.006	108	61	3.8
KA-3		0.40	40	25	0.7	0.006	109	51	3.9
KA-30			50	25	0.7	0.007	109	50	3.5
KA-33			60	25	0.7	0.007	109	51	3.6
KA-4			20	25	0.7	0.006	108	56	3.5
KA-5			30	25	0.7	0.006	108	60	3.8
KA-6	三	0.45	40	25	0.7	0.006	109	60	3.9
KA-31			50	25	0.7	0.007	110	51	3.6
KA-34			60	25	0.7	0.007	110	50	3.5
KA-7			20	25	0.7	0.006	109	62	4.0
KA-8			30	25	0.7	0.006	109	61	3.9
KA-9		0.50	40	25	0.7	0.006	110	62	3.8
KA-32			50	25	0.7	0.007	110	52	3.6
KA-35			60	25	0.7	0.007	110	51	3.6

续表

编号	级配	水胶比	矿渣粉掺量 /%	砂率 /%	外加剂品种及掺量/%		用水量 /(kg/m³)	坍落度 /mm	含气量 /%
					JM-Ⅱ	GYQ			
KA-24			35	23	0.7	0.006	98	56	4.0
KA-25		0.50	45	23	0.7	0.007	98	57	4.1
KA-28	四		55	23	0.7	0.007	97	63	3.9
KA-26			35	23	0.7	0.006	98	56	4.0
KA-27		0.55	45	23	0.7	0.007	98	54	4.2
KA-29			55	23	0.7	0.007	97	59	4.0

　　掺或不掺矿渣的混凝土，其泌水性能和泌水率主要取决于矿渣的细度和用水量。早期矿渣多作为混合材与水泥颗粒共同粉磨生产矿渣水泥，与水泥熟料颗粒相比，矿渣的易磨性较差，矿渣水泥中的矿渣颗粒较水泥颗粒粗，导致矿渣水泥混凝土用水量和泌水较多，随着现代粉磨工艺的提高，将矿渣单独粉磨后，细度大大提高，若矿渣的比表面积大于水泥，则泌水就会减少。磨细矿渣的比表面积越大，减少泌水的效果越加明显。反之，则泌水率增大。太多的泌水直接影响混凝土的表面性能，并导致塑性干缩裂缝，须注意控制混凝土的用水量、砂石骨料级配及施工方法，并尽量排去混凝土表面的积水。胶凝材料的活性也会影响混凝土的泌水性能，因为早期水化产物的形成有助于阻止水分迁移至表面，因此，矿渣粉活性越高，泌水量越小。

　　Ⅰ级粉煤灰由于其含碳量低、颗粒细、球形颗粒含量高，使形态效应、微集料效应和火山灰效应得以充分发挥，起到了固体减水剂的作用。不仅使混凝土的性能得到全面改善，提高了混凝土的抗裂性和耐久性，而且为配制高性能大体积混凝土奠定了基础。但由于粉煤灰的效应主要表现在后期，在掺量较大的情况下，混凝土早期强度发展缓慢，影响其早期的抗裂性。而矿渣粉用作混凝土掺和料，具有比粉煤灰更高的活性，而且品质和均匀性更易保证，掺入混凝土中不仅可以节约水泥，降低胶凝材料水化热，而且可以改善混凝土的某些性能，如显著提高混凝土的强度，降低混凝土的绝热温升，提高抗渗性及对海水、酸及硫酸盐等的抗化学侵蚀能力，具有抑制碱-骨料反应效果等。

　　优质级粉煤灰和矿渣微粉在混凝土中使用有各自的优缺点。掺入一定量的优质级粉煤灰可以降低混凝土的用水量，在水胶比不变的情况下，减少了胶凝材料用量，从而降低了混凝土的水化热温升，但是，掺粉煤灰的混凝土，早期强度较低。而掺矿渣微粉的混凝土早期强度较高，但当矿渣微粉的掺量较低时，起不到降低水化热温升的作用。如在混凝土中同时掺优质级粉煤灰和矿渣微粉，比单掺优质级粉煤灰和矿渣微粉具有更好的效果，它们之间不仅能优势互补，而且具有更好的综合效应。为改善混凝土的某些性能，弥补粉煤灰的不足，可以掺用部分磨细矿渣（即矿渣粉），以使矿渣粉和粉煤灰的优势互补。

　　采用"三峡"牌 42.5 中热水泥和 32.5 低热矿渣水泥，平圩电厂Ⅰ粉煤灰和重庆电厂Ⅱ粉煤灰，武汉钢铁公司的矿渣，浙江龙游外加剂厂生产的 ZB-1A 缓凝高效减水剂，河北省水工局混凝土外加剂厂生产的 DH₉ 引气剂进行混凝土配合比试验，减水剂掺量为 0.6%，引气剂掺量以使混凝土含气量达到 4.5%～5.5% 为准。

表6.2-10　混凝土配合比

编号	水泥品种	水胶比	水泥/%	矿渣微粉掺量/%	粉煤灰掺量/%	砂率/%	减水剂及引气剂		胶凝材料总量/(kg/m³)	混凝土材料用量/(kg/m³)						坍落度/mm	含气量/%
							ZB-1A/%	DH9/%		水	水泥	矿渣微粉	粉煤灰	砂	石		
K1	三峡中热	0.45	100	0	0	28	0.6	0.004	213	96	213.0	0	0	591	1571	48	5.5
K2		0.45	80	0	20	27	0.6	0.005	191	86	153.0	0	38.0	578	1615	55	5.8
K3			70	0	30	27	0.6	0.005	191	85	132.0	0	57.0	577	1613	49	5.9
K4			60	0	40	27	0.6	0.005	187	84	112.0	0	75.0	576	1611	39	5.6
K5			80	20	0	27	0.6	0.005	209	95	167.0	42.0	0	572	1593	50	6.0
K6		0.45	70	30	0	27	0.6	0.005	211	95	148.0	63.0	0	569	1592	30	6.2
K7			60	40	0	27	0.6	0.005	209	94	125.5	83.5	0	570	1593	60	6.5
K8			50	50	0	27	0.6	0.006	207	93	103.5	103.5	0	570	1595	55	6.1
K9			70	18	12	27	0.6	0.006	204	92	143.0	36.5	24.5	571	1597	70	5.7
K10		0.45	60	24	16	27	0.6	0.006	200	90	120.0	48.0	32.0	572	1600	70	5.8
K11			50	30	20	27	0.6	0.006	196	88	98.0	59.0	39.0	573	1604	60	5.6
K12			40	36	24	27	0.6	0.006	191	86	76.5	69.0	45.5	575	1609	50	5.6
K13		0.50	100	0	0	29	0.6	0.004	192.0	96	192.0	0	0	617	1563	57	5.6
K14			70	0	30	28	0.6	0.005	170	85	119.0	0	51.0	603	1605	34	5.4
K15			60	0	40	28	0.6	0.005	168	84	101.0	0	67.0	603	1604	42	5.8
K16		0.50	50	0	50	27	0.6	0.005	166	83	83.0	0	83.0	581	1624	39	5.0
K17			40	0	60	27	0.6	0.006	164	82	66.0	0	98.0	580	1623	52	5.2

续表

编号	水泥品种	水胶比	水泥/%	矿渣微粉掺量/%	粉煤灰掺量/%	砂率/%	减水剂及引气剂 ZB-1A/%	DH9/%	胶凝材料总量/(kg/m³)	混凝土材料用量/(kg/m³) 水	水泥	矿渣微粉	粉煤灰	砂	石	坍落度/mm	含气量/%
K18	三峡中热	0.50	70	30	0	28	0.6	0.005	190	95	133	57	0	595	1584	70	6.3
K19			60	40	0	28	0.6	0.005	188	94	113	75	0	596	1585	40	6.4
K20			50	50	0	28	0.6	0.006	186	93	93	93	0	597	1587	38	6.2
K21			40	60	0	28	0.6	0.006	184	92	73.5	110.5	0	598	1589	43	6.5
K22	三峡中热	0.50	70	18	12	28	0.6	0.006	184	92	129	33	22	597	1589	55	5.6
K23			60	24	16	28	0.6	0.006	180	90	108	43	29	599	1592	50	6.2
K24			50	30	20	28	0.6	0.006	176	88	88	53	35	600	1596	42	5.7
K25			40	36	24	28	0.6	0.006	172	86	69	62	41	601	1600	38	6.8
K26			40	40	20	28	0.6	0.006	172	86	69	69	34	602	1601	40	5.4
K27	三峡低热矿渣	0.50	80	0	20	28	0.6	0.006	172	86	138	0	34	603	1605	40	5.2
K28*	三峡中热	0.50	70	30	0	28	0.6	0.005	190	95	133	57	0	595	1584	55	6.0
K29*			50	50	0	28	0.6	0.006	186	93	93	93	0	597	1587	45	5.8
K30*	三峡中热	0.50	70	18	12	28	0.6	0.006	184	92	129	33	22	597	1589	54	6.3
K31*			50	30	20	28	0.6	0.006	176	88	88	53	35	600	1596	47	6.0
K32		0.55	50	30	20	29	0.6	0.008	156	86	78	47	31	629	1592	30	4.8
K33			40	36	24	29	0.6	0.008	156	86	62.5	56.2	37.4	628	1589	30	4.7

* 矿渣粉比表面积为 580m²/kg。

试验主要是探讨掺矿渣微粉及矿渣粉与粉煤灰联合掺用对混凝土性能的影响，混凝土配合比设计选用 0.45、0.50 两个水胶比，矿渣微粉掺量 0～50%（比表面积 500m²/kg），粉煤灰掺量 0～60%，矿渣微粉与粉煤灰联合掺用时，矿渣微粉与粉煤灰的比例为 6∶4，混凝土为四级配，花岗岩人工骨料，特大石∶大石∶中石∶小石＝30∶30∶20∶20。

混凝土的单位用水量根据坍落度的要求通过试拌确定，混凝土的坍落度一般控制在 40～60mm，含气量控制在 5% 左右。

经试拌、调整确定的混凝土配合比列于表 6.2-10。试拌结果表明，掺粉煤灰可使混凝土的单位用水量可降低 10kg 以上，且粉煤灰掺量越大，单位用水量降低的就越多，掺矿渣粉可使混凝土单位用水量降低 1～3kg，复掺矿渣微粉与粉煤灰可使混凝土单位用水量降低 4～10kg。

比较了单掺粉煤灰、单掺矿渣粉及复掺粉煤灰与矿渣粉混凝土的拌和物性能，结果见表 6.2-11，结果表明，单掺矿渣微粉的混凝土坍落度损失、泌水率比单掺粉煤灰的混凝土要大，粉煤灰与矿渣微粉混掺后，混凝土拌和物性能比单掺矿渣微粉的混凝土有了很大改善。

表 6.2-11　　　　　　　　　　混凝土拌和物性能试验结果

编号	水胶比	粉煤灰掺量/%	矿渣粉掺量/%	坍落度损失/%				含气量损失/%				泌水率/%
				0min	30min	60min	90min	0min	30min	60min	90min	
K8	0.50	50	0	0	18.5	49.0	51.4	0	21.0	26.0	31.5	4.3
K16	0.50	0	50	0	52.0	63.0	72.0	0	15.7	31.4	35.3	6.1
K24	0.50	20	30	0	37.0	53.5	76.0	0	18.0	19.5	29.4	3.0
K32	0.55	20	30	0	23.0	54.0	71.5	0	19.2	27.0	42.0	3.1

6.2.3　磷渣粉对混凝土和易性的影响

磷渣粉能增加混凝土的初始坍落度和扩展度，既可提高流动性增大，而且还能增强保塑性，降低坍落度损失，这很有益于施工。比水泥颗粒细的磷渣粉，改善了混凝土材料从粉体（掺和料、水泥）至骨料（砂、石子）的固体填充性，磷渣粉属玻璃体结构，表面不吸水，可填充在水泥粒子间隙和絮凝结构中，占据充水空间，把絮凝结构中的水分释放出来，使浆体流动性提高。另外，磷渣粉粒子吸附高效减水剂分子，表面形成双电层，絮凝结构破坏，使超细粉粒子能进入水泥浆体空隙中，发挥其微观填充效应；同时，磷渣粉还与水泥粒子间产生静电斥力，增大浆体粒子的分散效果，使工作性得到改善。

6.2.3.1　常态混凝土

磷渣粉和粉煤灰对常态混凝土坍落度的影响见表 6.2-12。磷渣粉对混凝土坍落度的改善效果与粉煤灰差不多，但掺磷渣粉混凝土坍落度的早期损失比掺粉煤灰时要大一些，后期基本相当。混凝土含气量损失比单掺粉煤灰时要大；与单掺粉煤灰的混凝土相比，掺磷渣粉的混凝土拌和物更黏稠，基本不泌水，拌和物不易离析。

表 6.2 - 12　　　　　　　　磷渣粉和粉煤灰对常态混凝土坍落度的影响

编号	级配	水胶比	粉煤灰掺量/%	磷渣粉掺量/%	坍落度/坍落度损失/(mm/%)					
					0h	0.5h	1.0h	1.5h	2.0h	2.5h
P41	四	0.50	30	0	110/0	25/77	23/79	5/96	5/96	4/96
P42	四	0.50	0	30	140/0	30/79	07/95	7/95	6/96	6/96
P43	四	0.50	15	15	146/0	29/80	18/88	11/93	11/93	9/94
P21	二	0.45	20	0	76/0	16/83	07/91	4/95	4/95	4/95
P22	二	0.45	0	20	43/0	06/86	05/88	/100	—	—
P23	二	0.45	10	10	82/0	17/79	08/90	6/93	2/98	1/99
PC1	二	0.30	10	0	25/0	14/44	05/80	5/80	5/80	—
PC2	二	0.30	0	10	16/0	11/31	05/69	5/69	5/69	—
PC3	二	0.30	5	5	50/0	10/80	05/10	7/14	5/69	—

在混凝土引入一定数量的微小气泡,可以提高混凝土的抗冻性,对混凝土耐久性有利。磷渣粉和粉煤灰对混凝土含气量及其损失的影响见表 6.2 - 13。与粉煤灰相比,掺磷渣粉混凝土的含气量损失较快。

表 6.2 - 13　　　　　　　磷渣粉和粉煤灰对混凝土含气量及其损失的影响

编号	级配	水胶比	粉煤灰掺量/%	磷渣粉掺量/%	含气量/含气量损失/(%/%)					
					0h	0.5h	1.0h	1.5h	2.0h	2.5h
P41	四	0.50	30	0	4.8/0	3.4/29	2.9/40	3.1/35	2.5/48	2.5/48
P42	四	0.50	0	30	8.2/0	5.3/35	4.6/44	3.4/59	3.2/61	2.8/66
P43	四	0.50	15	15	7.8/0	4.8/39	3.9/50	2.4/69	2.7/65	2.3/71
P21	二	0.45	20	0	4.2/0	3.0/29	2.2/48	2.4/43	1.8/57	2.0/52
P22	二	0.45	0	20	5.8/0	3.5/40	2.9/50	2.9/50	—	—
P23	二	0.45	10	10	4.6/0	2.5/46	2.0/57	2.2/52	1.8/61	1.8/61
PC1	二	0.30	10	0	1.9/0	1.9/0	1.9/0	1.9/0	1.9/0	—
PC2	二	0.30	0	10	2.2/0	2.0/9	2.0/9	1.6/20	1.6/20	—
PC3	二	0.30	5	5	2.2/0	2.1/95	1.9/86	1.9/86	1.9/86	—

磷渣粉和粉煤灰对混凝土泌水率的影响见表 6.2 - 14。与单掺粉煤灰的混凝土相比,掺磷渣粉的混凝土拌和物更黏稠,基本不泌水,拌和物更不易离析,具有很好的施工性能。

表 6.2 - 14　　　　　　　　磷渣粉和粉煤灰对混凝土泌水率的影响

编号	级配	水胶比	粉煤灰掺量/%	磷渣粉掺量/%	泌水率/%
P41	四	0.50	30	0	1.4
P42	四	0.50	0	30	0.3
P43	四	0.50	15	15	0
P21	二	0.45	20	0	0

编号	级配	水胶比	粉煤灰掺量/%	磷渣粉掺量/%	泌水率/%
P22	二	0.45	0	20	0.2
P23	二	0.45	10	10	0.2
PC1	二	0.30	10	0	0.2
PC2	二	0.30	0	10	0.2
PC3	二	0.30	5	5	0.5

6.2.3.2 碾压混凝土

单掺粉煤灰、磷渣粉或复掺磷渣粉与粉煤灰的混凝土配合比及拌和物性能试验结果见表 6.2-15，试验结果表明，碾压混凝土用水量较低，二级配碾压混凝土用水量在 $85\sim91kg/m^3$ 之间，三级配碾压混凝土用水量在 $77\sim82kg/m^3$ 之间，单掺磷渣粉或复掺磷渣粉和粉煤灰时碾压混凝土用水量比单掺粉煤灰混凝土用水量分别低 $2kg/m^3$ 和 $1kg/m^3$。在通常减水剂和引气剂掺量下，VC 值和含气量满足要求，碾压混凝土各材料之间有较好的相容性。

掺和料品种对四级配碾压混凝土拌和物性能的影响试验结果见表 6.2-15。

表 6.2-15　掺和料品种对四级配碾压混凝土拌和物性能的影响试验结果

编号	水胶比	粉煤灰掺量/%	磷渣粉掺量/%	用水量/(kg/m³)	砂率/%	石子组合比	VC 值/s	含气量/%	骨料包裹情况
2	0.50	60	0	71	30	20:30:30:20	3.6	4.4	好
11		30	30				1.8	5.3	好
6	0.45	60	0	71	30	20:30:30:20	4.5	4.6	好
18		30	30				3.8	5.1	较好

试验结果表明，掺磷渣粉的四级配碾压混凝土拌和物容重、工作性与掺加粉煤灰的混凝土无明显区别，但复掺磷渣粉和粉煤灰的混凝土的 VC 值较单掺煤灰混凝土的 VC 值略小，含气量略有提高，见表 6.2-16。

6.2.4　硅粉对混凝土和易性的影响

硅粉的比表面积非常大，颗粒表面湿润需要大量水分，使得新拌混凝土的大量自由水被硅粉粒子所约束，混凝土内部很难有多余的水分溢出；此外，硅粉微粒堵塞了新拌混凝的毛细孔。所以，在混凝土中掺入硅粉，混凝土的黏聚性、保水性提高，但流动度大大降低，且流动度一般随着硅粉用量的增加而增大。在混凝土中加入硅粉后，由于硅粉的微填料效应，硅粉自身吸水率大，新拌混凝土的泌水量大大减少，且硅粉混凝土早期水化反应加快，早期强度提高，弹性模量增大，而徐变和应力松弛减小。因此，硅粉混凝土发生塑性开裂（多在混凝土浇筑抹面后至混凝土终凝前）和出现早期（28d 前）收缩裂缝的机会较普通混凝土大大增多，且随着硅粉掺量的增大而增大。飞来峡和黄河小浪底水利工程的施工中发现，硅粉混凝土出现塑性开裂和早期干缩的概率比普通混凝土高得多。因此，在高气温、低湿度、高风速情况下浇筑硅粉混凝土，应特别注意防范混凝土产生塑性开裂和早期收缩。所以工程上一般要求硅粉与粉

表6.2-16　碾压混凝土试验配合比及拌和物性能

配合比编号	水胶比	粉煤灰掺量/%	磷渣粉掺量/%	级配	砂率/%	减水剂HLC-NAF/%	引气剂AE/%	材料用量/(kg/m³)						VC值/s	含气量/%
								水	水泥	粉煤灰	磷渣粉	砂	石		
S67		45.0	0	二	37	0.7	0.1	91	111.0	91.0	0	787	1360	6.6	4.2
S68		0	45.0	二	37	0.7	0.1	89	109.0	0	89.0	799	1380	7.3	4.0
S69		22.5	22.5	二	37	0.7	0.1	90	110.0	45.0	45.0	793	1370	7.0	4.5
S70		55.0	0	二	37	0.7	0.1	90	90.0	110.0	0	787	1360	8.0	4.2
S71	0.45	0	55.0	二	37	0.7	0.1	89	89.0	0	109.0	798	1380	7.8	4.3
S72		27.5	27.5	二	37	0.7	0.1	89	89.0	54.5	54.5	793	1371	6.5	4.5
S73		65.0	0	二	37	0.7	0.1	89	69.0	128.5	0	787	1359	6.0	3.9
S74		0	65.0	二	37	0.7	0.1	87	68.0	0	126.0	801	1385	8.1	4.0
S75		32.5	32.5	二	37	0.7	0.1	88	68.5	63.5	63.5	794	1372	6.3	4.2
S76		45.0	0	二	38	0.7	0.1	90	99.0	81.0	0	818	1354	6.1	4.5
S77		0	45.0	二	38	0.7	0.1	88	97.0	0	79.0	829	1372	5.9	4.3
S78		22.5	22.5	二	38	0.7	0.1	89	98.0	40.0	40.0	823	1363	6.8	4.6
S79		55.0	0	二	38	0.7	0.1	89	80.0	98.0	0	818	1354	5.5	4.9
S80	0.50	0	55.0	二	38	0.7	0.1	88	79.0	0	97.0	828	1372	6.5	4.0
S81		27.5	27.5	二	38	0.7	0.1	88	79.0	48.5	48.5	824	1364	6.7	4.5
S82		65.0	0	二	38	0.7	0.1	88	61.5	114.5	0	818	1354	6.2	4.4
S83		0	65.0	二	38	0.7	0.1	86	60.0	0	112.0	831	1377	7.4	4.0
S84		32.5	32.5	二	38	0.7	0.1	87	61.0	56.5	56.5	825	1365	7.0	4.1
S85		45.0	0	二	39	0.7	0.1	89	122.5	100.0	0	824	1308	5.7	4.9
S86		0	45.0	二	39	0.7	0.1	87	119.5	0	98.0	837	1329	6.3	4.4
S87		22.5	22.5	二	39	0.7	0.1	88	121.0	49.5	49.5	831	1319	6.8	4.1
S88		55.0	0	二	39	0.7	0.1	88	99.0	121.0	—	824	1307	6.2	4.1
S89	0.55	0	55.0	二	39	0.7	0.1	87	98.0	0	119.5	837	1328	7.0	4.3
S90		27.5	27.5	二	39	0.7	0.1	87	98.0	60.0	60.0	831	1319	6.5	4.0
S91		65.0	0	二	39	0.7	0.1	87	76.0	141.5	0	823	1307	7.1	4.1
S92		0	65.0	二	39	0.7	0.1	85	74.5	0	138.0	840	1334	5.8	4.4
S93		32.5	32.5	二	39	0.7	0.1	86	75.5	70.0	70.0	832	1320	6.6	3.9

续表

配合比编号	水胶比	粉煤灰掺量 /%	磷渣粉掺量 /%	级配	砂率 /%	减水剂 HLC-NAF /%	引气剂 AE /%	材料用量 /(kg/m³)						VC值 /s	含气量 /%
								水	水泥	粉煤灰	磷渣粉	砂	石		
S94	0.45	45.0	0	三	33	0.7	0.1	82	100.0	82.0	0	721	1486	5.0	4.2
S95		0	45.0	三	33	0.7	0.1	81	99.0	0	81.0	729	1502	5.9	4.0
S96		22.5	22.5	三	33	0.7	0.1	81	99.0	40.5	40.5	726	1496	4.8	4.3
S97		55.0	0	三	33	0.7	0.1	81	81.0	99.0	0	721	1486	4.4	4.4
S98		0	55.0	三	33	0.7	0.1	80	80.0	0	98.0	730	1505	6.4	4.8
S99		27.5	27.5	三	33	0.7	0.1	80	80.0	49.0	49.0	726	1497	4.3	4.5
S100		65.0	0	三	33	0.7	0.1	80	62.0	115.5	0	721	1485	5.5	4.2
S101		0	65.0	三	33	0.7	0.1	79	61.5	0	114.0	731	1507	5.9	3.9
S102		32.5	32.5	三	33	0.7	0.1	79	61.5	57.0	57.0	727	1498	6.2	4.1
S103	0.50	45.0	0	三	34	0.7	0.1	81	89.0	73.0	0	751	1479	5.0	4.0
S104		0	45.0	三	34	0.7	0.1	80	88.0	0	72.0	758	1494	6.0	5.0
S105		22.5	22.5	三	34	0.7	0.1	80	88.0	36.0	36.0	755	1488	7.0	4.4
S106		55.0	0	三	34	0.7	0.1	80	72.0	88.0	0	751	1479	6.0	3.8
S107		0	55.0	三	34	0.7	0.1	79	71.0	0	87.0	759	1496	6.5	4.5
S108		27.5	27.5	三	34	0.7	0.1	79	71.0	43.5	43.5	756	1489	5.5	4.1
S109		65.0	0	三	34	0.7	0.1	79	55.5	102.5	0	751	1479	6.0	4.6
S110		0	65.0	三	34	0.7	0.1	78	54.5	0	101.5	761	1498	5.2	5.0
S111		32.5	32.5	三	34	0.7	0.1	78	54.5	50.5	50.5	756	1490	4.5	4.2
S112	0.55	45.0	0	三	35	0.7	0.1	80	80.0	65.5	0	779	1469	4.6	4.2
S113		0	45.0	三	35	0.7	0.1	79	79.0	0	64.5	786	1482	5.3	4.3
S114		22.5	22.5	三	35	0.7	0.1	79	79.0	32.5	32.5	784	1477	5.6	3.9
S115		55.0	0	三	35	0.7	0.1	79	64.5	79.0	0	780	1469	5.4	4.2
S116		0	55.0	三	35	0.7	0.1	78	64.0	0	78.0	788	1485	5.9	4.1
S117		27.5	27.5	三	35	0.7	0.1	78	64.0	39.0	39.0	784	1478	6.0	3.9
S118		65.0	0	三	35	0.7	0.1	78	49.5	92.0	0	780	1470	5.8	4.2
S119		0	65.0	三	35	0.7	0.1	77	49.0	0	91.0	789	1487	5.4	4.6
S120		32.5	32.5	三	35	0.7	0.1	77	49.0	45.5	45.5	785	1480	5.9	4.1

煤灰复掺，克服了单掺粉煤灰混凝土早期强度低和单掺硅粉混凝土后期强度发展缓慢的缺陷，并能获得更好的和易性，使粉煤灰与硅粉达到"优势互补"，进一步改善混凝土的性能，获得较好的和早期强度、后期强度、施工性能和耐久性能。

硅粉超细颗粒填充水泥粗颗粒之间的空隙，其结果就使体系的粒度分布更合理，而且能置换出部分水泥颗粒间填充的水分。这种填充作用有助于改善混凝土的流动性。因此，改善水泥和硅粉的级配，就能使拌和物中可利用的自由水增加，达到所要求的稠度时降低需水量。但另一方面，由于硅粉有较小的颗粒尺寸和较大的比表面积，比表面积的增加会导致相应的内部表面力的增加及混凝土内聚力的增加。这一影响有有利的一面，但也意味着混凝土在浇筑时会显得稍为干硬，即需要有较高的坍落度，才能维持正常的工作度。这也是掺入硅粉的混凝土常常需要高效减水剂的原因。应注意的是掺入硅粉的新拌混凝土虽有较低的坍落度，但施加外力时，如泵送、振动或捣实，硅粉圆形颗粒则会起到滚珠轴承和润滑作用，使混合料具有很好的流动性。一般而言，掺入硅粉会降低混凝土的和易性，需要增加用水量，可以通过掺加高效减水剂来平衡硅粉对用水量的增加。

6.2.4.1 硅粉掺量与单位用水量关系

在同坍落度的条件下，硅粉对水泥的取代量越大，需水量也越多。在保持坍落度不变条件下，硅粉掺量使混凝土需水量显著增加，在一定范围内，取代量与需水量呈线性关系。硅粉取代水泥量每增加1%，混凝土单位用水量增加7kg。

6.2.4.2 硅粉掺量与减水剂用量的关系

掺硅粉混凝土的需水量增加可通过掺高效减水剂得以补偿。混凝土的坍落度相对固定，混凝土的需水量不变［W/（C+SF）不变］的条件下，硅粉取代水泥量越多，所需减水剂的量越大，图6.2-5给出了具有相同坍落度的混凝土，硅粉取代量与减水剂掺量关系。在坍落度相当的条件下，硅粉掺量与减水剂用量接近线性关系。

由于内聚力的增加，掺入硅粉的混凝土的离析现象会大大降低，这使得硅粉混凝土易于泵送，并可用作为流动混凝土。混凝土内聚力的增加还会减小泌水。纯水泥混凝土中，细骨料和粗骨料颗粒比水泥颗粒大得多，颗粒之间的空隙可使泌水上升到混凝土表面，形成浮浆。当极细的硅粉颗粒加入混凝土中，水流动的通道尺寸会减小很多，因为硅粉颗粒可以进入水泥颗粒之间的空隙，切断泌水的流动通道。

另外，加入硅粉后固体和固体的接触点增多，混凝土拌和物的黏聚性也显著提高，这就使得混凝土很适合用于喷射、泵送和水下浇筑。事实上，加入过多的硅灰（如掺量大于

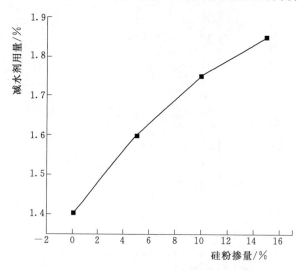

图6.2-5 硅粉掺量与减水剂用量的关系
（保持坍落度175~185mm）

20%）会使混凝土变得很黏稠。掺入硅粉可提高水泥浆体的稠度，降低泌水量。

在混凝土中掺入硅粉，会降低混凝土中的含气量，要获得相同的含气量，需提高引气剂的掺量，特别是对于低水胶比的混凝土。如图 6.2-6 所示。

由图可见，在水胶比相同的情况下，硅粉掺量增加，为保证混凝土拌和物的含气量，需要加大引气剂的掺量。在相同的硅粉掺量下，水胶比越高，需要掺入引气剂的量越大。

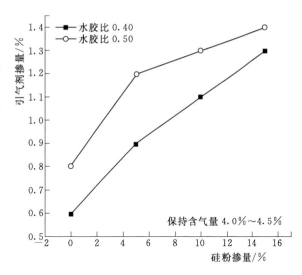

图 6.2-6　硅粉掺量与引气剂掺量的关系

6.2.5　火山灰质材料对混凝土和易性的影响

混凝土的用水量与火山灰的需水量比有关，火山灰的需水量比越大，混凝土的用水量越大，还随着火山灰的掺量和细度的增加而增大，这种不利影响可以通过掺加减水剂来克服。试验研究了不同原岩火山灰微粉对混凝土性能的影响。混凝土配合比及拌和物性能见表 6.2-17。从混凝土拌和物性能可以看出，与粉煤灰相比，火山灰微粉的掺入增大了混凝土的单位用水量，且掺浮石或硅藻土火山灰混凝土的单位用水量更高；随火山灰微粉掺量的增加，混凝土单位用水量也随之增大，浮石、硅藻土掺量每增加 10%，其用水量增加 2~3kg/m³。

表 6.2-17　　　　　　　　　　混凝土配合比及拌和物性能

编号	掺和料		混凝土材料用量/(kg/m³)						拌和物性能	
	品种	掺量/%	水	水泥	火山灰	粉煤灰	砂	石	坍落度/mm	含气量/%
HS1	硅藻土	30	135	189	81	—	624	1406	60	5.0
HS2	浮石粉	30	130	182	78	—	637	1433	60	4.1
HS3	凝灰岩	30	128	179	77	—	642	1445	74	4.8
HS4	火山灰碎屑岩	30	128	179	77	—	643	1447	64	3.8
HS5	安山玄武岩	30	128	179	77	—	643	1447	75	5.7
HS6	曲靖 I	30	125	175	—	75	644	1450	80	4.6
HS7	曲靖 II	30	128	179	—	77	640	1440	78	4.0
HS8	硅藻土	10	130	234	26	—	640	1441	60	4.0
HS9	硅藻土	20	132	211	53	—	633	1425	60	4.0
HS10	硅藻土	40	138	166	110	—	616	1386	65	4.5
HS11	浮石粉	10	128	230	26	—	644	1451	62	4.0
HS12	浮石粉	20	130	208	52	—	639	1439	60	4.3
HS13	浮石粉	40	133	160	106	—	630	1418	60	4.0

粉煤灰、凝灰岩粉复合胶凝材料体系在混凝土中与外加剂的适应性试验结果见表 6.2-18，碾压混凝土的 VC 值及常态混凝土的坍落度经时变化及抗压强度增长率见表 6.2-19。试验结果表明，单掺粉煤灰混凝土的用水量要比单掺凝灰岩粉混凝土的用水量低 3~5kg/m³，

表6.2-18　复合胶凝材料体系在混凝土中的适应性试验结果

编号	混凝土型态	水泥	粉煤灰 品种	粉煤灰 掺量/%	凝灰岩粉 品种	凝灰岩粉 掺量/%	VC值/s(坍落度/mm)* 初始	30min	60min	90min	120min	含气量/% 初始	30min	60min	90min	120min	抗压强度/MPa 7d	28d	90d
S1	碾压混凝土	华新山南中热42.5	灵武	50	—	—	3.5	7.7	9.5	13.0	15.6	4.0	3.6	3.2	3.0	2.8	11.0	18.3	28.3
S2		华新山南中热42.5	石嘴山	50	—	—	4.4	8.2	9.0	14.2	18.0	3.4	3.2	2.5	2.4	2.4	9.7	15.9	25.6
S3		—	—	—	洛村	50	4.2	10.1	15.2	17.9	24.1	4.1	3.5	2.8	2.4	2.2	11.2	13.6	16.0
S4		—	—	—	沃丰	50	4.2	9.5	13.2	18.5	23.0	4.1	3.4	2.9	2.7	2.6	7.4	9.6	12.8
S5		华新山南普通42.5	灵武	50	—	—	5.0	9.9	12.2	15.9	17.9	3.9	3.3	3.0	2.5	2.2	9.5	16.5	26.6
S6		华新山南普通42.5	石嘴山	50	—	—	5.1	8.2	13.2	17.5	18.9	3.7	3.4	3.0	2.7	2.4	9.6	13.0	22.9
S7		—	—	—	洛村	50	6.0	13.1	17.6	20.9	26.6	3.7	3.1	2.9	2.1	2.0	10.2	14.6	17.8
S8		—	—	—	沃丰	50	5.9	12.5	16.5	21.6	25.9	3.6	3.0	2.7	2.4	2.0	8.2	10.5	13.9
S9	常态混凝土	华新山南中热42.5	灵武	30	—	—	61	45	35	27	21	4.0	3.2	2.6	2.3	2.2	18.2	25.1	34.9
S10		华新山南中热42.5	石嘴山	30	—	—	63	42	33	29	25	3.7	3.1	2.2	2.0	1.8	17.5	22.2	30.2
S11		—	—	—	洛村	30	51	39	30	25	21	3.5	3.0	2.6	2.2	2.1	19.0	23.2	26.5
S12		—	—	—	沃丰	30	59	41	29	25	19	3.6	3.0	2.1	1.9	1.5	18.8	22.9	25.4
S13		华新山南普通42.5	灵武	30	—	—	64	41	37	32	29	3.6	2.5	2.2	2.0	2.0	20.7	27.5	38.1
S14		华新山南普通42.5	石嘴山	30	—	—	60	42	31	30	22	3.6	2.9	2.5	2.1	1.9	19.5	24.2	31.6
S15		—	—	—	洛村	30	61	35	28	24	20	3.5	2.6	2.0	1.8	1.6	21.7	24.5	27.2
S16		—	—	—	沃丰	30	58	33	26	22	18	4.0	2.8	2.1	1.9	1.7	20.5	23.1	25.9

* 碾压混凝土为VC值,常态混凝土为坍落度。

表 6.2-19　复合胶凝体系混凝土 VC 值（坍落度）经时变化及抗压强度增长率

编号	混凝土形态	水泥	粉煤灰 品种	粉煤灰 掺量/%	凝灰岩粉 品种	凝灰岩粉 掺量/%	VC值（坍落度）经时变化/* 经时变化/% 0	30min	60min	90min	120min	含气量/% 0	30min	60min	90min	120min	抗压强度/MPa 7d	28d	90d
S1	碾压混凝土	华新山南中热42.5	灵武	50	—	—	0	120	171	271	346	0	10	20	25	30	60	100	155
S2			石嘴山	50	—	—	0	86	105	223	309	0	6	26	29	29	61	100	161
S3			—	—	洛村	50	0	140	262	326	474	0	15	32	41	46	82	100	118
S4			—	—	沃卡	50	0	126	214	340	448	0	17	29	34	37	77	100	133
S5		华新山南普通42.5	灵武	50	—	—	0	98	144	218	258	0	15	23	36	44	58	100	161
S6			石嘴山	50	—	—	0	61	159	243	271	0	8	19	27	35	74	100	176
S7			—	—	洛村	50	0	118	193	248	343	0	16	22	43	46	70	100	122
S8			—	—	沃卡	50	0	112	180	266	339	0	17	25	33	44	78	100	132
S9	常态混凝土	华新山南中热42.5	灵武	30	—	—	0	26	43	56	66	0	20	35	43	45	73	100	139
S10			石嘴山	30	—	—	0	33	48	54	60	0	16	41	46	51	79	100	136
S11			—	—	洛村	30	0	24	41	51	59	0	20	26	37	40	82	100	114
S12			—	—	沃卡	30	0	31	51	58	68	0	17	42	47	58	82	100	111
S13		华新山南普通42.5	灵武	30	—	—	0	36	42	50	55	0	31	39	44	44	75	100	139
S14			石嘴山	30	—	—	0	30	48	50	63	0	19	31	42	47	81	100	131
S15			—	—	洛村	30	0	43	54	61	67	0	26	43	49	54	89	100	111
S16			—	—	沃卡	30	0	43	55	62	69	0	30	48	53	58	89	100	112

* 碾压混凝土为 VC 值，常态混凝土为坍落度。

复掺粉煤灰与凝灰岩混凝土的用水量介于两者之间；单掺凝灰岩粉的三级配碾压混凝土 VC 值增长率和含气量降低率明显高于单掺粉煤灰的三级配碾压混凝土 VC 值增长率和含气量降低率，说明单掺粉煤灰混凝土比单掺凝灰岩混凝土更利于拌和物工作性的保持。对于分别单掺凝灰岩粉和粉煤灰的常态混凝土来说，规律亦是如此。

6.2.6　石灰石粉对混凝土和易性的影响

石灰石粉具有一定的密实填充作用。比表面积越大的石灰石粉，在砂浆和混凝土中密实填充效应越显著。可改善砂浆体系的颗粒级配，起到填充空隙和包裹砂粒表面的作用，增进混凝土的匀质性、密实性，从而改善碾压混凝土的和易性。此外，石灰石粉可减少新拌混凝土的泌水与离析现，可提高混凝土拌和物的流动速度，改善其流变性能。欧洲自密实混凝土研究项目指出含有石灰石粉的自密实混凝土有良好的拌和物性能，这归结于石灰石粉颗粒堆积、保水性的改善，以及水泥水化物与石灰石粉间的作用。但也有结果表明石灰石粉引起新拌混凝土坍落度的剧烈损失，石灰石粉的掺量超过临界值时，导致砂浆黏度的明显增加。

单掺粉煤灰（细度为 $412m^2/kg$）、单掺不同细度的石灰石粉（$357m^2/kg$、$557m^2/kg$、$762m^2/kg$）及复掺石灰石粉与粉煤灰对水泥浆体和水泥胶砂流动性能的影响如图 6.2-7 所示。可以看到，在较高的掺和料掺量下（60%），复掺石灰石粉可以改善水泥-粉煤灰浆体的流动性，降低标准稠度用水量。比表面积较大的石灰石粉的改善效果明显优于比表面积较小的石灰石粉。从图 6.2-8 可以看到，在复合掺和料（总掺量 60%）中随着石灰石粉掺量的增加，胶砂流动度减小。复合掺和料中石灰石粉掺量相同时，比表面积适中的石灰石粉的胶砂流动度最大。

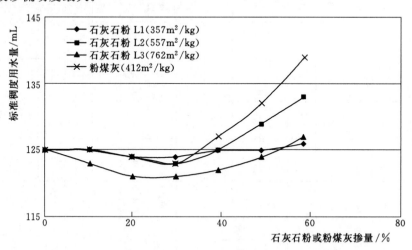

图 6.2-7　石灰石粉或粉煤灰掺量与净浆标准稠度用水量关系

掺石灰石粉碾压混凝土 VC 值和含气量试验结果见表 6.2-20，VC 值损失和含气量损失试验结果见表 6.2-21。由试验结果可知，掺石灰石粉对碾压混凝土的用水量、VC 值和含气量影响不大，复掺粉煤灰和石灰石粉的碾压混凝土 VC 值、含气量损失比单掺粉煤灰的略大。

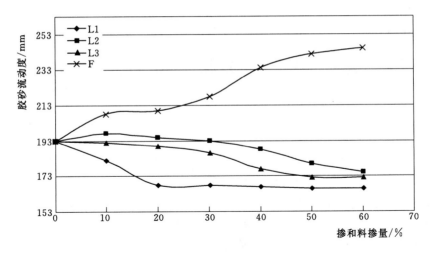

图 6.2－8　掺和料掺量与水泥胶砂流动度关系曲线

表 6.2－20　　　　　　　碾压混凝土 VC 值和含气量试验结果

编号	水胶比	粉煤灰掺量/%	石灰石粉掺量/%	减水剂掺量/%	引气剂掺量/%	VC 值/s	含气量/%
C1	0.46	60	0	0.5	0.055	3.5	3.8
C2	0.46	40	20	0.5	0.055	4.0	3.5
C3	0.46	30	30	0.5	0.055	4.0	3.5

表 6.2－21　　　　　　　碾压混凝土 VC 值损失和含气量损失试验结果

编号	VC 值经时变化/s					含气量经时变化/%				
	0	0.5h	1h	1.5h	2h	0	0.5h	1h	1.5h	2h
C1	5.0	8.3	11.8	16.5	21.4	3.5	3.2	3.0	2.4	2.0
C3	4.0	8.5	13.2	18.5	25.0	3.4	3.2	2.9	2.4	1.8

第7章 掺矿物掺和料混凝土的性能

7.1 强度

混凝土是由水泥、骨料、掺和料、外加剂和水组成的多相非均质材料,混凝土在荷载作用下的破坏,实际上就是内部的微裂缝扩展的过程。这种微裂缝在加荷之前就已存在于混凝土内部,随着荷载的增加,内部裂缝扩大、连通已至发生破坏。

强度指标是混凝土最重要的力学性能之一。混凝土的强度分为抗压强度、抗拉强度(轴拉强度)、劈拉强度、抗弯强度、抗剪强度等。其中以抗压强度最大,故混凝土主要用于承受压力。如果只讲强度,通常是指抗压强度。抗压强度是混凝土的重要技术指标,它与混凝土其他性能指标有密切关系,抗压强度通常在很大程度上可以反映出混凝土质量的全貌,本节主要探讨矿物掺和料对混凝土抗压强度的影响。

7.1.1 粉煤灰

掺粉煤灰混凝土的抗压强度和强度增长率受粉煤灰品质和掺量、水泥品种和用量、配合比、养护温度等因素的影响,特别是粉煤灰的细度和掺量对混凝土的强度影响较大,这是由粉煤灰在水泥混凝土中的效应决定的。

粉煤灰在水泥混凝土中主要可起到三个基本效应,即形态效应、火山灰效应和微集料效应。粉煤灰对混凝土强度有三种影响:减少用水量、增大胶结材含量和通过长期火山灰反应提高其强度。粉煤灰中含有大量的硅、铝氧化物,能逐步与 $Ca(OH)_2$ 及高碱性水化硅酸钙发生二次反应,生成强度较高的低碱性水化硅酸钙,这样,不但使水泥石中水化胶凝物质的数量增加,而且也使其质量得到大幅度提高,有利于混凝土强度的提高。同时,粉煤灰的掺入可分散水泥颗粒,使水泥水化更充分,提高水泥浆的密实度,使混凝土中骨料与水泥浆的界面强度提高。粉煤灰对抗拉强度和抗弯强度的贡献比抗压强度还要大,这对混凝土的抗裂性能有利。粉煤灰混凝土的弹性模量与抗压强度相类似,早期偏低,后期逐步提高。

7.1.1.1 粉煤灰品质对常态混凝土强度的影响

对不同品种粉煤灰混凝土力学性能进行试验研究。试验采用Ⅰ级、Ⅱ级粉煤灰,嘉华中热硅酸盐水泥,掺不同品质的粉煤灰的常态混凝土的抗压强度对比见图 7.1-1,在水胶比、粉煤灰掺量相同条件下,掺Ⅰ级粉煤灰混凝土的 7d、28d 和 90d 龄期的抗压强度高于掺Ⅱ级粉煤灰混凝土的抗压强度。不同品质的粉煤灰混凝土 180d 龄期抗压强度增长率见图 7.1-2。在水胶比、粉煤灰掺量相同条件下,掺Ⅰ级粉煤灰混凝土的 180d 龄期强度增长率高于掺Ⅱ级粉煤灰混凝土的强度增长率,且Ⅰ级粉煤灰强度增长率随水胶比、粉煤灰掺量的增大而显著增大;Ⅱ级粉煤灰则随粉煤灰掺量的增大亦有明显增大,但粉煤灰掺量在 30% 以下时,随水胶比增大,强度增长率减小。

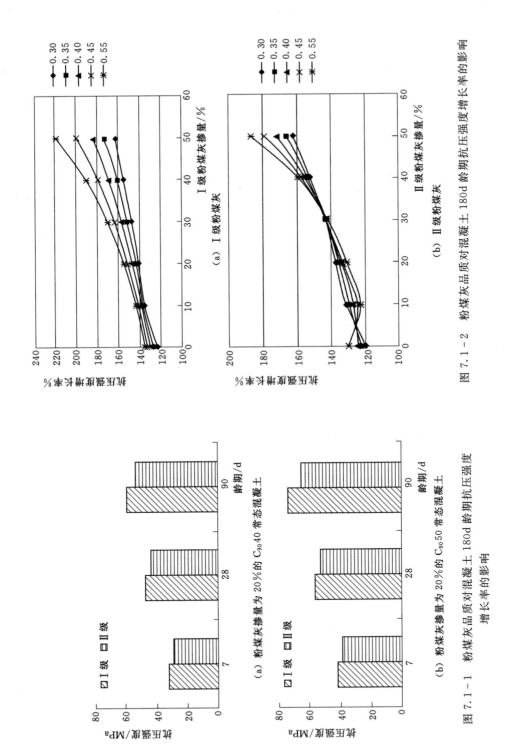

图 7.1-2 粉煤灰品质对混凝土 180d 龄期抗压强度增长率的影响

(a) Ⅰ 级粉煤灰

(b) Ⅱ 级粉煤灰

图 7.1-1 粉煤灰品质对混凝土 180d 龄期抗压强度增长率的影响

(a) 粉煤灰掺量为 20% 的 $C_{90}40$ 常态混凝土

(b) 粉煤灰掺量为 20% 的 $C_{90}50$ 常态混凝土

7.1.1.2　粉煤灰掺量对常态混凝土抗压强度的影响

不同粉煤灰掺量的混凝土抗压强度和抗压强度增长率见图 7.1-3、图 7.1-4，同不掺粉煤灰的混凝土比较，粉煤灰掺量为 0～40％时，粉煤灰混凝土 28d 龄期之前的早期抗压强度较低，90d 龄期抗压强度基本接近，180d 龄期抗压强度可超过不掺混凝土的混凝土。这表明随着养护龄期的增加，粉煤灰混凝土具有较高的强度增长率，粉煤灰对混凝土的增强效应随养护龄期的增加而提高。可以预期，随养护龄期的延长，较高掺量粉煤灰混凝土的抗压强度还将会继续提高。这主要得益于粉煤灰的持续火山灰活性，另一方面来源于粉煤灰的水化产物更致密和对混凝土内部孔隙率的改善。此外，粉煤灰的形态效应也可以有效改善混凝土的颗粒级配，降低混凝土的孔隙率。随着时间的继续，在有足够 $Ca(OH)_2$ 补充和潮湿条件下，粉煤灰混凝土的抗压强度仍能有较大的强度增长。粉煤灰掺量越大，后期抗压强度增长越多，粉煤灰的后期水化弥补了水泥后期抗压强度增长率低的问题，起到了时空互补作用。随粉煤灰掺量增加到 50％、60％以上时，尽管随龄期的延长，粉煤灰混凝土的抗压强度逐渐增加，但较基准混凝土而言，长龄期抗压强度仍相对较低。说明粉煤灰掺量存在一个合理范围。因此，在粉煤灰掺量很大时，应注意选择合适的养护制度，掺用高性能减水剂，使用较小的水胶比，以保证大掺量粉煤灰混凝土早期抗

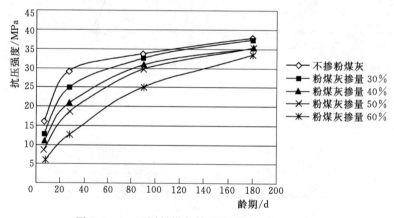

图 7.1-3　不同粉煤灰掺量的混凝土抗压强度

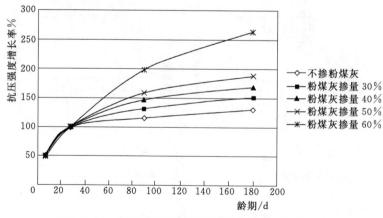

图 7.1-4　不同粉煤灰掺量的混凝土抗压强度增长率

压强度的发展。有研究表明，掺入硫酸盐等激发剂对大掺量粉煤灰混凝土后期抗压强度的发展是非常有利的。

7.1.1.3 粉煤灰品种对常态混凝土抗压强度的影响

不同粉煤灰品种的混凝土抗压强度对比见表 7.1-1。可以看出，采用贵州水泥厂中热水泥，在相同混凝土配合比条件下，掺凯里电厂粉煤灰的混凝土抗压强度比掺石门电厂粉煤灰的混凝土抗压强度低，7d 的抗压强度低 18%～7%，28d 的抗压强度低 14%～6%。从目前试验结果看，随着龄期的增长，不同粉煤灰品种导致混凝土抗压强度的差距有减小的趋势。

表 7.1-1　粉煤灰品种对常态混凝土 28d 抗压强度的影响　　%

强度	粉煤灰品种	水胶比 0.45		水胶比 0.50		水胶比 0.55	
		粉煤灰掺量		粉煤灰掺量		粉煤灰掺量	
		20%	30%	20%	30%	20%	30%
7d 抗压强度	石门电厂	29.0/100	26.3/100	27.0/100	22.8/100	16.8/100	15.7/100
	凯里电厂	24.5/84.5	24.8/94.3	23.8/88.1	20.5/89.9	15.7/93.5	14.1/89.8
28d 抗压强度	石门电厂	40.2/100	36.8/100	36.2/100	34.6/100	25.7/100	25.0/100
	凯里电厂	33.4/83.1	31.5/85.6	29.7/82.0	29.9/86.4	22.5/86.5	21.4/85.6

掺粉煤灰对混凝土抗拉强度的影响与抗压强度类似。在相同水胶比时，混凝土的抗拉强度随粉煤灰掺量的增加而降低，在粉煤灰掺量低时，抗拉强度随粉煤灰掺量的增加下降相对较小；在粉煤灰掺量高时，抗拉强度随粉煤灰掺量的增加下降相对较大。在相同粉煤灰掺量时，混凝土的抗拉强度随水胶比的增大而降低。

7.1.1.4 粉煤灰对碾压混凝土抗压强度的影响

Ⅰ级粉煤灰和Ⅱ级粉煤灰以及粉煤灰掺量对碾压混凝土抗压强度的影响试验结果见表 7.1-2。Ⅰ级粉煤灰对碾压混凝土抗压强度的影响采用 8 个外加剂组合，采用汉川、阳逻、曲靖、首阳山、宜宾、白马等 6 种Ⅰ级粉煤灰，对 4 个不同碾压混凝土配合比进行 3 因素交叉组合混凝土性能试验。采用不同外加剂组合和 6 个电厂Ⅰ级粉煤灰组合配制的四种碾压混凝土的抗压强度性能试验结果列于表 7.1-3。

表 7.1-2　　　　　　　碾压混凝土试验配合比

配合比类型	水胶比	粉煤灰掺量/%	砂率/%	VC 值/s	混凝土材料用量/(kg/m³)						
					水	水泥	粉煤灰	砂	大石	中石	小石
R Ⅰ	0.41	56	34	5±2	79	86	109	743	437	583	437
R Ⅱ	0.45	60	33	5±2	78	70	105	727	448	597	448
R Ⅲ	0.48	65	34	5±2	77	56	104	755	445	593	445
R Ⅳ	0.40	55	38	5±2	87	99	121	812	—	670	670

表 7.1-3　　　　　　　掺 I 级粉煤灰的碾压混凝土力学性能试验结果

试验编号	粉煤灰品种	实际用水量/(kg/m³)	VC 值/s	含气量/%	抗压强度/MPa			轴拉强度/MPa	
					7d	28d	90d	28d	90d
R1-1	曲靖	75	4.5	3.1	15.6	26.6	39.7	2.98	3.77
R1-2		75	4.5	4.0	15.8	24.5	38.5	2.83	3.56
R1-3	首阳山	71	4.5	3.5	11.6	31.7	45.6	3.12	4.26
R1-4		71	4.0	3.8	11.9	30.8	45.6	3.05	4.30
R1-5	阳逻	73	4.0	3.6	15.1	31.8	45.1	2.94	4.15
R1-6		73	5.0	3.4	14.4	28.1	42.4	3.14	4.12
R1-7	汉川	75	5.0	3.0	16.7	29.5	44.9	2.91	4.10
R1-8		75	5.0	3.8	16.8	31.4	45.4	3.09	4.28
R1-9	宜宾	75	5.0	3.1	19.1	32.7	43.8	3.27	4.25
R1-10		75	4.5	3.5	16.1	28.8	42.7	3.15	4.16
R1-11	白马	73	4.0	3.4	20.2	35.6	42.2	3.38	4.08
R1-12		75	3.5	4.0	17.7	30.7	42.6	3.10	4.04
R2-1	曲靖	73	4.0	3.3	1.3	20.8	31.5	2.48	3.29
R2-2		73	4.5	3.5	11.2	20.0	31.0	2.30	3.30
R2-3	首阳山	70	4.5	3.4	0.8	22.1	34.6	2.42	3.42
R2-4		70	4.5	3.8	9.1	23.5	38.7	2.60	3.93
R2-5	阳逻	73	4.5	3.7	1.4	22.4	37.9	2.44	4.00
R2-6		73	4.0	3.4	10.6	20.6	30.3	2.45	3.25
R4-1	曲靖	86	4.0	3.5	14.0	26.1	37.3	3.18	3.42
R4-2		90	5.5	3.0	13.0	20.4	27.9	2.43	3.28
R4-3	首阳山	83	4.0	3.0	11.4	28.7	47.2	3.31	4.43
R4-4		87	5.5	3.4	15.9	26.8	38.8	2.92	3.62
R4-5	阳逻	86	5.0	3.0	17.0	30.0	43.8	3.30	4.04
R4-6		90	5.5	3.5	15.2	26.9	37.3	2.76	3.42
R4-7	汉川	86	5.5	3.3	14.9	30.3	44.5	3.48	4.21
R4-8		90	6.0	3.1	14.1	26.4	36.0	2.89	3.53
R4-9	宜宾	86	4.5	3.0	15.0	27.9	38.9	3.31	3.89
R4-10		90	5.0	3.4	15.0	24.7	33.2	2.80	3.14
R4-11	白马	86	5.0	3.5	14.3	28.2	40.6	3.35	4.08
R4-12		90	5.5	3.3	13.7	23.5	32.7	2.92	3.45
R4-13	曲靖	85	4.0	5.0	13.1	24.9	40.1	3.06	4.13
R4-14	首阳山	82	3.5	4.3	8.6	25.7	39.6	3.36	4.09

采用不同粉煤灰和外加剂的碾压混凝土的抗压强度及增长率平均值，抗压强度 (R_c) 与龄期 (t) 的回归关系式 (r 为相关系数) 列于表 7.1-4。碾压混凝土抗压强度与龄期的回归关系曲线见图 7.1-5。从表 7.1-4 的试验结果可知，不同部位碾压混凝土 28d 龄期平均抗压强度已分别达到或接近其 90d 龄期设计强度等级，90d 龄期碾压混凝土平均抗压强度均达到设计要求，且有较大的富裕。

表 7.1－4　　　　　　　　掺 I 级粉煤灰的碾压混凝土的抗压强度试验结果

配合比类型	设计指标	90d配制强度	抗压强度/MPa			回归关系		强度增长率/%		
			7d	28d	90d	关系式	r	7d	28d	90d
R I	$C_{90}25$	27.9	15.9	30.2	43.2	$R_c=10.56\ln t-4.77$	1.000	53	100	142
R II	$C_{90}20$	22.9	8.1	22.0	35.2	$R_c=10.59\ln t-12.76$	0.999	37	100	160
R III	$C_{90}15$	17.9	8.9	16.9	27.7	$R_c=7.31\ln t-6.00$	0.982	53	100	164
R IV	$C_{90}25$	27.9	14.5	26.7	38.2	$R_c=9.27\ln t-3.73$	0.999	54	100	143

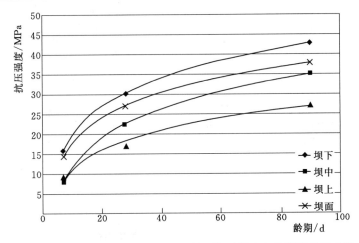

图 7.1－5　掺 I 级粉煤灰的碾压混凝土抗压强度与龄期的关系曲线

对表 7.1－3 中 R I 、R II 、R III 、R IV 四种配合比的碾压混凝土，取每个配合比两个龄期的 24 组或 28 组数据，分析轴拉强度（R_p）与抗压强度（R_c）的关系，得到相互之间的回归关系式，列于表 7.1－5。取每个配合比的 12 组或 14 组数据的平均值，计算轴拉强度与抗压强度的比值，R I 、R II 、R III 、R IV 四种配合比的混凝土 90d 龄期的拉压比分别为 0.09、0.10、0.10、0.10，其计算结果列于表 7.1－6。四种配合比的碾压混凝土轴拉强度与抗压强度的回归关系曲线见图 7.1－6～图 7.1－9。

表 7.1－5　　　　掺 I 级粉煤灰的碾压混凝土轴拉强度与抗压强度之间的关系

配合比类型	回归关系式	组数 n	相关系数 r
R I	$R_p=0.0748R_c+0.084$	24	0.950
R II	$R_p=0.0742R_c+0.868$	24	0.935
R III	$R_p=0.0757R_c+0.777$	24	0.933
R IV	$R_p=0.0624R_c+1.356$	24	0.860

表 7.1－6　　　　掺 I 级粉煤灰的碾压混凝土的拉压比和轴拉强度增长率

配合比类型	轴拉强度/MPa		拉压比		轴拉强度增长率/%	
	28d	90d	28d	90d	28d	90d
R I	3.08	4.09	0.10	0.09	100	133
R II	2.49	3.49	0.11	0.10	100	140
R III	2.03	2.90	0.12	0.10	100	143
R IV	3.05	3.71	0.11	0.10	100	121

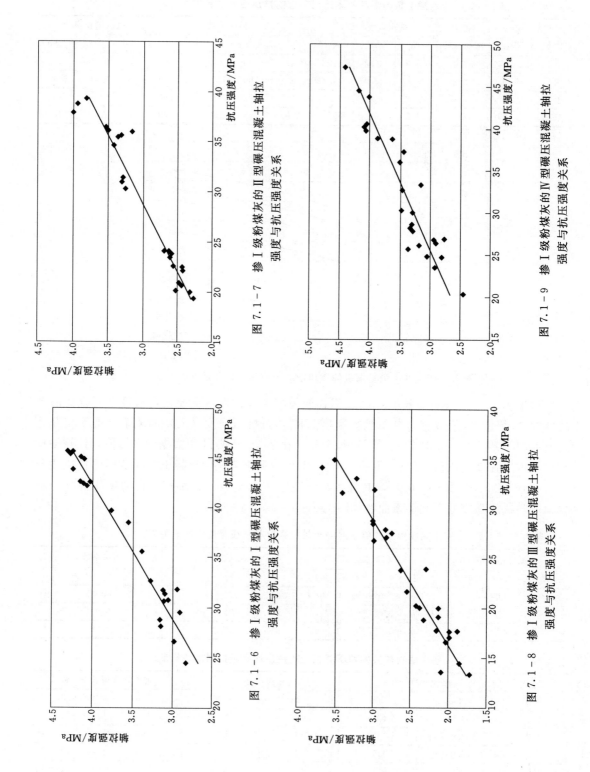

图 7.1-6 掺 I 级粉煤灰的 I 型碾压混凝土轴拉
强度与抗压强度关系

图 7.1-7 掺 I 级粉煤灰的 II 型碾压混凝土轴拉
强度与抗压强度关系

图 7.1-8 掺 I 级粉煤灰的 III 型碾压混凝土轴拉
强度与抗压强度关系

图 7.1-9 掺 I 级粉煤灰的 IV 型碾压混凝土轴拉
强度与抗压强度关系

  Ⅱ级粉煤灰对碾压混凝土强度的影响试验采用不同外加剂组合,贵阳、凯里、盘县、安顺、田东、宣威、曲靖、珞璜、来宾等9家电厂的Ⅱ级粉煤灰,4个不同混凝土配合比,进行多因素交叉组合混凝土性能试验。碾压混凝土性能试验选用的4种配合比见表7.1-2。碾压混凝土性能试验配合比参数列于表7.1-7。采用不同Ⅱ级粉煤灰配制的四种碾压混凝土的抗压强度性能试验结果列于表7.1-8。

表7.1-7   掺Ⅱ级粉煤灰的大坝碾压混凝土试验配合比

试验编号	粉煤灰品种	水胶比	粉煤灰掺量/%	混凝土材料用量/(kg/m³)						
				水	水泥	粉煤灰	砂	大石	中石	小石
R1-KL	凯里	0.42	56	81	86	109	711	443	590	443
R2-KL	凯里	0.45	60	78	70	105	727	448	597	448
R3-KL	凯里	0.49	65	79	56	104	753	443	591	443
R4-KL	凯里	0.40	55	88	99	121	812	—	669	669
R1-GY	贵阳	0.42	56	81	86	109	711	443	590	443
R2-GY	贵阳	0.45	60	78	70	105	727	448	597	448
R3-GY	贵阳	0.49	65	79	56	104	753	443	591	443
R4-GY	贵阳	0.40	55	88	99	121	812	—	669	669
R1-PX	盘县	0.41	56	80	86	109	734	434	579	434
R2-PX	盘县	0.45	60	79	70	105	727	448	597	448
R3-PX	盘县	0.49	65	78	56	104	754	444	592	444
R1-AS	安顺	0.39	51	77	95	100	745	439	585	439
R2-AS	安顺	0.43	60	75	70	105	730	450	600	450
R3-AS	安顺	0.46	65	74	56	104	757	446	595	446
R1-TD	田东	0.43	56	84	86	109	738	434	579	434
R2-TD	田东	0.46	60	81	70	105	725	446	595	446
R3-TD	田东	0.51	65	81	56	104	751	442	590	442
R1-XW	宣威	0.40	51	77	96	100	746	439	585	439
R2-XW	宣威	0.45	60	79	70	105	727	448	597	448
R3-XW	宣威	0.48	65	78	56	104	755	445	593	445
R1-QJ	曲靖	0.40	51	78	96	100	743	437	585	437
R2-QJ	曲靖	0.45	60	79	70	105	727	448	597	448
R3-QJ	曲靖	0.48	65	77	56	104	755	445	593	445
R1-LH	珞璜	0.40	56	78	86	109	743	437	583	437
R2-LH	珞璜	0.45	60	78	70	105	727	448	597	448
R3-LH	珞璜	0.48	65	77	56	104	755	445	593	445
R1-LB	来宾	0.41	51	80	96	100	741	436	582	436
R2-LB	来宾	0.47	60	79	70	105	726	447	596	447
R3-LB	来宾	0.50	65	80	56	104	752	443	591	443

表 7.1 - 8   掺 Ⅱ 级粉煤灰碾压混凝土力学性能试验结果

试验编号	混凝土类型	粉煤灰品种	VC 值/s	含气量/%	抗压强度/MPa			轴拉强度/MPa	
					7d	28d	90d	28d	90d
R1 - KL	R Ⅰ	凯里	5.0	3.4	13.5	23.6	35.6	2.33	3.14
R1 - GY	R Ⅰ	贵阳	5.0	2.5	13.3	24.0	36.0	2.79	3.18
R1 - PX	R Ⅰ	盘县	5.0	4.0	13.6	26.8	38.0	3.00	3.47
R1 - AS	R Ⅰ	安顺	4.0	4.0	14.5	24.8	37.8	2.76	3.78
R1 - TD	R Ⅰ	田东	5.0	4.0	13.3	27.7	40.2	3.12	3.81
R1 - XW	R Ⅰ	宣威	4.5	3.4	12.1	24.0	34.5	2.67	3.43
R1 - QJ	R Ⅰ	曲靖	4.0	3.5	12.7	24.9	33.9	2.85	3.44
R1 - LH	R Ⅰ	珞璜	4.0	3.8	13.8	25.1	38.1	2.91	3.58
R1 - LB	R Ⅰ	来宾	5.0	3.2	11.8	24.2	34.6	2.68	3.77
R2 - KL	R Ⅱ	凯里	4.0	3.3	10.4	19.7	30.1	2.04	2.90
R2 - GY	R Ⅱ	贵阳	4.0	3.3	11.7	23.0	32.8	2.44	2.98
R2 - PX	R Ⅱ	盘县	5.0	3.6	13.8	24.8	37.2	2.17	3.57
R2 - AS	R Ⅱ	安顺	4.0	3.6	14.6	25.7	37.3	2.97	3.86
R2 - TD	R Ⅱ	田东	4.5	3.0	14.6	25.7	36.9	3.06	3.69
R2 - XW	R Ⅱ	宣威	3.5	3.4	10.9	22.4	30.3	2.38	3.54
R2 - QJ	R Ⅱ	曲靖	5.5	3.5	12.7	22.4	31.3	2.56	3.57
R2 - LH	R Ⅱ	珞璜	3.5	4.0	10.8	20.8	30.2	2.61	3.69
R2 - LB	R Ⅱ	来宾	5.5	3.5	15.4	26.3	38.3	2.44	3.55
R3 - KL	R Ⅲ	凯里	4.0	3.8	10.1	17.4	25.3	2.23	2.60
R3 - GY	R Ⅲ	贵阳	6.0	3.6	10.5	18.4	26.1	2.03	2.76
R3 - PX	R Ⅲ	盘县	4.8	3.0	10.2	18.5	30.0	2.44	3.56
R3 - AS	R Ⅲ	安顺	3.6	3.2	9.7	17.9	29.2	2.41	3.19
R3 - TD	R Ⅲ	田东	5.5	3.3	12.8	22.6	33.3	2.79	3.86
R3 - XW	R Ⅲ	宣威	3.5	3.0	10.1	17.8	27.0	1.95	2.60
R3 - QJ	R Ⅲ	曲靖	4.0	3.0	7.7	16.6	27.1	1.87	2.96
R3 - LH	R Ⅲ	珞璜	4.0	3.0	8.1	16.9	26.7	2.04	3.32
R3 - LB	R Ⅲ	来宾	4.0	3.0	9.1	16.1	28.1	1.95	2.85
R4 - KL	R Ⅳ	凯里	6.0	2.6	13.0	23.5	34.5	2.43	3.18
R4 - GY	R Ⅳ	贵阳	5.5	3.4	13.6	22.7	33.5	2.98	3.23

分别对表 7.1 - 8 中的 R Ⅰ、R Ⅱ、R Ⅲ、R Ⅳ四种配合比的试验结果,计算其抗压强度和增长率的平均值,碾压混凝土抗压强度 (R_c) 与龄期 (t) 的回归关系式,强度增长率等结果见表 7.1 - 9,混凝土抗压强度与龄期的回归关系曲线见图 7.1 - 10。从表 7.1 - 9 的试验结果可知,掺 Ⅱ级粉煤灰的碾压混凝土 90d 龄期抗压强度增长率为 146%~156%。

对四种配合比的碾压混凝土,分析轴拉强度 (R_p) 与抗压强度 (R_c) 的关系,得到相互之间的回归关系式，见表 7.1-10。取每个配合比的 9 组数据的平均值，计算轴拉强度与抗压强度的比值，其计算结果列于表 7.1-11。从表 7.1-11 中的计算结果可知，4种碾压混凝土配合比 90d 龄期的拉压比分别为 0.10、0.10、0.11、0.09，三种碾压混凝土轴拉强度与抗压强度的回归关系曲线见图 7.1-11～图 7.1-13。

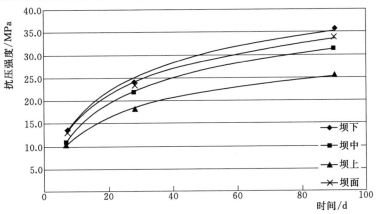

图 7.1-10　掺 II 级粉煤灰的碾压混凝土抗压强度与龄期的回归关系曲线

表 7.1-9　　　　　　　　掺 II 级粉煤灰的碾压混凝土的抗压强度

配合比类型	设计指标	90d配制强度	抗压强度/MPa			回归关系		强度增长率/%		
			7d	28d	90d	关系式	相关系数 r	7d	28d	90d
R I	$C_{90}25$	27.9	13.2	25.0	36.5	$R_c = 9.12\ln t - 4.83$	0.998	53	100	146
R II	$C_{90}20$	22.9	12.8	23.0	33.8	$R_c = 8.22\ln t - 3.60$	0.996	56	100	147
R III	$C_{90}15$	17.9	9.8	18.0	28.1	$R_c = 7.121\ln t - 4.56$	0.988	54	100	156
R IV	$C_{90}25$	27.9	13.3	23.1	34.0	$R_c = 8.07\ln t - 2.85$	0.994	58	100	147

表 7.1-10　　　　　掺 II 级粉煤灰的碾压混凝土轴拉强度 （R_p）
与抗压强度 （R_c） 之间的关系

配合比类型	回归关系式	组数 n	相关系数 R^2
1	$R_p = 0.064R_c + 1.184$	18	0.814
2	$R_p = 0.0795R_c + 0.743$	18	0.719
3	$R_p = 0.097R_c + 0.405$	18	0.855

表 7.1-11　　　掺 II 级粉煤灰的碾压混凝土的拉压比和轴拉强度增长系数

配合比类型	轴拉强度/MPa		拉压比		轴拉强度增长系数	
	28d	90d	28d	90d	28d	90d
1	2.79	3.51	0.11	0.10	1.00	1.26
2	2.52	3.48	0.11	0.10	1.00	1.38
3	2.19	3.08	0.12	0.11	1.00	1.41
4	2.70	3.20	0.12	0.09	1.00	1.18

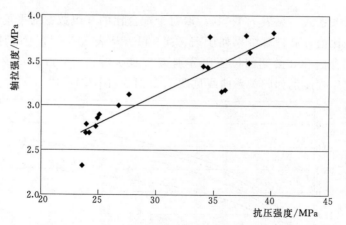

图 7.1-11　掺Ⅱ级粉煤灰的 RⅠ型碾压混凝土轴拉
强度与抗压强度关系

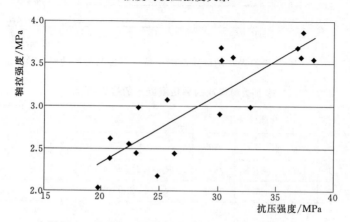

图 7.1-12　掺Ⅱ级粉煤灰的Ⅱ型碾压混凝土轴拉
强度与抗压强度关系

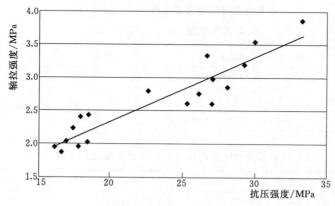

图 7.1-13　掺Ⅱ级粉煤灰的Ⅲ型碾压混凝土轴拉
强度与抗压强度关系

　　不同水胶比三级配碾压混凝土抗压强度与粉煤灰掺量的关系曲线如图 7.1-14 所示。试验采用的碾压混凝土水胶比为 0.40、0.45、0.50、0.55，玛纳斯Ⅰ级粉煤灰掺量为 60%、

50%、40%。不同粉煤灰掺量的碾压混凝土抗压强度增长率列于表 7.1-12。试验结果表明，在相同的水胶比下，混凝土抗压强度随随粉煤灰掺量的增加而降低。碾压混凝土中掺入粉煤灰，早期强度较低，且发展缓慢，但后期强度增长率较大。试验结果表明，随着粉煤灰掺量的增加，碾压混凝土早期（7d）抗压强度增长率降低，后期（90d、180d）抗压强度增长率增加。

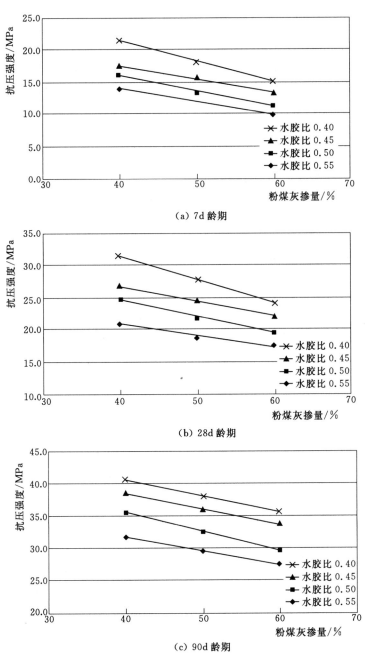

（a）7d 龄期

（b）28d 龄期

（c）90d 龄期

图 7.1-14（一）　三配碾压混凝土抗压强度与粉煤灰掺量的关系曲线

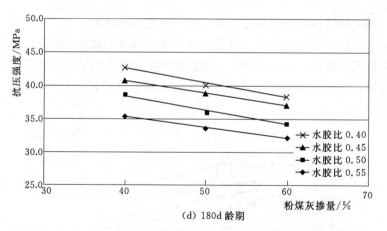

（d）180d 龄期

图 7.1-14（二）　三配碾压混凝土抗压强度与粉煤灰掺量的关系曲线

表 7.1-12　　　　　　　　　抗 压 强 度 增 长 率

编号	水胶比	粉煤灰掺量/%	级配	含气量/%	VC 值/s	抗压强度增长率/%			
						7d	28d	90d	180d
XK1		60		3.2	6.0	57	100	158	185
XK2	0.55	50	三	3.2	7.0	68	100	158	181
XK3		40		3.8	6.0	66	100	151	169
XK4		60		3.2	5.0	59	100	152	177
XK5	0.50	50	三	4.6	6.0	60	100	149	164
XK6		40		5.0	4.0	66	100	144	157
XK7		60		4.5	6.0	60	100	153	169
XK8	0.45	50	三	4.3	4.0	65	100	146	158
XK9		40		5.2	6.0	65	100	145	153
XK10		60		4.3	4.0	62	100	148	159
XK11	0.40	50	三	4.3	4.0	64	100	137	144
XK12		40		5.5	6.0	69	100	130	137
XK13		60		4.3	7.0	57	100	179	208
XK14	0.55	50	二	4.2	6.5	61	100	158	183
XK15		40		5.2	6.0	62	100	149	171
XK16		60		4.3	4.0	61	100	159	184
XK17	0.50	50	二	4.2	4.0	61	100	150	170
XK18		40		5.6	7.0	65	100	143	160
XK19		60		4.9	7.0	55	100	152	170
XK20	0.45	50	二	4.2	7.0	63	100	144	159
XK21		40		4.4	4.0	64	100	136	150
XK22		60		4.3	3.0	62	100	152	166
XK23	0.40	50	二	4.6	4.5	63	100	135	144
XK24		40		4.7	5.5	63	100	132	143
平均值						62	100	148	165

7.1.1.5 粉煤灰对变态混凝土强度的影响

变态混凝土是在碾压混凝土母体中加入一定量的浆液后形成的一种混凝土。在工程实际施工中，浆液的加入有多种方法，有的将浆液铺在底部，有的将浆液铺在碾压混凝土层的中间，有的在碾压混凝土中开沟加浆，然后用振动器振捣，使浆液渗入碾压混凝土中，使之成为变态混凝土。据介绍，在底部铺浆液然后覆盖碾压混凝土进行振捣的效果较好。室内试验采用的方法是在碾压混凝土出机口时加入浆液，然后翻拌均匀，装模后在震动台上震动成型。

试验研究了单掺不同品质的粉煤灰以及复掺粉煤灰、磷渣粉和石灰石粉对变态混凝土强度的影响。试验采用大地水泥厂生产的 42.5 级中热硅酸盐水泥，宣威分选Ⅱ级粉煤灰（以下简称 F）、攀钢灰坝磨细Ⅱ级粉煤灰（以下简称 Fb）、优选的磷渣粉和宣威Ⅱ级粉煤灰复掺料（以下简称 PF）以及磷渣粉和攀钢灰坝磨细Ⅱ级粉煤灰复掺料（以下简称 PFb）、优选的宣威Ⅱ级粉煤灰和石灰石粉复掺料（以下简称 FL），其中掺和料组合中两种掺和料复掺的比例均为 50:50。

变态混凝土试验时，选择 3 个加浆量（体积比 4%、6% 和 8%）进行变态混凝土拌和物的性能试验，根据加浆量与坍落度、加浆量与含气量的关系曲线，确定符合要求的加浆量，然后进行变态混凝土的力学性能试验。变态混凝土采用的母体混凝土配合比见表 7.1-13。表 7.1-14 为变态混凝土用浆液的性能试验结果。变态混凝土配合比及拌和物性能见表 7.1-15，图 7.1-15 为变态混凝土抗压强度柱状图，图 7.1-16 为不同掺和料的变态混凝土抗压强度柱状图（加浆量 6%）。

表 7.1-13　　　　　　　　　　变态混凝土母体配合比表

编号	级配	水胶比	掺和料		外加剂		砂率 /%	材料用量/(kg/m³)				
			品种	掺量/%	JM-Ⅱ (R1)/%	GYQ /%		水	水泥	掺和料	砂	石
gr74	二	0.50	F	55	0.7	0.07	38	91	82	100	818	1344
gr75			Fb					96	86	106	807	1326
gr76			PF					90	81	99	824	1355
gr78			FL					89	80	98	825	1356

表 7.1-14　　　　　　　　　　变态混凝土用浆液性能试验

浆液编号	母体配合比编号	浆液配合比参数				全析水时间 /h	析水率 /%	抗压强度/MPa	
		水胶比	掺和料品种	掺和料掺量/%	JM-Ⅱ (R1)/%			7d	28d
1	gr74	0.45	F	50	0.7	8	6.25	3.5	6.2
2	gr75		Fb			7	10.6	5.1	8.0
3	gr76		FP			10	12.5	2.5	5.1
4	gr78		FL			7	8.47	6.5	9.1

表 7.1-15　　　　　　　　　　　变态混凝土配合比及拌和物性能

配合比编号	母体配合比编号	级配	浆液配合比参数			加浆量/%	变态混凝土浆液材料用量/(kg/m³)				
			水胶比	掺和料及掺量	JM-Ⅱ(R1)/%		水	水泥	粉煤灰	磷渣	石粉
gr79	gr74	二	0.45	F（50%）	0.7	4%	21.9	24.4	24.4	0	0
gr83						6%	32.9	36.5	36.5	0	0
gr87						8%	43.8	48.7	48.7	0	0
gr80	gr75	二		Fb（50%）		4%	21.5	23.9	23.9	0	0
gr84						6%	32.3	35.9	35.9	0	0
gr88						8%	43.1	47.9	47.9	0	0
gr81	gr76	二		FP（50%）		4%	22.5	25.0	12.5	12.5	0
gr85						6%	33.8	37.5	18.8	18.8	0
gr89						8%	45.1	50.1	25.0	25.0	0
gr82	gr78	二		FL（50%）		4%	22.3	24.8	12.4	0	12.4
gr86						6%	33.5	37.2	18.6	0	18.6
gr90						8%	44.6	49.6	24.8	0	24.8

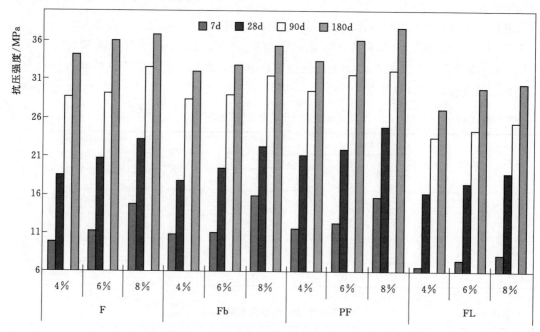

图 7.1-15　变态混凝土抗压强度柱状图

通过试验结果得出以下结论：

（1）加浆量为 6% 时，变态混凝土拌和物性能符合设计指标。

（2）加浆量在 4%～6% 时，12 组变态混凝土的抗压强度在 90d 龄期均超过 23.4MPa，达到 $C_{90}20$ 的配制强度的要求，且有一定的富余；随着加浆量的增加，混凝土抗压强度逐渐提高。

（3）单掺宣威分选Ⅱ级粉煤灰的变态混凝土强度最高，其次是掺磷渣和宣威Ⅱ级粉煤

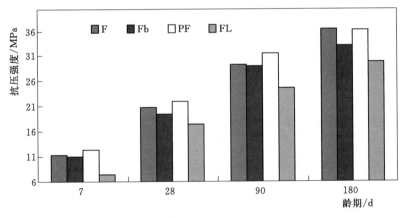

图 7.1-16 不同掺和料的变态混凝土抗压强度柱状图（加浆量 6％）

灰复掺料的变态混凝土，掺宣威Ⅱ级粉煤灰和石粉复掺料的变态混凝土强度最低。

7.1.1.6 粉煤灰与石粉、磷渣粉复掺对碾压混凝土强度的影响

研究了粉煤灰与石粉、磷渣粉复掺对碾压混凝土强度的影响。试验采用 42.5 级中热硅酸盐水泥，掺和料为宣威分选Ⅱ级粉煤灰（以下简称 F）、攀钢灰坝磨细Ⅱ级粉煤灰（以下简称 Fb）、优选的磷渣和宣威Ⅱ级粉煤灰复掺料（以下简称 PF）以及磷渣粉和攀钢灰坝磨细Ⅱ级粉煤灰复掺料（以下简称 PFb）、优选的宣威Ⅱ级粉煤灰和石粉复掺料（以下简称 FL），其中掺和料组合中两种掺和料复掺的比例均为 50∶50，下同。

三级配碾压混凝土配合比见表 7.1-16。

表 7.1-16 三级配碾压混凝土配合比

编号	水胶比	掺和料		砂率 /%	混凝土材料用量/(kg/m³)				
		品种	掺量/%		水	水泥	掺和料	砂	石
gr1	0.45	宣威Ⅱ级（F）	55	33	78	78	95	681	1526
gr2	0.50		55	34	78	70	86	708	1516
gr3	0.55		55	35	78	64	78	735	1504
gr4	0.45		65	33	79	61	114	677	1519
gr5	0.50		65	34	79	55	103	705	1509
gr6	0.55		65	35	79	50	93	732	1498
gr7	0.45	攀钢磨细Ⅱ级（Fb）	45	33	81	99	81	720	1472
gr8	0.50		45	34	81	89	73	748	1463
gr9	0.55		45	35	81	81	66	775	1450
gr10	0.45		55	33	82	82	100	716	1465
gr11	0.50		55	34	82	74	90	744	1455
gr12	0.55		55	35	82	67	82	772	1444
gr13	0.45		65	33	83	65	120	712	1456
gr14	0.50		65	34	83	58	108	740	1448
gr15	0.55		65	35	83	53	98	768	1437

编号	水胶比	掺和料		砂率 /%	混凝土材料用量/(kg/m³)				
		品种	掺量/%		水	水泥	掺和料	砂	石
gr16	0.45		55	33	77	77	94	730	1494
gr17	0.50		55	34	77	69	85	758	1482
gr18	0.55	磷渣粉＋宣威 Ⅱ级(PF)	55	35	77	63	77	785	1469
gr19	0.45		65	33	78	61	113	728	1489
gr20	0.50		65	34	78	55	101	756	1478
gr21	0.55		65	35	78	50	92	783	1464
gr22	0.45		55	33	77	77	94	729	1491
gr23	0.50		55	34	77	69	85	757	1480
gr24	0.55	宣威Ⅱ级(FL)＋ 石灰石粉	55	35	77	63	77	784	1467
gr25	0.45		65	33	78	61	113	726	1486
gr26	0.50		65	34	78	55	101	754	1475
gr27	0.55		65	35	78	50	92	781	1462
gr28	0.45		55	33	81	81	99	723	1479
gr29	0.50		55	34	81	73	89	751	1469
gr30	0.55	磷渣粉＋攀钢 磨细Ⅱ级 (PFb)	55	35	81	66	81	778	1456
gr31	0.45		65	33	82	64	118	720	1474
gr32	0.50		65	34	82	57	107	748	1464
gr33	0.55		65	35	82	52	97	775	1451

表 7.1－17　　　三级配碾压混凝土硬化混凝土性能试验结果

编号	水胶比	掺和料		抗压强度/MPa				劈拉强度/MPa			轴拉强度/MPa	
		品种	掺量/%	7d	28d	90d	180d	28d	90d	180d	28d	90d
gr1	0.45		55	11.2	22	27	32.9	1.47	2.26	2.82	1.86	2.51
gr2	0.50		55	9.6	17.1	25.2	31.6	1.41	2.12	2.72	1.72	2.26
gr3	0.55	F	55	7.7	13.9	22.1	29.7	1.26	1.87	2.56	1.48	2.03
gr4	0.45		65	9.2	17.5	26.1	31.8	1.4	2.23	2.76	1.42	2.5
gr5	0.50		65	8.2	13.7	24.3	30.2	1.32	2.10	2.63	1.40	2.24
gr6	0.55		65	6.7	11.4	22.1	28.2	0.87	1.78	2.38	1.18	2.23
gr7	0.45		45	11.3	21.4	27.3	31.2	1.35	2.68	2.90	2.01	2.60
gr8	0.50		45	8.7	15.8	25.4	29.5	1.3	2.59	2.80	1.74	2.47
gr9	0.55		45	6.6	11.3	23.8	26.2	1.11	2.46	2.51	1.68	2.36
gr10	0.45		55	9.7	18.4	26.2	30.4	1.31	2.66	2.88	1.91	2.45
gr11	0.50	Fb	55	7.2	14.5	25.3	28.9	1.27	2.41	2.65	1.63	2.39
gr12	0.55		55	5.9	11.8	22.0	23.1	1.16	2.20	2.43	1.40	2.16
gr13	0.45		65	7.4	14.2	23.8	27.0	1.22	2.45	2.58	1.49	2.33
gr14	0.50		65	5.4	11.6	21.2	25.3	1.17	2.21	2.43	1.30	1.89
gr15	0.55		65	4.5	9.5	18.6	22.6	0.83	2.01	2.22	1.21	1.52

续表

编号	水胶比	掺和料 品种	掺和料 掺量/%	抗压强度/MPa 7d	28d	90d	180d	劈拉强度/MPa 28d	90d	180d	轴拉强度/MPa 28d	90d
gr16	0.45	PF	55	9.3	19.6	29.5	33.9	1.37	2.85	3.16	2.42	3.16
gr17	0.50		55	9.7	17.5	26.9	31.5	1.24	2.67	2.97	1.94	2.22
gr18	0.55		55	7.6	15.8	25.4	27.6	1.14	2.51	2.60	1.55	2.16
gr19	0.45		65	8.1	18.1	28.7	33.7	1.25	2.73	3.11	2.12	2.45
gr20	0.50		65	6.1	13.9	26.3	30.2	1.21	2.29	2.67	1.73	2.36
gr21	0.55		65	4.5	10.5	19.4	24.6	1.10	2.06	2.41	1.41	2.28
gr22	0.45	FL	55	9.0	14.1	20.6	24.2	1.28	1.88	2.19	1.85	2.43
gr23	0.50		55	6.2	10.6	15.8	20.7	1.02	1.65	2.01	1.36	2.09
gr24	0.55		55	5.9	8.7	14.0	18.3	0.81	1.49	1.79	0.96	1.80
gr25	0.45		65	6.9	11.4	19.8	23.0	0.89	1.86	2.11	1.71	2.35
gr26	0.50		65	5.5	9.3	16.3	19.1	0.82	1.70	1.85	1.29	1.81
gr27	0.55		65	5.2	8.4	13.8	17.9	0.76	1.46	1.75	0.93	1.59
gr28	0.45	PFb	55	8.2	18.1	29.7	35.6	1.36	2.91	3.34	2.16	2.74
gr29	0.50		55	7.8	16.4	26.4	33.6	1.26	2.62	3.17	1.83	2.32
gr30	0.55		55	7.5	14.1	24.6	31.4	1.10	2.43	2.96	1.57	2.09
gr31	0.45		65	8.5	14.5	28.7	33.6	1.26	2.87	3.19	1.81	2.24
gr32	0.50		65	6.0	11.2	20.0	28.8	1.17	2.49	2.85	1.52	2.20
gr33	0.55		65	5.5	9.2	18.5	23.6	1.05	2.29	2.62	1.28	2.06

表 7.1-17 为三级配碾压混凝土硬化性能试验结果。试验结果表明：碾压混凝土的早期强度发展较慢，后期增长较快；对分别掺入五种掺和料组合的三级配混凝土强度进行整体的比较，除掺入石灰石粉的混凝土强度明显偏低外，掺其他掺和料组合的混凝土强度基本相当，掺入攀钢灰坝磨细Ⅱ级粉煤灰（攀钢 Fb）的混凝土单位用水量最高，也就是增加了混凝土中胶凝材料的用量，因此，同等条件下其混凝土强度并没有明显降低。

研究了复掺粉煤灰和砂板岩石粉对碾压混凝土强度的影响。复掺砂板岩石粉与粉煤灰碾压混凝土的强度试验结果见图 7.1-17。从试验结果可以看出，粉煤灰掺量一定时，砂板岩石粉掺量增加，碾压混凝土强度降低；砂板岩石粉掺量一定时，粉煤灰掺量增加，碾压混凝土强度降低。

7.1.1.7 粉煤灰与氧化镁复掺对混凝土强度的影响

将粉煤灰与活性度为 50s、100s、150s 和 200s 的 MgO 膨胀剂共同掺入混凝土，研究粉煤灰与氧化镁复掺对混凝土强度的影响，复掺粉煤灰与氧化镁混凝土配合比如表 7.1-18 所示。复掺粉煤灰与氧化镁的混凝土抗压强度、劈拉强度和轴拉强度试验结果见表 7.1-19 和表 7.1-20。从表 7.1-19 和表 7.1-20 的试验结果可以得出以下结论：

（1）外掺 MgO 混凝土的各龄期抗压强度均随着 MgO 掺量的增加而增加。与基准混

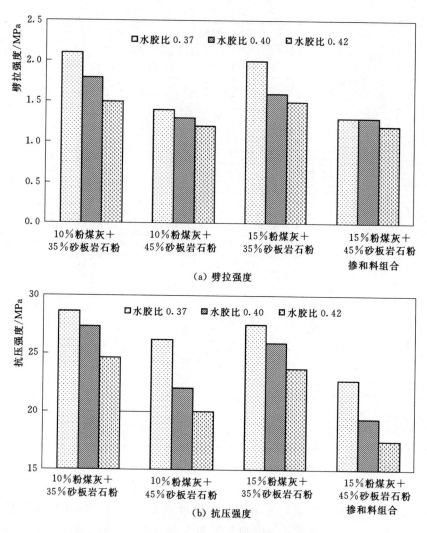

图 7.1-17　复掺砂板岩石粉与粉煤灰碾压混凝土强度

凝土相比，90d 龄期，掺 2%MgO，混凝土抗压强度最大增长率为 13%；掺量为 4%时，混凝土抗压强度最大增长率为 22%；掺量为 6%时，混凝土抗压强度最大增长率为 32%。

（2）外掺 MgO 混凝土的各龄期劈拉强度均随着 MgO 掺量的增加而增加。与基准混凝土相比，90d 龄期，掺 2%MgO，混凝土劈拉强度最大增长率达到 8%；掺量为 4%时，混凝土劈拉强度最大增长率达到 15%；掺量为 6%时，混凝土劈拉强度最大增长率达到 24%。

（3）混凝土抗压强度和劈拉强度随着 MgO 掺量的变化趋势一致，均随 MgO 掺量的增加而增加。这是由于 MgO 是以外加剂形式掺入混凝土中，在一定程度上降低了混凝土的实际水胶比，因此混凝土强度得到了一定提高。

（4）水胶比相同时，泵送混凝土抗压强度和劈拉强度比常态混凝土高，这可能是由于泵送混凝土采用的聚羧酸系高效减水剂的强度增长率较高的原因。

表 7.1－18　　　　　　　　　　　　　外掺 MgO 混凝土配合比参数

编号	类别	水胶比	MgO 活性度	MgO 掺量 /%	粉煤灰掺量 /%	混凝土材料用量/(kg/m³)				
						水	水泥	粉煤灰	砂	石
X1	常态	0.42	100s	0	25	110	196	65	648	1387
X2				2		110	196	65	648	1387
X3				4		110	196	65	628	1408
X4				6		110	196	65	628	1408
XM1				9		110	196	65	628	1408
XM2				12		110	196	65	628	1408
XM3	常态	0.42	50s	4	25	110	196	65	628	1408
XM4			150s	4		110	196	65	628	1408
XM5			200s	4		110	196	65	628	1408
X5	泵送	0.42	100s	0	30	127	198	85	822	1144
X6				2		127	198	85	822	1144
X7				4		127	198	85	803	1164
X8				6		127	198	85	803	1164
X9	常态	0.45	100s	0	25	109	182	59	675	1381
X10				2		109	182	59	675	1381
X11				4		109	182	59	655	1401
X12				6		109	182	59	655	1401

表 7.1－19　　　　　　　　　外掺 MgO 混凝土的力学变形性能试验结果

序号	类别	水胶比	MgO 掺量 /%	粉煤灰掺量 /%	抗压强度/MPa			劈拉强度/MPa		
					7d	28d	90d	7d	28d	90d
X1	常态	0.42	0	25	18.5	26.1	44.4	1.96	2.38	2.84
X2			2	25	19.4	27.4	45.0	2.05	2.57	3.06
X3			4	25	21.1	27.3	46.5	2.10	2.51	3.14
X4			6	25	22.9	33.4	47.7	2.22	2.67	3.19
X5	泵送	0.42	0	30	25.0	36.8	46.8	2.12	2.82	3.12
X6			2	30	25.7	39.4	47.1	2.19	2.76	3.25
X7			4	30	26.6	40.7	48.0	2.23	2.93	3.30
X8			6	30	26.6	40.7	49.8	2.28	3.03	3.45
X9	常态	0.45	0	25	14.2	20.8	27.6	1.65	1.96	2.24
X10			2	25	14.7	21.3	31.3	1.68	2.14	2.35
X11			4	25	16.1	24.2	33.6	1.97	2.23	2.58
X12			6	25	20.5	27.4	36.5	2.22	2.41	2.78

表 7.1 - 20　　　　　　　　　　外掺 MgO 混凝土随掺量的强度增长率和拉/压比

序号	类别	水胶比	MgO 掺量 /%	粉煤灰掺量 /%	抗压强度增长率/%			劈拉强度增长率/%			拉/压比		
					7d	28d	90d	7d	28d	90d	7d	28d	90d
X1	常态	0.42	0	25	100	100	100	100	100	100	0.106	0.091	0.064
X2			2	25	105	105	101	105	108	108	0.106	0.094	0.068
X3			4	25	114	105	105	107	105	111	0.100	0.092	0.068
X4			6	25	124	128	107	113	112	112	0.097	0.080	0.067
X5	泵送	0.42	0	30	100	100	100	100	100	100	0.085	0.077	0.067
X6			2	30	103	107	101	103	98	104	0.085	0.070	0.069
X7			4	30	106	111	103	105	104	106	0.084	0.072	0.069
X8			6	30	106	111	106	108	107	111	0.086	0.074	0.069
X9	常态	0.45	0	25	100	100	100	100	100	100	0.116	0.094	0.081
X10			2	25	104	102	113	102	109	105	0.114	0.100	0.075
X11			4	25	113	116	122	119	114	115	0.122	0.092	0.077
X12			6	25	144	132	132	135	123	124	0.108	0.088	0.076

7.1.1.8　掺粉煤灰的中热水泥、低热水泥混凝土强度

试验研究了粉煤灰对中热水泥、低热水泥混凝土强度发展规律的影响。选择 15%、25% 粉煤灰掺量，采用 0.35、0.39、0.43 水胶比，以及嘉华中热硅酸盐水泥和嘉华低热硅酸盐，进行水泥混凝土力学性能试验。不同水胶比和粉煤灰掺量面板混凝土的配合比见表 7.1 - 21，抗压强度试验结果见表 7.1 - 22，以 28d 试验结果为 100%，计算的混凝土各龄期抗压强度增长率见表 7.1 - 23，低热水泥混凝土与中热水泥混凝土的抗压强度比值见表 7.1 - 24。通过试验结果得出以下结论：

（1）随着粉煤灰掺量提高，混凝土强度逐渐降低。

（2）在试验的水胶比及粉煤灰掺量范围内，低热水泥混凝土 28d 龄期以前（含 28d 龄期）的抗压强度均低于中热水泥混凝土，尤其 7d 龄期，低热水泥混凝土的抗压强度比中热水泥混凝土平均低 18%，90d 龄期低热水泥混凝土的抗压强度超过中热水泥混凝土，比中热水泥混凝土平均高 5%，180d 龄期低热水泥混凝土的抗压强度比中热水泥混凝土平均高 6%。

（3）中热水泥混凝土 3d 龄期抗压强度增长率略高于低热水泥混凝土，7d 龄期抗压强度增长率明显高于低热水泥混凝土，90d 和 180d 龄期抗压强度增长率则明显要低于低热水泥混凝土。

表 7.1 - 21　　　　　　　　　　中热水泥混凝土和低热水泥混凝土配合比

试验编号	水泥品种	粉煤灰掺量	水胶比	混凝土材料用量/(kg/m³)				
				水	水泥	粉煤灰	砂	石
HZ1	中热	15%	0.35	116	282	50	779	1210
HZ3			0.39	117	255	45	810	1206
HZ5			0.43	118	233	41	838	1198

续表

试验编号	水泥品种	粉煤灰掺量	水胶比	混凝土材料用量/(kg/m³)				
				水	水泥	粉煤灰	砂	石
HZ2	中热	25%	0.35	116	251	84	773	1200
HZ4			0.39	117	227	76	804	1197
HZ6			0.43	118	206	69	835	1192
HZ7	低热	15%	0.35	116	282	50	779	1210
HZ9			0.39	117	255	45	810	1206
HZ11			0.43	118	233	41	838	1198
HZ8	低热	25%	0.35	116	251	84	773	1200
HZ10			0.39	117	227	76	804	1197
HZ12			0.43	118	206	69	835	1192

表 7.1-22　中热水泥混凝土和低热水泥混凝土的抗压强度试验结果

编号	水泥品种	粉煤灰掺量	水胶比	砂率/%	抗压强度/MPa				
					3d	7d	28d	90d	180d
HZ1	中热	15%	0.35	39	25.1	39.2	51.2	60.1	66.6
HZ3			0.39	40	22.3	31.0	45.0	54.1	59.0
HZ5			0.43	41	16.7	25.5	37.8	45.6	49.9
HZ2	中热	25%	0.35	39	23.6	31.7	45.6	53.8	60.2
HZ4			0.39	40	19.4	27.8	42.3	49.8	55.8
HZ6			0.43	41	14.2	20.5	32.0	40.7	43.2
HZ7	低热	15%	0.35	39	22.5	28.0	47.6	61.8	68.5
HZ9			0.39	40	20.0	25.0	42.5	57.6	62.9
HZ11			0.43	41	15.1	22.4	37.6	48.9	54.9
HZ8	低热	25%	0.35	39	20.9	25.4	43.2	55.9	63.1
HZ10			0.39	40	15.3	21.2	39.0	50.8	57.7
HZ12			0.43	41	13.6	19.0	31.2	42.8	48.7

表 7.1-23　中热水泥混凝土和低热水泥混凝土抗压强度增长率

编号	水泥品种	粉煤灰掺量	水胶比	砂率/%	抗压强度增长率/%				
					3d	7d	28d	90d	180d
HZ1	中热	15%	0.35	39	49	77	100	117	130
HZ3			0.39	40	50	69	100	120	131
HZ5			0.43	41	44	67	100	121	132
HZ2	中热	25%	0.35	39	52	70	100	118	132
HZ4			0.39	40	46	66	100	118	132
HZ6			0.43	41	44	64	100	127	135
平均值					47	69	100	120	132

续表

编号	水泥品种	粉煤灰掺量	水胶比	砂率/%	抗压强度增长率/%				
					3d	7d	28d	90d	180d
HZ7	低热	15%	0.35	39	47	59	100	130	144
HZ9			0.39	40	47	59	100	136	148
HZ11			0.43	41	40	60	100	130	146
HZ8	低热	25%	0.35	39	48	59	100	129	146
HZ10			0.39	40	39	54	100	130	148
HZ12			0.43	41	44	61	100	137	156
平均值					44	59	100	132	147

表 7.1 - 24　　　　**低热水泥混凝土与中热水泥混凝土的抗压强度比**

水胶比	粉煤灰掺量/%	低热水泥混凝土/中热水泥混凝土抗压强度/%				
		3d	7d	28d	90d	180d
0.35	15	90	71	93	103	103
0.39		90	81	94	106	107
0.43		90	88	99	107	110
0.35	25	89	80	95	104	105
0.39		79	76	92	102	103
0.43		96	93	98	105	113
平均值		89	82	95	105	106

7.1.2　矿渣粉

矿渣粉用作混凝土掺和料，具有比粉煤灰更高的活性，而且品质和均匀性更易保证，掺入混凝土中不仅可以节约水泥，降低胶凝材料水化热，而且可以改善混凝土的某些性能，如显著提高混凝土的强度，降低混凝土的绝热温升，提高抗渗性及对海水、酸及硫酸盐等的抗化学侵蚀能力，具有抑制碱-骨料反应效果等。通过对矿渣混凝土及普通混凝土的力学性能进行试验研究，表明矿渣粉混凝土的 7d 抗压强度比普通混凝土平均约低 8.3%，而 28d 抗压强度高 5%，但矿渣粉掺量在 20% 以内，抗压强度降低幅度较小。有学者研究了矿渣粉掺量对胶砂强度、混凝土强度的影响，结果表明，在水泥胶砂或粉煤灰-水泥胶砂中，用矿渣粉取代部分水泥后，3d 胶砂强度会降低，当矿渣粉掺量小于 55%时 28d 胶砂强度会增加，但矿渣粉掺量大于 60%时胶砂 28d 强度会下降。由此看来，在混凝土中掺入适量矿渣粉，可使混凝土后期强度增加。有研究表明大掺量矿渣粉混凝土的后期强度高于同掺量的大掺量粉煤灰混凝土。

优质级粉煤灰和矿渣粉在混凝土中使用有各自的优缺点。单粉煤灰、单掺矿渣粉对混凝土抗压强度的影响分别见图 7.1 - 18、图 7.1 - 19，随粉煤灰掺量增大，混凝土强度降低；随矿渣粉掺量增大，混凝土强度先增大后减小，特别是混凝土 7d 强度明显高于不掺矿渣粉的混凝土。掺矿渣粉混凝土的后期强度增长率比掺粉煤灰的混凝土低。

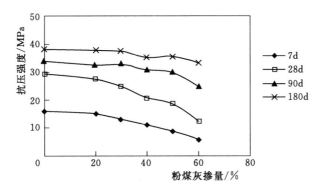

图 7.1-18　单掺粉煤灰混凝土强度

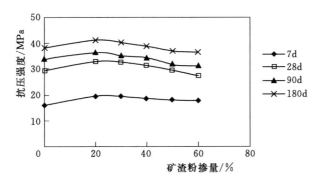

图 7.1-19　单掺矿渣粉混凝土强度

掺粉煤灰的混凝土，早期强度较低，而掺矿渣粉的混凝土早期强度较高，如在混凝土中同时掺入优质粉煤灰和矿渣粉，比单掺优质级粉煤灰和矿渣粉具有更好的效果，它们之间不仅能优势互补，而且具有更好的综合效应。

复掺矿渣粉与粉煤灰的胶凝材料水化，与单掺矿渣或单掺粉煤灰的胶凝材料水化是相似的，兼有二者的特点，在早期，主要是熟料矿物的水化所生成的 $Ca(OH)_2$ 和掺入的石膏分别作为矿渣粉的碱性激发剂和硫酸盐激发剂，并与矿渣粉中的活性组分相互作用，生成水化硅酸钙、水化硫铝酸钙或水化硫铁酸钙。而在后期，主要是水泥熟料水化所析出的 $Ca(OH)_2$。通过液相扩散到粉煤灰球形玻璃体的表面，发生化学吸附和侵蚀，并生成水化硅酸钙和水化铝酸钙，当有石膏存在时，随即产生水化硫铝酸钙结晶。大部分水化产物开始以凝胶状出现，随着龄期的增长，逐步转化成纤维状晶体，数量不断增加，相互交叉，形成连锁结构。

由图 7.1-20 试验结果可知，选择合适的配比，复掺优质粉煤灰和矿渣粉后，混凝土的早期强度略高于纯水泥混凝土，后期强度与纯水泥混凝土强度接近，同时又减少了水泥用量，降低了混凝土的水化热温升。

7.1.3 磷渣粉

磷渣粉对混凝土拌和物具有流化作用和减水作用，能显著改善拌和物工作性，又能在混凝土中能起填充作用和增强效应，提高混凝土后期强度，且后期强度增长稳定。有研究

261

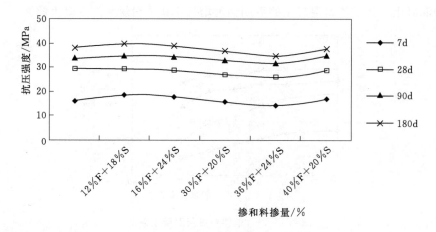

图 7.1 - 20　复掺矿渣粉和粉煤灰对混凝土抗压强度的影响

利用磷渣粉作为矿物掺和料可以配制出 C60～C80 高性能混凝土，混凝土的各项物理力学性能指标都达到甚至超过相关技术标准的要求。与粉煤灰混凝土类似，磷渣粉混凝土的早期强度较低，但磷渣粉掺量 50％以内的混凝土后期强度高于或者接近于普通混凝土；磷渣粉掺量在 60％时，28d 强度比普通混凝土强度低 15％左右。也有资料表明，就抗压强度后期增长而言，磷渣粉效果优于矿渣粉和Ⅰ级粉煤灰。

长江科学院在贵州索风营水电站主体工程中，选择粉煤灰与磷渣粉各 50％复掺作为混凝土掺和料，在 C20 二级配碾压混凝土中，粉煤灰与磷渣粉复合掺量为 55％，在 C15 三级配混凝土中，粉煤灰与磷渣粉复合掺量高达 60％。贵州构皮滩水电站采用磷渣粉掺和料，在其大坝混凝土中磷渣粉最大掺量为 30％。这些工程单掺或者复掺磷渣粉的混凝土的各项指标可满足设计要求。

磷渣粉的是比表面积是影响磷渣粉性能的重要指标。淬冷成粒的磷渣必须磨成具有较高比表面积的磷渣粉，才具备潜在的水化活性，能用作混凝土的掺和料。不同比表面积磷渣粉的活性指数对比见图 7.1 - 21。

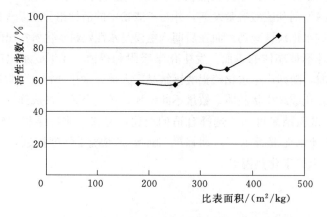

图 7.1 - 21　磷渣粉比表面积对活性指数的影响

7.1.3.1 单掺磷渣粉对混凝土强度的影响

磷渣粉细度对混凝土力学性能影响的试验结果见表 7.1-25。试验结果表明，磷渣细度对混凝土强度有一定影响。当磷渣粉比表面积低至 $180m^2/kg$ 时，会严重降低混凝土早期强度，当磷渣粉比表面积为 $300m^2/kg$ 时，会提高混凝土强度。

表 7.1-25 混凝土强度试验结果

编号	水胶比	粉煤灰掺量/%	磷渣粉掺量/%	比表面积/(m²/kg)	抗压强度/MPa				劈拉强度/MPa			
					3d	7d	14d	28d	3d	7d	14d	28d
BP1	0.50	30	0	—	19.6	23.4	29.5	37.8	1.20	2.00	2.30	2.60
BP2	0.50	15	15	180	14.6	15.8	22.3	26.4	1.08	1.20	2.00	2.10
BP3	0.50	15	15	309	17.4	26.4	36.6	41.2	1.44	1.89	2.35	2.50
BP4	0.50	15	15	309	11.4	18.9	24.6	28.9	1.00	1.42	1.84	1.99

单掺磷渣粉对混凝土抗压强度的影响见图 7.1-22、表 7.1-26、图 7.1-23。磷渣粉作为掺和料掺入到混凝土中虽会使混凝土的早期强度有所降低，但当掺量适当时，不仅不会影响混凝土的后期强度，甚至后期强度还会超出不掺磷渣粉的普通混凝土。这是因为，水泥早期水化被抑制，会使其晶体"生长发育"条件好，使水化产物的质量显著提高，水泥石结构更加致密，孔隙率下降，孔径变小，对混凝土后期强度的发展有利，使混凝土后期强度提高。此外，磷渣粉又是具有一定活性的掺和料，其二次水化反应会提高水泥石的强度，改善界面过渡区结构和孔径分布，使混凝土后期强度提高。

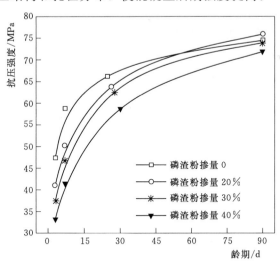

图 7.1-22 单掺磷渣粉对混凝土抗压强度的影响

表 7.1-26 复掺磷渣粉和粉煤灰对混凝土抗压强度与劈拉强度的影响

编号	水胶比	粉煤灰掺量/%	磷渣粉掺量/%	抗压强度/MPa				劈拉强度/MPa			
				7d	28d	90d	180d	7d	28d	90d	180d
P21	0.45	20	0	22.3	33.7	43.6	54.5	1.52	2.40	2.89	3.50
P22	0.45	0	20	23.4	42.9	53.5	61.3	1.80	3.03	3.72	3.92

续表

编号	水胶比	粉煤灰掺量/%	磷渣粉掺量/%	抗压强度/MPa				劈拉强度/MPa			
				7d	28d	90d	180d	7d	28d	90d	180d
P23	0.45	10	10	23.7	38.4	45.5	54.6	1.71	2.87	3.66	3.80
PC1	0.30	10	0	53.5	66.5	71.2	80.7	3.0	4.62	5.15	5.49
PC2	0.30	0	10	56.5	61.9	67.9	77.3	3.82	4.60	5.44	5.20
PC3	0.30	5	5	50.0	70.8	77.8	77.9	3.70	4.63	5.27	5.17

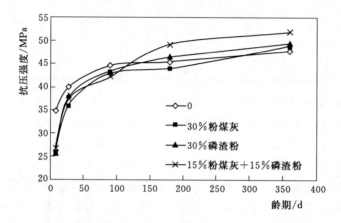

图 7.1-23　复掺磷渣粉和粉煤灰混凝土强度（磷渣粉活性指数 82%）

7.1.3.2　复掺磷渣粉和粉煤灰对混凝土强度的影响

复掺磷渣粉和粉煤灰对混凝土抗压强度与劈拉强度的影响见表 7.1-26 所示，掺磷渣粉与掺粉煤灰相比，混凝土 7d 龄期强度基本相当，混凝土 28d 龄期抗压强度掺磷渣粉比掺粉煤灰时提高 15%～25%，磷渣粉掺量越大，抗压强度提高越多；90d、180d 龄期时二者抗压强度相当。磷渣粉的活性指数对混凝土的强度影响较大，磷渣粉的活性越高，掺磷渣粉混凝土的强度越大。活性高的磷渣粉与粉煤灰复掺，使水泥、粉煤灰、磷渣粉三元胶凝粉体的活性效应叠加，更能发挥多元胶凝粉体的时空互补特性，改变多元胶凝粉体的强度发展进程，获得更优的性能。

掺磷渣粉全级配碾压混凝土的抗压强度、劈拉强度发展规律见图 7.1-24、图 7.1-25，复掺粉煤灰、磷渣粉和单掺粉煤灰的四级配碾压混凝土 7d、28d、90d 龄期的抗压强度接近。180d、360d 龄期，复掺粉煤灰磷渣粉和单掺粉煤灰的四级配碾压混凝土的抗压强度略高于单掺粉煤灰四级配碾压混凝土。全级配大试件与湿筛试件抗压强度的比值在 115%～130% 之间，劈拉强度的比值在 66%～88% 之间。

7.1.4　硅粉

硅粉掺入混凝土中，由于硅粉的掺入，硅粉中高含量高活性的 SiO_2 发生火山灰效应，生成新的物质 C-S-H 凝胶，且加速水泥的水化过程，可显著改善水泥石的孔隙结构，使有害孔显著减少，同时也可改善水泥石与骨料的界面结构，增强了水泥石与骨料的界面

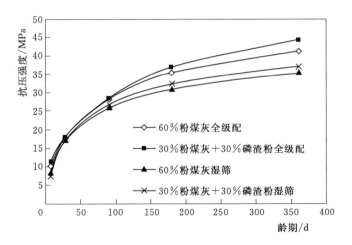

图 7.1-24 全级配碾压混凝土抗压强度与龄期的关系

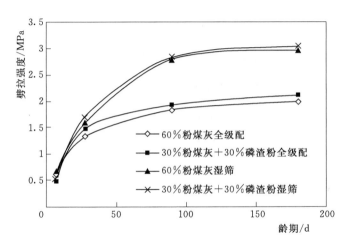

图 7.1-25 全级配碾压混凝土劈拉强度与龄期的关系

黏结力，从而提高混凝土的各项力学性能。硅粉加入混凝土中，混凝土的黏性较大，给混凝土施工带来影响，硅粉混凝土的早期干缩较大，如果早期养护措施不当，容易产生裂缝。

7.1.4.1 硅粉与粉煤灰复掺对混凝土强度的影响

硅粉粉煤灰混凝土的强度试验选用嘉华中热硅酸盐水泥和Ⅱ级粉煤灰、粉煤灰掺量为20%，硅粉掺量为5%。混凝土为常态和泵送两种形态，分别为 C50、C40、$C_{90}50$、$C_{90}40$ 共 4 个强度等级。硅粉粉煤灰混凝土试验配合比见表 7.1-27。

掺入硅粉的混凝土抗压强度、劈拉强度的试验结果见表 7.1-28。通过试验结果得出以下结论：

（1）掺入硅粉的混凝土混凝土 7d 抗压强度增长率在 55%～72% 之间，90d 抗压强度增长率在 111%～129% 之间。7d 劈拉强度增长率在 63%～83% 之间，90d 劈拉强度增长率在 114%～143% 之间。

（2）水胶比为 0.45、0.40、0.35 和 0.30 时，硅粉混凝土的抗压强度可达到 $C_{90}40$、C40、$C_{90}50$、C50 的强度等级。

表 7.1 – 27　　　　　　　　　　　　　硅粉粉煤灰混凝土配合比

混凝土形态	强度等级	编号	水胶比	砂率/%	混凝土材料用量/(kg/m³)					
					水	水泥	粉煤灰	硅粉	砂	石
常态	$C_{90}40$	XN13	0.45	37	123	203	54	14	750	1291
	C40	XN14	0.40	36	122	229	61	15	718	1291
	$C_{90}50$	XN15	0.35	35	121	259	69	17	686	1287
	C50	XN16	0.30	34	120	300	80	20	650	1275
泵送	$C_{90}40$	XN17	0.45	43	134	223	60	15	847	1135
	C40	XN18	0.40	42	133	249	67	17	814	1137
	$C_{90}50$	XN19	0.35	41	132	283	75	19	779	1133
	C50	XN20	0.30	40	131	328	87	22	738	1120

表 7.1 – 28　　　　　　　　　　　硅粉粉煤灰混凝土抗压强度与劈拉强度

混凝土形态	编号	水胶比	抗压强度/MPa			劈拉强度/MPa			抗压强度增长率/%			劈拉强度增长率/%		
			7d	28d	90d	7d	28d	90d	7d	28d	90d	7d	28d	90d
常态	XN13	0.45	25.6	40.3	50.2	1.7	2.7	3.3	64	100	125	63	100	124
	XN14	0.40	28.6	48.7	57.1	2.2	2.6	3.8	59	100	117	83	100	141
	XN15	0.35	38.5	53.4	64.2	2.8	3.1	4.4	72	100	120	79	100	143
	XN16	0.30	49.5	70.8	81.7	2.7	4.3	4.9	70	100	115	72	100	114
泵送	XN17	0.45	23.7	38.6	49.8	1.9	2.6	3.1	61	100	129	73	100	119
	XN18	0.40	28.0	50.2	60.3	2.3	2.9	4.3	56	100	120	81	100	131
	XN19	0.35	29.6	54.1	61.6	2.7	3.3	4.5	55	100	114	83	100	127
	XN20	0.30	43.4	65.0	72.1	3.3	4.1	4.6	67	100	111	82	100	116

复掺 PVA、硅粉、Ⅱ级粉煤灰混凝土配合比见表 7.1 – 29，抗压强度、劈拉强度的试验结果见表 7.1 – 30，以 28d 试验结果为 100%，计算混凝土 7d、90d 强度增长率也列于表 7.1 – 30 中。通过试验结果得出以下结论：

（1）复掺 PVA、硅粉、Ⅱ级粉煤灰混凝土 7d 抗压强度增长率在 53%～70% 之间，90d 抗压强度增长率在 108%～124% 之间。7d 劈拉强度增长率在 57%～86% 之间，90d 劈拉强度增长率在 110%～129% 之间。

（2）水胶比为 0.45、0.40、0.35 和 0.30 时，PVA 硅粉粉煤灰混凝土的抗压强度可达到 $C_{90}40$、C40、$C_{90}50$、C50 强度等级。

表 7.1－29　　　　　　　　　　复掺 PVA、硅粉、粉煤灰混凝土配合比

混凝土形态	强度等级	编号	水胶比	砂率/%	混凝土材料用量/(kg/m³)						
					PVA	水	水泥	粉煤灰	硅粉	砂	石
常态	C₉₀40	XN21	0.45	37	1.2	133	222	59	15	730	1257
常态	C40	XN22	0.40	36	1.2	132	248	66	17	700	1258
常态	C₉₀50	XN23	0.35	35	1.2	131	281	75	19	667	1252
常态	C50	XN24	0.30	34	1.2	130	325	87	22	630	1236
泵送	C₉₀40	XN25	0.45	42	1.2	147	245	65	16	820	1098
泵送	C40	XN26	0.40	42	1.2	146	274	73	18	786	1098
泵送	C₉₀50	XN27	0.35	41	1.2	145	311	83	21	750	1091
泵送	C50	XN28	0.30	40	1.2	144	360	96	24	708	1073

表 7.1－30　　　　　　　　复掺 PVA、硅粉、粉煤灰混凝土抗压强度与劈拉强度

混凝土形态	编号	水胶比	抗压强度/MPa			劈拉强度/MPa			抗压强度增长率/%			劈拉强度增长率/%		
			7d	28d	90d	7d	28d	90d	7d	28d	90d	7d	28d	90d
常态	XN21	0.45	22.1	41.7	51.1	1.7	2.9	3.3	53	100	122	60	100	114
常态	XN22	0.40	27.1	49.3	55.5	2.5	3.0	4.4	55	100	115	83	100	144
常态	XN23	0.35	30.0	52.5	59.4	2.4	3.6	4.6	57	100	113	67	100	128
常态	XN24	0.30	37.6	64.1	69.3	2.9	3.8	4.8	59	100	108	76	100	125
泵送	XN25	0.45	23.6	42.5	52.8	1.6	2.8	3.2	56	100	124	57	100	114
泵送	XN26	0.40	24.8	50.2	54.1	2.1	3.1	3.5	49	100	108	67	100	113
泵送	XN27	0.35	28.3	51.6	61.1	2.3	3.6	4.0	55	100	118	62	100	110
泵送	XN28	0.30	42.7	61.1	69.6	3.2	3.7	4.8	70	100	114	86	100	129

7.1.4.2　硅粉与砂板岩石粉复掺对泵送混凝土强度的影响

采用复掺砂板岩石粉和硅粉方案，开展泵送混凝土性能试验。硅粉掺量选择 3%、5%、8%，砂板岩石粉掺量选择 15%、20%、25%，水胶比选择 0.35、0.37、0.40，混凝土配合比见表 7.1－31。复掺砂板岩石粉与硅粉混凝土的强度试验结果见表 7.1－32，由表 7.1－32 可得出以下结论：

（1）复掺砂板岩石粉与硅粉混凝土的强度发展规律与单掺砂板岩石粉混凝土类似，均随着龄期增长不断增加。

（2）7～28d 龄期期间复掺混凝土的强度增长幅度显著，28～90d 龄期期间增长趋势放缓。

（3）砂板岩石粉掺量一定时（20%），复掺 5% 硅粉的混凝土强度最高；硅粉掺量一定时（5%），混凝土强度随砂板岩石粉掺量的增加而小幅降低。

表 7.1-31　　　　　　复掺砂板岩石粉和硅粉泵送混凝土试验配合比

编号	水胶比	砂率/%	硅粉掺量/%	砂板岩石粉掺量/%	单位材料用量/(kg/m³)					
					水	水泥	硅粉	砂板岩粉	砂	石
BSG-1		39	3	20	144	317	13	82	723	1131
BSG-2		39	5	20	146	313	21	83	719	1124
BSG-3	0.35	39	8	20	149	307	34	85	712	1113
BSG-4		39	5	15	145	331	21	62	722	1129
BSG-5		39	5	25	148	296	21	106	713	1116
BSG-6		39	3	20	144	300	12	78	731	1143
BSG-7		39	5	20	145	294	20	78	728	1139
BSG-8	0.37	39	8	20	149	290	32	81	720	1126
BSG-9		39	5	15	145	311	20	59	732	1144
BSG-10		39	5	25	148	280	20	100	721	1128
BSG-11		39	3	20	144	277	12	72	741	1159
BSG-12		39	5	20	145	272	18	73	739	1155
BSG-13	0.40	39	8	20	149	268	30	74	730	1142
BSG-14		39	5	15	144	288	18	54	742	1160
BSG-15		39	5	25	148	259	18	92	732	1145
BSG-16		39	3	20	144	264	11	68	747	1168
BSG-17		39	5	20	145	259	17	69	745	1165
BSG-18	0.42	39	8	20	149	255	28	71	737	1152
BSG-19		39	5	15	144	274	18	51	747	1169
BSG-20		39	5	25	148	247	18	88	738	1154

表 7.1-32　　　　　复掺砂板岩石粉和硅粉泵送混凝土抗压强度和劈拉强度

编号	水胶比	砂率/%	硅粉掺量/%	砂板岩石粉掺量/%	抗压强度/MPa			劈拉强度/MPa		
					7d	28d	90d	7d	28d	90d
BSG-1		39	3	20	26.3	40.2	43.8	1.5	3.0	3.4
BSG-2		39	5	20	27.3	43.0	45.0	1.6	3.0	3.3
BSG-3	0.35	39	8	20	24.4	41.2	44.6	1.7	2.9	3.4
BSG-4		39	5	15	29.7	43.3	50.2	2.0	2.4	3.3
BSG-5		39	5	25	27.2	42.5	47.9	1.8	2.2	3.2
BSG-6		39	3	20	25.2	39.2	42.1	1.8	2.9	2.9
BSG-7		39	5	20	24.5	42.8	44.1	1.7	2.9	3.0
BSG-8	0.37	39	8	20	22.0	37.9	45.1	1.4	2.7	3.0
BSG-9		39	5	15	28.1	44.8	45.2	1.9	2.8	3.0
BSG-10		39	5	25	24.5	42.1	44.2	1.7	2.7	2.9

编号	水胶比	砂率/%	硅粉掺量/%	砂板岩石粉掺量/%	抗压强度/MPa			劈拉强度/MPa		
					7d	28d	90d	7d	28d	90d
BSG-11		39	3	20	24.9	38.3	39.8	1.6	2.7	2.9
BSG-12		39	5	20	20.7	41.0	43.5	1.4	2.9	2.9
BSG-13	0.40	39	8	20	20.4	39.1	43.1	1.4	2.8	2.8
BSG-14		39	5	15	23.5	41.5	41.9	1.5	2.7	2.8
BSG-15		39	5	25	19.8	38.0	39.7	1.3	2.6	2.7
BSG-16		39	3	20	21.2	36.1	39.1	1.6	2.5	2.9
BSG-17		39	5	20	19.0	39.3	41.3	1.4	2.7	2.8
BSG-18	0.42	39	8	20	18.8	38.3	42.8	1.4	2.6	2.9
BSG-19		39	5	15	22.2	39.5	41.0	1.5	2.7	2.8
BSG-20		39	5	25	18.6	36.8	39.3	1.3	2.5	2.7

7.1.4.3 硅粉与砂板岩石粉复掺对碾压混凝土强度的影响

二级配碾压混凝土选择 0.37、0.40、0.42 三种水胶比，复掺砂板岩石粉和硅粉，砂板岩石粉掺量分别选择 45%、55%，硅粉掺量选择 3%、5%，中石：小石＝50：50。控制碾压混凝土 VC 值 3～5s、含气量 3.5%～4.5%。混凝土配合比见表 7.1－33。复掺砂板岩石粉和硅粉碾压混凝土的强度试验结果见表 7.1－34 和图 7.1－26。从试验结果可以看出，硅粉掺量一定时，砂板岩石粉掺量增加，碾压混凝土强度降低；砂板岩石粉掺量一定时，硅粉掺量增加，碾压混凝土强度小幅增加。复掺 3% 硅粉＋45% 砂板岩石粉时，水胶比不得大于 0.40，可达到 $R_{90}25$ 强度等级，复掺 5% 硅粉＋45% 砂板岩石粉时，水胶比不大于 0.41，可达到 $R_{90}25$ 强度等级；复掺 5% 硅粉＋55% 砂板岩石粉时，水胶比不大于 0.37，可达到 $R_{90}25$ 强度等级。

表 7.1－33　　　　　　复掺砂板岩石粉和硅粉碾压混凝土试验配合比

编号	水胶比	砂率/%	硅粉掺量/%	砂板岩石粉掺量/%	单位材料用量/(kg/m³)					
					水	水泥	砂板岩	硅粉	砂	石
RR-13		34	3	45	115	162	140	9	683	1326
RR-14	0.37	34	3	55	116	132	172	9	680	1320
RR-15		34	5	45	116	157	141	16	681	1321
RR-16		34	5	55	117	126	174	16	677	1315
RR-17		34	3	45	115	150	129	9	691	1340
RR-18	0.40	34	3	55	116	122	160	9	687	1334
RR-19		34	5	45	116	145	131	15	688	1336
RR-20		34	5	55	117	117	161	15	685	1330
RR-21		35	3	45	114	141	122	8	717	1332
RR-22	0.42	35	3	55	115	115	151	8	714	1326
RR-23		35	5	45	115	137	123	14	715	1327
RR-24		35	5	55	116	110	152	14	711	1321

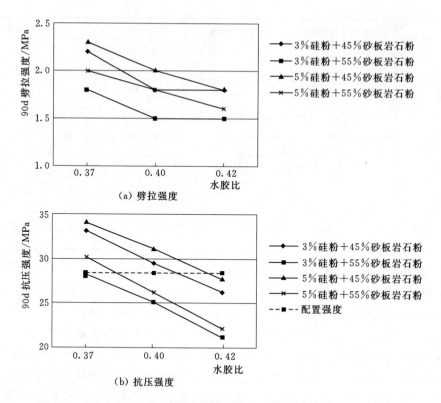

（a）劈拉强度

（b）抗压强度

图 7.1－26 复掺砂板岩石粉和硅粉碾压混凝土强度与水胶比关系曲线

表 7.1－34 复掺砂板岩石粉和硅粉碾压混凝土抗压强度和劈拉强度

编号	水胶比	砂率 /%	硅粉掺量 /%	砂板岩石粉 掺量/%	抗压强度/MPa			劈拉强度/MPa		
					7d	28d	90d	7d	28d	90d
RR－13		34	3	45	13.2	27.6	33.2	0.9	1.9	2.2
RR－14	0.37	34	3	55	11.8	21.1	28.2	0.7	1.5	1.8
RR－15		34	5	45	13.9	29.4	34.1	0.9	1.9	2.3
RR－16		34	5	55	12.1	23.2	30.2	0.7	1.5	2.0
RR－17		34	3	45	11.6	24.6	29.6	0.8	1.8	1.8
RR－18	0.40	34	3	55	9.6	20.5	25.1	0.6	1.3	1.5
RR－19		34	5	45	12.5	27.6	31.1	0.8	1.7	2.2
RR－20		34	5	55	10.0	22.7	26.2	0.6	1.4	1.8
RR－21		35	3	45	9.6	22.5	26.3	0.6	1.4	1.8
RR－22	0.42	35	3	55	7.9	17.2	21.2	0.5	1.1	1.5
RR－23		35	5	45	10.6	24.5	27.8	0.6	1.4	1.8
RR－24		35	5	55	8.5	19.3	22.2	0.6	1.3	1.4

7.1.5 天然火山灰质材料

天然火山灰质材料品种较多，包括火山灰、凝灰岩、浮石、沸石岩、硅藻土等经过磨细加工后的粉体材料，其活性指数与火山灰品种、矿物组成密切相关，且天然火山灰质材料的活性对混凝土后期强度影响更为显著。

7.1.5.1 掺天然火山灰质材料的混凝土强度试验

掺入天然火山灰质材料品种和掺量对混凝土抗压强度的影响见图7.1－27、图7.1－28，结果表明：掺浮石粉或硅藻土火山灰混凝土的强度较高，凝灰岩、火山灰碎屑岩火山灰混凝土的强度次之，玄武岩火山灰混凝土的强度较低。从混凝土强度来看，浮石粉、硅藻土与Ⅰ级粉煤灰相当，凝灰岩、火山碎屑岩与Ⅱ级粉煤灰相当。在火山灰微粉掺量40%以内，随浮石粉、硅藻土掺量的增加，混凝土早期强度降低明显，但后期强度增长率较高，至90d龄期时，高掺量火山灰混凝土的强度下降幅度不明显。

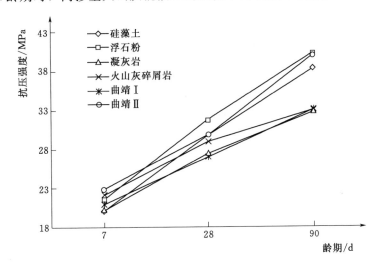

图 7.1－27　天然火山灰质材料品种对混凝土抗压强度的影响

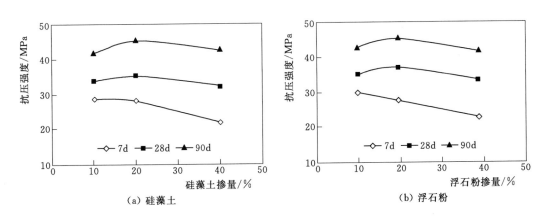

图 7.1－28　天然火山灰质材料掺量对混凝土抗压强度的影响

7.1.5.2 掺凝灰岩和粉煤灰的混凝土抗压强度

凝灰岩属于天然火山灰质材料的一种，我国水工混凝土研究应用凝灰岩粉作为掺和料有成功的先例。早在 20 世纪 80 年代，澜沧江中游漫湾水电站开工建设，漫湾水电站大坝为混凝土重力坝，最大坝高 132m，混凝土方量约 210 万 m^3，需掺和料近 11 万 t，但工程远离大型火电厂，粉煤灰供应点均在 500km 以外，而毗邻地区有较丰富的凝灰岩资源，经过论证，选择当地凝灰岩作为漫湾大坝混凝土掺和料。据统计，凝灰岩不仅解决了当地矿物掺和料短缺问题，还节约了工程投资至少 1000 万元，缓解了对外交通问题，同时有效提高了混凝土抗裂能力，简化了温控措施，加快了施工进度。其后，澜沧江大朝山水电站（碾压混凝土重力坝，最大坝高 115m）大坝混凝土选用磷矿渣和凝灰岩 1∶1 混磨生产的 PT 料作为混凝土掺和料，并以高掺量大规模应用于 75 万 m^3 碾压混凝土中，使用 PT 掺和料 10 万 t 以上，解决了当地粉煤灰资源缺乏的实际问题，取得了显著的社会及经济效益。

复掺凝灰岩粉的混凝土配合比（水胶比和掺和料掺量）见表 7.1-35。

表 7.1-35　　　　　　　　　　混凝土配合比参数表

编号	级配	水胶比	粉 煤 灰		凝 灰 岩 粉	
			品种	掺量/%	品种	掺量/%
DG-1	三	0.45	灵武	50	洛村	0
DG-2				0		50
DG-3				25		25
DG-4		0.50		50		0
DG-5				0		50
DG-6				25		25
DG-7		0.55		50		0
DG-8				0		50
DG-9				25		25
DG-10	三	0.45	灵武	0	沃卡	50
DG-11				25		25
DG-12		0.50		0		50
DG-13				25		25
DG-14		0.55		0		50
DG-15				25		25
DG-16	三	0.45	石嘴山	50	洛村	0
DG-17				25		25
DG-18		0.50		50		0
DG-19				25		25
DG-20		0.55		50		0
DG-21				25		25

编号	级配	水胶比	粉煤灰 品种	粉煤灰 掺量/%	凝灰岩粉 品种	凝灰岩粉 掺量/%
DG-22	三	0.45	石嘴山	25	沃卡	25
DG-23		0.50		25		25
DG-24		0.55		25		25

　　表 7.1-36 为根据试验结果计算的以 28d 龄期抗压强度为 100% 的混凝土抗压强度增长率。从表 7.1-36 中可以明显看出，早龄期 7d 时，单掺粉煤灰的碾压混凝土的抗压强度增长率明显不及单掺凝灰岩粉的碾压混凝土，90d 以后，则恰好相反，复掺粉煤灰与凝灰岩粉的抗压强度增长率则基本处于两者之间。这也进一步说明粉煤灰对于混凝土强度的贡献更多体现在 28d 之后的长龄期，凝灰岩粉对于混凝土强度的贡献则更多体现在 28d 之前。凝灰岩对混凝土抗压强度的影响规律见图 7.1-29～图 7.1-32。

表 7.1-36　　　　　　　　　碾压混凝土的抗压强度增长率

编号	水胶比	粉煤灰 品种	粉煤灰 掺量/%	凝灰岩粉 品种	凝灰岩粉 掺量/%	抗压强度增长率/% 7d	28d	90d	180d
DG-1	0.45	灵武	50	洛村	0	60	100	155	181
DG-2	0.45		0		50	82	100	118	126
DG-3			25		25	67	100	154	185
DG-4	0.50		50		0	62	100	140	161
DG-5	0.50		0		50	60	100	116	120
DG-6			25		25	51	100	136	158
DG-7	0.55		50		0	48	100	133	152
DG-8	0.55		0		50	60	100	116	119
DG-9			25		25	51	100	135	156
DG-10	0.45		0	沃卡	50	79	100	129	139
DG-11	0.45		25		25	59	100	143	164
DG-12	0.50		0		50	77	100	133	138
DG-13	0.50		25		25	56	100	145	164
DG-14	0.55		0		50	71	100	123	133
DG-15	0.55		25		25	56	100	140	165

编号	水胶比	粉煤灰		凝灰岩粉		抗压强度增长率/%			
		品种	掺量/%	品种	掺量/%	7d	28d	90d	180d
DG-16	0.45	石嘴山	50	洛村	0	61	100	161	181
DG-17			25		25	65	100	153	173
DG-18	0.50		50		0	66	100	160	186
DG-19			25		25	71	100	162	189
DG-20	0.55		50		0	53	100	148	167
DG-21			25		25	62	100	157	187
DG-22	0.45		25	沃卡	25	59	100	148	179
DG-23	0.50		25		25	57	100	159	192
DG-24	0.55		25		25	62	100	150	174

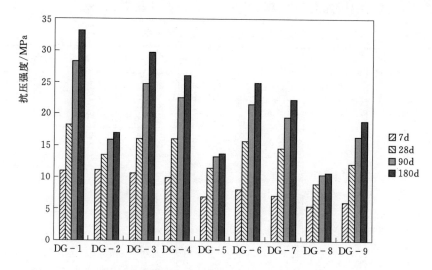

图 7.1-29　水泥-灵武粉煤灰-洛村凝灰岩体系混凝土抗压强度变化规律

从图 7.1-29～图 7.1-32 中可以得出以下结论：

（1）同一种掺和料的情况下，相同龄期时混凝土的抗压强度均会随着水胶比的增加（从 0.45 逐渐增加到 0.55）而减小。

（2）在早龄期 7d 时，单掺凝灰岩粉的混凝土与单掺粉煤灰的混凝土强度相当，甚至还会出现个别高于粉煤灰混凝土抗压强度的情况；7d 之后，两种胶凝体系的混凝土强度差别开始出现，到 28d 时，单掺粉煤灰的混凝土抗压强度基本上是单掺凝灰岩粉混凝土的 1.2～1.5 倍，90d 时，这种差别更为明显，粉煤灰混凝土的抗压强度基本上是凝灰岩粉混凝土的 1.6～1.9 倍，180d 时则为 1.6～2.3 倍。复掺粉煤灰与凝灰岩粉的抗压强度处于两种单掺体系之间。

（3）从抗压强度的整体发展趋势上看，单掺灵武粉煤灰的效果最好，单掺石嘴山粉煤灰次之，复掺灵武粉煤灰与洛村凝灰岩是复掺三元胶凝体系中最好的，单掺沃卡凝灰岩粉

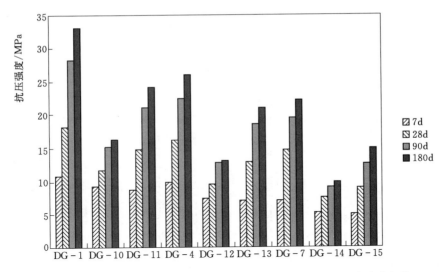

图 7.1-30 水泥-灵武粉煤灰-沃卡凝灰岩体系混凝土抗压强度变化规律

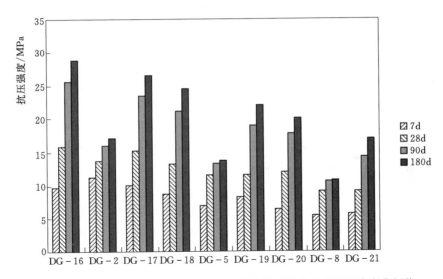

图 7.1-31 水泥-石嘴山粉煤灰-洛村凝灰岩体系混凝土抗压强度变化规律

的碾压混凝土强度最低。

7.1.6 石灰石粉

适当掺量的石灰石粉可以提高混凝土力学性能，改善新拌混凝土和易性，提高混凝土抗裂能力，但当掺量为 20% 或更高时，混凝土抗压强度降低。石灰石粉在混凝土中不仅可以起集料微填充作用，而且石灰石粉在水泥水化过程中可起到晶核作用，诱导水泥的水化产物析晶，并且对混凝土的力学性能有一定影响。

石灰石粉具有一定的集料微填充作用，水泥中小于 $10\mu m$ 的颗粒较少，因此掺入石灰石粉后，石灰石粉中的细颗粒可填充在混凝土拌和物的水泥粒子之间，改善混凝土基相材料的颗粒级配，从而改善混凝土的和易性。对于水泥用量较少的碾压混凝土来说，在水化

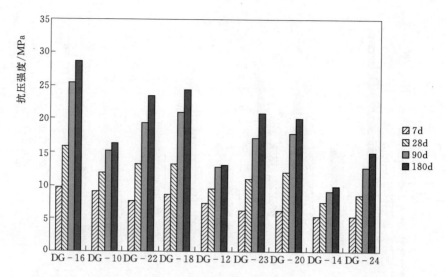

图 7.1-32　水泥-石嘴山粉煤灰-沃卡凝灰岩体系混凝土抗压强度变化规律

后期，石灰石粉可填充在水泥浆体和骨料界面的孔隙之间，填充在水泥水化产物的晶格中，从而部分弥补了其水化惰性对混凝土强度的降低作用。当混凝土强度要求不高时，石灰石粉的用量可以进一步增加。

有研究表明，如果水泥中含有较多的铝酸盐相，则石灰石粉可与其发生反应，生成具有一定胶凝能力的碳铝酸盐复合物，对混凝土有一定的胶凝贡献。

尽管石灰石粉可能表现出活性，或者对水泥水化具有促进作用，但石灰石粉一般被视为非活性掺和料，石灰石粉在混凝土中主要起填充料作用。石灰石粉单掺取代水泥时，混凝土强度降低，且掺量越高强度降幅越大。单掺石灰石粉的混凝土强度试验结果见图 7.1-33。在多元胶凝材料体系中，各组分粒径优化组合可以改善胶凝材料的颗粒级配，进而改善混凝土的和易性。因此，石灰石粉宜与火山灰、粉煤灰、磷渣粉或矿渣粉等活性掺和料复掺用作混凝土掺和料，以弥补石灰石粉活性较低、混凝土后期强度增长率低的问题。

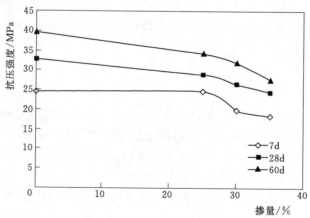

图 7.1-33　单掺石灰石粉的混凝土强度

7.1.6.1 单掺石灰石粉对混凝土强度的影响

不同石灰石粉掺量的混凝土性能试验结果如图7.1-33所示。从图7.1-33中可以看出，对于抗压强度而言，存在一个最佳石灰石粉含量范围，即碾压混凝土石灰石粉含量在16%～18%时，混凝土抗压强度值最高；对于常态混凝土而言，石灰石粉含量在10%～14%为最优含量，这是由碾压混凝土和常态混凝土中各材料组成比例的差异造成的。碾压混凝土石灰石粉含量大于18%时，抗压强度随石灰石粉含量的增加而呈下降趋势，由于石灰石粉含量为22%时，增加了混凝土单位用水量，胶材用量也相应增加，强度有所提高，但仍不及石粉含量为18%的抗压强度；常态混凝土石灰石粉含量大于14%时，抗压强度也随之降低。

7.1.6.2 石灰石粉与粉煤灰复掺对混凝土强度的影响

复掺石灰石粉与粉煤灰碾压混凝土的配合比如表7.1-37所示。复掺石灰石粉与粉煤灰碾压混凝土的抗压强度、劈拉强度试验结果见表7.1-38，复掺石灰石粉与粉煤灰碾压混凝土强度增长率见表7.1-39，以单掺粉煤灰的强度为100%，复掺石灰石粉碾压混凝土的相对抗压强度和相对劈拉强度见表7.1-40。

表7.1-37　　　　　　　　　　碾压混凝土试验配合比

编号	水胶比	砂率/%	粉煤灰掺量/%	石灰石粉掺量/%	混凝土材料用量/(kg/m³)					
					水	水泥	粉煤灰	石灰石粉	砂	石
C1	0.46	28	60	0	74	64.3	96.5	0	622	1600
C2	0.46	28	40	20	74	64.3	64.3	32.2	624	1604
C3	0.46	28	30	30	74	64.3	48.3	48.3	624	1606
C4	0.46	28	20	40	74	64.3	32.2	64.3	625	1607
C5	0.46	28	50	0	74	80.4	80.4	0	624	1604
C6	0.46	28	35	15	74	80.4	56.3	24.1	625	1607
C7	0.46	28	25	25	74	80.4	40.2	40.2	625	1607
C8	0.46	28	15	35	74	80.4	24.1	56.3	626	1610
C9	0.46	28	0	50	74	80.4	0	80.4	627	1613
C10	0.51	29	60	0	73	57.3	85.9	0	651	1593
C11	0.51	29	50	0	73	71.6	71.6	0	652	1596

表7.1-38　　　　　　　　　　碾压混凝土强度试验结果

编号	水胶比	粉煤灰掺量/%	石灰石粉掺量/%	抗压强度/MPa				劈拉强度/MPa		
				7d	28d	90d	180d	7d	28d	90d
C1	0.46	60	0	9.6	21.9	32.0	37.6	0.91	1.84	3.03
C2	0.46	40	20	9.9	22.3	28.9	33.8	0.68	1.56	2.43
C3	0.46	30	30	11.3	20.7	25.9	30.0	0.62	1.47	2.19
C4	0.46	20	40	8.9	15.0	18.0	20.4	0.56	1.26	1.82
C5	0.46	50	0	12.7	24.6	35.1	40.5	1.08	2.13	3.46

编号	水胶比	粉煤灰掺量/%	石灰石粉掺量/%	抗压强度/MPa				劈拉强度/MPa		
				7d	28d	90d	180d	7d	28d	90d
C6	0.46	35	15	12.9	25.1	32.3	37.1	0.86	1.78	2.80
C7	0.46	25	25	14.1	23.6	29.2	33.2	0.80	1.56	2.27
C8	0.46	15	35	12.9	18.8	22.9	24.6	0.76	1.36	1.99
C9	0.46	0	50	11.2	16.6	18.1	18.9	0.66	1.20	1.43
C10	0.51	60	0	7.8	19.0	28.3	33.4	0.74	1.52	2.51
C11	0.51	50	0	11.1	22.1	32.4	38.1	0.84	1.67	2.73

表 7.1－39　　　　　　碾压混凝土强度增长率

编号	水胶比	粉煤灰/%	石灰石粉/%	抗压强度增长率/%				劈拉强度增长率/%		
				7d	28d	90d	180d	7d	28d	90d
C1	0.46	60	0	44	100	146	172	49	100	165
C2	0.46	40	20	44	100	130	152	44	100	156
C3	0.46	30	30	57	100	125	145	42	100	149
C4	0.46	20	40	59	100	120	136	44	100	144
C5	0.46	50	0	52	100	143	165	51	100	162
C6	0.46	35	15	51	100	129	148	48	100	157
C7	0.46	25	25	60	100	124	141	51	100	146
C8	0.46	15	35	69	100	122	131	56	100	146
C9	0.46	0	50	67	100	109	114	55	100	119
C10	0.51	60	0	41	100	149	176	49	100	165
C11	0.51	50	0	50	100	147	172	50	100	163

表 7.1－40　　　　碾压混凝土相对抗压强度和相对劈拉强度

编号	水胶比	粉煤灰/%	石灰石粉/%	相对抗压强度/%				相对劈拉强度/%		
				7d	28d	90d	180d	7d	28d	90d
C1	0.46	60	0	100	100	100	100	100	100	100
C2	0.46	40	20	103	102	90	90	75	85	80
C3	0.46	30	30	118	95	81	80	68	80	72
C4	0.46	20	40	93	68	56	54	62	68	60
C5	0.46	50	0	100	100	100	100	100	100	100
C6	0.46	35	15	102	102	92	92	80	84	81
C7	0.46	25	25	111	96	83	82	74	73	66
C8	0.46	15	35	102	76	65	61	70	64	58
C9	0.46	0	50	88	67	52	47	61	56	41

如表 7.1-38～表 7.1-40 所示，随着掺和料中石灰石粉掺量的增加，碾压混凝土的 7d 和 28d 龄期抗压强度先增大后减小，碾压混凝土 90d 和 180d 龄期的抗压强度及强度增长率则降低。石灰石粉和粉煤灰按 1∶1 比例复掺时，碾压混凝土 7d 龄期抗压强度最大；石灰石粉和粉煤灰按 1∶2 比例复掺时，碾压混凝土 28d 龄期抗压强度最大。碾压混凝土各龄期的劈拉强度随着掺和料中石灰石粉掺量的增加而减小。

与单掺粉煤灰相比，复掺石灰石粉与粉煤灰碾压混凝土的相对抗拉强度要低于相对抗压强度，这表明复掺石灰石粉对碾压混凝土抗拉强度的影响略大于抗压强度。石灰石粉为惰性材料，掺石灰石粉降低了胶凝材料浆体与骨料之间的黏结力，对碾压混凝土的抗拉强度又一定影响。当复合掺和料中石灰石粉与粉煤灰掺量比例小于 1 时，与单掺粉煤灰相比，碾压混凝土 90d、180d 龄期的相对抗压强度大于 80%，即强度降低比率小于 20%；当复合掺和料中石灰石粉与粉煤灰掺量比例为 2 左右时，碾压混凝土 90d、180d 龄期的相对抗压强度平均为 60% 左右，此时强度降低比率较大，平均为 40% 左右。

水胶比 0.51、粉煤灰掺量 60% 的碾压混凝土各龄期强度与水胶比 0.46、掺和料掺量 60%、石灰石粉和粉煤灰按 1∶2 比例复掺的碾压混凝土相当；水胶比 0.51、粉煤灰掺量 50% 的碾压混凝土各龄期强度与水胶比 0.46、掺和料掺量 50%、石灰石粉和粉煤灰按 1∶2 比例复掺的碾压混凝土相当。这表明为与单掺粉煤灰混凝土的强度相当，复掺石灰石粉与粉煤灰的碾压混凝土必须适当降低水胶比。

7.2　弹性模量与极限拉伸变形

弹性模量（Elastic Modulus），是指材料的应力和应变在弹性变形的阶段呈现出正比例的关系（符合胡克定律）。这个比例系数叫做弹性模量。混凝土的弹性模量是指它的应力为轴心抗压强度 40% 时的割线弹性模量。

弹性模量代表了材料抵抗弹性应变的能力，弹性模量值越低就越容易发生弹性形变。混凝土弹性模量表示的是在弹性范围内混凝土受到应力作用而产生变形的能力。

影响混凝土弹性模量的因素非常多，从材料组成到混凝土成型、养护方式，混凝土的弹性模量都会受到或大或小的影响。包括原材料的物理特征、化学性能、骨料性能、砂率、水胶比、强度等级、养护条件和龄期等均会影响到混凝土的弹性模量。一般而言，影响混凝土强度的因素同样影响混凝土的弹性模量，但并不完全相同。潮湿状态下混凝土的弹性模量比干燥状态下的高，而对强度的影响则恰恰相反。骨料的性质对混凝土弹性模量的影响最大，粗骨料的形状及表面状态可能影响混凝土的弹性模量及应力-应变曲线的曲率，骨料弹性模量越高，其混凝土的弹性模量越大。

混凝土极限拉伸变形是表征混凝土在极限拉伸荷载下的变形能力，是衡量混凝土受到各种收缩变形时抵抗拉应力破坏的重要参数。混凝土极限拉伸值比抗压强度和抗拉强度增长更慢一些。极限拉伸值是衡量混凝土抗裂性的重要指标。有研究表明，混凝土的极限拉伸值越大就表示混凝土的抗裂性能越好。

混凝土的极限拉伸值具有以下规律：①采用高强水泥可一定程度的提高混凝土的极限拉伸值。使用强度相当的水泥制备混凝土，则极限拉伸值相差不大；②弹性模量较低和黏结力较好的骨料可提高混凝土的极限拉伸值；③混凝土极限拉伸值与胶凝材料用量密切相关。抗拉强度相同，胶凝材料用量多的极限拉伸值大；④混凝土的极限拉伸值在早龄期（小于 28d）随龄期的增长有较快的增长，但是 28d 以后增长较少。就总体趋势而言，随着龄期增长混凝土的极限拉伸值越大。

总体而言，掺和料对水工混凝土弹性模量与极限拉伸变形的影响不甚显著。

7.2.1　粉煤灰

粉煤灰对混凝土弹性模量的影响不如对强度的影响显著。与不掺粉煤灰相比，掺粉煤灰混凝土的弹性模量早期略低，后期略高。水泥用量、混凝土强度和骨料性能对弹性模量的影响更为显著。

在早龄期下，同等条件的不掺粉煤灰的混凝土试件弹性模量比掺粉煤灰的高，但是这种差别随着龄期的增长逐渐变小。在混凝土胶凝材料中采用部分Ⅱ级粉煤灰取代Ⅰ级粉煤灰，可提高混凝土的弹性模量。随着粉煤灰掺量的增加，混凝土的弹性模量呈现下降的趋势。李俊等的研究也表明，粉煤灰掺量越大，混凝土的弹性模量越低。

混凝土极限拉伸变形是表征混凝土在极限拉伸荷载下的变形能力，是衡量混凝土受到各种收缩变形时抵抗应力破坏的重要参数。混凝土极限拉伸值比抗压强度和抗拉强度增长更慢一些。大水胶比、高粉煤灰掺量的混凝土极限拉伸值的增长率，比小水胶比、低粉煤灰掺量的高强度等级混凝土极限拉伸值的增长率要大一些。应该指出的是，粉煤灰对混凝土极限拉伸值的影响不同研究人员具有不同的研究结论。

有研究表明，掺粉煤灰后，混凝土的极限拉伸值有所下降，但后期的极限拉伸值下降程度低于早期，且趋近与基准混凝土。掺粉煤灰后，混凝土的抗拉强度小幅度下降，但随着掺量的增加，60d 龄期的抗拉强度较 28d 龄期有大幅度增长，并且均超过或趋近基准混凝土，可满足实际工程中的应用。掺粉煤灰混凝土的极限拉伸值增长规律与混凝土抗拉强度和抗压强度是一致的，呈现降—增—降的趋势。掺加粉煤灰的混凝土会引起混凝土极限拉伸值的减小，粉煤灰混凝土的抗拉强度和抗拉弹模随掺量的增加也是减少的，但极限拉伸值随粉煤灰掺量的增加的降低率，要比抗拉强度的降低率小。掺粉煤灰的混凝土极限拉伸值在早期有不同程度的下降，特别是在掺量较大时，早龄期的下降程度较大，因此对抗裂性能较高的混凝土结构，不宜掺过量的粉煤灰。大掺量粉煤灰在大体积混凝土中的应用，其研究结果表明，大掺量（30%以上）粉煤灰的混凝土弹性模量和极限拉伸值与基准混凝土相比在早期较低，其后期（90d 以后）极限拉伸值和弹性模量接近或者超过基准混凝土。

长江科学院的研究表明，粉煤灰本身品质对混凝土极限拉伸值也有不同的影响。粉煤灰细度越细，需水量比越低，烧失量越低，碾压混凝土的极限拉伸值越高。与掺Ⅰ级粉煤灰相比，受粉煤灰细度、需水量比、烧失量等品质参数值的影响，掺Ⅱ级粉煤灰的碾压混凝土的极限拉伸值略低。

水工混凝土抗裂一直是工程界关注的问题，粉煤灰在改善混凝土的抗裂性方面一直有所应用。抗裂性好的水工混凝土一般具有较高的极限拉伸值。混凝土的开裂主要是由于混凝土中拉应力超过了抗拉强度，或者说是由于拉伸应变达到或超过了极限拉伸值而引起的。抗裂性好的混凝土应该具有较高的抗拉强度、较大的极限拉伸值、较低的弹性模量等。水工碾压混凝土的抗压强度和弹性模量随着水灰比和粉煤灰掺量的增大而减小,抗拉强度主要是随混凝土的抗压强度的增加而增加,极限拉伸值随抗拉强度的增大而增大。

表7.2-1列出了粉煤灰掺量对混凝土极限拉伸值增长率的影响规律。试验结果表明,水胶比相同时,混凝土的极限拉伸值随粉煤灰掺量的增加而降低,在粉煤灰掺量低时,极限拉伸值随粉煤灰掺量的增加下降相对较小,在粉煤灰掺量高时,极限拉伸值随粉煤灰掺量的增加下降相对较大。在粉煤灰掺量相同时,混凝土的极限拉伸值随水胶比的增大而降低。

表 7.2-1   **掺粉煤灰混凝土 90d 龄期极限拉伸值增长率**   %

粉煤灰掺量	各水胶比下极限拉伸值增长率					
	0.40	0.45	0.50	0.55	0.60	0.65
0	95	96	101	99	102	104
20	100	101	101	108	108	106
30	101	102	104	106	113	107
40	102	112	102	101	119	107
50	102	111	113	111	129	178

7.2.2 矿渣粉

从长期来看矿渣混凝土抗裂性优于基准混凝土,可减小混凝土的脆性系数,提高极限拉伸值。矿渣作为掺和料应用于碾压混凝土中,水灰比为 0.50~0.70 的碾压混凝土 90d 的静力抗压弹性模量为 31.4~39.0GPa,静力抗压弹性模量随水灰比的增大而减小,随龄期的增长而增大,90d 的静力抗压弹性模量约为 28d 的 110%,180d 的静力抗压弹性模量约为 28d 的 118%。在相同条件下,矿渣掺量为 50% 时,其碾压混凝土的静力抗压弹性模量较掺 40%、60% 的碾压混凝土稍低。水灰比为 0.50~0.70 的碾压混凝土 90d 的抗拉强度为 2.81~3.46MPa,90d 的极限拉伸值为 (77.0~96.8)×10^{-6}。

双掺矿渣粉和粉煤灰的混凝土极限拉伸值的后期增长率低于单掺 20% 粉煤灰的混凝土,双掺矿渣粉、粉煤灰混凝土的 14d 干缩值高于单掺 20% 粉煤灰混凝土,故对双掺粉煤灰和矿渣粉混凝土应加强早期的保湿养护工作。

矿渣粉对混凝土弹性模量的影响规律不明显,从文献资料的分析来看,研究人员得出的结论很有差异,如 Bamforth 对比了基准混凝土和掺 75% 矿渣粉混凝土在相同抗压强度下的弹性模量,结果表明掺矿渣粉混凝土的弹性模量比基准混凝土高 3~6GPa。而 Tolloczko 的研究结果则表明,矿渣水泥混凝土与硅酸盐水泥混凝土的弹性模量基本上没有差异。综合来看,在混凝土抗压强度相当的情况下,矿渣粉对混凝土弹性模量的影响较小。

7.2.3 磷渣粉

磷渣粉作掺和料已在龙潭嘴水电站、大朝山水电站、索风营水电站、沙陀水电站、渔洞水库大坝和构皮滩水电站等水工混凝土工程中使用，应用效果良好。大量的研究人员对磷渣粉对混凝土弹性模量和极限拉伸值开展了大量的研究。

掺加磷渣粉后，混凝土的早期弹性模量较基准混凝土稍有降低，并且随着磷渣粉掺量的增加，混凝土的弹性模量呈现下降趋势，当磷渣粉掺量由 15％增加到 40％时，混凝土的弹性模量降幅为 2.3％。后期弹性模量增长较快，随磷渣粉掺量的增加仍呈现降低的规律，掺量小于 40％时混凝土的弹性模量稍高于基准混凝土，在掺量大于 40％后弹性模量比基准混凝土稍有降低。磷渣粉混凝土早期弹性模量低于基准混凝土，这对于混凝土的早期抗裂性无疑到积极作用。同时指出，磷渣粉对混凝土弹性模量的影响与磷渣粉的比表面积和产地有一定的关系。随磷渣粉比表面积的增加，混凝土的 7d 弹性模量逐渐降低，但降幅较小，而混凝土的 28d 弹性模量则随磷渣粉比表面积的增大而增加，但增加的幅度非常小，当磷渣粉比表面积由 350m²/kg 增长至 500m²/kg 时，7d 弹性模量仅下降 2.75％，28d 的增幅仅为 1.23％。

磷渣粉与粉煤灰等比例复掺（各掺 15％）时，混凝土的弹性模量与单掺 30％粉煤灰时相当；单掺磷渣粉水工混凝土的弹性模量高于单掺粉煤灰水工混凝土；磷渣粉的掺入不会引起水工混凝土强度的下降；掺磷渣粉水工混凝土的极限拉伸值高于掺粉煤灰的水工混凝土，且随着磷渣粉掺量的增加而增大；与单掺粉煤灰比较，磷渣粉的掺入并没有改变混凝土自身体积变形的发展趋势，磷渣粉与粉煤灰各掺入 15％能减少混凝土的自身体积变形。

长江科学院的研究指出粉煤灰、磷渣粉均可提高混凝土的极限拉伸值，且掺磷渣粉混凝土比掺粉煤灰混凝土的极限拉伸值高，这对混凝土抗裂是有利的，掺有磷渣粉的混凝土早期弹性模量低于基准样，后期弹性模量相当或略高。极限拉伸值和弹性模量随着龄期的增加而增大，都是在早期增长快、后期较慢。极限拉伸值和弹性模量随着掺和料掺量的增加而减小。等掺量下，复掺磷渣粉和粉煤灰碾压混凝土的极限拉伸值和弹性模量最高，单掺磷渣粉混凝土次之，单掺粉煤灰混凝土最低。

索风营水电站的相关科研成果指出，在水胶比和掺量等配合比参数相同的情况下，无论是常态混凝土还是碾压混凝土，掺磷渣混凝土的劈拉强度、轴拉强度和极限拉伸值均高于掺粉煤灰混凝土。对于掺和料掺量小于 35％的常态混凝土，掺磷渣混凝土的抗拉性能明显优于掺粉煤灰混凝土，其 28d 龄期的极限拉伸值比粉煤灰混凝土高 7％～10％，90d 龄期的极限拉伸值比粉煤灰混凝土高 10％～20％。对于常态混凝土，掺磷渣粉混凝土的弹性模量略高于掺粉煤灰混凝土，对于碾压混凝土，掺 65％磷渣粉的混凝土的弹性模量低于掺 65％粉煤灰的混凝土。

结合官地水电站，长江科学院研究了磷渣粉作为矿物掺和料在水工碾压混凝土中的应用。与粉煤灰混凝土相比，磷渣粉混凝土具有后期强度、极限拉伸较高等优势，磷渣粉与粉煤灰复掺作混凝土掺和料可以改善单掺磷渣粉混凝土早期强度发展慢、强度过低、自生体积变形收缩较大等问题，在粉煤灰供应紧张的情况下，采用磷渣粉与粉煤灰复掺，可以有效缓解粉煤灰的供需矛盾，降低工程成本。

磷渣粉对混凝土极限拉伸变形和抗压弹性模量的影响分别如表 7.2-2 和表 7.2-3 所示。从表 7.2-2 和表 7.2-3 中可以看出，与掺粉煤灰相比，掺磷渣粉混凝土极限拉伸值早期明显提高，90d、180d 龄期时混凝土的极限拉伸值相当。掺磷渣粉混凝土的抗压弹模与掺粉煤灰混凝土的抗压弹性模量接近。其原因可能是因为磷渣粉具有较高的活性，能够在水化早期激发出较高的火山灰活性。同时具有一定的形态效应，可以增加混凝土的极限拉伸值。

表 7.2-2　　　　　　磷渣粉和粉煤灰对混凝土轴拉强度与极限拉伸值的影响

编号	水胶比	粉煤灰掺量/%	磷渣粉掺量/%	轴拉强度/MPa				极限拉伸值/($\times 10^{-6}$)			
				7d	28d	90d	180d	7d	28d	90d	180d
P21	0.45	20	0	2.43	3.50	5.10	5.10	97	106	132	120
P22	0.45	0	20	2.43	3.70	4.93	5.17	95	116	142	120
P23	0.45	10	10	2.45	3.90	4.97	5.30	87	110	123	122
PC1	0.30	10	0	4.10	5.40	6.00	6.50	105	158	147	136
PC2	0.30	0	10	5.07	5.80	6.80	6.50	137	152	150	160
PC3	0.30	5	5	4.57	5.10	6.37	7.10	115	121	142	145

表 7.2-3　　　　　　磷渣粉和粉煤灰对混凝土弹性模量和泊松比的影响

编号	水胶比	粉煤灰掺量/%	磷渣粉掺量/%	弹性模量（泊松比）/GPa			
				7d	28d	90d	180d
P21	0.45	20	0	34.6	37.5	45.6 (0.23)	45.0
P22	0.45	0	20	30.8	40.7 (0.29)	43.4 (0.23)	44.0
P23	0.45	10	10	30.5	38.9 (0.26)	42.0 (0.24)	43.6
PC1	0.30	10	0	40.6 (0.22)	45.4 (0.27)	48.1 (0.23)	51.0
PC2	0.30	0	10	43.5 (0.21)	46.0 (0.22)	52.4 (0.27)	53.2
PC3	0.30	5	5	40.1 (0.23)	47.0 (0.23)	52.1 (0.23)	53.6

7.2.4　天然火山灰质材料

火山灰对不同级配混凝土的极限拉伸值影响规律有所不同。三级配混凝土中火山灰掺量为25％的时候，其28d极限拉伸值略微下降，但是随着火山灰掺量的进一步增大，其28d极限拉伸值还是体现出整体上升的趋势；四级配混凝土随着火山灰掺量逐渐地增加，28d极限拉伸值变化幅度并不明显。火山灰的掺量对于四级配混凝土的28d极限拉伸值的影响并不显著。当火山灰掺量从30％增加至35％后，三级配混凝土的28d极限拉伸值渐渐超越了四级配混凝土的28d极限拉伸值，这说明火山灰的掺入对三级配混凝土的极限拉伸值有很好的改善，掺量越大，28d极限拉伸值的增长越明显。

长江科学院研究了单掺粉煤灰、单掺凝灰岩粉和两者复掺对混凝土弹性模量和极限拉伸值的影响。复掺粉煤灰和凝灰岩粉的混凝土极限拉伸值与抗压弹性模量见表7.2-4。对碾压混凝土（二级配和三级配）而言，7d龄期，混凝土抗压弹性模量在14.6～17.0GPa之间。28d龄期，混凝土抗压弹性模量在17.6～21.0GPa之间。90d龄期，混凝土抗压弹性模量在21.9～23.4GPa之间。180d龄期，混凝土抗压弹性模量在23.9～27.3GPa之间。360d龄期，混凝土抗压弹性模量在25.9～28.1GPa之间。从整体上看，同强度等级下，三种掺和料方案的混凝土抗压弹性模量基本相当。

表 7.2 - 4　　　　**不同掺和料方案的混凝土极限拉伸值与抗压弹性模量**

编号	混凝土类型	水胶比	粉煤灰掺量/%	凝灰岩粉掺量/%	设计指标	级配	极限拉伸值/(×10⁻⁶)					抗压弹性模量/GPa				
							7d	28d	90d	180d	360d	7d	28d	90d	180d	360d
DN - 28	碾压	0.45	55	0	C₉₀20W8F200	二	72	83	99	112	112	15.9	18.9	23.4	27.3	28.1
DN - 29		0.40	0	45			84	95	103	109	109	17.0	21.0	22.1	24.5	26.6
DN - 30		0.40	30	30			79	88	98	110	110	15.4	20.9	22.6	25.6	27.0
DS - 1		0.45	55	0	C₉₀20W8F100	三	68	86	101	108	108	14.6	17.6	22.5	26.2	27.5
DS - 2		0.40	0	45			89	95	102	110	111	16.7	20.6	21.9	23.9	25.9
DS - 3		0.40	30	30			85	90	101	109	110	14.7	20.8	22.7	25.1	27.2
DC - 19	常态	0.45	25	0	C25W8F200	二	93	99	113	115	114	14.3	22.2	23.5	26.1	28.5
DC - 20		0.45	0	20			105	110	112	112	110	15.2	23.8	24.0	26.2	27.9
DC - 21		0.45	10	10			99	104	110	112	111	15.5	24.2	24.3	26.5	28.0
DT - 28		0.50	35	0	C₉₀20W8F200	三	80	93	99	103	104	12.9	19.8	25.2	26.6	27.9
DT - 29		0.45	0	30			95	100	101	102	103	13.5	22.0	23.7	24.5	25.9
DT - 30		0.45	15	20			85	101	104	105	106	12.7	23.8	27.5	27.6	27.8
DF - 28		0.50	35	0	C₉₀20W8F100	四	77	90	105	105	105	13.4	20.0	24.9	26.9	27.8
DF - 29		0.45	0	30			80	95	95	102	103	15.9	23.6	25.6	26.2	27.2
DF - 30		0.45	15	20			78	92	97	103	104	14.9	22.9	26.1	26.5	27.9

对于碾压混凝土（二级配和三级配）而言，7d 龄期，混凝土极限拉伸值在（68～89）×10⁻⁶之间。28d 龄期，混凝土极限拉伸值在（83～95）×10⁻⁶之间。90d 龄期，混凝土极限拉伸值在（98～103）×10⁻⁶之间。180d 龄期，混凝土极限拉伸值在（108～112）×10⁻⁶之间。360d 龄期，混凝土极限拉伸值在（108～112）×10⁻⁶之间。单掺凝灰岩粉混凝土早龄期的极限拉伸值较大，28d 龄期后增长缓慢。90d 龄期后，三种掺和料方案的混凝土极限拉伸值基本相当。

不同岩性火山灰对混凝土极限拉伸值的影响见表 7.2 - 5，混凝土采用 0.50 水胶比，32%砂率，高效减水剂掺量为 0.7%，人工骨料，通过调整单位用水量，保证混凝土坍落度在 60～80mm 之间，引气剂掺量是以混凝土拌和物含气量达到 4.5%～5.5%为准。试验结果见表 7.2 - 5。从表 7.2 - 5 中结果可以看出，火山灰岩性对混凝土极限拉伸值的影响无明显规律；同 30%掺量情况下，火山灰混凝土的极限拉伸值与粉煤灰混凝土相差不大。

表 7.2 - 5　　　　　　　**天然火山灰对混凝土极限拉伸值的影响**

编号	掺和料品种	掺量/%	轴拉强度/MPa		极限拉伸值/(×10⁻⁶)	
			28d	90d	28d	90d
HS1	硅藻土	30	2.35	3.53	85	114
HS2	浮石粉	30	2.29	3.38	82	113

编号	掺和料品种	掺量/%	轴拉强度/MPa		极限拉伸值/($\times 10^{-6}$)	
			28d	90d	28d	90d
HS3	凝灰岩	30	2.22	2.66	80	104
HS4	火山灰碎屑岩	30	2.25	—	81	—
HS5	安山玄武岩	30	1.98	2.45	90	116
HS6	曲靖Ⅰ	30	2.02	2.74	83	110
HS7	曲靖Ⅱ	30	2.31	3.09	78	107

7.2.5 石灰石粉

石灰石粉作为矿物掺和料掺入混凝土中对混凝土弹性模量和极限拉伸值有不同程度的影响。许婷指出，石灰石粉作为掺和料单掺到混凝土中时，对混凝土弹性模量有不利影响，随着掺量的增加，弹性模量不断降低，但弹性模量的降低幅度小于抗压强度的降低幅度。石灰石粉与矿粉或粉煤灰组成的复掺，能配制出力学性能与基准样接近，工作性能和抗氯离子渗透性能优于基准样的混凝土，可应用到高性能混凝土的配制中。

石灰石粉质量分数较低（小于 7% 时）的机制砂混凝土弹性模量接近于天然砂混凝土的弹性模量，但当石灰石粉质量分数较高时，机制砂混凝土的弹性模量降低。抗压弹性模量随着石灰石粉含量增加而略有降低，但降低幅度很小（0.3%～2.5%）。强度的增加有利于弹性模量的增加，浆体含量的增加却会使弹性模量下降，机制砂混凝土的弹性模量大小与石灰石粉含量的关系，取决于这两方面的因素。

石灰石粉作为掺和料对混凝土极限拉伸值的影响。随着石灰石粉掺量的增加，三级配混凝土的极限拉伸值逐渐降低，其掺量在 35% 时较掺量为 10% 时下降了 13.5%。在四级配混凝土中，当掺量从 10% 增加至 20% 的过程中，使其极限拉伸值逐渐增大。在掺量为 20% 的时候，其极限拉伸值达到最高，而随着掺量的进一步增大，其极限拉伸值又呈现出下降的趋势。所以在四级配混凝土中掺加 20% 左右的石灰石粉能在一定程度上增大混凝土的极限拉伸值。

石灰石粉对碾压混凝土极限拉伸变形和静力抗压弹性模量的影响试验结果见表 7.2-6。由试验结果可知，碾压混凝土各龄期极限拉伸值和抗压弹性模量均随着随掺和料中石灰石粉掺量的增加而减小，但石灰石粉与粉煤灰复掺掺量比例小于 1 的碾压混凝土极限拉伸值减小比例均小于 10%。

表 7.2-6 石灰石粉对碾压混凝土极限拉伸变形和静力抗压弹性模量的影响试验结果

编号	粉煤灰掺量/%	石灰石粉掺量/%	极限拉伸值/($\times 10^{-6}$)		抗压弹模/GPa	
			28d	90d	28d	90d
C1	60	0	67	89	28.5	36.3
C2	40	20	65	86	28.4	33.3
C3	30	30	62	82	28.0	31.5

编号	粉煤灰掺量/%	石粉掺量/%	极限拉伸值/($\times 10^{-6}$)		抗压弹模/GPa	
			28d	90d	28d	90d
C4	20	40	57	83	25.6	32.1
C5	50	0	72	95	33.3	37.6
C6	35	15	70	90	31.5	36.8
C7	25	25	69	86	29.4	35.4
C8	15	35	65	84	28.5	33.3
C9	0	50	55	71	25.3	35.2
C10	60	0	58	82	24.3	32.5
C11	50	0	63	85	28.1	32.8

7.3　干缩

　　混凝土的干燥收缩变形，混凝土的收缩是指混凝土在不受力的情况下，因变形需产生的体积减小，混凝土在空气中由于散失水分而产生的体积缩小变形，简称干缩。在有约束的条件下收缩会引起混凝土的裂缝，从而对结构产生不利影响。一般来说，混凝土的收缩主要包括干燥收缩、塑性收缩、自身收缩、温度收缩和碳化收缩。其中，干燥收缩最为显著，占体积收缩量的 80%～90%，且随时间增长不断加大。根据国外 20 多年的长期干缩试验资料，在混凝土配合比，环境和荷载条件有很大变动的范围，通常两周仅完成 20 年干缩的 20%～25%，3 个月完成 50%～60%，1 年完成 75%～80%。

　　干燥收缩可以分为两个阶段：第一阶段，当周围空气相对湿度较高时，水泥浆体的早期收缩主要是毛细孔力作用引起的。毛细孔中的凹形液面力求缩小自身的表面造成负压，使水泥石毛细孔壁受到压缩它的毛细孔力作用。空气相对湿度越低，形成弯液面的毛细孔半径越小，常压时，降低空气相对湿度，可使毛细孔力增大，从而使水泥石的收缩增大。第二阶段，当空气相对湿度小于 60% 时，水泥浆体开始失去吸附水，吸附在水化硅酸钙晶体表面上的多分子层吸附水首先蒸发。当空气相对湿度小于 45% 时，将失去水化硅酸钙晶体结构的层间水，托贝莫来石凝胶间的层间水蒸发，使水泥石收缩增大。空气相对湿度越小，温度越高，托贝莫来石凝胶的层间水失去越多，水泥石的收缩越大。

　　影响混凝土干燥收缩变形的因素有许多，主要的因素有水泥的品种及其质量与用量，掺和料的种类及其用量，外加剂的种类和掺量，混凝土单位用水量及配合比，骨料的品种及含量，养护条件和龄期等。对于混凝土干缩的解释存在较多学说，主要有拆开压力学说、层间水迁移学说、毛细管张力学说、凝胶体颗粒表面能变化学说。但是归结起来主要原因是 C-S-H 凝胶物理吸附水的损失导致的收缩应变。不同种类的外加剂对混凝土干缩的影响也是不同的。例如早强剂 $CaCl_2$ 将增加混凝土干缩，引气剂可加大混凝土的早期干缩，减水剂尽管减少了混凝土用水量，但是某些减水剂反而增加了干缩。混凝土干缩变形的大小用干缩率表示。

大量试验研究表明：伴随着硅粉和凝灰岩掺量的不断增加，混凝土的干燥收缩变形逐渐增大；在混凝土中掺用钢纤维对干缩有一定的抑制作用；另外，随着粉煤灰掺量的增加，混凝土的干燥收缩逐渐减小。因此，在大体积混凝土结构中，通常掺入大量的粉煤灰（有的掺量高达 50%），有的还采用"超量取代法"即用粉煤灰来取代部分的细骨料（砂），这样不仅能够让混凝土的强度增长率得到提高，还能够使水化热升温得到有效的降低，最为重要的是还能够部分克服粉煤灰等量取代时所造成的混凝土早期强度较低等缺点。

7.3.1 粉煤灰

在 28d、90d 时掺高钙粉煤灰与普通粉煤灰粉煤灰的碾压混凝土均表现为收缩，但掺高钙粉煤灰碾压混凝土的干缩变形和自身体积变形只有掺普通粉煤灰碾压混凝土的 50%，这表明高钙粉煤灰具有一定的补偿收缩的作用。

有研究认为，掺粉煤灰的混凝土干缩明显高于基准混凝土，且随掺量的增大干缩值也随之增大，在前期混凝土的收缩较大，之后基本趋于稳定。这可能是因为粉煤灰在早期水化速度慢，水泥石中的孔隙较多，毛细孔水蒸发较快而引起的。

阎培渝等的研究了高钙粉煤灰对混凝土干缩性能的影响。研究表明，在各龄期低钙灰混凝土的干缩率随水胶比降低而减小。同水胶比下，高钙粉煤灰混凝土的干缩率显著低于低钙灰混凝土。高钙粉煤灰混凝土干缩率随水胶比降低而减小的趋势更加明显，而且水胶比为 0.241 的混凝土 C_3A 在后期还表现出了明显的膨胀。这是因为高钙灰引入的游离 CaO 后期水化膨胀已经成为影响混凝土干缩率的主导因素。随游离 CaO 水化进行，膨胀应力增加，但硬化水泥浆体的抗拉强度也在增加，当抗拉强度足以控制膨胀应力时，混凝土发生的膨胀较小，当抗拉强度小于膨胀应力时，就可能造成较大的膨胀甚至破坏。水胶比低的混凝土 C_3A 强度固然高，但是高钙灰粉煤的掺量大，引入的游离 CaO 量大，而且游离 CaO 的水化产物可填充的空间小，造成后期膨胀，同时阻碍其后期强度发展。

掺粉煤灰常态混凝土的干缩率试验结果见表 7.3-1，碾压混凝土的干缩率试验结果见表 7.3-2。试验结果表明，碾压混凝土的干率随龄期的延长而增大。在水胶比相同时，碾压混凝土的干缩率随粉煤灰掺量的增加而降低。

表 7.3-1　　　　　　　　掺粉煤灰常态混凝土的干缩率试验结果

水胶比	粉煤灰掺量 /%	干缩率/（×10⁻⁶）						
		3d	7d	14d	28d	60d	90d	180d
0.35	10	31	96	198	247	292	362	443
0.34	20	28	107	194	240	283	354	439
0.33	30	30	100	176	240	266	347	425
0.30	40	22	96	168	243	279	314	406

表 7.3－2　　　　　　　　　掺粉煤灰碾压混凝土的干缩率试验结果

水胶比	粉煤灰掺量 /%	各龄期干缩率/（×10⁻⁶）						
		3d	7d	14d	28d	60d	90d	180d
0.50	30	57	104	181	300	360	416	455
0.50	40	43	103	153	275	356	383	424
0.50	50	55	115	162	277	356	374	410
0.50	60	66	114	181	267	332	357	380

混凝土的干缩是由混凝土中的水分损失所引起的，因此，混凝土的干缩与用水量有关，混凝土的单位用水量越小，干燥过程中所失去的水也越少，因而干缩也越小。混凝土的干缩率随粉煤灰掺量的增大而降低，这是由于掺粉煤灰改善了新拌混凝土的黏聚性，减少了泌水，降低了孔隙率，粉煤灰具有减水作用，降低了混凝土的单位用水量，这对减小混凝土的干缩有利。

7.3.2　矿渣粉

矿渣粉混凝土的干缩与普通混凝土没有明显差别，如果矿渣粉较粗，用水量较大，混凝土泌水较多，将导致混凝土的干缩较大，带来表面开裂的风险。影响矿渣粉混凝土干燥收缩的因素主除了环境条件（温度、湿度）、结构暴露表面积、养护条件、原材料品质及混凝土配合比外，还与矿渣粉的品质有关，如矿渣粉的活性、需水量比、细度等因素。

掺加磨细钢渣粉后水泥胶砂的干缩率比不掺加时会稍微增大，但相较于掺加矿渣粉时的干缩率则有较大幅度的降低。水泥胶砂的干缩量在14d龄期之前增加很快，28d龄期后变化较缓慢。钢渣粉与矿渣粉复掺时水泥胶砂的干缩率比单掺钢渣粉时增大，尤其钢渣粉与矿渣粉掺和比为1：2时干缩率最大。同时指出，磨细钢渣粉、矿渣粉作为活性矿物掺和料对于水泥胶砂早期的干缩性能有较大影响。由于早期的体积变化对混凝土开裂敏感性有直接的关联，因此需要对水泥胶砂、混凝土在掺加活性矿物掺和料后的收缩性能给予特别重视。

在粉煤灰和矿渣双掺比例相同的条件下，随着双掺总量的增加，高性能混凝土干缩降低。在双掺总量相同的条件下，随着双掺比例的增加，高性能混凝土早期干缩增加。在双掺情况下，单独增加粉煤灰或矿渣粉的掺量，粉煤灰降低早期总收缩的效果更明显，但矿渣粉引起自收缩增大的幅度大于粉煤灰引起自收缩减小的幅度。相比于粉煤灰，矿渣粉降低干缩的效果更明显。矿渣粉增大自收缩的幅度远小于其降低干缩的幅度。

在开始测量的6～8h里，掺矿渣粉混凝土的早期总收缩小于基准混凝土，这是由于在此期间掺矿渣粉混凝土自收缩较小，同时因其表面泌水能够及时地补充水分蒸发，使混凝土内部水分向外迁移和由此带来的相对湿度降低还不明显。随后，由于混凝土强度发展缓慢且矿渣粉的保水性不好，掺矿渣粉混凝土中水分的不断散失以及相对应早期自收缩增长速度的加快，使早期总收缩增长速率加快，逐渐超过了基准混凝土。1d龄期时，掺20%矿渣粉混凝土的早期总收缩比基准混凝土高13.7%左右。3d龄期时高出18.7%。

长江科学院进行的掺矿渣粉混凝土（其中矿渣粉的比表面积390m²/kg、流动度比

97%、28d 活性指数 98%）干缩试验结果见表 7.3-3。试验结果表明，混凝土的干缩率随着矿渣粉掺量的增加而降低，混凝土的干缩率随龄期的增长而增大，早龄期混凝土的干缩率增长较快，90d 后逐渐降低，趋于平稳增长。

表 7.3-3 混凝土干缩试验结果

编号	级配	水胶比	矿渣粉掺量/%	各龄期干缩率/($\times 10^{-6}$)						
				3d	7d	14d	28d	60d	90d	120d
KA-25	四	0.50	45	81	139	209	245	287	325	382
KA-28	四	0.50	55	67	128	195	228	270	333	386
KA-27	四	0.55	45	72	126	205	232	273	318	374
KA-29	四	0.55	55	55	110	187	217	259	304	365
KA-2	三	0.40	30	116	159	287	341	400	457	487
KA-3	三	0.40	40	106	148	253	339	401	450	472
KA-30	三	0.40	50	99	122	175	278	342	385	407
KA-5	三	0.45	30	118	157	246	311	362	417	468
KA-6	三	0.45	40	103	146	222	300	337	409	455
KA-31	三	0.45	50	86	139	209	255	314	355	382
KA-8	三	0.50	30	105	148	235	298	320	383	436
KA-9	三	0.50	40	92	136	225	302	313	358	424
KA-32	三	0.50	50	82	125	195	247	305	326	374
KA-12	二	0.35	35	139	248	299	364	398	482	498
KA-36	二	0.35	45	120	226	276	326	375	463	496
KA-15	二	0.40	35	127	216	293	361	399	461	492
KA-37	二	0.40	45	111	137	250	347	379	433	482

7.3.3 磷渣粉

与掺粉煤灰相比，掺磷渣粉混凝土的干缩早期略大，而后期基本与掺粉煤灰相当，磷渣粉与粉煤灰复掺时，混凝土的干缩值有减小的趋势。掺磷渣粉混凝土早期干缩较大，这可能与磷渣多为玻璃体物质，亲水能力较小，泌水较大，且早期水化较慢，水化消耗的水量较少，使可被蒸发得水量较多等原因有关。因此，加强磷渣粉混凝土的早期养护非常重要。掺磷渣粉和粉煤灰的混凝土干缩试验结果见表 7.3-4 和表 7.3-5。

表 7.3-4 掺磷渣粉和粉煤灰对混凝土干缩的影响

编号	水胶比	粉煤灰掺量/%	磷渣粉掺量/%	级配	干缩率/($\times 10^{-6}$)							
					1d	3d	7d	14d	28d	60d	90d	180d
P21	0.45	20	0	二	45	65	96	150	240	275	290	335
P22	0.45	0	20	二	36	57	116	160	208	239	278	328
P23	0.45	10	10	二	35	69	108	148	195	244	270	346

编号	水胶比	粉煤灰掺量/%	磷渣粉掺量/%	级配	干缩率/($\times 10^{-6}$)							
					1d	3d	7d	14d	28d	60d	90d	180d
PC1	0.30	10	0	二	61	106	122	198	270	312	346	381
PC2	0.30	0	10	二	69	94	130	212	261	283	340	375
PC3	0.30	5	5	二	65	100	149	190	251	288	326	360

表 7.3－5　掺粉煤灰和磷渣粉混凝土干缩试验结果

编号	水胶比	粉煤灰掺量/%	磷渣粉掺量/%	级配	干缩率/($\times 10^{-6}$)							
					1d	3d	7d	14d	28d	60d	90d	180d
P41	0.50	30	0	四	51	91	105	182	240	281	311	331
P42	0.50	0	30	四	34	63	93	168	233	264	293	320
P43	0.50	15	15	四	30	60	95	173	218	270	288	311
P21	0.45	20	0	二	45	65	96	150	240	275	290	335
P22	0.45	0	20	二	36	57	116	160	208	239	278	328
P23	0.45	10	10	二	35	69	108	148	195	244	270	346
PC1	0.30	10	0	二	61	106	122	198	270	312	346	381
PC2	0.30	0	10	二	69	94	130	212	261	283	340	375
PC3	0.30	5	5	二	65	100	149	190	251	288	326	360

图 7.3－1 是水胶比为 0.50 时，掺 30％掺和料混凝土的干缩曲线，P41 为单掺 30％粉煤灰、P42 单掺 30％磷渣粉以及 P43 磷渣粉与粉煤灰复掺 30％。可见，与单掺粉煤灰相比，单掺磷渣粉的早期干缩低，后期二者差距减小，磷渣粉与粉煤灰复掺时，混凝土的干缩率有减小的趋势。

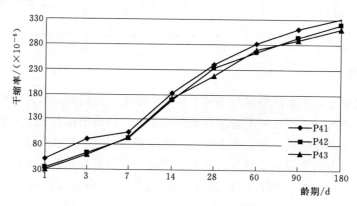

图 7.3－1　掺 30％掺和料混凝土的干缩曲线

磷渣粉本身的缓凝特性使得磷渣粉在水化早期主要起到填充的作用，干缩主要是由于水泥水化使得胶凝材料总体积减小造成的，磷渣粉掺量越大干缩就越小。水化后期，磷渣粉和水泥水化产生的 $Ca(OH)_2$ 以及高碱性的水化硅酸盐发生火山灰反应，尽管胶凝材料的体积随着磷渣粉掺量的增加而减小，但是由于水泥本身的 MgO 含量很高（4.15％），而且 MgO 的微膨胀性主要是在后期显现出来，两者叠加的效应使得磷渣粉混凝土的干缩在整个水化过程中随着磷渣粉掺量的增加而减小。

7.3.4 硅粉

只掺硅粉的混凝土 14d 干缩率较同水泥用量的基准混凝土干缩率增值大于 1.0×10^{-6}，表明掺加硅粉可不同程度的增加混凝土的干缩。丁文文等人研究了经 20℃ 标准养护和 60℃ 蒸汽养护后硅粉、粉煤灰对水泥浆体干缩的影响。标养下，粉煤灰的掺入降低了水泥浆体的强度，当粉煤灰掺量小于 40% 时，水泥浆体的干缩随着掺量的增加而增大，硅粉的掺入可以提高水泥浆体的强度，掺量小于 15% 时，各龄期的干缩随着硅粉掺量的增加而增加。在蒸养下，当粉煤灰的掺量小于 40% 时，可以提高水泥浆体早期强度。复掺粉煤灰和硅粉可以减小水泥浆体的干缩。曾俊杰对比研究偏高岭土和硅粉影响砂浆干燥收缩的影响，偏高岭土和硅粉均减小了砂浆 90d 干缩，偏高岭土改善砂浆抗干缩性更优，延长预养护时间有利于提高偏高岭土和硅粉降低砂浆干缩的效果；在一定掺量范围内，随掺量上升，掺偏高岭土砂浆干缩不断变小，掺硅粉砂浆则先变小后变大；硅粉和偏高岭土砂浆中复掺粉煤灰能进一步改善砂浆抗干缩性，而复掺矿粉则不利于降低砂浆干缩。

采用新的全自动混凝土收缩膨胀仪，连续测定了以 5%、10%、15% 水泥质量分数的硅粉替代水泥的混合浆体分别从终凝和 24~168h 的自收缩值和干缩值。当试样中胶凝材料硅灰质量分数为 5%、10%、15% 时，其 24h 龄期时自收缩值分别达到 168h 龄期时的 34.5%、57.1%、65.8%，24h 龄期时的干缩值分别达到 168h 龄期时的 66.7%、71.1%、75.8%，表明自收缩和干缩主要发生在 24h 内。试样在 168h 龄期时，自收缩值、干缩值以及自收缩值与干缩值的比值均随硅灰掺量的增加而增加。在 96~150h 龄期内，自收缩速率出现了一个缓慢增加的阶段，表明硅灰与水化产物 $Ca(OH)_2$ 之间发生了火山灰反应。

不同掺量硅粉（5%、10%、20%），不同掺量粉煤灰（30%、40%、50%），不同细度以及不同粉磨方式（振动磨和球磨）对低水胶比混凝土干缩性能的影响规律。随着硅粉掺量的增加，混凝土的干燥收缩略有增加。粉煤灰有利于减少低水胶比混凝土的干缩，且细度越小，干缩值降低得越多。不同磨机粉磨的同一粒径的粉煤灰，其干缩性能相差较小。

硅粉对水泥硬化浆体的自收缩有显著影响，随硅粉掺量增加，试样水化初期收缩明显增加。资料显示，硅粉掺量分别为 3%、6% 和 10% 时，试样 3d 的收缩率分别为 0.115%、0.179% 和 0.191%，明显大于未掺硅粉试样的收缩率。当硅粉掺量较大时（如 6%、10% 掺量的硅粉），试样的收缩在水化初期迅速增加后，在 3~5d 之间收缩趋于平缓，但此后（6~15d）的收缩再次出现加速现象，且伴随硅粉掺量的增大而增大。

掺硅粉硬化水泥浆体的早期收缩明显增大，原因有二：一方面，硅粉颗粒很细，能填充于水泥颗粒之间，使水泥浆体的结构致密，孔径细化。按物理化学原理，孔越细，毛细孔中液体的收缩力越强；另一方面，硅粉具有很高的火山灰反应活性。硅酸盐水泥熟料矿物的主要水化产物为 C-S-H 凝胶和 $Ca(OH)_2$，其中 C-S-H 凝胶具有多孔结构，会发生收缩，$Ca(OH)_2$ 主要为晶体结构，不发生收缩。当熟料矿物水化时，部分 $Ca(OH)_2$ 分布于 C-S-H 凝胶空隙之间，对 C-S-H 凝胶收缩起到限制作用，因此硬化水泥浆体的收缩比较小。掺加硅粉后，硅粉与 $Ca(OH)_2$ 发生火山灰反应，消耗了浆体内的 $Ca(OH)_2$，即消除了 $Ca(OH)_2$ 对 C-S-H 凝胶收缩的限制，引起硬化水泥浆体收缩增加。

有资料表明,掺有硅粉的混凝土,7d 龄期的干缩值为普通混凝土的两倍左右,且占全部干缩值的 30%～45%。飞来峡和黄河小浪底水利工程的施工中发现,硅粉混凝土出现塑性开裂和早期干缩的概率比普通混凝土高得多。因此,在高气温、低湿度、高风速情况下浇筑硅粉混凝土,应特别注意防范混凝土产生塑性开裂和早期收缩。

7.3.5　天然火山灰质材料

张众等研究了云南省腾冲县、龙陵一带的天然火山灰。主要有火山碎屑岩、浮石、玄武岩、玄武安山岩、安山岩、凝灰岩、硅藻土等。研究的江腾火山灰对混凝土干缩性能的影响,掺 30% 火山灰的不同龄期混凝土干缩值比不掺的低 2%～6%。陈青生研究了西藏羊八井火山灰对混凝土干缩性能的影响,研究结果表明,火山灰掺量为 10% 的水泥砂浆 7d 收缩率与不掺火山灰的相差 23%,而 28d 后的收缩率则接近。火山灰掺量为 20% 和 30% 的水泥砂浆 7d 收缩率比不掺火山灰的大 63.8%,而 28d 以后的收缩率比不掺火山灰的大 20% 左右。可见掺火山灰砂浆的早期收缩较大,中期时收缩虽仍大于不掺火山灰的,但两者的差值已逐渐减小。

掺不同天然火山灰材料或粉煤灰混凝土的干缩率与龄期的关系曲线如图 7.3 - 2 所示。试验结果表明,浮石粉、凝灰岩粉混凝土的干缩较大,硅藻土混凝土的干缩次之,火山碎屑岩、玄武岩混凝土的干缩较低。与粉煤灰混凝土相比,硅藻土混凝土的干缩与Ⅱ级粉煤灰相当,而Ⅰ级粉煤灰混凝土的干缩最低。粉煤灰混凝土的干缩要低于火山灰混凝土的干缩。

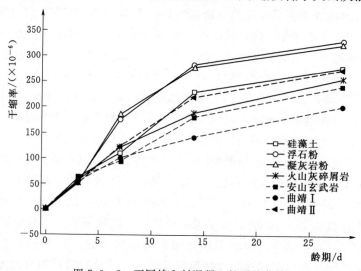

图 7.3 - 2　不同掺和料混凝土的干缩曲线

与含有大量致密球形玻璃体颗粒的粉煤灰不同,表面粗糙、多孔的天然火山灰具有很大的比表面积,对水的吸附能力大,所配制的混凝土用水量大,过多的水不仅使混凝土的性能受到影响,而且未水化的吸附水会逐渐蒸发,造成水化面的收缩,所配制的混凝土下缩性将较大。

长江科学院研究了单掺粉煤灰、单掺凝灰岩粉和两者复掺对混凝土干缩的影响。同龄期时,相对于单掺粉煤灰混凝土,单掺凝灰岩粉混凝土干缩率较大,这可能是由于同强度等级条件下,单掺凝灰岩粉混凝土的水胶比一般较单掺粉煤灰混凝土小(二级配常态除外），用水量大，导致单掺凝灰岩粉混凝土胶凝材料以及水泥的总量大，致使混凝土干缩率增大。复掺粉煤灰与凝灰岩粉混凝土处于两者之间，见表7.3-6。

7.3.6 石灰石粉

石灰石粉掺量0～20%范围内，石灰石粉的掺入对混凝土的收缩有一定的影响，总体上来看，掺入石灰石粉后，混凝土的收缩值呈现降低趋势。石灰石粉掺量不同的混凝土干燥收缩不同，可能是因为少量的石灰石粉取代水泥和细骨料后，改变了体系内部水化放热的反应进程，特别是随着石灰石粉的掺入，减少了体系内部泌水通道和集料表面的泌水孔隙，改善了孔隙结构，从而一定程度上减小了混凝土的干缩。

石灰石粉的掺入促进了C_3S的水化，由于矿渣的掺入延缓和水泥的水化作用，不能促使早期形成大量的钙矾石补偿混凝土的收缩，所以前期收缩大于单掺石灰石粉的。14d以后，钙矾石的形成补偿混凝土的收缩，复掺石灰石粉和矿渣粉的收缩相对单掺石灰石粉的降低。加入矿渣粉后，首先降低了混凝土温升而产生的温度收缩；由于矿渣粉在水泥浆体中的微集料效应及火山灰反应生成大量的C-S-H凝胶，填充了孔隙，相应补偿了因孔隙失水而产生的部分干缩，如果掺量增加效果将更加明显。加入矿渣粉后，矿渣粉中的SiO_2与水泥的水化产物$Ca(OH)_2$发生火山灰反应，继续生成具有凝胶性质的、稳定的水化硅酸钙凝胶，增加了有益的水化产物的数量，改善了混凝土界面的结构和孔隙结构，从而提高混凝土的强度和密实性。

武汉理工大学等科研单位研究了机制砂中石粉含量对混凝土干缩的影响。石粉质量分数对机制砂高强混凝土的干缩影响与干缩龄期密切相关，石粉质量分数较高（7%及7%以上质量分数）的机制砂混凝土的7d及7d以前龄期干缩值比河砂混凝土大，而后龄期干缩值相差不大，甚至有所降低。另外，掺入粉煤灰使机制砂混凝土各龄期的干缩值减小。

干缩是水工混凝土开裂的主要原因之一，通过掺入石灰石粉可以较好地控制混凝土的干缩，提高混凝土的抗裂性。石灰石粉在水工混凝土中可起到以下作用：填充效应、活性效应和加速效应。石灰石粉的填充效应主要表现为石灰石粉对水泥浆基体和界面过渡区中孔隙的填充作用，使浆体更为密实，减小孔隙率和孔隙直径，改善孔结构。前期研究表明，石灰石粉还具备一定的水化活性。随着水化反应的不断进行，水化生成单碳水化铝酸钙（$C_3A \cdot CaCO_3 \cdot 11H_2O$）和三碳水化铝酸钙（$C_3A$碳水化铝酸$_3 \cdot 32H_2O$）。此外，水化碳铝酸盐还可以与其他水化产物相互搭接，使水泥石结构更加密实，从而提高强度和耐久性。石灰石粉在混凝土硬化过程中具有加速作用。石灰石粉颗粒作为一个个成核场所，致使溶解状态中的C-S-H凝胶遇到固相粒子并接着沉淀其上的概率有所增大。这种作用在早期是显著的，无论何种水泥，掺入石灰石粉后均加速了其水化，石灰石粉的细度越大，早期抗压强度增长越明显。

石灰石粉对混凝土干缩性能的影响随着掺量的不同而不同。石灰石粉混凝土的干缩随石灰石粉细度和掺量的增大呈现降低趋势，采用$45\mu m$方孔筛筛余为0.6%的石灰石粉，以15%的掺量，超量系数配制的石灰石粉混凝土的干缩要稍低于普通混凝土。石粉掺量对混凝土干缩性能的影响随龄期的不同而不同，是由石粉的加速效应与填充效应共同作用完成的。石粉外掺小于15%，其加速效应起主要作用。过多石粉的加入，抑制了混凝

表 7.3 - 6　混凝土干缩试验结果

编号	混凝土类型	级配	水胶比	粉煤灰		凝灰岩粉		各龄期干缩率（×10⁻⁶）												
				品种	掺量/%	品种	掺量/%	3d	7d	14d	28d	60d	90d	120d	180d	270d	360d
DS-1	碾压	三	0.45	灵武	55	洛村	0	72	156	243	300	352	384	390	400	409	411
DS-2	碾压	三	0.40		0		45	99	178	301	369	444	454	460	472	481	483
DS-3			0.40		30		30	88	165	287	346	412	420	426	431	440	442
DN-28	碾压	二	0.45		55		0	70	178	266	327	372	402	405	410	415	419
DN-29			0.40		0		45	111	188	280	385	461	476	480	492	495	500
DN-30			0.40		30		30	104	186	279	337	383	409	412	421	426	432
DC-19	常态	二	0.45		25		0	72	140	216	263	325	345	375	389	395	399
DC-20			0.45		0		20	75	162	258	301	380	401	432	449	458	462
DC-21			0.50		10		10	69	130	230	282	345	365	399	406	415	417
DT-28	常态	三	0.45		35		30	58	67	96	195	256	288	311	313	317	321
DT-29			0.45		0		20	77	98	143	206	289	315	332	345	351	352
DT-30			0.50		15		0	62	71	112	197	245	275	309	315	320	323
DF-28	常态	四	0.45		35		30	46	75	116	202	243	275	306	308	311	314
DF-29			0.45		0		20	67	92	133	220	295	320	330	335	341	342
DF-30			0.45		15			55	85	127	209	241	270	298	306	315	318

土的干缩。

表 7.3-7 是碾压掺粉煤灰和石灰石粉的碾压混凝土干缩结果。粉煤灰和石灰石粉对碾压混凝土早龄期干缩率影响较小，但 7d 龄期后，复掺石灰石粉与粉煤灰的碾压混凝土的干缩率增加速率高于单掺粉煤灰的混凝土；在水胶比和掺和料总量相同时，随着双掺料中石灰石粉掺量的增加，混凝土的干缩率有增加的趋势。

表 7.3-7 碾压混凝土干缩试验结果

编号	水胶比	粉煤灰掺量 /%	石灰石粉掺量/%	干缩率/($\times 10^{-6}$)					
				3d	7d	14d	28d	60d	90d
C1	0.46	60	0	94	153	242	272	324	345
C2	0.46	40	20	70	130	216	308	337	356
C3	0.46	30	30	71	149	230	324	339	362
C4	0.46	20	40	89	187	245	327	353	376
C5	0.46	50	0	102	174	268	294	332	352
C6	0.46	35	15	81	138	187	301	334	355
C7	0.46	25	25	79	131	201	318	348	360
C8	0.46	15	35	67	128	197	282	324	346
C9	0.46	0	50	72	130	200	290	337	354
C10	0.51	60	0	82	118	165	228	302	326
C11	0.51	50	0	85	124	168	235	314	338

7.4 绝热温升

混凝土的绝热温升是指混凝土在绝热条件下，由水泥的水化热引起的混凝土的温度升高值。影响混凝土绝热温升的因素包括：水泥品种和用量、掺和料品种及用量、水灰比、混凝土浇筑温度等。一般来说，混凝土绝热温升随着水灰比增大而增大，随着水泥用量增加而呈直线上升，矿物掺和料等量替代水泥后，水化温升降低，温升速度减慢。

混凝土绝热温升及其历时函数关系是进行大体积混凝土温控设计的主要参数，但是目前由于设备条件的限制，只能通过室内模拟试验，模拟混凝土处在绝热条件下，测得混凝土早期（28d 龄期以内）由于胶凝材料水化产生的热量使混凝土内部温度随龄期增长而上升的规律，根据不同经验公式推断混凝土的后期或最终绝热温升值。

绝热温升与龄期的常用经验公式有以下三种：

（1）指数式。

美国垦务局在 20 世纪 30 年代曾经提出混凝土绝热温升与龄期关系的指数经验公式：

$$T = T_0 [1 - \exp(-m_1 t)] \tag{7.4-1}$$

式中　T——混凝土绝热温升，℃；

　　　T_0——混凝土的最终绝热温升；

　　　t——龄期，d；

m_1——常数，随水泥品种、细度和浇筑温度而异。

由式（7.4-1）可以看出，当 $t \to \infty$ 时，$T \to T_0$，T_0 即为混凝土的最终绝热温升。将式（7.4-1）移项改写为

$$m_1 t = -\ln(1 - T/T_0) \tag{7.4-2}$$

$$m_1 = -\lg(1 - T/T_0)/0.434t \tag{7.4-3}$$

根据试验观测资料，待 T-t 曲线趋于稳定后的 T 值即为混凝土的最终绝热温升近似值 T_0，然后以为纵坐标，时间 t 为横坐标，求直线的斜率并除以 0.434，即可求得 m_1。

（2）双曲线式：

$$T = T_0 t/(m_2 + t) \tag{7.4-4}$$

式中　T_0、m_2——常数。

将式（7.4-4）改写为

$$\frac{1}{T} = \frac{m_2}{T_0} \times \frac{1}{t} + \frac{1}{T_0} \tag{7.4-5}$$

作 $1/T \sim 1/t$ 直线，求直线的斜率和截距可求得 m_2 和 T_0。当 $T = T_0/2$ 时，$m_2 = t$，即 m_2 为混凝土绝热温升达到最终温升一半所需的时间，它可以说明混凝土绝热温升发展的速率。

（3）复合指数式：

$$T = T_0[1 - \exp(-m_3 t^n)] \tag{7.4-6}$$

式中　m_3、n——试验常数。

可将式（7.4-6）改写为

$$\exp(-m_3 t^n) = 1 - T/T_0 \tag{7.4-7}$$

$$\lg[-\lg(1 - T/T_0)] = n\lg t + \lg(0.434m_3) \tag{7.4-8}$$

由式（7.4-8）可知 $\lg[-\lg(1 - T/T_0)]$-$\lg t$ 呈直线关系。若已知最终绝热温升 T_0 和混凝土早期绝热温升试验资料，便可以根据直线斜率和截距求得常数 m_3 和 n。

当 $t \to \infty$ 时，不论采用哪种经验公式，混凝土的最终绝热温升理论值 T 应该是相同的。以上提到的几种绝热温升表达式，仅考虑混凝土龄期的影响，而没有考虑混凝土温度和水化反应程度的影响。目前混凝土绝热温升公式多是根据初试养护温度在 15～20℃试验资料整理出来的，当混凝土实际浇筑温度高于 15～20℃时，混凝土的绝热温升上升速度较快，实际的混凝土绝热温升将高于计算值；反之，当混凝土浇筑温度低于 15～20℃时，实际的混凝土绝热温升将低于计算值。对于组成一定的混凝土来说，混凝土的绝热温升值主要由胶凝体系的水化程度决定。此外，混凝土配合比及其所用原材料组成与性能的变化也将导致混凝土的绝热温升特性随之变化，尤其是混凝土的早期发热量差异更是明显。所以在实际应用中进行温控防裂计算时，应以实测温升值为依据。

7.4.1　粉煤灰

用粉煤灰替代部分水泥，在混凝土的胶凝材料用量和水胶比不变，初始温度基本相同时，水胶比不同的情况下混凝土绝热温升变化趋势略有不同。混凝土中掺加粉煤灰，胶凝材料体系中硅酸盐水泥量减少，水灰比相应增加，粉煤灰的水化速率远远小于硅酸盐水

泥，所以相应地改善了早龄期时硅酸盐水泥的水化环境，削弱了硅酸盐水泥水化时的势垒，促进硅酸盐水泥的水化程度的提高。当胶凝材料水化程度相同时，由于粉煤灰的掺加，也使单位质量混凝土放热量下降，因此掺加粉煤灰既有使混凝土绝热温升上升的作用，也有使其下降的作用。较高的水胶比的低强度等级混凝土，掺加粉煤灰改善硅酸盐水泥水化环境的作用不明显，硅酸盐水泥用量下降导致单位质量混凝土的放热量减少，绝热温升随粉煤灰掺量的增加而下降。水胶比低的高强度等级混凝土，掺加粉煤灰使水灰比相应增大，相应增加了硅酸盐水泥的水化程度，水泥水化增加部分所放出的热量超过了因掺加粉煤灰使胶凝材料的放热能力下降作用时，单位质量混凝土的放热量有一定的提高，研究表明，粉煤灰的掺量在 0~40% 范围内，混凝土的绝热温升随粉煤灰掺量的增加而增加，当粉煤灰掺量达到 50% 时，硅酸盐水泥减少过多和粉煤灰的放热能力较慢共同作用使混凝土绝热温升下降。

水泥水化热随着粉煤灰掺量的增加而降低；与纯水泥相比，单掺粉煤灰的水泥 3d 龄期后水化热降低百分率均低于粉煤灰替代水泥的百分率，且大部分水泥水化热降低率随龄期的增长而减小；普通硅酸盐水泥的水化热较中热硅酸盐水泥高，同样掺入 30%（质量分数）的粉煤灰时，普通硅酸盐水泥水化热降低率略高于中热硅酸盐水泥；普通硅酸盐水泥的放热峰值出现时间较中热硅酸盐水泥要早，掺入粉煤灰后，水泥放热峰值的出现时间有 1~4.5h 的推迟，推迟时间随粉煤灰掺量的增大而延长，表明粉煤灰具有降低水泥水化热并推迟放热峰值出现时间的作用。

随着粉煤灰掺量的增加，复合胶凝材料的水化反应速率降低明显，同时，诱导期明显延长，加速期和减速期明显推迟。第二放热峰的温度明显降低。

掺入粉煤灰后，混凝土的绝热温升值降低，水化放热峰均向后推迟，这主要是由于粉煤灰在水化反应中主要与水泥水化放出的 $Ca(OH)_2$ 进行二次火山灰反应，其水化活性相对于水泥要低，且同质量的粉煤灰与水泥相比，其水化放热量少。但随着水胶比的降低，掺入粉煤灰对混凝土绝热温升值的降低作用逐渐减小，这是由于粉煤灰与水泥相比具有较强的温度敏感性，温度升高时其水化进程明显加快所致。

用粉煤灰取代了部分水泥的胶凝材料随着粉煤灰掺量的提高水化峰值温度明显降低并略有推迟。在胶凝材料水化的第一个阶段（水化最初的几分钟），当水泥与水接触立即出现一个短暂却很激烈的水化反应，水化放热速率迅速达到最大值（出现第Ⅰ峰值），且水泥-粉煤灰体系的水化速率随粉煤灰掺量的增加显著增加。其机理为粉煤灰等量取代了部分水泥后，一方面增大了浆体中的有效水灰比，另一方面是粉煤灰的成核作用，从而显著促进了水泥的水化速率。在水化的第二和第三阶段（诱导期和加速期），由于水泥浓度稀释的原因，水化速率随着粉煤灰掺量的增加而降低。在水化的第四个阶段，当粉煤灰掺量较大时，很快就进入稳定期。当粉煤灰掺量较小时，需要很长时间才进入稳定期，粉煤灰掺量为 10% 时，水化放热速率曲线在水化缓慢反应阶段又出现了一些放热峰，这也是之前水化未完全的熟料继续水化的结果。当粉煤灰掺量较大时，水泥浓度稀释，水化总量有限，总体上表现为水化热的降低。水泥-粉煤灰体系的水化过程是一个十分复杂的物理化学过程，但在早期，一般可以将粉煤灰视为惰性粉体，因此，粉煤灰对水泥-粉煤灰体系的早期水化过程的影响，物理因素占主导地位。粉煤灰掺量对水泥-粉煤灰体系早期水化进程的影响是浆体有效水灰比提高有效加速水泥水化和浆体中水泥浓度稀释程度两方面的总体反映；同时，粉煤灰颗粒对 Ca^{2+} 的吸附及其水化产物的形成亦存在一定程度的影响。

用粉煤灰替代部分水泥能有效地降低水化热，有资料表明，粉煤灰活性材料在最初几天的水化程度并不十分明显，所产生的水化热仅及水泥的一半。降低混凝土的绝热温升，意味着降低了混凝土的内外温差，减小了混凝土的温度应力，这对混凝土的早期抗裂能力和防止混凝土的表面及贯穿裂缝是非常有利的。

混凝土中大幅掺入的粉煤灰将显著改变胶凝体系的水化特性，粉煤灰的掺入将降低胶凝体系的总水化程度，但有利于促进胶凝体系化中水泥的水化程度，粉煤灰掺量越高，粉煤灰自身的反应程度越低，水泥的水化程度越高，即混凝土绝热温升特性与水泥、粉煤灰两者水化程度的时变特性相关。

粉煤灰对混凝土绝热温升的影响见表 7.4-1 和图 7.4-1。图上显示：掺入 20％粉煤灰后，混凝土的绝热温峰由 56℃降至 43℃，温峰出现时间由原来的 27h 延长至 44h，温峰持续时间大大延长，升温、降温由原来尖锐曲线转为平缓，且随着粉煤灰掺量的提高，其相应的水化绝对温升进一步下降至 40℃，温峰出现时间延长 48h，升温、降温趋于更加平缓，通过掺加粉煤灰，可有效地降低混凝土水化放热且能延长放热时间。

表 7.4-1　　　　　　　　　　**粉煤灰对混凝土绝热温升的影响**

编号	粉煤灰掺量 /％	最高温升值 /℃	温峰出现时间 /h	温峰持续时间 /h	升温速度 /(℃/h)	降温速度 /(℃/h)
1	0	55.9	27	2	1.24	0.19
2	20	43.1	44	12	0.51	0.13
3	40	40.6	48	16	0.38	0.11

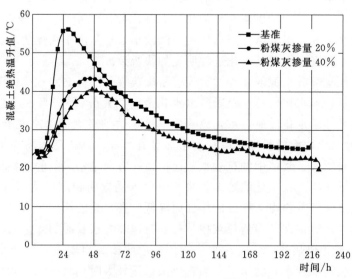

图 7.4-1　粉煤灰对混凝土绝热温升的影响

由计算可知，每方混凝土中减少 10kg 水泥，可降低混凝土绝热温升约 1.5℃，在保证混凝土强度的前提下，粉煤灰的"物理稀释"作用可大幅度降低混凝土绝热温升的绝对值。粉煤灰自身具有潜在的胶凝活性，在混凝土硬化过程中，水泥水化反应在先，生成大量的水化产物，而粉煤灰或磨细矿渣矿物外加剂在水泥水化产物 $Ca(OH)_2$ 的作用，发生"二次水化反应"生成水化产物 $C-S-H$ 凝胶，二次产生热量，由此在混凝土开始降温的同时，持续补充热量，形成持续的温峰，缓慢的降温速率，缓慢的降温对提高混凝土极限延伸率具有重要的意义，这一点对于提高混凝土抗裂性具有重要意义。

高掺粉煤灰或磨细高炉矿渣，有利于大幅降低混凝土的绝热温升，掺粉煤灰的降热效果优于矿渣。

7.4.2 矿渣粉

水泥的水化热随着矿渣粉掺量的增大而降低，水泥水化热与矿渣粉（粉煤灰）掺量关系可以看出：在掺量相同的条件下，矿渣粉与粉煤灰联合掺用的胶凝材料水化热最高，单掺矿渣粉的胶凝材料水化热次之，单掺粉煤灰的胶凝材料水化热最低，也就是说，单从降低胶凝材料水化热的角度而言，掺粉煤灰的效果最好，掺矿渣粉次之，矿渣粉与粉煤灰联合掺用效果最差；矿渣粉和粉煤灰都具有较高的活性，并会产生一定的水化热，这是由于水泥水化产生的碱性激发而释放出来的。掺矿渣粉与粉煤灰水泥的水化，兼有掺矿渣粉水泥与掺粉煤灰水泥二者的特点。在早期，主要是熟料矿物的水化所生成的氢氧化钙和掺入的石膏，分别作为矿渣微粉的碱性激发剂和硫酸盐激发剂，并与矿渣粉中的活性组分相互作用，生成水化硅酸钙、水化硫铝酸钙或水化硫铁酸钙，而在后期，主要是水泥熟料水化所析出的 $Ca(OH)_2$，通过液相扩散到粉煤灰球形玻璃体的表面，发生化学吸附和侵蚀，并生成水化硅酸钙和水化铝酸钙，大部分水化产物开始以凝胶状出现，随着龄期的增长，逐步转化成纤维状晶体，数量不断增加，相互交叉，形成晶网填胶的密实的结构。

用矿渣粉取代了部分水泥后，胶凝材料总的放热量和水化峰值温度基本随矿渣粉掺量的增加而降低，并且水化峰值温度的推后效果比粉煤灰还好，但是就降低胶凝材料的水化放热总热量来讲，掺加矿渣粉的效果不明显，同时水化放热总量随掺量的增加而降低的趋势也不像掺加粉煤灰那么有规律。众多试验表明，矿渣粉只有达到一定细度时才能充分水化。大于 $60\mu m$ 的颗粒属于惰性粒子，对强度无积极作用。对强度起主导作用的是 $30\mu m$ 以下的粒子，小于 $10\mu m$ 的粒子含量多时对早期强度有利。矿渣在碱激发、硫酸盐激发或复合激发下发生反应，形成低钙型 $C-S-H$ 凝胶和相应的反应产物，不仅增加了 $C-S-H$ 的量，而且消耗了对强度不利的 CH 晶体，CH 的减少又进一步促进 C_3S 和 C_2S 的水化，形成了有利于水泥和矿渣水化的良性循环，进而从化学角度改善了水泥石的性能。

试验结果表明，在掺量相同的条件下，单掺粉煤灰 28d 龄期的绝热温升略低于双掺煤灰与矿渣微粉混凝土 28d 龄期的绝热温升。单掺矿渣微粉混凝土 28d 龄期的绝热温升与双掺粉煤灰与矿渣微粉混凝土 28d 龄期绝热温升基本相同，但前者 1d 龄期的绝热温升要低于后者 1d 龄期的绝热温升。

研究表明，通过加入掺和料，可以降低水泥水化热从而降低混凝土内部温升，并且随着掺和料用量的增加，混凝土的内部水化温升呈降低趋势，例如，粉煤灰取代 10% 水泥，可使水化温升下降约 6%，取代 20% 水泥，水化温升能下降 10%～15%，取代 30% 水泥时，则下降 20%～25%。而矿粉对混凝土的内部水化温升的影响规律与粉煤灰大致相同，但降低的幅度明显要小于粉煤灰。

　　研究结果表明，当矿粉掺量为 15％时，水泥温升基本不下降，当矿粉掺量不小于 20％时，温升下降明显，表明水化热减少了。当矿粉取代部分水泥后，水化总放热量减少，并且随着矿粉掺量的增加，水化热降低幅度会更大。这是因为水泥总量减少了，导致发热量较大的 C_3S 和 C_3A 减少了，同时矿粉的加入，会对水泥起到稀释作用，同样会降低水化热。

　　矿渣粉对混凝土绝热温升的影响见表 7.4-2 和图 7.4-2。从图和表可以看出：掺入矿渣粉后，混凝土的绝热温峰降低，温峰出现的时间推迟，温峰持续时间延长，升温、降温速度延缓，尤其是 48～120h 这一降温最激烈的区段，延缓降温的效果最明显。矿渣粉对混凝土绝热温升的改善效果与产量成比例关系，在高掺量下，最终水化绝热温升值可降至 33℃，温峰出现时间延长至 64h，降温速率低于 0.1℃/h，升温、降温更趋于平缓。从降低绝热温升值和改善升温、降温速率的角度来看，矿渣粉效果略逊于粉煤灰。

表 7.4-2　　　　　　　　　　　　矿渣粉对混凝土绝热温升的影响

编号	矿渣粉掺量 /%	最高温升值 /℃	温峰出现时间 /h	温峰持续时间 /h	升温速度 /(℃/h)	降温速度 /(℃/h)
1	0	55.9	27	2	1.24	0.19
2	30	45.7	47	11	0.62	0.14
3	50	40.2	54	14	0.43	0.12
4	70	33.4	64	18	0.24	0.09

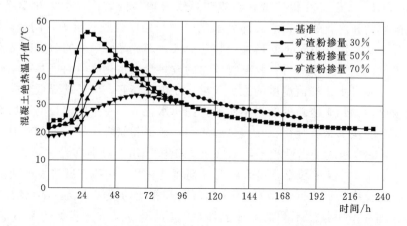

图 7.4-2　矿渣粉对混凝土绝热温升的影响

7.4.3　磷渣粉

　　经过粉磨的磷渣粉呈不规则的多棱形和块状、碎屑状，少量颗粒呈针片状，其主要为 CaO 和 SiO_2（总量达到 85％左右），在一般条件下不具有水硬性，只有在激发剂存在的情况下磷矿渣才能发生水化反应，形成胶凝物质并产生水硬活性；掺磷渣粉的水泥水化，首先是水泥熟料矿物发生水化反应，生成的氢氧化钙成为磷渣粉的碱性激发剂，使磷渣粉中的钙离子、铝离子、氧化铝及氧化硅离子进入溶液，生成新的水化硅酸钙、水化铝酸钙及钙矾石等水化产物包裹磷渣粉颗粒表面，减缓水化进程。因此，磷渣粉具有缓凝作用，阻碍了水泥水化，减少水化放热，延迟放热峰值出现时间。

粉煤灰、磷渣粉掺量对胶凝材料水化热影响的试验结果表明，掺粉煤灰、磷渣粉均可以显著降低胶凝材料水化热，降低率随掺量增加而增大；相同掺量下磷渣粉对胶凝材料早期水化热的降低效果优于粉煤灰，这是由于掺入磷渣粉的胶凝材料水化过程中，可溶性磷与 Ca^{2+}、OH^- 生成了氟羟基磷灰石和磷酸钙，覆盖在 C_3A 的表面，从而抑制了其水化，同时可溶性磷与石膏的复合作用延缓了 C_3A 的水化过程，导致一定程度的缓凝现象。绝热温升试验结果与胶凝材料水化热试验结果吻合，混凝土的绝热温升由高到低依次为但掺粉煤灰、复掺粉煤灰和磷渣粉、单掺磷渣粉。磷渣粉可以在一定程度上降低大体积混凝土温升，对防止混凝土的温度裂缝是有利的。

掺入磷渣粉后，水泥的水化热随磷渣的掺量的增加而降低，但水化热降低的比例要低于磷渣掺量增加的比例，且龄期越长，水化热随着磷渣的掺量增加而降低的比例越小。在水泥水化的碱附环境中，P_2O_5 能与钙离子反应生成不溶于水的磷酸钙和氟羟基磷灰石，沉淀在水泥颗粒周围，形成保护性薄膜，同时可能与 C_4AH_{13} 固化，使 C_3S 的水化也被抑制，从而降低水化热。其次，水泥在水化初期形成半透水性薄膜对磷渣在碱性条件下形成的 $Ca_4O(PO_4)_2$、$Ca_5Si_6(O，OH，F)_{18} \cdot 5H_2O$ 及 CaF_2 等产生吸附，导致其密实度增加，水不易透过，从而延缓了水化速度，减少水化热。7d 龄期时，水化热升高，可能是因为磷渣中的活性成分穿过半透水性薄膜与水泥熟料、水泥水化产物 $Ca(OH)_2$ 发生反应，使水泥水化继续进行。随着磷渣不断增加，水泥熟料及 $Ca(OH)_2$ 含量均降低，发生化学反应的材料相对减少，相对于纯水泥而言水化热也逐渐降低。

混凝土中掺入磷渣掺和料可大幅度减少水泥水化热，从而大幅度降低混凝土内部的温升。因此，在混凝土中采用磷渣掺和料是避免和减少大体积混凝土温度裂缝的有效措施。磷渣对混凝土具有较大的缓凝作用，因而可延缓水泥水化过程，降低水化速率，推迟放热峰出现的时间。同时，由于掺入磷渣后使水泥熟料含量相对减少，尤其是减少了发热量最大的 C_3A 和 C_3C 的含量，因此，掺入磷渣不仅减少凝结期水化热（缓凝作用），而且可显著降低总水化热（减少熟料含量）。

磷渣粉作为矿物掺和料替代部分替代水泥后，必然会对水泥水化进程产生影响。试验编号 C0～C4 对应的磷渣粉掺量分别是 0%、10%、20%、30% 和 40%，磷渣粉对混凝土绝热温升的影响见图 7.4-3 和图 7.4-4。从图 7.4-3 看出，随着磷渣粉掺量的增加，掺磷渣粉胶凝体系水化放热速率减慢，二次水化放热峰延后。C0、C1、C2、C3、C4 的二次水化放热峰出现时间分别为 8.4h、9.9h、11.05h、12.7h、14.4h。这说明磷渣粉的掺入延缓了水泥水化，从而导致了二次水化放热峰延后。且磷渣粉掺量越高，对硅酸盐水泥的缓凝效果越严重。

图 7.4-4 反映了掺不同掺量磷渣粉后，胶凝体系的水化放热变化规律。C0、C1、C2、C3、C4 组水化 3d 总的放热量分别为：245.63J/g、229.46J/g、205.25J/g、184.32J/g、164.09J/g，相比于 C0 组，掺入 10%、20%、30%、40% 的磷渣粉后，胶凝体系 3d 水化热分别减少了 6.6%、16.4%、25.0%、33.2%。从以上分析可知，磷渣粉的掺入降低了水化 3d 的水化热。一方面由于磷渣粉取代了部分水泥，导致胶凝体系中水泥质量下降；另一方面，磷渣粉在水化早期不仅参与水化的程度较低，而且产生缓凝效应。这两方面的因素，导致了掺磷渣粉胶凝体系 3d 水化热降低。

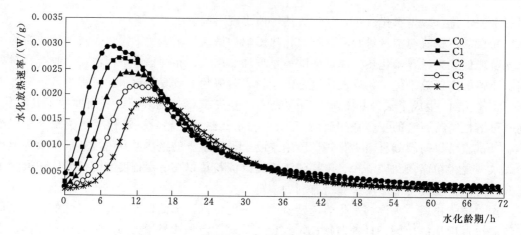

图 7.4 - 3　磷渣粉掺量对水化放热速率的影响

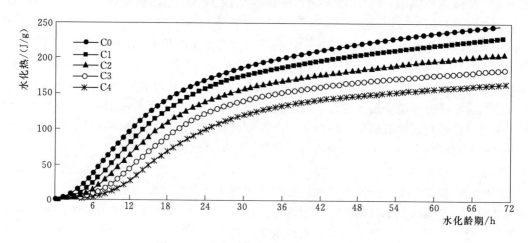

图 7.4 - 4　磷渣粉掺量对水化放热的影响

7.4.4　硅粉

随着硅粉掺量的增加，混合胶凝材料水化放热速度略有增大，同时，加速期和减速期都略有缩短。当硅粉掺量为 2％时，第二放热峰低于掺量 5％和 8％，并且 5％和 8％试样的第二放热峰几乎是重合的。相较于纯水泥，水泥-硅粉二元胶凝材料体系可延长水化诱导期，提高第二水化放热峰的放热速率，降低水化减速期的水化放热速率和水化后期总放热量。

有研究结果表明，纯水泥混凝土的早期温升发展最快，水泥-矿渣体系混凝土的早期温升发展速率次之，水泥-粉煤灰-硅粉体系混凝土的早期温升发展最慢。值得注意的是，水泥-矿渣体系混凝土的绝热温升在大约 4d 后超过纯水泥混凝土。水泥-矿渣体系混凝土、纯水泥混凝土、水泥-粉煤灰-硅粉混凝土的 7d 的温升分别为 51.29℃、48.9℃ 和 40.41℃。由此可见，水泥-粉煤灰-硅粉体系混凝土的温升明显低于其他两组混凝土。在混凝土绝热温升的测定过程中，其胶凝材料所处的水化温度是不断升高的。在温升初期，胶凝材料的水化温度较低，此时混凝土温升的规律与胶凝材料在常温时水化放热速率具有比较好的想关性。随着混凝土内部温度的增大，胶凝材料的水化活性受到激发，此时混凝土温升规律与胶凝材料在高温时水化放热特性具有比较好的想关性。在高温条件下矿渣的活性受到明显激发，水泥-矿渣体系的放热量明显增大，因而水泥-矿渣胶凝材料混凝土的绝热温升很大，甚至超过了纯水泥混凝土。无论在常温还是在高温条件下，水泥-粉煤灰-硅粉体系的水化热均明显低于纯水泥，这与水泥-粉煤灰-硅粉体系混凝土与纯水泥混凝土的绝热温升差距是相对应的。

研究结果表明，掺入硅粉后，水化温升下降，即降低了水化总放热量，并且随着掺量提高，降低的幅度越大。其原因是，水泥水化热与组成密切相关，C_3S 和 C_3A 的发热量最大，硅粉部分取代水泥减少了水泥用量。但是掺入硅粉后早期水化温升提高，即水化热增加，并且随掺量提高，放热量先增后减。这是因为硅灰颗粒很细，活性很高，极易发挥其火山灰效应，吸收 CH 晶体，从而加速水泥水化，但其本身放热量要小于水泥，因此，当掺量较小时，前者作用更大，早期水化热增加，掺量较大时，后者作用更大，早期水化热降低。

在混凝土中加入硅粉后，通常 3d 前的水化速度和温度升高加快，热峰提前出现，但混凝土的最终水化热比普通混凝土下降，绝热温升值有所降低，特别是在水胶比较低时更显著。Bentur 和 Goldman 研究过掺与不掺硅粉的三种混凝土的温升，外掺 15% 硅粉的水泥混凝土，其 3d 龄期的放热量比不掺硅粉的对比混凝土高。有研究表明，水胶比 0.35、水泥用量 77%、粉煤灰掺量为 23% 或 15%、胶材总量为 213kg/m³ 的混凝土，掺 8% 硅粉与不掺硅粉的混凝土相比，28d 的抗压强度提高 9%，但 3d 前的绝热温升速度加快，3d 之后的绝热温升速度趋同，最高绝热温升值可降低 2.3℃。

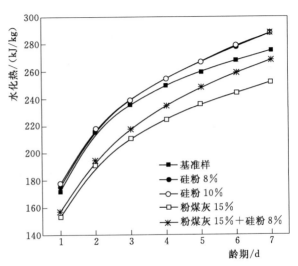

图 7.4-5 硅粉对水泥水化热的影响

用硅粉等量替代水泥后，由于硅粉强烈的火山灰反应，胶凝系统 3d 和 7d 水化放热增加，复掺矿渣或粉煤灰后可消减硅粉对水泥水化热的影响（表 7.4-3 和图 7.4-5）。这也正是在掺用硅粉的同时需要复掺矿渣或粉煤灰的原因之一。

表 7.4-3　　　　　　　　几种胶凝材料系统的水化热　　　　　　　　单位：J/g

组　　成	放　热　量	
	3d	7d
100% 水泥	273	293
90% 水泥＋10% 硅粉	282	316
60% 水泥＋30% 矿渣（800m²/kg）＋10% 硅粉	256	284

7.4.5　天然火山灰质材料

研究表明，复合胶凝材料水化热随着火山灰掺量的增加而降低。在混凝土中掺加火山灰，可降低混凝土绝热温升，改善混凝土性能。掺 30％天然火山灰比不掺火山灰坝体内部 C10 四级配混凝土绝热温升早期上升缓慢，且温升值低 10％左右。

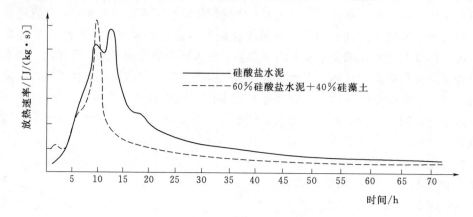

图 7.4-6　火山灰对混合水泥放热速率的影响

有研究表明，随着粉煤灰或天然火山灰的掺入，降低了胶凝材料的水化热。在胶凝材料总量一致的条件下，掺天然火山灰较掺粉煤灰胶材水化热高。这主要是因为，掺和料取代水泥后，胶砂中水泥熟料的量相对较少，使水化热降低，火山灰效应拉长了水化反应进程，降低了水化温升的峰值。掺天然火山灰较掺粉煤灰胶凝材料水化热高的原因有 2 个：一是，火山灰特殊的结构属性（即热力学不稳定性），对初始结构形成起到重要作用，并不是化学反应活性特别大而导致初期形成大量水化产物，天然火山灰的化学反应活性居次要地位；二是，天然火山灰中的碱含量较粉煤灰中高，在火山灰与水泥的水化反应体系中，水泥水化作用的第一特征产物氢氧化钙的 Ca^{2+} 与火山灰中的 Na^+ 进行交换，从而加速了水泥的水化，使得水化热增加。

有研究表明，硅酸盐水泥的水化热通常比硅酸盐-火山灰混合物高。但火山灰反应能加速放热过程，火山灰的加入导致放热曲线的峰值增大，并提前出现（图 7.4-6）。这可能是因为火山灰对 C_3S 和 C_3A 水化的加速作用。但从总水化热来看，随着火山灰掺量的增加，混合水泥的水化程度急剧下降，如

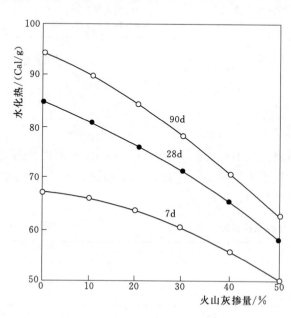

图 7.4-7　火山灰掺量对混合水泥水化热的影响

图 7.4-7 所示。当火山灰掺量为 50％时，水化热也降低一半左右。这对大坝等大体积混凝土结构特别有利，将降低混凝土的温升，减少或防止混凝土温度裂缝的出现。

但相较于粉煤灰，火山灰降低混凝土绝热温升的程度略低。粉煤灰与天然火山灰掺量对混凝土绝热温升的影响如图 7.4-8 所示。从图上可以看出，全粉煤灰混凝土绝热温升值最小，全天然火山灰绝热温升值最大，复合掺加粉煤灰和天然火山灰绝热温升值居中。复掺 28d 绝热温升值比全粉煤灰提高 16％，全天然火山灰 28d 绝热温升值比全粉煤灰提高 31％。也就是说，相对于粉煤灰，天然火山灰混凝土的绝热温升值较大。

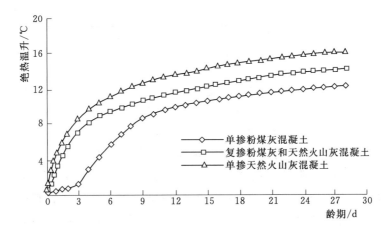

图 7.4-8　粉煤灰与天然火山灰掺量对混凝土绝热温升的影响

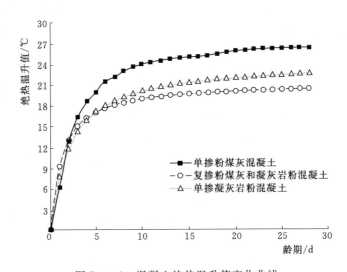

图 7.4-9　混凝土绝热温升值变化曲线

凝灰岩粉对混凝土绝热温升的影响见图 7.4-9，混凝土配合比参数见表 7.4-4。由试验结果可知，在相同水胶比（0.45）和相同掺和料掺量（50％）的情况下，单掺凝灰岩粉的三级配碾压混凝土 1d 龄期内的绝热温升值明显升高，表明在水化初期凝灰岩粉有明显加速水泥水化的作用；2d 龄期后绝热温升值开始低于单掺粉煤灰的混凝土，28d 龄期的绝热温升值比单掺粉煤灰的碾压混凝土低 6℃，最终绝热温升值低约 7℃。复掺粉煤灰与凝灰岩粉的混凝土绝热温升值介于两种单掺矿物掺和料的混凝土绝热温升值之间，最终绝热温升值为 24.5℃。

表 7.4－4　　　　　　　　　　　绝热温升试验用碾压混凝土配合比参数

编号	级配	水胶比	粉煤灰掺量 /%	凝灰岩粉掺量 /%	单位用水量 /(kg/m³)	胶材总量 /(kg/m³)
DG－1	三	0.45	50	0	82	182
DG－2	三	0.45	0	50	86	192
DG－3	三	0.45	25	25	84	186

7.4.6　石灰石粉

掺入石灰石粉后，复合胶凝材料的水化放热速率有所加快，诱导期缩短，从而使第二放热峰提前出现；掺入粉煤灰后，复合胶凝材料的水化放热速率则明显减缓，诱导期延长，从而使第二放热峰推迟出现。掺入石灰石粉或粉煤灰后，胶凝材料的总放热量远低于纯水泥，相比之下，掺入石灰石粉的总放热量要比掺入等量粉煤灰稍低。

石灰石粉的掺入明显降低了胶凝材料的水化放热量，当石灰石粉掺量为 50％时，3d 的放热量减少了 67.48J，并且随着石灰石粉掺量的增大，胶凝材料的水化放热量呈降低趋势，放热量的降低对于混凝土在干缩、抗裂性能等方面是有利的。掺入石灰石粉后，水泥早期水化速率增大，随着掺量的增大，诱导期结束的时间提前，这说明石灰石粉促进了水泥的早期水化，保证了水泥基材料早期强度的增长。当石灰石粉掺量达到 50％时，放热速率曲线甚至出现了两次放热峰，这说明水化反应变得更加剧烈、更加彻底。

石灰石粉细度对放热速率有一定影响，基本规律是比表面积小则放热速率小，比表面积大则放热速率大。从不同掺量石灰石粉的水化放热试验结果可以看出，随着石灰石粉掺量的增加水泥的放热速率逐渐下降，其中 30％的下降较为明显，还有一个特征是石灰石粉的加入导致水泥放热峰的时间有所提前，如在诱导期的最低点掺 10％石灰石粉和掺 30％石灰石粉试样比基准样分别提前 0.2h 和 0.3h，而在加速期的最高点掺 10％石灰石粉和掺 30％石灰石粉试样比基准样分别提前 1.3h 和 2.6h。

从放热量来看，放热量随着石灰石粉的掺入而逐渐降低。其中 1d 龄期的水化放热量掺 10％石灰石粉比基准样相差不大只有 3.5J/g，而到了 3d 龄期则相差了 20.8J/g；掺 30％石灰石粉比基准样则相差较大，1d 龄期就相差了 12.4J/g，到了 3d 龄期相差就更多达到了 52J/g，可以降低水泥的水化热 21％，随着掺量的增加石灰石粉降低水泥水化热的效果越来越明显。

不同掺和料的水化放热的特征区别较大，从放热峰的形状来看，石灰石粉和矿渣的放热峰与水泥相似，只是波峰较小，波峰较窄，其中 1d 以后石灰石粉比矿渣的放热速率下降明显，2d 以后矿渣的放热速率甚至高于水泥试样。而粉煤灰的放热峰较为特殊，放热速率的变化幅度比较大，波幅较宽，1～2d 龄期内放热速率高于水泥试样。放热速率曲线的最低点所对应的是水泥水化的诱导期同时也是加速期的开始。对比可以发现，粉煤灰的加速期开始的最早，而矿渣试样最晚，先后顺序为粉煤灰、石灰石粉和矿渣。放热曲线的最高点为加速期的结束和减速期的开始，四个试样的对比可以发现，减速期起始的时间顺序依次为石灰石粉、矿渣和粉煤灰。

从放热量可以看出，三种掺和料放热量相差较大，其中石灰石粉的放热量最大达到了122.9J/g，粉煤灰的放热量最小只有88J/g，大小顺序依次为石灰石粉、矿渣和粉煤灰，到了2d和3d龄期依然是水泥放热量最大，三种掺和料的放热量则变得比较接近，大小顺序依次为石灰石粉、粉煤灰和矿渣。三种掺和料对比可以发现，其中粉煤灰和矿渣1d龄期对于降低水泥水化放热的效果比较明显，而3d龄期内总的放热量对比，三种掺和料对于降低水泥的水化放热的效果相差不大。

石灰石粉作为一种惰性材料，一般不与水泥中的化合物发生反应，因此，在混凝土中掺加一些石灰石粉，减少水泥用量，能够明显降低混凝土的水化热，达到控制混凝土温升的目的，从而减少混凝土的温升裂缝，在大体积混凝土中具有更明显的优势，同时，石灰石粉在水泥和水混合体系中具有成核作用，能够吸附溶液中的钙离子，降低 C_3S 颗粒周围的钙离子浓度，加速 C_3S 的水化和 $Ca(OH)_2$ 晶体的形成，因而在早期具有一定的促进水化的作用，对混凝土的早期强度发展具有积极作用。

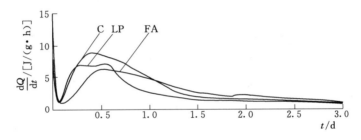

图 7.4-10 掺水泥（C）、粉煤灰（FA）、石灰石粉（LP）复合胶凝材料水化放热速率曲线

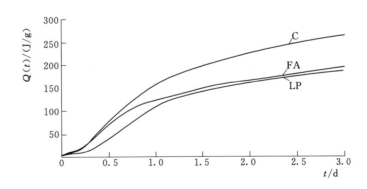

图 7.4-11 掺水泥（C）、粉煤灰（FA）、石灰石粉（LP）复合胶凝材料总放热曲线

图 7.4-10 和图 7.4-11 是水泥、粉煤灰、石灰石粉复合胶凝材料的水化放热速率曲线和总放热曲线。从图上显然可以看出，石灰石粉或粉煤灰对胶凝材料的水化放热曲线具有显著影响，从图 7.4-10 可见，掺入石灰石粉后，复合胶凝材料的水化放热速率有所加快，诱导期缩短，从而使第二放热峰提前出线；掺入粉煤灰后，复合胶凝材料的水化放热速率则明显减缓，诱导期延长，从而使第二放热峰推迟出现。从图 7.4-11 来看，掺入石

灰石粉或粉煤灰后，胶凝材料的总放热量远低于纯水泥；相比之下你，石灰石粉的总放热量比粉煤灰的总放热量稍低。

7.5　自生体积变形

混凝土由于胶凝材料自身水化引起的体积变形称之为自生体积变形。自生体积变形主要取决于胶凝材料的性质，是在保证充分水化的条件下产生的，它不同于干缩变形。普通水泥混凝土的自生体积变形大多为收缩，少数为膨胀，一般在 $-50\times10^{-6}\sim50\times10^{-6}$ 之间，如果以混凝土的线膨胀系数为 $10\times10^{-6}/℃$ 计，混凝土的自生体积变形从 $-50\times10^{-6}\sim50\times10^{-6}$ 相当于温度变化 $10℃$ 引起的变形，说明混凝土的自生体积变形对抗裂性有不可忽略的影响。

混凝土的自生体积变形大小主要由化学收缩和自收缩的大小决定，一切影响混凝土化学收缩和自收缩的因素都会影响自生体积，而混凝土的化学收缩和自收缩主要来自胶凝材料的水化，研究表明，影响混凝土化学收缩和自收缩的主要因素是水胶比、水泥的矿物组成、掺和料品种及掺量、胶凝材料的细度、骨料的颗粒尺寸和养护温湿度等。

混凝土的自生体积变形对大坝混凝土的抗裂性有很大的影响，根据以往的试验资料和大坝原型观测资料分析，混凝土的自生体积变形有单纯收缩、单纯膨胀、先收缩后膨胀和先膨胀后收缩等几种形式，这主要取决于混凝土所用水泥的品种及水泥的矿物组成等。从防止大体积混凝土的裂缝出发，希望混凝土具有一定的微膨胀性能，利用这种微膨胀性能受到约束后产生的预压应力，补偿混凝土在降温过程中产生的收缩，防止或减少混凝土产生裂缝。

7.5.1　粉煤灰

不同粉煤灰掺量混凝土的自生体积变形与龄期的关系见图 7.5-1。试验采用的水泥中 MgO 含量达到 4.5%，具有延滞性膨胀效果，掺入粉煤灰后，粉煤灰对 MgO 延滞性膨胀具有抑制作用，导致随粉煤灰掺量的增加，混凝土的自生体积膨胀逐渐减小。粉煤灰掺

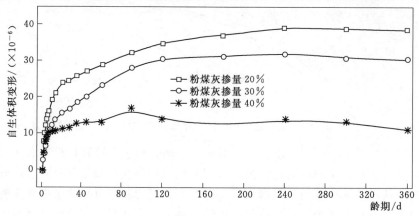

图 7.5-1　粉煤灰混凝土的自生体积变形试验结果

入混凝土后，有抑制混凝土变形的趋势，无论膨胀还是收缩，这一点对于混凝土的体积稳定性有利。

三峡工程采用三峡中热水泥，水胶比为 0.50，不同粉煤灰掺量混凝土的自生体积变形与龄期的关系如图 7.5-2 所示。从试验结果中可以看到，混凝土的自生体积变形均变现为膨胀，粉煤灰掺量越大，膨胀量越小。

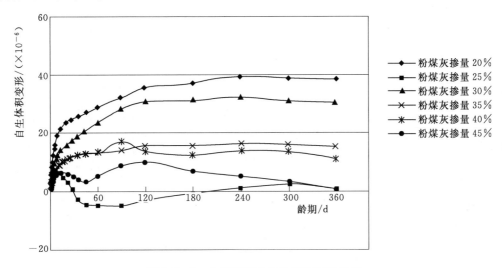

图 7.5-2　大坝混凝土自生体积变形曲线

采用金山、剑川、三德三种普通硅酸盐水泥分别与攀枝花、阳宗海粉煤灰组合进行碾压混凝土自生体积变形试验结果见表 7.5-1，试验结果表明，水胶比相同时，不同胶凝材料组合的混凝土自生体积值不同，采用金山水泥、攀枝花粉煤灰组合的混凝土自生体积收缩小于剑川水泥、阳宗海粉煤灰组合的混凝土；采用三德水泥和剑川水泥的混凝土自生体积收缩略大于使用金山水泥的混凝土。水胶比降低，粉煤灰掺量减小时，混凝土自生体积收缩值增加。

不同水胶比、不同水泥品种混凝土自生体积变形试验结果见表 7.5-2，低热、中热水泥混凝土自生体积变形与龄期的关系曲线如图 7.5-3 和图 7.5-4 所示。

锦屏一级水电站不同水胶比、不同粉煤灰掺量的混凝土自生体积变形试验结果见表 7.5-3，其自生体积变形随时间变化的关系曲线见图 7.5-5。

不同粉煤灰掺量的全级配混凝土自生体积变形试验结果见表 7.5-4，其自生体积变形随时间变化的关系曲线见图 7.5-6。试验结果表明，粉煤灰掺量 30％的全级配混凝土的自生体积收缩变形略大于粉煤灰掺量 35％的混凝土。

7.5.2　矿渣粉

掺矿渣粉混凝土自生体积变形随时间变化的关系曲线见图 7.5-7。未掺矿渣粉混凝土的自生体积变形表现为先微膨胀后收缩至最大逐渐回落，最大的收缩值达到 30×10^{-6} 以上，掺入矿渣粉后，混凝土自生体积变形的发展曲线相类似，但最大收缩值减小，且各龄期的收缩绝对值也减小，随矿渣粉掺量的增大，混凝土自生体积收缩也在减小，这表明

表 7.5-1　碾压混凝土自生体积变形试验结果

编号	级配	水胶比	水泥品种	粉煤灰品种	粉煤灰掺量/%	外加剂品种	1d	2d	3d	4d	5d	6d	10d	14d	21d	28d	35d	49d	60d	70d	90d	120d	150d	180d	210d	270d	360d
																各龄期混凝土自生体积变形/(×10⁻⁶)											
AQ-1	三	0.48	剑川	阳宗海	60	博特	0	-4	-6	-9	-10	-13	-13	-22	-25	-29	-30	-30	-30	-28	-27	-26	-28	-24	-22	-24	-27
AQ-3	二	0.46	剑川	阳宗海	50	博特	0	-10	-15	-17	-20	-21	-26	-30	-36	-39	-40	-42	-42	-41	-41	-39	-40	-35	-32	-35	-38
AQ-15	二	0.46	金山	攀枝花	50	博特	0	-10	-15	-16	-19	-20	-26	-29	-34	-35	-34	-31	-31	-29	-28	-27	-25	-23	-25	-23	-25
AQ-16	二	0.46	金山	阳宗海	50	博特	0	-5	-10	-12	-19	-19	-25	-30	-37	-38	-35	-33	-31	-32	-33	-30	-32	-31	-29	-30	-28
AQ-17	二	0.46	三德	攀枝花	50	博特	0	-7	-12	-20	-22	-25	-29	-32	-36	-39	-35	-34	-35	-35	-34	-34	-32	-31	-31	-28	-31
AQ-20	二	0.46	金山	阳宗海	50	龙游	0	-8	-12	-15	-21	-22	-26	-28	-32	-35	-37	-35	-35	-34	-32	-33	-35	-32	-28	-31	-30
AQ-23	三	0.48	金山	攀枝花	60	博特	0	-9	-16	-17	-18	-20	-25	-28	-26	-24	-25	-22	-22	-23	-22	-21	-23	-25	-23	-22	-23
AQ-24	三	0.48	三德	阳宗海	60	博特	0	-8	-15	-19	-19	-26	-26	-30	-31	-30	-28	-27	-27	-25	-25	-24	-26	-25	-24	-25	-25
AQ-25	三	0.48	金山	攀枝花	60	博特	0	-10	-19	-22	-25	-26	-27	-29	-31	-30	-30	-28	-28	-27	-26	-28	-25	-26	-28	-32	-31
AQ-27	三	0.48	金山	攀枝花	60	龙游	0	-7	-13	-17	-19	-20	-22	-29	-29	-26	-23	-21	-21	-21	-20	-23	-19	-22	-24	-23	-25
AQ-31	三	0.46	金山	攀枝花	50	博特	0	-10	-13	-16	-21	-22	-28	-26	-30	-30	-28	-25	-25	-26	-25	-24	-25	-27	-28	-26	-29
AQ-32	三	0.46	金山	阳宗海	50	博特	0	-8	-13	-18	-21	-21	-29	-30	-32	-32	-31	-29	-28	-27	-27	-27	-30	-28	-26	-28	-28
AQ-33	三	0.46	三德	攀枝花	50	博特	0	-10	-19	-22	-25	-26	-30	-32	-34	-36	-32	-33	-33	-31	-30	-33	-32	-29	-29	-31	-33
AQ-35	三	0.46	金山	攀枝花	50	龙游	0	-7	-9	-12	-16	-20	-25	-29	-32	-33	-34	-30	-29	-30	-28	-30	-28	-26	-27	-28	-27

表 7.5-2　不同水胶比、不同水泥品种混凝土自生体积变形试验结果

编号	水胶比	水泥品种	粉煤灰掺量/%	1d	2d	3d	4d	5d	7d	10d	14d	21d	28d	35d	42d	50d	60d	70d	80d	90d	100d	120d	150d	180d	210d	270d	360d	450d	540d
				各龄期混凝土自生体积变形/(×10⁻⁶)																									
B-1	0.50	嘉华低热	35	0	1	3	2	2	1	1	-1	-1	-1	-2	-2	-2	-3	-4	-2	-2	9	12	12	13	16	16	16	18	18
B-2	0.50	华新中热	35	0	0	0	3	2	1	1	-1	-3	-1	-3	-3	-4	-4	-6	-8	-3	8	9	9	12	13	14	14	15	17
B-3	0.46	嘉华低热	35	0	-1	-1	0	-1	-5	-8	-8	-10	-10	-13	-13	-13	-13	-15	-13	-11	-2	3	3	5	6	5	5	7	8
B-4	0.46	华新中热	35	0	-2	-4	0	2	-1	-4	-4	-7	-7	-9	-7	-7	-8	-11	-11	-12	0	7	7	8	9	9	9	7	7
B-5	0.42	嘉华低热	35	0	-4	-4	-5	-5	-6	-9	-9	-11	-13	-17	-18	-18	-18	-19	-12	-18	-9	-5	-5	0	3	3	3	5	7
B-6	0.42	华新中热	35	0	0	3	3	2	3	0	0	-3	-8	-10	-9	-9	-9	-13	-14	-14	-4	-1	1	4	5	5	5	6	7

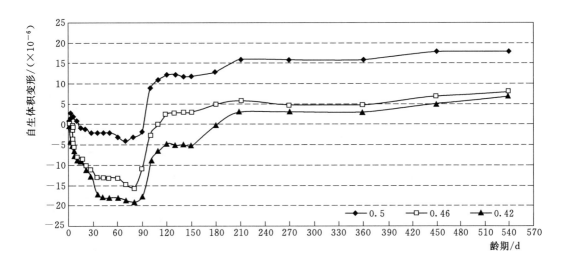

图 7.5-3　低热水泥混凝土自生体积变形与龄期的关系曲线

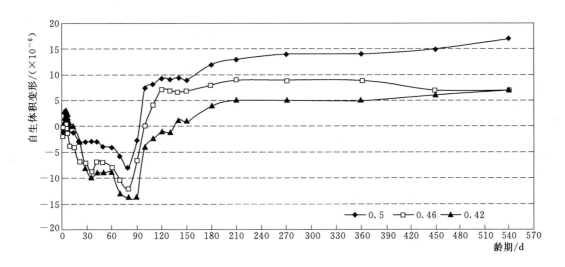

图 7.5-4　中热水泥混凝土自生体积变形与龄期的关系曲线

矿渣粉对混凝土的自生体积收缩有抑制作用。

7.5.3　磷渣粉

　　水胶比 0.50、掺和料 30% 时，掺磷渣粉混凝土自生体积变形随时间变化的关系曲线见图 7.5-8，其中收缩为负，膨胀为正。可见，掺磷渣粉混凝土的自生体积早期略有收缩，后期略有膨胀，膨胀趋于稳定，磷渣与粉煤灰复掺的混凝土自生体积变形表现为不收缩，与掺粉煤灰的混凝土相比，膨胀值略小，膨胀回落值略大。由此，磷渣粉掺和料掺入到混凝土中可产生一定微膨胀作用，在混凝土水化凝结过程中，且受到约束的条件下可使混凝土结构更加密实。

表 7.5 - 3　不同水胶比、不同粉煤灰掺量的混凝土自生体积变形试验结果

各龄期混凝土自生体积变形/$(\times 10^{-6})$

龄期	水胶比	粉煤灰掺量/%	1d	2d	3d	5d	7d	14d	21d	28d	35d	42d	46d	50d	56d	70d	81d	102d	130d	144d	158d	165d	180d	220d	250d	290d	320d	360d
JFS-1	0.43	30	0	2	3	4	6	-2	-6	-10	-14	-18	-21	-25	-27	-30	-30	-31	-32	-30	-31	-30	-29	-30	-27	-29	-26	-25
JFS-2	0.48	30	0	2	4	0	-4	-5	-8	-10	-14	-15	-15	-15	-14	-16	-17	-16	-17	-15	-16	-16	-15	-14	-15	-13	-13	-12
JFS-3	0.43	35	0	3	2	1	-1	-10	-10	-18	-21	-23	-23	-32	-32	-32	-33	-32	-31	-30	-28	-29	-28	-27	-25	-26	-23	-20
JFS-4	0.48	35	0	-2	-2	1	-5	-5	-11	-16	-17	-16	-14	-12	-13	-12	-10	-9	-12	-11	-10	-12	-12	-10	-9	-10	-9	-8

表 7.5 - 4　全级配混凝土自生体积变形试验结果

各龄期混凝土自生体积变形/$(\times 10^{-6})$

编号	水胶比	粉煤灰掺量/%	1d	2d	3d	4d	5d	7d	14d	21d	28d	35d	42d	50d	56d	67d	74d	98d	102d	116d	144d	151d	165d	180d	220d	250d	290d	320d	360d
JFQ-1	0.43	30	-2	-6	-6	-7	-8	-9	-10	-17	-20	-24	-27	-29	-31	-30	-32	-32	-31	-32	-31	-31	-30	-30	-28	-27	-27	-26	-25
JFQ-2	0.43	35	0	-3	-5	-7	-7	-8	-15	-19	-22	-24	-25	-26	-26	-27	-28	-25	-25	-25	-29	-26	-26	-28	-26	-26	-24	-24	-23

表 7.5 - 5　混凝土自生体积变形试验结果

各龄期自生体积变形/$(\times 10^{-6})$

编号	骨料品种	混凝土类型	水胶比	粉煤灰掺量/%	硅粉掺量/%	2d	3d	4d	5d	6d	7d	10d	14d	21d	35d	40d	50d	60d	70d	80d	100d	120d	130d	140d	150d	170d	200d	220d	250d	270d
bkm1	玄武岩	常态	0.34	20	—	-3	-7	-6	-8	-5	-4	0	0	-3	-10	-12	-12	-11	-10	-11	-11	-12	-11	-10	-10	-11	-12	-8	-7	-6
bkm2	玄武岩	常态	0.34	20	5	-9	-10	-11	-7	-8	-5	-5	-5	-12	-16	-18	-20	-22	-23	-24	-25	-27	-28	-29	-27	-28	-26	-29	-28	-27
bkm3	玄武岩	常态	0.30	10	—	-9	-9	-8	-7	-8	0	5	5	-2	-14	-15	-16	-14	-15	-17	-18	-18	-18	-18	-18	-18	—	—	—	—
bkm4	玄武岩	常态	0.30	10	5	-11	-13	-11	-7	-7	-5	-2	5	-1	-18	-20	-23	-26	-27	-28	-29	-32	-34	-33	-34	-36	-37	-37	-37	—
bkm9	灰岩	泵送	0.36	25	—	8	8	9	10	10	11	12	12	13	13	13	16	16	14	16	16	16	17	18	17	18	19	20	20	20
bkm10	灰岩	泵送	0.33	20	5	-2	1	4	4	5	6	7	2	1	-2	-4	-5	-7	-8	-9	-9	-10	-12	-12	-12	-13	-12	-10	-10	-9

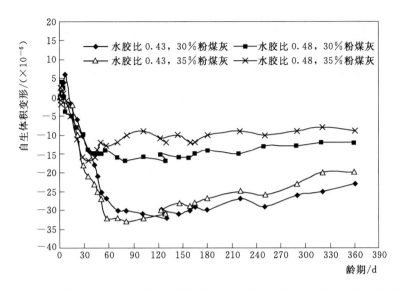

图 7.5-5 不同水胶比、不同粉煤灰掺量的自生体积变形随时间变化的关系曲线

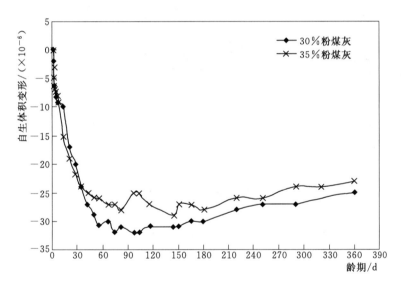

图 7.5-6 全级配混凝土自生体积变形随时间变化的关系曲线

7.5.4 硅粉

掺粉煤灰、复掺粉煤灰和硅粉混凝土的自生体积变形试验结果见表 7.5-5 和图 7.5-9。

试验结果表明，骨料品种不同，混凝土的自变发展规律是不一样的。四组玄武岩骨料低热水泥混凝土的自生体积变形均呈收缩状态，早期收缩曲线出现波动，但随后收缩变形随龄期的发展逐渐增大，部分配合比后期收缩曲线略有回升；两组灰岩骨料低热水泥混凝土中，单掺粉煤灰的配合比自变呈膨胀趋势，复掺硅粉的配合比自变呈收缩趋势。硅粉掺入混凝土中，明显加大了自变的收缩趋势。

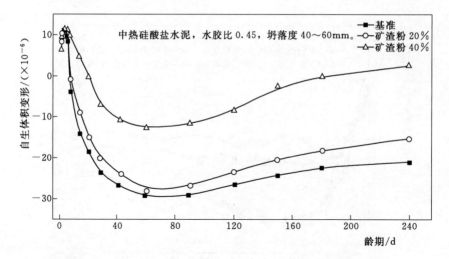

图 7.5 - 7　掺矿渣粉混凝土自生体积变形随时间变化的关系曲线

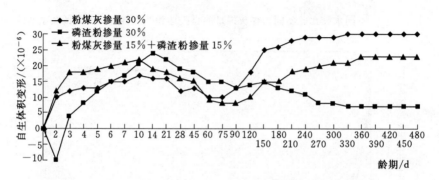

图 7.5 - 8　掺磷渣粉混凝土自生体积变形随时间变化的关系曲线

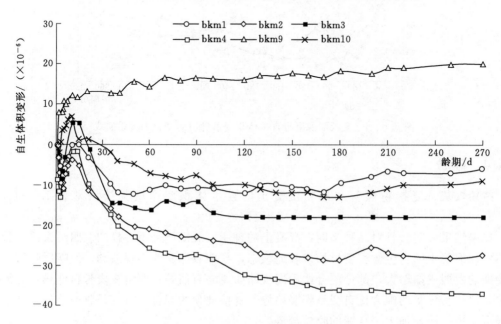

图 7.5 - 9　混凝土自生体积变形曲线

7.5.5 石灰石粉

掺石灰石粉与粉煤灰的碾压混凝土自生体积变形与龄期的关系曲线见图7.5-10。试验结果表明，复掺石灰石粉与粉煤灰和单掺粉煤灰的碾压混凝土自生体积变形，早期略有膨胀，后期均表现为收缩，且90d龄期时，前者的收缩值略大。正值表示膨胀，负值表示收缩。

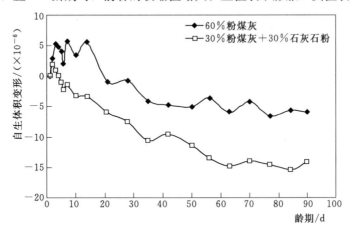

图7.5-10　碾压混凝土自生体积变形与龄期的关系曲线

7.5.6 凝灰岩粉

研究同强度等级条件下，凝灰岩粉对常态混凝土和碾压混凝土的自生体积变形的影响规律，混凝土配合比参数见表7.5-6，试验结果如图7.5-11所示。

表 7.5-6　　　　　　　　　混 凝 土 配 合 比 参 数

编号	混凝土类型	设计指标	级配	水胶比	粉煤灰掺量/%	凝灰岩掺量/%	砂率/%	材料用量/(kg/m³)					
								水	水泥	粉煤灰	凝灰岩	砂	石
DN-28	碾压	$C_{90}20W8F200$	二	0.45	55	0	36	97	97	119	0	742	1339
DN-29				0.40	0	45	35	102	140	0	115	713	1344
DN-30				0.40	30	30	35	99	99	75	75	713	1345
DS-1		$C_{90}20W8F100$	三	0.45	55	0	33	82	82	100	0	704	1451
DS-2				0.40	0	45	32	87	120	0	98	675	1457
DS-3				0.40	30	30	32	85	85	64	64	675	1455
DC-19	常态	C25W8F200	二	0.45	25	0	33	119	198	66	0	652	1344
DC-20				0.45	0	20	33	122	217	0	54	652	1344
DC-21				0.45	10	10	33	120	213	27	27	654	1348
DT-28		$C_{90}20W8F200$	三	0.50	35	0	29	97	126	68	0	615	1528
DT-29				0.45	0	30	28	101	157	0	67	587	1532
DT-30				0.45	15	20	28	99	143	33	44	587	1533

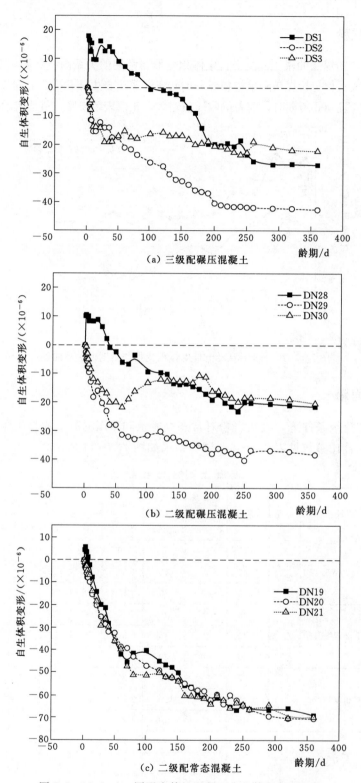

（a）三级配碾压混凝土

（b）二级配碾压混凝土

（c）二级配常态混凝土

图 7.5-11（一）　同强度等级混凝土自生体积变形规律

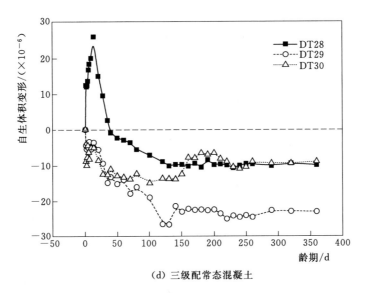

(d) 三级配常态混凝土

图 7.5-11 (二)　同强度等级混凝土自生体积变形规律

可以看出，三级配和二级配碾压混凝土时，单掺粉煤灰混凝土早期有轻微膨胀，而后逐渐收缩，而单掺凝灰岩粉混凝土和复掺粉煤灰和凝灰岩粉混凝土则一直收缩，不过最后均随龄期的增长逐渐趋于稳定。单掺凝灰岩粉碾压混凝土 360d 自生体积变形值约为 $(-40\sim-50)\times10^{-6}$，而单掺粉煤灰混凝土和复掺粉煤灰与凝灰岩混凝土自生体积变形值随龄期增长逐渐趋于一致，360d 时为 $(-20\sim-30)\times10^{-6}$。单掺凝灰岩粉使得混凝土的自生体积变形值（绝对值）可以增大 $(20\sim30)\times10^{-6}$（相较于单掺粉煤灰），但是复掺粉煤灰后，可以明显弥补这种劣势，使得两者的差距缩小并最终趋于一致。

二级配常态混凝土时，不同掺和料对混凝土自生体积变形值影响不大，这或许是由于常态混凝土的设计强度等级（C25）较碾压混凝土高（$C_{90}20$），掺和料总掺量小（不大于25%）且三种掺和料方案的掺和料掺量选择较为接近（20%~25%）。

三级配常态混凝土时，三种掺和料方案配制的混凝土所呈现的趋势大致与碾压混凝土一致，只是 360d 自生体积变形值（绝对值）要比碾压混凝土普遍小 $(10\sim20)\times10^{-6}$，约为 $(-10\sim-30)\times10^{-6}$。

7.5.7　多元胶凝体系

胶凝体系的成分和组成对混凝土的体积稳定性有重要影响，合理的颗粒级配组成能有效降低体系的各种收缩变形。多元胶凝体系中各组分的水化进程及水化产物具有时空互补性，各组分不同的颗粒（比表面积不同）组合还能产生一种致密的"连续"级配，在不同的时期有总有某一组分的水化占主导地位，完善了硬化浆体的结构，降低了开裂敏感性。

在水化 3d 龄期以前，体系化学收缩的速率相当快，随后收缩速率逐渐降低，到 28d 龄期时已接近稳定，这与水泥的水化进程相一致；与水泥相比，粉煤灰和矿渣粉的水化活性是很低的，这使得掺粉煤灰或矿渣粉胶凝体系的化学收缩值明显低于纯水泥体系的化学收缩值。但在水化早期，特别是1d龄期前，粉煤灰或矿渣粉的掺入虽然降低了体系中水泥的含量，但由于粉煤灰或矿渣粉的"滚珠效应"与"颗粒效应"，水泥颗粒更加分散，与水接触的更充分，使得早期的化学收缩值相差不大，如图7.5-12所示。

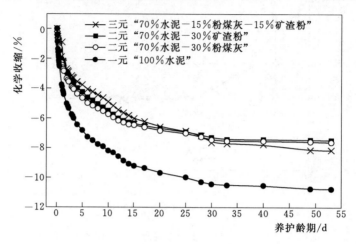

图7.5-12　不同胶凝体系的化学收缩

根据试验结果分析，化学收缩与时间的关系为双曲线模型，见式（7.5-1）。

$$S_{cs-t} = \frac{S_{cs-\text{total}} t}{t + K} \tag{7.5-1}$$

式中　S_{cs-t}——龄期t时刻的化学收缩率，%；

　　　$S_{cs-\text{total}}$——水泥完全水化的最终化学收缩率，%；

　　　K——水化系数，与环境温度、水泥品种、水泥细度等有关的常数。

研究表明，掺和料的掺入降低了水泥砂浆的干燥收缩，多元胶凝体系砂浆的干缩明显低于一元胶凝体系砂浆，如图7.5-13所示。砂浆干缩率与龄期关系可以用下列表达式来描述：

$$\varepsilon_{sh}(t) = \frac{t - t_0}{a + (t - t_0)} \varepsilon_u \tag{7.5-2}$$

式中　t_0——试件的初始龄期，d；

　　　ε_u——最终干缩率，$\times 10^{-6}$；

　　　a——试验常数，$a + t_0$表示干缩达到最终干缩一半的龄期，d。

试验研究了不同胶凝体系浆体线膨胀系数的发展趋势。随着水泥水化的进行，水不断被消耗，水化产物逐渐填充在孔隙内，硬化水泥浆体孔隙率越来越低，结构也越来越密实。所以随着水泥水化的进行，水泥浆体的线膨胀系数逐渐降低。如图7.5-14所示，掺和料种类对浆体的线膨胀系数影响较大。粉煤灰的掺入降低水泥浆体的线膨胀系数，当掺量达到30%以上，浆体线膨胀系数差别不大。掺入矿渣粉对水泥浆体线膨胀系数略有增大的趋势。而总掺量30%时，复掺粉煤灰和矿渣粉，水泥浆体线膨胀系数呈物理递加作用。

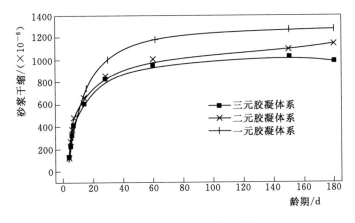

图 7.5-13 砂浆干缩发展规律

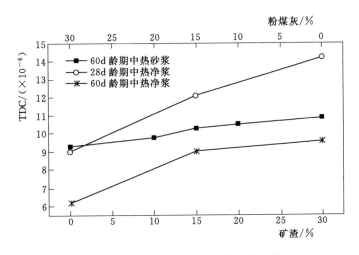

图 7.5-14 胶凝材料浆体线膨胀系数

粉煤灰与磷渣粉具有减水作用，改善内部混凝土内部孔结构，从而减少混凝土干缩。而石灰石粉与矿渣粉增加混凝土干缩，因为在同水胶比，提高了总胶材用量。天然火山灰质材料品质也有影响，规律为浮石粉、凝灰岩混凝土＞硅藻土混凝土≈Ⅱ级粉煤灰混凝土＞火山碎屑岩、玄武岩混凝土＞Ⅰ级粉煤灰混凝土。

掺和料种类、品质及掺量均影响混凝土的自生体积变形。粉煤灰、矿渣粉抑制混凝土膨胀或收缩，利于大坝体积稳定性。石灰石粉、天然火山灰质材料增加混凝土收缩趋势，应加强早期养护。

多元胶凝粉体活性越低，早期化学收缩越小。多元胶凝体系砂浆的干缩明显低于纯水泥浆砂，掺和料降低水泥砂浆的干燥收缩；掺和料对浆体的线膨胀系数有较大影响。

7.6 徐变

徐变是混凝土在荷载的长期作用下所产生的变形。混凝土单位应力的徐变称为徐变度，或称比徐变。

混凝土的徐变会显著影响结构或构件的受力性能。如局部应力集中可因徐变得到缓和，支座沉陷引起的应力及温度湿度力，也可由于徐变得到松弛，这对水工混凝土结构是有利的。但徐变使结构变形增大对结构不利的方面也不可忽视，如徐变可使受弯构件的挠度增大 2～3 倍，使长柱的附加偏心距增大，还会导致预应力构件的预应力损失。对于大体积混凝土，徐变增大了温度徐变应力，不利于防裂。这是因为混凝土在受到约束下温度变化引起的结果。在混凝土升温阶段，产生的压应力会因徐变而减小。甚至消失，在混凝土冷却降温时产生拉应力，这时混凝土徐变速率随龄期而减小，因徐变松弛的拉应力影响小。因此，有可能导致混凝土出现开裂。

混凝土的徐变是在持续荷载作用下，混凝土结构的变形将随时间不断增加的现象，徐变度则是单位应力作用下的徐变变形。混凝土的徐变主要与弹性模量有关，弹性模量越大，徐变变形越小。影响混凝土徐变的主要因素很多，主要有水灰比、水泥品种及用量、骨料品种及用量、矿物掺和料品种及掺量、外加剂品种等内部因素和加荷龄期、环境温度、湿度等外部因素。在混凝土早龄期加荷，由于混凝土中的水泥尚未充分水化，强度较低，徐变发展较快；而晚龄期加荷时，由于水泥的水化，混凝土强度的增长，徐变发展较慢。

（1）水泥用量和水灰比。混凝土中水泥用量多，水灰比大，水泥浆含量高，游离的自由水多，混凝土徐变大。反之，徐变则小。水灰比大的水泥石毛细管孔隙多，所以徐变速度及在加载初期的徐变较大。加荷过程中由于水泥的水化，毛细管孔隙及凝胶孔隙中，新的水化物产生而引起凝胶微粒的结合，同时也减少空隙水，所以荷载卸除后，水泥石不能恢复原来的状态。为此，在恢复性的机理中产生了的一部分变形，就是卸除了荷载后还是残留下来，结果非恢复性徐变的比率变大。

（2）水泥品种。在拌和物坍落度相同条件下，固定水灰（胶）比，需水量大的水泥品种则徐变大，比如硅酸盐矿渣水泥混凝土徐变要比硅酸盐水泥混凝土徐变大。徐变随水泥品种而增大的次序为硅酸盐早强水泥，硅酸盐水泥，普通硅酸盐水泥，矿渣硅酸盐水泥。

（3）骨料的种类和含量。质地坚硬的岩石骨料，弹性模量大，致密性高，配制的混凝土徐变小；比如砂岩骨料混凝土徐变比灰岩骨料混凝土的徐变高两倍。骨料体积含量多，相对水泥浆含量少，徐变就小。骨料的体积含量由 65％增加到 75％，徐变可减小 10％，骨料对混凝土徐变增加依次顺序为石灰岩、石英岩、花岗岩、砾石和砂岩。

（4）强度与龄期。混凝土徐变与加荷时强度成反比。强度越高，徐变越小。混凝土龄期越短，徐变越大；持荷时间越长，徐变越大。

（5）外加剂。在一般情况下，减水剂与缓凝剂会使徐变增加，这可能是这些外加剂改变了水泥石结构的缘故。

（6）环境湿度及含水状态。加荷前和加载中所引起的混凝土含水状态变化对徐变的影响较大，加荷前干燥时使徐变减少，加荷中干燥时必然使徐变增大。空气中干燥后的混凝土使其在水中吸水，同时施加压应力时，徐变比水中养护、水中受压时加大。

徐变最小时就是将干燥后的混凝土封闭起来，不受外界水分影响。徐变最大时就是水中养护的混凝土在干燥的同时，承受应力。一边干燥一边承受荷载时的徐变增大与应力状态无关。在承受拉应力及承受剪应力（扭曲）时才引起徐变增大现象。由于拉应力引起的徐变方向与干燥收缩相反，起因于剪切的变形与体积变化无关，所以含水状态的变化对徐变的影响不具有方向性。

湿润干燥和徐变的相互作用与水泥石的微观结构有关。例如，若按渗流理论可以说明压缩徐变时受荷载作用使水的排出是因干燥助长的，但不能说明拉伸徐变及剪切徐变的效果和一边吸水一边受压时的徐变增大现象。混凝土在加荷之前养护在相对湿度饱和的空气中，加荷时移至低的相对湿度下，因干燥而使徐变增加。如果混凝土在加荷前后处在湿度平衡条件下，这时相对湿度对徐变影响很小。徐变度在 365d 后加荷时，其变化不大。因此，一般试验只做到 365d。

（7）温度。在加荷中温度高时，为了促进水泥的水化和徐变，可到 50～70℃，温度越高，徐变就越增大，但在这个温度以上就不再增大。但是干燥后的混凝土和高温养护的混凝土，因为温度对水泥水化没有影响，所以温度越高，徐变也越大。

温度对基本徐变的影响有：温度一升高，水泥石内的空隙水黏度就要减少；吸附水的能级增大，吸附水流动所需的活化能和吸附水的表面张力就减少；饱和水蒸气压增高，水泥石内的水分就易于蒸发；这些影响不论是那一种都具有容易引起徐变的效果。然而，温度影响主要是对水泥浆内水的影响，所以对于完全干燥了的混凝土的徐变来说，温度影响较小。

混凝土的受压徐变按照 DL/T 5150—2001 或 SL 352—2006《水工混凝土试验规程》进行，混凝土受压徐变一般采取多个加荷龄期，水工大体积混凝土常用的加荷龄期为 7d、28d、90d、180d 等，持荷龄期至 1 年结束，对于骨料最大粒径超过 40mm 的全级配混凝土通过湿筛用较小的试件进行试验，徐变度通过湿筛前后的灰浆率进行换算。

单位应力下的压缩徐变，即压缩徐变度按式（7.6-1）、式（7.6-2）计算：

$$C_c = \varepsilon_c \frac{1}{\sigma_c} a \tag{7.6-1}$$

$$a = \frac{V_0}{V} \tag{7.6-2}$$

式中　C_c——某一龄期原型混凝土的徐变度，$10^{-6}/\text{MPa}$；

　　　σ_c——混凝土试件所受压应力，MPa；

　　　a——灰浆率；

　　　V_0——每立方米原型混凝土中水泥、掺和料和水的体积，L；

　　　V——每立方米制作试件混凝土中水泥、掺和料和水的体积，L。

7.6.1　粉煤灰

粉煤灰对混凝土徐变的影响较大，不过要区分是早龄期加载还是晚龄期加载。一般来说，粉煤灰混凝土的早期强度比不掺的低，故在早龄期加载的徐变偏大，而后期强度比不掺的高，故在后期加载的徐变偏小。对超量取代混凝土的总徐变早龄期比不掺的大，而晚龄期则偏小，但是，在相同强度条件，掺粉煤灰的混凝土徐变比不掺的小。盖福德等人的试验结果表明，粉煤灰掺量为 20%～40% 时，在等应力比情况下，粉煤灰混凝土的基本徐变随粉煤灰掺量的增加而减小。

加荷时混凝土的强度越高，徐变越小。混凝土龄期越短，持荷时间越长，徐变越大。不同粉煤灰掺量、不同龄期的混凝土徐变度与加荷龄期的关系曲线见图 7.6－1～图7.6－3。

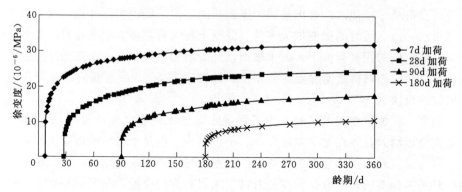

图 7.6－1 大坝混凝土徐变曲线（中热水泥、水胶比 0.50、粉煤灰掺量 20％）

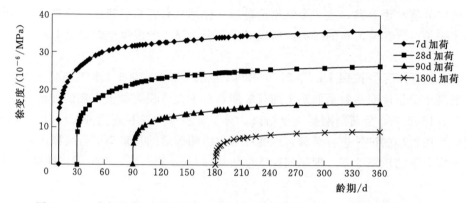

图 7.6－2 大坝混凝土徐变曲线（中热水泥、水胶比 0.50、粉煤灰掺量 30％）

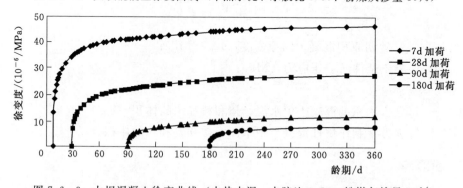

图 7.6－3 大坝混凝土徐变曲线（中热水泥、水胶比 0.50、粉煤灰掺量 40％）

碾压混凝土徐变试验结果见表 7.6－1，不同加荷龄期下混凝土的徐变度曲线图见图 7.6－4～图 7.6－9。由试验结果可知：水胶比小、强度等级高的混凝土徐变值较小。强度等级相同的二级配和三级配混凝土徐变值相差较小。其他条件相同时，粉煤灰掺量越大的混凝土徐变值越大。

碾压混凝土徐变试验结果

表 7.6-1

编号	级配	水胶比	水泥	粉煤灰品种	掺量/%	外加剂	龄期/d	1d	2d	3d	4d	5d	7d	14d	21d	28d	35d	42d	49d	60d	90d	120d	150d	180d	210d	270d	360d
																											不同持荷时间的混凝土徐变度/(×10⁻⁶/MPa)
AQ-15	三	0.46	金山	攀枝花	50	博特	7	19.8	25.3	29.4	32.0	34.5	37.6	46.0	48.4	51.7	52.7	56.3	56.5	57.2	58.7	59.5	59.5	60.1	60.3	60.5	60.7
							28	5.2	7.3	8.4	9.0	9.5	10.6	14.6	16.3	16.9	17.0	18.4	18.8	18.9	20.0	20.3	20.8	20.8	21.1	21.3	21.4
							90	1.5	2.0	2.4	2.7	3.2	3.6	4.3	4.8	5.4	6.0	6.2	6.4	6.7	7.0	7.2	7.3	7.4	7.4	7.5	—
							180	0.7	1.0	1.2	1.5	1.7	1.9	2.5	3.1	3.4	3.7	4.0	4.1	4.4	4.7	5.1	5.2	5.3	—	—	—
							360	0.4	0.8	0.9	1.0	1.2	1.5	1.7	1.9	2.1	—	—	—	—	—	—	—	—	—	—	—
AQ-16	三	0.46	金山	阳宗海	50	博特	7	20.3	25.8	29.7	32.5	35.0	37.9	46.8	49.0	52.2	52.9	56.9	57.9	57.9	59.9	60.3	61.0	61.3	61.5	61.7	61.9
							28	4.8	7.1	7.9	8.7	9.2	10.1	13.8	15.0	17.0	17.6	18.6	18.6	19.0	19.8	20.5	20.8	21.0	21.3	21.4	21.5
							90	1.4	2.1	2.5	2.9	3.4	3.9	4.5	5.0	5.6	6.0	6.3	6.5	6.7	7.2	7.6	7.7	7.8	7.9	8.0	—
							180	0.9	1.2	1.3	1.4	1.6	2.1	3.1	3.5	3.9	4.2	4.5	4.7	5.0	5.3	5.6	5.7	5.9	—	—	—
							360	0.3	0.6	0.9	1.0	1.1	1.3	1.6	1.8	2.0	—	—	—	—	—	—	—	—	—	—	—
AQ-26	三	0.48	三德	阳宗海	60	博特	7	27.3	31.5	36.2	38.9	41.2	44.2	51.9	55.7	58.6	62.4	63.7	65.7	66.7	68.1	68.7	70.0	70.2	70.8	71.1	72.0
							28	5.2	8.3	9.7	10.3	11.5	12.7	15.9	17.5	18.4	19.2	20.4	20.7	20.9	23.0	23.3	23.7	23.9	24.2	24.5	—
							90	2.0	2.2	2.9	3.3	3.5	3.7	4.8	5.3	6.0	6.6	7.0	7.2	7.6	8.5	9.1	9.5	9.8	10.1	10.4	—
							180	1.4	1.5	1.7	1.9	2.4	2.5	3.2	3.7	4.0	4.3	4.6	4.9	5.2	5.5	6.0	6.1	6.2	—	—	—
							360	0.6	0.9	1.1	1.2	1.5	1.6	1.6	2.1	2.0	—	—	—	2.3	—	—	—	—	—	—	—
AQ-27	三	0.48	金山	攀枝花	60	龙游	7	28.1	32.7	36.5	39.7	42.0	45.3	53.6	57.8	59.9	63.2	65.9	66.6	67.1	68.3	69.1	69.5	69.6	70.5	70.9	71.8
							28	6.0	8.9	10.3	11.0	11.7	13.0	16.5	18.1	19.0	19.0	20.4	21.3	22.3	23.3	23.2	23.5	23.8	24.1	24.3	24.5
							90	1.7	2.2	2.7	3.0	3.3	3.5	4.4	4.9	5.5	5.9	6.4	7.0	7.1	8.2	8.5	8.7	9.1	9.6	9.9	—
							180	1.2	1.6	1.8	2.0	2.3	2.7	3.3	3.8	4.1	4.3	4.5	4.9	5.5	5.5	6.1	6.5	6.7	—	—	—
							360	0.5	0.8	1.0	1.2	1.5	1.8	2.0	2.3	2.5	—	—	—	—	—	—	—	—	—	—	—
AQ-33	三	0.46	三德	攀枝花	50	博特	7	19.5	23.1	27.8	30.9	32.4	36.3	43.3	47.6	50.8	52.6	55.6	56.4	57.1	58.7	59.2	59.5	60.0	60.2	60.4	60.5
							28	3.5	6.1	7.7	7.9	8.6	9.5	13.1	14.8	15.7	15.9	16.9	17.5	18.5	19.5	20.0	20.4	20.7	20.8	21.0	—
							90	1.3	1.7	2.1	2.3	2.9	3.1	3.7	4.1	4.7	5.3	6.2	6.3	6.7	6.8	7.0	7.2	7.3	7.3	7.4	—

续表

不同持荷时间的混凝土徐变度/(×10^{-6}/MPa)

编号	级配	水胶比	水泥	粉煤灰 品种	粉煤灰 掺量/%	外加剂	龄期/d	1d	2d	3d	4d	5d	7d	14d	21d	28d	35d	42d	49d	60d	90d	120d	150d	180d	210d	270d	360d
AQ-33	三	0.46	三德	攀枝花	50	博特	180	0.6	0.9	1.1	1.4	1.6	1.9	2.3	2.7	3.0	3.5	3.8	4.2	4.3	4.5	4.7	4.8	—	—	—	—
							360	0.2	0.5	0.8	1.0	1.1	1.2	1.5	1.7	1.8	—	—	—	—	—	—	—	—	—	—	—
AQ-35	三	0.46	金山	攀枝花	50	龙游	7	20.1	24.9	28.5	31.7	34.2	37.5	45.8	48.6	51.9	53.1	56.6	56.9	57.5	59	59.7	60.2	60.5	60.7	61.0	61.2
							28	3.0	6.0	7.6	8	8.9	10.1	13.9	15.6	16	16.5	17.9	18.3	19	19.8	20.4	20.9	21.2	21.4	21.5	—
							90	1.2	1.8	2.2	2.5	3.0	3.7	4.6	4.8	5.4	6.2	6.6	7.2	7.5	7.7	8.0	8.2	8.4	8.6	8.7	—
							180	0.7	1.0	1.3	1.5	1.7	2.0	2.8	3.2	3.7	4.1	4.3	4.5	4.8	5.1	5.4	5.5	—	—	—	—
							360	0.4	0.7	1.0	1.4	1.3	1.5	1.8	2.0	2.2	—	—	—	—	—	—	—	—	—	—	—
AQ-39	三	0.53	金山	攀枝花	40	博特	7	12.5	13.8	14.6	17.5	18.3	20.5	24.6	26.8	28.3	30.5	31.0	31.6	33.4	35.2	35.7	36.0	37.0	37.5	38.1	38.5
							28	4.2	6.9	7.3	8.0	8.9	9.6	10.3	11.8	12.4	13.1	13.8	14.3	15.4	18.0	18.4	18.6	19.2	19.5	19.7	—
							90	2.0	3.5	4.3	5.2	5.7	6.0	6.3	6.9	7.4	7.8	8.7	9.1	9.5	10.2	10.2	10.6	10.8	11.0	11.2	—
							180	1.1	1.9	2.3	2.7	3.0	3.3	3.8	4.2	4.5	4.8	5.0	5.2	5.4	5.9	6.1	6.4	6.6	—	—	—
							360	0.5	0.8	1.1	1.4	1.6	1.9	2.3	2.6	2.9	—	—	—	—	—	—	—	—	—	—	—
AQ-47	三	0.48	金山	攀枝花	30	博特	7	10.3	12.4	13.7	16.0	17.2	19.0	23.2	25.2	25.9	27.3	27.5	27.5	29.3	30.4	30.9	31.3	31.5	31.8	32.0	32.3
							28	4.8	6.4	7.0	7.8	8.4	8.9	9.8	11.3	11.9	12.6	13.6	13.6	14.5	16.0	16.5	17.0	17.4	17.7	17.9	—
							90	1.9	2.4	2.6	3.1	3.5	3.8	4.5	5.5	6.2	7.0	7.6	8.0	8.5	8.7	9.1	9.5	9.7	9.9	10.1	—
							180	1.6	2.3	2.5	2.7	2.7	3.0	3.5	3.9	4.3	4.5	4.8	5.0	5.2	5.5	5.7	5.9	6.0	—	—	—
							360	0.5	0.7	0.9	1.0	1.2	1.5	2	2.2	2.4	—	—	—	—	—	—	—	—	—	—	—
Q-69	二	0.39	三德	攀枝花	30	龙游	7	6.7	8.5	9.2	10.1	13.3	14.5	16.3	17.8	18.4	19.0	19.5	19.8	20.2	21.2	21.6	21.9	22.2	22.4	22.6	22.7
							28	3.7	4.5	5.3	5.9	6.4	6.9	7.1	7.7	8.2	8.8	9.3	9.6	10.2	11.6	11.8	12.1	12.4	12.6	12.6	—
							90	1.8	2.2	2.5	2.8	3.0	3.4	3.9	4.5	4.9	5.5	5.9	6.3	6.7	7.2	7.5	7.9	8.3	8.4	8.5	—
							180	0.9	1.2	1.5	2.0	2.2	2.5	2.9	3.2	3.4	3.6	3.7	3.8	4.0	4.2	4.4	4.5	4.6	—	—	—
							360	0.4	0.7	0.9	1.0	1.1	1.3	1.5	1.7	1.9	—	—	—	—	—	—	—	—	—	—	—

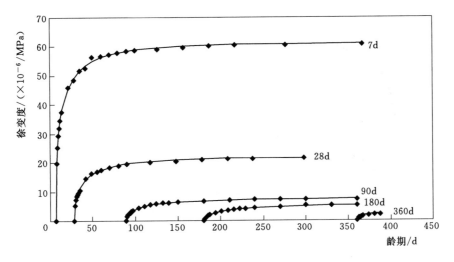

图 7.6－4 AQ－15 徐变度曲线图

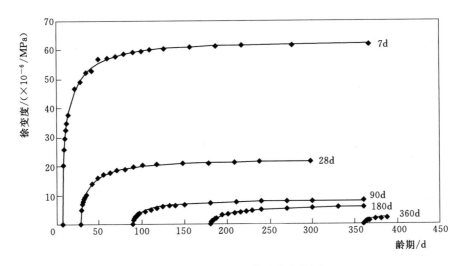

图 7.6－5 AQ－16 徐变度曲线图

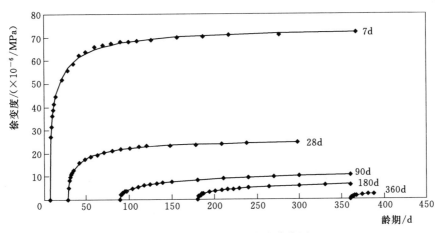

图 7.6－6 AQ－26 徐变度曲线图

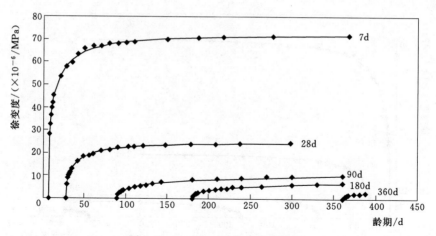

图 7.6 - 7　AQ - 27 徐变度曲线图

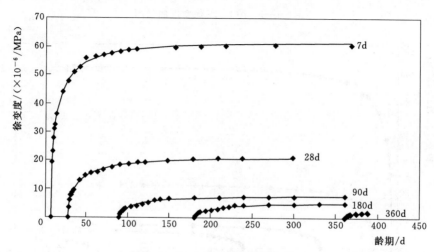

图 7.6 - 8　AQ - 33 徐变度曲线图

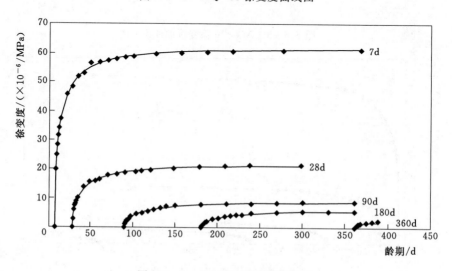

图 7.6 - 9　AQ - 35 徐变度曲线图

湿筛混凝土受压徐变试件尺寸为 $\phi150\text{mm}\times$ 450mm 圆柱体，试件中心埋设 DI-25 型电阻应变计。混凝土成型前湿筛筛除大于 40mm 粒径的粗骨料，试件成型后在雾室养护 48h 后拆模，并用白铁皮筒进行密封处理，避免混凝土内部水分与外界交换，然后放入恒温（20℃±2℃）徐变试验室，使混凝土试件在整个试验过程中处于绝湿、恒温状态，待预定加荷龄期时进行加荷。

全级配混凝土受压徐变试件尺寸为 $\phi150\text{mm}\times$ 1350mm 圆柱体，试验采用长江科学院自主研制的 CW-5000kN 型电液伺服-自动反力联合加载混凝土徐变试验系统进行，试验装置见图 7.6-10，试验过程及步骤与湿筛混凝土小试件一致。

徐变加荷龄期为 7d、28d、90d，180d，每组两个试件，另设两个补偿试件。全级配及湿筛混凝土试件的徐变试验结果见表 7.6-2。不同加荷龄期，混凝土徐变度与持荷时间的关系曲线见图 7.6-11，图中湿筛混凝土数据是湿筛小试件换算后的全级配混凝土徐变度。

图 7.6-10　全级配混凝土徐变试验装置

徐变的大小与混凝土胶凝材料含量相关。限于试验条件，一般进行湿筛混凝土小试件的试验，并通过下式将湿筛混凝土的徐变度试验结果近似换算为原级配混凝土徐变度。

$$C(t,\tau)=a\frac{\varepsilon_c}{\sigma_c} \tag{7.6-3}$$

式中　$C(t,\tau)$——原型混凝土徐变度，$\times10^{-6}/\text{MPa}$；

　　　ε_c——实测徐变变形，$\times10^{-6}$；

　　　σ_c——徐变加荷应力，MPa；

　　　a——灰浆率比，$a=\dfrac{v_0}{v}$，v_0 为每立方米原级配混凝土中胶凝材料和水的体积，v 为每立方米湿筛混凝土中胶凝材料和水的体积。

根据湿筛混凝土徐变度试验结果，拟合混凝土徐变度与加荷龄期、持荷时间的关系表达式如式（7.6-4）所示。

$$C(t,\tau)=C_1(\tau)\left[1-e^{-k_1(t-\tau)}\right]+C_2(\tau)\left[1-e^{-k_2(t-\tau)}\right] \tag{7.6-4}$$

$$C_1(\tau)=C_1+\frac{D_1}{\tau^{m_1}}$$

$$C_2(\tau)=C_2+\frac{D_2}{\tau^{m_2}}$$

式中　　　　　　　　　$C(t,\tau)$——在第 τ 天的加荷龄期下，持荷时间为 $(t-\tau)$ 时的徐变度，$\times10^{-6}/\text{MPa}$；

C_1，C_2，D_1，D_2，k_1，k_2，m_1，m_2——拟合系数，见表 7.6-3。

表 7.6－2

混凝土徐变试验结果

编号	级配	龄期/d	不同持荷时间的混凝土徐变度/(×10⁻⁶/MPa)																	
			1d	2d	3d	4d	5d	14d	21d	28d	35d	42d	49d	60d	90d	120d	150d	180d	210d	240d
SQ-6	湿筛混凝土原始结果	7	12.8	16.5	21.5	24.5	25.5	36.0	41.5	43.0	44.3	44.8	44.2	44.8	45.3	45.8	46.0	46.3	46.5	46.7
		28	6.8	9.3	10.5	12.0	13.8	16.8	18.7	19.7	20.8	22.0	22.3	23.3	23.8	25.0	25.3	25.7	26.3	—
		90	3.8	4.2	5.3	5.8	6.3	7.8	8.8	9.2	9.8	10.2	10.3	10.5	11.0	12.0	12.3	—	—	—
		180	2.5	2.8	3.2	3.5	3.7	4.7	5.0	5.3	6.2	6.7	6.8	7.0	—	—	—	—	—	—
SQ-6	湿筛混凝土换算全级配	7	7.7	9.9	12.9	14.7	15.3	21.6	24.9	25.8	26.6	26.9	26.5	26.9	27.2	27.5	27.6	27.8	27.9	28.0
		28	4.1	5.6	6.3	7.2	8.3	10.1	11.2	11.8	12.5	13.2	13.4	14.0	14.3	15.0	15.2	15.4	15.8	—
		90	2.3	2.5	3.2	3.5	3.8	4.7	5.3	5.5	5.9	6.1	6.2	6.3	6.6	7.2	7.4	—	—	—
		180	1.5	1.7	1.9	2.1	2.2	2.8	3.0	3.2	3.7	4.0	4.1	4.2	—	—	—	—	—	—
SQ-6	实测全级配	7	6.1	8.1	10.4	12.1	13.5	17.8	20.5	21.8	22.5	23.0	23.4	23.8	24.1	24.2	24.4	24.6	24.7	24.8
		28	3.7	4.8	5.3	6.4	6.9	9.7	10.2	10.5	10.8	11.2	11.6	11.9	12.5	12.9	13.2	13.5	13.8	—
		90	2.0	2.2	2.5	2.8	3.2	3.8	4.2	4.4	4.8	5.1	5.3	5.5	5.7	6.1	6.3	—	—	—
		180	1.0	1.3	1.5	1.7	1.8	2.2	2.5	2.8	3.2	3.5	3.6	3.7	—	—	—	—	—	—

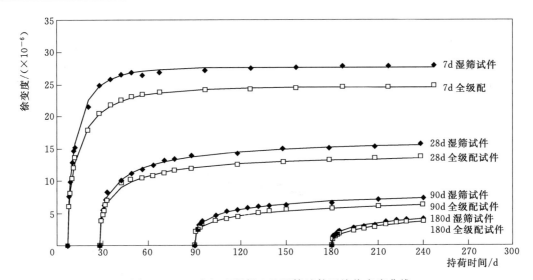

图 7.6-11　全级配混凝土及湿筛试件压缩徐变度曲线

表 7.6-3　　　　　　　　　　　混凝土徐变度拟合系数

编　　号	k_1	k_2	C_1	C_2	D_1	D_2	m_1	m_2
SQ-6 换算全级配	0.5	0.03	1.51	1.79	112.7	8.8	0.9	0.3
SQ-6 实测全级配	0.6	0.05	3.54	1.07	32.7	37.6	0.6	0.5

由试验结果可知，湿筛混凝土小试件的徐变度通过经验公式换算后所得到的全级配混凝土的徐变度，比实测的全级配混凝土徐变度略高。导致两者之间的差异可能与试件的尺寸效应有关。7d 加荷龄期，持荷约 240d 龄期后全级配混凝土大试件的徐变度是湿筛小试件徐变度换算值的 88.6%；28d 加荷龄期，持荷约 210d 龄期后全级配混凝土大试件的徐变度是湿筛小试件徐变度换算值的 87.3%。90d 加荷龄期，持荷约 150d 龄期后全级配混凝土大试件的徐变度是湿筛小试件徐变度换算值的 85.1%；180d 加荷龄期，持荷约 60d 龄期后全级配混凝土大试件的徐变度是湿筛小试件徐变度换算值的 88.1%。

7.6.2　矿渣粉

条件相同时，掺矿渣粉混凝土的徐变低于相应的硅酸盐水泥混凝土。当矿渣掺量为 50% 时，混凝土的徐变度比基准混凝土约低 40%（28d 抗压强度和施加应力相似），而且，混凝土的徐变随矿渣掺量的增加而线性减小。这可以从两个方面进行解释：第一，如果与工作性相同的硅酸盐水泥混凝土进行比较，则矿渣水泥混凝土的用水量更少，因而水泥浆含量也更少，第二，矿渣水泥混凝土在持荷期间强度增长更大，而强度发展更快的混凝土，其徐变更小。

当不考虑水灰比、骨料品种、灰浆比、环境湿度、环境温度等诸多因素作用，只考虑磨细矿渣掺量对混凝土徐变性能的影响时，可以理解为：磨细矿渣弹性模量较低，不能通过发挥"微集料效应"抑制混凝土的徐变，磨细矿渣-水泥体系的水化产物数量和矿渣与基体的界面结合情况是决定混凝土徐变性能的两大主要因素。磨细矿渣掺量对其与周围基体的界面结合的影响存在一临界值，小于临界值时，界面结合情况良好，可忽略界面结合对徐变性能的影响，混凝土的徐变度与体系的水化产物数量正相关；当磨细矿渣掺量超过临界值时，混凝土的徐变性能受到体系水化产物数量和磨细矿渣界面结合情况这两个因素的共同作用，并且随着矿渣掺量的继续提高，界面结合情况对混凝土抑制徐变能力的负面效应显著增强。

掺矿渣粉混凝土抗压徐变度变化规律见图 7.6-12。

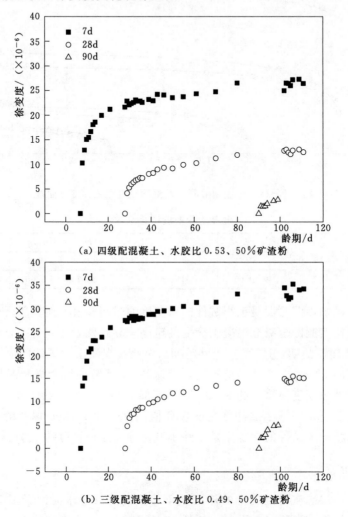

(a) 四级配混凝土、水胶比 0.53、50% 矿渣粉

(b) 三级配混凝土、水胶比 0.49、50% 矿渣粉

图 7.6-12　掺矿渣粉混凝土抗压徐变度变化规律

7.6.3　磷渣粉

已有的文献资料表明，徐变是基于水泥石凝胶在外力作用下发生的黏性流动与滑移；凝胶中的吸附水及层间水在高应力下发生迁移及某些微裂缝在外力作用下闭合产生的结果。一般地，混凝土中灰浆含量越多（骨料含量越少）、应力越大、混凝土强度越小、加荷龄期越长、持荷时间越长，混凝土的徐变越大。

7.6.3.1　常态混凝土

三级配常态混凝土的受压徐变试验结果列于表 7.6-4 中，徐变曲线见图 7.6-13～图 7.6-15。从试验结果来看，加荷龄期越早，持荷时间越长，则混凝土徐变度越大，主要

表 7.6-4　混凝土抗压徐变度

不同持荷时间的徐变度单位为 $\times 10^{-6}/\text{MPa}$。

配合比编号	水胶比	粉煤灰掺量/%	磷渣粉掺量/%	胶材用量/(kg/m³)	加荷龄期/d	0d	1d	2d	3d	4d	5d	6d	7d	14d	21d	28d	35d	42d	49d	56d	84d	90d	120d	150d	180d	240d	300d	330d
S3	0.50	30	0	204	7	0	6.2	7.8	9.5	11.1	11.3	12.3	12.8	15.4	18.0	20.2	21.0	22.0	22.5	23.7	25.7	24.9	26.4	26.5	27.1	26.2	27.5	27.7
					28	0	4.0	5.2	6.4	6.8	7.2	7.6	8.0	10.1	11.9	13.2	14.0	14.0	14.8	15.0	15.0	16.0	16.8	17.3	18.0	20.0	20.0	—
					90	0	2.4	2.6	2.9	3.3	3.2	3.5	3.7	4.5	5.2	5.9	6.3	6.8	7.1	7.3	7.8	8.5	9.2	9.6	10.1	11.1	—	—
					180	0	1.4	1.7	2.0	2.2	2.3	2.5	2.5	2.6	3.3	3.6	3.8	3.9	4.0	4.1	4.7	4.8	5.3	5.8	—	—	—	—
S6	0.50	0	30	202	7	0	6.9	8.6	10.3	11.9	12.7	13.4	13.9	16.5	19.2	21.3	22.8	24.5	25.2	25.8	27.0	26.0	26.3	26.7	27.0	27.0	27.1	27.5
					28	0	4.2	5.9	6.5	7.1	7.9	8.1	9.8	10.7	11.5	12.5	13.6	14.1	14.4	14.6	14.9	15.5	16.1	16.3	16.9	17.9	18.8	—
					90	0	2.4	2.6	2.8	3.1	3.2	4.3	4.7	5.0	5.2	5.7	6.0	6.5	6.9	7.0	7.5	8.0	8.8	9.0	9.9	10.5	—	—
					180	0	1.2	1.4	1.8	2.0	2.1	2.2	2.3	2.5	2.9	3.3	3.4	3.7	3.9	4.0	4.3	4.5	4.9	5.2	—	—	—	—
S9	0.50	15	15	204	7	0	6.0	7.5	9.0	11.8	12.1	13.0	13.5	15.3	16.9	17.5	19.8	21.7	21.1	22.5	24.0	23.6	25.2	25.2	25.7	25.7	25.7	26.1
					28	0	3.6	5.5	5.8	6.4	6.9	7.4	7.8	9.8	10.6	12.9	13.7	14.5	14.5	15.0	15.0	15.8	16.0	16.5	16.5	16.9	17.9	—
					90	0	2.2	2.5	2.8	2.9	3.0	4.1	4.5	4.8	4.9	5.2	5.6	6.1	6.6	6.9	7.1	7.4	8.0	8.5	8.9	9.5	—	—
					180	0	1.0	1.3	1.5	1.7	1.9	2.0	2.1	2.2	2.6	3.0	3.1	3.4	3.6	4.0	4.1	4.2	4.4	4.7	—	—	—	—

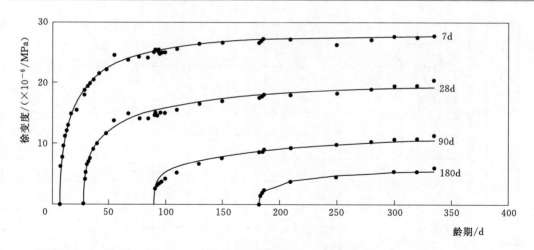

图 7.6 - 13　混凝土抗压徐变度曲线（S3）

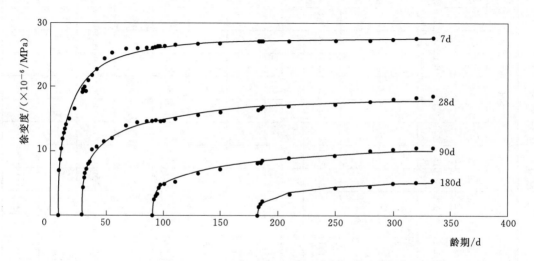

图 7.6 - 14　混凝土抗压徐变度曲线（S6）

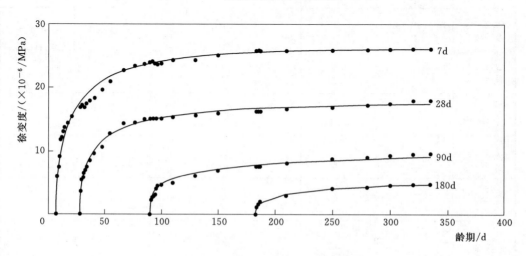

图 7.6 - 15　混凝土抗压徐变度曲线（S9）

是因为混凝土早期强度较低。加载龄期一定时，混凝土徐变度随持荷时间增长而逐渐增大，但其变化速率越来越小，趋于稳定值。总体来说，混凝土的徐变度在正常范围内。

不同掺和料的三级配常态混凝土中，掺磷渣粉的早期徐变略大，掺粉煤灰后期徐变略大，磷渣粉和粉煤灰复掺时混凝土徐变略小，不同掺和料时混凝土灰浆含量相当，对徐变的影响主要是由于不同掺和料对混凝土强度的影响。与掺粉煤灰相比，掺磷渣粉混凝土早期强度降低，而后期强度较高，所以较早加荷龄期的徐变略大，较晚加荷龄期徐变略小。

7.6.3.2 碾压混凝土

碾压混凝土抗压徐变度试验结果见表 7.6-5，碾压混凝土抗压徐变度曲线见图 7.6-16～图 7.6-20。试验结果表明，掺粉煤灰或磷渣粉碾压混凝土徐变度不大，徐变度随胶凝材料用量的增加、强度的降低，加荷龄期减少、持荷龄期的延长而增加，对不同的配合比而言，强度和胶凝材料用量是影响最显著的因素。

7.6.4 硅粉

在良好的养护条件下，相对于不掺火山灰材料的混凝土，掺有硅粉等火山灰材料的混凝土试件的徐变通常更小。这可能是由于混凝土的徐变与强度成反比，而硅粉等火山灰材料提高了混凝土的最终强度。

Buil 和 Acker 就硅粉对混凝土徐变的影响进行了试验研究。使用碳酸钙骨料和普通硅酸盐水泥配制混凝土，基准混凝土的水灰比为 0.435，以硅粉取代 25% 的水泥配制的硅粉混凝土的水灰比为 0.40（为了使两种混凝土保持相同的稠度，后者加入了高效减水剂）。$\phi16cm \times 100cm$ 圆柱体试件标准养护 28d，基准混凝土和硅粉混凝土 28d 的抗压强度分别为 53MPa 和 76MPa。一年的徐变数据表明两种混凝土的徐变应变基本相当，但基准混凝土的徐变约为 370×10^{-6}，而硅粉混凝土的徐变为 300×10^{-6}。

7.6.5 石灰石粉

李晶研究了掺石灰石粉混凝土的徐变度，掺石灰石粉混凝土不同持荷龄期的抗压徐变度见图 7.6-21。

石灰石粉掺量为 30% 时，对混凝土抵抗徐变的能力有一定的改善作用，石灰石粉对混凝土徐变的影响随时间的不同而不同，其 30d、90d 和 180d 的徐变度为不掺石灰石粉的混凝土的 0.92 倍、0.86 倍和 0.89 倍，可见，随着时间的增长，石灰石粉不断抑制混凝土的变形。

石灰石粉-水泥体系的水化产物数量和石粉的微集料效应可能是影响掺有石粉的混凝土徐变性能的两大主要因素。当石灰石粉掺量较小时，界面结合情况良好，微集料效应得以正常发挥，混凝土的徐变度受到体系的非蒸发水量和微集料效应发挥程度的影响，在不超过含量的某一个限值内，石灰石粉掺量越大，体系的非蒸发水量越小，微集料效应发挥程度越高，徐变度减小越明显，并且混凝土的徐变度减小率与体系的非蒸发水量减小率和微集料数量正相关。当石灰石粉掺量超过某一特定值时，混凝土的徐变性能受到体系水化产物数量、微集料效应和界面结合情况三大因素的共同作用，并且随着石灰石粉掺量的继续提高，界面结合情况对混凝土徐变性能的负面影响显著增强。石灰石粉对混凝土徐变的影响受这三大因素的共同作用，只是某一时间内某一个因素的影响比较显著。

表 7.6 - 5　　混凝土抗压徐变度

配合比编号	水胶比	粉煤灰掺量/%	磷渣粉掺量/%	级配	胶材用量/(kg/m³)	加荷龄期/d	0d	1d	2d	3d	4d	5d	6d	7d	14d	21d	28d	35d	42d	49d	56d	84d	90d	120d	150d	180d	240d	300d	330d
S76	0.50	45	0	二	180	7	0	9.0	12.2	13.9	15.8	17.0	18.9	19.3	25.3	27.4	31.9	32.6	34.0	34.0	35.8	38.9	38.1	39.7	41.1	41.4	43.9	44.4	44.7
						28	0	2.9	3.1	4.8	5.2	5.4	6.5	6.8	7.8	9.8	10.6	11.3	11.4	11.4	11.9	12.3	13.6	13.3	13.3	13.9	15.0	15.5	—
						90	0	1.3	1.7	1.9	2.0	2.2	2.4	2.6	3.0	3.4	3.8	4.2	4.4	4.5	4.6	4.8	4.9	5.5	5.5	5.7	5.8	—	—
						180	0	0.7	0.9	1.2	1.9	1.9	2.0	2.0	2.3	2.6	2.9	3.1	3.2	3.4	3.6	4.1	4.3	4.7	5.0	5.0	6.3	—	—
S78	0.50	22.5	22.5	二	178	7	0	8.9	12.0	13.8	15.5	16.8	18.6	18.9	25.2	27.0	31.6	32.1	33.6	34.2	35.5	37.8	38.8	41.1	40.6	41.2	41.3	41.7	42.0
						28	0	3.0	3.2	5.0	5.4	5.5	6.6	7.0	8.0	9.9	10.7	11.5	11.5	11.6	11.8	12.9	13.0	13.0	13.2	13.4	14.5	15.0	—
						90	0	1.2	1.6	1.7	1.8	2.2	2.3	2.4	2.9	3.3	3.7	4.0	4.3	4.3	4.4	4.7	4.7	5.3	5.5	5.6	6.0	—	—
						180	0	0.6	0.9	1.2	1.9	1.9	2.0	2.0	2.3	2.6	2.8	3.0	3.1	3.3	3.4	3.9	4.0	4.3	4.8	—	0.0	—	—
S103	0.45	45	0	三	180	7	0	8.0	10.9	12.5	14.1	15.3	16.9	17.1	22.9	24.5	28.7	30.0	30.5	31.0	32.1	34.3	33.3	30.1	34.1	34.2	36.0	36.0	37.1
						28	0	2.8	3.0	4.7	5.0	5.2	6.2	6.5	7.4	9.2	9.9	10.5	10.6	10.5	10.6	11.6	12.5	12.6	13.0	13.3	13.8	14.8	—
						90	0	1.2	1.6	1.7	1.8	2.1	2.2	2.3	2.9	3.2	3.6	4.0	4.2	4.3	4.3	4.6	4.6	5.0	5.3	5.4	6.0	—	—
						180	0	0.6	0.8	1.0	1.8	1.8	1.9	1.9	2.2	2.5	2.7	2.9	3.0	3.2	3.4	3.5	3.5	3.9	4.2	—	—	—	—
S109	0.50	65	0	三	158	7	0	6.6	9.0	10.7	11.8	12.6	14.5	14.6	19.3	20.9	24.1	25.5	26.2	26.9	27.1	28.9	28.7	29.7	30.8	30.6	31.6	30.9	30.9
						28	0	2.6	2.7	4.5	4.6	4.8	5.6	5.7	6.8	8.4	8.8	9.0	9.1	9.8	10.2	10.6	11.0	11.0	11.2	11.3	11.4	11.6	—
						90	0	1.1	1.6	1.6	1.8	2.0	2.1	2.2	2.7	3.1	3.5	3.8	4.0	4.0	4.0	4.3	4.4	4.7	4.9	4.9	5.0	—	—
						180	0	0.6	0.9	1.1	1.7	1.8	1.8	1.8	2.1	2.4	2.6	2.8	2.9	3.1	3.2	3.6	3.6	3.7	3.9	—	—	—	—
S118	0.55	65	0	三	142	7	0	7.5	10.4	12.2	13.4	14.4	16.4	16.8	22.3	24.0	27.0	29.3	29.7	30.1	31.2	33.5	32.4	34.3	33.5	34.7	35.7	35.5	35.8
						28	0	2.9	3.1	4.9	5.1	5.3	6.1	6.3	7.5	9.3	9.7	9.9	10.4	10.4	11.2	11.2	12.2	12.3	12.9	12.9	13.2	14.0	—
						90	0	1.2	1.5	1.6	1.8	2.1	2.2	2.3	2.8	3.2	3.6	4.0	4.2	4.2	4.3	4.5	4.6	5.1	5.3	5.4	6.6	—	—
						180	0	0.7	1.0	1.3	1.9	1.9	2.0	2.0	2.3	2.6	2.8	3.0	3.1	3.2	3.4	3.8	3.9	4.0	4.5	—	—	—	—

不同持荷时间的徐变度/(×10⁻⁶/MPa)

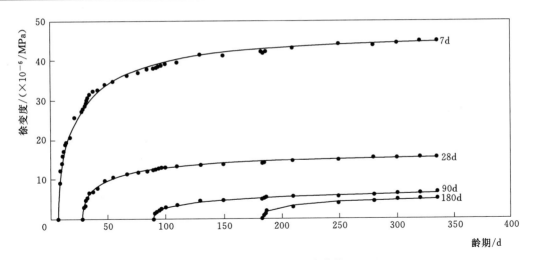

图 7.6－16　混凝土抗压徐变度曲线（S76）

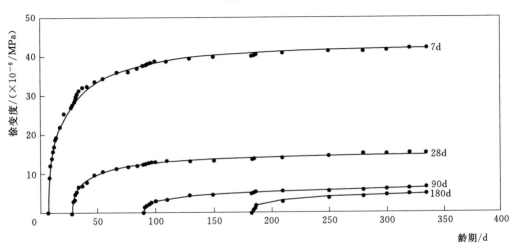

图 7.6－17　混凝土抗压徐变度曲线（S78）

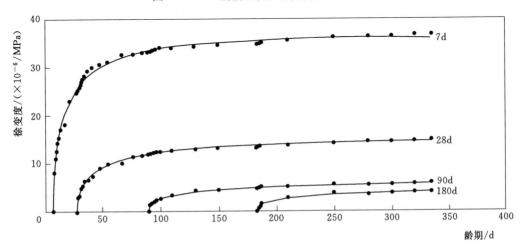

图 7.6－18　混凝土抗压徐变度曲线（S103）

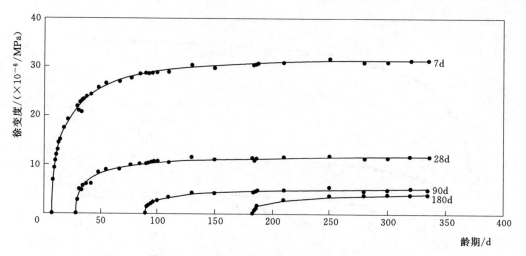

图 7.6 - 19　混凝土抗压徐变度曲线（S109）

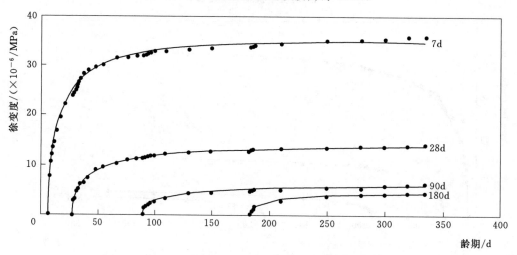

图 7.6 - 20　混凝土抗压徐变度曲线（S118）

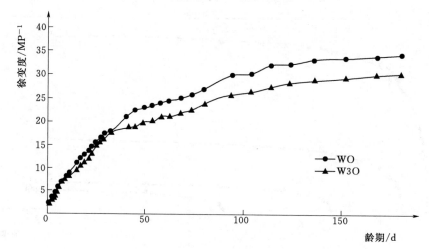

图 7.6 - 21　外掺 30％石灰石粉混凝土不同持荷龄期的徐变度

7.6.6 凝灰岩粉

7.6.6.1 碾压混凝土

单掺粉煤灰和单掺凝灰岩粉碾压混凝土的抗压徐变试验结果见表 7.6-6 和图 7.6-22，其中，碾压混凝土配合比参数及抗压强度见表 7.6-7。

表 7.6-6　　　　　　　　　掺凝灰岩粉碾压混凝土的抗压徐变度

编号	加荷龄期/d	不同持荷龄期的徐变度/(×10⁻⁶/MPa)															
		0d	1d	2d	3d	4d	5d	6d	7d	14d	21d	28d	33d	43d	53d	63d	73d	83d
DG-1	7	0	16.1	22.6	25.8	29.0	40.0	45.8	50.9	55.8	57.4	58.8	59.9	60.8	61.2	62.1	62.8	63.1
	28	0	8.4	11.0	12.2	12.8	14.7	16.0	17.4	19.6	23.2	24.9	25.0	25.3	26.1	27.2	27.3	27.5
	90	0	5.4	6.6	7.4	7.8	7.9	8.7	8.8	10.0	10.6	11.5	12.1	13.2	14.1	15.3	16.2	16.5
	180	0	5.3	5.9	6.2	6.3	6.5	6.6	7.0	7.8	8.8	9.6	9.8	10.5	10.7	10.7	10.8	10.9
DG-2	7	0	17.9	23.7	27.0	30.2	30.4	33.8	34.3	43.1	46.4	51.3	51.6	54.1	55.6	57.6	58.8	60.6
	28	0	12.9	16.2	17.4	19.6	21.1	22.9	23.3	26.2	29.5	30.6	32.1	35.4	36.0	37.8	40.3	41.0
	90	0	11.7	14.3	15.2	15.9	16.7	18.0	18.7	19.6	23.1	25.3	28.4	31.0	33.8	34.9	35.9	36.2
	180	0	5.0	5.3	5.7	6.1	8.2	9.6	10.1	11.4	13.2	16.2	16.4	17.3	18.2	19.3	19.4	19.4

编号	加荷龄期/d	不同持荷龄期的徐变度/(×10⁻⁶/MPa)															
		93d	113d	123d	133d	153d	163d	173d	183d	193d	203d	213d	223d	233d	243d	253d	273d
DG-1	7	63.7	63.7	64.1	65.0	66.9	67.8	68.5	69.4	70.2	70.9	71.2	71.6	71.8	71.9	72.0	72.1
	28	27.9	29.6	30.5	31.1	32.9	33.3	33.7	34.0	34.2	34.5	34.4	34.9	34.9	35	35.2	—
	90	17.6	17.7	18.3	18.5	18.6	18.7	19.1	19.1	19.2	—	—	—	—	—	—	—
	180	11.0	—	—	—	—	—	—	—	—	—	—	—	—	—	—	—
DG-2	7	62.2	62.8	64.5	66.9	68.6	70.0	71.5	71.8	72.2	73.9	73.9	73.9	73.5	73.5	73.8	73.9
	28	42.6	44.0	45.8	47.0	47.5	47.9	48.0	48.3	48.7	49.3	49.4	49.3	49.4	49.4	49.2	—
	90	36.5	36.7	37.1	38.6	39.5	40.5	39.9	39.8	39.6	—	—	—	—	—	—	—
	180	19.5	—	—	—	—	—	—	—	—	—	—	—	—	—	—	—

表 7.6-7　　　　　　　　徐变试验用碾压混凝土配合比参数

编号	级配	水胶比	粉煤灰掺量/%	凝灰岩粉掺量/%	单位用水量/(kg/m³)	胶材总量/(kg/m³)	抗压强度/MPa			
							7d	28d	90d	180d
DG-1	三	0.45	50	0	82	182	11.0	18.3	28.3	33.2
DG-2	三	0.45	0	50	86	192	11.2	13.6	16.0	17.1

为便于温控计算，对试验数据用下列表达式进行了拟合，拟合所得式中的系数如表 7.6-8 所列。

$$C(t,\tau)=C_1(\tau)[1-e^{-k_1(t-\tau)}]+C_2(\tau)[1-e^{-k_2(t-\tau)}]$$

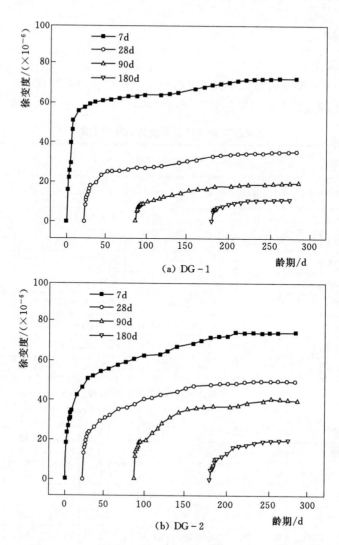

图 7.6-22 掺凝灰岩碾压混凝土抗压徐变度变化规律

$$C_1(\tau) = C_1 + \frac{D_1}{\tau^{m_1}}$$

$$C_2(\tau) = C_2 + \frac{D_2}{\tau^{m_2}}$$

式中　C——徐变度，$10^{-6}/\text{MPa}$；

　　　t——持荷龄期，d；

　　　τ——加荷龄期，d。

表 7.6-8　　　　　　　　　混凝土徐变度表达式拟合系数值

编号	k_1	k_2	C_1	C_2	D_1	D_2	m_1	m_2
DG-1	0.90	0.01	1.48	5.21	104.98	178.21	0.60	0.70
DG-2	0.80	0.01	1.04	21.13	77.98	55.44	0.40	0.50

7.6.6.2 常态混凝土

单掺粉煤灰和单掺凝灰岩粉常态混凝土的抗压徐变试验结果见表 7.6-9 和图 7.6-23，其中，混凝土配合比参数及抗压强度见表 7.6-10。

表 7.6-9　　　　　　　　　掺凝灰岩粉常态混凝土的抗压徐变度

编号	加荷龄期/d	不同持荷龄期的徐变度/($\times 10^{-6}$/MPa)													
		0d	1d	2d	3d	4d	5d	6d	7d	14d	21d	28d	33d	43d	53d	63d
DC-19	7	0	27.5	35.0	39.5	45.0	45.2	47.1	49.2	58.5	62.2	64.4	67.5	69.6	70.6	70.9
	28	0	13.7	17.6	20.7	23.3	23.8	25.7	25.9	30.1	34.6	36.5	37.5	38.4	39.7	40.1
	90	0	8.0	9.2	9.9	10.4	11.0	12.3	12.8	15.6	18.3	22.9	22.6	25.1	26.9	27.2
	180	0	6.6	7.2	7.5	8.2	8.7	9.4	9.7	11.0	12.0	13.2	14.1	15.0	15.8	16.4
DC-20	7	0	25.7	35.8	39.4	40.6	41.3	44.6	45.1	53.0	57.1	61.1	62.7	65.9	67.2	69.6
	28	0	16.4	20.4	22.9	24.3	25.0	27.2	28.8	34.2	41.0	45.6	47.5	48.6	49.8	50.6
	90	0	11.3	12.9	13.8	19.6	22.1	26.4	29.0	31.0	33.1	34.1	36.7	37.2	38.1	38.5
	180	0	8.0	10.7	11.9	13.7	14.4	15.3	15.5	18.9	23.9	26.5	27.8	28.4	28.9	29.1

编号	加荷龄期/d	不同持荷龄期的徐变度/($\times 10^{-6}$/MPa)													
		73d	83d	93d	113d	123d	133d	153d	163d	173d	183d	193d	203d	213d	233d
DC-19	7	71.2	71.8	71.9	72.3	72.9	73.2	73.6	74.1	74.6	75.0	75.1	75.3	75.6	75.6
	28	40.4	42.8	43.4	44.4	45.4	46.3	46.8	47.0	48.2	48.3	48.4	48.5	48.5	—
	90	28.5	29.6	30.4	31.2	32.1	32.6	33.0	—	—	—	—	—	—	—
DC-20	7	71.0	71.2	72.1	73.0	73.2	73.5	73.9	74.2	74.6	74.5	74.9	75.0	75.1	75.2
	28	51.2	51.9	52.9	54.6	55.9	56.9	58.1	59.3	59.1	59.3	59.5	59.6	59.7	—
	90	38.9	40.5	40.6	40.9	41.0	41.9	42.9	—	—	—	—	—	—	—

表 7.6-10　　　　　　　　　徐变试验用混凝土配合比参数

编号	级配	水胶比	粉煤灰掺量/%	凝灰岩粉掺量/%	单位用水量/(kg/m^3)	胶材总量/(kg/m^3)	抗压强度/MPa			
							7d	28d	90d	180d
DC-19	二	0.45	25	0	119	264	20.5	31.8	35.7	39.3
DC-20	二	0.45	0	20	122	271	24.5	32.0	33.4	35.6

为便于温控计算，对试验数据用下列表达式进行了拟合，拟合所得式中的系数如表 7.6-11 所示。

$$C(t,\tau)=C_1(\tau)\left[1-\mathrm{e}^{-k_1(t-\tau)}\right]+C_2(\tau)\left[1-\mathrm{e}^{-k_2(t-\tau)}\right]$$

$$C_1(\tau)=C_1+\frac{D_1}{\tau^{m_1}}$$

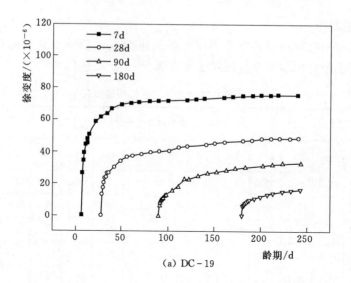

（a）DC-19

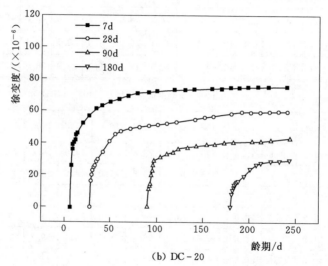

（b）DC-20

图 7.6-23　掺凝灰岩常态混凝土抗压徐变度变化规律

$$C_2(\tau) = C_2 + \frac{D_2}{\tau^{m_2}}$$

式中　C——徐变度，10^{-6}/MPa；

　　　　t——持荷龄期，d；

　　　　τ——加荷龄期，d。

表 7.6-11　　　　　　　　混凝土徐变度表达式拟合系数值

编号	k_1	k_2	C_1	C_2	D_1	D_2	m_1	m_2
DC-19	0.90	0.02	1.97	5.02	137.97	84.90	0.60	0.40
DC-20	0.90	0.02	2.84	7.01	104.75	42.35	0.5	0.15

7.7 抗渗性能

混凝土的抗渗性是指混凝土抵抗各种介质渗透作用的能力。一般认为混凝土的抗渗性在很大程度上决定了耐久性，抗渗性也作为评价混凝土耐久性的重要指标之一。Mehta 提出混凝土受外界环境影响发生劣化的整体模型认为，混凝土遭受冻融破坏、钢筋锈蚀、碱骨料反应或硫酸盐侵蚀时，渗透性起着决定性作用。

混凝土是一种多孔材料，孔隙通常包括凝胶孔（小于 $10\mu m$）、毛细孔（$10\sim100\mu m$）、沉降孔（$100\sim500\mu m$）等，还有施工振捣不密实残留的余留孔（大于 $25\mu m$）。孔隙之间连通形成疏水通道是造成混凝土出现渗水的主要原因。此外，水泥浆泌水形成的通道、骨料下部界面聚集的水隙以及温湿度变化和荷载产生的裂缝等都会形成水分渗透的疏水通道。

近年来，越来越多水电工程的大坝主体采用三级配混凝土、外部采用二级配碾压混凝土用作防渗挡水防水，有取代传统常态混凝土防渗层的趋势。而碾压混凝土中通常掺有较大比例的矿物掺和料，部分工程坝体内部碾压混凝土中掺和料比例甚至高达 70%，这样显著降低了混凝土的水泥用量，导致水化初期产生的 $Ca(OH)_2$ 量大幅减少，而且矿物掺和料水化需要消耗一部分 $Ca(OH)_2$，从而致使水化初期碾压混凝土内部原生孔隙较多。此外，碾压混凝土施工过程中碾压不实也会留下部分余留孔。这两者效应叠加导致碾压混凝土早期的抗渗性较常态混凝土要差。一般工程设计阶段会提出具体的抗渗要求，防止碾压混凝土因抗渗不达标引起抗冻及抗侵蚀等性能下降，从而导致混凝土耐久性提前失效。

目前用于定量表征混凝土抗渗性能主要有：透水性、直流电导率、交流阻抗、水分传输、离子扩散等。

衡量混凝土渗透能力的典型测试方法即为透水性，即在一定水压作用下水流达到稳定状态时的水分质量传输率。从概念上看，该解释表述很直白，但是实际在试验过程中存在较大的难度。复现试验时试验结果离散型大，水化熟度较高混凝土（28d 龄期）的渗透系数通常为 $10^{-12}\sim10^{-14}$m/s 量级，混凝土中掺入其他辅助胶凝材料时该值可能更低。

采用直流电测定混凝土渗透性的试验方法有好几种，其中应用最广、最为熟悉的还是氯离子渗透试验方法。标准试验方法 ASTM C1202-97，通过测定 6h 内通过厚 50mm、与 NaCl 和 Na_2SO_4 电解质溶液接触的饱和混凝土试块的总电通量来衡量混凝土的渗透性，试验过程中控制直流电为 60V。养护 28d 的混凝土试件的电通量在 $1500\sim6000C$ 之间，主要取决于水灰比。水灰比越小，测得的混凝土电通量更小，外掺其他辅助胶凝材料的混凝土更小。直流电导率十分方便用于测量混凝土的渗透性，当混凝土孔隙溶液电导率可知或可预估时尤为如此。

大部分有关混凝土或水泥浆电特性的研究都用到了交流阻抗（ASIC）这一实验手段。克日斯膝森（Christensen）等对这一领域的相关研究和发展进行了总结。这一实验方法可对水泥浆的导电性进行更为复杂的评价，同时也为其他相关影响因素如介电性和离子扩散性能等的研究提供了参考。

ASTM 标准制定了材料水分传输标准试验方法（ASTM E96-00）。该标准试验方法并不是仅特别针对混凝土制定，也并未考虑试件本身的水化成熟度，显然更适用于部分干燥的混凝土试件。另外还有一个与其类似但操作更灵活的 ISO 规范，即 ISO 12572 - 2001E，其可以测定几种不同边界条件下的水分传输特性，规定试件养护条件的相对湿度为 50%。尼尔森（Nilsson）研究了水化十分成熟的长龄期混凝土试件的水分传输扩散系数，但其边界条件为相对湿度 65%～100%。研究发现，水分扩散系数与水灰比密切相关，掺入硅粉后混凝土的水分扩散系数显著降低，其中复掺硅粉与粉煤灰的混凝土试件试验值最低。

衡量混凝土渗透性的另外非常重要的一个方面即测定离子的扩散系数。有关某一离子的扩散系数，尤其是 Cl^- 扩散系数的研究已经进行了多年，主要用于评价钢筋混凝土抗氯离子锈蚀时混凝土保护层的具体作用时间。对于养护 28d 龄期混凝土的 Cl^- 扩散系数通常为 2×10^{-12} ～ 10×10^{-12} 量级。显而易见，水灰比越小，混凝土的 Cl^- 扩散系数越低，外掺粉煤灰、硅粉和矿渣的混凝土的 Cl^- 扩散系数更低。达拉格瑞伍（Delagrave）指出，某一特定离子的扩散系数主要取决于具体采用的试验方法和计算过程，尽管如此，诸多研究均证实每种试验方法都与混凝土的微观结构密切相关。

以上提到的几种测定混凝土渗透性的方法都是基于试验而不是建模提出来的，但未来可逐步开展更加贴切混凝土实际的模型研究，充分考虑混凝土的微观结构，并进一步清晰地实现混凝土的三维结构可视化，包括混凝土内的水泥浆和孔隙等。

7.7.1　粉煤灰

研究表明，掺入大量的粉煤灰后，混凝土的抗渗性能有了明显的改善，且在掺量为 60% 时，抗渗性能最好。超过 60% 掺量后，抗渗性能略有降低。

混凝土中掺入粉煤灰不大于 40% 时，由于粉煤灰的火山灰反应，生产水化硅酸钙，填充在其中孔隙中，因而增强了抗渗能力，且随着粉煤灰掺量的增加，粉煤灰混凝土的抗渗性能也将提高。

以粉煤灰替代部分水泥，可以有效改善混凝土的抗渗性，并且在试验所取掺量范围内（不大于 45%），抗渗性能随掺量的增加而提高。

粉煤灰掺量对混凝土抗渗性能的影响见图 7.7 - 1 和图 7.7 - 2。从图上可看出，相同水胶比时，混凝土的渗水高度和渗透系数随粉煤灰掺量的增加具有相同的变化趋势，即先减小后增大。这说明适量掺粉煤灰对提高混凝土的抗渗性是有好处的，但掺量过大时会降低混凝土的抗渗性，所以存在最佳掺量。

粉煤灰的以下 3 种效应，均能提高混凝土的抗渗性：

（1）形态效应：粉煤灰混凝土中的铝硅酸盐玻璃微珠，可填充水泥浆体，提高混凝土的抗渗性。

（2）活性效应：粉煤灰矿物外加剂中的活性 SiO_2、Al_2O_3，与水泥的水化物反应生成水化硅酸钙和水化铝酸钙，降低了混凝土的孔隙率，改善了孔结构，提高了混凝土的抗渗性。

（3）微集料反应：粉煤灰矿物掺和料中的微细颗粒分布于水泥颗粒之间，有利于混合物的水化反应。增加混凝土的密实性，提高混凝土的抗渗性。

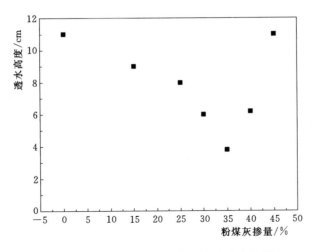

图 7.7 - 1　粉煤灰掺量对混凝土渗水高度的影响

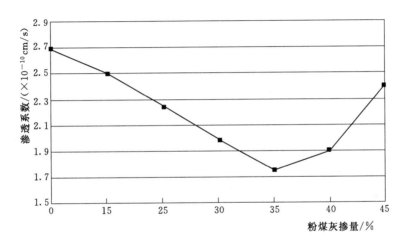

图 7.7 - 2　粉煤灰掺量对混凝土渗透系数的影响

粉煤灰和矿渣微分都不同程度地降低了混凝土的氯离子扩散系数，随着龄期的延长，矿物掺和料提高混凝土抗氯离子渗透性能的能力越显著。

7.7.2　矿渣粉

掺入矿物粉煤灰和矿渣粉可以提高混凝土抗渗性能，且矿粉对混凝土抗渗性能的改善好于粉煤灰。

掺入矿渣粉后，混凝土的渗水深度明显降低，并且随着矿渣粉掺量的增加，混凝土的抗渗深度逐渐降低，说明矿渣粉可以有效地改善混凝土的抗渗性能。

掺有矿物掺和料的混凝土具有比普通混凝土优异的抗氯离子渗透性能，主要是由于矿物掺和料能使混凝土结构更密实，孔隙率降低，改善了混凝土内部的微观结构和水化产物组成，从而提高了混凝土的抗氯离子渗透性能。

矿渣可显著改善混凝土的密实性和抗渗性能，抗渗性能的提高可大大改善混凝土的各种耐久性能，阻隔各种有害物质和离子在内部的传输通道，提高抗化学侵蚀、硫酸盐侵蚀、碱骨料反应等的能力。抗渗性能的提高主要来源于矿渣-水泥体系水化产生的大量 C-S-H凝胶，孔隙中的 $Ca(OH)_2$ 部分被 C-S-H 凝胶替代，凝胶孔大大增加，减小了孔径，延长了孔隙之间的通道，改善了微观结构。相对于普通水泥混凝土 28d 龄期水化基本完成而言，这种改善的作用机理随着水化的持续进行会延续更长的时间，特别是矿渣掺量越高，改善作用越强。矿渣粉的水化还会大大改善骨料-浆体黏接界面，在骨料表面形成 Ca^{2+} 的定向富集层。

混凝土氯离子扩散系数、电通量随矿渣粉掺量的增加而不断下降，表明矿渣粉的掺入提高了混凝土的抗渗性能（图 7.7-3）。

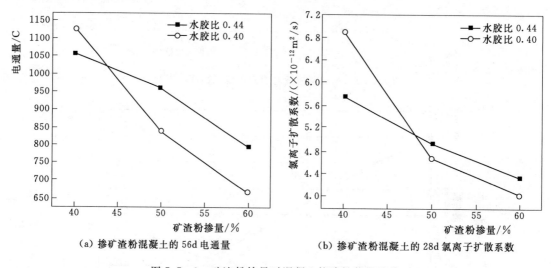

（a）掺矿渣粉混凝土的 56d 电通量　　（b）掺矿渣粉混凝土的 28d 氯离子扩散系数

图 7.7-3　矿渣粉掺量对混凝土抗渗性能的改善

7.7.3　磷渣粉

磷渣中含有的磷和氟延缓了水泥浆体的水化速度，所以磷渣对水泥石的孔结构有很大的影响。磷渣的掺入使水泥石 7d 的孔隙率增加，大孔所占比例增大，但其孔隙分形维数变小，即孔隙的表面复杂程度也显著改善。随着湿养护时间的延长，磷渣火山灰反应的充分进行降低了水泥石后期的孔隙率和孔径尺寸。

掺入磷渣粉对混凝土碱度影响不大，且二次火山灰反应水化产物有利于提高混凝土密实度，因而混凝土抗冻性有所提高。混凝土中掺入磷渣后，由于磷渣发生二次火山灰反应，混凝土中有效胶结产物数量增加，大孔、连通孔数量减少，孔径细化，孔结构显著改善，从而有利于提高混凝土的抗渗性能，因此表现为掺磷渣混凝土渗水高度明显降低。

混凝土水压力抗渗与磷渣粉掺量的关系试验结果见图 7.7-4，掺磷渣粉混凝土的抗水压渗透性能明显比基准混凝土好，当磷渣粉掺量小于时，混凝土抗水压渗性能随磷渣粉掺量的增加逐渐增强，当磷渣粉掺量为时，混凝土抗水压渗性能有所降低。

磷渣粉有助于提高混凝土抗水压渗透性能，这主要是由于在磷渣粉的火山灰活性效应和填充效应的共同作用下，水化胶凝物质的组成以及水泥浆体与集料之间的界面结构得到了改善，从而降低了混凝土的孔隙率，改变了孔结构，密实度得到提高。由于混凝土的浆

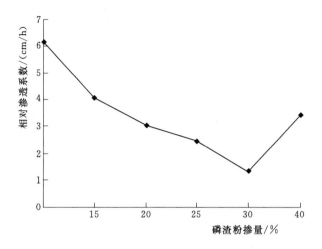

图 7.7-4　混凝土水压力抗渗与磷渣粉掺量的关系试验结果

体有限，因此当磷渣粉掺量过大时，多余磷渣粉的活性效应不能发挥作用，只能单纯从填充性方面提高混凝土结构的致密度，从使得混凝土的抗渗性稍有下降。当磷渣粉比表面积增大时，磷渣粉的微细颗粒能更好地填充水泥粒子之间的空隙，混凝土孔隙率下降，抗渗性得到改善。

　　磷渣粉掺量对混凝土抗氯离子渗透能力的影响试验结果见图 7.7-5。掺磷渣粉混凝土的氯离子扩散系数明显比基准混凝土低，当磷渣粉掺量小于时，随磷渣粉掺量的增加，混凝土的抗氯离子渗透性能逐渐增强，当其掺量超过后，混凝土的抗氯离子渗透性能有所降低。

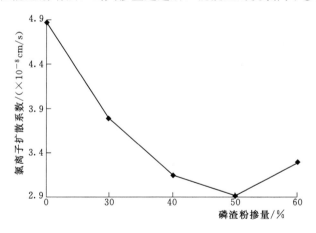

图 7.7-5　磷渣粉掺量对混凝土抗氯离子渗透能力的影响

　　掺用磷渣粉后，混凝土抗氯离子渗透性能得到提高的原因主要有以下几个方面：①磷渣粉对水泥浆基体和界面过渡区中孔隙的填充作用；②磷渣粉与混凝土中的水化产物反应，生成结晶更好、稳定性更优的低碱度的凝胶，更好地填充了混凝土中的原始孔隙；③磷渣粉本身较强的初始固化能力以及二次水化反应产物的物理化学吸附固化作用。前两个因素改变了混凝土的孔结构，使孔细化，阻断了可能形成的渗透通路，而最后一个因素使混凝土对氯离子的固化能力得到较大的提高。此外随着磷渣粉掺量的增加，胶凝体系中的水化产物的量相对减少，对磷渣粉活性的激发作用也相应下降，导致混凝土结构的致密度有所降低，因此，当磷渣粉掺量太高时，抗氯离子渗透能力反而减弱了。

7.7.4　硅粉

硅粉按 4%、8%、10% 掺量等量取代水泥，对砂浆的抗渗性能影响结果表明，砂浆的抗渗性能大大提高了，但是流动度却大大降低。三个掺量砂浆试件的渗透高度比基准砂浆渗透高度减少幅度均在 55% 以上。但是注意到，当硅粉掺量大于 4% 以后，对砂浆抗渗性能改善不明显，10% 的硅粉掺量的渗透高度仅比 4% 硅粉掺量砂浆的渗透高度降低 18%。这说明增大硅粉的掺量，对砂浆的抗渗性能就不一定有相应量的提高。

掺 15% 硅粉的混凝土抗渗标号高于掺 10% 硅粉的混凝土，即相同水灰比条件下，抗渗标号有随硅粉掺量增加而增加的趋势，表明硅粉掺量大小对混凝土的抗渗性有一定的影响。主要原因有：硅粉的火山灰反应形成了更多的凝胶孔；硅粉改变了水泥浆体的孔结构分布；增加了水泥石的密实性。

研究结果表明，掺入 8% 硅粉后，混凝土抗渗性能得到大大地提高，渗透系数从 0.36×10^{-13} m/s 减小到 0.02×10^{-13} m/s。也有研究表明随着硅粉掺量的提高混凝土抗渗性能有降低趋势。

研究资料表明，硅粉能够显著提高混凝土的早期强度，同时能够有效提高混凝土的抗氯化物、抗硫酸盐、抗渗、抗冻和抗碱硅反应能力，特别是抗冲磨、抗空蚀性能。大量实验证明，硅粉能改善混凝土的抗渗、抗冻性能。由于硅粉的微填充效应及二次反应产物堵塞孔道，降低了混凝土的孔隙率，改善了孔级配，毛细孔减少，孔径变小，连通孔隙被截断，结构更加密实，混凝土阻水能力得到提高。

掺入微硅粉能大幅度降低混凝土的渗透性，显然能大大减小氯离子在混凝土中的渗透速率，防止钢筋钝化膜受到破坏。在水泥用量为 100kg/m³ 的混凝土中掺入 10% 的硅粉，其渗透系数可从 1.6×10^{-7} m/s 减至 4×10^{-10} m/s，改善后混凝土的渗透性相当于水泥用量为 400kg/m³ 的普通混凝土。南京水利科学研究院曾对掺与不掺硅粉的混凝土分别加压 12MPa 维持 24h 后劈开试件检测其渗水高度，不掺硅粉与掺 5%、10% 硅粉混凝土的渗水高度分别为 9.5mm、5.2mm、4.8mm。

在相同水压下，掺入 15% 的硅粉，普通混凝土抗渗性能明显低与掺入硅粉后的混凝土，平均渗水高度为硅粉混凝土的 4 倍，渗透系数为硅粉混凝土的 10.3 倍。

硅粉作为矿物掺和料掺入混凝土中，可以减小水化水泥浆中孔隙的大小，等量取代 10% 的水泥，混凝土在早期（7~28d）基本不渗透，硅灰能使硅酸盐水泥浆的孔隙更细。Hustad 和 Loland 研究硅灰混凝土的渗透性，认为硅灰对渗透性有很显著的影响。例如，两种混凝土，一种混凝土中硅酸盐水泥用量为 100kg/m³、硅灰掺量为 20% 并掺有高校减水剂；另外一种混凝土的硅酸盐水泥用量为 250kg/m³，但不掺硅灰和高效减水剂，两者的渗透性几乎相同。当水泥用量为 250kg/m³ 但不掺硅灰时，混凝土的渗透系数平均值为 6.15×10^{-7} m/s，而当有 10% 的硅灰掺入混凝土中时则为 1.75×10^{-7} m/s。

混凝土中掺入硅粉后，混凝土的抗渗性能显著提高，比对混凝土的增强作用更大。在强度相等的情况下，硅粉混凝土的抗渗能力比不掺硅粉的混凝土提高约 1 倍。在水泥用量

为 $100kg/m^3$ 的混凝土中掺入 10％ 的硅粉，其渗透系数可从 $1.6×10^{-7}$ m/s 减至 $4×10^{-10}$ m/s，改善后混凝土的渗透性相当于水泥用量为 $400kg/m^3$ 的普通混凝土。南京水利科学研究院曾对掺与不掺硅粉的混凝土分别加压 12MPa 维持 24h 后劈开试件检测其渗水高度，不掺硅粉与掺 5％、10％硅粉混凝土的渗水高度分别为 9.5mm、5.2mm 和 4.8mm。

图 7.7-6 显示硅粉掺量对混凝土氯离子渗透系数的影响情况（养护至 90d 龄期）。结果表明，硅粉混凝土能明显地降低氯离子的扩散系数，在硅粉掺量低于 7％ 时，氯离子扩散系数随硅粉掺量的增加而显著下降。

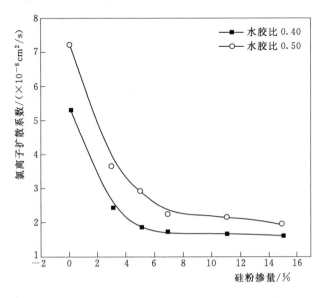

图 7.7-6　硅粉掺量对氯离子扩散系数的影响

7.7.5　火山灰

研究结果表明，无论是 14d 渗水高度试验还是 28d 渗水高度试验，磨细火山灰掺量为 15％ 的水泥混凝土抗渗性能高于不掺磨细火山灰的水泥混凝土。充分说明磨细火山灰能够改善混凝土的内部结构，提高密实性。

对于 14d 的抗渗性能，火山灰掺量为 15％ 的试件不低于不掺加火山灰的试件，也低于掺量为 20％ 的试件；而 28d 的是试验结果表明，火山灰掺量越多，抗渗性能越好，说明掺加火山灰对于提高水泥混凝土的抗渗性能有一定的帮助。

火山灰掺量对混凝土抗渗性能的影响见图 7.7-7。从图上可以看出，随着火山灰掺量的增加，火山灰混凝土的抗渗性呈现不同的趋势，火山灰的掺量为 25％ 的时候混凝土的渗水高度最低，但掺量在进

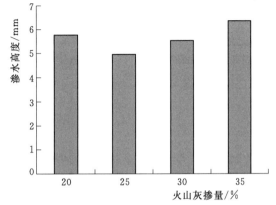

图 7.7-7　火山灰掺量对混凝土抗渗性能的影响

一步增大的时候，其渗水高度再一次的逐步增大，这是因为火山灰的活性效应在混凝土较早的龄期还没有很好地产生效果。

　　火山灰掺量对混凝土抗氯离子渗透性能的影响见图 7.7-8。从图上可以看出，随着火山灰掺量的增加，混凝土 28d 抗压强度呈降低趋势，但表示火山灰混凝土的抗氯离子渗透性能的 56d 电通量并未呈现出显著的变化。这些试件是在相同的水胶比条件下成型的，可以认为火山灰掺加量对混凝土抗氯离子渗透性能的影响非常小。通常矿物掺和料越细，活性越高，混凝土电通量越小。火山灰同样具有类似性能，比表面积较常见的 42.5 水泥大，能够填补部分孔隙，具有一定的活性。同时可以分析出，火山灰的掺入虽然会引起混凝土的早期强度呈降低趋势，但因其独特的作用，优化了混凝土系统的孔结构，降低了其孔隙率，弥补了其等量替代水泥所带来的强度损失的不利影响，所以对抗渗性能的影响并不明显。

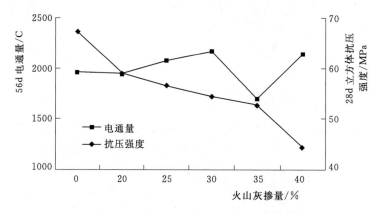

图 7.7-8　火山灰掺量对混凝土抗氯离子渗透性能的影响

　　由于矿物掺和料可以调节混凝土的水化产物与微观结构，使其在一定条件下降低混凝土氯离子扩散能力，首先，从化学成分上来看，氢氧化钙是混凝土结构破坏的重要因素，氢氧化钙能够与酸碱化合物发生反应，在一定条件下能够与硫酸盐发生反应生成具有一定膨胀性的化合物。大多数混凝土受到的各种侵蚀都与氢氧化钙有着直接关系，氢氧化钙稳定性差即为混凝土结构破坏的元凶，因火山灰的活性降低了氢氧化钙的含量；它调节了水化产物的结构与数量，产生性能更优秀的、能够使水泥石结构更好的水化硅酸钙，降低孔隙率，因此提高了混凝土耐腐蚀性，另一方面，二次水化反应增强了其结合氯离子的能力，减少了扩散。

　　还有资料表明，掺加火山灰将增加总孔隙率；但随着火山灰-石灰反应的进行，系统的孔隙将变得更细，大孔的体积将变小。通常是大孔（其孔径大于 500Å）影响着混凝土的强度、渗透性及耐久性。混凝土的渗透性与孔径大于 500Å 的孔隙体积具有很好的相关性。含有火山灰的浆体孔隙尺寸将被大大细化，因而火山灰能有效降低渗透性，但这还取决于火山灰的活性。

7.7.6　石灰石粉

　　石粉对混凝土耐久性能的影响研究较少且存在争议，有研究指出石粉对混凝土抗渗性和抗冻性不利，随着石粉掺量的增加，混凝土的抗渗透性能下降。但有学者认为一定掺量的石粉虽会降低混凝土抗冻性，但能提高混凝土的抗渗透性能。

有学者认为，在掺量小于45%的条件下，随着石灰石粉掺量的增加，混凝土渗水高度逐渐增加，但在水压力为1.2MPa下，试件表面无渗水，即其抗渗等级都大于P12，完全能满足一般抗渗要求的混凝土工程。掺量不大于25%的情况下，随着石灰石粉掺量的增加，混凝土的抗渗性能也有一定规律性变化，在掺量20%左右的混凝土比掺量10%左右的混凝土渗水高度有所降低，所以石灰石粉的掺入对混凝土的抗渗性能有一定的改善作用。

也有学者认为，石粉的掺入降低了混凝土的抗渗透性能，石粉具有稀释效应，等量取代水泥后，减少了水泥量，使水化产物减少，混凝土内部孔隙无法被较好的填充，导致平均孔径增大，有害孔增多，抗渗性能降低。

石灰石粉掺量对混凝土抗氯离子渗透能力的影响见图7.7-9。石粉虽然不是一种惰性材料，可以促进硅酸盐的水化和各种铝酸盐反应，但它不是一种胶结材料。也就是说，可以把它看作一种微集料，虽然它的粒径较小，能优化混凝土的孔隙结构，使混凝土变得更均匀，但同时，它取代水泥后，使水化产物变少了，混凝土的密实性相应地就变差了。因此随着取代量的增加，氯离子的扩散系数就越来越大，即整体的抗渗性能变得越来越差了。

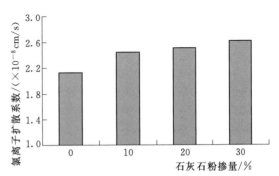

图7.7-9　石灰石粉掺量对混凝土抗氯离子渗透能力的影响

影响混凝土抗渗性的主要因素是石灰石粉的掺量和细度，一般来说，随着石灰石粉的掺入，混凝土抗渗性有明显的下降。石灰石粉掺量越高，混凝土的抗氯离子渗透性能越差，其氯离子扩散系数增大。另外在0.8MPa水压力下，掺加不同掺和料的混凝土（90d龄期）抗渗性大小依次为：掺粉煤灰混凝土、石灰石粉矿渣复掺混凝土、石灰石粉粉煤灰复掺混凝土、掺石灰石粉混凝土。这可能是由于粉煤灰、矿渣等常用矿物掺和料由于火山灰反应生成C-S-H凝胶能密实地填充混凝土内部孔隙，而石灰石粉活性相对较低，导致混凝土内部结构与前者相比密实程度较差、总孔隙率偏大。混凝土中大孔含量非常小且各组混凝土的大孔含量相近，总孔隙率的贡献主要来自于小孔。石灰石粉的掺入，水泥被石灰石粉取代，混凝土的水灰比实际上相对增加，总孔隙率会相应地增大。但随着石灰石粉细度的增大，且石灰石粉细度大于水泥颗粒时，总孔隙率会有所下降。原因是由于石灰石粉也具有一定的活性效应和加速效应，对水泥的水化有促进作用，且这种作用会随着石灰石粉细度的减小而加强，因此细度越细的石灰石粉拌制的混凝土，其水化会越快，根据掺和料填充效应的特性，细度比水泥小的颗粒将更能填充水泥颗粒间的间隙，因此细度越细的石灰石粉拌制的混凝土总孔隙率将越小，越有利于抗渗性。

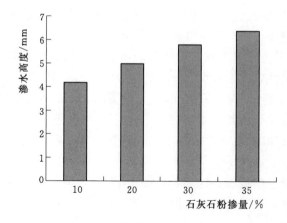

图 7.7 - 10 石灰石粉掺量对混凝土抗渗性的影响

石灰石粉掺量对混凝土抗渗性的影响见图 7.7 - 10。掺石灰石粉的混凝土渗水高度随着掺量变化略有增加，石灰石粉掺量为 10％、20％、30％、35％时，渗水高度分别提高了 21％、42％、65％、83％。也就是说，随着石灰石粉掺量的增加，混凝土的抗渗性下降。

合理有效地掺入石灰石粉可以改善混凝土的抗渗性。但是加入过量的石灰石粉，未掺加反应的石灰石粉聚集在骨料的周围，降低了骨料的粗糙程度，影响了骨料与水泥石之间的胶结能力，破坏了界面的性能，降低了混凝土的抗渗性。

7.8 抗冻性能

混凝土暴露于交替冻融循环作用下，混凝土表面出现开裂和剥落并逐步深入至内部而导致混凝土整体瓦解，并最终丧失其性能称为混凝土冰冻破坏。混凝土抵抗冰冻破坏的能力称之为抗冻性。抗冻性也是评价混凝土耐久性的重要指标之一。

在冰冻温度下，毛细孔内可冻水结冰体积膨胀约为 9％，而过冷水发生迁移形成的渗透压也会造成混凝土体积膨胀，若这两者共同作用产生的膨胀应力大于混凝土的抗拉强度，则会产生局部裂缝或使混凝土内部微裂纹扩展。交替冻融循环会加剧裂缝扩展并导致混凝土结构的最终破坏。为了保证混凝土结构长期安全耐久运行，一般要求掺入优质引气剂或引气减水剂，在混凝土内部形成大量微小、稳定、分布均匀的封闭气泡，可以大大缓解孔隙水结冰时产生的膨胀压，且可以阻塞混凝土内部毛细孔与外界的通路，使外界水分不易浸入，减小混凝土渗透性。

7.8.1 粉煤灰

粉煤灰掺量一定时，混凝土的抗冻性不仅不降低，反而提高抗冻性。但掺量超过 40％时，混凝土表面剥蚀较严重，失重的指标加大，相对动弹模数损失还未达到 40％的破坏指标时，但失重指标已超过 5％。

28d 龄期粉煤灰混凝土的抗冻性能随着粉煤灰掺量的增加而降低，粉煤灰掺量不大于 60％时，相对动弹模下降较为缓慢，粉煤灰掺量不小于 60％时，下降较大。冻融 150 次后，粉煤灰混凝土质量损失均未超过 5％，相对动弹模均在 90％左右。

在粉煤灰掺量不大于 50％时，混凝土的 300 次冻融后质量损失随着粉煤灰掺量的增加而减小，粉煤灰掺量从 0 提高到 15％时，混凝土的 300 次冻融后质量损失降低幅度较大，而后，该值减小幅度减小，说明粉煤灰的掺入能在较大程度降低混凝土的冻融损失，从而提高混凝土的抗冻性。

随着粉煤灰掺量的提高，不掺引气剂时，混凝土的抗冻性随粉煤灰掺量增加而增加，而当掺引气剂后，混凝土的抗冻性有先升后降的趋势，即存在最佳的粉煤灰掺量，试验结果显示，较为理想的粉煤灰掺量为30%。可能的原因是，随着粉煤灰掺量的增加，相同引气剂掺量下，混凝土的含气量呈下降趋势。一般认为，引气剂引入的起泡可能被粉煤灰中细微碳粒吸附，从而降低了混凝土中有效含气量，由于随着粉煤灰掺量的增加，在相同水胶比下，水泥浆体体积增大，降低了单位体积内引气剂的有效含量，这样也导致新拌混凝土中含气量降低，影响了混凝土的抗冻性能。

掺入粉煤灰后，掺量小于30%时，混凝土抗冻性能优于基准混凝土；掺量为30%时，混凝土抗冻性能与基准混凝土相当；掺量大于30%时，混凝土抗冻性能较基准混凝土差，劣化程度随粉煤灰取代水泥量的增加而增加。

粉煤灰对混凝土冻融耐久性的影响主要有以下两方面：一方面，快速冻融法是在试件养护28d后进行，掺入粉煤灰后混凝土的早期强度发展较慢，抵抗冻融膨胀的能力较低；另一方面，混凝土冻结时，孔隙水结冰体积膨胀9%，将过冷水向附近孔隙排挤出去，以此会形成静水压力，其大小取决于过冷水迁移路径的长短、结冰孔隙与能容纳过冷水孔隙之间水泥浆的渗透性的大小。掺入粉煤灰后，孔结构得以改善、孔径细化，虽然有利于提高混凝土的抗渗透性能，但总孔隙率增加。根据Fagenlund建立的静水压力模型及推演的达西定理得到，静水压力与结冰量的增加速率和距空气气泡的距离的平方成正比，结冰量的增加速率又与毛细孔的含水量和降温速度成正比。掺入粉煤灰后孔径细化会增大水的渗透阻力，加剧毛细孔的曲折程度，从而延长过冷水向附近孔隙的迁移路径，这对于混凝土的抗冻融性不利。

图7.8-1是粉煤灰掺量与混凝土冻融性能关系曲线。由图可知，粉煤灰掺量增加，相同冻融条件下混凝土的重量损失逐渐增大，掺量小于50%时，经过300次循环混凝土的重量损失均小于5%。相同水胶比条件下，混凝土耐久性指数随粉煤灰掺量增加逐渐减小，且水胶比越大，混凝土耐久性指数下降幅度越大。若以耐久性指数降至60%作为临界值，由图可知，随着水胶比的增大，混凝土抗冻融性基本满足要求时对应的粉煤灰掺量逐渐降低，即水胶比从0.50上升至0.55时，对应粉煤灰掺量从30%降至20%。

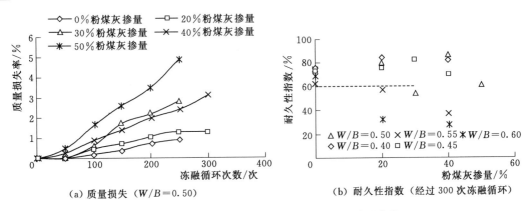

图7.8-1 粉煤灰掺量与混凝土冻融性能关系曲线

7.8.2　矿渣粉

研究结果表明，掺矿粉混凝土抗冻性稍好于掺粉煤灰的，并且随粉煤灰掺量或矿粉掺量增加，相对动弹性模量略有下降，不过当粉煤灰掺量、矿粉掺量为 14%、25% 时，相对动弹性模量下降幅度不明显，只是在粉煤灰掺量达到 36%，相对动弹性模量才下降较多。由于粉煤灰和矿粉的二次水化作用，使混凝土强度达到基准混凝土的水平，使其也具有了较高的抗冻性，但粉煤灰掺量达到 36% 时，由于掺灰量较大，水泥用量较少，致使混凝土 28d 强度不高，使得抗冻性略有降低。

矿渣掺量在 10% 以内，混凝土的质量损失率和基准混凝土（矿渣掺量为 0）相比，变化不大；矿渣粉掺量从 10% 增加到 40% 时，混凝土的质量损失率下降较多，从 0.2% 下降到 0.08%；矿渣掺量从 40% 增加到 50%，质量损失率变化不大。总之，矿渣粉掺入，可以降低混凝土的强度和质量损失率。

冯乃谦、杨文武等认为，用矿渣粉替代水泥，如果不掺引气剂的话，混凝土的抗冻性得不到改善。

也有研究得出，当掺量为 30%～40% 时对于改善混凝土的抗冻性效果最明显，掺量超过 50% 后，对混凝土的抗冻性将不再有积极作用。

同所有品种的混凝土一样，矿渣混凝土抵抗冻融破坏的能力与其内部气孔系统密切相关，比如足够的含气量、合适的气孔尺寸和较小的气孔间距，添加质量良好的引气剂形成合适的气孔系统是保证矿渣混凝土具有抵抗冻融循环和高耐久的关键措施。与粉煤灰不同，矿渣不含碳，引气剂掺量和引入的含气量一般不会产生明显的变化。

融雪的除冰剂将导致冻融环境下的混凝土产生剥落、开裂的风险，通过良好的配合比设计和精心施工，掺量高达 50% 的矿渣水泥混凝土同样具有优秀的耐久性和抗剥落性能。ACI 318 规定，在有除冰剂的情况下，结构混凝土中矿渣掺量最多允许 50%。值得注意的是，在掺加矿渣的混凝土，特别是掺量较大的情况，在暴露到除冰剂或冻融循环条件之前，必须保证足够的养护时间，使混凝土的早期强度达到一定的水平。

矿渣粉对混凝土抗冻性的影响见表 7.8 - 1。结果表明，当矿渣粉的掺量低于 50% 时，抗冻性能良好，但掺量继续增加时，随着混凝土强度的降低，混凝土抗冻性能也开始有较大的降低。

表 7.8 - 1　　　　　　　　　　　混凝土抗冻性的试验结果

编号	水胶比	矿渣粉掺量/%	含气量/%	相对动弹性模量/%						抗冻等级
				0 次	50 次	100 次	150 次	200 次	250 次	
K0		0	5.6	100	91.5	89.4	86.7	81.0	75.2	>F250
K30		30	6.3	100	93.1	92.1	88.1	86.7	85.3	>F250
K40	0.50	40	6.4	100	95.1	94.0	92.6	90.8	88.3	>F250
K50		50	6.2	100	92.4	91.5	90.7	89.5	86.1	>F250
K60		60	6.5	100	92.4	85.7	81.6	55.6	—	F150

7.8.3 磷渣粉

磷渣粉掺量对混凝土抗冻性能的影响试验结果见图 7.8-2。磷渣粉的掺入可以改善混凝土的抗冻性能，当磷渣粉掺量小于 30％时，随着磷渣粉掺量的增大，混凝土抗冻性逐渐加强，磷渣粉掺量为 40％时，混凝土质量损失率稍有增加。

混凝土遭受冻融破坏的主要原因在于混凝土的部分拌和水会以游离水的形式在硬化混凝土中形成连通的毛细孔，因此磷渣粉在优化水化胶凝物质组成、细化孔径、提高混凝土密实度、增强混凝土抗渗性能的同时，也降低了混凝土中的水饱和程度，降低了冰点，改善了混凝土的抗冻融能力。

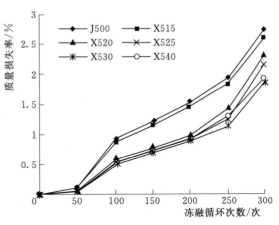

图 7.8-2 磷渣粉掺量对混凝土抗冻性能的影响

7.8.4 硅粉

对于高强硅粉混凝土的抗冻性，许多研究文献并没有一致的看法，日本的 Yamato 等人的试验结果表明，非引气混凝土当水：（水泥＋硅粉）为 0.25 时，不管硅粉掺量如何，皆有良好的抗冻性。

加拿大的 Malhotra 等人的试验得出，引气硅粉混凝土不管水灰比多少，在硅粉掺量 15％以下时，都具有较高的抗冻性，当硅粉掺量大于 15％时，对混凝土抗冻性是不利的。

未掺硅灰的混凝土试块，在冻融次数达到 250 次后，相对动弹性模量下降较快，而掺硅灰混凝土试块在冻融循环 300 次仍没有冻融破坏，说明硅灰对提示混凝土的抗冻性有重要作用。

掺入硅灰后，轻骨料混凝土冻融后质量损失大幅度下降，硅灰的高细度颗粒填充在水泥颗粒之间，可提高混凝土的密实度，同时微小的硅灰具有更高的活性，使水泥水化更加充分，可以显著改善轻骨料混凝土冻融后的质量损失。

国内外在硅粉对混凝土抗冻性能的影响由于试验方法不一，评定方法不同，得到的结果也不尽相同。

由于硅粉的微填料效应，掺入硅粉的混凝土，密实度增强，抗渗能力提高，抗冻能力改善。试验表明，胶凝材料用量为 216kg/m³、掺 40％粉煤灰和 0.004％引气剂的混凝土，抗冻融循环仅达到 50 次；而原材料品种相同，胶凝材料用量为 236kg/m³，掺 35％粉煤灰、5％硅粉和 0.006％引气剂的混凝土，抗冻融循环达到 350 次。

硅粉具有极强的火山灰性能，其作用机理是当把硅粉掺入混凝土中后，硅粉和水接触，部分小颗粒迅速溶解，溶液中富 SiO_2 贫 Ca 的凝胶在硅粉粒子表面形成附着层，经过一定时间后，富 SiO_2 和贫 Ca 凝胶附着层开始溶解和水泥水化产生的 $Ca(OH)_2$ 反应生成 C－S－H 凝胶，同时降低了水泥石空隙的总体积，改善界面结构及黏结力，从而提高混凝土的强度。另外混凝土中掺入硅粉后，从结构上看虽然水泥石的空隙率和不掺硅粉时基本相同，但其粗大孔隙大量减少，而超细孔隙增加。显然，超细孔隙对水有较大的吸附作用，使水的冰点降低。从而，延缓了混凝土的冻融过程，降低了破坏应力。与普通混凝土相比，硅粉混凝土中大于100nm的孔量减少，介于5～50nm之间的孔量增多，这是混凝土抗冻性提高最重要的原因。

7.8.5　天然火山灰质材料

有研究表明，掺入15％磨细火山灰混凝土抗冻性能明显由于未掺火山灰混凝土。

研究结果表明，随着冻融次数的增加，相对动弹性模量有减小的趋势。没有掺火山灰的试件，相对动弹性模量降低速度比较快，掺入火山灰的试件，虽也有降低，但降低速度比较缓慢。说明火山灰对改善混凝土抗冻性能有作用。

碾压混凝土的抗冻性能随着火山灰掺入而提高，究其原因，主要是掺加火山灰后改善了混凝土的引气量和水泥的水化程度。火山灰混凝土的抗冻性能高于普通混凝土的，并且随着磷矿渣、胶凝材料总用量的增加，碾压混凝土抗冻性能提高效果更为明显。

火山灰掺量对混凝土抗冻性能的影响试验结果见图7.8-3。从图上可以看出，经50次和100次冻融循环，其质量损失率和强度损失率均出现先下降后升高现象，当掺量为25％时，损失率为最低，可见该掺量对改善混凝土抗冻性效果最好，为最佳掺量。当掺量超过25％后，损失率升高。并且掺入火山灰后，混凝土的抗冻性得到显著增强。

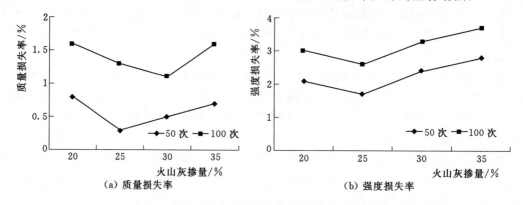

图 7.8 - 3　火山灰掺量对混凝土抗冻性能的影响

7.8.6　石灰石粉

150次循环以后，未掺加石粉的试件表面有轻微的剥落现象，掺加30％石粉的三组试件表面大面积剥落。掺加了30％石粉的混凝土质量损失比未掺石粉的混凝土大得多，可见高掺石粉对混凝土的抗冻性是有害的。可见掺30％石粉混凝土的抗冻性降低明显，使用石粉取代水泥对混凝土的抗冻性是不利的。主要原因是石粉取代水泥后，水化产物减少，混凝土结构密实性降低，随着掺量的增加，混凝土的密实性逐渐降低，因此，在混凝土中掺加石粉等质量取代水泥，随着掺量的不断增加，混凝土的抗冻性越来越差。

随着混凝土经过的冻融循环次数变多，掺入更多石灰石粉的混凝土弹性模量的增加也会变得更加明显，弹性模量的数值变化较快，抗冻性能随掺量增大逐渐降低。随着石灰石粉掺量的增加，混凝土的相对动弹性模量呈现下降的趋势，并且掺量越大，随着冻融循环次数的增加，下降的越快。主要是因为石灰石粉活性降低，在掺和量增大时，单位体积混凝土内水泥浆体量减小，影响骨料间的黏结强度。在混凝土冻融循环时，混凝土试件抵抗冰晶体膨胀压力降低，相对动弹性模量下降较快。

水胶比为 0.46、掺和料掺量为 $50\%\sim60\%$ 的条件下，以石粉全部或部分替代粉煤灰，对碾压混凝土的抗渗、抗冻性均无不良影响，且混凝土具有较高的抗渗性能和抗冻性能。

石灰石粉掺量对混凝土抗冻性能的影响试验结果见图 7.8-4。石灰石粉的掺入会改变混凝土的密实度，改变混凝土内部的孔结构，对混凝土的抗冻性有一定的影响。从图上可以看出，随着石灰石粉替代水泥掺量越高，混凝土动弹性模量是呈不断降低的趋势的。

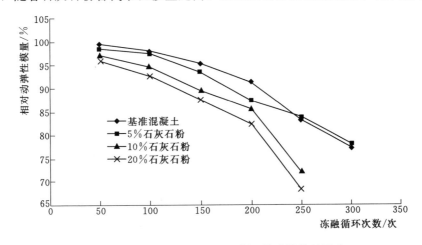

图 7.8-4　石灰石粉掺量对混凝土抗冻性能的影响

石灰石粉掺入混凝土后，随着其掺量的提高，抗冻性能呈现下降趋势的主要原因有 5个：①石灰石粉发挥了它的微集料填充效应，这种效应提高了新拌混凝土的均一性，填充和优化了硬化后混凝土的孔隙结构，不但使毛细孔得到细化，而且使孔隙率减小，即孔结构改善；②石灰石粉的活性效应，活性效应是指石灰石粉中的碳酸钙在与水泥中的铝酸三钙反应生成碳铝酸盐的同时，还改善了石灰石粉颗粒的表面状态，有利于石灰石粉颗粒与水化产物间的黏结，改善并细化了孔结构；③晶核效应加速了硫酸三钙的水化，从而使水化产物增多，并避免了晶体的集中生长，降低了孔隙率；④石灰石粉的吸水效应使得混凝土的实际水灰比小于同配比的普通混凝土，混凝土的保水性增强，减少了自由水在界面上聚集，因而利于浆体-集料界面的改善；⑤石灰石粉虽然不是一种惰性材料，可以促进硅酸盐的水化，和各种铝酸盐反应，但它不是一种胶结材料。也就是说，它取代水泥后，使水化产物变少了，混凝土的密实性相应地就变差了。因此利用石灰石粉取代水泥时，随着取代量的增加，抗冻性能越来越差，即整体的抗冻性能变得越来越差了。

7.9　碳化

混凝土碳化是混凝土所遭受的一种化学腐蚀，碳化过程是二氧化碳由表及里向混凝土内部逐渐扩散的过程。混凝土碳化作用一般不会直接引起其性能的劣化，对于素混凝土，碳化还有提高混凝土耐久性的效果，但对于钢筋混凝土来说，碳化会使混凝土的碱度降低，同时，增加混凝土孔溶液中氢离子数量，因而会使混凝土对钢筋的保护作用减弱。

随着粉煤灰、矿渣粉等掺和料在混凝土中的应用日益广泛，掺掺和料混凝土的碳化性能已成为混凝土工程领域研究的热点。

7.9.1　混凝土碳化的成因及危害

空气中 CO_2 渗透到混凝土内，与其碱性物质起化学反应后生成碳酸盐和水，使混凝土碱度降低的过程称为混凝土碳化，又称作中性化，其化学反应可以表述为

$$CO_2 + H_2O \rightleftharpoons H_2CO_3 \tag{7.9-1}$$

$$Ca(OH)_2 + CO_2 \rightleftharpoons CaCO_3 + H_2O \tag{7.9-2}$$

$$3CaO \cdot 2SiO_2 \cdot 3H_2O + 3H_2CO_3 \rightleftharpoons 3CaCO_3 + 2SiO_2 + 6H_2O \tag{7.9-3}$$

$$2CaO \cdot SiO_2 \cdot 4H_2O + 2H_2CO_3 \rightleftharpoons 2CaCO_3 + 2SiO_2 + 6H_2O \tag{7.9-4}$$

从化学反应方程式可以看出，混凝土的碳化取决于 2 个条件：①混凝土本身的内部的有效碱量（$Ca(OH)_2$ 的浓度）以及混凝土的透气性，即混凝土的孔隙结构，如果混凝土碱度降低，pH 值从 12.5 降至 11.5，就会引起钢筋锈蚀。如果混凝土质量差，尤其表面孔隙，甚至有裂缝，可能诱发碳化；②外部因素，混凝土碳化和钢筋锈蚀的发生，直接与空气中的 CO_2 含量（浓度）、O_2 和相对湿度有关，当空气中 CO_2 含量在空气中的体积大约为 0.03%，混凝土就有可能发生碳化，根据研究资料表明，在空气中相对湿度为 50% 时，碳化引起的收缩最大。

混凝土碳化引起混凝土不良的后果有 2 个：①碳化收缩，从碳化反应中可看出，$Ca(OH)_2$ 与 CO_2 反应后生成物有 $CaCO_3$ 和水，伴随着固相体积减小和水分迁出产生收缩，特别是在干湿交替的循环时，由碳化作用在干燥期间产生的收缩会逐渐变得更加明显，而且碳化作用加大了不可逆收缩，可能导致外部混凝土发生开裂；②由于混凝土的碳化，使其内部饱和的氢氧化钙浓度降低。这对钢筋混凝土来说是极为不利的。因为钢筋在碱性介质中表面有一层难溶的 Fe_2O_3 和 Fe_3O_4 保护层，也就是钝化膜，不至于使钢筋锈蚀。当空气中 CO_2 在一定湿度条件下侵入混凝土中与 $Ca(OH)_2$ 反应后，生成 $CaCO_3$，降低混凝土碱度，使混凝土中性化。此时空气中 O_2 和 CO_2 及水汽共同作用下产生微电池效应。阳极上生成 FeO，电子流向阴极。在阴极上氧气和水形成氢氧负离子。氢氧负离子与氧化亚铁生成 $Fe(OH)_2$。在有水时进一步氧化而生成 $Fe(OH)_3$。其化学反应过程如下：

阳极上：$\qquad\qquad Fe \rightleftharpoons Fe^{2+} + 2e(电子流向阴极)$

阴极上：$\qquad\qquad \dfrac{1}{2}O_2 + H_2O + 2e \rightleftharpoons 2(OH)^-$

$$4Fe(OH)_2 + 2H_2O + O_2 \longrightarrow 4Fe(OH)_3$$

生成的氢氧化铁的结构疏松、体积膨胀，其体积比钢筋体积大 2.0～2.5 倍，导致钢筋周围的混凝土开裂。一旦水和空气中的氧气以及 CO_2 再侵入混凝土，会加速钢筋锈蚀。

因此，混凝土碳化（或称中性化）导致钢筋锈蚀，混凝土开裂是不容忽视的。

　　碳化可使混凝土碱度降低，减弱对钢筋的保护作用，导致钢筋锈蚀引起结构破坏。碳化还会引起混凝土收缩（称之为碳化收缩），易使混凝土表面产生细微的裂缝，加速有害侵蚀离子向混凝土内部扩散，从而引起混凝土耐久性问题。近 30 多年来，混凝土碳化性能一直是国内外研究的热点问题。

7.9.2 掺和料对混凝土抗碳化性的影响

　　随着绿色高性能混凝土技术的研究与应用，以矿物掺和料取代水泥配制混凝土成为主要发展趋势。对于水工混凝土来说，应用最广泛的当属粉煤灰掺和料，粉煤灰可改善混凝土的某些性能，如降低水化热、提高抗硫酸盐侵蚀能力、抑制碱-集料反应等，但粉煤灰对混凝土的抗碳化性能却有不良影响。图 7.9 - 1 给出了粉煤灰掺量对混凝土碳化深度的影响规律，随粉煤灰掺量增加，同条件下混凝土的碳化深度越大，表明掺入粉煤灰后混凝土抗碳化性能呈下降趋势。

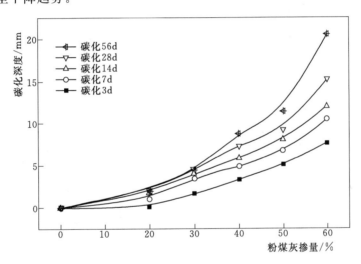

图 7.9 - 1　粉煤灰掺量对混凝土碳化深度的影响

[52.5 硅酸盐水泥，胶材用量 500kg/m³，坍落度（180±20）mm]

　　图 7.9 - 2 给出了矿渣粉对混凝土碳化深度的影响规律：随矿渣粉掺量增加，同条件下混凝土的碳化深度越大，与粉煤灰影响效果一样，掺入矿渣粉后混凝土抗碳化性能也呈下降趋势。对比分析了粉煤灰与矿渣粉对混凝土抗碳化性的影响差异，见图 7.9 - 3。在粉煤灰与矿渣粉总掺量保持不变的情况下，矿渣粉掺量越高（即粉煤灰掺量越低），混凝土的抗碳化性能越好，表明掺矿渣粉混凝土的抗碳化性要优于掺粉煤灰混凝土。许多研究表明，掺矿渣粉混凝土具有优秀的抗碳化和锈蚀性能，即使是较高的矿渣粉掺量（比如50%），也增加了混凝土电导率，降低了混凝土氯离子扩散速度，这主要归功于内部孔结构的改善和掺矿渣粉混凝土具有更好捕捉氯离子的结合能力。

　　混凝土抗碳化性不仅与混凝土孔隙率及孔径大小有关，还与混凝土中含有的与 CO_2 反应的成分含量有关。试验分析比较了高硅质（SiO_2 含量高）掺和料与高钙质（CaO 含

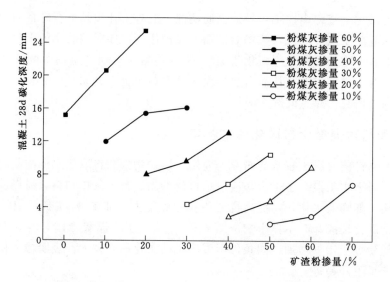

图 7.9-2　矿渣粉掺量对混凝土碳化深度的影响 [52.5 硅酸盐水泥，胶材用量 500kg/m³，
坦落度（180±20）mm，养护龄期 28d，碳化龄期 28d]

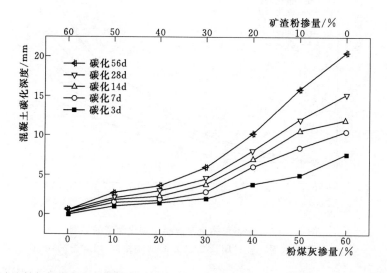

图 7.9-3　矿渣粉与粉煤灰复掺对混凝土碳化深度的影响 [52.5 硅酸盐水泥，胶材用量 500kg/m³，
掺和料总掺量为 60%，坦落度（180±20）mm]

量高）掺和料对混凝土抗碳化性的影响差异，见图 7.9-4。试验结果发现，高钙质掺和料混凝土的抗碳化性较好。如：大理石粉主要成分为 $CaCO_3$，不会与 CO_2 或 $Ca(OH)_2$ 发生反应，故其抗碳化性能较好；对于石灰石粉，虽然其 $CaCO_3$ 含量比大理石粉少，但由于其比表面积很高，颗粒细小，相对于其他掺和料而言，对混凝土中的孔隙具有更好的填充作用，从而使得混凝土结构更为致密，阻隔 CO_2 的传输通道，提高了混凝土的抗碳化性能，因此，石灰石粉混凝土抗碳化性能最好。至于粉煤灰及花岗岩粉，由于含有较多活性 SiO_2、Al_2O_3，它们会与水化产物 $Ca(OH)_2$ 发生二次水化反应，消耗了 $Ca(OH)_2$，使混凝土的碳化过程缩短，碳化深度增加，碳化速度加快，混凝土的抗碳化性能下降。

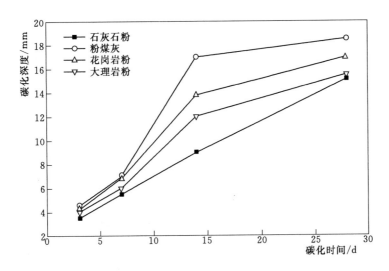

图 7.9-4 不同掺和料对混凝土碳化深度的影响
[水胶比 0.47，掺和料掺量 20%，坍落度（140±20）mm]

混凝土的抗碳化性与其密实度有关，混凝土气密性越高，即内部孔隙率越低，大气中 CO_2 入侵的概率越低。西班牙马德里建筑和水泥科学研究所制作了原材料不同、硅粉掺量不同的混凝土试件，研究了它们的抗碳化性能和完全碳化后钢筋的腐蚀速率。研究发现，不含硅粉的试件最易于碳化渗透，含 10% 硅粉、胶材用量 $400kg/m^3$ 混凝土试件的抗碳化能力最高。不含硅粉的试件和水灰比最大的试件经过 20d 后完全碳化，硅粉含量分别为 1%、10%、15% 的试件完全碳化需要 80d，含 10% 硅粉、胶材用量 $400kg/m^3$ 混凝土试件则需要 200d 以上才达到稳定。

7.9.3 混凝土长期碳化深度的预测

有一些研究结果认为，混凝土碳化深度与时间的平方根成正比。即

$$d_2 = at^{\frac{1}{2}} + b \qquad (7.9-5)$$

式中　d——混凝土碳化的深度，mm；

　　　t——碳化时间，年；

　a、b——试验常数。

可以根据实验测得的混凝土快速碳化深度预测混凝土建筑物的碳化年限。

$$d_2 = d_1 \sqrt{\frac{t_2 c_2}{t_1 c_1}} \qquad (7.9-6)$$

式中　d_2——预测某龄期混凝土自然碳化深度，mm；

　　　d_1——快速法测定的混凝土的深度，mm；

　　　t_2——预测的自然碳化龄期，年；

　　　t_1——快速法测定的碳化时间，年；

　　　c_1——快速碳化的 CO_2 浓度；

　　　c_2——预测建筑物周围介质 CO_2 平均浓度，一般取 0.03%。

7.10　抗裂性能

混凝土裂缝是影响工程结构质量和耐久性的关键因素之一，尤其是大型水利工程。因此，必须改变目前传统的混凝土配合比主要以强度为目标的设计方法，建立除满足设计强度和耐久性要求外以抗裂性为核心、全面改善混凝土各种物理力学性能的配合比优化设计方法，以适应大型工程建设的各种特殊要求。

混凝土抗裂性主要是指混凝土抵抗体积变形导致开裂的能力。只有对混凝土的抗裂性进行准确的评价，才能更好地避免或减少混凝土的开裂。混凝土抗裂性的影响因素很多，且这些因素并不是独立的，而是相互关联和制约的，例如抗拉强度与徐变，提高抗拉强度有利于抗裂，但徐变相应减小，水泥用量也需相应增加，使水化温升增高，更对防裂不利。所以单独强调某一因素，混凝土的抗裂性能不一定是最好的，有时甚至适得其反。一般认为，抗裂性能好的混凝土应具有抗拉强度高、极限拉伸值大、弹性模量低、绝热温升低以及体积稳定性好等特点。

7.10.1　混凝土性能与其抗裂性的关系

混凝土性能包括力学性能（抗压强度、抗拉强度、抗剪强度、弹性模量，都以 MPa 为单位），变形性能（极限拉伸、干缩、徐变自生体积变形，都以 10^{-6} 为单位），热学性能（绝热温升、比热、导温系数、导热系数、线膨胀系数，都与温度有关）和耐久性（抗渗、抗冻、抗冲磨、抗侵蚀性等）。混凝土性能对其抗裂性的影响可分为两大类，一类是与抗裂性正相关的因素，如混凝土极限拉伸、抗拉强度、自生体积变形（膨胀）、徐变变形等；另一类是与抗裂性负相关的因素，如温度变形 $\alpha \Delta T$（α 为线膨胀系数，ΔT 为温升）、干缩变形。很显然，这些因素对混凝土抗裂性的影响并不是简单的叠加关系，如何建立它们之间的关系模型是研究中的重点和难点。

7.10.1.1　极限拉伸值 ε_p 和轴心抗拉强度 R

极限拉伸值 ε_p 是指轴心拉伸时混凝土断裂前最大拉伸应变值。在其他条件相同的条件下，混凝土的极限拉伸值越大，其抗裂性能越强。但在通常情况下，要提高混凝土的极限拉伸值，就要增加水泥（或胶凝材料）的用量，这就会给混凝土内部带来更多的水化温升，反而对混凝土的抗裂性不利。所以仅用极限拉伸值来作为混凝土的抗裂指标不够全面。

混凝土的抗拉强度主要由水泥浆的抗拉能力及水泥浆与骨料的胶结能力组成。轴心抗拉强度 R 随龄期不断增大，与混凝土抗裂性成正比。混凝土的极限拉伸随轴心抗拉强度的提高而线性地增大，也随水泥浆体积的增大而增大。

7.10.1.2　弹性模量 E

弹性模量即指线弹性模量，一般是指虎克定律中的比例常数。但混凝土并不是完全的线弹性体，只在其极限荷载的 30% 和 40% 范围内，才基本上表现为线弹性体。混凝土的弹性模量与骨料的品质、混凝土的灰浆率及混凝土强度有关。一般认为，弹性模量越低，混凝土的抗裂性越好。通常，混凝土的拉伸弹性模量比压缩弹性模量略小，为了方便，常假定二者相等。

7.10.1.3　线膨胀系数

混凝土具有热胀冷缩的性质，其变形大小可用温度变形系数（或称线膨胀系数）和温差的乘积表示。大体积混凝土的线膨胀系数随所用骨料种类及配合比的不同而变化，但其变化不大，一般在（6.0～13.4）$\times 10^{-6}$/℃之间。

在早期，混凝土内部水泥水化放热，造成混凝土内部温度升高，与环境温度形成温差，易引起混凝土表面裂缝。到了后期，混凝土内部自最高温度降至稳定温度的过程中，由于温度变化及其他荷载的作用会引起混凝土内部的深层裂缝。由此可知，混凝土的抗裂性能与它的温度变化形成反比。混凝土线胀系数越小，产生的温度应力越小，抗裂性越高；相反，则抗裂性越低。混凝土由水泥浆和骨料组成，其线胀系数为两者线胀系数的加权平均值。

7.10.1.4　水化温升

混凝土的水化温升是坝体温变的主要因素。大坝混凝土的容重和比热通常变化很小，故水化绝热温升主要取决于水泥用量和水泥水化热。一般，每 $10kg/m^3$ 水泥将使 7d 水化绝热温升升高 1℃。

水化温升高的混凝土，其与稳定温度之差大，产生的温度应力也大，混凝土的抗裂性则差。影响混凝土水化温升的主要因素是水泥矿物成分、混合材的品质与掺量、混凝土的单位用水量与水泥用量。

7.10.1.5　徐变

混凝土的徐变是指材料在持续恒荷载下随时间推移而产生的变形。当应变保持不变时，徐变使应力随时间而降低，称应力松弛。松弛后的应力与初始应力的比值称为松弛系数。极限拉伸与松弛系数之比反映混凝土受拉发生徐变后的总极限拉伸。徐变越大，松弛系数越小，总极限拉伸越大，抗裂能力越大。

Kelly 早在 1963 年提出的徐变对混凝土收缩开裂影响的机理关系见图 7.10-1。当混凝土构件受到限制，收缩应变诱发弹性拉伸应力（图 7.10-1 中曲线 a），徐变效应使这个拉伸应力随时间逐渐减小（图 7.10-1 中曲线 b）。因此混凝土中存在受限制条件时，徐变应变所松弛的应力与收缩应变产生的应力之间的相互关系，是大多数结构中变形与开裂的核心所在。

影响混凝土徐变的因素很多，如混凝土温度、水泥品种、龄期、粉煤灰掺量及灰浆率。混凝土徐变主要决定于强度，强度越高，徐变越小，松弛系数越大。混凝土的拉伸徐变一般小于压缩徐变，对于早龄期而言，拉伸徐变为其压缩徐变的 0.8 左右。

7.10.1.6　自生体积变形

混凝土的自生体积变形主要取决于水泥中的矿物组成及化学成分，膨胀型自生体积变形有利于防止裂缝，收缩型自生体积变形会给大体积混凝土裂缝带来不利的影响。根据计算，乌江渡电站混凝土收缩型的自生体积变形，在基础及先浇块上的混凝土底部可产生 0.1～0.7MPa 的拉应力。

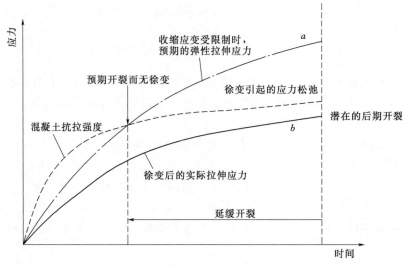

图 7.10 - 1　收缩和徐变对混凝土开裂的影响

7.10.1.7　干燥收缩

干燥收缩是由于混凝土失去水分时产生的收缩。按目前现行的标准规范，试验测得的干缩值包括自收缩值。在干燥收缩中，一旦泌出的水分蒸发或进入混凝土内部，毛细管压力便会产生，从而出现内应力引起收缩。混凝土干缩变形越大，产生的内应力也就越大，对混凝土的抗裂性非常不利。

7.10.2　混凝土抗裂性测试方法

混凝土早期开裂敏感性的评价最早是从收缩评价方法开始的。由于影响混凝土收缩开裂的因素，如强度、徐变、温湿度等各种性能，都是随时间不断变化的，而相互之间又彼此联系，受环境条件的影响又较为敏感，因此，在对受约束混凝土产生的内应力测试和开裂评价的研究上，目前仍处于不断探索的阶段。

7.10.2.1　平板式限制收缩开裂法

平板式限制收缩开裂法中试件为平板状，试件的变形受到底部或者两端钢模板或钢架的约束，平板法的主要特点是比较易于操作，能迅速有效的研究混凝土和砂浆的塑性干缩开裂。但这种方法只能对混凝土试件提供部分的不均匀约束。

混凝土抗裂性的平板试验装置及测试方法最早由日本大学笠井芳夫（1976 年）和美国圣约瑟州立大学的 Kraai（1985 年）提出，此后平板试验装置的尺寸有所变化。CCES 01—2004《混凝土结构耐久性设计与施工指南》推荐的平板法如图 7.10 - 2 所示，试验装置的试模尺寸为 600mm×300mm×63mm，由放置在周边的 L 形钢筋网提供约束，试模内部底面上铺一层塑料薄膜以减少对混凝土的约束，试件浇注后，用太阳灯和电风扇让其快速脱水，收缩 24h 后测定裂缝长度和宽度，适合用于研究砂浆和小级配骨料的混凝土。此方法在美国 ACI 544.2R - 89 中推荐为测试合成纤维混凝土抗裂性能的一种方法。

在对混凝土因塑性收缩和干燥收缩而引起开裂问题的研究中，美国密西根州立大学

Parviz Soroushian 等人采用了一种弯起波浪形薄钢板提供约束的平板式试验装置。该方法采用单槽诱导裂缝出现，使试验效果更加突出，更加迅速的评价混凝土的抗裂性能，结合一些必要的图像分析和处理方法，能提供一套粗略定量评价混凝土抗裂性能的体系方法。此方法也被 ICC‐ES（以前的 ICBO，即 International Conference of Building Officials）推荐为检测合成纤维混凝土抗裂性能的标准方法（AC32‐2003）。但此种方法仅设一道单槽刀口诱导裂缝，仅仅表征刀口处混凝土的抗裂性能，另外考虑到骨料在混凝中的不均匀分布，因此，单槽刀口诱导产生的裂缝影响因素较多，代表性偏小。

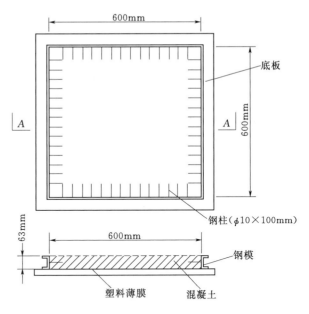

图 7.10‐2　平板式试验装置图

上述两种试验方法采用相同的开裂评价指标，即收缩裂缝指数。根据裂缝的宽度，将裂缝分为大（大于 3mm）、中（2～3mm）、小（1～2mm）、细（小于 1mm）四种类型，定义其度量指数分别为 3、2、1、0.5，每一度量指数乘以其相应的裂缝长度，相加后即为该试件的收缩裂缝指数。

在研究纤维或其他材料对混凝土和砂浆抗裂性改善程度时，常用裂缝控制率来评价对混凝土和砂浆抗裂性的改善程度。裂缝控制率为

$$K = (1 - m/m_0) \times 100\%$$

式中　m——改性后的砂浆的裂缝指数；

m_0——基准砂浆的裂缝指数。

平板法具有简单易操作的特点，能迅速有效地研究混凝土和砂浆的塑性干缩性能。但是它只能部分的不均匀的约束混凝土的收缩变形，且实验结果对试件尺寸、材料特性、配筋情况、环境状况等的依赖性很大，在裂缝的量化与后期处理方面存在不足，因裂缝产生的无规律性使得无法精确对混凝土开裂进行评价，而且平板试验方法只能提供部分的不均匀的约束，不利于相互比较及标准化。

7.10.2.2　环式限制收缩开裂法

为避免平板法约束不均匀的缺陷，目前也采用了一种圆环限制收缩开裂试验方法。圆环法最早由美国麻省理工学院的 Roy Carlson 于 1942 年提出，试验装置由一个钢制圆环和聚氯乙烯外环模组成，两个被固定于木制底板上，混凝土在两环中成型为环状试件，试样成型并拆除外模后，试件顶部用硅橡胶密封，只允许试件外表面收缩，裂缝宽度用专门设计的显微镜测定，所得结果是混凝土总收缩引起的开裂和裂缝宽度。后来，Karl Wiegrink 和 McDonald 在研究混凝土的抗裂性时也借用了这套装置，但是由于不同粒径粗

骨料的使用，试模尺寸有了较大的改动。

1999 年美国道路工程师协会推荐了一个混凝土开裂趋势测试标准 AASHTO PP34 - 99。混凝土环尺寸：外直径为 457mm，内直径为 305mm，高度为 152mm，钢环厚度 12.7mm±0.4mm。浇注后，试件的开裂时间通过贴在钢环上的 4 个应变计监测钢环的应变发展，每 30min 记录 1 次应变，并观测是否产生裂缝。应变计的应变值出现下降的时间为混凝土开裂的时间，记录开裂后裂缝的宽度及开裂模式。试件开裂后再观测 15d，记录应变的发展过程和裂缝的宽度。然后用 100 倍显微镜沿环高度方向观测裂缝宽度，将环的高度等分为三份，即沿环高度方向平均取三点，三个宽度读数的平均值为此裂缝的宽度。测定裂缝的长度和宽度，用裂缝的开裂面积（或宽度）表述混凝土的抗裂性能。为了改善试件开裂的敏感性和提高测试结果的精度，2004 年美国材料试验协会出台了一个类似 AASHTO PP34 的水泥砂浆和混凝土限制收缩开裂测试标准方法 ASTM C 1581 - 04，如图 7.10 - 3 所示。

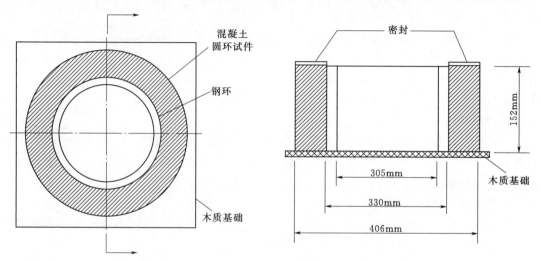

图 7.10 - 3　ASTM C 1581 圆环法试验装置示意图

圆环法约束试验装置的约束程度普遍不高，这导致试样的开裂敏感性较低。研究表明，ASTM C 1581 采用钢制内圆环的约束程度最高约 75%，而 AASHTO PP34 圆环最高仅为 60%。因此，有学者提出了一些新的测试方法。如有人将圆环试件改制成椭圆环试件，如图 7.10 - 4 所示，椭圆环在长轴端点附近的应力较大，易产生裂缝。但此法虽便于裂缝的观测，却改变了圆环法完全均匀的约束状态，这使得该测试技术缺乏了对收缩应力和徐变松弛等因素的考虑。

在圆环法试验装置中，试样内外环表面的平均拉应力相差很小，且环向拉应力远大于径向压应力，因此可近似认为内钢环提供均匀约

图 7.10 - 4　椭圆环法装置图

束应力，收缩沿厚度均匀分布。圆环法可用来研究由于收缩产生的自应力对混凝土抗裂性的影响。在研究水泥浆和砂浆的抗裂性时，由于水泥浆和砂浆环的收缩能沿环比较均匀地分布，所以试验效果明显。而混凝土中由于粗集料的存在，使混凝土环表面水分蒸发受到一定的阻碍，从而使试件干燥程度不同（如受约束的内表面和外表面间存在湿度梯度），外表面不能沿环均匀的收缩；再加上粗集料对裂缝限制分散作用，使混凝土表面推迟甚至不出现开裂，裂缝小且杂乱分散，不利于裂缝的观测和抗裂性的评价。

总而言之，与平板法相比，圆环法给混凝土提供了更好的均匀约束，在很大程度上，体现了混凝土在约束条件下收缩和应力松弛的综合作用，能有效的评价混凝土的抗裂性能。但对于混凝土抗裂性试验来说，圆环法测试时间长，敏感性差；试件通常要经过较长时间才会出现初始裂缝，有时甚至因敏感性差而不会出现。

7.10.2.3 单轴式约束开裂试验方法

迄今为止，混凝土科学还是一门实验科学，它的一些行为很难用精确计算表征和描述，因此开发应用新设备、新方法是有效解决实际问题的关键。20世纪60年代，原西德慕尼黑技术大学建筑材料和构件检测研究所的Springenschmid根据道路和大坝工程建设的需要，研制了一套开裂试验架来研究混凝土的开裂趋势，称之为第一代单轴约束试验装置，并由RILEM-TC119制定了开裂试验架的推荐性标准。试验方法中最初所用的开裂试验框架由通过两根纵向钢筋相连的两块钢横头组成，纵向钢筋由热膨胀系数很低的钢材制成。该试验构架的控制约束程度问题在20世纪80年代得到了解决，它以控制可调横梁的运动而保证试件长度绝对不变，从而实现100%约束。在此基础上，Spingenschmid等人则进一步研究并开发了称为温度-应力试验机的装置，如图7.10-5所示，用于研究100%约束条件下水化热引起的约束应力及混凝土早期的开裂趋势，混凝土初龄期的弹性模量也能够通过这类装置进行测定。

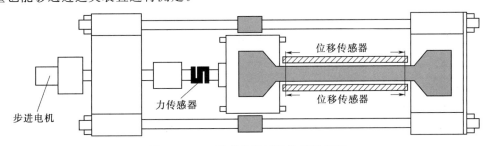

图 7.10-5　约束收缩试验装置示意图

后来Bloom和Bentur在此基础上改进了试验装置，用电脑控制拉应力的量测，从而可以明确知道混凝土的开裂时间。试验中，在开裂试验框架内浇注和振捣混凝土拌和物，硬化时防止水分蒸发，混凝土温度在半绝热条件下升高，四天之后开始人工降温，直到纵向应力下跌，表明混凝土已经开裂。Kovler使用闭环计算机控制系统，并使用了两个相同的试件进行试验（一个在约束条件下收缩，另外一个自由收缩），最重要的是通过综合两个试件的试验结果能够对徐变进行定量测定；美国UIUC大学的Altoubat和Lange对单轴约束混凝土的受拉徐变进行了系统研究；日本Penev和Kawamura采用单轴约束试验装置研究了土壤-水泥拌和物的收缩断裂性能，获得了应变能释放速率的数据。随着计算机和虚拟仪器技术的发展，第二代单轴约束试验装置进一步得到升级，可调横梁单轴约束试验方法的应用日趋多样化。

在单轴约束试验装置的基础上研制出了温度-应力试验机（Temperature Stress Testing Machine），该设备可以同时进行单轴约束试验（温度-应力试验）和自由变形试验，能够准确地测量混凝土的早期变形、拉伸弹性模量和徐变松弛，以及不同约束程度下的应力发展。国外研究者自 20 世纪 90 年代起利用该仪器进行了大量混凝土开裂试验，取得了一系列成果，是一个较为理想的直接评价混凝土抗裂性能的试验平台。

2007 年，长江科学院引进了瑞士 Walter＋Bai 公司制造的温度-应力试验机（Temperature-Stress Testing Machine，简称 TST），如图 7.10-6 所示，可模拟现场的约束和温度条件，综合反映材料的性质、水化热的发展、刚度的增大与松弛能力的减小、抗拉强度的增长、热膨胀系数与化学反应等因素对变形的影响，并测定任意约束条件下混凝土随温度变化产生的应力，从而确定出现开裂的危险性。

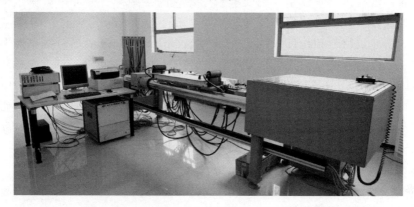

图 7.10-6　温度-应力试验机（TST）测试系统

7.10.3　矿物掺和料对混凝土抗裂性的影响

采用 TST 温度应力试验机，研究了矿物掺和料对混凝土抗裂性的影响情况。矿渣粉、粉煤灰等矿物掺和料不仅对混凝土的工作性能有利，而且降低了混凝土的内部温升、减小了干缩变形、保证了后期强度增长，在水利水电工程建设中得到了广泛的应用。试验研究了掺和料的种类及掺量对混凝土开裂温度的影响，如图 7.10-7 所示，掺入粉煤灰后，混凝土的开裂温度降低了 4~5℃，当粉煤灰掺量从 20％到 40％时，混凝土开裂温度的降低幅度不大；掺入矿渣粉后，混凝土的开裂温度降低了 2~3℃，当矿渣粉掺量从

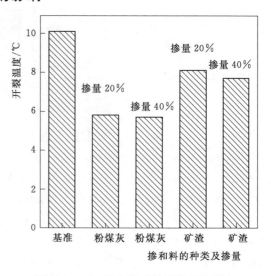

图 7.10-7　掺和料对开裂温度的影响

20%到40%时，混凝土开裂温度的降低幅度也不大；与矿渣粉相比，粉煤灰的掺入更有利于提高混凝土的抗裂性。

掺和料对混凝土早龄期应力的影响趋势见图7.10-8、图7.10-9。掺和料的掺入虽然降低了混凝土的抗拉强度，但也降低了混凝土早龄期的累积应力比，对混凝土的抗裂性有利。

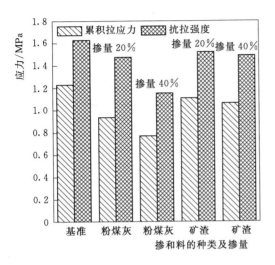

图 7.10-8　掺和料对应力的影响

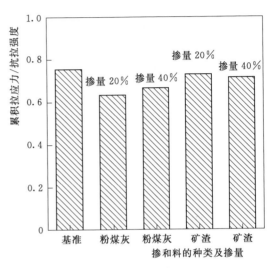

图 7.10-9　掺和料对应力/强度比的影响

7.11　抗侵蚀性能

7.11.1　抗软水溶蚀性能

软水溶蚀，亦即溶出性侵蚀，是水泥基材料由于耐久性不良而出现的常见病害之一。一般情况下，地下水、湖水和河水含有钙和镁的氯化物、硫酸盐和重碳酸盐，这几种水统称为硬水，它们对碱性的硅酸盐水泥浆体组分并无侵蚀危害。与之相对应的便是由雾和水蒸气凝聚的纯水和由雨水或冰雪融化而来的软水。由于 $Ca(OH)_2$ 的溶解度较大（在纯水中约为 $1.2 \sim 1.7g/L$），所以当这些水与硅酸盐水泥浆体接触时，$Ca(OH)_2$ 就会发生水解，一旦所接触的溶液达到化学平衡，则进一步的水解将停止。但是当水泥基材料遭受流动软水侵蚀或者压力作用下的渗流时，液相石灰含量就会低于水化产物稳定的极限浓度，水解将继续进行，致使水化产物分解并溶蚀，体系内钙含量降低，孔隙率增加，抗渗性降低，硬化浆体表面出现白色析出物，水泥石由表及里逐渐剥落，最终导致材料宏观性能下降。

在现代水工大坝混凝土配合比设计中，基于混凝土后期强度和温升性能的考虑，矿物掺和料（主要为粉煤灰）在胶凝材料中的比例往往较高，可以达到40%以上，大坝碾压混凝土中甚至更高，能达到60%。但是从溶蚀的角度，对于矿物掺和料的掺加比例就需要有所限制。这种含有大掺量矿物掺和料的水工混凝土中 $Ca(OH)_2$ 本就很少，一旦混凝土遭受流动软水作用下的溶蚀破坏，那么随着 Ca^{2+} 的溶出，硬化浆体微结构劣化并失稳，甚至导致混凝土完全失去强度并松散破坏的概率将会显著提升。

原水利电力部曾组织中国水利水电科学研究院、南京水利水电科学研究院、长江科学院等 9 个单位，对我国 20 世纪 80 年代前兴建的 32 座混凝土高坝和 40 余座钢筋混凝土水闸等水工建筑物进行了耐久性和老化病害的调查，调查研究结果表明，水工建筑物主要的耐久性问题集中在裂缝、渗漏溶蚀、冲刷磨损与气蚀破坏、冻融破坏、碳化与钢筋锈蚀、水质侵蚀等，其中溶蚀病害占 28.3%，其出现频率与危害程度仅次于混凝土开裂破坏。另据国家电力监管委员会大坝安全检察中心的统计，我国运行多年的丰满、佛子岭、新安江、响洪甸、磨子潭、梅山、古田溪、陈村、云峰、罗湾、安砂等大坝，都存在不同程度的溶蚀病害，其中一些轻型坝尤为严重。另据文献报道，吉林省某大坝蓄水后就产生较大渗漏，由坝体和帷幕渗出的水中含有大量钙离子，平均每年从坝体和帷幕中溶出的离子高达 15.5t，大坝廊道内环状裂缝渗漏而溶出白色钟乳石幕的现象更是普遍存在，为确保大坝的安全运行，原水利电力部和东北电力局投入巨资进行除险加固处理。我国 20 世纪 80 年代以后兴建的混凝土坝修筑时间虽不长，但也已逐渐显露出溶蚀病害的征兆，有的已相当严重，如南告和水东大坝，虽曾多次进行治理，但至今尚未摆脱溶蚀病害的困扰。1997 年竣工建成的淮河上游洪河支流滚河上的大型水利枢纽工程河南省石漫滩水库，2010 年以来发现在廊道边墙与拱顶的接缝处、廊道裂缝渗漏处和拱顶边墙侧排水孔出现大片白色或浅黄色溶出物〔溶出的 $Ca(OH)_2$ 与 CO_2 和 H_2O 发生反应生成的 $CaCO_3$ 或 $Ca(HCO_3)_2$〕，为此，水库管理局定期从集水沟清理出溶出物，据报道 4 年间共清理溶出物约 18t。大量水化产物的溶出致使混凝土内部孔隙逐渐增大，结构逐渐疏松，形成恶性循环后进一步导致廊道渗水加剧，更加危及水库的安全运行。因此，应当对溶蚀破坏给予高度重视，有必要把它作为水泥基材料在与水接触环境中耐久性的一个重要衡量指标。

在遭遇到软水溶蚀时，掺有矿物掺和料的复合水泥基材料浆体是否还能保持微结构的稳定性和耐久性，这是值得重点关注的，因此研究软水溶蚀环境中掺有粉煤灰的复合水泥基材料性能与微结构的变化就显得十分有意义。为了加快溶蚀进度，选取水胶比为 0.5，三组样品 C、FA20、FA50 分别对应的粉煤灰掺量为 0%、20%、50%。

图 7.11-1 显示了不同粉煤灰掺量的复合水泥基材料硬化浆体在溶蚀 180d 内的累积质量损失率。硬化水泥基材料浆体在遭受软水表面接触溶蚀后，质量都会降低，即有水化产物被溶蚀。随溶蚀龄期的延长，累积损失量逐渐增大。纯水泥浆体表现出了较好的抗软水溶蚀能力，累积质量损失较其他样品小。在溶蚀开始后的最初阶段纯水泥样品 C 出现少量质量增长，这与纯水泥净浆的水化程度小于复合水泥基材料中水泥的水化程度有关。纯水泥净浆养护 90d 后仍有接近一半的水泥未水化，大量残余水泥熟料颗粒继续水化生成新的水化产物，导致浆体质量不降反增。适量掺入粉煤灰（20%）的 FA20 样品的质量损失率变化与纯水泥浆体基本相同；但是粉煤灰掺量为 50% 的 FA50 样品的质量损失率出现骤增的趋势，溶蚀 180d 后质量损失率达到 4.23%，几乎是 C 和 FA20 样品的两倍。

不同溶蚀龄期时复合水泥基材料硬化浆体孔隙率如图 7.11-2 所示。粉煤灰的掺入增加了硬化浆体的孔隙率，而且掺量越大，孔隙率越大。遭受溶蚀后，三组样品的孔隙率均

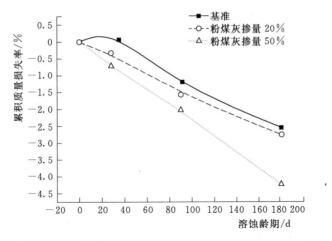

图 7.11-1　硬化浆体累积质量损失率随溶蚀龄期的变化

随溶蚀龄期的延长而增加，纯水泥浆体在溶蚀 28d 后孔隙率略有下降，这与图 7.11-1 中质量变化的规律一致。粉煤灰掺量 20% 样品的孔隙率绝对值尽管比基准样品大，但是经时变化曲线却较平缓，这可能与后期火山灰反应持续进行有关。当粉煤灰掺量达到 50% 时，浆体中粉煤灰的火山灰反应产物不能完全填充溶蚀产生的孔隙，使得浆体孔隙率出现急剧增加的趋势。

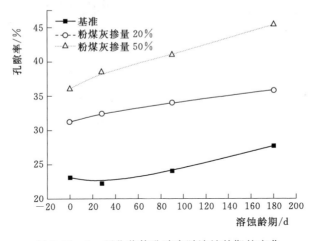

图 7.11-2　硬化浆体孔隙率随溶蚀龄期的变化

通常情况下，充分养护的复合水泥基材料硬化浆体的孔径分布绝大部分都在小于 100nm 的范围之内，但在遭受溶蚀破坏后，随着水化产物的分解与溶蚀，浆体孔隙率增大，大于 100nm 的有害大孔逐渐增多。为此，将溶蚀后浆体中孔分为三个等级（大于 1000nm，100～1000nm，小于 100nm），用以评价遭受溶蚀后浆体的孔结构。按照 3 个等级，图 7.11-3 给出了不同溶蚀龄期时复合水泥基材料硬化浆体的孔径分布。可以看出，除了样品粉煤灰掺量 50% 在溶蚀 180d 后，大于 100nm 的孔明显增多外，其余两个样品中最可几孔径的分布还是在小于 100nm 的范围内，而且在大于 100nm 的孔中，超过 1000nm 的孔不占主要部分，这也说明，溶蚀后浆体中孔的尺度还未达到微米级。在同一溶蚀龄期时，粉煤灰掺量 20％样品的累积孔体积尽管高于基准样品，但是由于其粉煤灰的掺量（20％）较为适宜，有效地发挥了粉煤灰的物理填充与火山灰反应效应，因此其浆体孔结构的孔径分布也较为合理，大于 100nm 的孔所占比重与基准样品相当。

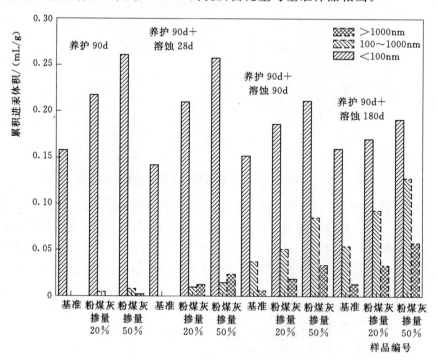

图 7.11-3　不同溶蚀龄期时硬化浆体孔径分布

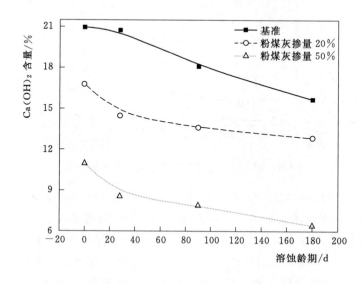

图 7.11-4　硬化浆体中 $Ca(OH)_2$ 含量随溶蚀龄期的变化

　　利用 TG 方法测定了不同溶蚀龄期时硬化浆体中 $Ca(OH)_2$ 的含量，结果如图 7.11-4 所示。溶蚀初期基准样品中 $Ca(OH)_2$ 含量变化不大，而后逐渐下降，剩余两个样品中由于粉煤灰的掺入减少了胶凝材料中熟料的比例，降低了 $Ca(OH)_2$ 的生成总量，由于粉煤灰火山灰反应对 $Ca(OH)_2$ 的消耗，以及经过溶蚀后，$Ca(OH)_2$ 含量进一步下降。特别是在溶蚀初期（28d），由于浆体孔溶液与去离子水之间的浓度梯度，$Ca(OH)_2$ 含量出现一个迅速下降的趋势，但在溶蚀 180d 后，各样品中仍有 $Ca(OH)_2$ 存在，特别是粉煤灰掺量 20% 样品，$Ca(OH)_2$ 含量随溶蚀龄期的递减速率比基准样品还要小，可以预见在更长的溶蚀龄期，适量掺有粉煤灰的样品并不会因为溶蚀而使得 $Ca(OH)_2$ 严重缺失直至耗尽，因此 C-S-H 凝胶发生分解的可能性很小。

遭受溶蚀破坏后复合水泥基材料中 C-S-H 凝胶钙硅比变化规律如图 7.11-5 所示。在遭受流动软水溶蚀后，纯水泥浆体 C-S-H 凝胶的钙硅比出现下降趋势，特别是溶蚀初期（90d 内），钙硅比下降了约 15%，但 90d 后几乎不变，180d 时钙硅比能保持在 1.9 左右。掺有粉煤灰的样品中，C-S-H 凝胶钙硅比纯水泥浆体降低较多，但都能保持在 1.5 以上。在 180d 溶蚀龄期内，粉煤灰掺量 20% 样品凝胶钙硅比出现略微下降的趋势，但变化幅度较小；粉煤灰掺量 50% 样品凝胶钙硅比则出现波动变化，不过 180d 时凝胶的钙硅比与 3d 时相比几乎不变。这或许是因为这些样品在遭受溶蚀前已经养护了 90d，C-S-H 凝胶的钙硅比已较为稳定，而 180d 的溶蚀又未使大量 C-S-H 凝胶开始分解，所以在此阶段水化产物中 C-S-H 凝胶的钙硅比变化不大。

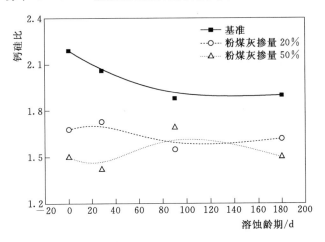

图 7.11-5　遭受溶蚀破坏后复合水泥基材料中
C-S-H 凝胶钙硅比的变化

7.11.2　抗 CO_2 侵蚀性能

硅酸盐水泥的水化产物均属碱性物质，它们都可以与酸性溶液发生反应。当环境水中含有游离 CO_2 时，环境水成为碳酸水。GB 50287—2006《水力发电工程地质勘察规范》将游离 CO_2 不小于 15mmol/L 的水定义为具有碳酸型腐蚀的水。水泥石中的 $Ca(OH)_2$ 与碳酸水反应，生成碳酸钙，而碳酸钙又与碳酸水反应生成易溶于水的碳酸氢钙。若环境水是流动水或者压力水，则溶解的碳酸氢钙不断被水带走，$Ca(OH)_2$ 将不断被溶解，体系的石灰浓度降低，其他水化产物或溶于水或与碳酸水反应，将依次发生分解。

游离碳酸侵蚀作用为

$$Ca(OH)_2 + CO_2 + H_2O = CaCO_3 + 2H_2O$$

$$CaCO_3 + CO_2 + H_2O = Ca(HCO_3)_2$$

碳酸钙与侵蚀性碳酸（CO_2）生成碳酸氢钙的反应是可逆反应，只有当碳酸氢钙与侵蚀性碳酸达到平衡时，才会中止此反应。当水中含较多的游离 CO_2，超过平衡浓度时，则反应不断向着生成重碳酸盐方向进行，此外在流动的压力水作用下生成的碳酸氢钙易溶解被水带走，这样碳酸钙与侵蚀性碳酸反应难以达到平衡，水泥石中的氢氧化钙便逐渐溶失，水泥石结构遭受破坏。而且随着氢氧化钙浓度降低，又引起水泥石中其他水化产物的分解和反应，导致水泥石结构进一步破坏。

成型砂浆试件，养护一定龄期后进行侵蚀试验。水胶比为 0.5，胶砂比为 1 : 3，粉煤灰与矿渣粉均为内掺。每个配合比成型 2 组试件（侵蚀试件与标准养护试件），到观测龄期后，测试砂浆的抗压强度。为了考察养护龄期与方式对碳酸侵蚀效果的影响，试验设计了两种养护制度：不养护和 20℃ 水中养护 7d。不养护状态下，受侵蚀砂浆试件与标准养护砂浆试件的抗压强度比见图 7.11 - 6，受侵蚀后砂浆试件的抗压强度损失率见图 7.11 - 7。

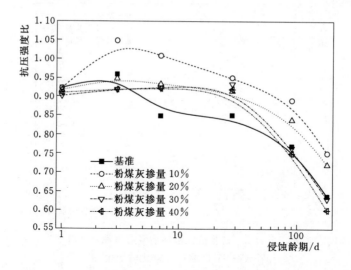

图 7.11 - 6　抗压强度比与侵蚀龄期的关系曲线（不养护）

从图 7.11 - 6 和图 7.11 - 7 中可以看出，侵蚀 1d，不同粉煤灰掺量的砂浆试件的抗压强度比相差不大，均在 92% 左右。粉煤灰掺量 10% 和 20% 的砂浆试件，各侵蚀龄期的强度损失率低于纯水泥砂浆，粉煤灰掺量 10% 的砂浆试件在 3d 和 7d 侵蚀龄期时，强度甚至略高于标准养护的砂浆试件。粉煤灰掺量 30% 和 40% 的砂浆试件，90d 龄期以前，抗压强度损失率低于纯水泥砂浆，90d 与 180d 龄期的抗压强度损失率略高于纯水泥砂浆，180d 侵蚀龄期时，抗压强度损失率最高可达约 40% 左右。

20℃ 水中养护 7d 状态下，受侵蚀砂浆试件与标准养护砂浆试件的抗压强度比见图

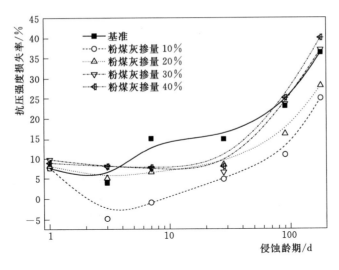

图 7.11-7 抗压强度损失率与侵蚀龄期的关系曲线（不养护）

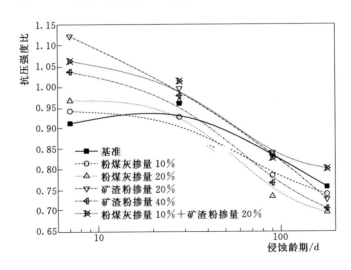

图 7.11-8 抗压强度比与侵蚀龄期的关系曲线（养护 7d）

7.11-8，受侵蚀后砂浆试件的抗压强度损失率见图 7.11-9。从图 7.11-8 和图 7.11-9 中可以看出，侵蚀 28d 前，各组砂浆试件的强度损失率均不超过 10%，甚至在侵蚀 7d 时，侵蚀后的试件的抗压强度高于标准养护的试件。这或许是由于侵蚀后碳酸与氢氧化钙生成的碳酸钙堵塞了试件表层孔隙，使得砂浆试件更为致密。当矿渣粉掺量为 20% 时，掺有矿渣粉的砂浆试件的强度损失率明显低于不掺矿渣粉的砂浆试件，特别是在侵蚀前期（7d），这种趋势较为明显，但当矿渣粉掺量达到 40% 时，砂浆试件的抗碳酸侵蚀性能较差，180d 侵蚀龄期时的抗压强度损失率约为 30%。双掺矿渣粉和粉煤灰的试件抗碳酸侵蚀性能较好，180d 侵蚀龄期时，强度损失率最小，仅为 19.8%。

7.11.3 抗硫酸盐侵蚀性能

硫酸盐侵蚀已成为影响混凝土结构耐久性的一项重要因素。东部沿海的重盐渍土、海

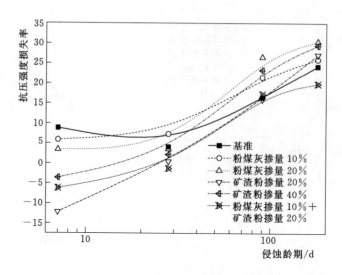

图 7.11 - 9　抗压强度损失率与侵蚀龄期的
关系曲线（养护 7d）

洋、内陆盐湖、地下水、工业废水中均含有硫酸盐。我国西北地区有 1000 多个盐湖、西南部有大片酸雨区、东都沿海有大量盐渍土，这些地区的混凝土工程的耐久性都经受着硫酸盐侵蚀的严峻考验。近年来，在公路、铁路、矿山建设、地下人防工程、桥梁基础、隧道衬砌、地铁隧道管片、水电工程，例如黄河中上游的刘家峡水电站、八盘峡水电站、青海朝阳水电站以及一些电力提灌工程、海港以及机场等混凝土工程中均发现了严重的硫酸盐侵蚀现象。由于材料性能劣化，结构在未达到设计使用寿命前就提前退出服役，造成人力和财力的极大浪费。硫酸盐侵蚀会导致混凝土膨胀变形及强度、刚度等力学性能降低，并显著地降低结构的承载能力，使结构安全性下降。硫酸盐侵蚀涉及硫酸根离子在混凝土中的传输、离子与混凝土组分之间的化学反应、膨胀变形以及应力导致混凝土损伤破坏等多方面的问题，是混凝土耐久性研究的热点之一。

国内已有大量文献报道过活性掺和料、不同品种硅酸盐水泥和抗硫酸盐水泥抵抗硫酸盐侵蚀的研究成果。目前研究过的矿物掺和料有粉煤灰、磨细粒化高炉矿渣、火山灰质混合材、硅粉、石灰石粉等。活性掺和料中含有大量活性 SiO_2 和活性 Al_2O_3，尤其是硅粉。大量研究得出掺入粉煤灰、矿渣粉、硅粉等，混凝土的抗侵蚀能力增强。采用这几种活性掺和料的双掺、混掺，以及它们各自与高效减水剂双掺而配制成低水胶比的混凝土，更能提高混凝土的抗硫酸盐侵蚀能力。活性掺和料与水泥水化产物 $Ca(OH)_2$ 发生二次水化反应，其生成的凝胶产物填充水泥石的毛细孔，提高了水泥石的密实度，使侵蚀介质浸入混凝土内部更为困难；另外由于二次水化反应，使水泥石中 $Ca(OH)_2$ 含量大量减少、毛细孔中石灰溶液浓度降低，即使在 SO_4^{2-} 浓度很高的环境水中，石膏结晶的速度和数量也大大减少，从而使混凝土的抗侵蚀能力增强。

比较了矿渣粉、粉煤灰、火山灰粉对水泥抗硫酸盐侵蚀性能的影响，结果如图 7.11 - 10 和图 7.11 - 11 所示。掺入 10％粉煤灰后，砂浆膨胀率明显降低，继续加大粉煤灰的掺量，砂浆膨胀率仍有一定幅度的下降。当火山灰掺量不超过 15％时，可对水泥砂浆的膨胀起到抑制作用，但当掺量达到 30％时，水泥砂浆的线膨胀率迅速增大。从火山灰的掺量来看，高掺量火山灰的水泥抗硫酸盐侵蚀性能较差。

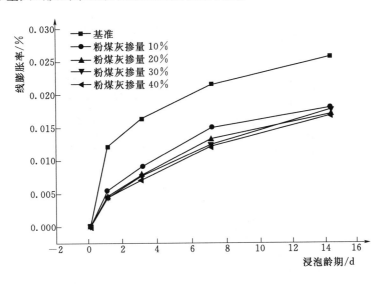

图 7.11-10　粉煤灰掺量对砂浆线膨胀率的影响

　　粉煤灰与矿渣粉对水工混凝土抗硫酸盐侵蚀性能的影响见图 7.11-12 和图 7.11-13。从图 7.11-12 和图 7.11-13 中可以看出：随侵蚀龄期的延长，混凝土耐蚀系数逐渐下降；粉煤灰掺量为 15％时，混凝土抗硫酸盐侵蚀性能较好，粉煤灰掺量增加，混凝土抗硫酸盐侵蚀性能降低；掺入矿渣粉可提高混凝土强度，在其他条件相同的情况下，矿渣粉混凝土的抗硫酸盐侵蚀性能要优于粉煤灰混凝土。

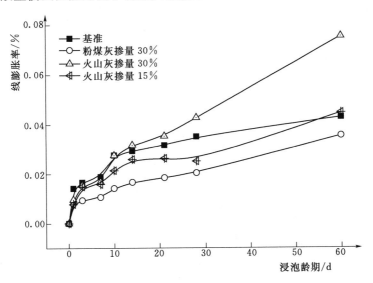

图 7.11-11　火山灰掺量对水泥线膨胀率的影响

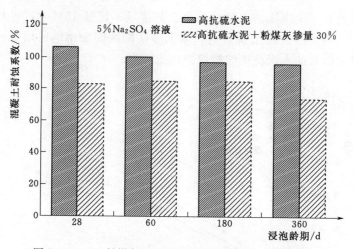

图 7.11-12　粉煤灰对混凝土抗硫酸盐侵蚀性能的影响

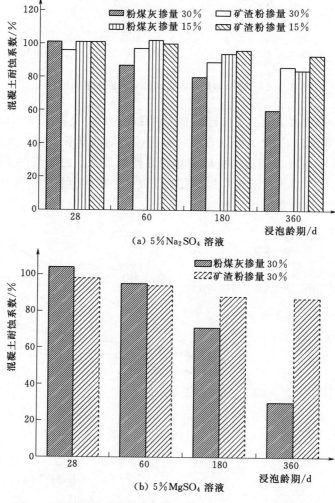

图 7.11-13　掺和料品种对混凝土抗硫酸盐侵蚀性能的影响

第8章 矿物掺和料抑制碱-骨料反应

8.1 矿物掺和料抑制碱-骨料反应机理

碱-骨料反应，如碱-硅反应，是活性二氧化硅与碱之间的反应，SiO_2 消耗液相中的碱离子，把分散的能量集中于局部（活性颗粒表面），导致局部承受很大的膨胀力，引起局部损坏和开裂。如果将活性 SiO_2 粉磨成微粒，散布于体系的整体各部位，将有限的局部，化解成无限多的活性中心，每一个中心都参与化学反应而消耗碱，能量只能分散而不能局部集中，从而可抑制碱-骨料反应。

按照这一原理，许多研究者利用抑制碱-骨料反应材料，如矿渣粉、粉煤灰、天然火山灰材料、煅烧黏土矿物、天然硅藻土和硅粉等，来抑制碱-骨料反应。

目前采用的混凝土碱-骨料反应活性抑制材料可以分为两类。第一类为玻璃态或无定形态的硅（铝）酸或硅铝酸盐材料，如粉煤灰、硅粉、矿渣粉等。第二类为具有强烈吸附和交换阳离子功能的矿物材料，如沸石、膨润土、蛭石等。

第一类材料与碱反应过程与活性的 SiO_2 骨料类似。只是由于它们经过淬冷过程，形成比较致密的过冷玻璃结构，表面层相当紧密，溶解活化能较高，需要经过 OH^- 离子的作用才能表现出活性。

碱激发的效果比 $Ca(OH)_2$ 的效果好，主要原因一是 OH^- 离子浓度更高，二是生成的碱的硅酸盐或铝酸盐有比钙盐高得多的亲水性和溶解度。因此，碱的激发在较短时间内就会造成这些材料中玻璃态颗粒的大量溶解、崩解，暴露出大量的表面积，产生大量活性的 Si—OH 和 Al—OH 基团，这种活化效果比 $Ca(OH)_2$ 要强烈得多。

进入活化状态的活性抑制材料，快速吸附大量的碱金属离子，消耗大量的 OH^- 离子，pH 值因而下降，这就是碱的耗散过程。所以，在含碱混凝土中，首先表现出碱（包括碱金属离子和 OH^-）的耗散。但碱的耗散只能进行到一定程度就要被钙的耗散所代替，因为加入的活性抑制材料的数量是有限的。孔隙溶液中 Ca^{2+} 浓度上升到一定程度以后，Ca^{2+} 就会取代碱阳离子的位置，把部分碱从吸附态置换出来，重新回到溶液中。这种再生的碱及随之增加的 OH^- 离子又对未活化的活性玻璃继续进行上述过程，直至全部活性抑制材料反应完毕为止。反应的最终产物是硅酸钙、铝酸钙的水合物及硅（铝）凝胶。

由此可见，最终被活性抑制材料消耗的碱只占活性基团总数的一部分。除非进一步增加活性抑制材料的掺量，否则碱-硅反应仍然有可能进行下去。

第二类材料与碱的作用和第一类材料有所不同。它们是高效的阳离子吸附材料，在碱溶液中一般不被破坏和只有少量的溶解。但是对碱的作用效果是一样的，也能产生碱的耗散和钙的耗散过程。

对不同粉煤灰及经过专门技术活化的粉煤灰吸收碱和吸收钙的能力进行过试验，试验结果见表 8.1-1。试验结果表明，只要经过预先的活化过程，增加吸收碱及钙的表面积和活性基团数量，完全有可能用较少的掺量达到大幅度降低溶液中碱含量的目的。原状粉煤灰吸收碱及钙的能力远不如活化粉煤灰。当用混合液代替 NaOH 溶液后，原状粉煤灰中的 Na_2O 基本上被 CaO 所代替。只是液相中缺乏足够的钙，所以活化粉煤灰中吸收的 Na_2O 才没有被 CaO 完全取代，否则将可以完全取代 Na_2O。

表 8.1-1 不同粉煤灰吸收碱及钙试验结果

粉煤灰种类	在 NaOH 溶液中吸收 Na_2O (mmol/kg 粉煤灰)	在 NaOH＋饱和 $Ca(OH)_2$ 中	
		吸收 Na_2O (mmol/kg 粉煤灰)	吸收 CaO (mmol/kg 粉煤灰)
Ⅰ级原状粉煤灰	43.9	0	40.6
Ⅱ级原状粉煤灰	33.3	0	36.5
活化粉煤灰 A	171.0	151.0	90.5
活化粉煤灰 B	19.6	0	93.8
活化粉煤灰 C	157.0	116.0	91.4
活化粉煤灰 D	123.0	79.4	86.4
活化粉煤灰 E	101.5	109.0	88.9

注 1. 各种活化粉煤灰均由Ⅱ级粉煤灰加工而成。
　　2. NaOH 溶液浓度：$[Na_2O]$＝0.03mol/L 混合液浓度：$[Na_2O]$＝0.03mol/L$[CaO]$＝9.8mmol/L。

在高碱混凝土中，活性抑制材料只能暂时降低孔隙溶液中的碱浓度，随后钙的吸附就转为优势。这样，碱-骨料反应将继续进行下去。这是很多研究都证明了的。例如，Thomas 采用高至 40% 粉煤灰取代水泥，显著降低了浸泡在碱液中的砂浆棒的长龄期膨胀量，但并没有显著抑制碱-燧石反应的进行，燧石颗粒仍然发现有完全溶解的现象，而且有明显的溶胶产物渗出。但同样配比的混合物中加入石灰以后，膨胀量就从原来的0.03% 上升至 0.58%，试件明显开裂。Thomas 由此得出 $Ca(OH)_2$ 促进了碱-骨料反应膨胀的结论。Struble 的试验也有相似的现象，但该试验是在没有水泥也没有活性抑制材料情况下进行的。因此可以看到高浓度的碱硅溶液的流出。如果采用大量活性抑制材料，得到的结果就会同 Thomas 一样。

这些试验都证实活性抑制材料吸收的碱只占其吸附量的一部分。而这些材料的主要功能是吸附——牢牢地吸附住水泥水化释放的 $Ca(OH)_2$，显著降低孔隙溶液的钙离子浓度。吸附的程度必须达到这样一个水平：足以使活性骨料周围溶解钙的浓度 [主要是 Ca^{2+} 浓度，因为分子型 $Ca(OH)_2$ 凝聚能力不强] 低于凝聚所需要的临界浓度（大约为 1mmol/L）以下。因而使得渗透单元难以形成，渗透压就不能产生。

活性抑制材料对碱-骨料反应较早阶段的贡献在于显著降低了早期孔隙溶液中的碱浓度，使早期的反应大大得到缓和。因为按照上述的灾变理论的观点，膨胀的准备阶段中，反应物质（K^+、Na^+、OH^- 和水）的聚集和溶胶产物的积累如果得到缓和，灾变（爆发）阶段就必然趋于缓和或分散，破坏力自然就大大减少。这也许就是抑制碱-骨料反应的热力学原理。

关于钙在碱-骨料中的作用，仅考虑它在形成半渗膜的功能（即诱发渗透压的功能）以及形成钙矾石膨胀相中的作用显然是不够的。这只是钙作用之一。因为含钙碱硅凝胶在吸水膨胀中的表现与非钙凝胶有很大的不同，其膨胀量可以忽略不计。即含钙凝胶是相当稳定的，不仅刚性较好，而且溶解和软化都很轻微。说明钙硅键的连接方式（Si—O—Ca—O—Si）相当牢固。

当钙向碱硅络合物中扩散开去以后，膨胀硅的产物就会变成非膨胀性的产物。这种转变的条件是孔隙溶液中碱的浓度不高，而且在整个反应过程中维持不高的水平，钙能以较快的速率扩散到活性 SiO_2 颗粒表面，并且通过表面膜层向内部溶液扩散，使内部并不太激烈的反应能够安全进行。这时另一个安全条件是内部一部分溶解 SiO_2 能够扩散到膜层以外，直到所有活性 SiO_2 都与碱、钙反应完毕为止。只有把高碱混凝土中早期碱浓度大幅度地降下来，钙的浓度才能上升，然后活性抑制材料才能表现为吸附钙的功能。

引起碱-骨料反应的必要条件是：水泥超过安全含碱量，存在活性骨料并超过一定的数量，要有水分，如果没有水分，反应就会减弱或完全停止。

抑制碱-骨料反应对混凝土工程的损害，最好的方法就是在配制混凝土时使混凝土不含碱-骨料反应因素。

8.2 粉煤灰抑制碱-骨料反应的有效掺量

8.2.1 粉煤灰的特点

粉煤灰是以燃煤发电的火力发电厂排出的工业弃料。磨成一定细度的煤粉在煤粉锅炉中燃烧后，由烟道气体中收集的粉末称为粉煤灰。

粉煤灰的火山灰效应主要来源于其化学组成及其矿物结构。粉煤灰的化学成分与水泥及粒化高炉矿渣的化学成分相类似，主要是 SiO_2、Al_2O_3、Fe_2O_3，其次为 CaO，还有少量的 MgO、K_2O、Na_2O 以及前述的 SO_3 与烧失量。

粉煤灰作为混凝土的掺和料，能有效地抑制骨料碱活性反应。氧化钠（Na_2O）和氧化钾（K_2O），这两种碱性氧化物能直接溶于水，生成氢氧化钠（NaOH）和氢氧化钾（KOH），它们是碱性激发剂，可以激发粉煤灰的早期活性。但过多的 Na_2O 和 K_2O 含量，对混凝土性能将会产生不利的影响。

8.2.2 粉煤灰抑制碱-骨料反应效果

检验粉煤灰抑制作用的方法有两种，一种是采用硬质玻璃作为骨料，检验粉煤灰抑制碱-骨料反应有效性；另一种采用工程所用骨料，水泥中掺入粉煤灰，用砂浆棒快速法、砂浆长度法、混凝土棱柱体法检验粉煤灰抑制碱-骨料反应有效性。

8.2.2.1 砂浆棒快速法

把石英砂岩破碎成规定级配及比例组合的细骨料，与胶凝材料混合制成砂浆棒，进行砂浆棒快速法粉煤灰抑制碱-骨料反应有效性试验。试验水泥为峨嵋 42.5 中热水泥，碱含量为 0.60%，外加 NaOH 使水泥碱含量达到 0.60%、0.90%、1.25%、1.50%、

2.00％，粉煤灰掺量为 0、10％、20％、30％、35％，试验结果见图 8.2-1～图8.2-5。通过试验结果可以得出以下结论：

（1）不掺粉煤灰和粉煤灰掺量为 10％时，水泥碱含量变化总体上对 14d 及 28d 龄期的砂浆膨胀率影响不大；粉煤灰掺量不小于 20％时，随着水泥碱含量增加，14d 及 28d 龄期的砂浆膨胀率而增大。

（2）水泥碱含量一定时，砂浆试件的膨胀率随粉煤灰掺量的增加而减小；当粉煤灰掺量为 10％时，砂浆试件的 14d 龄期的膨胀率基本大于 0.10％，28d 龄期的膨胀率均大于 0.20％；粉煤灰掺量为 10％时，不能有效抑制碱骨料反应。

（3）当粉煤灰掺量不小于 20％时，砂浆试件的 14d 龄期膨胀率均小于 0.10％，28d 龄期膨胀率均小于 0.15％，14d 龄期膨胀降低率大于 70％；粉煤灰掺量越高，抑制效果越好。

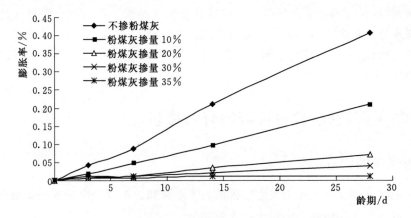

图 8.2-1　砂浆棒快速法膨胀率与粉煤灰掺量关系
（石英砂岩，水泥碱含量 0.60％）

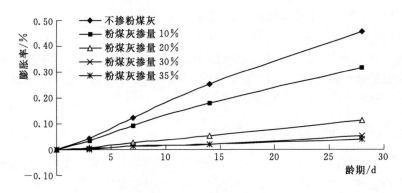

图 8.2-2　砂浆棒快速法膨胀率与粉煤灰掺量关系
（石英砂岩，水泥碱含量 0.90％）

为研究粉煤灰对硅质岩的碱-骨料反应抑制效果，将灰岩中硅质岩（主要为燧石结核或条带），采用切割剥离的方法取出，破碎加工成不同粒径砂料按 10％比例掺入茅口组灰岩骨料中，与胶凝材料混合制成砂浆棒，用砂浆棒快速法进行粉煤灰抑制效果试验。同

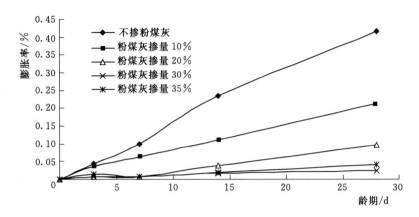

图 8.2-3 砂浆棒快速法膨胀率与粉煤灰掺量关系
（石英砂岩，水泥碱含量 1.25%）

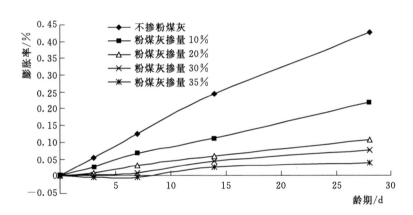

图 8.2-4 砂浆棒快速法膨胀率与粉煤灰掺量关系
（石英砂岩，水泥碱含量 1.50%）

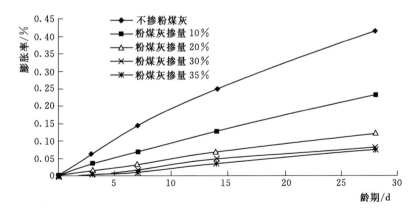

图 8.2-5 砂浆棒快速法膨胀率与粉煤灰掺量关系
（石英砂岩，水泥碱含量 2.00%）

时，对硅质岩掺 10％的茅口组灰岩和 100％硅质岩也进行了粉煤灰抑制试验。试验结果列于表 8.2 - 1。

表 8.2 - 1　　　　　　　　　　　硅质岩粉煤灰抑制试验结果　　　　　　　　　　　％

试样编号	骨料	粉煤灰掺量	不同龄期膨胀率			膨胀降低率
			3d	7d	14d	
05 - GPTY - 21	含 10％硅质岩茅口组灰岩	0	0.009	0.065	0.214	0
05 - GPTY - 22		15	0.006	0.024	0.055	74
05 - GPTY - 23		20	0.004	0.012	0.034	84
05 - GPTY - 24		25	0.003	0.008	0.020	91
05 - GPTY - 25		30	0.001	0.005	0.018	92
05 - GPTY - 30	硅质岩	0	0.007	0.046	0.210	0
05 - GPTY - 31		15	0.004	0.003	0.061	71
05 - GPTY - 32		20	0.006	0.011	0.043	80
05 - GPTY - 34		25	−0.001	0.002	0.008	96
05 - GPTY - 35		30	0.009	0.019	0.024	89

从表 8.2 - 1 可以看出，含 10％硅质岩的茅口组灰岩和 100％的硅质岩 14d 膨胀率均大于 0.2％，属活性骨料。通过掺不小于 20％的粉煤灰后，14d 膨胀率降低值均大于 75％，且砂浆棒 14d 膨胀率均小于 0.1％，说明在含不同比例硅质岩的灰岩中掺入不小于 20％的粉煤灰能有效抑制碱-骨料反应。

用砂浆棒快速法对小浪底工程的玄武岩及含玄武岩的天然骨料进行了碱-骨料反应抑制效果试验，试验结果见表 8.2 - 2。从表 8.2 - 2 可以看出，小浪底工程的玄武岩及含玄武岩的天然骨料 14d 膨胀率大于 0.2％，属活性骨料。通过掺不小于 20％的粉煤灰后，14d 膨胀率降低值均大于 75％，且砂浆棒 14d 膨胀率均小于 0.1％，粉煤灰掺量越高，抑制效果越好。说明掺入不小于 20％的粉煤灰能有效抑制碱-骨料反应。

表 8.2 - 2　　　　　　　　　　　砂浆棒快速法试验结果　　　　　　　　　　　％

骨料组成	水泥碱量	粉煤灰	不同龄期膨胀率			膨胀降低率
			3d	7d	14d	
1 号	0.90	0	0.028	0.114	0.253	0
	0.90	20	0.008	0.018	0.034	87
	0.90	30	0.005	0.011	0.014	94
	0.90	40	0	0.001	0.005	98
玄武岩	0.90	0	0.008	0.085	0.276	0
	0.90	20	0.006	0.030	0.052	81
	0.90	30	0.005	0.015	0.026	91

注　1 号为石英砂岩 35％、长石砂岩 30％、玄武岩 25％、石英岩 5％、流纹岩 3％、安山岩 2％。

用砂浆棒快速法进行了粉煤灰对白鹤滩水电站玄武岩碱-骨料反应长龄期抑制效果试验，试验结果图8.2-6～图8.2-8。试验结果表明，砂浆试件的膨胀率随着龄期的增长而增大；水泥碱含量一定时，砂浆试件的膨胀率随粉煤灰掺量的增加而减小；当粉煤灰掺

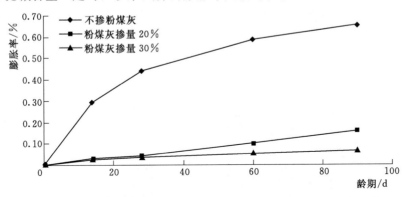

图 8.2-6　1号隐晶玄武岩砂浆棒快速法长龄期膨胀率与
粉煤灰掺量关系图（水泥碱含量 0.90%）

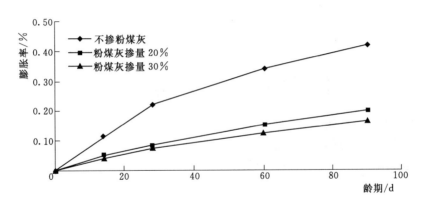

图 8.2-7　杏仁玄武岩（XQT）砂浆棒快速法长龄期膨胀率与
粉煤灰掺量关系图（水泥碱含量 1.50%）

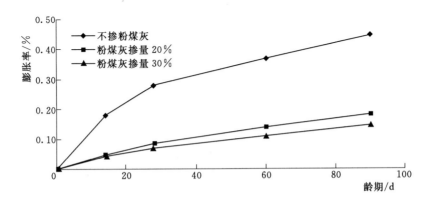

图 8.2-8　角砾熔岩（PD52）砂浆棒快速法长龄期膨胀率与
粉煤灰掺量关系图（水泥碱含量 1.50%）

量达 20％时，砂浆试件的 90d 龄期膨胀率均小于 0.20％。随着龄期的增长，膨胀抑制率略有降低。

　　粉煤灰对不同骨料的碱-骨料反应抑制效果的砂浆棒快速法试验结果见图 8.2-9。从图 8.2-9 可以看出，不同的活性骨料，通过掺不小于 20％的粉煤灰后，14d 膨胀率降低值均大于 75％，说明掺入不小于 20％的粉煤灰能有效地抑制碱-骨料反应，粉煤灰掺量越高，抑制效果越好。

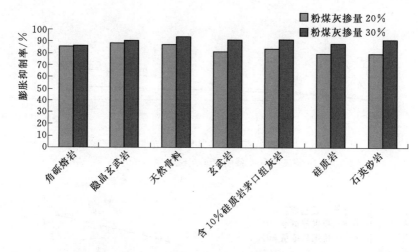

图 8.2-9　粉煤灰对不同骨料的碱-骨料反应抑制效果对比图（砂浆棒快速法）

8.2.2.2　混凝土棱柱体法

　　粉煤灰抑制效果的混凝土棱柱体法试验按 DL/T 5151—2001《水工混凝土砂石骨料试验规程》方法进行。试验用水泥为峨嵋 42.5MPa 中热硅酸盐水泥，碱含量为 0.60％，外加 NaOH 使水泥碱含量达到 0.60％、0.90％、1.25％、1.50％、2.00％，粉煤灰掺量为 0％、10％、20％、30％、35％。掺粉煤灰对石英砂岩的碱-骨料反应抑制效果试验结果列于图 8.2-10～图 8.2-14。

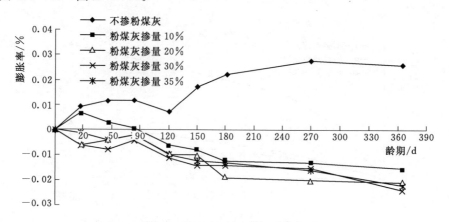

图 8.2-10　混凝土棱柱体法膨胀率与粉煤灰掺量关系
（石英砂岩，水泥碱含量 0.60％）

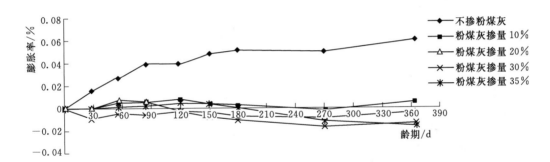

图 8.2-11 混凝土棱柱体法膨胀率与粉煤灰掺量关系
（石英砂岩，水泥碱含量 0.90％）

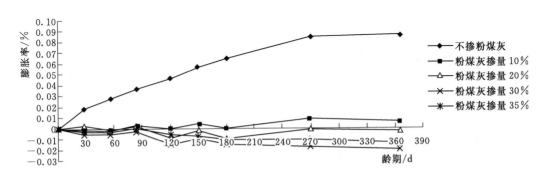

图 8.2-12 混凝土棱柱体法膨胀率与粉煤灰掺量关系
（石英砂岩，水泥碱含量 1.25％）

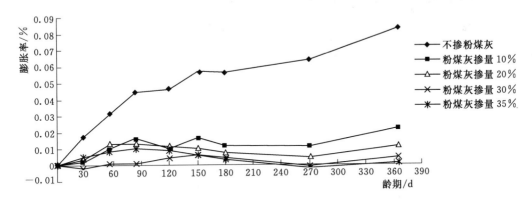

图 8.2-13 混凝土棱柱体法膨胀率与粉煤灰掺量关系
（石英砂岩，水泥碱含量 1.50％）

从图 8.2-10～图 8.2-14 可以得出以下结论：

（1）粉煤灰掺量一定时，混凝土试件 365d 膨胀率随水泥碱含量的增加而增加。

（2）在水泥碱含量不大于 1.25％时，掺入不小于 10％的粉煤灰后，365d 混凝土试件没有表现出膨胀。

（3）在水泥碱含量为 1.50％、2.00％条件下，混凝土试件 365d 龄期的膨胀率随粉煤

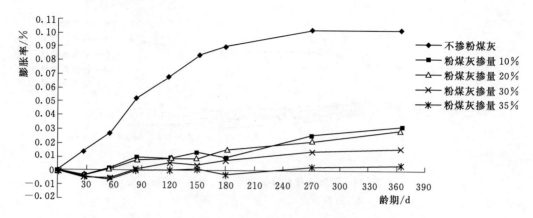

图 8.2-14　混凝土棱柱体法膨胀率与粉煤灰掺量关系
（石英砂岩，水泥碱含量 2.00%）

灰掺量的增加而降低，在水泥碱含量为 2.00% 条件下，掺入 10% 粉煤灰后，混凝土试件膨胀率大于 0.04%；掺入 10%、20% 粉煤灰后，混凝土试件 365d 膨胀率仍表现出一定的增长趋势；粉煤灰掺量越高，抑制效果越好。

　　为了研究粉煤灰对灰岩中硅质岩（主要为燧石结核或条带）碱活性的抑制效果，采用切割剥离的方法将硅质岩从灰岩中取出，破碎加工成不同粒径砂料按 10% 比例掺入茅口组灰岩中进行试验。含硅质岩的茅口组灰岩混凝土棱柱体法抑制试验结果如图 8.2-15 和图 8.2-16 所示。通过不同掺量粉煤灰的抑制试验可以看出，无论低碱含量还是高碱含量混凝土试件，掺入 20% 以上粉煤灰均能有效降低膨胀率，因此掺一定量粉煤灰抑制含硅质岩灰岩骨料的碱活性是有效和可行的。

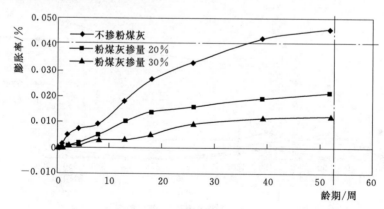

图 8.2-15　不同粉煤灰掺量的抑制效果（含 10% 硅质岩的茅口组灰岩，
水泥碱含量 1.25%）

　　为了研究粉煤灰对玄武岩骨料碱活性的抑制效果，选取编号 XQT 杏仁玄武岩和 PD52 角砾熔岩作为骨料，试验结果见图 8.2-17～图 8.2-22。通过不同掺量粉煤灰的抑制试验可以看出，无论低碱含量还是高碱含量混凝土试件，掺入 20% 以上粉煤灰均能有效降低膨胀率，因此掺一定量粉煤灰抑制含玄武岩骨料的碱活性是有效和可行的。

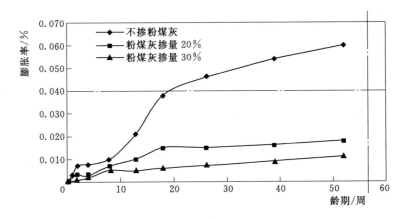

图 8.2-16　不同粉煤灰掺量的抑制效果（含 10％硅质岩的茅口组灰岩，
水泥碱含量 1.50％）

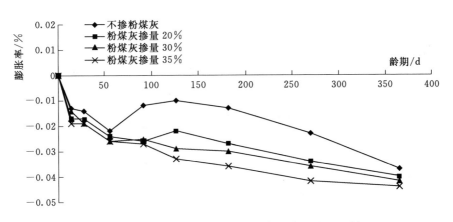

图 8.2-17　杏仁玄武岩（XQT）水泥碱含量 0.50％，
不同粉煤灰掺量的抑制效果

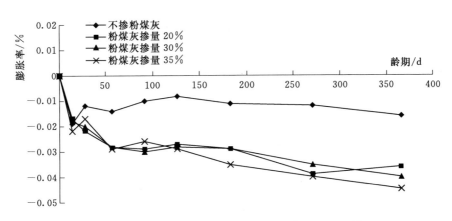

图 8.2-18　杏仁玄武岩（XQT）水泥碱含量 1.25％，
不同粉煤灰掺量的抑制效果

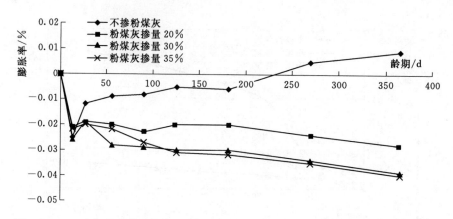

图 8.2-19　杏仁玄武岩（XQT）水泥碱含量 1.50%，不同粉煤灰掺量的抑制效果

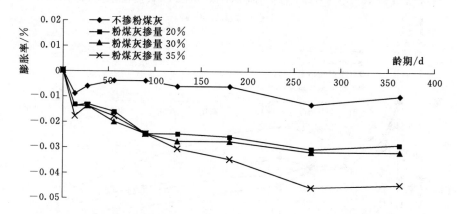

图 8.2-20　角砾熔岩（PD52）水泥碱含量 0.50%，不同粉煤灰掺量的抑制效果

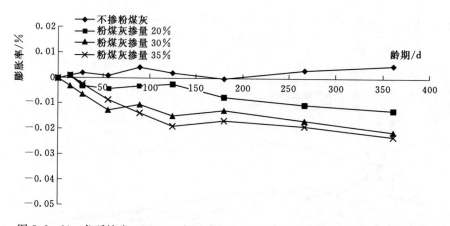

图 8.2-21　角砾熔岩（PD52）水泥碱含量 1.25%，不同粉煤灰掺量的抑制效果

　　粉煤灰对不同骨料的碱-骨料反应抑制效果的混凝土棱柱体法试验结果见图 8.2-23 和图 8.2-24。从图 8.2-23 和图 8.2-24 可以看出，通过掺不小于 20% 的粉煤灰后，均能有效降低混凝土试件的膨胀率，说明掺入不小于 20% 的粉煤灰能有效地抑制碱-骨料反应，粉煤灰掺量越高，抑制效果越好。

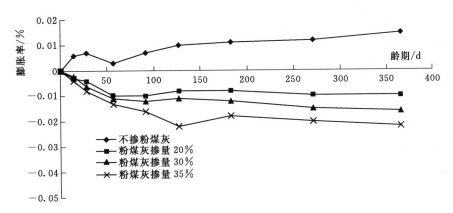

图 8.2-22 角砾熔岩（PD52）水泥碱含量 1.50%，不同粉煤灰掺量的抑制效果

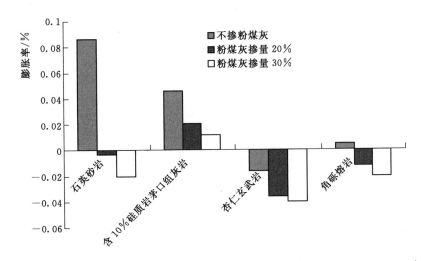

图 8.2-23 混凝土棱柱体法不同骨料掺粉煤灰的膨胀率对比图（碱含量 1.25%）

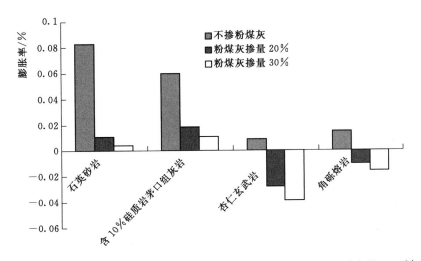

图 8.2-24 混凝土棱柱体法不同骨料掺粉煤灰的膨胀率对比图（碱含量 1.50%）

8.2.2.3　砂浆长度法

粉煤灰对骨料碱-骨料反应抑制效果的砂浆长度法试验，按 DL/T 5151—2001《水工混凝土砂石骨料试验规程》方法进行。试验采用工程所用骨料，水泥中掺入粉煤灰检验粉煤灰实际抑制效果。砂浆试件由水泥、粉煤灰、骨料组成。选取编号 8-5 石英砂岩作为骨料，试验用水泥为峨嵋 42.5MPa 中热水泥，碱含量为 0.60%（以 Na_2O 当量计），外加 NaOH 使水泥碱含量达到 0.60%、1.20%、1.50%，粉煤灰掺量为 0%、10%、20%、30%。砂浆长度法试验结果如图 8.2-25～图 8.2-27 所示。从试验结果可以得出以下结论：

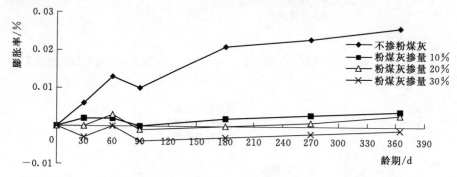

图 8.2-25　石英砂岩砂浆长度法膨胀率与粉煤灰掺量关系（水泥碱含量 0.60%）

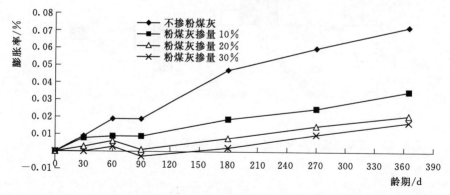

图 8.2-26　石英砂岩砂浆长度法膨胀率与粉煤灰掺量关系（水泥碱含量 1.25%）

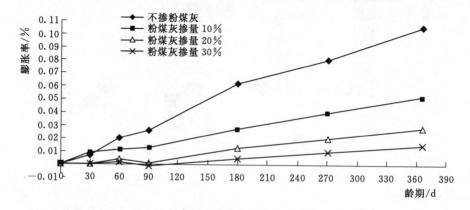

图 8.2-27　石英砂岩砂浆长度法膨胀率与粉煤灰掺量关系（水泥碱含量 1.50%）

（1）粉煤灰掺量一定时，砂浆试件365d膨胀率随水泥碱含量的增加而增加，随龄期的增加而增加。

（2）碱含量一定时，随着粉煤灰掺量的增加，砂浆试件365d膨胀率而降低；当粉煤灰掺量不少于20%时，砂浆试件365d膨胀率降低达70%以上。

（3）在高碱条件下，粉煤灰掺量不大于20%时，不能有效抑制砂岩碱-骨料反应引起的膨胀；粉煤灰掺量不小于30%时，能有效地抑制碱-骨料反应，粉煤灰掺量越高，抑制效果越好。

对小浪底连地滩堆料场的混合料进行粉煤灰抑制效果试验，试验结果见表8.2-3和表8.2-4。试验结果表明，粉煤灰掺量越大，抑制效果越好，掺30%的粉煤灰180d的抑制效果大于60%，而掺30%的粉煤灰其6.5年龄期抑制效果大于85%，龄期越长，抑制效果越好。

按照DL/T 5151—2001《水工混凝土砂石骨料试验规程》抑制骨料碱活性效能试验进行粉煤灰抑制效果试验，活性材料是采用硬质玻璃，这是一种制造玻璃的半成品，为无定形的二氧化硅，是一种高活性的材料，其掺量为8%。试验时外掺碱使水泥碱含量达到1.2%；为了了解不同粉煤灰及水泥对碱骨料反应长龄期的抑制效果，检测了180d龄期内的砂浆棒膨胀率，并进行了长龄期的观测。粉煤灰对碱-骨料反应长龄期的抑制效果试验结果见图8.2-28。从试验结果看，粉煤灰的掺量达到20%后，3a龄期抑制效果可达到70%以上，能有效抑制碱-骨料反应引起的膨胀。掺量达到20%后，砂浆棒的膨胀率呈逐渐降低趋势。这是因为粉煤灰的化学组成和结构与火山灰类似，粉煤灰的结构主要为硅氧-铝氧四面体通过桥氧的联结形成无序的三维网络。在粉煤灰网络结构中，金属大离子量少，四面体中未饱和自由电价量大，而且$(AlO_4)^{5-}$成为四面体网络中的薄弱部位。当这个不稳定结构在碱性介质中时，$(AlO_4)^{5-}$最易水化和溶解，解体着的粉煤灰四面体网络，使$(AlO_4)^{5-}$具有活性，$(AlO_4)^{5-}$群成为争夺介质中碱离子的关键角色，从而降低了碱参与骨料的反应。

8.2.3　粉煤灰品质对抑制碱-骨料反应效果

选择不同化学组成的12种粉煤灰进行了砂岩碱-骨料反应抑制效果试验。试验采用峨嵋中热与双马中热水泥，砂岩骨料，分别外掺12种粉煤灰，粉煤灰掺量为35%，采用砂浆棒快速法和混凝土棱柱体法进行抑制砂岩碱-骨料反应效果试验。

8.2.3.1　砂浆棒快速法试验

由于掺有粉煤灰的砂浆棒试件膨胀率会显著减小，为了更好地对比各种粉煤灰的抑制效果，试验龄期延长至28d。同时为了研究粉煤灰抑制效果的长期有效性，选择了10种粉煤灰进行了长龄期试验，其中对2种不同CaO含量粉煤灰（宣威Ⅰ级，CaO含量3.24%；南京下关，CaO含量9.67%）进行了不同掺量的长龄期试验。试件膨胀率随龄期变化曲线见图8.2-29~图8.2-33。从以上试验结果可以得出以下结论：

（1）掺35%各种粉煤灰的砂浆棒试件膨胀率随龄期的增加呈增长趋势，28d膨胀率均小于0.1%，膨胀率降低值90%以上，说明在此龄期内粉煤灰能有效抑制砂岩碱-骨料反应膨胀。

表 8.2－3　不掺与掺粉煤灰砂浆长度法抑制试验结果

试件编号	水泥 品种	碱含量/%	骨料	粉煤灰掺量/%	不同龄期的膨胀率/%												
					0.5年	1年	1.5年	2年	2.5年	3年	3.5年	4年	4.5年	5年	5.5年	6年	6.5年
99－2	洛阳 525 普通	1.00	组合 A	0	0.048	0.060	0.066	0.069	0.069	0.068	0.066	0.068	0.069	0.064	0.059	0.070	0.052
99－14	洛阳 525 普通	1.00	组合 A	30	0.018	0.020	0.018	0.021	0.020	0.019	0.019	0.019	0.017	0.012	0.012	0.019	0.007
99－3	洛阳 525 普通	1.20	组合 A	0	0.054	0.076	0.100	0.125	0.130	0.132	0.132	0.139	0.148	0.182	0.178	0.198	0.185
99－15	洛阳 525 普通	1.20	组合 A	30	0.018	0.021	0.020	0.023	0.023	0.019	0.019	0.018	0.015	0.008	0.008	0.015	0.004
99－5	洛阳 525 普通	1.00	组合 B	0	0.043	0.053	0.056	0.058	0.055	0.053	0.053	0.052	0.053	0.047	0.048	0.053	0.045
99－17	洛阳 525 普通	1.00	组合 B	30	0.016	0.019	0.017	0.021	0.017	0.017	0.017	0.017	0.015	0.009	0.007	0.015	0.002
99－6	洛阳 525 普通	1.20	组合 B	0	0.048	0.063	0.069	0.071	0.070	0.069	0.069	0.066	0.069	0.065	0.059	0.065	0.060
99－18	洛阳 525 普通	1.20	组合 B	30	0.017	0.020	0.020	0.024	0.021	0.020	0.021	0.021	0.019	0.015	0.013	0.020	0.008

注　1. 组合 A 指堆料场中各种岩石的平均含量（石英砂岩 38%，玄武岩 28%，长石砂岩 18%，辉绿岩 6%，石英岩 5%，流纹岩 3%，安山岩 2%）。
　　2. 组合 B 指堆料场中活性岩石的最高含量（石英砂岩 50%，玄武岩 37%，流纹岩 5%，安山岩 4%，其余 4% 为非活性骨料）。

表 8.2－4　掺 30% 粉煤灰砂浆长度法抑制率

试件编号	水泥 品种	碱含量/%	骨料	粉煤灰掺量/%	膨胀抑制率/%												
					0.5年	1年	1.5年	2年	2.5年	3年	3.5年	4年	4.5年	5年	5.5年	6年	6.5年
99－14	洛阳 525 普通	1.00	组合 A	30	63	67	73	70	71	72	71	72	75	81	80	73	87
99－15	洛阳 525 普通	1.20	组合 A	30	67	72	80	82	82	86	86	87	90	96	96	92	98
99－17	洛阳 525 普通	1.00	组合 B	30	63	64	70	64	69	68	68	67	72	81	85	72	96
99－18	洛阳 525 普通	1.20	组合 B	30	65	68	71	66	70	71	70	68	72	77	78	69	87

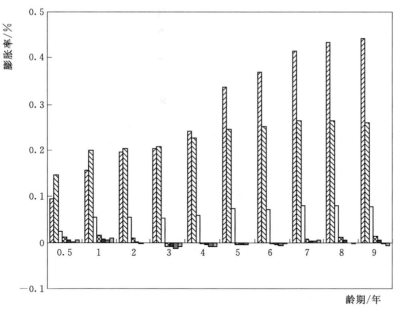

图 8.2-28 粉煤灰抑制骨料碱活性效果图

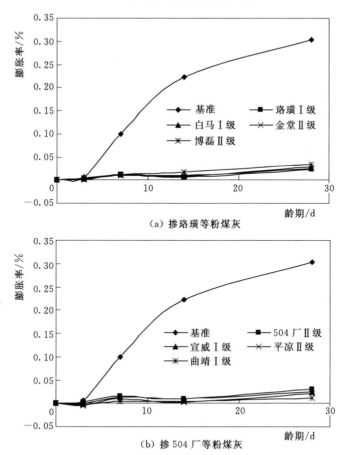

（a）掺珞璜等粉煤灰

（b）掺504厂等粉煤灰

图 8.2-29（一） 掺35％各种粉煤灰的砂浆棒快速法试验结果（峨嵋水泥）

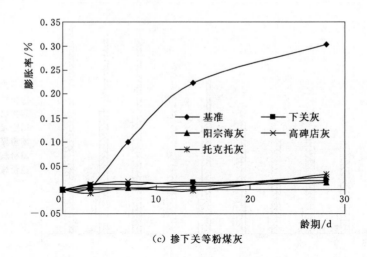

(c) 掺下关等粉煤灰

图 8.2-29 (二)　掺 35% 各种粉煤灰的砂浆棒快速法试验结果 (峨嵋水泥)

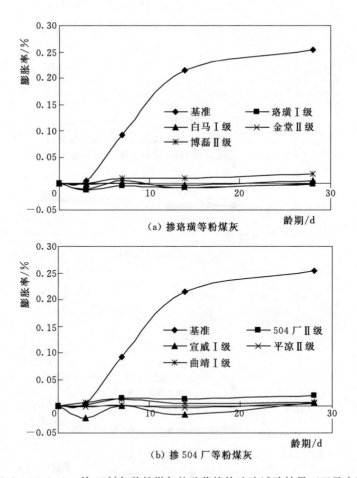

(a) 掺珞璜等粉煤灰

(b) 掺 504 厂等粉煤灰

图 8.2-30 (一)　掺 35% 各种粉煤灰的砂浆棒快速法试验结果 (双马水泥)

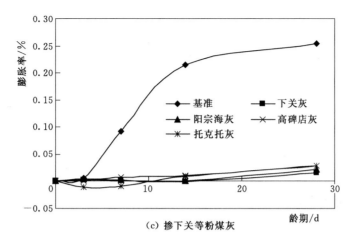

(c) 掺下关等粉煤灰

图 8.2-30（二） 掺 35％各种粉煤灰的砂浆棒快速法试验结果（双马水泥）

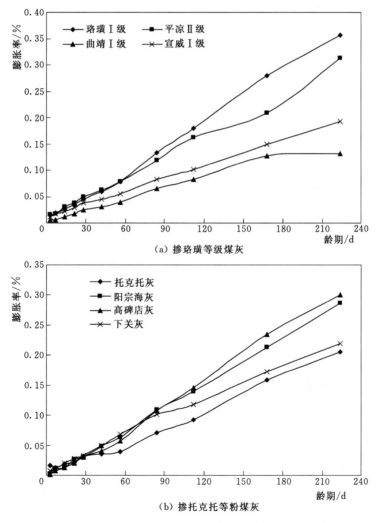

(a) 掺珞璜等级煤灰

(b) 掺托克托等粉煤灰

图 8.2-31 掺 35％各种粉煤灰的砂浆棒试件膨胀率随龄期变化规律

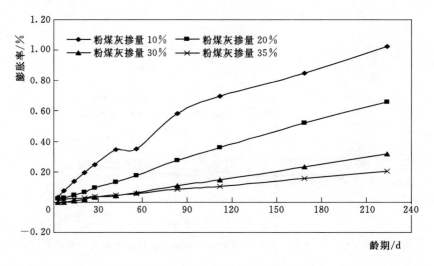

图 8.2-32　不同粉煤灰掺量的砂浆棒快速试件随龄期变化规律（宣威Ⅰ级粉煤灰）

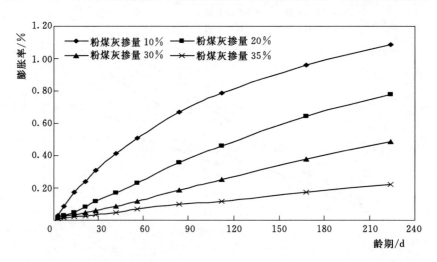

图 8.2-33　不同粉煤灰掺量的砂浆棒快速试件随龄期变化规律（南京下关粉煤灰）

（2）随着观测龄期的延长，当龄期达 168d 时，掺 35% 各种粉煤灰的砂浆棒试件膨胀率均超过 0.1%，有的超过 0.2%；而对于不同粉煤灰（宣威Ⅰ级和南京下关粉煤灰），砂浆棒试件膨胀率随粉煤灰掺量的增加而减小，但仍随龄期的延长增加。

8.2.3.2　混凝土棱柱体法试验

选用 12 种粉煤灰，掺量 35%，采用峨嵋和双马水泥的混凝土棱柱体试件，其膨胀率随时间的变化见图 8.2-34～图 8.2-36。

从以上试验结果可以得出以下结论：

（1）掺 35% 各种粉煤灰的混凝土棱柱体试件膨胀率随龄期的增加呈增长趋势，一年龄期膨胀率均均小于 0.04%，膨胀率降低值在 70% 以上，说明粉煤灰能抑制砂岩碱-骨料反应膨胀。

（2）采用峨嵋水泥的混凝土棱柱体试件的膨胀率略高于采用双马水泥的试件。

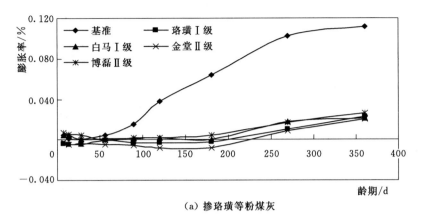

（a）掺珞璜等粉煤灰

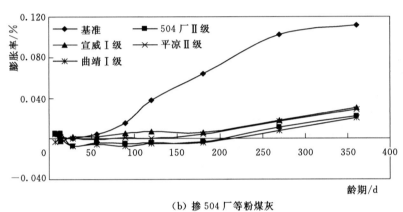

（b）掺504厂等粉煤灰

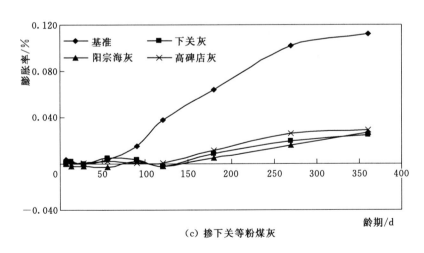

（c）掺下关等粉煤灰

图8.2-34 掺35%各种粉煤灰的混凝土棱柱体试件膨胀率
随龄期变化规律（峨嵋水泥）

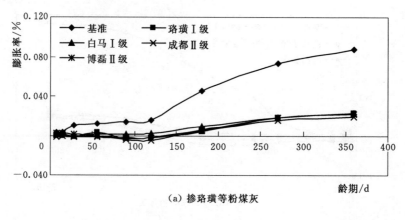

（a）掺珞璜等粉煤灰

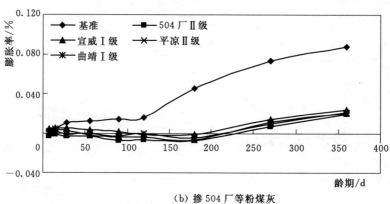

（b）掺 504 厂等粉煤灰

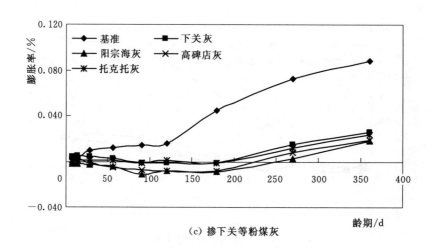

（c）掺下关等粉煤灰

图 8.2-35　掺 35％各种粉煤灰的混凝土棱柱体试件膨胀率
随龄期变化规律（双马水泥）

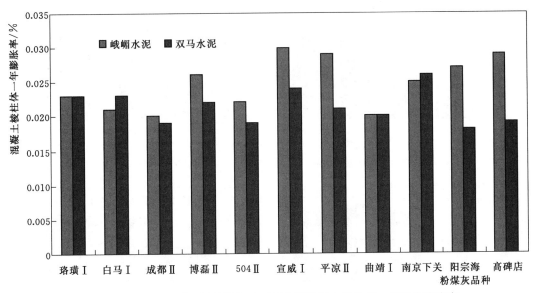

图 8.2-36　掺 35% 不同粉煤灰时不同水泥混凝土棱柱体一年龄期膨胀率

8.2.3.3　粉煤灰的安全掺量及抑制效果

采用峨嵋和双马中热水泥以及宣威（Ⅰ级和Ⅱ级）、曲靖Ⅰ级粉煤灰，四种粉煤灰掺量 10%、20%、30% 和 35%，进行砂岩碱-骨料反应抑制试验研究。快速砂浆棒试验结果见图 8.2-37，不同粉煤灰与不同水泥对砂浆棒膨胀率抑制效果见图 8.2-38。

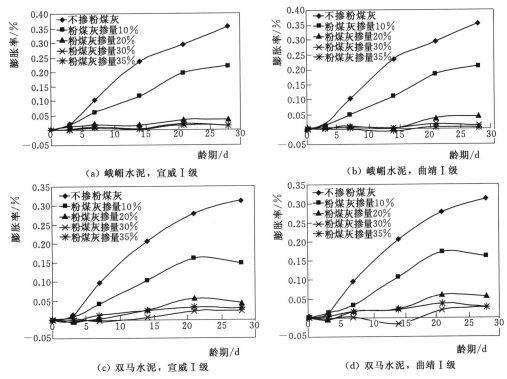

图 8.2-37　不同粉煤灰掺量砂浆棒膨胀率变化规律

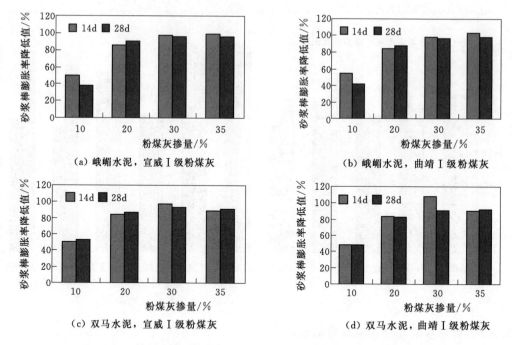

（a）峨嵋水泥，宣威Ⅰ级粉煤灰　　　　（b）峨嵋水泥，曲靖Ⅰ级粉煤灰

（c）双马水泥，宣威Ⅰ级粉煤灰　　　　（d）双马水泥，曲靖Ⅰ级粉煤灰

图 8.2-38　不同粉煤灰掺量的砂浆棒试件 14d 和 28d 膨胀率降低值

从图 8.2-37 和图 8.2-38 可以看出，不管是采用峨嵋水泥还是双马水泥，当粉煤灰掺量不小于 20% 时，都能有效地抑制碱-骨料反应。从砂浆棒 14d 和 28d 膨胀率降低值来看，14d 抑制率略高于 28d，说明粉煤灰早期抑制作用很明显。

混凝土棱柱体法试验结果见图 8.2-39。试验采用峨嵋水泥，宣威Ⅰ级粉煤灰，从图中可以看出，粉煤灰掺量在 10% 以上时，混凝土棱柱体试件 360d 膨胀率均出现显著降低。

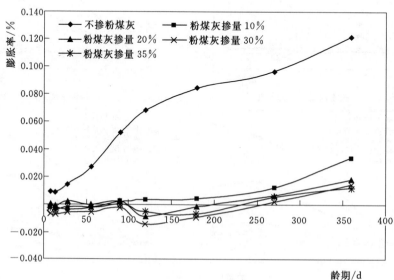

图 8.2-39　不同粉煤灰掺量混凝土棱柱体试件膨胀率变化曲线

8.2.3.4 小结

（1）掺 35％不同品种粉煤灰均能有效抑制砂岩碱-骨料反应，从砂浆棒长龄期试验结果表明粉煤灰抑制碱-骨料反应长期有效性评价方法需进一步研究。

（2）不能用粉煤灰某个单一化学成分作为抑制效果的评价指标，应用粉煤灰化学成分因子来综合评价。

（3）针对锦屏大坝混凝土，采用中热低碱水泥（峨嵋水泥和双马水泥），掺 20％以上的宣威Ⅰ级粉煤灰和曲靖Ⅰ级粉煤灰均能有效抑制砂岩碱-骨料反应。

8.3 矿渣粉抑制碱-骨料反应

8.3.1 磨细矿渣的特点

矿渣是炼铁的废渣，矿渣经水或空气急冷处理成为粒状颗粒，称为粒化高炉矿渣，其主要化学成分为 SiO_2、Al_2O_3、CaO、MgO 等。经水淬急冷后的矿渣，其玻璃体含量多，结构处在高能不稳定状态，潜在活性大，需经磨细才能使其潜能得以充分发挥由于矿渣微粉对混凝土中碱的物理稀释、吸附，能降低混凝土中引发碱-骨料反应的有效碱含量；火山灰反应生成的低钙硅比产物，能结合和吸附一定量的氯、钾、钠离子，降低碱的浓度，提高混凝土抑制碱-骨料反应和抗钢筋锈蚀的能力，对节约资源、保护环境具有重要意义。

8.3.2 矿渣粉抑制碱-骨料反应效果

DL/T 5151—2001《水工混凝土砂石骨料试验规程》检验掺和料对碱-骨料反应抑制作用的方法有两种：①采用硬质玻璃作为骨料，检验掺和料抑制碱-骨料反应效能；②采用工程所用骨料，水泥中掺入掺和料，用砂浆棒快速法、砂浆长度法、混凝土棱柱体法检验掺和料实际抑制效果。

试验采用 Thatta Cement Company Limited 的矿渣粉进行骨料碱活性抑制效果试验，研究矿渣粉对 Karot 工程砂砾石骨料碱活性的抑制效果。抑制效果试验分别采用砂浆棒快速法、棱柱体快速法及混凝土棱柱体法 3 种方法进行，试验用水泥分别为华新 42.5MPa 中热水泥和巴基斯坦 Maple Leaf Cement Factory Ltd 生产的 Maple Leaf 水泥（简称枫叶水泥），水泥和矿渣粉的化学成分见表 8.3－1。

表 8.3－1　　　　　　　　　　水泥和矿渣粉的化学成分　　　　　　　　　　　　％

品种	CaO	SiO_2	Al_2O_3	Fe_2O_3	MgO	SO_3	R_2O*	烧失量
枫叶水泥	62.30	22.64	3.96	5.02	1.98	0.24	0.60	2.96
华新中热 42.5	60.02	23.30	3.01	5.01	4.33	2.58	0.40	0.55
Thatta 矿渣粉	39.69	36.75	11.06	0.79	7.56	2.53	0.71	0.72

*　R_2O 为当量碱含量。

8.3.2.1 碱骨料反应抑制有效性试验（砂浆棒快速法）

选取 3 组砾石料按表 8.3－2 所示级配先将其破碎成砂料后成型砂浆棒试件，水泥分别采用华新中热水泥和枫叶水泥，矿渣粉掺量分别为 40％、50％ 和 60％，试验中通过外加碱使胶凝材料碱含量达到 0.9％。试件成型后，放入温度为 20℃±3℃，湿度为 95％ 以上的养护室中养护 24h±2h 后拆模，并在 20℃±2℃ 的恒温室中测量试件的初始长度，然后将试件浸泡在装有自来水的聚丙烯塑料筒中，盖上塑料筒盖使之密封，将塑料筒放入温度为 80℃±2℃ 的恒温水浴箱中恒温 24h 后，取出试件擦干，在恒温室中测量试件的基准长度，试件从擦干到测量完毕应在 15s±5s 内完成。一组试件测量完后，浸泡在装有 1mol/L NaOH 溶液的塑料筒中，NaOH 溶液淹没试件，再将塑料盖盖好，放入 80℃±2℃ 的恒温水浴箱中。观测 3d、7d、14d、28d 龄期的砂浆棒试件膨胀率。

表 8.3 - 2　　　　　　　　　　　砂料级配比例表

筛孔尺寸/mm	5～2.5	2.5～1.25	1.25～0.63	0.63～0.315	0.315～0.16
分级质量比/%	10	25	25	25	15

碱-骨料反应抑制措施有效性检验评定标准：28d 龄期对比试件膨胀率小于 0.10％，则该掺量下抑制材料对该种骨料的碱-骨料反应危害抑制效果评定为有效。

掺矿渣粉抑制骨料碱活性砂浆棒快速法试验使用水泥分别为华新中热 42.5 水泥和枫叶水泥，编号 KRT2 为现场由砾石加工而成的小石骨料，其余 2 个编号为砾石料。砂浆棒试件膨胀率与龄期关系见图 8.3-1～图 8.3-6。

从试验结果来看，3 组骨料未掺矿渣粉的基准试件中有 1 组样的砂浆棒 14d 龄期膨胀率大于 0.2％，其余均大于 0.1％，将龄期延长至 28d 时膨胀率均大于 0.2％，因此，3 组骨料均为具有潜在危害性反应的活性骨料。从掺矿渣粉的抑制试验结果来看，仅 1 组膨胀率较低的试件掺 40％ 矿渣粉时其 28d 龄期膨胀率略小于 0.1％，其余试件均在矿渣粉掺量不小于 50％ 时其膨胀率才小于 0.1％，由此可见为有效抑制骨料的碱-骨料反应危害，矿渣粉掺量宜不小于 50％。

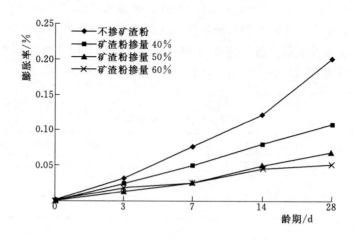

图 8.3 - 1　KRT2 骨料掺矿渣粉抑制碱活性试验试件膨胀率与
龄期关系图（砂浆棒快速法，华新中热水泥）

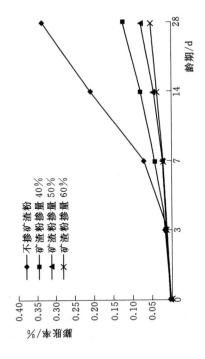

图 8.3－3　L7骨料掺矿渣粉抑制碱活性试验试件膨胀率与龄期关系图（砂浆棒快速法，华新中热水泥）

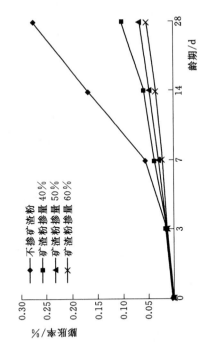

图 8.3－5　L9骨料掺矿渣粉抑制碱活性试验试件膨胀率与龄期关系图（砂浆棒快速法，华新中热水泥）

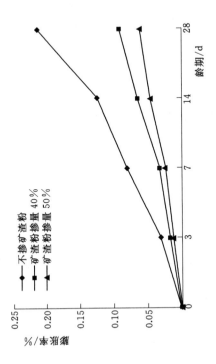

图 8.3－2　KRT2骨料掺矿渣粉抑制碱活性试验试件膨胀率与龄期关系图（砂浆棒快速法，枫叶水泥）

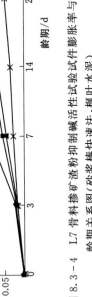

图 8.3－4　L7骨料掺矿渣粉抑制碱活性试验试件膨胀率与龄期关系图（砂浆棒快速法，枫叶水泥）

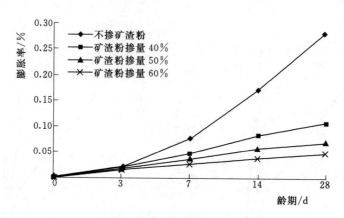

图 8.3-6　L9 骨料掺矿渣粉抑制碱活性试验试件膨胀率与
龄期关系图（砂浆棒快速法，枫叶水泥）

8.3.2.2　碱-骨料反应抑制有效性试验（棱柱体快速法）

分别选取不同砂石料配合组成 4 组骨料采用棱柱体快速法进行掺矿渣粉的抑制试验，棱柱体快速法抑制试验的试件尺寸、骨料粒径及级配、配合比等除用一定量的矿渣粉等量取代水泥外均与混凝土棱柱体法相同，仅将养护温度提高到 60℃，养护时间缩短为 6 个月。试验用水泥为华新中热 42.5 水泥，其碱含量为 0.40％，矿渣粉掺量分别为 40％、50％、60％。混凝土棱柱体试件膨胀率与龄期关系见图 8.3-7～图 8.3-10。

对编号 L7 和编号 L9 的砂砾石，当矿渣粉掺量不小于 40％时，混凝土试件半年龄期膨胀率均小于 0.02％，而将粗骨料换成中石后，未掺矿渣粉的基准试件膨胀率较大，矿渣粉掺量不小于 50％时，混凝土试件半年龄期膨胀率才小于 0.02％，由此可见对碱活性反应膨胀率大的骨料需要更大的掺量才能有效降低骨料的碱活性膨胀反应，从本次棱柱体快速法抑制试验结果来看，在混凝土胶凝材料中应掺不小于 50％的矿渣粉才可有效地抑制砂砾石料潜在的混凝土碱-骨料反应。

8.3.2.3　碱-骨料反应抑制有效性试验（混凝土棱柱体法）

采用混凝土棱柱体法进行掺矿渣粉抑制试验所用骨料同棱柱体快速法，仍为 4 组，试验除采用华新中热 42.5 水泥外还对编号 L7 和 L9 两组骨料更换枫叶水泥进行了对比试验，枫叶水泥的碱含量为 0.60％。混凝土棱柱体法抑制试验的试件尺寸、骨料粒径及级配、配合比等除用一定量的矿渣粉等量取代水泥外均与混凝土棱柱体法相同，但养护时间延长至 2 年。矿渣粉掺量分别为 40％、50％、60％。混凝土棱柱体试件膨胀率与龄期关系见图 8.3-11～图 8.3-16。

DL/T 5298—2013《水工混凝土抑制碱-骨料反应技术规范》规定：采用混凝土棱柱体法进行抑制碱-骨料反应有效性检验时，若 2 年龄期试件长度膨胀率小于 0.04％，则该掺量下抑制材料对骨料的碱-骨料反应危害抑制效果评定为有效，否则评定为无效。

从试验结果来看，当矿渣粉掺量不小于 40％时，混凝土试件 2 年龄期膨胀率均小于0.04％，有效降低了砂砾石试样的碱活性膨胀反应，矿渣粉掺量越大，试件膨胀率降低越多，采用不同水泥试验的结果无明显差异。同时试验结果还表明，若基准试件中的粗骨料

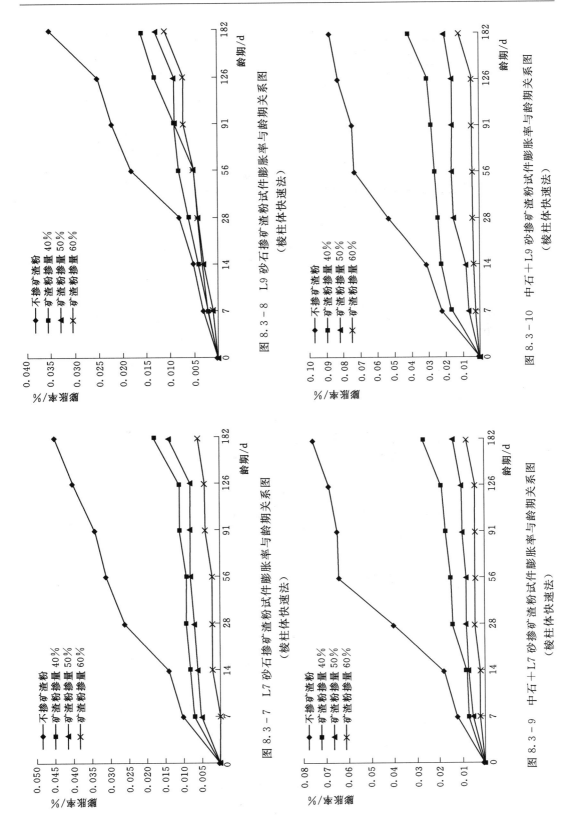

图 8.3 - 7 L7 砂石掺矿渣粉试件膨胀率与龄期关系图（棱柱体快速法）

图 8.3 - 8 L9 砂石掺矿渣粉试件膨胀率与龄期关系图（棱柱体快速法）

图 8.3 - 9 中石＋L7 砂掺矿渣粉试件膨胀率与龄期关系图（棱柱体快速法）

图 8.3 - 10 中石＋L9 砂掺矿渣粉试件膨胀率与龄期关系图（棱柱体快速法）

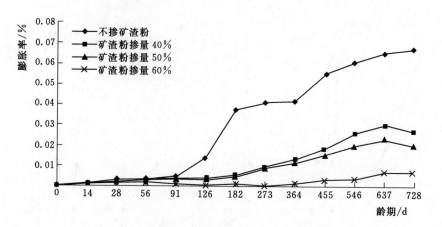

图 8.3-11　L7 骨料掺矿渣粉抑制碱活性试验试件膨胀率与龄期关系图
（混凝土棱柱体法，华新中热水泥）

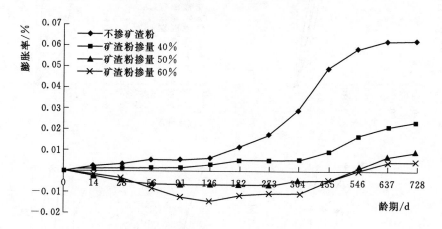

图 8.3-12　L9 骨料掺矿渣粉抑制碱活性试验试件膨胀率与龄期关系图
（混凝土棱柱体法，华新中热水泥）

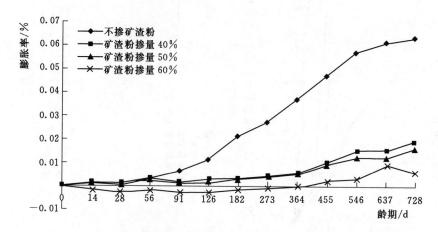

图 8.3-13　L7 骨料掺矿渣粉抑制碱活性试验试件膨胀率与龄期关系图
（混凝土棱柱体法，枫叶水泥）

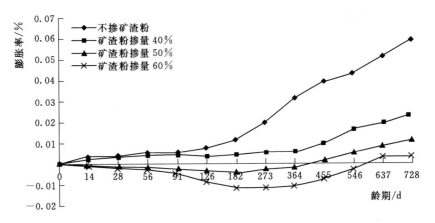

图 8.3-14 L9 骨料掺矿渣粉抑制碱活性试验试件膨胀率与龄期关系图
（混凝土棱柱体法，枫叶水泥）

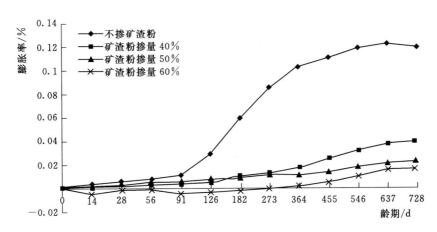

图 8.3-15 中石＋L7 砂掺矿渣粉抑制碱活性试验试件膨胀率与龄期关系图
（混凝土棱柱体法，华新中热水泥）

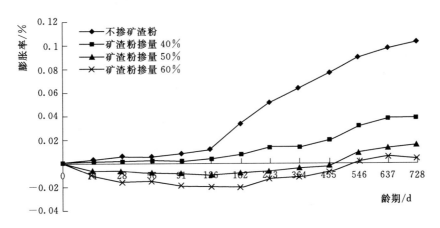

图 8.3-16 中石＋L9 砂掺矿渣粉抑制碱活性试验试件膨胀率与龄期关系图
（混凝土棱柱体法，华新中热水泥）

换为中石后试件膨胀率变大，掺 40％矿渣时试件 2 年膨胀率接近 0.04％，由此可见对碱活性反应膨胀率大的骨料需要更大的掺量才能有效降低骨料的碱活性膨胀反应。因此，为安全起见，宜在混凝土胶凝材料中掺不小于 50％的矿渣来有效地抑制砂砾石料潜在的混凝土碱-骨料反应。

8.3.2.4 碱-骨料反应抑制有效性长龄期试验（砂浆棒长度法）

矿渣抑制效果试验长龄期按照 DL/T 5151—2001《水工混凝土砂石骨料试验规程》进行试验。活性材料是采用硬质玻璃，这是一种制造玻璃的半成品，为无定形的二氧化硅，是一种高活性的材料，其掺量为 8％。试验用葛洲坝 525 中热硅酸盐水泥，外掺碱使水泥碱含量达到 1.2％；矿渣粉对碱骨料反应长龄期的抑制效果试验结果见图 8.3－17。从图 8.3－17 可以看出，当矿渣粉掺量分别为 20％、30％、40％、50％和 60％时，矿渣粉的掺量达到 40％后，1 年龄期抑制效果可达到 70％以上，能有效抑制碱-骨料反应引起的混凝土膨胀。掺量达到 40％后，砂浆棒的膨胀率呈逐渐降低趋势。

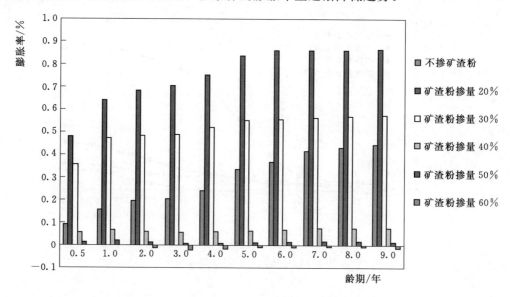

图 8.3－17 矿渣粉抑制碱-骨料反应效果图

粒化高炉矿渣是以碱土金属氧化物（CaO、MgO）为主体，以硅氧-铝氧四面体组成的三维无序网为骨干，共同组成的硅酸盐熔盐而迅冷的固体溶液。其 $CaO/SiO_2 = 1.0 \sim 1.5$，$(CaO+MgO)/(SiO_2+Al_2O_3) = 0.9 \sim 1.0$。铝氧四面体 $(AlO_4)^{5-}$ 占据全部四面体三维网络空间的 $1/4 \sim 1/5$ 的位置。这个无序结构的硅酸盐赋予自身的潜能而具有强烈的活性，一旦取得高比表面积，在碱介质中，能迅速水化和强烈吸附碱离子于其水化产物的凝胶结构中，从而减免了碱参与活性骨料之间的反应。同时，粒化高炉矿渣中的含碱量一般很低，金属大离子量少，四面体中未饱和自由电价量大，而且 $(AlO_4)^{5-}$ 成为四面体网络中的薄弱部位。当这个不稳定结构在碱性介质中时，$(AlO_4)^{5-}$ 最易水化和溶解，解体四面体网络，使 $(AlO_4)^{5-}$ 具有活性，$(AlO_4)^{5-}$ 群成为争夺介质中碱离子的关键角色，从而降低了碱参与骨料的反应。

8.3.2.5 小结

（1）综合砂浆棒快速法、混凝土棱柱体法、棱柱体快速法和砂浆长度法进行的掺矿渣抑制碱活性试验结果，若要采用矿渣作为混凝土掺和料有效抑制骨料的潜在危害性膨胀反应，矿渣掺量宜不小于50%。

（2）矿渣对碱-骨料反应的抑制效果不如粉煤灰的抑制效果好。

8.4 火山灰类石粉抑制碱-骨料反应

8.4.1 火山灰类石粉的特点

天然火山灰是火山喷发后形成的细粒碎屑的疏松沉积物，种类丰富。火山灰所形成岩石的岩性、物相与两部分因素直接相关：①与火山灰自身的化学组成和物相有关；②与火山灰成岩所遇的成岩介质条件（化学质、水质等）和环境条件（温度、压力等）有关。天然火山灰的矿物种类主要有浮石、玄武岩、安山岩、火山碎屑岩、凝灰岩、硅藻土等，矿石结构主要为细粒至隐晶质结构、斑状结构，矿石构造特征有气孔、杏仁状或致密构造，矿石成分由无定形玻璃质（$SiO_2 + Al_2O_3$）所包围的无数微晶体所组成。

火山灰类材料直接作为混凝土掺和料应用，特别是在大中型水电工程中应用，国内外的文献资料较少和工程经验不多，火山灰类石粉仅在包括云南地区在内的几座水电站得到了应用，如云南大朝山水电站、云南德宏龙江水电站枢纽工程、德宏州弄另水电站、保山市腊寨水电站（碾压混凝土坝）以及缅甸瑞丽江一级电站等。与粉煤灰类似，火山灰类石粉同样具有形态效应、微集料效应和火山灰效应，天然火山灰用作混凝土掺和料的可行性是毋庸置疑的，问题的关键是选择合适来源的火山灰材料，合理确定其生产工艺和物理化学特性参数，精心设计混凝土配合比，以获得优良的高性能水工混凝土。

在我国和大多数国家，火山灰类石粉普遍作为混合材用于水泥的生产，且有相应的技术标准，我国标准 GB/T 2847—2005《用于水泥中的火山灰质混合材料》和美国标准 ASTM C618《用于混凝土的粉煤灰、原状及煅烧天然火山灰的技术标准》对用作水泥混合材的天然火山灰材料进行了规定，其中的技术条款主要偏重于粉煤灰等人工火山灰材料，且对水泥混合材的技术要求主要从满足水泥强度的角度考虑，缺乏针对火山灰作为混凝土掺和料的相关技术规定，美国混凝土学会报告 ACI 232.1R-2012《混凝土中未加工或加工过的天然火山灰使用报告》部分涉及了火山灰在大坝混凝土中的研究和应用进展，多限于煅烧页岩和煅烧黏土等人工火山灰，天然火山灰的应用较少。

近年来，天然火山灰质材料作为混凝土掺和料在我国大中型水电水利工程混凝土中得到了成功应用，积累了较多的工程经验。电力行业标准 DL/T 5273—2012《水工混凝土掺用天然火山灰质材料技术规范》，对具有火山灰活性的原状或磨细加工处理的天然矿物质材料的应用起到了积极作用。

火山灰质材料掺入混凝土中，减少了胶凝材料的 C_3A 含量，会与水泥水化产物——氢氧化钙发生火山灰反应，生成水化硅酸钙凝胶，密实混凝土的微观孔结构，提高其耐久性能。研究表明，矿粉、硅灰、粉煤灰等人工火山灰材料的掺入能够改善混凝土的和易性、强度及耐久性。火山灰类石粉是一种重要的火山灰质材料，天然火山灰的物理化学特性是影响其活性及混凝土性能的重要因素。

火山灰类石粉大都为疏松的物料，主要组分为非晶相的玻璃体，具有热力学不稳定性，其化学成分的波动很大，主要表现在二氧化硅、氧化铝、氧化钙和碱含量的变化上，其中活性玻璃体（SiO_2 和 Al_2O_3）是火山灰类石粉的火山灰反应来源，其含量的多少，直接影响到火山灰反应进程以及混凝土的工作性能和力学性能发展；含铝量也是影响混凝土性能的重要因素，如含铝量为 $11.6\%\sim14.7\%$ 的火山灰类石粉比含铝量高于 16% 的火山灰类石粉更有利于改善混凝土抗硫酸盐等盐类侵蚀的性能。火山灰类石粉的活性与其细度、CaO 含量密切相关。CaO 的存在有利于激发 SiO_2、Al_2O_3 的活性，火山灰类石粉的细度越细，反应比表面积越大，活性越高。然而，研究表明高 CaO 含量也可能会带来安定性不良的危险，引起混凝土的快凝和膨胀破坏。

除了非晶相的玻璃体之外，火山灰组分中还存在着一定数量的晶体，火山晶体结构的基础为硅（铝）氧四面体，它是由一个硅（铝）离子和四个氧离子形成四面体配位的结构，这种结构所产生的活性作用在水泥水化反应体系中显得非常重要，尤其是对初始结构的形成将产生决定性的影响，如缩短了胶凝材料的凝结时间，即所谓"促凝"现象。

火山灰类石粉中含有碱金属氧化物，碱通常是不可溶的，只有在反应时才会完全释放出来，这对于混凝土的碱骨料安定性非常重要。相比而言，火山灰中的碱含量要比粉煤灰中的碱含量稍高一些，加之火山灰中不仅只含有非晶相的玻璃体，还含有一定量的火山晶体，其结构基础是硅（铝）氧四面体，在这些基本的硅（铝）氧四面体所形成的骨架之外，还存在一些碱金属离子，这些阳离子是由于骨架中的部分 Si^{4+} 被 Al^{3+} 取代后，为平衡多余的负电荷而进入火山灰中的，碱含量高，阳离子数多，离子交换的可能性就大。火山灰的玻璃态部分实质上是一种内表面积很大的非常多孔的气凝胶，由于孔壁吸附作用使位于表面的原子具有更多的过剩能，即增加了火山灰的色散力，使其吸附力更加增强。因此，火山灰的结构特征除了具有较强的离子交换能力之外，还具有较强的吸附作用，这势必会改变水泥水化反应的进行。

8.4.2　火山灰类石粉抑制碱-骨料反应效果

8.4.2.1　碱-骨料反应抑制有效性试验（砂浆棒快速法）

1. 单掺石粉抑制方案

根据 DL/T 5151—2014《水工混凝土砂石骨料试验规程》中的砂浆棒快速法（AMBT 法），比较不同岩性、不同细度、不同掺量石粉对砂板岩骨料碱活性的抑制效果，选择具有代表性的砂板岩活性骨料，用中热硅酸盐水泥进行抑制砂板岩骨料碱活性膨胀的长龄期试验研究。当 28d 龄期试件膨胀率小于 0.10% 时，评定骨料碱活性抑制有效。

采用原状的砂板岩石粉、玄武岩石粉、花岗岩石粉、灰岩石粉共 4 种石粉，掺量分别选择 20%、30%、40% 和 50%，进行单掺石粉抑制骨料碱活性试验；根据试验结果选择抑制效果好的砂板岩石粉，选取 3 个细度（402m^2/kg、645m^2/kg、900m^2/kg）进行不同细度砂板岩石粉抑制砂板岩骨料碱活性膨胀试验。试验结果见图 8.4-1 和图 8.4-2。从试验结果可以得出以下结论：

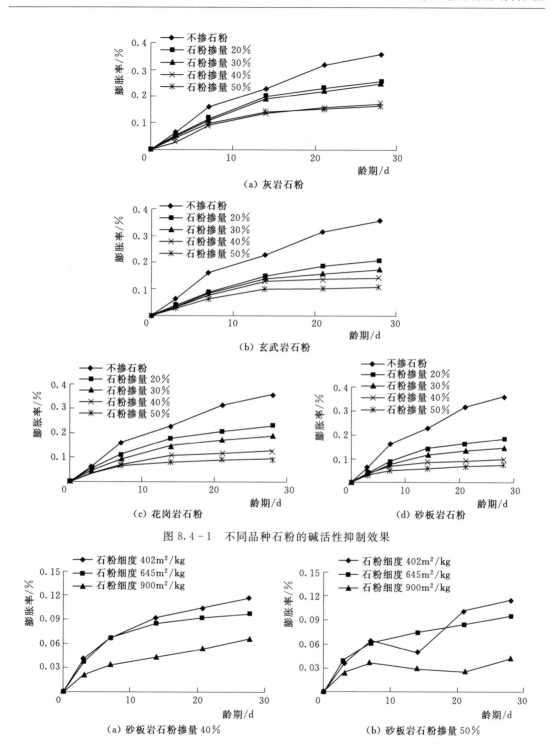

图 8.4-1 不同品种石粉的碱活性抑制效果

图 8.4-2 不同细度砂板岩石粉的碱活性抑制效果

（1）原状灰岩和玄武岩石粉掺量达到 50%，仍不能有效抑制砂板岩骨料碱活性反应，花岗岩石粉掺量达到 50%，能有效抑制砂板岩骨料碱活性反应。砂板岩石粉掺量达到

40％，能有效抑制砂板岩骨料碱-骨料反应。

（2）石粉的抑制效果从好到差依次为：砂板岩石粉、花岗岩石粉、玄武岩石粉、灰岩石粉。石粉掺量越大，抑制效果越好。

（3）石粉粉磨得越细，抑制效果越好。

2. 复掺石粉和硅粉抑制方案

对于活性骨料，鉴于前述单掺石粉抑制骨料碱活性时石粉的掺量均较高，其中砂板岩石粉掺量需不低于 40％、花岗岩石粉掺量不低于 50％；对于有碱活性抑制要求的碾压混凝土，采取单掺石粉方案可以同时满足强度与碱活性抑制要求，而对于早期强度要求较高的结构（泵送）混凝土，高掺量单掺石粉难以满足设计要求，需考虑石粉与粉煤灰或硅粉等复掺方案。

基于前期混凝土基本性能试验，发现复掺砂板岩石粉与硅粉可以明显改善混凝土拌和物的工作性，在满足含气量设计要求前提下可大幅降低引气剂掺量，同时保证混凝土具有较高的早期强度和良好的长期耐久性；而且，与单掺硅粉方案相比较，复掺砂板岩石粉与硅粉方案可显著降低混凝土的绝热温升，降低温控防裂成本，技术与经济效益十分明显。

采用砂浆棒快速法研究了复掺石粉和硅粉对砂板岩骨料碱活性的抑制效果。

结合工程实际，选用目前在混凝土中应用比较成熟的具有抑制碱-骨料反应膨胀功能的硅粉，开展复掺石粉和硅粉抑制砂板岩碱-骨料反应膨胀的试验研究，与单掺石粉抑制砂板岩碱-骨料反应的效果进行比较，探讨复掺石粉和硅粉的抑制效果。硅粉掺量选择 3％、5％，石粉掺量选择 10％、15％、20％、30％、40％，试验结果见图 8.4 - 3 和图 8.4 - 4。从试验结果可以得出以下结论：

（1）硅粉掺量达到 3％、石粉掺量达到 20％时，采用砂板岩和花岗岩石粉，均能有效抑制砂板岩骨料碱-骨料反应。

（2）硅粉掺量达到 5％、石粉掺量达到 10％时，采用砂板岩和花岗岩石粉，均能有效抑制砂板岩骨料碱-骨料反应。

（3）硅粉掺量达到 5％、砂板岩石粉掺量达到 15％时，抑制效果和 20％掺量粉煤灰相当。

（4）硅粉品质差异也会影响骨料碱活性抑制效果。硅粉品质越好，抑制效果越好。

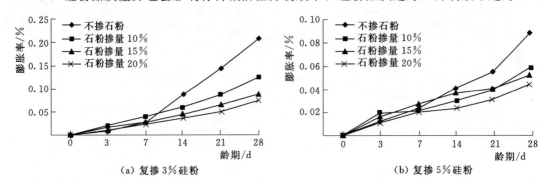

图 8.4 - 3　复掺硅粉和砂板岩石粉的碱活性抑制效果

3. 复掺石粉和粉煤灰抑制方案

采用砂浆棒快速法研究了复掺石粉和粉煤灰对砂板岩骨料碱活性的抑制效果。

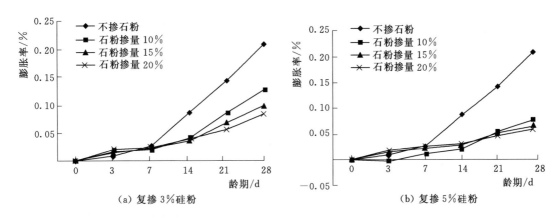

（a）复掺 3%硅粉　　　　　　　　　　（b）复掺 5%硅粉

图 8.4-4　复掺硅粉和花岗岩石粉的碱活性抑制效果

结合工程实际，选用目前在混凝土中应用比较成熟的具有抑制碱-骨料反应膨胀功能的粉煤灰，开展复掺石粉及粉煤灰抑制砂板岩碱-骨料反应膨胀的试验研究，与单掺石粉抑制砂板岩碱-骨料反应的效果进行比较，探讨复掺石粉和粉煤灰的抑制效果。粉煤灰掺量选择 10%、15%，石粉掺量选择 10%、15%、20%、30%、40%，试验结果见图 8.4-5 和图 8.4-6。从试验结果可以得出以下结论：

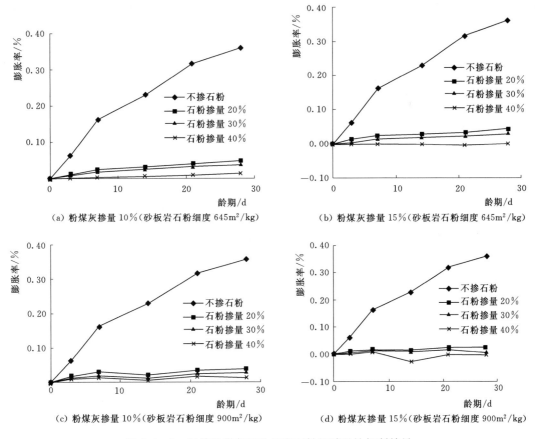

（a）粉煤灰掺量 10%（砂板岩石粉细度 645m²/kg）　　（b）粉煤灰掺量 15%（砂板岩石粉细度 645m²/kg）

（c）粉煤灰掺量 10%（砂板岩石粉细度 900m²/kg）　　（d）粉煤灰掺量 15%（砂板岩石粉细度 900m²/kg）

图 8.4-5　复掺粉煤灰和砂板岩石粉的碱活性抑制效果

（1）粉煤灰掺量达到 10％、石粉掺量达到 10％时，不论采用何种石粉，都能有效抑制砂板岩骨料碱-骨料反应。

（2）粉煤灰掺量一定时，石粉掺量越大，抑制效果越好。

（3）石粉掺量一定时，粉煤灰掺量越大，抑制效果越好。

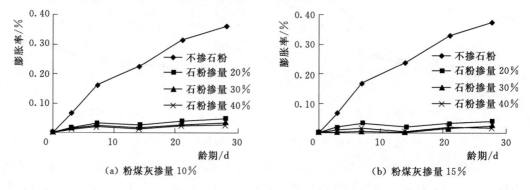

图 8.4-6　复掺粉煤灰和花岗岩石粉的碱活性抑制效果

8.4.2.2　碱-骨料反应抑制有效性试验（混凝土棱柱体法）

根据 DL/T 5151—2014《水工混凝土砂石骨料试验规程》中的混凝土棱柱体法分对单掺石粉、复掺石粉和粉煤灰、复掺石粉和硅粉共 3 种骨料碱活性抑制措施的抑制效果进行了检测。当 2 年龄期试件的膨胀率小于 0.04％时，则评定为骨料碱活性抑制有效。

1. 单掺石粉抑制方案

单掺石粉骨料碱活性抑制措施的抑制效果列于图 8.4-7。从观测结果看，4 种石粉分别单掺时碱活性抑制效果均不明显，645d 观测龄期混凝土棱柱体试件膨胀率均大于 0.04％。截至 645d 观测龄期，掺花岗岩石粉混凝土棱柱体膨胀率在 0.066％～0.103％之间，掺玄武岩石粉混凝土棱柱体膨胀率在 0.093％～0.114％之间，掺灰岩石粉混凝土棱柱体膨胀率在 0.085％～0.119％之间，掺砂板岩石粉混凝土棱柱体膨胀率在 0.069％～0.124％之间。

2. 复掺石粉和粉煤灰方案

复掺石粉和粉煤灰骨料碱活性抑制措施的抑制效果见图 8.4-8。与单掺石粉方案比较，复掺石粉和粉煤灰时混凝土棱柱体膨胀率显著下降。混凝土棱柱体试验结果规律与砂浆棒快速法一致，即石粉粉磨细度增加，碱活性抑制效果越好；粉煤灰掺量一定时，石粉掺量增加，碱活性抑制效果越好；石粉掺量一定时，粉煤灰掺量越高，碱活性抑制效果越好。

从 540d 龄期观测数据看，除复掺（10％粉煤灰＋10％原状花岗岩石粉）方案的膨胀率超过 0.04％外，其他抑制方案膨胀率数据均小于 0.04％。

比较砂板岩石粉、花岗岩石粉分别与粉煤灰复掺方案，砂板岩石粉与粉煤灰复掺时抑制效果略好于后者。截至 540d 观测龄期，粉煤灰掺量为 10％时，掺入 10％～20％砂板岩石粉混凝土棱柱体膨胀率为 0.017％～0.029％，掺入 10％～20％花岗岩石粉混凝土棱柱体膨胀率为 0.032％～0.041％；粉煤灰掺量为 15％时，掺入 10％～20％砂板岩石粉混凝土棱柱体膨胀率为 0.008％～0.020％，掺入 10％～20％花岗岩石粉混凝土棱柱体膨胀率为 0.008％～0.021％。

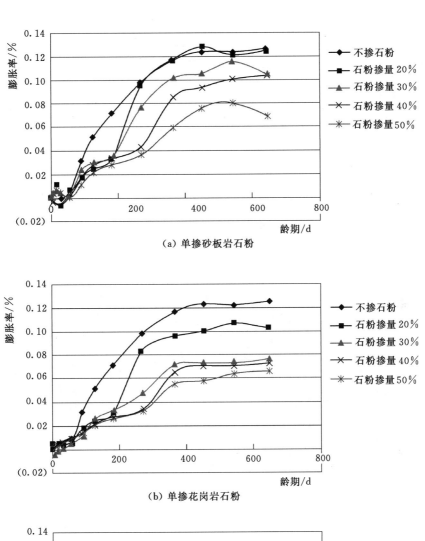

（a）单掺砂板岩石粉

（b）单掺花岗岩石粉

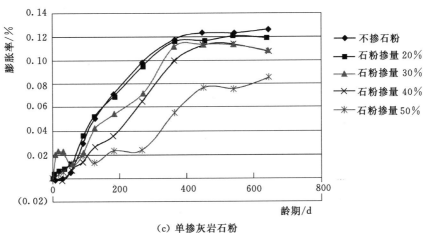

（c）单掺灰岩石粉

图 8.4-7（一） 单掺 4 种石粉的混凝土棱柱体的膨胀率曲线

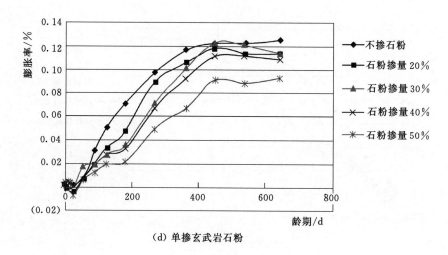

（d）单掺玄武岩石粉

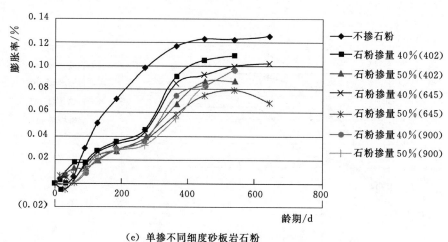

（e）单掺不同细度砂板岩石粉

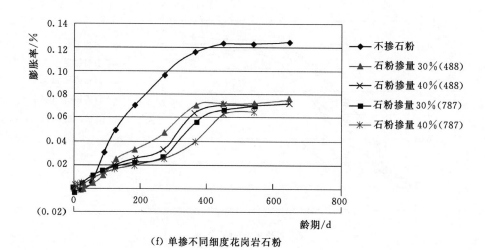

（f）单掺不同细度花岗岩石粉

图 8.4-7（二）　单掺 4 种石粉的混凝土棱柱体的膨胀率曲线

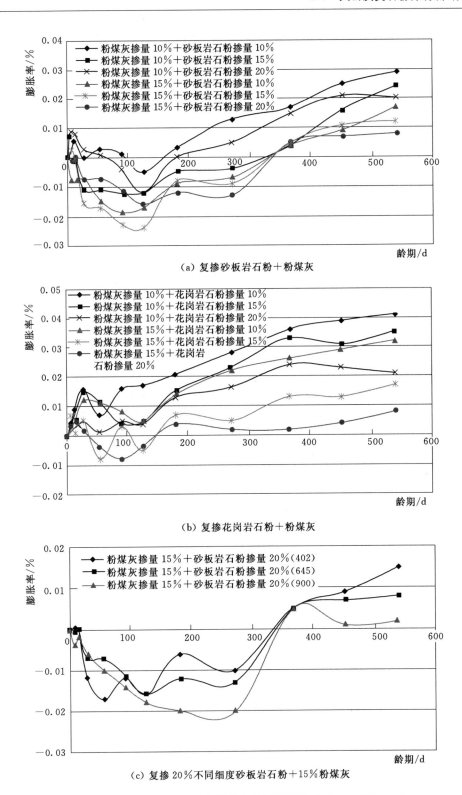

（a）复掺砂板岩石粉＋粉煤灰

（b）复掺花岗岩石粉＋粉煤灰

（c）复掺20％不同细度砂板岩石粉＋15％粉煤灰

图 8.4-8（一） 复掺石粉与粉煤灰的混凝土棱柱体的膨胀率曲线

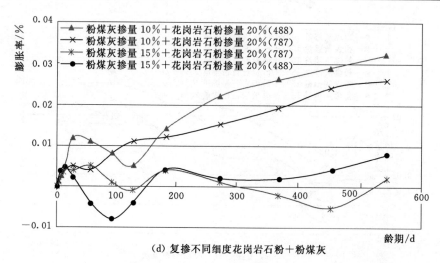

(d) 复掺不同细度花岗岩石粉＋粉煤灰

图 8.4-8（二）　复掺石粉与粉煤灰的混凝土棱柱体的膨胀率曲线

与单掺 20％粉煤灰方案比较，除复掺 10％粉煤灰＋10％花岗岩石粉外，其他方案的膨胀率均小于单掺 20％粉煤灰方案。

3. 复掺石粉和硅粉方案

复掺硅粉和石粉骨料碱活性抑制措施的抑制效果见图 8.4-9。复掺硅粉和石粉的碱活性抑制效果最好，从 540d 龄期观测结果看，混凝土棱柱体试件的膨胀率均小于 0.04％；值得注意的是，部分复掺硅粉与石粉方案的膨胀率略高于单掺硅粉方案。

8.4.3　石粉抑制碱-骨料机理分析

碱-骨料反应（如碱-硅反应）是活性二氧化硅与碱之间的反应，SiO_2 消耗液相中的碱离子，把分散的能量集中于局部（活性颗粒表面），导致局部承受很大的膨胀力，引起局部损坏和开裂。如果将活性 SiO_2 粉磨成微粒，散布于体系的整体各部位，将有限的局部，化解成无限多的活性中心，每一个中心都参与化学反应而消耗碱，能量只能分散而不能局部集中，从而可抑制碱-骨料反应。

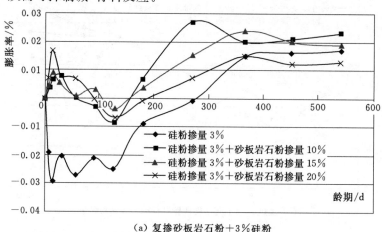

（a）复掺砂板岩石粉＋3％硅粉

图 8.4-9（一）　复掺石粉与硅粉的混凝土棱柱体的膨胀率曲线

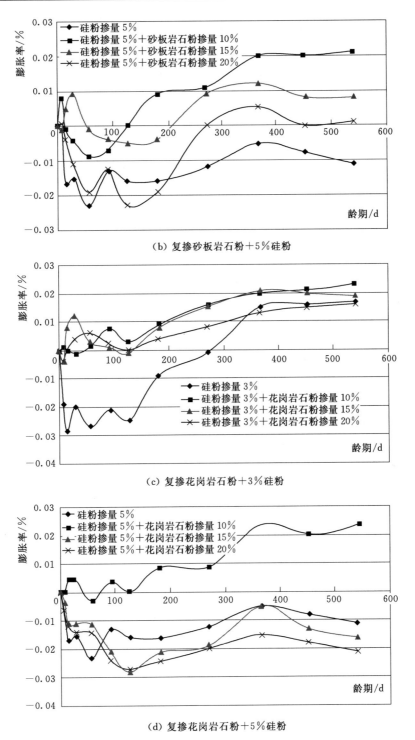

（b）复掺砂板岩石粉＋5%硅粉

（c）复掺花岗岩石粉＋3%硅粉

（d）复掺花岗岩石粉＋5%硅粉

图 8.4-9（二） 复掺石粉与硅粉的混凝土棱柱体的膨胀率曲线

按照这一原理，许多研究者利用碱活性抑制材料，如矿渣粉、粉煤灰，天然火山灰材料、煅烧黏土矿物、天然硅藻土和硅粉等，来抑制碱-骨料反应。目前采用的活性抑制材料可以分为两类：第一类为玻璃态或无定形态的硅（铝）酸或硅铝酸盐材料，如粉煤灰、硅粉、矿渣粉等；第二类为具有强烈吸附和交换阳离子功能的矿物材料，如沸石、膨润土、蛭石等。

灰岩的矿物成分主要是方解石，含有少量的硅酸盐矿物，基本不含有石英，没有无定形的石英。没有形成比较致密的过冷玻璃结构；也不是阳离子吸附材料。灰岩石粉掺入胶凝材料中，只能降低胶凝材料的碱含量，在碱–骨料反应过程中不能耗散碱，不能有效的抑制碱–骨料反应。

玄武岩的矿物成分主要是辉石、斜长石、绿泥石等，部分含有少量的石英杏仁体，没有无定形的石英。没有形成比较致密的过冷玻璃结构；也不是阳离子吸附材料。玄武岩石粉掺入胶凝材料中，只能降低胶凝材料的碱含量，在碱–骨料反应过程中不能耗散碱，不能有效的抑制碱骨料反应。

砂板岩的矿物成分主要是石英、高岭土、水云母等，石英部分为微晶～隐晶石英，少量无定形的石英。没有形成比较致密的过冷玻璃结构；高岭土、水云母有一定的阳离子吸附作用。砂板岩石粉抑制机理和粉煤灰、硅粉类似，砂板岩石粉掺入胶凝材料中，降低胶凝材料的碱含量，砂板岩石粉由于含有少量活性成分，也可降低了早期孔隙溶液中的碱浓度，使早期的反应得到缓和。砂板岩石粉没有经过活化，活性成分含量少，只有少量的微晶～隐晶石英、无定形的石英能和碱反应，导致碱耗散，抑制碱–骨料反应效果不明显，大掺量时才有一定的抑制效果。砂板岩石粉和一定量的硅粉或粉煤灰复掺，抑制效果会更好。

花岗岩的矿物成分主要是石英、长石、云母、角闪石等，石英部分为微晶～隐晶石英，活性成分含量比砂板岩低。没有形成比较致密的过冷玻璃结构；也不是阳离子吸附材料。花岗岩石粉掺入胶凝材料中，只能降低胶凝材料的碱含量，花岗岩石粉由于含有少量活性成分，也可降低了早期孔隙溶液中的碱浓度，使早期的反应得到缓和。花岗岩石粉没有经过活化，活性成分含量少，只有少量的微晶～隐晶石英能和碱反应，导致碱耗散，抑制碱–骨料反应效果不明显，大掺量时才有一定的抑制效果。花岗岩石粉和一定量的硅粉或粉煤灰复掺，抑制效果会更好。

8.4.4 小结

（1）结合砂浆棒快速法与混凝土棱柱体法试验结果推测，单掺 4 种石粉均难以有效抑制骨料碱活性。

（2）复掺粉煤灰与石粉以及复掺硅粉与石粉均能不同程度抑制骨料的碱活性，其中后者的抑制效果要优于前者，具体列于表 8.4-1。

对于复掺粉煤灰与石粉方案，粉煤灰掺量为 10％、石粉掺量不低于 20％时，均可有效抑制骨料的碱活性；对于复掺硅粉与石粉方案，硅粉掺量为 3％、石粉掺量不低于 15％，或者硅粉掺量为 5％、石粉掺量不低于 10％时，均可有效抑制骨料的碱活性。石粉粉磨得越细，碱活性抑制效果越好。

（3）基于上述砂浆棒快速法与混凝土棱柱体法试验结果，以单掺 20％粉煤灰的骨料碱活性抑制效果作为衡量标准，提出了多种骨料碱活性抑制方案，列于表 8.4-2。

表 8.4-1　骨料碱活性抑制有效试验方案（单掺与复掺）

方案	砂浆棒快速法	混凝土棱柱体法	抑制有效方案
单掺	砂板岩石粉掺量不少于50%（402m²/kg，900m²/kg），砂板岩石粉掺量不少于40%（645m²/kg，900m²/kg）；花岗岩石粉掺量不少于40%（488m²/kg），花岗岩石粉掺量不少于40%（787m²/kg）	无抑制效果	无抑制效果
石粉与粉煤灰复掺	粉煤灰掺量不少于10%（645m²/kg，900m²/kg），砂板岩石粉掺量不少于15%，砂板岩石粉掺量不少于10%（900m²/kg）；粉煤灰掺量不少于10%，花岗岩石粉掺量不少于10%（488m²/kg，787m²/kg），花岗岩石粉掺量不少于20%**（488m²/kg）；硅粉掺量不少于5%	无抑制效果；粉煤灰掺量少于10%（645m²/kg，900m²/kg），砂板岩石粉掺量不少于15%，砂板岩石粉掺量不少于10%（900m²/kg）；粉煤灰掺量不少于10%，花岗岩石粉掺量不少于10%（488m²/kg，787m²/kg），花岗岩石粉掺量不少于20%**（488m²/kg）；硅粉掺量不少于3%	无抑制效果；粉煤灰掺量不少于10%，砂板岩石粉掺量不少于10%（645m²/kg，900m²/kg）；粉煤灰掺量不少于10%，花岗岩石粉掺量不少于10%（488m²/kg，787m²/kg），花岗岩石粉掺量不少于20%（488m²/kg）；硅粉掺量不少于5%
石粉与硅粉复掺	硅粉掺量不少于15%（645m²/kg），硅粉掺量不少于10%（645m²/kg）；硅粉掺量不少于10%（488m²/kg），花岗岩石粉掺量不少于5%，花岗岩石粉掺量不少于5%（488m²/kg）	砂板岩石粉掺量不少于3%，硅粉掺量不少于5%（645m²/kg）；硅粉掺量不少于10%（488m²/kg），花岗岩石粉掺量不少于5%，花岗岩石粉掺量不少于5%（488m²/kg）	砂板岩石粉掺量不少于3%，硅粉掺量不少于5%（645m²/kg）；硅粉掺量不少于10%（488m²/kg），花岗岩石粉掺量不少于5%，花岗岩石粉掺量不少于5%（488m²/kg）

注："…"表示起始值为20%，"**"表示预估值。

表 8.4-2　与掺20%粉煤灰抑制效果等效方案

抑制方案	砂浆棒快速法	混凝土棱柱体法	与掺20%粉煤灰等效的抑制方案
单掺	无抑制效果	无抑制效果	无抑制效果
石粉与粉煤灰复掺	粉煤灰掺量不少于10%，砂板岩石粉掺量不少于15%，砂板岩石粉掺量不少于10%，粉煤灰掺量不少于10%（645m²/kg），花岗岩石粉掺量不少于20%（488m²/kg）；粉煤灰掺量不少于15%，花岗岩石粉掺量不少于20%（488m²/kg）	粉煤灰掺量不少于10%（645m²/kg），砂板岩石粉掺量不少于15%，粉煤灰掺量不少于10%（645m²/kg），花岗岩石粉掺量不少于15%；粉煤灰掺量不少于15%，花岗岩石粉掺量不少于20%（488m²/kg，787m²/kg）	粉煤灰掺量不少于10%，砂板岩石粉掺量不少于20%（645m²/kg），粉煤灰掺量不少于15%，花岗岩石粉掺量不少于20%
石粉与硅粉复掺	硅粉掺量不少于3%，砂板岩石粉掺量不少于5%，砂板岩石粉掺量不少于3%，硅粉掺量不少于5%（488m²/kg），硅粉掺量不少于15%（488m²/kg），花岗岩石粉掺量不少于30%（488m²/kg），硅粉掺量不少于5%，花岗岩石粉掺量不少于20%（488m²/kg）	硅粉掺量不少于3%，砂板岩石粉掺量不少于15%，砂板岩石粉掺量不少于3%，硅粉掺量不少于15%（645m²/kg），花岗岩石粉掺量不少于5%，硅粉掺量不少于15%（488m²/kg）	砂板岩石粉掺量不少于3%（645m²/kg），花岗岩石粉掺量不少于3%（488m²/kg），花岗岩石粉掺量不少于20%（488m²/kg）

第 9 章　工 程 应 用 实 例

9.1　粉煤灰在工程中的应用

9.1.1　粉煤灰作为混凝土掺和料在三峡工程中的应用

9.1.1.1　工程概况

三峡工程位于重庆市到湖北省宜昌市之间的长江干流上，是开发和治理长江的关键性骨干工程，具有防洪、发电、航运等综合效益。坝址位于宜昌市三斗坪，下距葛洲坝水利枢纽 38km，控制流域面积 100 万 km²，多年平均径流量 4510 亿 m³。设计正常蓄水位 175.00m，水库长 600 余 km，总库容 392 亿 m³，防洪库容 221.5 亿 m³。电站装机总容量 22500MW，年平均发电量 846.8 亿 kW·h，是世界上规模最大的水电站。三峡工程混凝土重力坝坝高 185.00m，大坝混凝土总量达 1610 万 m³，是世界规模最大的混凝土大坝。提高三峡工程混凝土的性能对于三峡工程建设具有重要意义，直接关系到工程的安全运行和服役寿命。此外，三峡工程投资巨大，混凝土成本的 70％是原材料成本，若每立方米混凝土能节约 5～10 元，即可节约投资 1 亿～2 亿元。

在三峡工程建设以前，我国在水工混凝土中掺用粉煤灰已有 40 多年的历史，然而掺量有限，只在 15％～30％之间，拌制的混凝土虽能满足抗压强度要求，但水胶比大，用水量高，混凝土的耐久性也差。粉煤灰只是作为水泥的少量替代品使用，且绝大部分工程使用的粉煤灰的品质只能达到Ⅱ级、Ⅲ级粉煤灰标准。1973 年，长江科学院正式将三峡工程用粉煤灰做混凝土掺和料列为研究项目，并和中国建筑材料科学研究院共同主持起草了我国第一个粉煤灰品质的国家标准 GB 1596—1997《用于水泥和混凝土中的粉煤灰》。随后对高掺粉煤灰混凝土的长期性能进行了全面的试验研究，通过试验论证了优质粉煤灰在混凝土中有三种效应，能产生三种势能，并可从 9 个方面改善混凝土的性能。

不同水胶比、不同粉煤灰掺量条件下混凝土用水量试验结果见表 9.1-1。当粉煤灰掺量为 30％时可减少用水量约 12％，掺量 50％时可减少用水量约 18％。显示了Ⅰ级粉煤灰具有显著的减水效果，可起到普通减水剂的减水作用。因此，把使用Ⅰ级粉煤灰作为减少三峡工程花岗岩人工骨料混凝土用水量的措施之一。

长江科学院提出将粉煤灰作为三峡工程大坝混凝土掺和料的应用研究项目，不仅促进了混凝土技术的发展，而且通过大掺量优质粉煤灰的应用大大降低了混凝土的水化温升，减少了温度裂缝的危害，并起到了提高混凝土工作性能、力学性能、耐久性以及降低混凝土工程造价、促进粉煤灰资源利用的综合效益。

表 9.1-1   混凝土用水量与Ⅰ级粉煤灰掺量关系

| 粉煤灰掺量 /% | 基准混凝土（$W/C=0.50$） | | | | | | 不同水胶比与用水量关系/(kg/m³) | | | | | | | DH9s 掺量 /‰ |
| | 二级配 | | 三级配 | | 四级配 | | 0.35 | 0.40 | 0.45 | 0.50 | 0.55 | 0.60 | 0.65 | |
	用水量 /(kg/m³)	减水率 /%	用水量 /(kg/m³)	减水率 /%	用水量 /(kg/m³)	减水率 /%								
0	123		103		91		2	0	0		1	2	3	0.05
10	117	5	99	4	86	5	−2	−2	−1		1	2	5	0.06
20	109	11	94	9	82	10	−4	−3	−2	基准	2	3	6	0.07
30	105	15	91	12	80	12		−3	−2		2	3	7	0.08
40	101	18	88	15	78	14		−3	−2		2	4	7	0.09
50	100	19	84	18	75	18		−3	−2		2	4	8	0.10

注   ZB-1A 高效减水剂掺量 0.8%，平圩Ⅰ级粉煤灰，坍落度 3~5cm，湿筛混凝土含气量 4.5%~5.5%。

9.1.1.2 试验研究成果

1. 粉煤灰的品质

三峡工程在国家标准基础上制订了三峡工程粉煤灰质量标准（表 9.1-2），标准附加了对需水量比和碱含量的规定。三峡工程大大提高了粉煤灰在混凝土中的掺量限值，把粉煤灰作为混凝土的第四组分，而不仅仅是水泥的简单"替代品"。三峡一期工程初期曾使用品质接近Ⅰ级灰（简称"准Ⅰ级灰"）的粉煤灰作为过渡，1997 年，在左岸主体混凝土工程使用人工骨料后，工程全部使用了Ⅰ级粉煤灰，统计表明，三峡工程共使用了 130 万多 tⅠ级粉煤灰。粉煤灰的 SEM 图片见图 9.1-1。

表 9.1-2   三峡工程大坝混凝土用粉煤灰的质量控制指标   %

| 粉煤灰 | 指标 | | | | | |
	细度*	需水量比	烧失量	含水量	三氧化硫	碱含量
优质品	≤12	≤91	≤5	≤1	≤3	≤1.5
合格品	≤12	≤95	≤5	≤1	≤3	≤1.7
GB 1596—91Ⅰ级粉煤灰	≤12	≤95	≤5	≤1	≤3	—

*   细度为 0.045mm 方孔筛筛余。

2. 大坝混凝土配合比设计与优化

混凝土配合比选择试验是在三峡工程混凝土原材料优选基础上进行的，按照工程部位与结构设计的要求，分为常态混凝土、结构混凝土、预应力混凝土、碾压混凝土、抗冲耐磨混凝土分别进行配合比优化试验。

经过配合比优化试验，选择了 13 个大坝混凝土配合比进行全面的性能试验，其中内部混凝土 5 个、水位变化区 3 个、基础和水上、水下外部混凝土 5 个，见表 9.1-3。

（1）强度。通过配合比优化设计，优选出三峡工程各部位混凝土配合比。优选配合比混凝土强度试验结果和抗压强度增长率见表 9.1-4。从表可以看出：包括大坝所有部位

表 9.1 - 3　　　　　　　　　　　　　大坝混凝土配合比掺数

混凝土配合比编号	工程部位及设计要求	水泥品种	水胶比	粉煤灰掺量/%	级配	ZB-1A/%	DH9S/‰	用水量/(kg/m³)	水泥	粉煤灰	胶材总量	坍落度/cm	含气量/%
						外加剂			胶材用量/(kg/m³)				
1	内部: $C_{90}15F100W8$, $\varepsilon_{p28}=0.70\times10^{-4}$, $\varepsilon_{p90}=0.75\times10^{-4}$	葛中热	0.55	35	4	0.7	0.060	83.5	99.0	53.0	152.0	3.0	4.7
6			0.50	40	4	0.7	0.063	82.0	98.0	66.0	164.0	4.0	5.0
7			0.50	45	4	0.7	0.065	81.5	90.0	73.0	163.0	3.2	4.5
11		葛低热	0.50	25	4	0.7	0.055	85.0	128.0	43.0	170.0	5.0	5.0
26		湖特中热	0.50	40	4	0.7	0.063	82.0	98.0	66.0	164.0	6.0	5.0
2	水位变化区: $C_{90}25F250W10$, $\varepsilon_{p28}=0.80\times10^{-4}$, $\varepsilon_{p90}=0.85\times10^{-4}$	葛中热	0.50	20	4	0.7	0.053	84.0	134.0	34.0	168.0	4.0	5.7
8			0.45	20	4	0.7	0.053	83.0	148.0	37.0	184.0	5.0	5.5
9			0.45	30	4	0.7	0.058	82.0	128.0	55.0	182.0	3.5	4.7
3	水上、水下外部: $C_{90}20F250W10$, $\varepsilon_{p28}=0.80\times10^{-4}$, $\varepsilon_{p90}=0.85\times10^{-4}$	葛中热	0.50	25	4	0.7	0.055	83.5	125.0	42.0	167.0	4.0	5.7
4			0.50	30	4	0.7	0.057	83.0	116.0	50.0	166.0	3.5	5.5
27		湖特中热	0.50	30	4	0.7	0.057	83.0	116.0	50.0	166.0	6.0	5.0
5	基础: $C_{90}20F150W10$, $\varepsilon_{p28}=0.80\times10^{-4}$, $\varepsilon_{p90}=0.85\times10^{-4}$	葛中热	0.50	35	4	0.7	0.060	82.5	107.0	58.0	165.0	4.8	5.0
10		葛低热	0.50	15	4	0.7	0.050	86.0	146.0	26.0	172.0	4.0	4.7

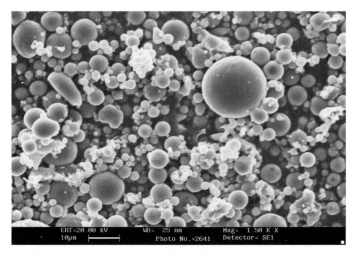

图 9.1-1 粉煤灰的 SEM 图片

的 13 个配合比混凝土强度，都能满足设计要求，且强度富余较多。中热水泥掺 20%~45%粉煤灰，水胶比为 0.50 混凝土的抗压强度随粉煤灰掺量增加而减小，90d 强度增长率为 134%~147%，并且粉煤灰掺量 30%~40%为最大。7d 与 28d 抗压强度比随粉煤灰掺量增加而减小。说明粉煤灰掺量大，早期强度发展慢，后期强度发展快。

表 9.1-4　　　　　　　　　　大坝混凝土抗压强度和抗压强度增长率

混凝土配合比编号	工程部位	设计标号	水胶比	粉煤灰掺量/%	抗压强度/MPa				劈拉强度/MPa				抗压强度增长率/%			
					7d	28d	90d	180d	7d	28d	90d	180d	7d	28d	90d	180d
1	内部	$C_{90}15$	0.55	35	12.0	18.5	25.8	32.2	0.68	1.23	1.80	2.56	64.9	100	139.5	174.1
6			0.50	40	13.0	21.2	30.1	38.9	0.85	1.43	2.37	2.86	61.3	100	142.0	183.5
7			0.50	45	12.0	20.8	27.9	38.2	0.77	1.36	1.77	2.69	57.7	100	134.1	183.7
11			0.50	25	9.2	22.2	30.6	36.8	0.59	1.52	1.98	2.34	41.4	100	137.8	165.8
26			0.50	35	13.8	21.8	32.5	41.2	0.79	1.44	2.23	2.96	63.3	100	149.1	189.0
2	水位变化区	$C_{90}25$	0.50	20	18.1	27.6	37.9	43.3	1.25	1.77	2.85	2.96	65.6	100	137.3	156.9
8			0.45	20	21.7	30.5	40.4	46.3	1.40	2.09	2.95	2.92	71.1	100	132.5	151.8
9			0.45	30	18.8	28.0	38.4	46.6	1.09	1.93	2.59	—	67.1	100	137.1	166.4
3	水上、水下外部	$C_{90}20$	0.50	25	16.2	24.9	33.5	40.7	1.13	1.75	2.60	2.95	65.1	100	134.5	163.5
4			0.50	30	15.3	23.7	33.9	40.6	1.04	1.64	2.48	3.05	64.1	100	143.0	171.3
27			0.50	30	13.9	24.8	33.8	40.8	0.90	1.73	2.38	3.08	56.0	100	136.1	164.5
5	基础	$C_{90}20$	0.50	35	13.6	21.0	30.8	36.1	0.96	1.59	2.35	2.64	64.8	100	146.7	171.9
10			0.50	15	10.9	21.8	32.1	34.8	0.78	1.71	2.46	2.76	50.0	100	147.2	159.6

　　（2）极限拉伸和弹性模量。混凝土的极限拉伸和弹性模量试验结果见表 9.1-5。混凝土极限拉伸变形是表征混凝土在极限拉伸荷载下的变形能力，是衡量混凝土受到各种收缩变形时抵抗拉应力破坏的重要参数。混凝土极限拉伸值比抗压强度和抗拉强度增长更慢

一些。大水胶比、高粉煤灰掺量的混凝土极限拉伸值的增长率，比小水胶比、低粉煤灰掺量的高标号混凝土极限拉伸值的增长率要大一些。

表9.1-5　　　　　　　　大坝混凝土极限拉伸和弹性模量试验结果

混凝土配合比编号	工程部位	水胶比	粉煤灰掺量/%	水泥品种	极限拉伸值/(×10⁻⁶)			抗压弹性模量/GPa		
					7d	28d	90d	7d	28d	90d
1	内部	0.55	35	中热	60.0	76.0	89.0	17.7	22.9	27.3
6		0.50	40	中热	68.0	78.0	87.0	18.6	25.3	29.1
7		0.50	45	中热	62.5	75.0	83.0	17.4	24.7	29.4
11		0.50	25	低热	61.0	78.5	89.0	15.9	22.6	28.5
26		0.50	40	中热	64.5	78.5	81.5	18.3	24.8	30.6
2	水位变化区	0.50	20	中热	74.5	91.0	101.0	20.9	28.4	30.1
8		0.45	20	中热	72.5	91.5	105.0	23.4	31.2	33.2
9		0.45	30	中热	64.0	86.5	100.5	22.9	31.1	31.8
3	水上、水下外部	0.50	25	中热	67.0	90.0	99.5	19.8	26.7	29.2
4		0.50	30	中热	70.0	82.5	88.5	20.2	27.3	29.1
27		0.50	30	中热	69.5	86.0	95.5	19.8	26.7	30.9
5	基础	0.50	35	中热	68.0	80.0	86.5	19.1	25.8	28.1

粉煤灰对混凝土弹性模量的影响不如对强度的影响显著。与不掺粉煤灰相比，掺粉煤灰混凝土的弹性模量早期略低，后期略高。

（3）干缩变形。大坝混凝土的干缩试验结果见表9.1-6。从表中结果可知，混凝土的干缩率有随粉煤灰掺量的增大而降低的趋势，这是由于掺粉煤灰改善了新拌混凝土的黏聚性，减少了泌水，降低了孔隙率。

表9.1-6　　　　　　　　大坝混凝土干缩试验结果

混凝土配合比编号	工程部位	水胶比	粉煤灰掺量/%	水泥品种	干缩率/(×10⁻⁶)					
					3d	7d	28d	60d	90d	180d
1	内部	0.55	35	中热	42.0	92.0	262.0	357.0	400.0	446.0
6		0.50	40	中热	56.0	100.0	290.0	350.0	371.0	423.0
7		0.50	45	中热	46.0	105.0	290.0	357.0	372.0	418.0
11		0.50	25	低热	46.0	122.0	308.0	359.0	392.0	433.0
26		0.50	40	中热	29.0	77.0	225.0	293.0	328.0	375.0
2	水位变化区	0.50	20	中热	73.0	127.0	340.0	402.0	422.0	476.0
8		0.45	20	中热	74.0	133.0	358.0	425.0	447.0	498.0
9		0.45	30	中热	71.0	131.0	300.0	375.0	396.0	478.0
3	水上、水下外部	0.50	25	中热	68.0	125.0	330.0	395.0	415.0	463.0
4		0.50	30	中热	61.0	121.0	318.0	384.0	405.0	455.0
27		0.50	30	中热	41.0	71.0	209.0	287.0	325.0	367.0
5	基础	0.50	35	中热	58.0	115.0	310.0	370.0	395.0	442.0
10		0.50	15	低热	51.0	131.0	310.0	368.0	420.0	465.0

（4）自生体积变形和徐变变形。混凝土自生体积变形试验结果见表9.1-7。在早龄期加载时，掺30％粉煤灰混凝土的徐变比掺20％粉煤灰混凝土徐变大；在晚龄期加载时，混凝土的徐变随粉煤灰掺量的增加而变小。在粉煤灰掺量相同时，水胶比大的混凝土徐变大。大坝同样部位的混凝土，徐变与水胶比成正比关系。

表9.1-7　　　　　　　　　　大坝混凝土自生体积变形试验结果

配合比编号	工程部位	设计强度	水泥品种	水胶比	粉煤灰掺量/％	自生体积变形/（×10⁻⁶）					
						1d	7d	28d	90d	180d	365d
1	内部	$C_{90}15$	中热	0.55	35	3.1	6.8	6.6	7.0	9.3	10.6
6			中热	0.50	40	4.5	10.4	11.5	17.0	12.2	11.0
7			中热	0.50	45	2.4	7.1	5.0	8.5	6.8	0.6
11			低热	0.50	25	17.2	27.3	49.0	74.0	72.1	65.5
2	水位变化区	$C_{90}25$	中热	0.50	20	7.7	15.7	24.1	32.1	37.1	38.5
8			中热	0.45	20	4.5	5.8	−11.1	−18.0	−13.1	−8.8
9			中热	0.45	30	4.9	14.2	18.6	24.3	25.3	21.8
3	水上、水下外部	$C_{90}20$	中热	0.50	25	1.3	6.8	0.5	−5.2	−0.9	0.6
4			中热	0.50	30	2.6	9.5	16.5	28.2	31.2	30.4
5	基础	$C_{90}20$	中热	0.50	35	3.3	9.6	11.1	13.8	15.4	15.1
10			低热	0.50	15	16.3	24.3	40.0	61.3	73.8	75.5

（5）热物理性能。混凝土热物理性能包括混凝土的绝热温升、比热、导温系数、线膨胀系数。热物理性能对大体积混凝土十分重要，是坝体温度应力和裂缝控制计算的重要参数，混凝土绝热温升与配合比关系很大，是优化混凝土配合比的重要根据之一，其他热物理性能与混凝土所用材料性能有关，随着粉煤灰掺量的增加，混凝土的绝热温升有降低的趋势，这主要是用于粉煤灰替代了水泥，降低了水化热。

（6）断裂能。混凝土断裂能与抗裂性能相关。影响混凝土断裂能的因素很多，在原材料已经确定的条件下，影响断裂能的主要因素是混凝土的抗拉强度。混凝土抗拉强度越高，其断裂能就越大，混凝土就具有更好的抗裂性能。断裂能的试验结果见表9.1-8，根据断裂能试验结果，可以得出以下结论：

表9.1-8　　　　　　　　　　大坝混凝土断裂能试验结果

配合比编号	工程部位	水胶比	水泥用量/（kg/m³）	粉煤灰用量/（kg/m³）	设计强度	水泥品种	断裂能 G_f/（N/m）	断裂韧度 K_{Ic}/（MN/m³ᐟ²）
1	内部	0.55	99	53	$C_{90}15$	中热	90.6	0.306
2	水位变化区	0.50	134	34	$C_{90}25$	中热	99.7	0.246
4	基础	0.50	116	50	$C_{90}20$	中热	93.3	0.365
6	内部	0.50	98	66	$C_{90}15$	中热	109.3	0.376
8	水位变化区	0.45	153	38	$C_{90}25$	中热	99.8	0.433
9	水位变化区	0.45	128	55	$C_{90}25$	中热	95.1	0.354
10	基础	0.50	146	26	$C_{90}20$	低热	83.7	0.278
11	内部	0.50	128	43	$C_{90}15$	低热	78.4	0.283

1) 水胶比相同时（8 号和 9 号），不同粉煤灰掺量，对断裂能影响并不显著；同为内部、基础混凝土，低热水泥混凝土的断裂能和断裂韧度较中热水泥为低。

2) 在强度基本相同的条件下，应选用水胶比小、粉煤灰掺量高的混凝土配合比，而不宜选用水胶比大，粉煤灰掺量低的混凝土配合比。

3) 应选用中热水泥而不宜选用低热水泥。

（7）碱-骨料抑制。粉煤灰对碱-骨料反应长龄期的抑制效果试验结果见表 9.1-9 和表 9.1-10。从试验结果看，粉煤灰的掺量达到 20％后，3 年龄期抑制效果可达到 70％以上，能有效抑制碱-骨料反应引起的膨胀。掺量达到 20％后，砂浆棒的膨胀率呈逐渐降低趋势。这是因为粉煤灰的化学组成和结构与火山灰类似，粉煤灰的结构主要为硅氧-铝氧四面体通过桥氧的联结形成无序的三维网络。在粉煤灰网络结构中，金属大离子量少，四面体中未饱和自由电价量大，而且 $(AlO_4)^{5-}$ 成为四面体网络中的薄弱部位。当这个不稳定结构在碱性介质中时，$(AlO_4)^{5-}$ 最易水化和溶解，解体着的粉煤灰四面体网络，使 $(AlO_4)^{5-}$ 具有活性，$(AlO_4)^{5-}$ 群成为争夺介质中碱离子的关键角色，从而降低了碱参与骨料的反应。

表 9.1-9　　　　　　　　　　粉煤灰抑制骨料碱活性试验结果

水泥品种	碱含量/％	硬质玻璃掺量/％	粉煤灰掺量/％	砂浆棒膨胀率/％									
				0.5 年	1 年	2 年	3 年	4 年	5 年	6 年	7 年	8 年	9 年
中热水泥	1.2	8	0	0.094	0.157	0.196	0.205	0.242	0.337	0.369	0.416	0.434	0.443
	1.2	8	10	0.147	0.201	0.204	0.209	0.226	0.246	0.251	0.265	0.265	0.261
	1.2	8	20	0.025	0.056	0.055	0.053	0.060	0.074	0.071	0.080	0.079	0.077
	1.2	8	25	0.011	0.016	0.009	−0.010	−0.002	−0.004	−0.003	0.008	0.012	0.013
	1.2	8	30	0.005	0.008	0.001	−0.010	−0.005	−0.004	−0.004	0.004	0.006	0.005
	1.2	8	35	0.001	0.005	−0.003	−0.014	−0.009	−0.004	−0.007	0.004	0	−0.003
	1.2	8	40	0.006	0.010	−0.001	−0.010	−0.008	0	−0.002	0.005	−0.003	−0.006

表 9.1-10　　　　　　　　　　粉煤灰抑制骨料碱活性效果

水泥品种	碱含量/％	硬质玻璃掺量/％	粉煤灰掺量/％	抑 制 效 果/％									
				0.5 年	1 年	2 年	3 年	4 年	5 年	6 年	7 年	8 年	9 年
中热水泥	1.2	8	10	−56	−28	−4	−2	7	27	32	36	39	41
	1.2	8	20	73	64	72	74	75	78	81	81	82	83
	1.2	8	25	88	90	95	105	101	101	101	98	97	97
	1.2	8	30	95	95	99	105	102	101	101	99	99	99
	1.2	8	35	99	97	102	107	104	101	102	99	100	101
	1.2	8	40	94	94	101	105	103	100	101	99	101	101

（8）优选混凝土配合比的技术经济效果。优选出的三峡二期工程混凝土配合比，各项性能试验结果均满足设计要求，并且主要参数已达大坝高性能混凝土的要求。但影响混凝

土质量的因素很多，采用水泥功能因素、热强比、弹强比和抗裂指数等综合性能对大坝混凝土（包括大坝内部、基础和水位变化区）进行了对比分析（见表 9.1－11），比较大坝混凝土配合比优化效果。

表 9.1－11　　　　　　　　　　　　大坝混凝土几项综合性能

混凝土标号	比较阶段	水泥功能因素 /(MPa/kg)	热强比 /(kJ/MPa)	弹强比 /(×10³)	抗裂指数 K /(×10⁻⁴)
C₉₀15	设计	0.164	1064.4	1.40	1.37
	优化	0.316	610.8	1.04	1.55
C₉₀20	设计	0.182	1091.2	1.11	1.34
	优化	0.287	781.2	0.91	2.01
C₉₀25	设计	0.183	1087.6	0.99	1.61
	优化	0.297	798.8	0.83	2.22

注　1. 表中设计资料来自长江水利委员会《长江三峡水利枢纽单项工程技术设计报告第一册（下）》大坝设计。

　　2. 表中抗裂指数 $K = \dfrac{抗拉强度 \times 极限拉伸}{干缩 \times 抗拉弹模}$。

　　3. 性能数据全取设计龄期 90d 成果。

表 9.1－11 中水泥功能因素是每立方米混凝土每千克水泥所能产生的抗压强度，可以认为水泥功能因素体现了混凝土原材料、配合比的优化水平，水泥功能因素高，就意味着混凝土达到设计强度所用的水泥少，混凝土的发热量也会由此而减少。从表 9.1－11 看出，大坝不同部位的混凝土，优化后水泥功能因素要比设计高出 52.7%～92.7%，效果显著。产生这种效果的原因，主要是混凝土中使用了Ⅰ级粉煤灰和高效减水剂。

采用优选混凝土配合比能取得的经济效益估算结果（以 1998 年材料价格为计算基准）：优选配合比总的经济效益约 3 亿元，即优选配合比比技设配合比节省约 3 亿元。为中国三峡总公司节省投资约 1.3 亿元，即标书配合比比技设配合比节省 1.3 亿元。施工单位中标后可获效益约 1 亿元，即施工中实用配合比比标书配合比节省约 1 亿元。施工单位还有 0.7 亿元的潜在效益，即实用配合比与优选配合比之间的差额。只要精心设计施工配合比，严格现场管理，施工单位仍有可观的经济效益。

由此可见，优选出的混凝土配合比有巨大的经济效益，既为中国长江三峡集团公司节省了投资，又给施工单位留有可观的利益。

9.1.1.3　应用成果小结

三峡大坝是世界上规模最大的混凝土大坝，混凝土浇筑总量达 1610 万 m³。提高大坝混凝土质量对三峡工程建设具有重要意义。长江科学院和中国水利水电科学研究院开展了三峡工程混凝土配合比设计研究，对数十种粉煤灰、外加剂和水泥的品质性能进行了科学试验和论证，研究了高掺粉煤灰混凝土的长期性能和作用机理以及花岗岩骨料碱活性和抑制措施。根据研究成果，三峡工程首次大幅提高了优质粉煤灰的掺量，提出了混凝土总碱量控制标准，最大限度地降低混凝土水泥用量和绝热温升，充分利用粉煤灰的颗粒形态效应、火山灰活性效应和微集料效应以改善混凝土工作性，减少混凝土干缩，提高混凝土抗渗、抗冻、抗硫酸盐侵蚀性能，有效抑制了花岗岩骨料的潜在碱活性，使大坝混凝土具有优良的工作性、耐久性和抗裂性。

以上研究成果的应用，极大地提高了三峡工程混凝土质量，确保了工程的安全运行和服役寿命，并使工程得以充分利用古树岭花岗岩开挖料 1300 万 m³，节约直接投资 4 亿元，具有显著的技术、经济和社会效益。

9.1.2　粉煤灰作为碾压混凝土掺和料在龙滩水电站中的应用

9.1.2.1　概述

龙滩水电站是红水河梯级开发中的骨干工程，位于广西壮族自治区天峨县境内的红水河上，坝址距天峨县城 15km，坝址以上流域面积 98500km²，占红水河流域面积的 71％。工程以发电为主，兼有防洪、航运等综合效益。龙滩水电站枢纽由碾压混凝土重力坝、地下厂房及引水系统、泄洪建筑物、通航建筑物二级提升垂直升船机等 4 大部分组成。大坝混凝土总量 575.6 万 m³，其中碾压混凝土工程量 378.8 万 m³，占混凝土总方量的 65.8％。工程按正常蓄水位 400m 设计，初期按 375m 建设，电站装机容量分别为 6300MW 与 4900MW；初期安装 7 台水轮发电机组，预留 2 台机后期安装。按照工程总进度安排，于 2001 年 7 月 1 日正式开工，2003 年 11 月大江截流，2006 年 11 月下闸蓄水，2007 年 7 月首台机组发电，2009 年底全部完工。龙滩大坝从坝高、碾压混凝土工程量及技术要求、高温季节施工（全年施工）工艺、温控要求及温控设施等方面来看均居世界前列。

龙滩水电站大坝碾压混凝土方量大，施工强度高，对粉煤灰的需求量很大，考虑到Ⅰ级粉煤灰供应紧张和运输距离长等困难，为解决大坝碾压混凝土Ⅰ级粉煤灰供应不足时，用Ⅱ级粉煤灰替代Ⅰ级粉煤灰的可能性，有必要进行掺Ⅱ级粉煤灰的碾压混凝土施工配合比性能试验，论证Ⅱ级粉煤灰能否满足龙滩水电站的设计要求，为大坝碾压混凝土应用Ⅱ级粉煤灰提供技术支持。

为保证工程施工的顺利进行，保障粉煤灰供应的质量和数量，龙滩水电站对数家Ⅰ粉煤灰和Ⅱ级粉煤灰的物理化学品质进行了试验，同时通过混凝土性能试验论证其使用效果，确定合适的掺量和其他配合比参数，为工程确定备选粉煤灰品种提供相关技术依据。

9.1.2.2　研究成果

1. 粉煤灰的品质

对湖北阳逻、湖北汉川、湖北襄樊、重庆珞璜、四川内江、四川宜宾、云南宣威、贵州凯里、湖南石门、广西来宾、云南曲靖、河南首阳山、河南鸭河口等 13 家电厂生产的Ⅰ级粉煤灰，贵州凯里、贵州贵阳、贵州遵义、广西来宾、云南盘县、云南曲靖、贵州安顺、广西田东、云南宣威、重庆珞璜等 10 家电厂生产的Ⅱ级粉煤灰，按国家标准 GB/T 1596—1991《用于水泥和混凝土中的粉煤灰》和电力行业标准 DL/T 5055—1996《水工混凝土掺用粉煤灰技术规范》进行了检验，品质检验结果列于表 9.1－12 和表 9.1－13。

表 9.1-12   Ⅰ级粉煤灰品质检验结果

生产厂家		细度/%	需水量比/%	烧失量/%	SO_3 含量/%	密度/(g/cm³)	抗压强度比/%	检验结论
凯里电厂		6.4	94	4.06	0.63	2.31	75.5	合格
襄樊电厂		6.4	94	3.98	0.44	2.23	85.1	合格
宣威电厂		4.0	95	0.93	0.05	2.39	78.0	合格
阳逻电厂		4.0	91	2.71	0.68	2.27	88.6	合格
汉川电厂		3.2	92	2.58	1.14	2.13	91.6	合格
宜宾电厂		10.0	93	2.46	2.22	2.53	84.6	合格
白马电厂		9.7	91	3.82	2.50	2.60	83.9	合格
珞璜电厂		3.2	92	3.31	1.09	2.53	79.4	合格
石门电厂		8.4	97	3.35	0.43	2.13	81.5	不合格
曲靖电厂		4.8	93	2.56	0.47	2.32	79.4	合格
来宾电厂		5.6	94	9.25	0.37	2.27	76.8	不合格
鸭河口电厂		6.8	92	2.13	0.56	2.32	76.7	合格
首阳山电厂		4.4	87	1.45	0.47	2.25	88.3	合格
国家标准 GB/T 1596—1991	Ⅰ	≤12	≤95	≤5.0	≤3.0	—	≥75	—
	Ⅱ	≤20	≤105	≤8.0	≤3.0	—	≥62	—
	Ⅲ	≤45	≤115	≤15	≤3.0	—	—	—

表 9.1-13   Ⅱ级粉煤灰品质检验结果

生产厂家		细度/%	需水量比/%	烧失量/%	SO_3 含量/%	密度/(g/cm³)	抗压强度比/%	检验结论
凯里电厂		12.0	98	3.88	0.58	2.36	77.0	Ⅱ级
贵阳电厂		16.8	101	6.93	1.15	2.21	85.3	Ⅱ级
遵义电厂		13.6	105	18.13	0.72	2.07	85.6	等外灰
宣威电厂		13.2	97	0.61	0.80	2.36	74.2	Ⅱ级
凯里电厂		12.4	95	3.03	0.58	2.32	77.0	Ⅱ级
贵阳电厂		10.8	99	7.19	0.90	2.16	88.0	Ⅱ级
安顺电厂		6.0	89	5.17	0.99	2.46	86.0	Ⅱ级
曲靖电厂		10.0	98	4.07	0.25	2.28	82.6	Ⅱ级
珞璜电厂		5.2	93	3.65	1.20	2.41	90.6	Ⅰ级
来宾电厂		6.8	100	7.04	0.09	2.30	80.2	Ⅱ级
盘县电厂		15.6	98	6.03	0.50	2.25	78.6	Ⅱ级
田东电厂		14.0	102	0.84	0.35	2.00	92.0	Ⅱ级
国家标准 GB/T 1596—1991	Ⅰ	≤12	≤95	≤5.0	≤3.0	—	≥75	—
	Ⅱ	≤20	≤105	≤8.0	≤3.0	—	≥62	—
	Ⅲ	≤45	≤115	≤15	≤3.0	—	—	—

检验结果表明，13家电厂所送的Ⅰ级粉煤灰，除湖南石门电厂和广西来宾电厂粉煤灰不满足Ⅰ级粉煤灰的要求外，其余均达到Ⅰ级粉煤灰的技术要求，其主要指标需水量比为87%～95%，烧失量为4.06%～0.93%，品质指标变化范围较大。湖南石门电厂粉煤灰的需水量比达到97%，虽未达到Ⅰ级粉煤灰标准，但可达到《龙滩水电站大坝碾压混凝土施工质量标准》有关的需水量比不大于100%的要求，其他指标符合Ⅰ级粉煤灰标准，达到龙滩公司规定的准Ⅰ级粉煤灰的要求。广西来宾电厂粉煤灰烧失量为9.25%，属Ⅲ级粉煤灰。13种Ⅰ级粉煤灰的抗压强度比、需水量比、细度、烧失量大小的比较见图9.1-2～图9.1-9。从图中可知，汉川Ⅰ级粉煤灰的抗压强度比最高，首阳山Ⅰ级粉煤灰的需水量比最小，汉川Ⅰ级粉煤灰和石门Ⅰ级粉煤灰的细度最小，宣威Ⅰ级粉煤灰的烧失量最低。

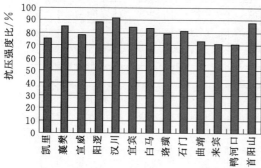

图9.1-2 各Ⅰ级粉煤灰抗压强度比

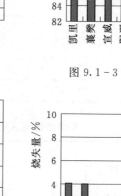

图9.1-3 各Ⅰ级粉煤灰需水量比

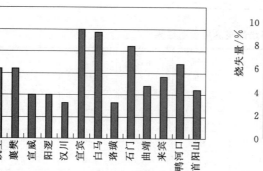

图9.1-4 各Ⅰ级粉煤灰细度

图9.1-5 各Ⅰ级粉煤灰烧失量

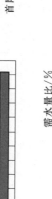
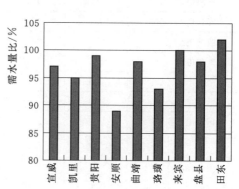

图9.1-6 各Ⅱ级粉煤灰的强度比

图9.1-7 各Ⅱ级粉煤灰的需水量比

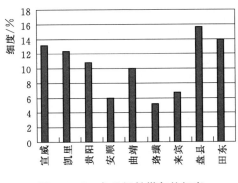
图 9.1-8 各Ⅱ级粉煤灰的细度

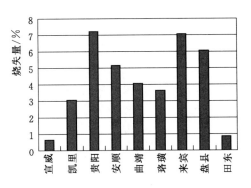
图 9.1-9 各Ⅱ级粉煤灰的烧失量

2. 碾压混凝土配合比及性能

根据龙滩技部〔2005〕05 号文《关于增加和提供龙滩大坝混凝土试验相关内容和数据的函》和龙滩技部〔2005〕17 号文《关于第三次碾压混凝土试验新增粉煤灰和相关试验内容的通知》，碾压混凝土性能试验选用的坝下、坝中、坝上、坝面 4 种配合比见表 9.1-14。需说明的是 RⅢ配合比未被提供，表中数据为施工单位 78 葛联营体使用的配合比。

表 9.1-14　　　　　　　　　　碾压混凝土试验配合比

配合比类型	水胶比	粉煤灰掺量/%	砂率/%	VC 值/s	混凝土材料用量/(kg/m³)						
					水	水泥	粉煤灰	砂	大石	中石	小石
坝下 RⅠ	0.41	56	34	5±2	79	86	109	743	437	583	437
坝中 RⅡ	0.45	60	33	5±2	78	70	105	727	448	597	448
坝上 RⅢ	0.48	65	34	5±2	77	56	104	755	445	593	445
坝面 RⅣ	0.40	55	38	5±2	87	99	121	812	—	670	670

由于试验所用 8 种缓凝高效减水剂的减水率有一定差异，粉煤灰的需水量比也有较大的差异，试验过程中对单位用水量及引气剂掺量进行了适当的调整，以使新拌碾压混凝土的 VC 值达到 3~7s，含气量达到 3%~4% 的设计要求。

（1）抗压强度。从表 9.1-15 可看出，52 组碾压混凝土 28d 龄期抗压强度有 9 组未达到设计要求，其中 4 组 RⅡ型、3 组 RⅢ型、2 组 RⅣ型，但 90d 龄期抗压强度全部达到设计要求。采用不同粉煤灰和外加剂的坝下、坝中、坝上和坝面部位碾压混凝土的抗压强度及增长率平均值，抗压强度（R_c）与龄期（t）的回归关系式（r 为相关系数）列于表 9.1-16。碾压混凝土抗压强度与龄期的回归关系曲线见图 9.1-10。从表 9.2-15 的试验结果可知，不同部位碾压混凝土 28d 龄期平均抗压强度已分别达到或接近其 90d 龄期设计强度等级，90d 龄期碾压混凝土平均抗压强度均达到设计要求，且有较大的富裕。

（2）轴拉强度。对表 9.1-16 中龙滩大坝工程坝下、坝中、坝上、坝面 4 种配合比的碾压混凝土，取每个配合比两个龄期的 24 组或 28 组数据，分析轴拉强度（R_p）与抗压

表 9.1-15　6 种 I 级粉煤灰的碾压混凝土力学性能试验结果

试验编号	减水剂		引气剂		粉煤灰品种	实际用水量/(kg/m³)	VC值/s	含气量/%	抗压强度/MPa			轴拉强度/MPa		极限拉伸值/(×10⁻⁴)	
	品种	掺量/%	品种	掺量/%					7d	28d	90d	28d	90d	28d	90d
R1-1	JM-3	0.6	JM-2000	0.060	曲靖	75	4.5	3.1	15.6	26.6	39.7	2.98	3.77	0.82	0.98
R1-2	ZB-3	0.6	ZB-1G	0.030	曲靖	75	4.3	4.0	15.8	24.5	38.5	2.83	3.56	0.79	0.97
R1-3	JM-3	0.6	JM-2000	0.080	首阳山	71	4.3	3.5	11.6	31.7	45.6	3.12	4.26	0.89	1.05
R1-4	ZB-3	0.6	ZB-1G	0.025	首阳山	71	4.2	3.8	11.9	30.8	45.6	3.05	4.30	0.84	1.06
R1-5	JM-3	0.6	JM-2000	0.080	阳逻	73	4.0	3.6	15.1	31.8	45.1	2.94	4.15	0.88	1.02
R1-6	ZB-3	0.6	ZB-1G	0.020	阳逻	73	5.0	3.4	14.4	28.1	42.4	3.14	4.12	0.87	1.05
R1-7	JM-3	0.6	JM-2000	0.100	汉川	75	5.2	3.0	16.7	29.5	44.9	2.91	4.10	0.85	0.98
R1-8	ZB-3	0.6	ZB-1G	0.025	汉川	75	5.3	3.8	16.8	31.4	45.4	3.09	4.28	0.86	1.07
R1-9	JM-3	0.6	JM-2000	0.030	宜宾	75	5.0	3.1	19.1	32.7	43.8	3.27	4.25	0.91	1.01
R1-10	ZB-3	0.6	ZB-1G	0.025	宜宾	75	4.6	3.5	16.1	28.8	42.7	3.15	4.16	0.83	1.00
R1-11	JM-3	0.6	JM-2000	0.080	白马	73	4.1	3.4	20.2	35.6	42.2	3.38	4.08	0.92	1.01
R1-12	ZB-3	0.6	ZB-1G	0.020	白马	75	3.5	4.0	17.7	30.7	42.6	3.10	4.04	0.89	0.97
R2-1	JM-4	0.6	JM-2000	0.100	曲靖	73	4.0	3.3	1.3	20.8	31.5	2.48	3.29	0.65	0.82
R2-2	ZB-4	0.7	ZB-1G	0.025	曲靖	73	4.3	3.5	11.2	20.0	31.0	2.30	3.30	0.61	0.84
R2-3	JM-4	0.6	JM-2000	0.120	首阳山	70	4.5	3.4	0.8	22.1	34.6	2.42	3.42	0.64	0.85
R2-4	ZB-4	0.7	ZB-1G	0.025	首阳山	70	4.3	3.8	9.1	23.5	38.7	2.60	3.93	0.72	0.96
R2-5	JM-4	0.6	JM-2000	0.080	阳逻	73	4.5	3.7	1.4	22.4	37.9	2.44	4.00	0.68	1.03
R2-6	ZB-4	0.7	ZB-1G	0.025	阳逻	73	4.2	3.4	10.6	20.6	30.3	2.45	3.25	0.68	0.82

续表

试验编号	减水剂		引气剂		粉煤灰品种	实际用水量/(kg/m³)	VC值/s	含气量/%	抗压强度/MPa			轴拉强度/MPa		极限拉伸值/(×10⁻⁴)	
	品种	掺量/%	品种	掺量/%					7d	28d	90d	28d	90d	28d	90d
R2-7	JM-4	0.6	JM-2000	0.200	汉川	73	4.5	3.4	0.7	20.1	36.5	2.52	3.53	0.72	0.88
R2-8	ZB-4	0.7	ZB-1G	0.025		73	4.9	3.5	11.2	24.0	39.3	2.62	3.82	0.76	0.95
R2-9	JM-4	0.6	JM-2000	0.040	宜宾	73	4.3	3.4	13.0	22.6	36.0	2.56	3.15	0.70	0.84
R2-10	ZB-4	0.7	ZB-1G	0.025		73	4.5	3.5	13.8	23.8	35.6	2.59	3.31	0.70	0.83
R2-11	JM-4	0.6	JM-2000	0.100	白马	73	3.5	3.2	9.6	19.4	35.4	2.25	3.36	0.65	0.85
R2-12	ZB-4	0.7	ZB-1G	0.020		73	3.8	3.5	14.5	24.2	36.1	2.68	3.49	0.75	0.90
R3-1	MST-3	0.6	M202	0.100	曲靖	75	4.0	3.5	9.1	16.5	27.6	2.04	2.75	0.68	0.77
R3-2	SiKa-3	0.6	AER	0.080		79	5.4	3.4	7.7	13.3	20.3	1.69	2.44	0.52	0.71
R3-3	MST-3	0.6	M202	0.050	首阳山	72	5.0	4.0	9.0	20.0	34.8	2.13	3.53	0.61	0.95
R3-4	SiKa-3	0.6	AER	0.080		76	6.0	3.7	6.7	14.6	26.8	1.85	2.98	0.56	0.77
R3-5	MST-3	0.6	M202	0.040	阳逻	75	4.0	3.7	9.8	19.1	31.9	2.13	2.98	0.68	0.80
R3-6	SiKa-3	0.6	AER	0.080		79	4.6	3.5	8.3	17.8	27.9	2.18	2.83	0.67	0.85
R3-7	MST-3	0.6	M202	0.040	汉川	75	4.3	4.3	8.9	18.9	33.0	2.34	3.23	0.72	0.92
R3-8	SiKa-3	0.6	AER	0.080		79	5.8	3.3	8.5	17.7	28.4	1.88	3.01	0.55	0.83
R3-9	MST-3	0.6	M202	0.100	宜宾	75	4.6	4.2	8.7	17.0	27.1	1.98	2.81	0.66	0.84
R3-10	SiKa-3	0.6	AER	0.080		79	4.9	3.6	9.2	13.6	21.7	2.09	2.57	0.60	0.71
R3-11	MST-3	0.6	M202	0.040	白马	75	4.5	3.8	9.7	16.6	28.8	2.05	3.02	0.69	0.85
R3-12	SiKa-3	0.6	AER	0.080		79	4.4	3.4	10.6	17.8	23.8	1.98	2.63	0.60	0.74

续表

试验编号	减水剂		引气剂		粉煤灰品种	实际用水量/(kg/m³)	VC值/s	含气量/%	抗压强度/MPa			轴拉强度/MPa		极限拉伸值/(×10⁻⁴)	
	品种	掺量/%	品种	掺量/%					7d	28d	90d	28d	90d	28d	90d
R3-13	ZB-3	0.6	ZB-1G	0.028	曲靖	72	3.2	6.2	10.4	20.0	34.1	2.38	3.69	0.63	0.80
R3-14	ZB-3	0.6	ZB-1G	0.030	首阳山	70	3.9	4.2	9.8	23.9	31.6	2.29	3.41	0.63	0.84
R4-1	MST-4	0.6	M202	0.040	曲靖	86	4.0	3.5	14.0	26.1	37.3	3.18	3.42	0.80	0.85
R4-2	SiKa-4	0.6	AER	0.100		90	5.7	3.0	13.0	20.4	27.9	2.43	3.28	0.71	0.89
R4-3	MST-4	0.6	M202	0.040	首阳山	83	4.0	3.0	11.4	28.7	47.2	3.31	4.43	0.83	1.10
R4-4	SiKa-4	0.6	AER	0.100		87	5.4	3.4	15.9	26.8	38.8	2.92	3.62	0.74	0.92
R4-5	MST-4	0.6	M202	0.040	阳逻	86	5.2	3.0	17.0	30.0	43.8	3.30	4.04	0.82	1.08
R4-6	SiKa-4	0.6	AER	0.100		90	5.3	3.5	15.2	26.9	37.3	2.76	3.42	0.78	0.85
R4-7	MST-4	0.6	M202	0.050	汉川	86	5.5	3.3	14.9	30.3	44.5	3.48	4.21	0.88	1.08
R4-8	SiKa-4	0.6	AER	0.100		90	6.2	3.1	14.1	26.4	36.0	2.89	3.53	0.82	0.88
R4-9	MST-4	0.6	M202	0.050	宜宾	86	4.3	3.4	15.0	27.9	38.9	3.31	3.89	0.92	1.02
R4-10	SiKa-4	0.6	AER	0.100		90	4.8	3.4	15.0	24.7	33.2	2.80	3.14	0.80	0.85
R4-11	MST-4	0.6	M202	0.040	白马	86	5.0	3.5	14.3	28.2	40.6	3.35	4.08	0.93	1.06
R4-12	SiKa-4	0.6	AER	0.100		90	5.7	3.3	13.7	23.5	32.7	2.92	3.45	0.80	0.90
R4-13	ZB-4	0.7	ZB-1G	0.040	曲靖	85	3.9	5.0	13.1	24.9	40.1	3.06	4.13	0.84	1.14
R4-14	ZB-4	0.7	ZB-1G	0.040	首阳山	82	3.6	4.3	8.6	25.7	39.6	3.36	4.09	0.88	0.98

表 9.1-16 碾压混凝土的抗压强度试验结果

配合比类型	设计指标	90d配制强度	抗压强度/MPa			回归关系		强度增长率/%		
			7d	28d	90d	关系式	r	7d	28d	90d
坝下 R I	$C_{90}25$	27.9	15.9	30.2	43.2	$R_c=10.56\ln t-4.77$	1.000	53	100	142
坝中 R II	$C_{90}20$	22.9	8.1	22.0	35.2	$R_c=10.59\ln t-12.76$	0.999	37	100	160
坝上 R III	$C_{90}15$	17.9	8.9	16.9	27.7	$R_c=7.31\ln t-6.00$	0.982	53	100	164
坝面 R IV	$C_{90}25$	27.9	14.5	26.7	38.2	$R_c=9.27\ln t-3.73$	0.999	54	100	143

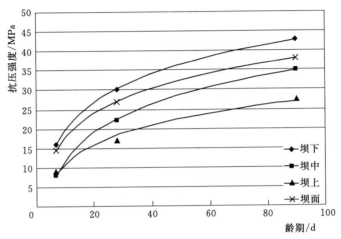

图 9.1-10 碾压混凝土抗压强度与龄期的关系曲线

强度（R_c）的关系，得到相互之间的回归关系式，列于表 9.1-17。取每个配合比的 12 组或 14 组数据的平均值，计算轴拉强度与抗压强度的比值，龙滩大坝下部、中部、上部、坝面 90d 龄期的拉压比分别为 0.09、0.10、0.10、0.10，其计算结果列于表 9.1-18。4 种配合比的碾压混凝土轴拉强度与抗压强度的回归关系曲线见图 9.1-11～图 9.1-14。

表 9.1-17 碾压混凝土轴拉强度与抗压强度之间的关系

配合比类型	回归关系式	组数 n	相关系数 r
坝下 R I	$R_p=0.0748R_c+0.084$	24	0.950
坝中 R II	$R_p=0.0742R_c+0.87$	24	0.935
坝上 R III	$R_p=0.0757R_c+0.78$	24	0.933
坝面 R IV	$R_p=0.0624R_c+1.36$	24	0.860

表 9.1-18 碾压混凝土的拉压比和轴拉强度增长率

配合比类型	轴拉强度/MPa		拉压比		轴拉强度增长率/%	
	28d	90d	28d	90d	28d	90d
坝下 R I	3.08	4.09	0.10	0.09	100	133
坝中 R II	2.49	3.49	0.11	0.10	100	140
坝上 R III	2.03	2.90	0.12	0.10	100	143
坝面 R IV	3.05	3.71	0.11	0.10	100	121

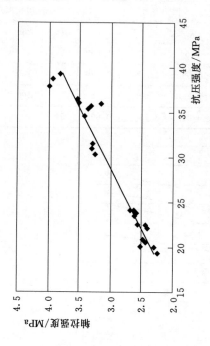

图 9.1-12 坝中 RⅡ 型碾压混凝土轴拉强度与抗压强度关系

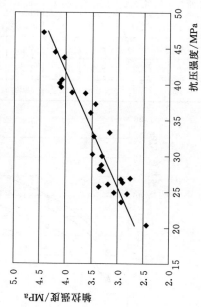

图 9.1-14 坝面 RⅣ 型碾压混凝土轴拉强度与抗压强度关系

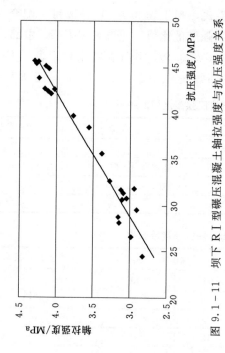

图 9.1-11 坝下 RⅠ 型碾压混凝土轴拉强度与抗压强度关系

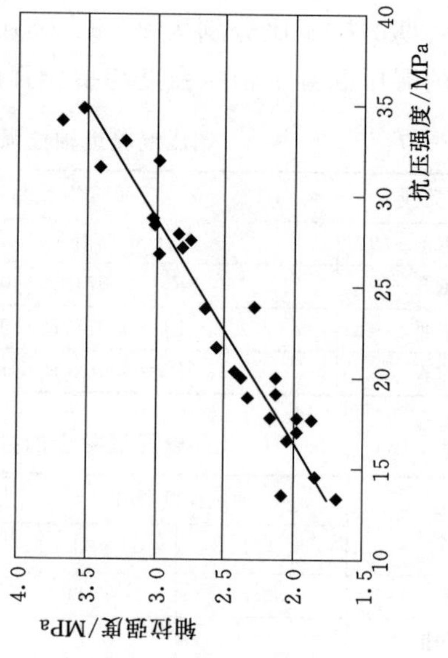

图 9.1-13 坝上 RⅢ 型碾压混凝土轴拉强度与抗压强度关系

（3）极限拉伸值。从表 9.1-15 的试验结果知，坝下、坝中、坝上和坝面四个配合比各种组合的 90d 龄期极限拉伸值均达到设计指标要求。对表 9.1-16 中坝下、坝中、坝上、坝面四种配合比的碾压混凝土，取每个配合比两个龄期的 24 组或 28 组数据，分析极限拉伸值（ε_p）与轴拉强度（R_p）的关系，得到相互之间的回归关系式，并计算每个配合比的 12 组或 14 组数据的平均值和增长系数，列于表 9.1-19，四种配合比的碾压混凝土极限拉伸值与轴拉强度回归关系曲线见图 9.1-15～图 9.1-16。

表 9.1-19　　　　　　　　　碾压混凝土极限拉伸值与轴拉强度之间的关系

配合比类型	90d 龄期设计指标/($\times 10^{-4}$)	极限拉伸值/($\times 10^{-4}$)		极限拉伸值增长率/%		回归关系	
		28d	90d	28d	90d	关系式	相关系数 r
R I	0.80	0.86	1.01	100	118	$\varepsilon_p = 0.1531 R_p + 0.388$	0.913
R II	0.75	0.69	0.88	100	129	$\varepsilon_p = 0.2031 R_p + 0.176$	0.954
R III	0.70	0.63	0.81	100	129	$\varepsilon_p = 0.2197 R_p + 0.179$	0.906
R IV	0.80	0.82	0.96	100	117	$\varepsilon_p = 0.2120 R_p + 0.173$	0.901

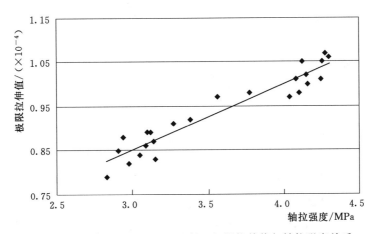

图 9.1-15　坝下 R I 型碾压混凝土极限拉伸值与轴拉强度关系

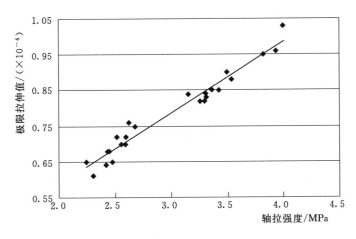

图 9.1-16　坝中 R II 型碾压混凝土极限拉伸值与轴拉强度关系

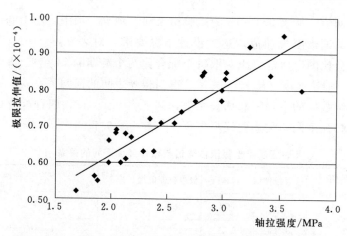

图 9.1-17　坝上 RⅢ型碾压混凝土极限拉伸值与轴拉强度关系

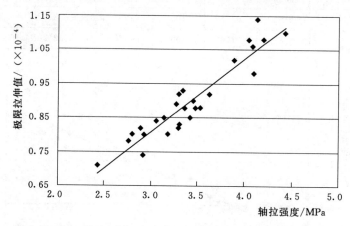

图 9.1-18　坝面 RⅣ型碾压混凝土极限拉伸值与轴拉强度关系

（4）耐久性能。对新增的 6 种粉煤灰、8 种外加剂组合、4 种不同部位碾压混凝土的 52 组配合比均进行了 90d 龄期的抗冻性能、抗渗性能试验，试验结果列于表 9.1-20。通过试验结果可以得出以下结论：

1）12 组坝下 RⅠ型碾压混凝土经过 100 次冻融循环后，质量损失在 0~1.2% 之间，相对动弹模量在 83.1%~89.3% 之间，均达到抗冻等级不小于 F100 的设计要求，且有较大的富裕。

2）12 组坝中 RⅡ型碾压混凝土经过 100 次冻融循环后，质量损失在 0~1.3% 之间，相对动弹模量在 77.6%~91.2% 之间，均达到抗冻等级不小于 F100 的设计要求，且有较大的富裕。

3）14 组坝上 RⅢ型碾压混凝土中有 9 组达到抗冻等级不小于 F100 的设计要求，且有较大的富裕。有 1 组抗冻等级为 F50，有 2 组抗冻等级大于 F25，低于 F50。有 1 组抗冻等级为 F25，有 1 组抗冻等级低于 F25。抗冻等级未达到 F50 的 4 组碾压混凝土采用的外加剂组合分别是曲靖电厂粉煤灰＋麦斯特减水剂（MST）、曲靖电厂粉煤灰＋西卡减水剂（Sika）、阳逻电厂粉煤灰＋西卡减水剂（Sika）、白马电厂粉煤灰＋西卡减水剂（Sika）。

表 9.1 - 20　碾压混凝土抗冻、抗渗性能试验结果

试验编号	粉煤灰品种	减水剂品种	引气剂品种	质量损失率 /%					相对动弹模量 /%					抗冻等级	抗渗性能	
				25 次	50 次	75 次	100 次	25 次	50 次	75 次	100 次			抗渗等级	渗水高度 /cm
R1 - 1	曲靖	JM - 3	JM - 2000	0.1	0.1	0.1	0.1	85.8	84.8	84.1	84.0	>F100	>W6	0.8~2.0
R1 - 2	曲靖	ZB - 3	ZB - 1G	0	0	0	0	87.7	86.5	86.3	86.3	>F100	>W6	2.4~4.5
R1 - 3	首阳山	JM - 3	JM - 2000	0	0.2	0.3	0.3	88.4	87.3	87.2	87.0	>F100	>W6	2.5~5.0
R1 - 4	首阳山	ZB - 3	ZB - 1G	0	0.2	0.3	0.5	89.5	88.2	86.3	85.3	>F100	>W6	2.0~4.5
R1 - 5	阳逻	JM - 3	JM - 2000	0.1	0.2	0.4	0.6	88.6	87.2	86.1	84.2	>F100	>W6	1.0~1.5
R1 - 6	阳逻	ZB - 3	ZB - 1G	0.1	0.1	0.1	0.1	87.5	87.4	87.2	86.9	>F100	>W6	1.5~2.5
R1 - 7	汉川	JM - 3	JM - 2000	0.1	0.2	0.2	1.2	89.4	86.6	86.6	83.1	>F100	>W6	1.5~2.0
R1 - 8	汉川	ZB - 3	ZB - 1G	0.1	0.1	0.1	0.7	89.4	88.8	89.1	87.7	>F100	>W6	1.5~3.0
R1 - 9	宜宾	JM - 3	JM - 2000	0	0.1	0.2	0.2	90.6	89.7	89.7	89.3	>F100	>W6	2.5~4.0
R1 - 10	宜宾	ZB - 3	ZB - 1G	0.1	0.1	1.2	1.2	88.4	88.0	87.6	86.9	>F100	>W6	3.0~4.2
R1 - 11	白马	JM - 3	JM - 2000	0	0	0	0.7	88.0	87.2	86.4	85.7	>F100	>W6	2.0~3.0
R1 - 12	白马	ZB - 3	ZB - 1G	0	0	0	0	91.2	89.8	89.0	88.9	>F100	>W6	2.8~4.0
R2 - 1	曲靖	JM - 4	JM - 2000	0	0	0	0	85.8	83.3	80.9	77.6	>F100	>W6	1.0~1.9
R2 - 2	曲靖	ZB - 4	ZB - 1G	0.2	0.3	0.4	0.3	85.9	82.7	81.7	79.3	>F100	>W6	1.6~2.5
R2 - 3	首阳山	JM - 4	JM - 2000	0	0.1	0.2	0.4	89.3	88.4	88.3	88.2	>F100	>W6	1.0~1.6
R2 - 4	首阳山	ZB - 4	ZB - 1G	0.2	0.3	0.5	0.7	89.6	88.2	87.5	86.7	>F100	>W6	0.8~1.2
R2 - 5	阳逻	JM - 4	JM - 2000	0.5	0.7	1.0	1.3	88.3	87.3	86.8	86.7	>F100	>W6	2.8~4.0
R2 - 6	阳逻	ZB - 4	ZB - 1G	0	0.1	0.1	0.1	88.7	88.3	86.8	86.6	>F100	>W6	2.2~4.6
R2 - 7	汉川	JM - 4	JM - 2000	0.3	0.5	0.6	0.8	87.2	86.5	84.9	80.3	>F100	>W6	4.5~6.0

续表

试验编号	粉煤灰品种	减水剂品种	引气剂品种	质量损失率/%				相对动弹模量/%				抗冻等级	抗渗性能	
				25 次	50 次	75 次	100 次	25 次	50 次	75 次	100 次		抗渗等级	渗水高度/cm
R2-8	汉川	ZB-4	ZB-1G	0.1	0.2	0.2	0.2	86.3	82.7	80.5	76.9	>F100	>W6	1.0~1.7
R2-9	宜宾	JM-4	JM-2000	0	1.2	1.2	1.2	92.7	92.0	91.5	91.2	>F100	>W6	2.2~3.0
R2-10	宜宾	ZB-4	ZB-1G	0.1	0.4	0.5	0.6	88.1	87.9	87.7	87.5	>F100	>W6	1.8~2.2
R2-11	白马	JM-4	JM-2000	0.1	0.3	0.4	0.6	87.9	86.4	85.6	84.3	>F100	>W6	1.4~4.0
R2-12	白马	ZB-4	ZB-1G	0	0	0.1	0.1	87.5	87.5	87.5	85.8	>F100	>W6	2.5~5.3
R3-1	曲靖	MST-3	M202	0	0	—	—	67.1	42.3	—	—	F25	>W4	2.0~5.2
R3-2	曲靖	Sika-3	AER	0.1	—	—	—	53.9	—	—	—	F22	>W4	2.0~5.5
R3-3	首阳山	MST-3	M202	1.0	1.0	1.0	1.1	89.3	88.6	88.3	87.9	>F100	>W4	2.0~6.3
R3-4	首阳山	Sika-3	AER	0.1	0.2	0.3	0.4	86.7	85.8	84.2	83.3	>F100	>W4	1.4~6.1
R3-5	阳逻	MST-3	M202	0.1	0.3	0.4	0.4	86.7	86.4	85.8	85.2	>F100	>W4	2.2~6.0
R3-6	阳逻	Sika-3	AER	0.3	0.4	—	—	73.0	55.2	—	—	F25	>W4	1.8~5.0
R3-7	汉川	MST-3	M202	0.2	0.3	0.4	0.5	85.1	85.0	84.7	84.1	>F100	>W4	1.5~4.0
R3-8	汉川	Sika-3	AER	0.1	0.9	1.0	1.2	87.6	83.6	79.0	74.2	>F100	>W4	1.8~7.1
R3-9	宜宾	MST-3	M202	0.1	0.3	0.3	0.3	88.3	87.8	86.1	86.0	>F100	>W4	2.0~6.5
R3-10	宜宾	Sika-3	AER	0.2	0.5	0.6	0.8	82.5	77.9	74.8	71.1	>F100	>W4	2.0~6.2
R3-11	白马	MST-3	M202	0.1	0.3	0.2	0.7	82.2	81.3	76.0	71.5	>F100	>W4	1.5~5.2
R3-12	白马	Sika-3	AER	0.5	—	—	—	60	55.2	—	—	F25	>W4	2.0~6.2
R3-13	曲靖	ZB-3	ZB-1G	0.1	0.4	0.5	—	80.6	61.5	48.6	—	F50	>W4	0.8~1.2
R3-14	首阳山	ZB-3	ZB-1G	0.6	1.7	2.5	3.1	84.6	80.8	77.3	74.2	>F100	>W4	0.7~1.2

续表

试验编号	粉煤灰品种	减水剂品种	引气剂品种	质量损失率/% 25次	50次	75次	100次	125次	150次	相对动弹模量/% 25次	50次	75次	100次	125次	150次	抗冻等级	抗渗等级	渗水高度/cm
R4-1	曲靖	MST-4	M202	0.1	0.2	0.7	0.8	1.4	1.4	85.0	83.0	81.2	80.7	79.5	77.5	>F150	>W12	0.8~1.2
R4-2	曲靖	Sika-4	AER	0.2	0.3	0.4	0.4	0.5	0.5	85.7	84.1	81.2	78.2	73.6	70.1	>F150	>W12	0.8~1.1
R4-3	首阳山	MST-4	M202	0.2	0.3	0.4	0.6	0.8	1.0	86.4	85.3	82.6	80.9	78.5	75.2	>F150	>W12	0.8~1.1
R4-4	首阳山	Sika-4	AER	0.1	0.2	0.3	0.3	0.8	0.8	85.4	81.1	77.7	73.9	70.0	67.2	>F150	>W12	0.5~0.8
R4-5	阳逻	MST-4	M202	0	0	0.1	0.1	0.1	0.1	86.4	83.9	82.6	81.1	80.2	80.0	>F150	>W12	0.5~1.2
R4-6	阳逻	Sika-4	AER	0	0	0.1	0.1	0.4	0.5	84.1	80.8	75.1	66.2	61.3	60.0	F150	>W12	0.8~1.1
R4-7	汉川	MST-4	M202	0	0	0.1	0.2	0.3	0.9	87.3	86.6	85.5	85.1	84.9	84.7	>F150	>W12	0.8~2.0
R4-8	汉川	Sika-4	AER	0	0	0	0	0.1	0.1	85.1	81.4	78.8	71.8	60	55.6	F125	>W12	0.5~1.0
R4-9	宜宾	MST-4	M202	0	0.1	0.1	0.1	0.1	0.1	86.4	86.2	86.0	85.9	84.1	83.3	>F150	>W12	0.3~1.2
R4-10	宜宾	Sika-4	AER	0.1	0.1	0.5	0.5	0.6	0.6	86.9	85.7	85.4	85.3	84.7	78.3	>F150	>W12	0.3~1.0
R4-11	白马	MST-4	M202	0.1	0.5	0.6	0.8	1.0	1.2	88.5	86.4	82.6	81.3	79.8	77.6	>F150	>W12	2.0~2.5
R4-12	白马	Sika-4	AER	0.1	1.4	2.2	3.0	4.0	4.8	87.9	86.2	85.0	83.5	78.3	74.3	>F150	>W12	0.8~1.0
R4-13	曲靖	ZB-4	ZB-1G	0.1	0.3	0.3	0.3	0.5	0.5	85.3	82.6	79.3	76.8	73.7	69.6	>F150	>W12	0.8~2.6
R4-14	首阳山	ZB-4	ZB-1G	0	0.2	0.2	0.3	0.4	0.4	87.9	86.9	85.8	85.5	84.3	83.7	>F150	>W12	0.5~0.8

4）14 组坝面 RⅣ 型碾压混凝土经过 150 次冻融循环后，1 组（汉川电厂粉煤灰＋Sika）质量损失率为 0.1％，相对动弹模量为 55.6％，抗冻等级为 F125；1 组（阳逻电厂粉煤灰＋Sika）质量损失率为 0.5％，相对动弹模量为 60％，抗冻等级为 F150；另 12 组质量损失率为 0.1％～4.8％，相对动弹模量为 67.2％～84.7％，抗冻等级为大于 F150。

（5）热学性能。混凝土绝热温升是指在绝热条件下，由水泥的水化热引起的温度升高值。绝热温升试验按 DL/T 5150—2001《水工混凝土试验规程》的有关要求进行。试验采用鱼峰牌 42.5 中热硅酸盐水泥，大坝下部、中部、上部及坝面碾压混凝土的水泥用量分别为 86kg/m³、70kg/m³、56kg/m³ 和 99kg/m³，相应的 28d 绝热温升分别为 19.7℃、17.0℃、14.7℃ 和 21.3℃。碾压混凝土绝热温升试验结果列于表 9.1-21 和图 9.1-19。

表 9.1-21　　　　　　掺Ⅰ级粉煤灰的碾压混凝土绝热温升-历时测定结果

历时 t /d	绝热温升 T/℃			
	R1-5	R2-8	R3-12	R4-9
1	0.5	0.9	0.9	1.0
2	0.9	1.3	1.4	2.0
3	1.3	1.5	3.5	2.8
4	1.6	1.8	7.4	7.9
5	1.9	2.0	9.4	13.2
6	2.3	2.3	10.2	15.1
7	2.8	2.5	10.8	16.4
8	3.4	2.8	11.2	17.4
9	4.4	3.0	11.7	18.4
10	6.0	3.3	12.1	19.1
11	8.7	3.7	12.5	19.7
12	11.9	4.9	12.8	20.2
13	14.7	8.9	13.1	20.5
14	16.0	10.4	13.4	20.7
15	16.9	11.9	13.6	20.8
16	17.5	12.7	13.8	20.9
17	18.1	13.7	14.0	21.0
18	18.6	14.3	14.1	21.0
19	18.9	14.9	14.2	21.0
20	19.1	15.5	14.3	21.1
21	19.3	15.9	14.4	21.1
22	19.5	16.2	14.5	21.2
23	19.6	16.5	14.5	21.2
24	19.6	16.6	14.5	21.2
25	19.7	16.8	14.6	21.2
26	19.7	16.9	14.6	21.3
27	19.7	17.0	14.6	21.3
28	19.7	17.0	14.7	21.3

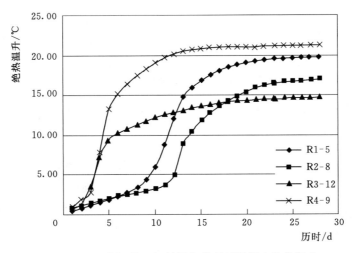

图 9.1 - 19 大坝掺 I 级粉煤灰的碾压混凝土绝热温升

采用最小二乘法进行曲线拟合，得出碾压混凝土的绝热温升（T）-历时（t）最优拟合表达式及最终绝热温升值，见表 9.1 - 22。从表 9.1 - 21 及图 9.1 - 19 可以看出，碾压混凝土水泥用量越大，绝热温升值越高；粉煤灰掺量越大，绝热温升值越低。由于碾压混凝土掺缓凝高效减水剂后，初凝时间较长，影响了水泥的水化放热过程，导致早期绝热温升较低。特别是试验编号为 R1 - 5（掺 ZB - 1Rcc15 高温型缓凝高效减水剂）和 R2 - 8（掺 JM - Ⅱ 夏季型缓凝高效减水剂）的碾压混凝土，缓凝剂对水化放热延缓影响较明显，因此，绝热温升-历时拟合方程时舍弃了部分早龄期的试验数据。

表 9.1 - 22　　　　　　　　碾压混凝土绝热温升-历时拟合方程式

试验编号	配合比基本参数	初始温度/℃	28d 绝热温升/℃	最终绝热温升/℃	拟合方程式	相关系数 r	适用条件
R1 - 5	$C=86\mathrm{kg/m^3}$, $F=109\mathrm{kg/m^3}$	20.6	19.7	21.8	$T=\dfrac{21.8(t-10)}{(t-10)+1.52}$	0.996	$t\geqslant 11$
R2 - 8	$C=70\mathrm{kg/m^3}$, $F=105\mathrm{kg/m^3}$	24.6	17.0	18.7	$T=\dfrac{18.7(t-7)}{(t-7)+7.57}$	0.856	$t\geqslant 8$
R3 - 12	$C=56\mathrm{kg/m^3}$, $F=104\mathrm{kg/m^3}$	23.8	14.7	17.8	$T=\dfrac{17.8(t-2)}{(t-2)+3.71}$	0.964	$t\geqslant 3$
R4 - 9	$C=99\mathrm{kg/m^3}$, $F=121\mathrm{kg/m^3}$	19.8	21.3	23.8	$T=\dfrac{23.8(t-3)}{(t-3)+1.90}$	0.986	$t\geqslant 4$

注 C 为水泥用量，F 为粉煤灰用量。

9.1.2.3 应用成果小结

龙滩水电站是世界上最高的碾压混凝土大坝（最大坝高 216.50m），碾压混凝土达到 457 万 m³，由于龙滩工程碾压混凝土方量大、工期紧。因此对混凝土的各项性能都提出了很高的技术要求。通过采用高掺量粉煤灰，同时优化碾压混凝土浆体体系，配制出的碾压混凝土力学性能、变形性能和耐久性能均能满足设计要求，而且均有较大幅度的富余。

龙滩大坝于 2006 年 9 月开始挡水，近 10 年的运行监测成果表明，大坝结构安全，运行状态良好，碾压混凝土基本没有裂缝。采用优质矿物掺和料调整优化碾压混凝土胶凝材料体系，对提高工程面板混凝土质量，确保大坝防渗体系的正常运行、提高工程运行的安全性起到了重要作用，具有显著的技术、经济和社会效益。

9.1.3 粉煤灰在锦屏一级水电站抑制砂岩骨料碱活性中的应用

9.1.3.1 工程概述

锦屏一级水电站为一等工程，枢纽主要建筑物由高 305m 的混凝土双曲拱坝、坝后水垫塘及二道坝、右岸泄洪洞、右岸塔式进水口、引水系统、地下厂房及开关站等组成。坝体上设置 4 个表孔、5 个深水孔，采用地下厂房布置方案，安装 6 台 600MW 水轮机组。整个枢纽工程混凝土总量为 761 万 m^3，需混凝土人工骨料约 1828 万 t，其中大坝混凝土约 528 万 m^3，需人工骨料约 1275 万 t。工程区域内出露地层主要为三叠系浅变质岩，岩性以变质砂岩和板岩为主，局部为大理岩。在可行性研究阶段，曾对三滩右岸大理岩料场、兰坝大理岩料场以及大奔流沟砂岩料场进行了大量勘探和骨料、混凝土试验，由于大理岩其强度和耐久性等主要指标达不到设计要求，不宜作为拱坝混凝土的粗骨料，通过储量、综合性能对比，推荐大奔流沟砂岩作为锦屏一级水电站混凝土的人工骨料。

大奔流沟石英砂岩由石英晶体、方解石和长石晶体镶嵌构造而成，含有 5%～12% 分布在局部区域的微晶石英会引起碱-硅酸反应。由于碱-骨料反应一般是在混凝土成型后的若干年后才逐渐发生，贯穿在整个混凝土中，严重危害大坝的耐久性和安全运行，因此抑制石英砂岩的碱活性膨胀是锦屏一级水电站拱坝混凝土研究的关键技术。因此需要深入研究大奔流沟砂岩的碱活性，进行抑制措施和效果的研究，评判抑制措施的可行性。

9.1.3.2 研究成果

1. 粉煤灰品质

试验用粉煤灰共 14 种，其中高钙粉煤灰（CaO 含量大于 8%）3 种、高碱粉煤灰（碱含量大于 1.5%）8 种。粉煤灰的化学成分分析结果见表 9.1-23。

表 9.1-23　　　　　　　　　　　　粉煤灰化学成分分析结果　　　　　　　　　　　　%

粉煤灰品种	CaO	SiO$_2$	Al$_2$O$_3$	Fe$_2$O$_3$	MgO	SO$_3$	K$_2$O	Na$_2$O	烧失量	Na$_2$O$_e$	SiO$_2$+Al$_2$O$_3$+Fe$_2$O$_3$
曲靖Ⅱ级	3.24	52.56	24.21	9.51	1.16	0.37	1.00	0.27	3.51	0.93	86.28
曲靖Ⅰ级	3.20	52.44	24.03	9.44	1.14	0.36	1.00	0.28	4.07	0.94	85.91
宣威Ⅱ级	3.24	58.93	21.59	9.67	1.25	0.13	1.00	0.11	0.95	0.77	90.19
宣威Ⅰ级	3.24	58.95	21.59	9.60	1.24	0.14	0.99	0.11	0.92	0.76	90.14
珞璜Ⅰ级	3.65	45.06	25.88	14.38	0.90	0.99	1.50	0.92	3.44	1.91	85.32
白马Ⅰ级	5.70	49.16	21.27	12.29	0.82	1.36	1.50	0.48	4.48	1.47	82.78
成都Ⅱ级	1.33	54.40	26.22	4.16	1.29	—	2.74	0.44	7.69	2.24	84.78
博磊Ⅱ级	2.20	54.21	25.68	5.75	0.96	0.38	1.97	0.25	7.34	1.55	85.64
504 厂Ⅱ级	3.54	52.10	23.97	5.81	3.74	0.28	3.75	0.20	4.54	2.67	81.88

粉煤灰品种	CaO	SiO₂	Al₂O₃	Fe₂O₃	MgO	SO₃	K₂O	Na₂O	烧失量	Na₂Oₑ	SiO₂+Al₂O₃+Fe₂O₃
平凉Ⅱ级	7.20	50.35	25.81	7.09	3.18	0.38	1.43	1.79	0.66	2.73	83.25
华能粉煤灰	11.8	42.49	31.5	6.48	0.82	0.67	1.38	0.92	1.59	1.83	85.79
南京下关灰	9.67	48.56	25.20	3.41	0.47	1.46	1.04	0.44	8.46	1.12	85.43
内蒙古粉煤灰	3.90	58.02	22.27	8.10	1.33	0.80	2.44	1.28	1.19	2.88	84.19
阳宗海粉煤灰	8.82	43.59	24.76	9.84	4.14	1.59	2.20	0.18	1.72	1.63	77.17

2. 粉煤灰中 CaO 含量对抑制砂岩碱-骨料反应效果的影响

选用了 CaO 含量为 $2.5\%\sim7.5\%$ 的 7 种粉煤灰、CaO 含量为 $8\%\sim15\%$ 的 3 种粉煤灰以及 CaO 含量小于 2.5% 的 2 种粉煤灰，共 12 种粉煤灰进行抑制砂岩碱-骨料反应效果试验，水泥采用峨嵋中热和双马中热，粉煤灰掺量为 35%，粉煤灰 CaO 含量与砂浆棒 28d 膨胀率关系见图 9.1-20，与混凝土棱柱体 1 年膨胀率关系见图 9.1-21。

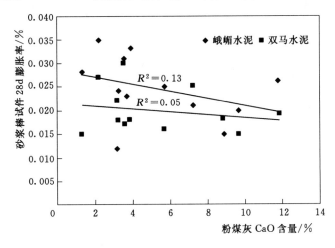

图 9.1-20　砂浆棒试件 28d 膨胀率与粉煤灰 CaO 含量之间的关系

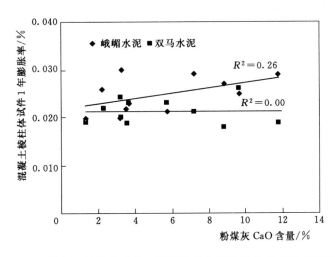

图 9.1-21　混凝土棱柱体试件 1 年膨胀率与粉煤灰 CaO 含量之间的关系

从图 9.1-20 和图 9.1-21 可以看出，12 种不同 CaO 含量的粉煤灰掺量为 35％时均能显著抑制碱-骨料反应，但砂浆棒试件和 38℃混凝土棱柱体试件的膨胀率并不是随 CaO 含量的增加而简单增加，相关系数 R^2 很低，说明不具有一定的相关性。由此可见 CaO 含量并不是决定粉煤灰抑制碱-骨料反应的唯一因素，还需同时考虑粉煤灰其他化学成分的综合影响。

3. 粉煤灰碱含量对抑制砂岩碱-骨料反应效果的影响

试验的 12 种粉煤中碱含量小于 1.50％的有 4 种，碱含量大于 1.50％的 8 种，分别采用峨嵋水泥和双马水泥，粉煤灰掺量为 35％，粉煤灰碱含量与砂浆棒 28d 膨胀率关系见图 9.1-22，与混凝土棱柱体 1 年龄期膨胀率关系见图 9.1-23。

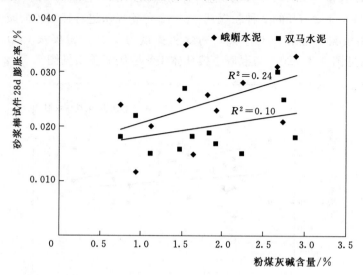

图 9.1-22　砂浆棒试件 28d 膨胀率与粉煤灰碱含量之间的关系

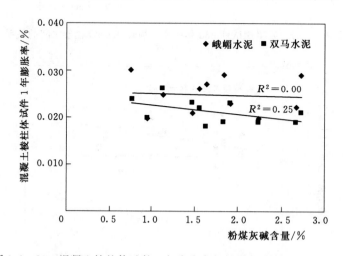

图 9.1-23　混凝土棱柱体试件 1 年膨胀率与粉煤灰碱含量之间的关系

从图 9.1-22 和图 9.1-23 可以看出，掺 35％粉煤灰的砂浆棒试件和混凝土棱柱体试件的膨胀率与粉煤灰的碱含量并没有直接的相关性。

4. 粉煤灰 $SiO_2 + Al_2O_3 + Fe_2O_3$ 含量对抑制砂岩碱-骨料反应效果的影响

国家标准规定，按煤的种类和灰的化学成分将粉煤灰划分为 F 类和 C 类，其中 F 类由生煤得到，$SiO_2 + Al_2O_3 + Fe_2O_3$ 含量大于 70%，低钙，CaO 含量一般低于 8%，具有火山灰特性；而 C 类由褐煤和半生煤得到，$SiO_2 + Al_2O_3 + Fe_2O_3$ 含量大于 50%，高钙，CaO 含量一般为 8%～30%，除具有火山灰特性外可能还具有某些水化性能。试验原来计划选用 $SiO_2 + Al_2O_3 + Fe_2O_3$ 含量大于 70% 的 5 种粉煤灰以及 $SiO_2 + Al_2O_3 + Fe_2O_3$ 含量为 50%～70% 的 5 种粉煤灰，采用峨嵋中热水泥，进行抑制砂岩碱-骨料反应效果试验。但在实际试验过程中 $SiO_2 + Al_2O_3 + Fe_2O_3$ 含量不具有可操作性，试验用的 12 种粉煤灰 $SiO_2 + Al_2O_3 + Fe_2O_3$ 含量在 75%～90% 之间，按化学成分分类则有 F 类灰 9 种，C 类灰 3 种。粉煤灰 $SiO_2 + Al_2O_3 + Fe_2O_3$ 含量与砂浆棒 28d 膨胀率关系见图 9.1-24，与混凝土棱柱体试件 1 年龄期膨胀率关系见图 9.1-25。

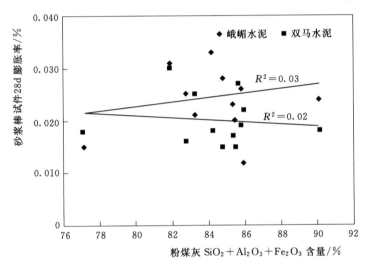

图 9.1-24　砂浆棒试件 28d 膨胀率与粉煤灰 $SiO_2 + Al_2O_3 + Fe_2O_3$
含量之间的关系

从图 9.1-24 和图 9.1-25 可以看出，掺有 35% 粉煤灰的砂浆棒试件和混凝土棱柱体试件膨胀率与粉煤灰的 $SiO_2 + Al_2O_3 + Fe_2O_3$ 含量也没有直接的关系。由此可知，粉煤灰对碱-骨料反应膨胀的抑制作用不是单一化学组成的差异决定，而是粉煤灰综合效应的体现。

5. 大坝混凝土用粉煤灰品质控制指标的确定

从以上试验研究结果可以看出，单独用粉煤灰的 CaO 含量、碱含量以及 $SiO_2 + Al_2O_3 + Fe_2O_3$ 含量等单一化学成分作为粉煤灰抑制碱-骨料反应控制指标并不准确，应该建立客观可靠的粉煤灰品质评价分析模型，得出抑制骨料碱活性的粉煤灰控制指标。

根据国内外文献资料分析可知，粉煤灰的主要化学成分可以分为两类：一类是促进碱-骨料反应的，有 CaO、K_2O、Na_2O、MgO、SO_3 等；另一类是抑制碱-骨料反应的，主要有 SiO_2、Al_2O_3 和 Fe_2O_3。为了综合考察粉煤灰各主要化学成分对碱-骨料反应的作用，结合 ASTM C618 对粉煤灰分类，用粉煤灰化学成分因子 C_{fa} 来考察其与膨胀率之间

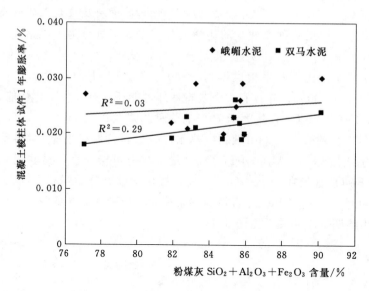

图 9.1 - 25　混凝土棱柱体试件 1 年膨胀率与粉煤灰 $SiO_2 + Al_2O_3 + Fe_2O_3$
含量之间的关系

的线性相关性，也即通过考察 C_{fa} 的值就可以推测粉煤灰抑制碱-骨料反应的效果。C_{fa} 的基本形式为

$$C_{fa} = \frac{CaO + x_1 R_2O + x_2 MgO + x_3 SO_3}{x_4 SiO_2 + x_5 Al_2O_3 + x_6 Fe_2O_3}$$

式中：CaO、R_2O、MgO、SO_3、SiO_2、Al_2O_3、Fe_2O_3——粉煤灰各成分（其中 $R_2O = Na_2O + 0.658K_2O$，为粉煤灰的等效碱含量）的质量百分数；$X_1 \sim X_6$ 为各成分的回归系数。

　　利用 1stOpt 综合优化软件包对砂浆棒 28d 膨胀率和混凝土棱柱体试件 1 年龄期膨胀率与粉煤灰的各主要化学成分进行非线性回归分析，从而建立粉煤灰化学因子的表达式。所得化学因子与掺有 35％粉煤灰的砂浆棒 28d 膨胀率和混凝土棱柱体试件 1 年龄期膨胀率关系分别见图 9.1 - 26 和图 9.1 - 27。

　　从图 9.1 - 26 和图 9.1 - 27 以看出，用粉煤灰化学成分因子表达式计算所得的化学因子与砂浆棒法 28d 膨胀率和混凝土棱柱体法 1 年膨胀率具有很好的相关性。不同水泥由于化学组成与细度不同，砂浆棒 28d 膨胀率和混凝土棱柱体 1 年膨胀率与粉煤灰化学成分因子尽管不相同，但都具有一定的相关性，说明用上述表达式计算所得的粉煤灰化学成分因子来衡量粉煤灰品质是一种可取的途径，下面将通过国内外研究成果来验证其可靠性。

　　（1）南京水利科学研究院试验结果的验证。南京水利科学研究院进行了一系列粉煤灰化学组成对抑制骨料碱活性效果的影响研究，采用砂浆棒快速法，南京海螺 42.5 普通硅酸盐水泥，水泥碱含量调整为 1.0％，粉煤灰掺量为总胶凝材料的 20％，骨料为南京某地

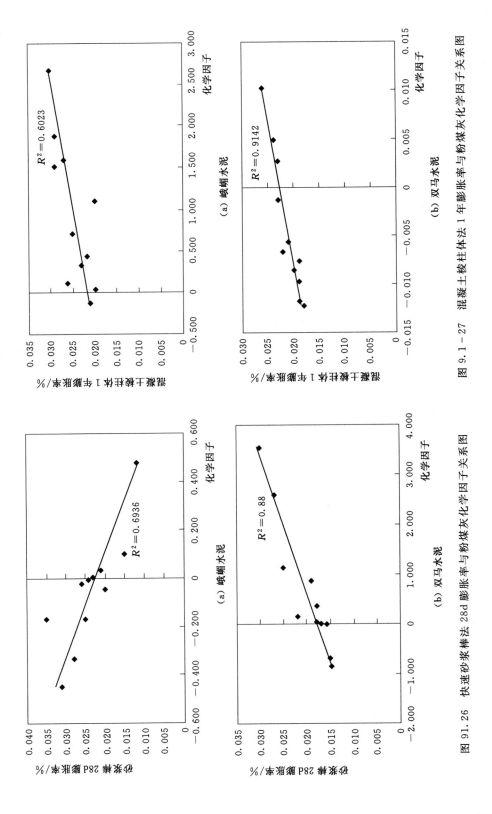

（a）峨嵋水泥

（b）双马水泥

图 9.1-27 混凝土棱柱体法 1 年膨胀率与粉煤灰化学因子关系图

（a）峨嵋水泥

（b）双马水泥

图 91.26 快速砂浆棒法 28d 膨胀率与粉煤灰化学因子关系图

天然河砂。试验的 11 种粉煤灰 CaO 含量从 1.93％到 11.64％，当量碱含量从 0.49％到 2.48％。用本研究得出的粉煤灰化学因子表达式计算南科院试验数据，得到的粉煤灰化学因子与砂浆棒 14d 膨胀率的关系见图 9.1-28。

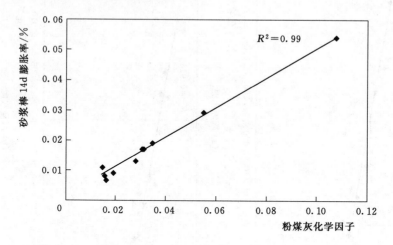

图 9.1-28　砂浆棒 14d 膨胀率与粉煤灰化学因子关系图

（2）Shehata 和 Thomas 试验结果的验证。Shehata 和 Thomas 在 1997 年粉煤灰的化学组成对其碱-骨料反应影响研究，采用混凝土棱柱体法，粉煤灰掺量为 25％，试验的 15 种粉煤灰 CaO 含量从 5.57％到 30.0％，当量碱含量从 0.30％到 4.79％。用本节研究得出的粉煤灰化学因子表达式计算 Shehata 和 Thomas 试验数据，得到的粉煤灰化学因子与混凝土棱柱体 2 年膨胀率的关系见图 9.1-29。

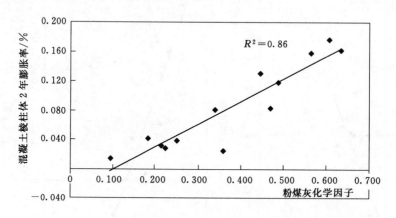

图 9.1-29　混凝土棱柱体 2 年膨胀率与粉煤灰化学因子关系图

从以上研究可以看出，虽然他们所采用的试验方法不同（砂浆棒快速法和混凝土棱柱体法），粉煤灰掺量不同（掺量分别为 20％和 25％），用膨胀率非线性回归得到的化学成分因子与膨胀率仍基本呈线性关系，相关系数 R^2 分别为 0.99 和 0.86，表明化学成分因子可以较好地反映粉煤灰抑制碱-骨料反应的效果。但同时说明粉煤灰化学成分因子与水泥品种、粉煤灰掺量、骨料种类以及抑制效果评价方法都有关。

6. 粉煤灰的安全掺量及抑制效果

采用峨嵋和双马中热水泥以及宣威（Ⅰ级和Ⅱ级）、曲靖Ⅰ级粉煤灰，四种粉煤灰掺量10％、20％、30％和35％进行砂岩碱活性抑制试验研究。

（1）砂浆棒快速法试验。快速砂浆棒试验结果见表9.1-24和表9.1-25。试验结果的分析见图9.1-30，不同粉煤灰与不同水泥对砂浆棒膨胀率抑制效果见图9.1-31。

表9.1-24　　　　不同粉煤灰掺量砂浆棒快速法各龄期试验结果（峨嵋水泥）　　　　　％

粉煤灰品种	粉煤灰掺量	各龄期膨胀率					膨胀率降低值	
		3d	7d	14d	21d	28d	14d	28d
基准	0	0.023	0.104	0.235	0.294	0.354	—	—
宣威Ⅰ级	10	0.019	0.061	0.118	0.197	0.218	49.8	38.4
	20	0.012	0.017	0.018	0.035	0.036	92.3	89.8
	30	0.004	0.010	0.006	0.023	0.015	97.4	95.8
	35	0.000	0.007	0.004	0.018	0.014	98.3	96.0
曲靖Ⅰ级	10	0.016	0.050	0.109	0.184	0.210	53.6	40.7
	20	0.004	0.010	0.004	0.039	0.043	98.3	87.9
	30	0.005	0.008	0.005	0.018	0.012	97.9	96.6
	35	0.002	0.001	−0.007	0.007	0.005	103.0	98.6

表9.1-25　　　　不同粉煤灰掺量砂浆棒快速法各龄期试验结果（双马水泥）　　　　　％

粉煤灰品种	粉煤灰掺量	各龄期膨胀率					膨胀率降低值	
		3d	7d	14d	21d	28d	14d	28d
基准	0	0.012	0.096	0.205	0.278	0.312	—	—
宣威Ⅰ级	10	0.008	0.04	0.102	0.16	0.148	50.2	52.6
	20	−0.004	0.002	0.024	0.056	0.042	88.3	86.5
	30	0.004	−0.004	0.006	0.022	0.022	97.1	92.9
	35	−0.005	0.012	0.023	0.032	0.028	88.8	91.0
曲靖Ⅰ级	10	0.012	0.033	0.106	0.172	0.161	48.3	48.4
	20	−0.006	0.016	0.022	0.06	0.056	89.3	82.1
	30	−0.005	0.002	−0.017	0.021	0.027	108.3	91.3
	35	0.003	0.015	0.02	0.037	0.026	90.2	91.7

从图9.1-30和图9.1-31可以看出，不管是采用峨嵋水泥还是双马水泥，当粉煤灰掺量不小于20％时，都能有效地抑制碱-骨料反应。从砂浆棒14d和28d膨胀率降低值来看，14d抑制率略高于28d，说明粉煤灰早期抑制作用很明显。

（2）混凝土棱柱体法试验。混凝土棱柱体法试验结果见表9.1-26。试验结果的分析

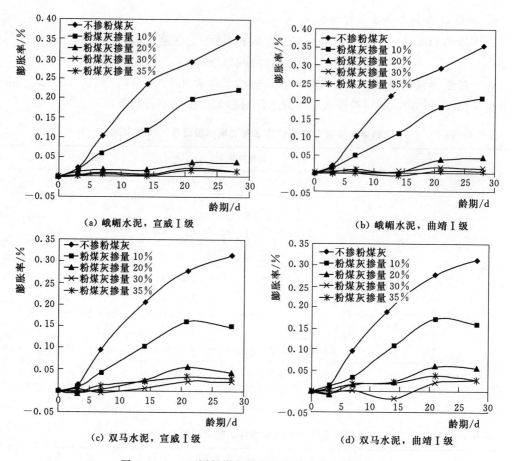

图 9.1-30　不同粉煤灰掺量砂浆棒膨胀率变化规律

见图 9.1-32。本次试验采用峨嵋水泥，宣威Ⅰ级粉煤灰，从图中可以看出，粉煤灰掺量在 10％以上时，混凝土棱柱体试件 360d 膨胀率均出现显著降低。

表 9.1-26　　　　　　不同粉煤灰掺量混凝土棱柱体法各龄期试验结果

粉煤灰掺量 /％	各龄期膨胀率/％								
	7d	14d	28d	56d	90d	120d	180d	270d	360d
0	0.009	0.008	0.014	0.027	0.052	0.068	0.084	0.096	0.122
10	−0.003	−0.003	−0.004	−0.003	0.002	0.003	0.004	0.012	0.034
20	−0.001	−0.002	0.002	−0.001	0.002	−0.009	−0.002	0.006	0.018
30	−0.007	−0.008	−0.006	−0.006	−0.003	−0.015	−0.010	0.002	0.014
35	−0.003	−0.005	−0.002	−0.003	0.000	−0.006	−0.007	0.005	0.012

9.1.3.3　应用效果小结

锦屏一级水电站混凝土双曲拱坝坝高 305m，为世界第一高拱坝。大坝混凝土质量关系到工程的顺利建设和安全运行。工程区域岩层以变质砂岩和板岩为主，具有潜在碱活

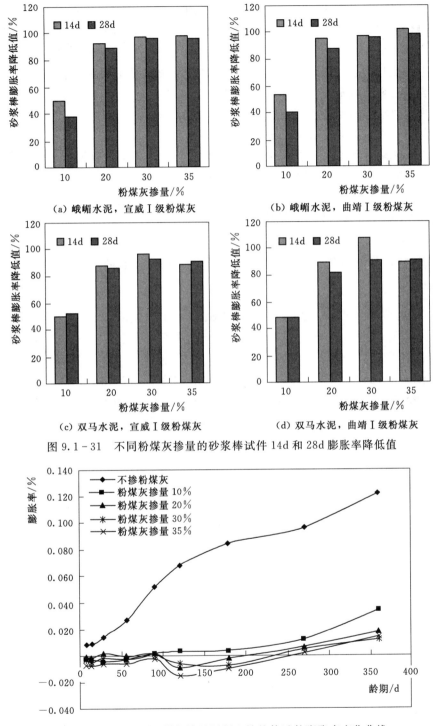

（a）峨嵋水泥，宣威Ⅰ级粉煤灰　　　　　（b）峨嵋水泥，曲靖Ⅰ级粉煤灰

（c）双马水泥，宣威Ⅰ级粉煤灰　　　　　（d）双马水泥，曲靖Ⅰ级粉煤灰

图 9.1-31　不同粉煤灰掺量的砂浆棒试件 14d 和 28d 膨胀率降低值

图 9.1-32　不同粉煤灰掺量混凝土棱柱体试件膨胀率变化曲线

性，如无法利用工程区域内砂岩料场作为大坝混凝土骨料料源，则必须在 50km 外选择骨料料源，将大幅增加工程投资，因此，能否有效抑制砂岩骨料碱活性并提高拱坝混

凝土的抗裂性能，是工程建设面临的关键技术问题。中国电建集团成都勘测设计研究院和长江科学院等单位开展的大坝混凝土特殊专题研究，科学论证了高掺粉煤灰以及采用大理岩人工砂与砂岩粗骨料组合骨料对大坝混凝土各项性能的影响。在大量试验研究基础上，提出在拱坝混凝土中突破 30% 的粉煤灰掺量限制，高掺 35% 粉煤灰，并采用大理岩人工砂替代砂岩人工砂，同时控制混凝土总碱含量不大于 $1.8kg/m^3$ 等措施以提高拱坝混凝土的抗裂耐久性能，有效抑制砂岩骨料碱活性。

该研究成果的成功应用保证了锦屏一级水电站超高拱坝混凝土的质量，解决了大坝混凝土骨料料源选择重大技术问题，节约工程投资十多亿元，为世界最高拱坝的建设提供了重要的技术支撑，具有显著的技术、经济和社会效益。

9.2 磷渣粉在工程中的应用

9.2.1 磷渣粉作为碾压混凝土掺和料在沙沱水电站中的应用

9.2.1.1 概述

沙沱水电站位于贵州省沿河县城上游约 7km 处，距乌江口 250.5km，坝址以上控制流域面积为 $54508km^2$，占整个乌江流域的 62%，是乌江干流开发选定方案中的第九级水电站，属"西电东送"第二批开工项目的"四水工程"之一。沙沱水电站上游为思林水电站，下游为彭水水电站，从思林到沙沱坝址河段长 120.8km，天然落差 74m，坝址以上控制流域面积 $54508km^2$。沙沱水电站主体建筑物混凝土方量为 295 万 m^3，其中碾压混凝土为 130 万 m^3。

沙沱水电站以发电为主，其次为航运，兼有防洪、灌溉等综合效益。水库正常蓄水位 365m，总库容 9.21 亿 m^3，调节库容 2.87 亿 m^3，属日调节水库。电站装机容量 1120MW（4×280MW），保证出力 322.9MW，多年平均发电量 45.52 亿 kW·h。枢纽由碾压混凝土重力坝、坝顶溢流表孔、左岸坝后式厂房及右岸通航建筑物等组成。沙沱水电站大坝设计坝高 101.00m，坝长 631m。大坝从左到右为左岸挡水坝段、引水坝段、河床溢流坝段、通航坝段（垂直升船机，过船吨位 500t）和右岸挡水坝段，共分为 16 个坝段。水库正常蓄水位 365m，总库容 9.1 亿 m^3。

随着西南地区水电工程相继建设，传统混凝土矿物掺和料粉煤灰资源紧张，但沙沱工程附近电炉磷渣等工业废渣来源丰富，如果能将磷渣粉作为水工混凝土掺和料全部或部分替代粉煤灰，就可以大量消耗作为废渣长期堆放的磷渣，从而减少其占地面积、降低对环境的污染，还可以解决沙沱水电站粉煤灰供应紧张的问题，并降低工程成本，改善混凝土性能。

项目通过试验论证磷渣粉全部或部分取代粉煤灰作为大坝碾压混凝土掺和料的技术可靠性和比较优势，确定其特征技术参数，并与粉煤灰混凝土的性能进行对比，拓宽现行混凝土掺和料的种类，以解决沙沱工程混凝土掺和料短缺的紧迫需要，切实为业主节约建设成本，减少沙沱水电站粉煤灰供应压力。

9.2.1.2 研究成果

1. 磷渣粉的品质

采用瓮福黄磷厂的磷渣粉，其化学成分物理力学性能检测结果列于表 9.2-1、表

9.2-2中。可以看出，主要性能指标均能达到电力行业标准 DL/T 5387—2007《水工混凝土掺用磷渣粉技术规范》的要求。

表 9.2-1　　　　　　　　　　　磷 渣 粉 化 学 成 分　　　　　　　　　　　　%

类别	CaO	SiO$_2$	Al$_2$O$_3$	Fe$_2$O$_3$	MgO	SO$_3$	K$_2$O	Na$_2$O	P$_2$O$_5$	烧失量	质量系数 K
瓮福磷渣粉	46.60	34.21	4.65	0.65	1.85	1.27	1.17	1.13	6.72	1.50	1.31
DL/T 5387—2007	—	—	—	—	—	≤3.5	—	—	≤3.5	—	1.10

表 9.2-2　　　　　　　　　　　磷渣粉物理力学性能

| 类别 | 密度 /(kg/m^3) | 比表面积 /(m^2/kg) | 细度 /% | 需水量比 /% | 活性指数/% | | 含水量 /% | 安定性 |
					28d	90d		
瓮福磷渣粉	2860	321	15.5	98.1	65.3	100.2	0.06	合格
DL/T 5387—2007	—	≥300	—	≤105	≥60	—	≤1.0	合格

注　表中细度均为 80μm 筛余。

2. 碾压混凝土配合比及性能

各部位混凝土的技术要求如表 9.2-3，配合比见表 9.2-4 和表 9.2-5。

表 9.2-3　　　　　　　　沙沱水电站碾压及变态混凝土主要期望技术指标

混凝土 种类	工程部位	强度 等级	级配	抗渗等级	抗冻等级	抗压弹模 /GPa	表观密度 /(kg/m^3)	28d 极限拉伸值 /(×10^{-6})
碾压	迎水面防渗层	C$_{90}$20	二	W8	F100	<30	≥2350	≥75
	坝体内部	C$_{90}$15	三	W6	F50	<30	≥2350	≥75
变态	RCC 上游坝面	C$_{90}$20	二	W8	F100	<32	≥2350	≥75
	RCC 下游坝面	C$_{90}$15	三	W6	F100	<30	≥2350	≥75

表 9.2-4　　　　　　　　　　　碾压混凝土试验配合比

编号	水胶比	粉煤灰掺量 /%	磷渣粉掺量 /%	级配	砂率 /%	减水剂 HLC-NAF /%	引气剂 AE /%
ST1	0.50	60	0	四	30	0.7	0.05
ST2	0.50	30	30	四	30	0.7	0.05
ST3	0.50	60	0	三	34	0.7	0.05
ST4	0.50	50	0	三	33	0.7	0.05
ST5	0.50	50	0	四	30	0.7	0.05

表 9.2-5　　　　　　　　　变态混凝土浆液配合比及拌和物性能

| 编号 | 母体配合比 编号 | 级配 | 浆液配合比参数 | | | 加浆量 /% | 变态混凝土浆液材料用量/(kg/m^3) | | |
			水胶比	粉煤灰 掺量/%	减水剂		水	水泥	粉煤灰
ST8	ST4	三	0.45	45	0.7	6	33	40	33

（1）抗压强度。全级配及湿筛碾压混凝土的抗压强度、抗压强度增长率、全级配碾压混凝土与湿筛碾压混凝土抗压强度比值见表 9.2-6，四级配碾压混凝土与三级配碾压混凝土抗压强度比值见表 9.2-7。全级配及湿筛碾压混凝土的抗压强度随龄期发展曲线分别见图 9.2-1、图 9.2-2，全级配及湿筛碾压混凝土 7d、28d、90d、180d、360d 龄期抗压强度比较图见图 9.2-3～图 9.2-7。可以得出以下结论：

1）四级配碾压混凝土抗压强度能够满足设计要求，且有较大富余。不同龄期四级配碾压混凝土与三级配碾压混凝土全级配大试件抗压强度的比值为 94%～106%，平均值为 101%，说明四级配碾压混凝土与三级配碾压混凝土抗压强度没有明显变化。不同龄期四级配与三级配碾压混凝土湿筛小试件抗压强度的比值在 92%～108%，平均 100%，四级配碾压混凝土与三级配碾压混凝土湿筛后的抗压强度相比差别较小。同水胶比、等粉煤灰掺量、相同压实方法条件下，四级配碾压混凝土和三级配碾压混凝土抗压强度无明显差异。

2）复掺粉煤灰和磷渣粉的四级配碾压混凝土湿筛小试件 7d 龄期的抗压强度略低于单掺粉煤灰的四级配碾压混凝土湿筛试件，全级配大试件 7d 龄期的抗压强度略高于单掺粉煤灰的四级配碾压混凝土全级配大试件。早期的微小差别可能是由于全级配碾压混凝土的骨架作用较大，磷渣粉早期水化慢，对湿筛试件影响更明显。复掺粉煤灰磷渣粉和单掺粉煤灰的四级配碾压混凝土 28d、90d 龄期的抗压强度，无论是湿筛试件还是全级配大试件，抗压强度十分接近。但随着龄期增长，到 180d、360d 龄期，复掺粉煤灰磷渣粉和单掺粉煤灰的四级配碾压混凝土及湿筛试件的抗压强度显著高于单掺粉煤灰四级配碾压混凝土。试验结果表明，磷渣粉对四级配碾压混凝土的抗压强度影响表现为早期、中期接近，后期显著提高。

表 9.2-6　　　　　　　　　　　　混凝土抗压强度试验结果

编号	水胶比	粉煤灰掺量/%	磷渣粉掺量/%	级配	抗压强度/MPa					抗压强度增长率/%					全级配试件/湿筛试件/%				
					7d	28d	90d	180d	360d	7d	28d	90d	180d	360d	7d	28d	90d	180d	360d
ST1	0.50	60	0	四	10.2	18.1	28.3	35.5	41.2	56	100	156	196	228	123	105	109	114	116
				湿筛	8.3	17.2	26.0	31.1	35.4	48	100	151	181	206					
ST2	0.50	30	30	四	11.5	18.2	28.5	36.9	44.4	63	100	157	203	238	153	105	107	114	116
				湿筛	7.5	17.4	26.7	32.4	37.3	43	100	153	186	214					
ST3	0.50	60	0	三	9.6	19.1	29.2	35.7	41.7	50	100	153	187	218	112	115	122	111	116
				湿筛	8.6	16.6	24.0	32.2	35.8	52	100	145	194	216					
ST5	0.50	50	0	四	16.5	22.1	32.5	38.7	43.0	75	100	147	175	195	139	123	112	115	115
				湿筛	11.9	18.0	29.1	33.7	37.5	66	100	162	187	208					
ST4	0.50	50	0	三	17.5	21.3	30.6	38.3	43.9	82	100	134	180	206	136	107	109	110	114
				湿筛	12.9	19.9	28.0	34.8	38.4	65	100	141	175	193					
ST8	0.50	50	0	三*	12.1	19.0	30.9	38.0	44.2	64	100	163	200	233	115	104	111	110	111
				湿筛	10.5	18.2	27.9	34.6	40.0	58	100	153	190	220					
平均															130	110	111	112	115

注　"*"表示三级配变态混凝土。

表 9.2-7　　　　　　四级配碾压混凝土与三级配碾压混凝土抗压强度比较

编号	水胶比	粉煤灰掺量/%	试件及级配		各龄期抗压强度/MPa				
					7d	28d	90d	180d	360d
ST1/ST3	0.50	60	全级配试件	四	10.2	18.1	28.3	35.5	41.2
				三	9.6	19.1	29.2	35.7	41.7
			比值/%		106	95	97	99	99
			湿筛试件	四	8.3	17.2	26.0	31.1	35.4
				三	8.6	16.6	24.0	32.2	35.8
			比值/%		97	104	108	97	99
ST5/ST4	0.50	50	全级配试件	四	16.5	22.1	32.5	38.7	43.0
				三	17.5	21.3	30.6	38.3	43.9
			比值/%		94	104	106	101	98
			湿筛试件	四	11.9	18.0	29.1	33.7	37.5
				三	12.9	19.9	28.0	34.8	38.4
			比值/%		92	95	104	97	98

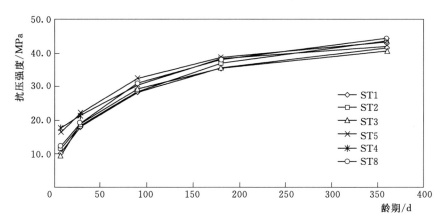

图 9.2-1　全级配混凝土抗压强度随龄期发展曲线

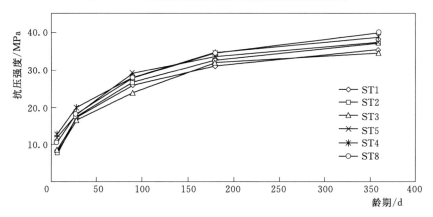

图 9.2-2　湿筛混凝土抗压强度随龄期发展曲线

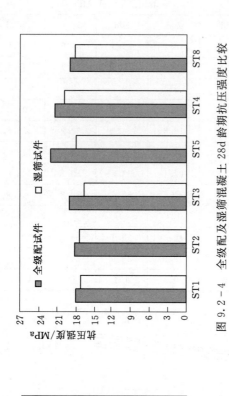

图 9.2－4　全级配及湿筛混凝土 28d 龄期抗压强度比较

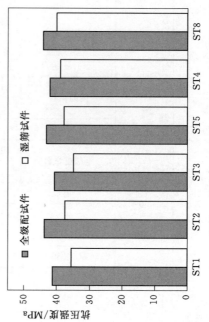

图 9.2－6　全级配及湿筛混凝土 180d 龄期抗压强度比较图

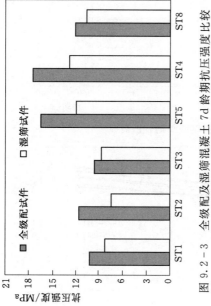

图 9.2－3　全级配及湿筛混凝土 7d 龄期抗压强度比较

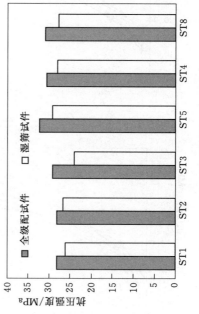

图 9.2－5　全级配及湿筛混凝土 90d 龄期抗压强度比较图

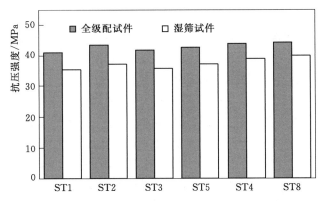

图 9.2-7　全级配及湿筛混凝土 360d 龄期抗压强度比较图

3）四级配碾压混凝土 7d 龄期强度增长率在 56%～75% 之间，平均值为 65%，三级配碾压混凝土 7d 龄期强度增长率在 50%～82% 之间，平均值为 66%，除粉煤灰掺量为 50% 的三级配碾压混凝土 7d 龄期强度增长率较高外，其余四级配、三级配碾压混凝土的 7d 龄期强度增长率相当。四级配碾压混凝土 90d 龄期强度增长率在 147%～157% 之间，平均值为 153%，三级配碾压混凝土 90d 龄期强度增长率在 134%～153% 之间，平均值为 144%，四级配碾压混凝土的 90d 龄期强度增长率略高。四级配碾压混凝土 180d 龄期强度增长率在 175%～203% 之间，平均值为 191%，三级配碾压混凝土 180d 龄期强度增长率在 180%～200% 之间，平均值为 189%，除复掺粉煤灰磷渣粉的四级配碾压混凝土的 180d 龄期强度增长率较高外，其余四级配、三级配碾压混凝土的 180d 龄期强度增长率相当。四级配碾压混凝土 360d 龄期强度增长率在 195%～238% 之间，平均值为 220%，三级配碾压混凝土 360d 龄期强度增长率在 206%～218% 之间，平均值为 212%，四级配碾压混凝土的 360d 龄期强度增长率略高。

4）全级配大试件与湿筛试件抗压强度的比值，7d、28d、90d、180d、360d 龄期时平均值分别为 130%、110%、111%、112%、115%。全级配大试件抗压强度与湿筛小试件抗压强度的比值较稳定，7d 龄期后基本稳定在 110%～115%。

长江科学院的大量试验结果表明，全级配碾压混凝土大试件的强度略高于湿筛小试件的强度，这与以往的结论有较大不同，究其可能原因包括：①骨料最大粒径增加，大粒径骨料带来的内部缺陷增多，即骨料尺寸效应降低混凝土抗压强度。②骨料最大粒径增加，骨料总表面积下降减少了过渡层的存在，同时大骨料架构作用也可提高混凝土抗压强度。③全级配碾压混凝土用水量小，聚集于骨料表面的水分减少，界面过渡区晶体生长约束较大、晶粒尺寸减小，因而碾压混凝土的界面过渡区结构有一定的改善。④骨料最大粒径增加，大骨料含量增加，混凝土含气量下降，可提高混凝土抗压强度。⑤试件尺寸效应的影响，大尺寸试件比小尺寸试件抗压强度低。

四级配碾压混凝土的全级配试件与湿筛试件的抗压强度比值，7d 龄期时略高于三级配碾压混凝土，28d、90d 龄期时低于三级配碾压混凝土，180d、360d 龄期两者相当。说明在早期过渡层与骨料的骨架作用影响明显；在中后期，随砂浆强度的增加，骨料最大粒径尺寸效应影响明显；而随着龄期继续增长、水化继续进行，几种效应对混凝土抗压强度的综合影响趋于平衡。

（2）劈拉强度。全级配碾压混凝土大试件及湿筛碾压混凝土小试件的劈裂抗拉强度及其比值见表 9.2-8，四级配碾压混凝土与三级配碾压混凝土劈拉强度比值见表 9.2-9，劈拉强度增长率、劈拉强度与抗压强度比列于表 9.2-10 中。7d、28d、90d、180d 龄期劈裂抗拉强度比较图分别见图 9.2-8～图 9.2-11。通过结果得出以下结论：

1）四级配碾压混凝土各龄期的劈拉强度均略低于三级配碾压混凝土。四级配碾压混凝土全级配大试件与三级配碾压混凝土全级配大试件劈拉强度比 82%～93% 之间，平均 90%；四级配碾压混凝土湿筛小试件与三级配碾压混凝土湿筛小试件劈拉强度比在 84%～99% 之间，平均 92%。对于劈拉强度而言，四级配碾压混凝土中界面薄弱区域增加，与三级配碾压混凝土相比，四级配碾压混凝土劈拉强度降低约 10%。

2）复掺粉煤灰和磷渣粉时劈拉强度早期发展慢，后期发展较快。与单掺粉煤灰的四级配碾压混凝土相比，复掺粉煤灰和磷渣粉时 7d 龄期的劈拉强度略低，28d 龄期以后劈拉强度略高。这可能是由于磷渣粉早期水化缓慢影响了混凝土的早期劈拉强度，而后期强度增长率较高的原因。

3）四级配碾压混凝土劈拉强度早期增长率略低于三级配碾压混凝土，但差值不大，劈拉强度后期增长率与三级配碾压混凝土相当。四级配碾压混凝土 7d 龄期劈拉强度增长率在 32%～60% 之间，平均 35%，四级配碾压混凝土 90d 龄期劈拉强度增长率在 130%～137% 之间，平均 133%，三级配碾压混凝土 90d 龄期劈拉强度增长率在 112%～118% 之间，平均 136%，四级配碾压混凝土 180d 龄期劈拉强度增长率在 134%～139% 之间，平均 136%。全级配碾压混凝土轴拉强度增长率显著低于湿筛小试件。掺磷渣粉时混凝土早期劈拉强度增长率较低，与抗压强度试验结果一致。

表 9.2-8　　　　　　　　　　　混凝土劈拉强度试验结果

编号	水胶比	粉煤灰掺量/%	磷渣粉掺量/%	级配	劈拉强度/MPa				劈拉强度增长率/%				全级配试件/湿筛试件/%			
					7d	28d	90d	180d	7d	28d	90d	180d	7d	28d	90d	180d
ST1	0.50	60	0	四	0.63	1.34	1.84	2.00	47	100	137	149	94	83	66	67
				湿筛	0.67	1.61	2.80	2.97	42	100	174	184				
ST2	0.50	30	30	四	0.47	1.49	1.93	2.12	32	100	130	142	87	88	68	70
				湿筛	0.54	1.70	2.83	3.04	32	100	166	179				
ST3	0.50	60	0	三	0.72	1.47	2.04	2.15	49	100	139	146	90	88	69	67
				湿筛	0.80	1.68	2.94	3.19	48	100	175	190				
ST5	0.50	50	0	四	0.90	1.49	1.96	2.05	60	100	132	138	90	84	66	60
				湿筛	1.00	1.78	2.99	3.42	56	100	168	192				
ST4	0.50	50	0	三	1.10	1.62	2.17	2.24	68	100	134	138	94	81	69	65
				湿筛	1.17	1.99	3.15	3.43	59	100	158	172				
ST8	0.50	50	0	三	0.91	1.48	2.04	2.28	61	100	138	154	75	79	71	68
				湿筛	1.21	1.87	2.86	3.34	65	100	153	179				
平均（不计入 ST8）													91	85	68	66

表 9.2-9 　　　　　　　四级配碾压混凝土与三级配碾压混凝土劈拉强度比较

编号	水胶比	粉煤灰掺量/%	试件及级配		各龄期劈拉强度/MPa			
					7d	28d	90d	180d
ST1/ST3	0.50	60	全级配试件	四	0.63	1.34	1.84	2.00
				三	0.72	1.47	2.04	2.15
			比值/%		88	91	90	93
			湿筛试件	四	0.67	1.61	2.80	2.97
				三	0.80	1.68	2.94	3.15
			比值/%		84	96	95	94
ST5/ST4	0.50	50	全级配试件	四	0.90	1.49	1.96	2.05
				三	1.10	1.62	2.17	2.24
			比值/%		82	92	90	92
			湿筛试件	四	1.00	1.78	2.99	3.42
				三	1.17	1.99	3.15	3.43
			比值/%		85	89	95	99

表 9.2-10 　　　　　　　　　混凝土劈拉强度增长率及拉压比

编号	水胶比	粉煤灰掺量/%	磷渣粉掺量/%	级配	劈拉强度/抗压强度/%			
					7d	28d	90d	180d
ST1	0.50	60	0	四	6	7	7	6
				湿筛	8	9	10	10
ST2	0.50	30	30	四	4	8	7	6
				湿筛	6	10	11	9
ST3	0.50	60	0	三	8	8	7	6
				湿筛	9	10	11	10
ST5	0.50	50	0	四	5	7	6	5
				湿筛	7	10	10	10
ST4	0.50	50	0	三	6	8	7	6
				湿筛	9	10	11	10
ST8	0.50	50	0	三	8	8	7	6
				湿筛	12	10	10	10

　　4）全级配大试件与湿筛小试件劈拉强度的比值随着龄期增长而降低。全级配大试件与湿筛小试件劈拉强度的比值 7d 龄期时平均为 91%、28d 龄期时平均为 85%、90d 龄期时平均为 68%，180d 龄期时平均为 66%，全级配试件与湿筛试件劈拉强度强度的比值有随着龄期增长而降低的趋势，这与抗压强度比值相对较稳定有较大不同。三级配变态混凝土全级配大试件与湿筛小试件劈拉强度的比值平均为 75%。

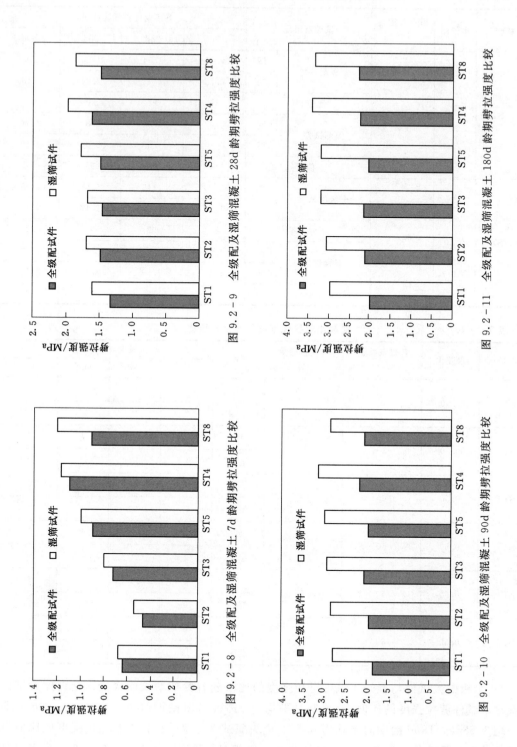

图 9.2 - 8 全级配及湿筛混凝土 7d 龄期劈拉强度比较

图 9.2 - 9 全级配及湿筛混凝土 28d 龄期劈拉强度比较

图 9.2 - 10 全级配及湿筛混凝土 90d 龄期劈拉强度比较

图 9.2 - 11 全级配及湿筛混凝土 180d 龄期劈拉强度比较

　　5）四级配碾压混凝土拉压比略低于三级配碾压混凝土拉压比，但差值不大（约1%）。7d龄期在4%～8%之间，28d龄期在7%～8%之间，90d龄期在6%～7%之间，180d龄期在5%～6%之间，均低于湿筛试件。湿筛小试件拉压比在正常范围内。

　　（3）轴向拉伸强度。全级配及湿筛混凝土的轴向拉伸强度及其比值见表9.2-11，四级配碾压混凝土与三级配碾压混凝土轴拉强度比值见表9.2-12，轴向拉伸强度增长率、轴向拉伸强度与抗压强度比列于表9.2-13中，28d、90d、180d龄期轴向拉伸强度比较图分别见图9.2-12～图9.2-14，可以得出以下结论：

　　1）四级配碾压混凝土各龄期的轴拉强度均略低于三级配碾压混凝土。四级配碾压混凝土全级配大试件与三级配碾压混凝土全级配大试件轴拉强度比平均为93%；四级配碾压混凝土湿筛小试件与三级配碾压混凝土湿筛小试件轴拉强度比平均95%。与三级配碾压混凝土相比，四级配碾压混凝土轴拉强度降低约平均7%。

　　2）复掺磷渣粉对四级配碾压混凝土的中后期轴拉强度略有提高。与单掺粉煤灰的四级配碾压混凝土相比，复掺粉煤灰和磷渣粉四级配碾压混凝土28d、90d、180d龄期的轴拉强度可分别提高1%、13%、23%，湿筛小试件28d、90d、180d龄期轴拉强度可分别提高3%、7%、10%。

　　3）四级配碾压混凝土轴拉强度增长率略高于三级配碾压混凝土。四级配碾压混凝土90d龄期轴拉强度增长率在121%～134%之间，不掺磷渣粉时平均123%，三级配碾压混凝土90d龄期轴拉强度增长率在112%～118%之间，平均113%。四级配碾压混凝土180d龄期轴拉强度增长率在131%～159%之间，不掺磷渣粉时平均136%，三级配碾压混凝土180d龄期轴拉强度增长率在131%～132%之间，平均132%。全级配碾压混凝土轴拉强度增长率显著低于湿筛小试件。

表9.2-11　　　　　　　　　　混凝土轴向拉伸强度试验结果

编号	水胶比	粉煤灰掺量/%	磷渣粉掺量/%	级配	轴拉强度/MPa			全级配轴拉强度/湿筛轴拉强度/%			轴拉强度/劈拉强度/%		
					28d	90d	180d	28d	90d	180d	28d	90d	180d
ST1	0.50	60	0	四	1.70	2.05	2.22	78	68	61	134	111	111
				湿筛	2.20	3.02	3.62				137	108	126
ST2	0.50	30	30	四	1.72	2.31	2.73	76	72	68	115	120	129
				湿筛	2.26	3.22	3.99				133	114	136
ST3	0.50	60	0	三	1.90	2.16	2.50	76	67	67	129	106	116
				湿筛	2.49	3.21	3.74				148	109	123
ST5	0.50	50	0	四	1.88	2.34	2.65	71	72	71	126	119	129
				湿筛	2.65	3.26	3.71				149	109	115
ST4	0.50	50	0	三	2.11	2.37	2.77	78	71	73	130	109	124
				湿筛	2.70	3.35	3.81				136	106	111
ST8	0.50	50	0	三	2.03	2.39	2.80	86	69	73	137	117	123
				湿筛	2.36	3.48	3.82				126	122	114
平均（不计入ST8）								76	70	69	—	—	—

表 9.2 - 12　　　　　　　　四级配碾压混凝土与三级配碾压混凝土轴拉强度比较

编号	水胶比	粉煤灰掺量/%	试件及级配		各龄期轴拉强度/MPa		
					8d	90d	180d
ST1/ST3	0.50	60	全级配试件	四	1.70	2.05	2.22
				三	1.90	2.16	2.50
			比值/%		89	95	89
			湿筛试件	四	2.20	3.02	3.62
				三	2.49	3.21	3.74
			比值/%		88	94	97
ST5/ST4	0.50	50	全级配试件	四	1.88	2.34	2.65
				三	2.11	2.37	2.77
			比值/%		89	99	96
			湿筛试件	四	2.65	3.26	3.71
				三	2.70	3.35	3.81
			比值/%		98	97	97

表 9.2 - 13　　　　　　　　混凝土轴拉强度增长率及拉压比

编号	水胶比	粉煤灰掺量/%	磷渣粉掺量/%	级配	轴拉强度增长率/%			轴拉强度/抗压强度/%		
					28d	90d	180d	28d	90d	180d
ST1	0.50	60	0	四	100	121	131	8	7	6
				湿筛	100	137	165	11	12	12
ST2	0.50	30	30	四	100	134	159	9	8	7
				湿筛	100	142	177	13	12	12
ST3	0.50	60	0	三	100	114	132	10	7	7
				湿筛	100	129	150	15	13	12
ST5	0.50	50	0	四	100	124	141	9	7	7
				湿筛	100	123	140	15	11	11
ST4	0.50	50	0	三	100	112	131	10	8	7
				湿筛	100	124	141	14	12	11
ST8	0.50	50	0	三	100	118	138	11	8	7
				湿筛	100	147	162	13	12	11

　　4）全级配大试件与湿筛小试件轴拉强度的比值 28d 龄期时平均为 76%、90d 龄期时平均为 70%，180d 龄期时平均为 69%，总平均值 72%。全级配大试件与湿筛小试件轴拉强度的比值有随着龄期增长而降低的趋势。

　　5）四级配、三级配及湿筛碾压混凝土各龄期轴拉强度均高于劈拉强度。全级配大试件 28d 轴拉强度与劈拉强度比值平均为 126%，90d 轴拉强度与劈拉强度比值平均为 113%，180d 轴拉强度与劈拉强度比值平均为 122%；湿筛小试件 28d 轴拉强度与劈拉强

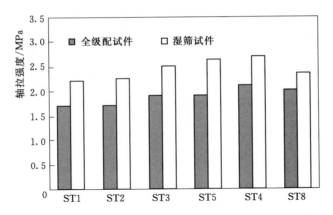

图 9.2-12 全级配及湿筛混凝土 28d 龄期轴拉强度比较

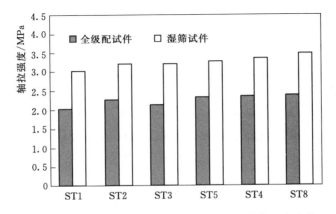

图 9.2-13 全级配及湿筛混凝土 90d 龄期轴拉强度比较

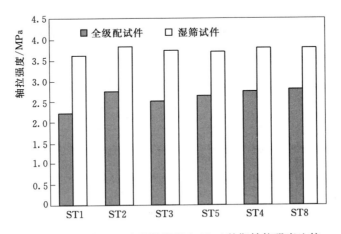

图 9.2-14 全级配及湿筛混凝土 180d 龄期轴拉强度比较

度比值平均为 140%，90d 轴拉强度与劈拉强度比值平均为 109%，180d 轴拉强度与劈拉强度比值平均为 118%。

6）四级配大试件各龄期轴拉强度/抗压强度比略低于三级配碾压混凝土大试件

1%～2%，随龄期的增加，轴拉强度/抗压强度比值略有降低。全级配大试件 28d 轴拉强度与抗压强度比值平均为 9%，90d 轴拉强度与抗压强度比值平均为 8%，180d 轴拉强度与抗压强度比值平均为 7%。湿筛小试件 28d 轴拉强度与抗压强度比值平均为 14%，90d 轴拉强度与抗压强度比值平均为 12%，180d 轴拉强度与抗压强度比值平均为 12%。

（4）轴拉强度及极限拉伸值。全级配及湿筛碾压混凝土的极限拉伸值及其比值见表 9.2-14，四级配碾压混凝土与三级配碾压混凝土极限拉伸值比值见表 9.2-15，28d、90d、180d 龄期全级配及湿筛混凝土的比较图见图 9.2-15～图 9.2-17，可以得出以下结论：

1）6 个试验配合比混凝土湿筛试件 28d 龄期的极限拉伸值为 $76 \times 10^{-6} \sim 88 \times 10^{-6}$，满足 75×10^{-6} 的设计要求。四级配碾压混凝土各龄期的极限拉伸值略低于三级配碾压混凝土，且两者的比值随着龄期增长而降低，四级配与三级配碾压混凝土大试件极限拉伸值的比值平均值在 74%～91%之间，平均值为 85%。四级配与三级配碾压混凝土湿筛试件极限拉伸值较接近，比值在 90%～101%，平均值为 95%。混凝土极限拉伸值主要受胶凝材料用量的影响，四级配碾压混凝土骨料用量较多、胶凝材料用量较少，所以其极限拉伸值略低。

2）复掺粉煤灰和磷渣粉可提高混凝土极限拉伸值。与单掺粉煤灰相比，复掺粉煤灰和磷渣粉四级配碾压混凝土大试件 28d、90d、180d 极限拉伸值可分别提高约 26%、16%、25%，湿筛小试件 28d、90d、180d 极限拉伸值提高平均约 13%、7%、24%。

表 9.2-14　　　　　　　　　混凝土极限拉伸值

编号	水胶比	粉煤灰掺量/%	磷渣粉掺量/%	级配	极限拉伸值/($\times 10^{-6}$)			增长率/%		全级配/湿筛/%		
					28d	90d	180d	90d	180d	28d	90d	180d
ST1	0.50	60	0	四	38	45	51	118	134	50	62	50
				湿筛	76	83	102	109	134			
ST2	0.50	30	30	四	48	52	64	108	133	56	58	51
				湿筛	86	89	126	103	147			
ST3	0.50	60	0	三	42	54	70	129	167	51	56	66
				湿筛	82	96	106	117	129			
ST5	0.50	50	0	四	45	53	55	118	122	56	54	50
				湿筛	80	98	110	123	138			
ST4	0.50	50	0	三	49	55	74	112	151	56	54	70
				湿筛	88	101	105	115	119			
ST8	0.50	50	0	三	44	55	59	125	134	58	52	54
				湿筛	76	106	109	139	143			
平均										54	56	57

注　以 28d 龄期的极限拉伸值为 100%。

表 9.2-15　　　四级配碾压混凝土与三级配碾压混凝土极限拉伸值比

编号	水胶比	粉煤灰掺量 /%	试件及级配		各龄期极限拉伸值/(×10⁻⁶)		
					28d	90d	180d
ST1/ST3	0.50	60	全级配试件	四	38	45	51
				三	42	54	70
			比值/%		90	83	73
			湿筛试件	四	76	83	102
				三	86	89	106
			比值/%		88	93	96
ST5/ST4	0.50	50	全级配试件	四	45	53	55
				三	49	55	74
			比值/%		92	96	74
			湿筛试件	四	80	98	110
				三	88	101	105
			比值/%		91	97	105

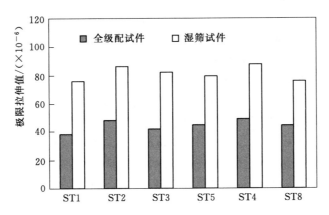

图 9.2-15　全级配及湿筛混凝土 28d 龄期极限拉伸值比较

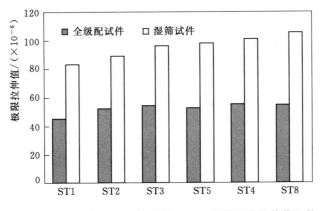

图 9.2-16　全级配及湿筛混凝土 90d 龄期极限拉伸值比较

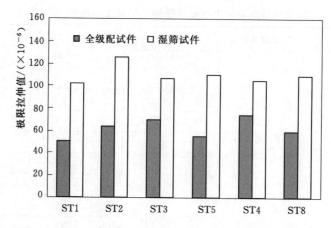

图 9.2 - 17　全级配及湿筛混凝土 180d 龄期极限拉伸值比较

3）各龄期四级配碾压混凝土极限拉伸值增长率均低于三级配碾压混凝土，尤其是在 90d 龄期后，四级配碾压混凝土极限拉伸值增长缓慢。四级配碾压混凝土 90d 龄期极限拉伸值增长率在 108%～118% 之间，不掺磷渣粉时平均 118%，三级配碾压混凝土 90d 龄期极限拉伸值增长率在 112%～129% 之间，平均 121%。四级配碾压混凝土 180d 龄期极限拉伸值增长率在 122%～134% 之间，不掺磷渣粉时平均 128%，三级配碾压混凝土 180d 龄期极限拉伸值增长率在 151%～167% 之间，平均 159%。

从试验结果可知，湿筛混凝土小试件的极限拉伸值并不能代表全级配混凝土的极限拉伸值。湿筛试件灰浆率高于全级配试件，其极限拉伸值也显著大于全级配试件。全级配大试件与湿筛小试件极限拉伸值的比值平均值在 28d、90d、180d 龄期时分别为 55%、56%、57%，总平均值 56%。值得注意的是，28d、90d 龄期全级配大试件与湿筛小试件极限拉伸值的比值基本相当，180d 龄期四级配大试件与湿筛小试件极限拉伸值的比值较低，三级配大试件与湿筛小试件极限拉伸值的比值较高。因此，四级配大试件与湿筛小试件极限拉伸值的比值和三级配大试件与湿筛小试件轴拉强度的比值差别主要表现在后期。

（5）绝热温升。全级配混凝土绝热温升试验结果见表 9.3 - 16，表 9.3 - 17 为根据试验结果拟合的绝热温升双曲线表达式，图 9.3 - 18 为混凝土绝热温升过程线。通过试验结果可以得出以下结论：

1）四级配碾压混凝土 28d 龄期的绝热温升比三级配碾压混凝土低。四级配碾压混凝土 28d 龄期的最终绝热温升值比三级配碾压混凝土低 2.2℃，有利于温控防裂和加快施工速度。复掺磷渣粉时碾压混凝土早期绝热温升值略低。

2）由于磷渣粉有缓凝作用，复掺粉煤灰和磷渣粉的四级配碾压混凝土的早期绝热温升略低于与单掺粉煤灰的四级配碾压混凝土，随着水化的进行，从 7d 左右起，两者的绝热温升相当。变态混凝土绝热温升值比碾压混凝土的绝热温升值高约 7℃。

（6）抗渗性能。90d 龄期的四级配碾压混凝土、三级配碾压混凝土和三级配变态混凝土抗渗等级均达到 W40。复掺粉煤灰和磷渣粉的四级配碾压混凝土 90d 相对抗渗性系数低于单掺粉煤灰试件，说明复掺粉煤灰和磷渣粉的四级配碾压混凝土的抗渗性能优于单掺粉煤灰。磷渣粉是活性掺和料，磷渣粉与 $Ca(OH)_2$ 发生火山灰反应水化，降低水泥石孔隙率，提高混凝土密实度，改善全级配混凝土耐久性能，与混凝土强度试验结果是一致的。

表 9.2-16   混凝土绝热温升试验结果

编号	各龄期绝热温升/℃													
	1d	2d	3d	4d	5d	6d	7d	8d	9d	10d	11d	12d	13d	14d
ST1	4.9	8.1	9.6	10.6	11.3	11.8	12.2	12.6	12.9	13.2	13.4	13.5	13.6	13.7
ST2	3.4	7.1	9.1	10.3	11.1	11.7	12.1	12.5	12.8	13.1	13.3	13.5	13.6	13.6
ST3	5.8	10	11.6	12.8	13.8	14.5	15.0	15.3	15.5	15.7	15.8	15.9	16.0	16.1
ST4	5.7	10.8	13.0	14.5	15.6	16.4	16.9	17.3	17.5	17.7	17.9	18.0	18.1	18.2
ST8	4.5	14.8	18.7	21.0	22.1	22.8	23.5	24.0	24.4	24.7	24.9	25.0	25.1	25.3

编号	各龄期绝热温升/℃													
	15d	16d	17d	18d	19d	20d	21d	22d	23d	24d	25d	26d	27d	28d
ST1	13.9	14.0	14.0	14.1	14.2	14.2	14.2	14.3	14.3	14.3	14.3	14.4	14.4	14.4
ST2	13.8	13.9	13.9	13.95	14.0	14.0	14.1	14.1	14.1	14.1	14.2	14.2	14.2	14.2
ST3	16.1	16.2	16.3	16.3	16.3	16.4	16.4	16.5	16.5	16.5	16.5	16.6	16.6	16.6
ST4	18.3	18.3	18.4	18.4	18.4	18.4	18.5	18.5	18.6	18.6	18.6	18.6	18.7	18.7
ST8	25.3	25.4	25.4	25.5	25.5	25.4	25.6	25.6	25.6	25.7	25.7	25.8	25.8	25.8

表 9.2-17   混凝土绝热温升双曲线表达式

编号	水胶比	粉煤灰掺量/%	磷渣粉掺量/%	级配	双曲线表达式	相关系数
ST1	0.50	60	0	四	$T=15.41t/(t+1.80)$	0.999
ST2	0.50	30	30	四	$T=15.42t/(t+2.05)$	0.999
ST3	0.50	60	0	三	$T=17.45t/(t+1.34)$	0.999
ST4	0.50	50	0	三	$T=19.73t/(t+1.39)$	0.999
ST8	0.50	50	0	变态	$T=27.66t/(t+1.67)$	0.996

表 9.3-18   全级配混凝土的渗透系数试验结果

配合比编号	水胶比	掺量/%		渗水高度/cm			抗渗等级	相对渗透性系数/(cm/s)
		粉煤灰	磷渣粉	最大	最小	平均		
ST1（四级配）	0.50	60	0	40.5	7.0	28.4	＞W40	$5.97×10^{-10}$
ST2（四级配）	0.50	30	30	31.5	5.5	19.6	＞W40	$3.78×10^{-10}$
ST3（三级配）	0.50	60	0	15.0	3.0	6.6	＞W40	$0.621×10^{-10}$
ST8（三级配变态）	0.50	60	0	11.0	2.8	5.2	＞W40	$0.384×10^{-10}$

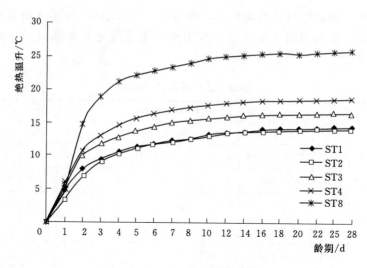

图 9.2 - 18 混凝土绝热温升过程线

（7）抗冻性能。经过 100 次冻融循环，单掺及复掺粉煤灰及矿渣粉，四级配碾压混凝土与三级配碾压混凝土的质量损失率及相对动弹性模量差别不大，但全级配混凝土大试件质量损失率均低于湿筛试件，相对动弹性模量均低于湿筛试件。

9.2.1.3 推荐配合比

根据试验结果及分析，推荐沙沱水电站坝体内部 $C_{90}15$ 使用四级配碾压混凝土时的各部位碾压混凝土配合比，供工程现场试验时选择和使用。

坝体内部 $C_{90}15$ 四级配碾压混凝土推荐了两种配合比，供单掺粉煤灰或复掺粉煤灰和磷渣粉时使用；由于磷渣粉在早期缓凝作用，从拆模时间考虑，迎水面防渗层 $C_{90}20$ 三级配碾压混凝土暂不推荐复掺粉煤灰和磷渣粉的配合比；为简化配料和从拆模时间考虑，变态混凝土浆液也只推荐单掺粉煤灰。

表 9.2 - 19　　　　　沙沱水电站碾压及变态混凝土推荐配合比

混凝土种类	工程部位	强度等级	级配	水胶比	粉煤灰掺量/%	磷渣粉掺量/%	砂率/%	减水剂 HLC - NAF /%	引气剂 AE /%
碾压混凝土	迎水面防渗层	$C_{90}20$	三	0.50	50	0	33	0.7	0.05
	坝体内部	$C_{90}15$	四	0.50	60	0	30	0.7	0.05
				0.50	30	30	30	0.7	0.05
变态混凝土	RCC 上游坝面	$C_{90}20$	三级配母体	0.50	50	0	33	0.7	0.05
			浆液（6%）	0.45	45	0	0	0.7	0
	RCC 下游坝面	$C_{90}15$	四级配母体	0.50	60	0	30	0.7	0.05
				0.50	30	30	30	0.7	0.05
			浆液（6%）	0.45	55	0	0	0.7	0

表 9.2 - 20 推荐配合比拌和物性能

混凝土种类	工程部位	级配	材料用量/(kg/m³)						VC 值/s	含气量/%
			水	水泥	粉煤灰	磷渣粉	砂	石		
碾压混凝土	迎水面防渗层	三	80	80	80	—	738	1503	3～5	3.5～4.5
	坝体内部	四	71	57	85	—	686	1607	1～3	3.5～4.5
			70	56	42	42	688	1617	1～3	3.5～4.5
变态混凝土	RCC上游坝面	三级配母体	80	80	80	—	738	1503	3～5	3.5～4.5
		浆液（6%）	33	40	33	0	0	0	—	
	RCC下游坝面	四级配母体	71	57	85	—	686	1607	1～3	3.5～4.5
			70	56	42	42	688	1617	1～3	3.5～4.5
		浆液（6%）	32.5	32.5	39.5	0	0	0	—	

9.2.1.4 应用成果小结

长江科学院经过大量试验研究，提出利用工程周边资源丰富的磷渣替代粉煤灰掺和料用于大坝碾压混凝土，以解决工程混凝土掺和料供应问题，并根据研究成果提出了沙沱水电站大坝碾压混凝土掺磷渣粉的技术方案和施工配合比。工程实践表明，经过适当筛选、粉磨、加工得到的高品质磷渣粉可以完全或部分替代粉煤灰掺和料，磷渣粉的掺入大大降低了大坝混凝土的水化热和绝热温升，提高了混凝土的抗拉强度和抗裂性能，此外，磷渣粉特有的缓凝性能也十分有利于碾压混凝土的施工。

磷渣粉作为混凝土掺和料在沙沱水电站大坝碾压混凝土中累计使用超过 10 万 t，产生直接经济效益约 7000 万元。磷渣的资源化和规模化应用，降低了工程的资源能源消耗，简化了温控措施，促进了技术进步，节约了工程投资，获得了显著的经济效益、社会效益和环境效益。

9.2.2 磷渣粉作为混凝土掺和料在龙潭嘴水电站中的应用

9.2.2.1 概述

龙潭嘴水电站位于湖北省鄂西北部神农架，系汉水南河支流玉泉河流域的中游。龙潭嘴水电站主要建筑物为 3 级建筑物，枢纽建筑物主要包括碾压混凝土双曲拱坝、左岸引水系统等。电站正常蓄水位 690.60m，相应库容 2656.6 万 m³，库容系数 3.54%，电站装机 3×11000kW 及利用生态水发电，另安装 1000kW 机组一台，总装机容量 34000kW。大坝建基面高程 595.00m，坝顶高程 693.00m，最大坝高 98.0m，拱坝顶层拱圈厚 6.0m，坝底宽 16.0m。在坝顶处设有 3 孔有闸控制堰顶溢流泄洪，孔口尺寸 10.0m×10.0m，堰顶高程 680.00m，挑流消能。碾压混凝土总浇筑量约为 17.2 万 m³。

龙潭嘴水电站位于所处的鄂西北地区粉煤灰资源十分紧缺，但却是我国黄磷主产区之一，磷渣资源丰富。项目通过试验论证磷渣粉全部或部分取代粉煤灰作为大坝碾压混凝土掺和料的技术可靠性和比较优势，确定全坝掺用磷渣粉的技术方案和大坝碾压混凝土施工工艺参数，为解决工程掺和料供应问题，因地制宜，有效利用当地矿物掺和料资源提供技术支撑。

9.2.2.2　项目研究成果

1. 磷渣粉的品质

试验采用神农架神保水泥厂生产的磷渣粉，对磷渣粉品质及化学成分进行了检验，检验结果见表 9.2-21 和表 9.2-22。检验结果表明，试验所用磷渣粉活性较高，28d 活性指数达到 91.0%，基本性能指标符合 DL/T 5387—2007《水工混凝土掺用磷渣粉技术规范》的有关规定。

表 9.2-21　磷渣粉的化学成分　%

品种	CaO	SiO$_2$	Al$_2$O$_3$	Fe$_2$O$_3$	MgO	SO$_3$	K$_2$O	Na$_2$O	P$_2$O$_5$	F	R$_2$O	烧失量
磷渣粉	46.52	36.90	2.46	0.72	4.37	0.80	0.92	0.24	2.41	0.34	0.85	1.56
DL/T 5387—2007	—	—	—	—	—	≤3.5	—	—	≤3.5	—	—	≤3.0

注　碱含量 R$_2$O＝Na$_2$O＋0.658K$_2$O。

表 9.2-22　磷渣粉物理力学性能

类别	密度 /(kg/m^3)	比表面积 /(m^2/kg)	需水量比 /%	凝结时间 (h：min) 初凝	凝结时间 (h：min) 终凝	含水量 /%	安定性	活性指数 /%	质量系数 K
磷渣粉	2900	326	104	3：31	4：52	0.2	合格	91.0	1.36
DL/T 5387—2007	—	≥300	≤105	≥60	—	≤1.0	合格	≥60	≥1.10

2. 混凝土配合比及性能

常态混凝土的技术指标要求见表 9.2-23，配合比见表 9.2-24。

表 9.2-23　碾压（变态）混凝土主要设计技术指标

使用部位	强度等级	抗渗等级	抗冻等级	抗拉强度 /MPa	极限拉伸值 /(×10^{-4})	粉煤灰掺量 /%	强度保证率 /%	限制水胶比	设计龄期配制强度 /MPa
坝体上游面	C$_{90}$20	W8	F100	＞2.0	≥0.85	≤60	≥85	0.48	24.2
坝体下游面	C$_{90}$20	W6	F100	＞2.0	≥0.85	≤60	≥85	0.50	24.2
坝基、坝肩、垫层、廊道周围（变态混凝土）	C$_{90}$20	W8	F100	＞2.0	≥0.85	≤60	≥85	0.55	24.2

表 9.2-24　碾压混凝土性能试验配合比及拌和物性能

编号	级配	水胶比	磷渣粉掺量 /%	GCS 掺量 /%	减水剂 品种	减水剂 掺量/%	引气剂 品种	引气剂 掺量/%	砂率 /%
LN1	三	0.50	60	0	GCS-N	0.8	GCS-A	0.05	36
LN2	三	0.50	45	15	GCS-N	0.8	GCS-A	0.05	36
LN3	三	0.55	45	15	GCS-N	0.8	GCS-A	0.05	37

（1）抗压强度。碾压混凝土力学、变形性能试验结果见表 9.2-25，从试验结果可知：水胶比为 0.50，单掺 60％磷渣粉、复掺 45％磷渣粉和 15％GCS 防裂抗渗剂以及水胶比为 0.55，复掺 45％磷渣粉和 15％GCS 防裂抗渗剂时，碾压混凝土抗压强度均达到大坝内部混凝土 $C_{90}20$ 的配置强度。抗拉强度和极限拉伸值均满足设计要求，且有较大富裕。与单掺磷渣粉相比，复掺磷渣粉碾压混凝土劈拉强度、轴拉强度和极限拉伸值均有显著提高，这对改善水工大体积混凝土抗裂性能是有利的。

表 9.2-25　　　碾压混凝土性能试验结果

试验编号	抗压强度/MPa			劈拉强度/MPa			轴拉强度/MPa			极限拉伸值/($\times10^{-6}$)		
	28d	90d	180d	28d	90d	180d	28d	90d	180d	28d	90d	180d
LN1	17.3	30.0	36.7	1.23	2.19	2.62	1.87	3.10	3.18	79	94	97
LN2	19.7	34.2	38.8	1.35	2.92	3.58	2.06	3.75	4.10	80	106	111
LN3	16.8	30.4	35.9	1.20	2.84	3.24	1.92	3.50	3.85	77	98	104

（2）抗渗、抗冻性能。龙潭嘴水电站碾压混凝土设计抗冻等级均为 F100，坝体内部混凝土抗渗等级为 W6，坝体上游面抗渗等级为 W8。抗冻、抗渗性能试验结果见表 9.2-26。从试验结果可知：水胶比为 0.50，单掺 60％磷渣粉、复掺 45％磷渣粉和 15％GCS 防裂抗渗剂以及水胶比为 0.55，复掺 45％磷渣粉和 15％GCS 防裂抗渗剂时，碾压混凝土抗渗等级均达到 W8，抗冻等级均达到 F100。与单掺磷渣粉相比，复掺磷渣粉和 GCS 防裂抗渗剂的碾压混凝土渗水高度显著降低，经 100 次冻融后质量损失率略有降低、相对动弹性模量略有提高。

表 9.2-26　　　碾压混凝土抗冻、抗渗性能试验结果

编号	水胶比	磷渣粉掺量/％	GCS防裂抗渗剂掺量/％	级配	质量损失率/％		相对动弹模量/％		抗冻等级	抗渗性能	
					50次	100次	50次	100次		抗渗等级	渗水高度/mm
LN1	0.50	60	0	三	0.6	1.8	83.4	77.6	>F100	>W8	57
LN2	0.50	45	15	三	0.5	1.3	88.6	82.4	>F100	>W8	29
LN3	0.45	45	15	三	0.3	1.0	93.6	89.7	>F100	>W8	14

（3）绝热温升。混凝土的绝热温升是指混凝土在绝热条件下，由水泥水化热引起的混凝土的温度升高值。混凝土的绝热温升是由水泥的水化热引起的，混凝土水泥用量越多，绝热温升就越大。因此在满足设计要求的前提下，应尽可能减少水泥用量。龙潭嘴水电站大坝碾压混凝土绝热温升的试验结果见表 9.2-27 和表 9.2-28，大坝混凝土绝热温升与龄期的关系曲线见图 9.2-19。从试验结果可知：碾压混凝土磷渣粉掺量较高，水化早期，混凝土早期水化绝热温升较低，这与胶凝材料水化热试验结果是一致的。至 28d 龄期时，复掺磷渣粉和防裂抗渗剂的碾压混凝土比单掺磷渣粉降低约 3.5℃。

表 9.2 - 27　　　　　　　　　混凝土绝热温升-历时拟合方程

编号	级配	水胶比	水泥品种	磷渣粉掺量/%	GCS防裂抗渗剂掺量/%	28d绝热温升/℃	拟合方程	相关系数
LN1	三	0.50	华新普通	60	0	20.4	$T=26.00t/(6.82+t)$	0.991
LN2				45	15	16.9	$T=21.11t/(6.47+t)$	0.997

表 9.2 - 28　　　　　　　龙潭嘴水电站大坝碾压混凝土绝热温升试验结果

编号	磷渣粉掺量/%	GCS防裂抗渗剂掺量/%	入仓温度/℃	混凝土各龄期的绝热温升/℃													
				1d	2d	3d	4d	5d	6d	7d	8d	9d	10d	11d	12d	13d	14d
LN1	60	0	8.0	2.7	4.4	6.1	10.0	11.8	13.1	14.6	15.4	16.0	16.4	16.9	17.2	17.7	17.9
LN2	45	15	8.0	2.3	3.9	6.8	9.0	9.9	10.7	11.3	11.9	12.4	13.0	13.4	13.8	14.2	14.6

编号	磷渣粉掺量/%	GCS防裂抗渗剂掺量/%	入仓温度/℃	混凝土各龄期的绝热温升/℃													
				15d	16d	17d	18d	19d	20d	21d	22d	23d	24d	25d	26d	27d	28d
LN1	60	0	8.0	18.3	18.6	18.8	19.1	19.3	19.5	19.6	19.8	19.8	19.9	20.0	20.2	20.3	20.4
LN2	45	15	8.0	15.0	15.2	15.5	15.7	15.9	16.1	16.2	16.3	16.4	16.5	16.6	16.7	16.8	16.9

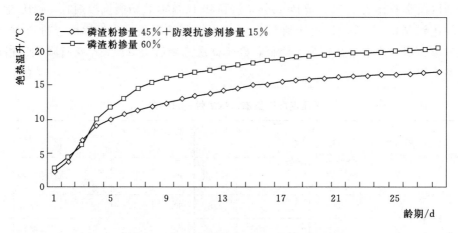

图 9.2 - 19　混凝土绝热温升-历时关系曲线

（4）干缩。混凝土的干缩是由混凝土内部的水分变化引起的，当混凝土放置于空气中养护时，由于水分的蒸发，混凝土会产生收缩。碾压混凝土干缩试验结果见表 9.2 - 29 和图 9.2 - 20。由试验结果可知：单掺磷渣粉、复掺磷渣粉和 GCS 防裂抗渗剂，碾压混凝土各龄期干缩率均在正常范围。到 90d 龄期复掺磷渣粉和 GCS 防裂抗渗剂的碾压混凝土干缩率较单掺磷渣粉碾压混凝土降低 $36×10^{-6}$，因此对提高碾压混凝土的防裂性能是有利的。

（5）自生体积变形。混凝土由于胶凝材料自身水化引起的体积变形称为混凝土自生体积变形。自生体积变形主要取决于胶凝材料的性质，对混凝土抗裂性具有不可忽视的影

表 9.2-29 碾压混凝土干缩试验结果

编号	磷渣粉掺量/%	GCS防裂抗渗剂掺量/%	干缩率/(×10⁻⁶)							
			3d	7d	14d	28d	60d	90d	140d	180d
LN1	60	0	43	119	275	306	324	340	355	360
LN2	45	15	26	86	248	278	298	304	326	330

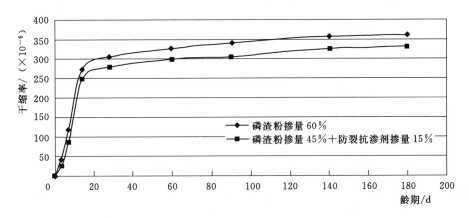

图 9.2-20 碾压混凝土干缩变形过程曲线

响。混凝土自生体积变形试验结果见表 9.2-30 和图 9.2-21，由试验结果可知：单掺磷渣粉的碾压混凝土自生体积变形，在 2d 龄期以前表现为收缩，2～6d 龄期表现为微膨胀，7d 龄期以后表现为收缩，至 105d 龄期时收缩值达到 $-59.0×10^{-6}$，105d 龄期以后自生体积变形趋于稳定，但与同类工程相比，收缩值略高。复掺磷渣粉和 GCS 防裂抗渗剂的碾压混凝土自生体积变形表现为微膨胀，在 11d 龄期膨胀值达到最高，为 $46.6×10^{-6}$，12d 以后膨胀值缓慢降低，105d 龄期膨胀值为 $11.4×10^{-6}$，105d 龄期以后自生体积变形趋于稳定，至 140d 龄期时自生体积变形膨胀值为 $13.1×10^{-6}$。从 65d 龄期开始，与单掺磷渣粉的碾压混凝土相比，复掺磷渣粉和 GCS 防裂抗渗剂的碾压混凝土自生体积变形绝对值高约 $70×10^{-6}$，且在 105d 龄期以后膨胀值趋于稳定，上述效应对水工大体积混凝土体积稳定性和抗裂性能是有利的。

表 9.2-30 自生体积变形试验结果

编号	磷渣粉掺量/%	GCS防裂抗渗剂掺量/%	自生体积变形/(×10⁻⁶)												
			1d	2d	3d	4d	5d	6d	7d	10d	14d	21d	28d	35d	45d	55d
LN1	60	0	0	−5.5	5.9	6.4	2.9	1.1	−1.6	−5.4	−11.6	−25.5	−32.7	−38.5	−41.7	−45.2
LN2	45	15	0	3.1	8.4	11.9	14.2	21.8	31.7	45.4	42.6	35.7	31.0	25.1	23.1	19.8

编号	磷渣粉掺量/%	GCS防裂抗渗剂掺量/%	自生体积变形/(×10⁻⁶)											
			65d	75d	85d	95d	105d	110d	120d	130d	140d	150d	160d	170d	180d
LN1	60	0	−52.1	−52.2	−54.5	−54.6	−59.0	−59.4	−58.7	−60.5	−59.8	−62.8	−65.6	−62.2	−64.0
LN2	45	15	20.0	17.7	15.4	12.8	10.7	11.4	13.4	12.7	13.1	11.4	10.0	10.8	13.2

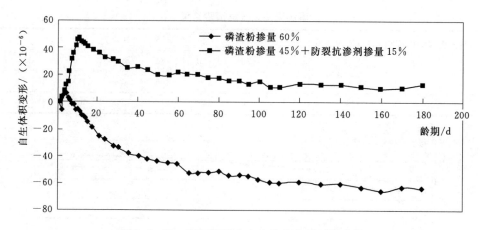

图 9.2 - 21　碾压混凝土自生体积变形过程曲线

9.2.2.3　应用成果小结

沙沱龙潭嘴水电站位于湖北省鄂西北神农架，主要建筑物为 3 级建筑物，包括碾压混凝土双曲拱坝、左岸引水系统等。大坝最大坝高 98m，混凝土总浇筑量约 20 万 m³。鄂西北地区粉煤灰资源十分紧缺，但却是我国黄磷主产区之一，磷渣资源丰富。为解决工程掺和料供应问题，因地制宜，有效利用当地矿物掺和料资源，长江科学院开展了磷渣资源调查和品质研究，针对工程特性，系统研究了掺磷渣粉混凝土性能发展规律和碾压混凝土施工工艺，根据研究成果，提出了全坝掺用磷渣粉的技术方案和大坝碾压混凝土施工工艺参数，以及工程其他部位掺磷渣粉混凝土配合比参数。

龙潭嘴水电站是国内首个全坝掺用磷渣粉的工程，累计使用磷渣粉 1 万 t 左右。磷渣粉在龙潭嘴工程中的成功应用，提高了大坝混凝土施工质量，降低了工程掺和料使用成本，简化了温控措施，节约了温控成本，节省工程投资约 1000 万元。磷渣在水工混凝土中的规模化和资源化利用，对水电工程降低资源消耗、节能减排起到了积极作用，同时拓展了水工混凝土掺和料的应用范围，促进了筑坝技术进步，具有显著的技术、经济和社会环境效应。

9.3　石灰石粉在工程中的应用

9.3.1　概述

新疆伊犁特克斯河山口水电站大坝为混合坝，其中碾压混凝土重力坝段最大坝高 51.00m，碾压混凝土总量 40 多万 m³，共需掺和料 3 万多 t。

在我国碾压混凝土掺和料研究与应用方面，粉煤灰始终占据着主导地位，是碾压混凝土普遍采用的掺和料，且掺量通常在 50%～60%。山口水电站所在地区粉煤灰资源紧缺，需要远距离调运，不仅大大提高了混凝土的单位成本而且难以保证稳定的供应，即增加了工程投资又影响建设工期。工程迫切需要寻找替代粉煤灰的方便易得的掺和料，以提高节省投资提高工程质量。

在碾压混凝土筑坝实践中，有许多工程研究采用石灰石粉代砂（天然砂）以改善混凝土的施工性能，取得了良好的效果，碾压混凝土中石粉代砂理论已是工程界的共识。近年来，开发石灰石粉的应用潜力，充分利用石灰石粉的粉体填充效应和活性效应，将石灰石粉作为混凝土新型替代掺和料的研究和应用逐渐展开。

在以上背景下，针对山口水电站工程实际情况，长江科学院提出将石灰石粉作为碾压混凝土掺和料的应用研究项目。重点研究石灰石粉与粉煤灰活性掺和料的复合掺加技术，充分发挥多元胶凝材料体系在混凝土中的性能优势，尽可能地降低粉煤灰掺量，提高混凝土抗裂耐久性能，为缓解山口水电站工程粉煤灰紧缺、节省工程投资、保证工程顺利建设提供技术支撑。

9.3.2 研究成果

9.3.2.1 石灰石粉的品质

石灰石粉的物理性能和主要化学成分见表 9.3-1，粉煤灰和石灰石粉的颗粒形貌分别见图 9.3-1 和图 9.3-2。

表 9.3-1 石灰石粉的品质指标和主要化学成分

密度 /(g/cm³)	比表面积 /(m²/kg)	需水量比 /%	活性指数 /%	CaCO₃ /%	SiO₂ /%	Al₂O₃ /%	Fe₂O₃ /%	MgO /%
2.69	557	97	68.6	80.6	12.08	1.49	2.24	0.56

图 9.3-1 粉煤灰的颗粒形貌（×5000 倍）　　图 9.3-2 石灰石粉的颗粒形貌（×5000 倍）

比较粉煤灰和石灰石粉的颗粒形貌图可知，粉煤灰颗粒主要以表面光滑的球形颗粒为主，形态效应显著；而石灰石粉的颗粒形貌与水泥颗粒比较相似，但多为无棱角的不规则体，平均颗粒粒径较粉煤灰和水泥颗粒小。石灰石粉颗粒大小不均，大部分颗粒粒径小于 $10\mu m$，但仍有部分粒径达几十微米的大颗粒，部分超细颗粒吸附在大颗粒上。

9.3.2.2 石灰石粉对碾压混凝土性能的影响

鉴于石灰石粉的低活性，试验主要研究石灰石粉应用于设计要求相对较低的大坝内部碾压混凝土的可行性。山口水库大坝内部碾压混凝土的设计要求为 180d 龄期抗压强度 15MPa，抗冻等级 F50，抗渗等级 W4，极限拉伸值大于 $65×10^{-6}$。大坝内部碾压混凝土多掺用较高比例的粉煤灰，粉煤灰一般占胶材总量的 $50\%～60\%$，因此选取掺和料掺量 50%、60% 的碾压混凝土进行试验。因此，在碾压混凝土中着重研究石灰石粉替代部分粉煤灰，或者说石灰石粉与粉煤灰复掺对碾压混凝土性能的影响。

通过试拌试验确定大坝内部碾压混凝土的用水量和砂率。试拌试验结果见表 9.3-2。从表 9.3-2 可见，以石灰石粉取代部分粉煤灰对碾压混凝土的用水量和砂率影响不大。试拌碾压混凝土用水量较低，因此在进行试验时，适当减小了减水剂的掺量，将减水剂掺量从 0.6% 减小到 0.5%，经调整的试验配合比列于表 9.3-3 中。

表 9.3-2　　　　　　　　山口水库大坝内部碾压混凝土试拌试验结果

试验编号	水胶比	粉煤灰掺量/%	石粉掺量/%	用水量/(kg/m³)	砂率/%	减水剂掺量/%	引气剂掺量/%	密度/(kg/m³)	VC值/s	含气量/%	抗压强度/MPa		
											7d	28d	90d
S1	0.47	60	0	70	25	0.6	0.025	2434	1.0	4.8	8.8	17.1	32.0
S2	0.47	60	0	70	27	0.6	0.025	2421	5.0	4.5	11.3	22.0	25.2
S3	0.47	60	0	70	29	0.6	0.025	2436	5.0	3.5	9.9	18.0	37.6
S4	0.47	60	0	70	31	0.6	0.025	2421	5.0	3.3	8.6	17.9	24.9
S5	0.47	30	30	70	28	0.6	0.025	2412	3.0	3.3	8.0	16.4	19.2

1. 力学性能

碾压混凝土力学性能试验结果见表 9.3-4，碾压混凝土相对强度比率见表 9.3-5，碾压混凝土强度增长率及拉压比见表 9.3-7。单掺粉煤灰碾压混凝土与复掺石灰石粉与粉煤灰碾压混凝土的抗压强度与龄期关系曲线见图 9.3-3～图 9.3-8。从表 9.3-4～表 9.3-6 及图 9.3-3～图 9.3-8 可以得出以下结论：

（1）保持水胶比、水泥用量、掺和料总量不变，以石灰石粉取代部分粉煤灰，碾压混凝土的强度随石灰石粉取代量的增加而下降。

（2）保持水胶比、水泥用量、掺和料总量不变，以石灰石粉取代部分粉煤灰后，碾压混凝土与单掺粉煤灰碾压混凝土的抗压强度比值随龄期的增加而减小。

（3）在 0.46 水胶比下，7d 龄期，石灰石粉取代部分粉煤灰与单掺粉煤灰碾压混凝土的抗压强度比多超过 100%，且随石灰石粉取代比例增大，先增后减；28d 龄期，石灰石粉取代粉煤灰比例大于 50% 的碾压混凝土与单掺粉煤灰碾压混凝土的抗压强度比小于 100%；90d 和 180d 龄期，石灰石粉取代部分粉煤灰与单掺粉煤灰碾压混凝土的抗压强度比都小于 100%，且随石灰石粉掺量增加而急剧减小。

（4）使用 42.5 普通水泥，在 0.46 水胶比下，单掺 50% 石灰石粉碾压混凝土 7d 龄期抗压强度是单掺 60% 粉煤灰碾压混凝土的 130%，而 90d 龄期仅为 60%；使用 32.5 普通水泥，在 0.46 水胶比下，单掺 40% 石灰石粉碾压混凝土 7d 龄期抗压强度是单掺 50% 粉煤灰碾压混凝土的 110%，而 90d 龄期仅为 63%。相同条件下，使用 42.5 普通水泥与使

表9.3-3　山口水库大坝内部碾压混凝土试验配合比

编号	水胶比	水泥品种	粉煤灰掺量/%	石灰石粉掺量/%	砂率/%	减水剂/%	引气剂/%	水	混凝土材料用量/(kg/m³)						
									水泥	粉煤灰	石灰石粉	砂	大石	中石	小石
C1	0.51	42.5普通	60	0	29	0.5	0.070	73	57.3	85.9	0	651	478	637	478
C2	0.51	42.5普通	50	0	29	0.5	0.060	73	71.6	71.6	0	652	479	638	479
C3	0.49	42.5普通	60	0	29	0.5	0.055	73	59.6	89.4	0	649	477	635	477
C4	0.49	42.5普通	50	0	29	0.5	0.055	73	74.5	74.5	0	650	478	637	478
C5	0.49	42.5普通	30	30	29	0.5	0.055	73	59.6	44.7	44.7	651	478	637	478
C6	0.49	42.5普通	25	25	29	0.5	0.055	73	74.5	37.2	37.2	652	479	638	479
C7	0.46	42.5普通	60	0	28	0.5	0.055	74	64.3	96.5	0	622	480	640	480
C8	0.46	42.5普通	50	0	28	0.5	0.055	74	80.4	80.4	0	624	481	642	481
C9	0.46	42.5普通	40	20	28	0.5	0.055	74	64.3	64.3	32.2	624	481	642	481
C10	0.46	42.5普通	30	30	28	0.5	0.055	74	64.3	48.3	48.3	624	482	642	482
C11	0.46	42.5普通	20	40	28	0.5	0.055	74	64.3	32.2	64.3	625	482	643	482
C12	0.46	42.5普通	35	15	28	0.5	0.055	74	80.4	56.3	24.1	625	482	643	482
C13	0.46	42.5普通	25	25	28	0.5	0.055	74	80.4	40.2	40.2	625	482	643	482
C14	0.46	42.5普通	15	35	28	0.5	0.055	74	80.4	24.1	56.3	626	483	644	483
C15	0.46	42.5普通	0	50	28	0.5	0.055	74	80.4	0	80.4	627	484	645	484
C16	0.46	32.5普通	60	0	28	0.5	0.080	74	64.3	96.5	0	622	480	640	480
C17	0.46	32.5普通	50	0	28	0.5	0.065	74	80.4	80.4	0	624	481	642	481
C18	0.46	32.5普通	40	20	28	0.5	0.065	74	64.3	64.3	32.2	624	481	642	481
C19	0.46	32.5普通	30	30	28	0.5	0.080	74	64.3	48.3	48.3	624	482	642	482
C20	0.46	32.5普通	15	35	28	0.5	0.060	74	80.4	24.1	56.3	626	483	644	483
C21	0.46	32.5普通	25	25	28	0.5	0.080	74	80.4	40.2	40.2	625	482	643	482
C22	0.46	32.5普通	0	40	28	0.5	0.080	74	96.5	0	64.3	628	484	646	484

表 9.3-4　　　　山口水库大坝内部碾压混凝土力学变形性能试验结果

编号	水胶比	水泥品种	粉煤灰掺量/%	石灰石粉掺量/%	VC值/s	含气量/%	密度/(kg/m³)	抗压强度/MPa				剪拉强度/MPa			轴拉强度/MPa		极限拉伸值/($\times10^{-6}$)		抗压弹模/GPa	
								7d	28d	90d	180d	7d	28d	90d	28d	90d	28d	90d	28d	90d
C1	0.51	42.5普通	60	0	2.8	4.0	2431	7.8	19.0	28.3	33.4	0.54	1.52	2.41	1.81	2.66	71	96	29.0	34.8
C2	0.51	42.5普通	50	0	4.0	3.0	2439	11.1	23.6	29.9	32.8	0.84	1.67	2.73	—	—	—	—	—	—
C3	0.49	42.5普通	60	0	3.0	2.6	2436	9.1	20.4	29.2	—	—	—	—	—	—	—	—	—	—
C4	0.49	42.5普通	50	0	4.0	3.5	2441	11.9	23.3	34.6	39.1	0.91	1.84	3.03	—	—	—	—	—	—
C5	0.49	42.5普通	30	30	5.0	3.5	2431	7.4	16.6	23.6	26.4	0.67	1.24	2.03	—	—	—	—	—	—
C6	0.49	42.5普通	25	25	6.0	3.8	2404	8.3	20.4	26.1	28.5	0.74	1.50	2.10	—	—	—	—	—	—
C7	0.46	42.5普通	60	0	3.0	3.8	2441	8.6	16.7	30.0	—	—	—	—	—	—	—	—	—	—
C8	0.46	42.5普通	50	0	2.0	3.5	2441	12.7	24.6	35.1	—	—	—	—	—	—	—	—	—	—
C9	0.46	42.5普通	40	20	5.0	3.2	2470	9.9	18.2	27.0	36.7	0.50	1.56	2.10	1.49	2.61	57	86	32.0	38.3
C10	0.46	42.5普通	30	30	4.0	3.0	2431	11.3	19.7	24.7	30.6	0.60	1.47	2.19	1.91	2.39	65	82	28.5	31.5
C11	0.46	42.5普通	20	40	3.0	3.8	2431	8.9	15.0	21.4	24.0	0.56	1.16	1.82	1.31	2.17	57	83	25.6	32.1
C12	0.46	42.5普通	35	15	4.0	3.5	2441	12.9	25.1	32.3	34.0	0.76	1.78	2.80	—	—	—	—	—	—
C13	0.46	42.5普通	25	25	4.0	3.0	2456	14.1	23.6	26.7	29.7	1.00	1.56	2.27	1.69	2.59	69	92	29.4	35.4
C14	0.46	42.5普通	15	35	4.0	3.5	2417	12.9	18.8	22.9	29.2	0.84	1.36	1.99	1.48	2.27	65	73	28.5	33.3
C15	0.46	42.5普通	0	50	3.0	3.5	2443	11.2	16.6	18.1	18.9	0.76	0.97	1.43	1.58	1.99	55	71	25.3	35.2
C16	0.46	42.5普通	60	0	3.0	3.5	2448	7.9	19.6	27.7	32.1	0.65	1.47	1.81	1.88	3.00	61	102	28.6	36.9
C17	0.46	32.5普通	50	0	3.0	3.8	2431	12.5	22.8	34.9	39.6	0.78	2.05	2.97	—	—	—	—	—	—
C18	0.46	32.5普通	40	20	5.0	2.2	2456	10.5	19.9	26.6	34.2	0.66	1.68	1.97	—	—	—	—	—	—
C19	0.46	32.5普通	30	30	4.2	3.2	2441	8.5	15.4	21.3	28.3	0.61	1.23	1.40	1.52	2.61	57	81	28.4	35.2
C20	0.46	32.5普通	15	35	6.5	2.6	2480	11.2	18.4	24.0	25.6	0.68	1.09	2.40	—	—	—	—	—	—
C21	0.46	32.5普通	25	25	2.0	4.0	2397	10.7	18.7	24.4	28.0	0.80	1.23	2.05	1.41	2.20	63	79	26.3	35.2
C22	0.46	32.5普通	0	40	5.0	3.0	2475	13.8	18.7	22.2	24.1	0.80	1.43	1.78	1.65	1.86	75	60	29.7	32.6

表 9.3 - 5   山口水库大坝内部碾压混凝土相对抗压强度

编号	水胶比	水泥品种	粉煤灰/%	石灰石粉/%	相对抗压强度百分比/%		
					7d	28d	90d
C3	0.49	42.5普通	60	0	100	100	100
C5	0.49	42.5普通	30	30	81.3	81.4	80.8
C4	0.49	42.5普通	50	0	100	100	100
C6	0.49	42.5普通	25	25	69.7	87.6	75.4
C7	0.46	42.5普通	60	0	100	100	100
C9	0.46	42.5普通	40	20	115.1	109.0	90.0
C10	0.46	42.5普通	30	30	131.4	118.0	82.3
C11	0.46	42.5普通	20	40	103.5	89.8	71.3
C15	0.46	42.5普通	0	50	130.2	99.4	60.3
C8	0.46	42.5普通	50	0	100	100	100
C12	0.46	42.5普通	35	15	101.6	102.0	92.0
C13	0.46	42.5普通	25	25	111.0	95.9	76.1
C14	0.46	42.5普通	15	35	101.6	76.4	65.2
C16	0.46	32.5普通	60	0	100	100	100
C18	0.46	32.5普通	40	20	132.9	101.5	96.0
C19	0.46	32.5普通	30	30	107.6	78.6	76.9
C17	0.46	32.5普通	50	0	100	100	100
C20	0.46	32.5普通	15	35	89.6	80.7	68.8
C21	0.46	32.5普通	25	25	85.6	82.0	69.9
C22	0.46	32.5普通	0	40	110.4	82.0	63.6

表 9.3 - 6   山口水库大坝内部碾压混凝土强度增长率及拉压比

编号	水胶比	水泥品种	粉煤灰/%	石灰石粉/%	抗压强度增长率/%			劈拉强度增长率/%			拉压比		
					7d	28d	90d	7d	28d	90d	7d	28d	90d
C1	0.51	42.5普通	60	0	41.1	100	148.9	35.5	100	158.6	0.069	0.080	0.085
C2	0.51	42.5普通	50	0	47.0	100	126.7	50.3	100	163.5	0.076	0.071	0.091
C3	0.49	42.5普通	60	0	44.6	100	143.1	—	—	—	—	—	—
C5	0.49	42.5普通	30	30	44.6	100	142.2	54.0	100	163.7	0.091	0.075	0.086
C4	0.49	42.5普通	50	0	51.1	100	148.5	49.5	100	164.7	0.077	0.079	0.088
C6	0.49	42.5普通	25	25	40.7	100	127.9	49.3	100	140.0	0.089	0.074	0.081
C7	0.46	42.5普通	60	0	51.5	100	179.6	—	—	—	—	—	—
C9	0.46	42.5普通	40	20	54.4	100	148.4	32.1	100	134.6	0.051	0.086	0.078
C10	0.46	42.5普通	30	30	57.4	100	125.4	40.8	100	149.0	0.053	0.075	0.089
C11	0.46	42.5普通	20	40	59.3	100	142.7	48.3	100	156.9	0.063	0.077	0.085

编号	水胶比	水泥品种	粉煤灰/%	石灰石粉/%	抗压强度增长率/%			劈拉强度增长率/%			拉压比		
					7d	28d	90d	7d	28d	90d	7d	28d	90d
C8	0.46	42.5普通	50	0	51.6	100	142.7	—	—	—	—	—	—
C12	0.46	42.5普通	35	15	51.4	100	128.7	42.7	100	157.3	0.059	0.071	0.087
C13	0.46	42.5普通	25	25	59.7	100	113.1	64.1	100	145.5	0.071	0.066	0.085
C14	0.46	42.5普通	15	35	68.6	100	121.8	61.8	100	146.3	0.065	0.072	0.087
C15	0.46	42.5普通	0	50	67.5	100	109.0	78.4	100	147.4	0.068	0.058	0.079
C16	0.46	32.5普通	60	0	40.3	100	141.3	44.2	100	123.1	0.082	0.075	0.065
C18	0.46	32.5普通	40	20	52.8	100	133.7	39.3	100	117.3	0.063	0.084	0.074
C19	0.46	32.5普通	30	30	55.2	100	138.3	49.6	100	113.8	0.072	0.080	0.066
C17	0.46	32.5普通	50	0	54.8	100	153.1	38.0	100	144.9	0.062	0.090	0.085
C20	0.46	32.5普通	15	35	60.9	100	130.4	62.4	100	220.2	0.061	0.059	0.100
C21	0.46	32.5普通	25	25	57.2	100	130.5	65.0	100	166.7	0.075	0.066	0.084
C22	0.46	32.5普通	0	40	73.8	100	118.7	55.9	100	124.5	0.058	0.077	0.080

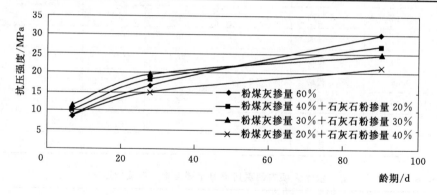

图 9.3-3　碾压混凝土抗压强度与龄期关系曲线

（42.5 普通水泥，水胶比 0.46，掺和料总掺量为 60%）

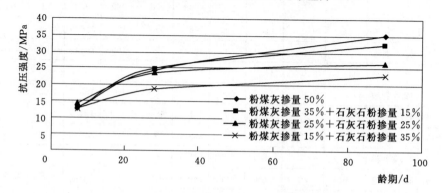

图 9.3-4　碾压混凝土抗压强度与龄期关系曲线

（42.5 普通水泥，水胶比 0.46，掺和料总掺量 50%）

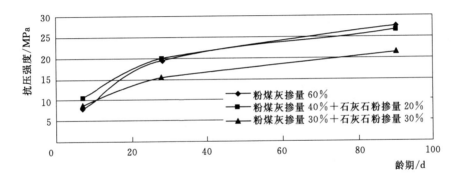

图 9.3-5 碾压混凝土抗压强度与龄期关系曲线

（32.5 普通水泥，水胶比 0.46，掺和料总掺量 60%）

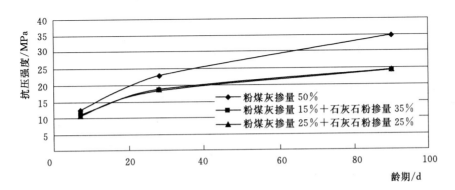

图 9.3-6 碾压混凝土抗压强度与龄期关系曲线

（32.5 普通水泥，水胶比 0.46，掺和料总掺量 50%）

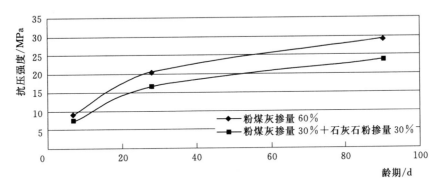

图 9.3-7 碾压混凝土抗压强度与龄期关系曲线

（42.5 普通水泥，水胶比 0.49，掺和料总掺量 60%）

用 32.5 普通水泥的碾压混凝土抗压强度差别不是很大，是由于所使用的 42.5 水泥强度仅比 32.5 水泥高 5.4MPa，且碾压混凝土中水泥所占比例较小。

（5）保持水胶比、水泥用量、掺和料总量不变，以各配比混凝土 28d 龄期强度为 100%，以石灰石粉取代部分粉煤灰的碾压混凝土，其 90d 龄期的抗压强度增长率平均比单掺粉煤灰碾压混凝土的抗压强度增长率低 20% 左右，而两者 7d 龄期的抗压强度增长率

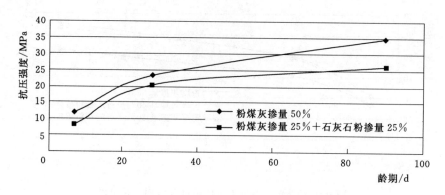

图 9.3－8　碾压混凝土抗压强度与龄期关系曲线

（42.5 普通水泥，水胶比 0.49，掺和料总掺量 50%）

差别不大。

（6）在 0.46 水胶比下，掺和料总量为 50% 或 60% 时，以石灰石粉取代部分粉煤灰，取代比例小于 70% 时，碾压混凝土 90d 龄期的抗压强度均超过了大坝内部碾压混凝土的设计强度要求，90d 龄期的极限拉伸值均大于 70×10^{-6}，与设计要求相比，抗压强度和极限拉伸值均有一定富裕。在 0.46 水胶比下，单掺 50% 的石灰石粉碾压混凝土，其 90d 龄期的抗压强度也达到了 18MPa。

2. 干缩

碾压混凝土干缩试验结果见表 9.3－7，从试验结果可以得出以下结论：

表 9.3－7　　　　　　　山口水库大坝内部碾压混凝土干缩试验结果

编号	水胶比	水泥品种	粉煤灰掺量/%	石灰石粉掺量/%	干缩率/($\times10^{-6}$)						
					1d	3d	7d	14d	21d	28d	60d
C1	0.51	42.5 普通	60	0	5	55	92	134	164	171	180
C7	0.46	42.5 普通	60	0	19	42	90	112	171	174	242
C8	0.46	42.5 普通	50	0	3	28	68	94	155	158	229
C9	0.46	42.5 普通	40	20	15	44	73	148	186	238	294
C10	0.46	42.5 普通	30	30	20	35	79	149	183	216	288
C11	0.46	42.5 普通	20	40	27	42	80	153	180	220	272
C14	0.46	42.5 普通	15	35	5	16	56	111	150	176	227
C15	0.46	42.5 普通	0	50	14	41	107	156	195	231	269
C16	0.46	32.5 普通	60	0	16	39	82	164	200	221	252
C19	0.46	32.5 普通	30	30	13	22	51	117	182	183	234
C21	0.46	32.5 普通	25	25	2	29	60	109	151	172	192
C22	0.46	32.5 普通	0	40	10	56	78	141	168	170	213

（1）混凝土的干缩率随龄期的增加而增大，但增长的速率在不同的龄期是不同的，一般而言早期增长得快一些，后期增长得慢一些。

（2）在粉煤灰掺量和用水量相同时，随着胶凝材料用量的增加，混凝土的干缩率增大。

（3）在水胶比和掺和料总量相同时，随着掺和料中石灰石粉取代粉煤灰量的增加，混凝土的干缩率有增加的趋势。

（4）在60%的掺和料掺量下，掺石灰石粉对混凝土早龄期干缩率（7d龄期前）影响较小；但7d龄期后，掺石灰石粉混凝土的干缩率比单掺粉煤灰的混凝土明显增加，增加幅度在28d达到峰值；60d龄期，复掺石灰石粉和粉煤灰混凝土的干缩率比单掺粉煤灰的混凝土约大 40×10^{-6}。

3. 耐久性

碾压混凝土的抗渗、抗冻耐久性试验结果分别见表9.3-8和表9.3-9。从试验结果来看，在水胶比0.46，掺和料掺量50%～60%条件下，以石灰石粉全部或部分替代粉煤灰对碾压混凝土的抗渗、抗冻耐久性均无不良影响，且试验混凝土具有较高的抗渗性能和抗冻性能，各配比碾压混凝土的抗渗等级都超过了W11，抗冻等级都超过了F50，且经过50次冻融循环，各配比碾压混凝土的质量损失率都小于1%，相对动弹模量都大于90%。

表9.3-8　　　　　　　　　山口水库大坝内部碾压混凝土抗渗试验结果

编号	水胶比	水泥品种	粉煤灰掺量/%	石灰石粉掺量/%	渗水高度/mm	抗渗等级
C7	0.46	42.5普通	60	0	55	＞W11
C10	0.46	42.5普通	30	30	45	＞W11
C14	0.46	42.5普通	15	35	60	＞W11
C15	0.46	42.5普通	0	50	50	＞W11
C19	0.46	32.5普通	30	30	55	＞W11

表9.3-9　　　　　　　　　山口水库大坝内部碾压混凝土抗冻试验结果

编号	水胶比	水泥品种	粉煤灰掺量/%	石灰石粉掺量/%	质量损失率/%		相对动弹模量/%		抗冻等级
					25次	50次	25次	50次	
C7	0.46	42.5普通	60	0	0	0.2	97	97	＞F50
C10	0.46	42.5普通	30	30	0.2	0.4	97	95	＞F50
C14	0.46	42.5普通	15	35	0	0	97	97	＞F50
C15	0.46	42.5普通	0	50	0	0.3	98	98	＞F50
C19	0.46	32.5普通	30	30	0.3	0.4	97	97	＞F50

4. 绝热温升

对配合比编号C7、C10的碾压混凝土进行了绝热温升试验，C7、C10的水胶比均为0.46，C7单掺60%粉煤灰，C10复掺30%粉煤灰与30%石灰石粉。表9.3-10和图9.3-8分别是混凝土绝热温升试验结果及历时曲线，根据试验结果拟合的混凝土绝热温升-历时双曲线表达式及混凝土最终绝热温升值见表9.3-11。

从表9.3-10、表9.3-11和图9.3-9可以看出，保持水胶比、水泥用量和掺和料总量不变，用石灰石粉取代50%的粉煤灰，混凝土1d龄期内的绝热温升值明显高于单掺粉煤灰的混凝土，1d龄期后混凝土的绝热温升值开始低于单掺粉煤灰的混凝土，混凝土28d

龄期的绝热温升值降低了 1.8℃，最终绝热温升值降低了 2.7℃。

表 9.3－10　　　　　　　　　　大坝碾压混凝土绝热温升试验结果

历时 /d	绝热温升/℃	
	C7	C10
1	2.3	6.0
2	9.2	8.6
3	11.7	10.9
4	13.5	12.4
5	14.9	13.6
6	16.0	14.6
7	16.7	15.2
8	17.2	15.6
9	17.6	16.0
10	17.8	16.1
11	18.0	16.2
12	18.1	16.4
13	18.2	16.4
14	18.4	16.5
15	18.4	16.6
16	18.5	16.6
17	18.6	16.7
18	18.6	16.7
19	18.6	16.8
20	18.6	16.8
21	18.6	16.8
22	18.7	16.8
23	18.7	16.8
24	18.8	16.8
25	18.8	16.8
26	18.8	17.0
27	18.8	17.0
28	18.8	17.0

表 9.3－11　　　　　　　　　混凝土绝热温升-历时拟合方程

试验 编号	水胶比	粉煤灰 掺量 /%	石灰石粉 掺量 /%	初始温度 /℃	28d 绝热 温升 /℃	最终绝热 温升 /℃	拟合方程	相关 系数
C7	0.46	60	0	23.7	18.8	20.7	$T=20.72t/(2.51+t)$	0.986
C10		30	30		17.0	18.0	$T=18.04t/(1.56+t)$	0.999

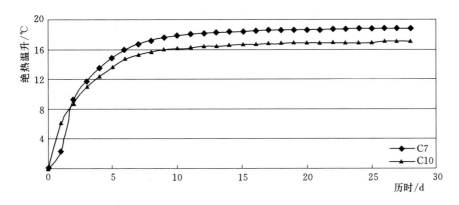

图 9.3-9 碾压混凝土绝热温升-历时曲线

9.3.2.3 石灰石粉与粉煤灰双掺料碾压混凝土施工工艺研究

2006 年 7 月在山口水电站工程二期碾压混凝土纵向围堰开展了石灰石粉与粉煤灰双掺料碾压混凝土现场工艺试验。试验安排在二期混凝土围堰 EZA0 - 021.03～EZ0 - 046.00，高程 875.10～881.20m 部位，试验块平面尺寸为 8m×30m，面积 240m²。试验分三个阶段，通过三个碾压混凝土升程进行，采用不同掺和料方案、不同石粉代砂方案和不同碾压工艺进行试验。碾压混凝土现场工艺试验采用的配合比见表 9.3 - 12，碾压混凝土最大骨料粒径 80mm，大石：中石：小石＝3：4：3。

表 9.3 - 12 碾压混凝土现场试验配合比

编号	水胶比	掺和料掺量/%		石灰石粉代砂/%	砂率/%	FDN减水剂/%	AIR引气剂/%	混凝土材料用量/(kg/m³)					
		粉煤灰	石灰石粉					水	水泥	粉煤灰	石灰石粉	砂	石
S1	0.54	65	0	0	32	0.75	0.09	80	52	95	0	702	1497
S2	0.54	65	0	7	32	0.75	0.09	80	52	95	50	654	1497
S3	0.54	65	0	10	32	0.75	0.09	80	52	95	70	632	1497
S4	0.46	30	30	0	28	0.75	0.06	74	64.3	48.3	48.3	624	1606
S5	0.46	30	30	8	28	0.75	0.06	74	64.3	48.3	98.3	574	1606
S6	0.46	30	30	7	30	0.75	0.06	76	66	49.5	99.5	612	1544
S7	0.46	40	20	7	30	0.75	0.06	76	66	66	83	612	1544

通过现场碾压试验确定石灰石粉与粉煤灰双掺料碾压混凝土配合比的各项性能，确定与石灰石粉与粉煤灰双掺料碾压混凝土配合比相适应的混凝土拌和工艺和碾压施工工艺参数，确定石灰石粉与粉煤灰双掺料碾压混凝土不同层间间隔时间的层面处理方式。

分别用 3 种拌和时间和两种投料顺序进行试验，机口取样，比较混凝土的 VC 值、含气量、压实密度、抗压强度，优选出适合的混凝土拌和工艺参数。

两种投料顺序分别为：①大石、中石、小石→水泥、掺和料→外加剂、水→砂；②中石、小石→水泥、掺和料→外加剂、水→砂→大石。3 种拌和时间分别为 50s、60s、70s。

试验结果表明，拌和时间与投料顺序对单掺碾压混凝土与石灰石粉与粉煤灰双掺料碾压混凝土影响一致。根据试验结果，石灰石粉与粉煤灰双掺料碾压混凝土采用投料顺序为大石、中石、小石→水泥、掺和料→外加剂、水→砂，拌和时间60s的拌和工艺较优。

碾压工艺试验结果表明：石灰石粉与粉煤灰双掺料碾压混凝土的 VC 值宜控制在1～3s，碾压遍数6～8遍。

对不同掺和料方案和不同石粉代砂方案碾压混凝土的碾压施工性能进行了试验，试验结果表明：碾压性能最好的是单掺粉煤灰65％、以石灰石粉代砂比率10％、砂率32％的碾压混凝土和双掺石灰石粉和粉煤灰、以石灰石粉代砂7％、砂率30％的碾压混凝土；其次是以石灰石粉代砂7％，单掺65％粉煤灰，砂率32％的碾压混凝土和以石灰石粉代砂7％，双掺石灰石粉和粉煤灰，砂率28％的碾压混凝土；碾压性能最差的是没有以石灰石粉代砂的碾压混凝土，包括单掺65％粉煤灰，及双掺石灰石粉和粉煤灰的碾压混凝土。

根据试验结果，双掺粉煤灰和石灰石粉的碾压混凝土（石灰石粉代砂比率为7％、砂率为30％、水胶比为0.46）的可碾性较好，满足碾压混凝土施工要求，被选为施工配合比。

采用贯入阻力法，测定工程现场环境条件下碾压混凝土的凝结时间。试验结果表明，随着温度升高，碾压混凝土的凝结时间缩短，双掺石灰石粉与粉煤灰碾压混凝土的凝结时间略小与单掺粉煤灰的混凝土。不同温度条件、不同配合比测得的初凝时间在5～6h之间，终凝时间在7～8h之间，能够满足施工要求。

9.3.3　石灰石粉与粉煤灰双掺料碾压混凝土工程应用情况

山口水电站工程双掺料碾压混凝土采用平层铺筑和斜层铺筑两种施工方法。廊道顶高程以下部位，由于上下游廊道分割，浇筑仓面较小，采用平层铺筑法施工，廊道以上部位多采用斜层铺筑法施工。山口水电站工程石灰石粉与粉煤灰双掺料碾压混凝土施工配合比见表9.3-13。

表 9.3-13　　　　石灰石粉与粉煤灰双掺料碾压混凝土施工配合比

水胶比	掺和料掺量/%		石灰石粉代砂/%	砂率/%	外加剂掺量/%		混凝土材料用量/(kg/m³)							
	粉煤灰	石灰石粉			FDN	AIR	水	水泥	粉煤灰	石灰石粉	砂	大石	中石	小石
0.46	32.5	27.3	7	30	0.75	0.06	74	62	50	92	617	467	622	467

工程碾压混凝土抗压强度抽检结果统计见表9.3-14，混凝土抗压强度均满足设计要求，普遍超强，强度保证率99.0％，满足设计要求；混凝土极限拉伸抽检结果统计见表9.3-15，混凝土极限拉伸均满足设计要求，且有较多富余。

表 9.3-14　　　　双掺料碾压混凝土抗压强度机口抽检统计结果

检测项目		组数	最大值/MPa	最小值/MPa	平均值/MPa	合格率/%	均方差	离差系数	强度保证率/%
抗压强度	28d	110	28.25	10.72	15.0	—	—	—	—
	90d	97	47.05	14.80	22.4	—	—	—	—
	180d	92	38.44	21.60	28.4	100	4.4	0.15	99.0

表 9.3-15 双掺料碾压混凝土极限拉伸值机口抽检统计结果

检测项目	组数	最大值 /(×10^{-6})	最小值 /(×10^{-6})	平均值 /(×10^{-6})	合格率 /%
极限拉伸值	5	110	99	105	100

钻孔取芯对大坝内部双掺料碾压混凝土的质量进行检测,大坝内部碾压混凝土的检查部位布置在15号坝段902.00m高程,总计完成钻孔2个,累计进尺27m。芯样孔径171mm,钻取芯样直径150mm,取出了最长9.76m的芯样。

(1)混凝土芯样采取率99.7%,芯样获得率99.5%,芯样优良率为98.9%,芯样合格率为99.5%。

(2)混凝土芯样表面光滑致密,结构密实,骨料分布均匀,胶结情况良好,极个别部位存在表面粗糙现象,芯样整体质量较好。

(3)混凝土柱状芯样总长26.86m,缝面数3个,层面数90个,层面折断率为2.2%,无缝面折断,层缝面总折断率为2.0%。芯样层面结合良好。

(4)芯样密度在2480kg/m³以上,平均值为2510kg/m³,合格率为100%;混凝土芯样抗压强度在21.5MPa以上,平均为24.5MPa,合格率100%,并有较多富余。说明石灰石粉+粉煤灰双掺料碾压混凝土碾压施工质量良好,混凝土密实。

(5)在最大加压压力1MPa下,芯样平均渗水高度102mm,芯样抗渗等级大于W10;混凝土芯样经受50次冻融循环后,质量损失率及相对动弹性模量还有较多富余,芯样抗冻性能大于F50。双掺料碾压混凝土芯样抗渗、抗冻性能远超过设计要求。

2007—2008年,山口水电站碾压混凝土坝段采用双掺料浇筑混凝土近20万m³,混凝土检测结果质量优良;2008年9月,在碾压混凝土坝体钻孔,取出直径150mm,长9.76m混凝土芯样,芯样表面光滑、密实、无气孔;2008年11月大坝通过蓄水安全鉴定。验证了石灰石粉与粉煤灰双掺料作为大坝碾压混凝土掺和料在山口水电站工程取得了全面成功。

9.3.4 应用成果小结

山口水库碾压混凝土重力坝是新疆地区第一座开工建设并投入运行的碾压混凝土重力坝。工程位于寒冷干旱地区,气温日变幅、年变幅大,寒潮频繁,夏季风大、日照强烈、蒸发量高,混凝土不仅基础温差大,表面也存在很大的温湿度梯度,还面临施工中的冬季长间歇越冬层面,在粉煤灰掺和料紧缺的条件下如何提高碾压混凝土筑坝质量,有效防止大坝贯穿性裂缝,减少大坝表面裂缝,是工程建设面临的关键技术难题。

长江科学院开展的石灰石粉在新疆山口水库碾压混凝土中的应用研究项目,深入研究了石灰石粉在碾压混凝土中的作用机理,石灰石粉与粉煤灰双掺料碾压混凝土的性能及施工特性,结合现场试验,提出了寒冷地区石灰石粉与粉煤灰双掺料碾压混凝土配合比优化设计原则,以及碾压混凝土掺用石灰石粉的质量控制标准和施工质量控制措施。

根据研究成果,工程首次将石灰石粉与粉煤灰双掺料成功应用于寒冷地区大坝碾压混凝土,节约投资1026万元。解决了山口水库粉煤灰掺和料紧缺问题,保证了碾压混凝土筑坝质量,为工程的顺利建设和安全运行起到了关键的技术支撑作用,创造了巨大的技术、经济效益。该项目成果是"寒冷干旱地区碾压混凝土筑坝关键技术"的重要组成部分，在新疆维吾尔自治区科学技术厅组织的科学技术成果鉴定会上，被专家组鉴定为达到国际领先水平。

9.4　矿渣粉在工程中的应用

9.4.1　工程概述

Karot 水电站是吉拉姆河规划的 5 个梯级电站的第 4 级，上一级为阿扎德帕坦，下一级为曼格拉。坝址位于巴基斯坦旁遮普省境内 Karot 桥上游 1.75km，下距曼格拉大坝74km，西距伊斯兰堡直线距离约 55km。从伊斯兰堡—卡胡塔—科特里路可通向 Karot 场址。

坝址处控制流域面积 26700km^2，多年平均流量 816m^3/s，多年平均年径流量 257.3亿 m^3。工程为单一发电任务的水利枢纽。水库正常蓄水位 461.00m，正常蓄水位以下库容 16450 万 m^3，电站装机容量 720MW（4 台 180MW），保证出力 113.8MW，多年平均年发电量 34.9 亿 kW·h，年利用小时数 4842h。

巴基斯坦煤炭资源在信德省、裨路支省、旁遮普省和西北边境省均有分布，品质从褐煤到次烟煤都有，但目前开采的煤炭中硫含量较高，在工业上应用较少。在信德省南部的塔尔地区，有世界最大的优质褐煤矿之一，储量估计在 1750 亿 t（占巴基斯坦总储量的95%以上），硫含量在 1%～2%。目前巴基斯坦政府正加速对塔尔煤矿的开发，该项目计划于 2013 年底正式投入使用。截至目前，巴基斯坦国内火力发电基本依靠进口燃料，至今尚未真正实现燃煤发电。因此，巴基斯坦国内基本无可用于该工程混凝土掺和料的粉煤灰，如不考虑进口的话，则只能采用高炉矿渣粉等其他掺和料。

巴基斯坦国内的 NJ 水电站、Mangla 大坝、Mirani 大坝、Raising 工程和 Chazi Brotha 工程等，均采用巴基斯坦国家钢铁厂（巴基斯坦国内唯一采用铁矿石炼钢企业，其余基本为轧钢厂）的粒化矿渣为原料的磨细矿渣粉作为混凝土掺和料。巴基斯坦国内生产磨细矿渣粉的企业主要为几家生产高炉矿渣水泥的水泥厂家，这些企业均分布在巴基斯坦国家钢铁厂（位于卡拉奇）附近，利用巴基斯坦国家钢铁厂的矿渣进行磨细加工。

鉴于巴基斯坦国内实际情况，长江科学院提出将矿渣粉作为混凝土掺和料的应用研究项目。重点研究掺入矿渣粉后大坝混凝土性能的发展规律，充分发挥矿渣在多元胶凝材料体系中的性能优势，为磨细矿渣粉作为混凝土的独立组分在 Karot 水电站中的应用、节省工程投资、保证工程顺利建设提供技术支撑。

9.4.2　研究成果

9.4.2.1　矿渣粉的品质

采用 Thatta 矿渣粉，其微观形貌见图 9.4-1，其化学成分检测结果见表 9.4-1，品质检测结果见表 9.4-2。

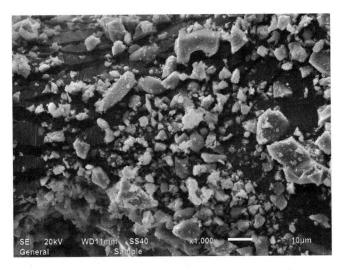

图 9.4 - 1　Thatta 矿渣粉微观形貌图（×1000 倍）

表 9.4 - 1　　　　　　　　　　　矿渣粉的化学成分　　　　　　　　　　　　　%

矿渣粉品种	CaO	SiO_2	Al_2O_3	Fe_2O_3	MgO	SO_3	R_2O	烧失量
Thatta 矿渣粉	39.69	36.75	11.06	0.79	7.56	2.53	0.71	0.72

表 9.4 - 2　　　　　　　　　　　矿渣粉品质检验结果

矿渣粉品种	比表面积 /(m^2/kg)	烧失量 /%	流动度比 /%	含水量 /%	SO_3 /%	密度 /(g/cm^3)	7d 活性指数 /%	28d 活性指数 /%
Thatta 矿渣粉	390	0.72	97	0.2	2.53	2.85	76	98
BS EN 15167 - 1 - 2006 高炉矿渣粉	≥275	≤3.0	—	≤1	≤2.5	—	≥45	≥70
GB/T 18046—2008 S75 粒化高炉矿渣粉	≥300	≤3.0	≥95	≤1	≤4.0	≥2.8	≥55	≥75
GB/T 18046—2008 S95 粒化高炉矿渣粉	≥400	≤3.0	≥95	≤1	≤4.0	≥2.8	≥75	≥95

9.4.2.2　大坝混凝土配合比设计

采用绝对体积法确定混凝土各组成材料比例，混凝土试验配合比的参数及拌和物坍落度、含气量试验结果列于表 9.4 - 3。

1. 抗压强度

混凝土抗压强度试验结果见图 9.4 - 2 和图 9.4 - 3。三级配混凝土，当水胶比恒定时，随着矿渣粉掺量的增加（从 20% 增加到 60%），混凝土抗压强度先随着矿渣粉掺量增加而增大，到 30% 掺量时出现峰值，而后随矿渣粉掺量增加逐渐降低。

2. 极限拉伸值与抗压弹性模量

三级配混凝土，当水胶比恒定时，随着矿渣粉掺量的增加（从 20% 增加到 60%），混凝土极限拉伸值和抗压弹性模量随着矿渣粉掺量增加而降低，90d 龄期时混凝土的极限拉

表 9.4-3　　　　　　　**Karot 水电站主体工程混凝土试验配合比**

编号	级配	水胶比	矿渣粉掺量/%	砂率/%	外加剂品种及掺量/%			材料用量/(kg/m³)					坍落度/mm	含气量/%
					JM-Ⅱ	JM-PCA	GYQ	水	水泥	矿渣粉	砂	石		
KA-1	三	0.45	20	25	0.7	—	0.006	108	192	48	518	1566	56	3.5
KA-2	三	0.45	30	25	0.7	—	0.006	108	168	72	517	1564	60	3.8
KA-3	三	0.45	40	25	0.7	—	0.006	109	145	97	516	1559	60	3.9
KA-4	三	0.45	50	25	0.7	—	0.007	110	122	122	514	1554	51	3.6
KA-5	三	0.45	60	25	0.7	—	0.007	110	98	147	513	1552	50	3.5
KA-6	三	0.50	20	25	0.7	—	0.006	109	174	44	522	1578	62	4.0
KA-7	三	0.50	30	25	0.7	—	0.006	109	153	65	522	1576	61	3.9
KA-8	三	0.50	40	25	0.7	—	0.006	110	132	88	520	1572	62	3.8
KA-9	三	0.50	50	25	0.7	—	0.007	110	110	110	519	1570	52	3.6
KA-10	三	0.50	60	25	0.7	—	0.007	110	88	132	519	1568	51	3.6
KA-11	二	0.35	0	28	—	0.7	0.008	117	334	0	553	1433	36	3.5
KA-12	二	0.35	10	28	—	0.7	0.008	117	301	33	552	1431	35	3.6
KA-13	二	0.35	20	28	—	0.7	0.008	118	270	67	550	1425	32	3.5
KA-14	二	0.40	0	28	—	0.7	0.008	117	293	0	563	1458	32	3.5
KA-15	二	0.40	10	28	—	0.7	0.008	118	266	30	561	1453	35	3.6
KA-16	二	0.40	20	28	—	0.7	0.008	118	236	59	560	1450	30	3.8

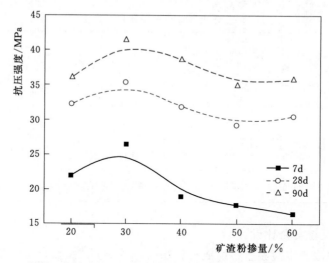

图 9.4-2　混凝土抗压强度与矿渣粉掺量关系曲线（三级配、水胶比为 0.50）

伸值介于 $95 \times 10^{-6} \sim 123 \times 10^{-6}$ 之间，抗压弹性模量介于 25.5~30.1GPa 之间。

3. 抗冻性能

巴基斯坦 Karot 水电站混凝土的设计抗冻等级主要为 F50 和 F100。试验结果表明，当水胶比和冻融次数相同时，随着矿渣粉掺量的增加增加，质量损失有增大的趋势，相对动弹模量则有降低的趋势。但抗冻等级都能达到 F100。

4. 干缩性能

Karot 水电站混凝土的干缩试验结果表明，混凝土的干缩率随着矿渣粉掺量的增加而

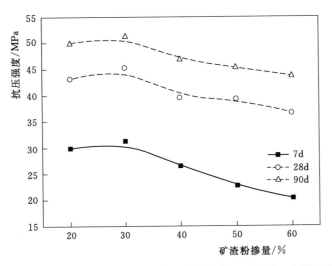

图 9.4-3 混凝土抗压强度与矿渣粉掺量关系曲线（三级配、水胶比为 0.45）

降低，随着龄期的增长而增大，早龄期混凝土的干缩率增长较快，90d 后逐渐降低，趋于平稳增长，120d 龄期时混凝土试件的干缩率介于 $360 \times 10^{-6} \sim 500 \times 10^{-6}$ 之间。

5. 抗冲磨性能

Karot 水电站混凝土的抗冲磨性能试验结果（抗冲磨强度）见表 9.4-4。从表 9.4-4 中可以看出，水胶比一定时，矿渣粉掺量从 0 增加到 20%，混凝土抗冲磨强度逐渐降低，但降低幅度不大。

表 9.4-4
混凝土抗冲磨试验结果

编号	级配	水胶比	矿渣粉掺量/%	抗 冲 磨 强 度	
				圆环法/[h/(g/cm²)]	水下钢球法/[h/(kg/m²)]
KA-11	二	0.35	0	9.0	16.1
KA-15			10	8.8	15.5
KA-13			20	8.6	15.3
KA-14		0.40	0	8.9	14.6
KA-15			10	8.5	13.5
KA-16			20	8.2	13.4

9.4.2.3 推荐配合比

根据试验结果及分析，可以初步优选出 Karot 水电站混凝土的推荐配合比，结果见表 9.4-5，供工程现场试验时选择和使用。

其中，水泥为 Maple Leaf 低碱水泥，矿渣粉为 Thatta 矿渣粉。引气剂为江苏博特公司生产的 GYQ，引气剂掺量以含气量达到 3.5%～4.5% 为准；减水剂为两种，分别为江苏博特公司生产的 JM-Ⅱ（萘系）和 JM-PCA（聚羧酸系）。

9.4.3 应用成果小结

矿渣粉作为独立组分在 Karot 水电站的建设中得到了应用，显著提高了混凝土的密实

表9.4－5　Karot水电站混凝土初步推荐配合比

部　位	设计指标	级配	水胶比	矿渣粉掺量/%	砂率/%	胶凝材料品种	外加剂掺量/% JM-Ⅱ	JM-PCA	GYQ	材料用量/(kg/m³) 水	水泥	矿渣粉	砂	石
坝体内部	C₉₀20W6F50	四	0.53	50	23		0.6	—	0.007	94	89	89	496	1674
坝体基础	C₉₀25W8F100	四	0.49	50	23		0.6	—	0.007	95	97	97	492	1660
坝体外部表面　上下游最低水位以上	C20W4F50	三	0.49	50	25	Maple Leaf 低碱水泥 + Thatta 矿渣粉	0.7	—	0.008	109	111	111	519	1570
上下游最低水位以下	C25W8F50	三	0.49	40	25		0.7	—	0.008	109	133	89	520	1572
上下游水位变化区	C25W8F100	三	0.45	40	25		0.7	—	0.008	109	145	97	516	1559
	C25W8F100	三	0.45	35	25		0.7	—	0.008	109	157	85	516	1560
厂房结构混凝土1	C20W8F100	三	0.49	40	25		0.7	—	0.008	109	133	89	520	1572
		二	0.49	40	28		0.7	—	0.008	120	147	98	569	1474
厂房结构混凝土2	C25W8F100	三	0.45	40	25		0.7	—	0.008	109	157	85	516	1560
		二	0.45	40	28		0.7	—	0.008	120	160	107	564	1460
抗冲刷部位混凝土	C40W8F100	二	0.35	15	28		—	0.7	0.010	117	284	50	552	1429

性和抗渗性能，改善了混凝土的力学性能和长期耐久性能，阻隔各种有害物质和离子在内部的传输通道，提高了混凝土抗化学侵蚀、硫酸盐侵蚀、碱骨料反应等的能力。

Karot 水电站使用矿渣粉作为掺和料既缓解了巴基斯坦国内粉煤灰不足的问题，降低了工程造价；同时也拓宽了巴基斯坦国内矿渣的使用领域，使其富余的矿渣得到合理的利用，变废为宝，获得了显著的经济效益、社会效益和环境效益。

参 考 文 献

［1］ 金勇军，陈宇峰. 高钙粉煤灰特性及其应用的分析 ［J］. 南通大学学报（自然科学版），2005，4
（2）：40－42.

［2］ 施惠生. 高钙粉煤灰的本征性质与水化特性 ［J］. 同济大学学报，2003，31（12）：1440－1443.

［3］ 陈容，陈志源. 高钙粉煤灰中游离氧化钙水化动力学研究 ［J］. 建筑材料学报，2000，3（2）：
147－150.

［4］ BARBARA G，KUTCHKO A，KIM G. Fly ash characterization by SEM－EDS［J］. Fuel，2006，
（85）：2537－2544.

［5］ 李辉，史诗，冯绍航，等. 高钙粉煤灰中 f－CaO 消解的试验研究 ［J］. 2009，28（6）：
1264－1266.

［6］ 李家正，杨华全. 磷渣粉在构皮滩电站中的应用研究 ［R］. 长江科学院，2006，10：8.

［7］ 徐迅，卢忠远，严云. 磷渣的粉磨动力学研究 ［J］. 水泥工程，2008（3）：20－22.

［8］ 胡曙光，李悦. 石灰石硅酸盐水泥的研究进展［J］. 新世纪水泥导报，1997，3（5）：11－13.

［9］ MENÉNDEZ G，BONAVETTI V，IRASSAR E F. Strength development of ternary blended cement
with limestone filler and blast－furnace slag ［J］. Cement and Concrete Research，2003，25（1）：
61－67.

［10］ Mehta P K. Advancements in concrete Technology ［J］. Concrete International，1999（6）：
69－76.

［11］ 吴中伟，廉惠珍. 高性能混凝土 ［M］. 北京：中国铁道出版社，1999.

［12］ 霍冀川，卢忠远，张红英，等. 石灰石硅酸盐水泥的研究 ［J］. 矿产综合利用，2000（6）：
41－44.

［13］ 陈冀宇. 磨细石灰石水泥的研究 ［J］. 四川水泥，2000（4）：42－43.

［14］ 马烨红，吴笑梅，樊粤明. 石灰石粉作掺和料对混凝土工作性能的影响［J］. 混凝土，2007（6）：
56－59.

［15］ 张大康. 高细石灰石粉用作水泥混合材料的试验研究 ［J］. 水泥，2005（7）：7－11.

［16］ 胡曙光，李悦，陈卫军，等. 石灰石混合材掺量对水泥性能的影响 ［J］. 水泥工程，1996（2）：
22－24.

［17］ 杨华山，方坤河，涂胜金，等. 石灰石粉在水泥基材料中的作用及其机理 ［J］. 混凝土，2006
（6）：32－35.

［18］ 李悦，丁庆军，胡曙光. 石灰石矿粉在水泥混凝土中的应用 ［J］. 武汉理工大学学报，2007，29
（3）：35－37，41.

［19］ 李步新，陈峰. 石灰石硅酸盐水泥力学性能研究 ［J］. 建筑材料学报，1998，1（2）：186－192.

［20］ 陈剑雄，崔洪涛，陈寒斌，等. 掺入超细石灰石粉的混凝土性能研究 ［J］. 施工技术，2004，33
（4）：39－42.

［21］ 李步新，李文钧，王志全. 石灰石硅酸盐水泥的物理性能及水化特点 ［J］. 河南建材，1999（1）：
11－14.

［22］ 陈剑雄，李鸿芳，陈寒斌. 石灰石粉超高强高性能混凝土性能研究 ［J］. 施工技术，2005，34
（4）：27－28.

［23］ 肖佳. 水泥-石灰石粉胶凝体系特性研究 ［D］. 长沙：中南大学博士学位论文，2008.

［24］ 李悦. 石灰石硅酸盐水泥的研究 ［D］. 武汉：武汉工业大学硕士学位论文，1996.

[25] 马烨红. 石灰石粉作混凝土矿物掺和料的研究 [D]. 广州：华南理工大学，2007.

[26] 杨华全，李文伟. 水工混凝土研究与应用 [M]. 北京：中国水利水电出版社，2005.

[27] 王迎春，苏英，周世华. 水泥混合材和混凝土掺合料磷渣超细粉对高性能混凝土强度与耐久性的影 [M]. 北京：化学工业出版社，2011.

[28] 张俊萍，何红. 论粉煤灰烧失量对混凝土工作性能的影响 [J]. 四川水泥，2015（4）.

[29] 黄莹，谢友均，刘宝举. 粉煤灰掺量和细度对水泥凝结时间的影响 [J]. 水泥，2003（12）：4-6.

[30] 赵铁军，王照图，王忠杰，等. 高钙粉煤灰对混凝土凝结时间的影响 [J]. 粉煤灰，1998（6）：12-14.

[31] 沙建芳，徐海源，陆加越，等. 不同工艺粉煤灰与外加剂适应性及机理分析 [J]. 混凝土与水泥制品，2016（2）：25-30.

[32] BITTNER J, GASIOROWSKI S, Hrach F. Removing ammonia from fly ash [C]. International ash utilization symposium, center for applied energy research，2001.

[33] 张宇，王智，孙化强，等. 脱硝后粉煤灰中氨氮物质的性质探讨 [J]. 粉煤灰，2015（5）. 5-6.

[34] 张宇，王智，王子仪. 燃煤电厂脱硝工艺对其粉煤灰性质的影响 [R]. "第六届全国特种混凝土技术"交流会，2015.

[35] 黄洪财. 粉煤灰氨味问题成因的调查研究 [J]. 新型建筑材料，2013（12）：23-25.

[36] 黄晓天. 混凝土氨释放问题的研究 [J]. 中国西部科技，2015，14（8）：68-70.

[37] 吴丹虹. 问题粉煤灰引起混凝土异常现象的原因分析 [J]. 粉煤灰，2009（3）：42-43.

[38] 罗斌. 新拌混凝土的氨味分析及对强度的影响 [J]. 2015，41（3）：33-36.

[39] 肖开涛，董芸，杨华全. 石灰石粉用作碾压混凝土掺和料的试验研究 [J]. 长江科学院报，2009，4（26）：44-47.

[40] 刘来宝，严云. 大掺量磷渣水泥的凝结硬化特性与力学性能 [J]. 西南科技大学学报，2009，3（24）：41-44.

[41] 林育强，李家正，杨华全. 磷渣粉替代粉煤灰在水工混凝土中的应用研究 [J]. 长江科学院报，2009，12（26）：93-97.

[42] 杨华全，董维佳，王仲华. 掺矿渣微粉和粉煤灰的混凝土性能试验研究 [J]. 人民长江，2001，11：30-33.

[43] 周世华，董芸，杨华全. 天然火山灰质材料品质指标的分析与探讨 [J]. 水利水电技术，2002，4（43）：99-101.

[44] 汪潇，王宇斌，杨留栓. 高性能大掺量粉煤灰混凝土研究 [J]. 硅酸盐通报，2013，32（3）：523-527.

[45] SHI Y, MATSUI I, GUO Y. A study on the effect of fine mineral powder with distinct vitreous contents on the fluidity and rheological properties of concrete [J]. Cement and Concrete Research. 2004，34（8）：1381-1387.

[46] 林育强，李家正，杨华全. 磷渣粉替代粉煤灰在水工混凝土中的应用研究 [J]. 长江科学院院报，2009，（12）：93-97.

[47] 王稷良，周明凯，贺图升. 石粉对机制砂混凝土抗渗透性和抗冻融性能的影响 [J]. 硅酸盐学报，2008，36（4）：482-486.

[48] 王甲春，阎培渝. 粉煤灰混凝土绝热温升的试验研究 [J]. 沈阳建筑大学学报（自然科学版）. 2006，22（1）：118-121.

[49] 程智清，林星平，杨勇. 粉煤灰与磷矿渣对水泥水化热及胶砂强度的影响 [J]. 水利水电科技进展，2009，29（4）：55-62.

[50] LIU J, ZHANG Y, LIU R, et al. Effect of Fly and Silica Fume on Hydration Rate of Cement

Pastes and Strength of Mortars [J]. Journal of Wuhan University of Technology - Mater, 2014 (12): 1225 - 1228.

[51] 韩建国,张闯,郝卫增. 水胶比和粉煤灰对混凝土绝热温升的影响 [J]. 混凝土, 2009 (10): 10 - 12.

[52] 阎培渝. 粉煤灰在复合胶凝材料水化过程中的作用机理 [J]. 硅酸盐学报, 2007, 35 (S1): 167 - 171.

[53] 杨华全,董维佳,林育强. 粉煤灰与矿渣粉对水泥水化热及胶砂强度影响 [J]. 人民长江, 2007, 38 (5): 108 - 111.

[54] 杨立军. 矿渣超细粉在水泥中的应用研究 [D]. 长沙:中南大学硕士论文, 2005.

[55] 杨华全,李家正,王仲华,等. 三峡工程掺粉煤灰与矿渣微粉混凝土的性能 [J]. 水利水电技术, 2002. 33 (5): 44 - 46.

[56] 赵华耕,彭劲,周明凯. 粉煤灰、矿粉对高性能混凝土体积稳定性的影响 [J]. 武汉理工大学学报, 2005. 25 (7): 36 - 38.

[57] 彭江,徐志全,阎培渝. 大体积补偿收缩混凝土中膨胀剂的使用效能 [J]. 建筑材料学报, 2003 (6): 1393 - 1402.

[58] BOUZOUBAA N, ZHANG M H, MALHOTRA V M. Mechanical Properties and Durability of Concrete Made with High - volume Fly Ash Blended Cements Using a Coarse Fly ash [J]. Cement and Concrete Research, 2001, 31 (10): 1393 - 1402.

[59] 李明霞,杨华全,董芸. 掺磷渣、粉煤灰对水泥水化热的影响研究 [J]. 人民长江, 2012, 43 (增 1): 196 - 198.

[60] 胡鹏刚,徐德龙,宋强. 磷渣掺合料对水泥混凝土性能的影响及机理探讨 [J]. 混凝土, 2007 (5): 48 - 52.

[61] 包春霞,冷发光. 磷渣掺和料对混凝土水化热和抗裂性能影响的试验研究 [J]. 云南水力发电, 1998, 14 (3): 59 - 61.

[62] 刘数华. 石灰石粉对复合胶凝材料水化特性的影响 [J]. 建筑材料学报, 2010, 13 (2): 218 - 221.

[63] 宋军伟,方坤河,刘冬梅,等. 压汞测孔评价磷渣-水泥浆体材料孔隙分形特征的试验 [J]. 武汉大学学报(工学版), 2008. 41 (6): 41 - 45.

[64] 谢莎莎,董芸,陈霞. 掺粉煤灰和磷渣混凝土的性能试验研究 [J]. 人民长江, 2011 (3): 86 - 88.

[65] 李凤兰,郭克宁,徐阳洋. 原状机制砂混凝土的氯离子渗透于碳化性能试验研究 [J]. 混凝土, 2011 (12): 67 - 69.

[66] TAIBILIS S, BATIS G, CHANIOTAKIS E, et al. Properties and behavior of limestone cement concrete and mortar [J]. Cement and Concrete Research, 2000, 30 (10): 1679 - 1683.

[67] 马烨红. 石灰石粉作混凝土矿物掺合料的研究 [D]. 广州:华南理工大学, 2007.

[68] 王雨利,周明凯,李北星. 石粉对水泥湿堆积密度和混凝土性能的影响 [J]. 重庆建筑大学学报, 2008, 30 (6): 151 - 154.

[69] 谢慧东,张云飞,栾佳春. 石灰石粉对水泥-粉煤灰混凝土性能的影响 [J]. 硅酸盐通报, 2012, 31 (2): 371 - 376.

[70] 严超君. 石灰石粉不同掺量对混凝土性能的影响研究 [J]. 浙江建筑, 2013, 30 (4): 57 - 60.

[71] 肖佳,何彦琪,郭明磊,等. 石粉对混凝土抗渗性能的影响 [J]. 混凝土, 2015 (12): 89 - 92.

[72] 孙永波,曾力,陈攀,等. 掺合料对砂浆抗渗性能影响的研究 [J]. 中国农村水利水电, 2009 (11): 122 - 124.

[73] 丁雁飞,孙景进. 硅粉混凝土(砂浆)的抗渗性及其应用 [J]. 水力发电, 1987 (3): 46 - 48.

［74］ 王铁峰，张燕坤，王珊，张善元. 硅粉对轻骨料混凝土耐久性能影响的研究［J］. 新型建筑材料，2006（3）：53-55.

［75］ MATTE V，MORANVILLE M. Durability of reactive powder composites：influence of silica fume on leaching properties of very low water/binder pastes［J］. Cement and Concrete Composites，1999，（21）：1-9.

［76］ BRUTH G S. Durability of silica fume concrete exposed to chloride in hot climates［J］. Journal of Materials in Civil Engineering，2001，13（1）：41-48.

［77］ LANGAN B W，WENIG K，WARD M A. Effect of silica fume and fly ash on heat of hydration of Portland cement［J］. Cement and Concrete Research，2002，32：1045-1051.

［78］ 马少军，韩苏建，曹四伟. 硅粉混凝土在水利工程中的应用［J］. 西北水资源与水工程，2000，11（4）：51-54.

［79］ 田文玉. 硅粉的研究及应用现状［J］. 重庆交通学院学报，1998，17（2）：101-107.

［80］ 陈兵，姚武，李悦. 微硅粉在混凝土工程中的应用［J］. 建筑石膏与胶凝材料，2000（11）：5-7.

［81］ 陈昌礼，屠庆模，凌友志. 硅粉混凝土的基本性能与工程应用［J］. 新型建筑材料，2008（4）：43-47.

［82］ 冯乃谦，郏红卫. 碱骨料反应及天然沸石对其的抑制作用［J］. 施工技术，1996，（6）：38-40.

［83］ 李鹏翔，苏杰，杨华全. 锦屏一级水电站大奔流沟砂岩碱活性抑制试验研究［C］//水工大坝混凝土材料和温度控制研究与进展. 北京：中国水利水电出版社，2009：97-103.

［84］ 董芸，杨华全，李鹏翔. 天然火山灰质材料对骨料碱活性的抑制研究［J］. 混凝土，2011（11）：77-79.

［85］ 李鹏翔，王黎，彭尚仕. 石英砂岩碱骨料反应抑制措施的试验研究［J］. 人民长江，2013（7）：75-78.

［86］ 杨华全，李鹏翔，李珍. 混凝土碱骨料反应［M］. 北京：中国水利水电出版社，2010.

［87］ 冯乃谦. 混凝土耐久性病害综合症及其预防的研究［J］. 中国建材，2004，2：76-78.

［88］ 唐明述. 固体废渣对碱骨料反应的抑制作用［J］. 江苏建材，1995，（4）：10-12.

［89］ 郝挺字. 混凝土碱-骨料反应及其预防［C］//陈肇元. 混凝土结构耐久性设计与施工指南. 北京：中国建筑工业出版社，2004：169-177.

［90］ THOMAS M D A，BLACKWELL B Q，NIXON P J. Estimating the alkali contribution from fly ash to expansion due to alkali-aggregate reaction in concrete［J］. Magazine of Concrete Research，1996，48（177）：251-264.

［91］ HOBBS D W. Deleterious expansion of concrete due to ASR：influence of pfa and slag［J］. Magazine of Concrete Research，1987，38（137）：191-205.